# 두근두근 주말여행

# 일러두기

〈1박2일 추천코스 예시〉

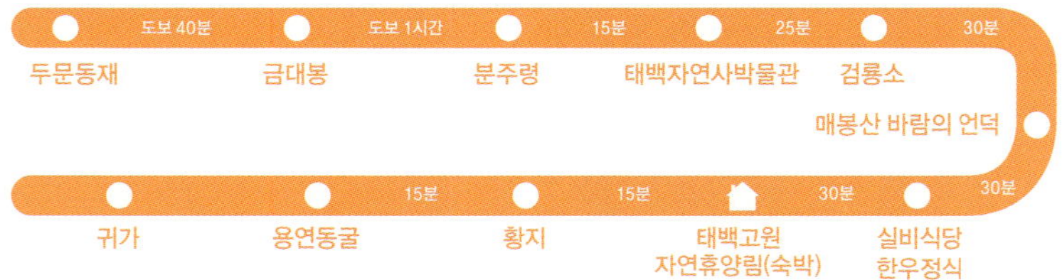


*추천코스는 여행지에 따라 당일, 1박2일, 2박3일 등의 추천코스를 제시합니다. 이 코스는 저자의 판단에 의해 추천하는 것이므로 여행자들이 자유롭게 코스를 짤 수 있습니다.
*장소별 소요시간은 자가운전을 기준으로 한 것입니다. 소요시간은 도로 사정이나 운전자 등에 의해 정확히 일치하지 않을 수 있습니다. 도보나 배편, 자전거 등의 소요시간은 별도로 명기했습니다.

---

굿스테이는 문화체육관광부와 한국관광공사가 지정한 우수숙박브랜드입니다. 중저가 숙박시설을 대상으로 한국관광공사가 정한 우수숙박시설 지정기준을 통과한 업체에 한해 지원혜택을 주고, 굿스테이 마크를 사용할 수 있게 합니다.

---

스마트폰으로 각 여행지의 여행정보 코너에 있는 QR코드를 찍어보세요. 한국관광공사가 운영하는 웹사이트 '대한민국 구석구석'으로 연결되어 더 자세한 여행정보를 볼 수 있습니다. 단, QR코드를 읽으려면 QR코드를 읽는 앱을 설치해야 합니다.

# 두근두근 주말여행

### 한국관광공사 추천 가볼만한 곳 100

한국관광공사 지음

꿈의지도

# Contents

# BEST 미식여행

## 봄
## Spring

**1. 사천 도다리쑥국 p024**
봄 도다리, 가을 전어! 이것만 기억하세요.

**2. 당진 간재미 p040**
오독오독 씹히는 간재미회와 비단처럼 부드러운 실치회의 놀라운 맛!

**3. 영광 굴비 p080**
짭조름한 밥도둑 굴비와 함께 임금님 수랏상 부럽지 않은 상차림이 궁금하다면 가보세요.

**4. 고창 학원농장 보리밭 p036**
청보리밭 거닐고, 선운사 동백을 만난 뒤 먹는 풍천장어와 복분자술. 진정한 봄나들이의 완성!

**5. 나주 유채꽃 p028**
영산포에서 코를 톡 쏘는 홍어회 먹고, 나주국밥으로 해장하고.

## 여름
## Summer

**1. 옥천 도리뱅뱅과 생선국수 p130**
어린 시절 냇가에서 천렵해 끓여 먹던 어죽의 향수를 찾아 떠나세요.

**2. 대구 안지랑곱창거리 p206**
곱창 하나로 시장통을 평정한 대구의 진정한 맛골목을 찾아가자.

**3. 곡성 섬진강기차마을 p158**
수박향이 은은한 은어회와 진득한 국물의 참게탕이 기다리는 섬진강의 미식여행지.

**4. 남해 요트&씨카약 체험 p182**
멸치회를 아시나요? 갈치회는요? 죽방렴에서 잡은 활어회는요? 혹시 전복죽 좋아하세요? 그럼 남해군으로~

**5. 영주 풍기역 p198**
인삼튀김에서 인삼갈비탕까지, 인삼의 변신은 무죄! 여기에 순흥묵밥까지 곁들이면 금상첨화.

금강산도 식후경이라고, 여행보다 더 즐거운 것은 먹는 재미. 제철 별미를
맛볼 수 있는 계절별 최고의 여행지를 소개한다.

## 가을
# Autumm

**1. 남원 추어탕거리 p264**
지리산 정기 받고 자란 미꾸리로 끓여내는 진정한
보신의 한 그릇.

**2. 대전 구즉여묵마을 p232**
도토리묵과 도토리전, 도토리묵밥으로 웰빙시대
웰빙여행 완성!

**3. 이천 쌀밥거리 p256**
윤기 자르르 흐르는 쌀밥과 함께 한 상 딱 벌어지
는 상차림을 기대하세요.

**4. 횡성 한우축제 p260**
입 안에서 살살 녹는 한우 먹고, 안흥 찐빵으로
입가심 하고.

**5. 창원 복요리 p280**
마산은 아귀찜만 잘하는 줄 아셨죠? 30년 전통의
복어 골목도 있어요.

---

**1. 울진 백암온천 p374**
대게 다리 뜯어가며 포식하고, 뜨끈한 온천에서 몸
지지고. 이것이 진정한 보양여행이죠.

**2. 창원 대구 p378**
펄떡펄떡 뛰는 대구 한 마리면 회, 탕, 구이까지 한
방으로 끝냅니다!

**3. 무안 5味 p422**
도리포 숭어와 기절낙지, 영산강 장어와 짚불구
이 삼겹살… 무안에 갈 때는 허리띠부터 푸세요.

**4. 장흥 매생이국 p402**
엄동설한 추위도 꼼짝 못하게 하는 매생이국. 여기
에 키조개와 바지락회, 석화구이를 덤으로 즐겨요.

**5. 보령 석화구이 p410**
숯불에 올리면 입이 쩍쩍 벌어지는 석화에서 바다
의 향기를 간직한 굴을 꺼내먹는 맛이라~

## 겨울
# Winter

#  BEST 체험여행

## 1. 포천 허브아일랜드 p032
허브의 모든 것을 알 수 있는 테마파크. 허브 스파와 동화 속 마을 같은 방에서 숙박체험까지 할 수 있어요.

## 2. 대전 계족산 황톳길 p048
이곳에서는 신발을 벗어야 해요. 맨발로 황톳길을 걸으며 자연을 느껴보세요.

## 3. 여수 세계박람회 p072
해양엑스포 시즌2가 시작된 여수. 바다를 보며 타는 레일 바이크를 놓치지 마세요.

## 4. 전주 한옥마을 p088
시간이 정지된 듯한 한옥마을에 머물며 전주비빔밥과 모주, 콩나물국밥까지 전주의 맛을 섭렵해 보세요.

## 5. 태백 분주령 트레킹 p112
백두대간이 지나는 높은 산에 찾아온 봄을 느끼며 야생화 군락을 걸어보세요.

봄
# Spring

여름
# Summer

## 1. 충주 탄금호 p178
온 가족이 호흡 맞춰 노를 저어보세요. 호수를 가르며 빠르게 질주하는 배의 짜릿함이 느껴집니다.

## 2. 남해 요트&씨카약 체험 p182
요트를 타고 푸른 바다를 자유롭게 여행하는 꿈. 그 꿈을 누리세요.

## 3. 삼척 용화해수욕장 p194
동해의 투명한 바닷속이 궁금하지 않으세요? 바닥이 투명한 카약을 타고 바다로 나가보세요.

## 4. 화성 경비행기 체험 p210
이카루스처럼 하늘을 날고 싶다면 화성의 어섬 비행장으로 가세요. 제부도 갯벌체험은 덤입니다.

## 5. 군산 선유도 p134
신선이 머물렀던 섬에서 서해로 지는 해를 따라 자전거를 타고 바닷길을 달려보세요.

보는 것만으로는 성이 차지 않는다. 온몸으로 느끼는 여행이야말로 진짜 여행이다.
계절별 짜릿한 체험여행의 명소를 소개한다.

## 가을
## Autumm

**1. 안동 옥연정사 p216**
임진왜란 때의 충신 서애 유성룡의 선비정신이 깃든 한옥에서 하회마을을 내려다보며 자는 사치를 누려보세요.

**2. 속초 영랑호 자전거길 p224**
시원한 동해 바람을 맞고, 병풍처럼 속초를 감싼 설악산 울산바위의 호탕한 기운을 가슴에 품고.

**3. 양양 구룡령 옛길 p244**
소금장수들이 넘나들던 백두대간 옛길. 이야기를 따라 고개를 넘으며 가을을 느껴보세요.

**4. 화천 산소길 p284**
맑고 푸른 소양호를 따라 이어지는 자전거길. 파란 가을과 만나보세요.

**5. 거창 황산마을 p300**
신라가 백제로 사신을 보내던 수승대가 있는 한옥마을에서의 하룻밤! 아침에는 벽화마을 산책을 잊지 마세요.

**1. 양양 오색온천 p334**
아흔아홉 굽이 한계령. 그 고개를 넘어가면 오색약수와 온천이 기다립니다.

**2. 문경 레저체험 p382**
탕~ 총소리와 함께 날아가는 접시가 박살이 나는 짜릿한 기분을 느껴보세요.

**3. 진안 마이산 p398**
말의 귀를 닮은 기이한 모양의 마이산을 트레킹하고, 인삼을 첨가해 만든 노천 스파에서 피로 풀고.

**4. 무주 덕유산 p322**
나뭇가지마다 하얗게 피어나는 눈꽃과 상고대가 기다리고 있습니다. 곤돌라 타고 20분이면 정상!

**5. 아산 온천여행 p358**
온천의 고장 아산으로 떠나는 온천여행. 캠핑카 숙박 체험도 곁들이면 최고!

## 겨울
## Winter

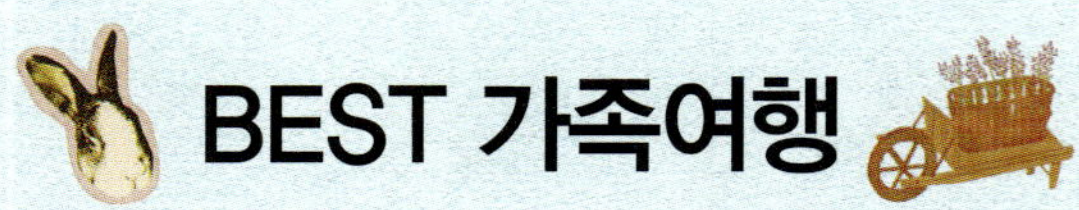

# BEST 가족여행

봄
## Spring

**1. 고창 학원농장 보리밭 p036**
청보리밭을 거닐며 봄을 추억하고, 세계 최대 규모의 고인돌공원에서 선사시대를 떠올려 봐요.

**2. 영천 보현산천문대 p092**
밤하늘의 별자리를 관찰하며 상상의 나래를 펼 수 있어요.

**3. 정선 삼탄아트마인 p108**
근대화의 주역에서 폐광으로, 다시 박물관으로. 석탄산업의 변천사를 느끼며 강원도 산골을 여행해요.

**4. 양주 맹골마을 p056**
먹골배의 고장 양주 맹골마을. 배꽃이 흩날릴 때 아이들과 함께 다양한 체험을 해보세요.

**5. 안성 남사당놀이 p044**
얼쑤~ 신명나는 놀이 한판, 어깨가 저절로 들썩거려져요.

여름
## Summer

**1. 인제 냇강마을 p154**
내린천 푸른 강에서 뗏목을 타고 놀아요. 래프팅과 번지점프 등 인제의 모험레포츠에도 도전하세요.

**2. 양구 펀치볼과 두타연 p122**
비무장지대 깊은 곳에 있는 청정한 계곡 두타연. 그곳을 거닐며 아픈 분단의 현실을 느껴보세요.

**3. 태안 학암포오토캠핑장 p150**
'서해바다의 동해'로 불리는 태안 학암포. 캠핑도 하고, 해수욕도 하며 여름을 누리세요.

**4. 인천 강화도 p146**
동막골 갯벌은 세상에서 가장 넓은 놀이터. 갯벌놀이에 지치면 함허동천 깊은 숲에서 쉬세요.

**5. 신안 증도 p186**
우리나라 최초 슬로우 시티로 지정된 섬. 염전체험을 하고, 갯벌을 탐험하는 재미가 있어요.

가족을 위한 따뜻한 배려. 여행만큼 좋은 것이 또 있을까. 가족과 함께 가면
더 행복해지는 여행지를 소개한다.

## 가을
# Autumm

**1. 창녕 우포늪 p240**
1억5,000만년의 시간이 기록된 우포늪. 물안개 자욱한 우포늪 경치를 즐기고, 늪 생태도 배우세요.

**2. 인천 신도 · 시도 · 모도 자전거 여행 p288**
섬과 섬을 자전거 타고 달려 보세요. 돌아오는 길에는 인천의 근대문화유산을 찾아보세요.

**3. 진주 남강유등축제 p296**
가을밤을 수놓는 우리나라 최대의 등 축제를 즐겨보세요.

**4. 부여 세계대백제전 p292**
백제의 장군들이 되살아나고, 황산벌 전투가 눈앞에서 재현돼요.

**5. 정읍 구절초축제 p312**
물안개 자욱한 호수에 피어난 구절초. 가을의 향기가 느껴져요.

**1. 해남 땅끝해뜰마을 p338**
해넘이와 해돋이를 동시에 즐길 수 있는 땅끝마을입니다. 공룡화석지와 명량해전지, 고산 윤선도 고택 등 아이와 함께 갈 곳이 무척 많아요.

**2. 이천 돼지박물관 p354**
돼지의 습성과 생태를 알아보고, 돼지 재롱잔치도 보고. 돌아올 때는 이천온천에서 온천욕도 해요.

**3. 아산 온천여행 p358**
워터파크 같은 온천에서 온 가족이 행복한 시간을 보내요. 세계꽃식물원에서 일찍 찾아온 봄을 만나보세요.

**4. 진천 종박물관 p390**
종에 대한 모든 것을 볼 수 있어요. 보탑사의 목탑을 보고, 천년 된 돌다리인 농다리도 거닐어보세요.

**5. 파주 심학산 p366**
산은 낮아도 전망은 타의 추종을 불허합니다. 산행 후에는 헤이리 예술마을이나 파주출판단지로 가세요.

## 겨울
# Winter

# BEST 힐링여행

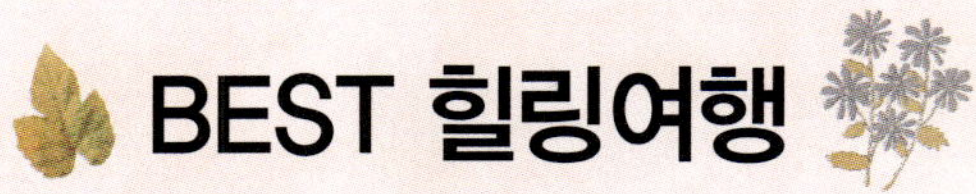

**1. 포천 허브아일랜드 p032**
허브꽃밥을 먹고, 허브스파에서 목욕하고, 허브펜션에서 자고.

**2. 대전 계족산 황톳길 p048**
황톳길을 맨발로 걸으며 온몸으로 자연을 느껴보세요.

**3. 통영 대매물도 p076**
'그리운 남쪽바다' 통영에 떠 있는 작은 섬으로 봄을 찾아 가세요.

**4. 전주 한옥마을 p088**
한옥 게스트하우스에서 머물며 나와 같은 마음으로 떠난 여행자를 만나세요.

**5. 태백 분주령 트레킹 p112**
늦은 봄날의 고개에는 진한 그리움처럼 야생화가 만발해 있어요.

봄
## Spring

여름
## Summer

**1. 영주 풍기역 p198**
중앙선 기차 타고 추억 속 마을을 거닐다 백두대간 깊은 품에 있는 부석사로 가세요.

**2. 군산 선유도 p134**
저녁놀이 곱게 물든 해변을 보며 마음 속 응어리진 무엇이 있다면 풀어버리세요.

**3. 함양 · 산청 지리산 힐링여행 p170**
언제 가더라도 깊고 고요한 상림숲을 거닐고, 남사마을의 아늑한 한옥에서 하룻밤 보내보세요.

**4. 밀양 삼랑진역 p166**
영화 〈밀양〉의 흔적을 더듬고, 밀양이 간직한 자연과 문화유산을 찾아보세요.

**5. 평창 아트인아일랜드 p202**
이효석의 소설 〈메밀꽃 필 무렵〉처럼 한여름에 '소금을 흩뿌려놓은 듯한' 메밀밭이 펼쳐져요.

때로 혼자 떠나고 싶다. 홀로 떠난 여행에서 세상은 잠시 멀리하고 나만을 위로하고 싶다.
혼자 가도 좋은 힐링 여행지를 소개한다.

## 가을
# Autumm

**1. 안동 옥연정사 p216**
낙동강을 사이에 두고 하회마을과 멀찌감치 떨어진 고택에서의 하룻밤. 세상사의 번민도 멀찌감치 밀어내세요.

**2. 양양 구룡령 옛길 p244**
가을이 깊어지는 고갯길을 따라 걸어보세요. 시원한 약수 한 바가지 들이키면 속이 후련해집니다.

**3. 경주 파도소리길 p276**
천연기념물 536호인 양남 주상절리군이 있는 산책길. 파도소리가 동행이 되어 따라 옵니다.

**4. 부여ㆍ서천 4번 국도 p304**
잊혀진 나라 백제. 백제의 옛 도읍지를 돌아 장항선 종착역 서천까지 갑니다.

**5. 영암 월인당 p272**
아궁이에 지핀 장작불로 구들장을 달군 방에서 빳빳하게 풀을 매긴 포근한 이불을 덮고 주무세요.

**1. 화순 운주사 p330**
천불천탑의 신화를 간직한 절입니다. 석불을 찾아 절을 순례하다보면 저절로 마음이 치유됩니다.

**2. 울주 진하해변과 간절곶 p370**
육지에서 가장 먼저 해가 뜨는 곳, 간절곶. 이곳에서 내일의 희망을 잉태해보세요.

**3. 진안 마이산 p398**
겨울 깊은 산을 거닌 후 마이산이 훤히 보이는 노천스파에 몸을 담가보세요.

**4. 광주 남한산성 p406**
서울이 한눈에 보이는 산성을 따라 걸어보세요. 눈길을 밟을 때마다 뽀드득뽀드득 소리가 따라와요.

**5. 장흥 매생이국 p402**
장흥에는 이청준과 한승원 등 이름난 작가들이 태어난 곳입니다. 그들의 생가와 작품의 무대를 찾아 거닐어 보세요.

## 겨울
# Winter

BUS

두근두근 주말여행의 신호탄을 울리는 계절, 봄이다.
겨울의 마지막을 장식하는 동백꽃부터 유채꽃, 청보리 등 봄이 피워내는
각양각색의 꽃과 제철음식들이 얼었던 마음을 덥혀준다.
친구와 함께 가벼운 차림으로 시티투어를 하거나
가족, 연인과 함께 봄내음 향긋한 교외로 떠나보자.
어딜 가더라도 기분 좋은 만남이 준비돼 있다.

# 001

지심도 동백

경남 거제시

# 남해안의 봄이 붉은 색깔로 시작되는 섬

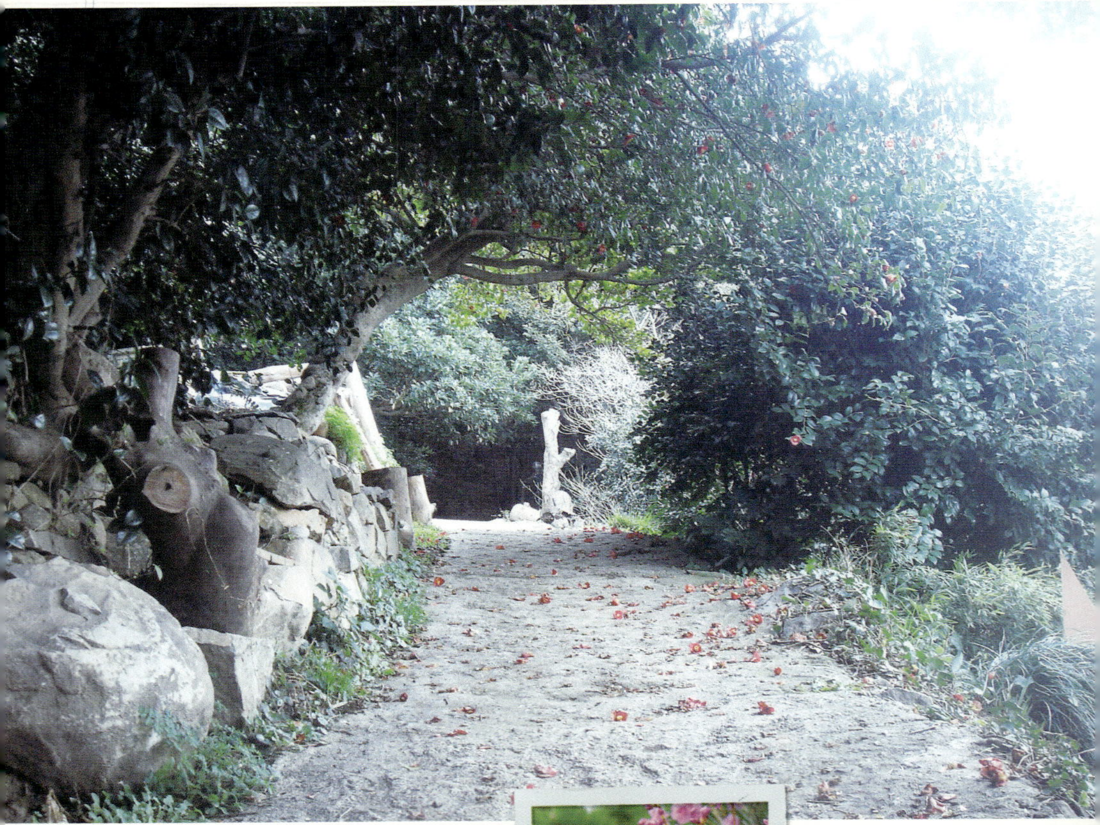

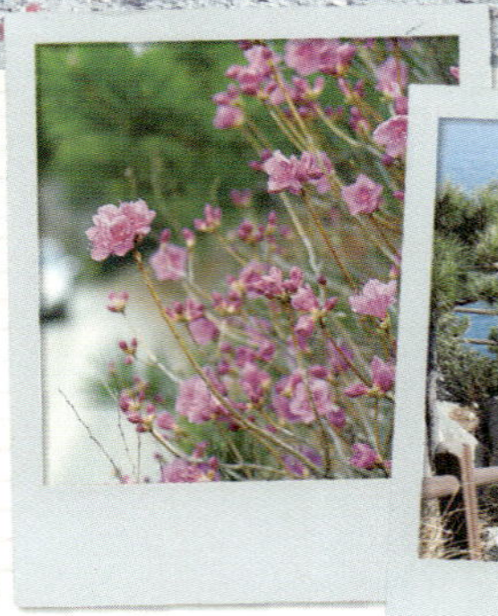

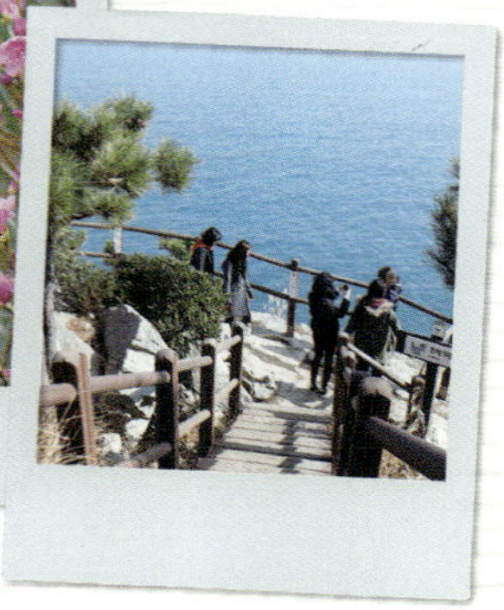

여행 내비게이션

**여행컨셉** 동백숲 따라 섬 일주하면서 봄맞이

**추천일정** 1박2일

**Must Do** 1. 동백꽃 감상하기

2. 옥포대첩의 의미 되새기기

3. 봄바람 부는 해수욕장 해변 산책

4. 청마 유치환의 시 감상하기

5. 멍게비빔밥, 물메기탕 등 거제도 별미 맛보기

**추천 교통** 자가운전

**추천 계절** 봄

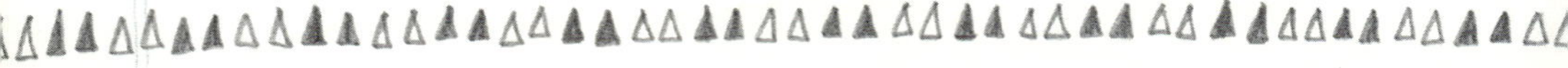

　거제도가 거느린 여러 개의 섬 중에서 지심도는 동백으로 뒤덮인 섬이다. 지심도 숲의 60~70%는 동백나무로 채워져 있다. 이 섬의 동백은 겨울의 문턱인 12월부터 피기 시작해서 다른 봄꽃들이 만개하는 4월까지 여기저기서 불타오르기 때문에 일명 ‘동백섬’이라는 별칭도 생겼다. 지심도는 동백나무뿐만 아니라, 후박나무, 자귀나무, 대나무 등 37종의 난대성 수목들과 식물들이 고르게 자라고 있어서 천혜의 원시림을 자랑한다. 한 줄기 햇살도 비치지 않는 어두운 숲을 걸어 오르면 숨은 다소 가빠지지만 신선한 공기가 상쾌한 기분을 선사한다.

　장승포항에서 도선을 타고 약 15분 정도 파란 바다를 가르면 지심도 선착장에 도착한다. 민박집들이 모인 마을로 오르는 길은 지그재그식으로 꺾어지면서 고도가 높아진다. 선착장에서 시작되는 산책길은 동백하우스펜션-폐교 운동장-국방과학연구소-활주로-해안전망대로 이어진다. 섬 일주도로를 따라 쉬엄쉬엄 걸어도 두어 시간이면 충분히 선착장으로 되돌아올 수 있는 거리다.

　동백하우스펜션을 지나 황토민박집 앞 갈림길에서는 잠시 망설여진다. 〈1박2일〉 체험지로 유명해진 해안절벽지대 ‘마끝’으로 갈 것인지, 편안하게 이어지는 산책로를 택할 것인지 고민한다. 그러나 마끝은 갯바위낚시꾼들의 낚시포인트. 도보여행객들은 발길을 폐교 쪽으로 향한다. 폐교에는 작은 축구 골대만이 텅 빈 운동장을 지킬 뿐이다. 국방과학연구소 앞 갈림길에서는 탄약고와 포진지를 들렀다 나온다. 지심도에는 탄약고를 비롯하여 포진지, 서치라이트 보관소, 활주로, 일장기 게양대 등 일제 강점기의 흔적들이 군데군데 남아 있다. 활주로에 도착하자 확 트인 바다와 하늘이 다시 드러난다. 비행기 이착륙이 가능할지 의심이 들 만큼 작은 공간이지만 지심도의 총면적에 비하면 활주로다운 넓이다. 이곳은 높이가 97m인 지심도의 최고점이기도 하다.

　다시 이어지는 동백나무 숲길. 이 숲으로 들어서면 동백터널을 지나 해안전망대로 갈 수 있다. 해안전망대에 이르러 굽이굽이 휘감아 도는 해식절벽의 절경을 감상한다. 파도에 깎인 상처들이 아름다운 선으로 다시 태어났다. 돈나무, 광나무, 사스레피나무를 따라 지심도의 서쪽 끝 망루에 선다. 망루에서 바라보는 바다는 가슴 속에 남아 있던 찌꺼기를 말끔히 씻어줄 듯 푸르기만 하다. 동백꽃처럼 붉은 열정이 내 안에서 살아서 꿈틀거린다.

### 14번 국도 드라이브와 거제해금강

거제도 드라이브 1번지는 장승포동에서 해금강까지의 약 70리에 이르는 14번 국도이다. 이 해안도로는 줄곧 바다를 끼고 달린다. 와현해수욕장, 구조라해수욕장, 학동 흑진주 몽돌밭, 학동 동백림, 바람의 언덕, 신선대 같은 명소들이 포도송이처럼 줄줄이 도로변에 펼쳐진다. 동백림의 남쪽 끝 함목삼거리에 이르러 왼쪽으로 난 7번 지방도를 타면 1971년 명승 제2호로 지정된 거제해금강을 만난다. 거제해금강은 수억 년의 파도와 바닷바람을 이겨낸 비경을 드러내고 있다. 사자바위, 미륵바위, 촛대바위, 신랑바위, 신부바위 등 이름도 아기자기한 바위들이 옹기종기 모여 여행객들의 눈을 즐겁게 해준다. 유람선을 타고 이들 바위틈으로 들어가면 깎아지른 절벽에 새겨진 만물상과 십자모양의 십자동굴이 나온다.

### 옥포대첩기념공원

임진왜란이 일어난 후 이순신 장군이 처음으로 승전보를 울린 곳이다. 옥포대첩은 조선의 수군에게 해전 승리라는 큰 자부심을 안겨준 곳이기에 그 의미가 깊다. 공원 내에는 기념탑과 참배단, 옥포루, 기념관, 이순신 장군 사당 등이 있다. 공원에서는 매년 6월 16일을 전후하여 약 3일 동안 옥포대첩기념제전이 성대하게 열린다. 기념관 전시실에서 옥포대첩의 유물들과 젊은 기개가 엿보이는 이순신 장군의 영정을 둘러본다. 기념관을 나설 즈음 옥포만 앞 바다에 우뚝 솟은 조선소 전경이 한 눈에 들어온다. 거북선의 위용이 오늘날 조선산업 발달로 면면히 이어지고 있어서 마음이 뿌듯하다.

### 청마 생가와 기념관

시인 청마 유치환은 1908년 거제시 둔덕면 방하리에서 출생했다. 경남 통영시로 이사를 간 것은 4살 무렵이다. 청마는 청록파 시인으로 불리며, '메아리', '깃발', '파도야 어쩌란 말이냐', '울릉도' 등의 애송시를 남겼다. 생가는 초가집 형태로 방 안에는 가족사진과 앉은뱅이 책상, 병풍 등이 남겨져 시인의 어린 시절을 추억해볼 수 있다. 생가 초입의 기념관부터 방문하자.

### 산방산 비원

청마 생가 인근의 산방산 자락에 들어앉은 식물원이다. 꽃도 감상하고 산책과 명상을 즐기기에도 좋다. 물레방아분수대, 아우라작품전시장, 세한곡수원, 야생화전시장, 고인돌광장, 남천군락지, 쑥부쟁이군락, 비비추군락, 벌개미취군락, 수련연못, 잔디광장 등을 한 바퀴 돌면 몸과 마음이 한층 정갈해지는 느낌을 받는다.

### 포로수용소 유적공원

거제도 포로수용소는 6.25전쟁 중 UN군에 포로가 된 공산군을 수용하던 곳이다. 유적공원에 들어선 6.25역사관, 포로생활관, 포로생포관, 여자포로관, 포로설득관 등을 돌아보며 6.25 당시의 포로수용소 실태를 체험하게 된다. 야외는 탱크, 항공기 등이 놓인 안보전시장이다. 이 공원은 1983년 경상남도 문화재자료 제99호로 지정됐다.

1 해금강 사자바위 일출 2 거제를 대표하는 해안절경 해금강 3 옥포대첩기념관 전경 4 학동 동백림 사이로 난 거제 14번 지방도

## 1박2일 추천코스

## 여행정보

### ★ 웹사이트와 전화

거제시 문화관광 055-639-4161, tour.geoje.go.k
거제포로수용소유적공원 055-639-0625, www.pow.or.kr
산방산 비원 055-633-1221, www.beeone.co.kr
옥포대첩기념공원 055-639-8129

### ★ 대중교통

[버스] 서울 남부–장승포, 하루 5회 운행, 6시간 소요
　　　 부산 사상–장승포, 하루 12회 운행, 3시간 20분 소요

### ★ 자가운전

대전통영고속도로 통영나들목–신거제대교–신현터널–14번 국도–장승포항

### ★ 숙박

호텔씨팰리스 : 거제시 일운면 거제대로 290, 055-730-1000
거제더비치펜션 : 거제시 장목면 거제북로 2738-3, 055-634-4900
라이트하우스호텔 : 거제시 장승포로 101, 055-681-6363
베니키아호텔거제 : 거제시 성산로 78-16, 055-991-1000

### ★ 맛집

천년송횟집 : 돌멍게, 거제시 남부면 해금강3길 17, 055-632-3118
한솔횟집 : 활어회, 거제시 동부면 거제대로 973, 055-635-4461
길손 : 오색수제비, 거제시 동부면 거제중앙로 678-5, 055-633-0168

백만석 : 멍게비빔밥, 거제시 계룡로 47, 055-638-3300

### ★ 축제 및 행사

대금산진달래축제 : 매년 4월 초순, 055-639-4173, tour.geoje.go.kr
옥포대첩기념제전 : 매년 6월 중순, 055-639-3393, tour.geoje.go.kr

더 많은 정보는
요기!!

# 002

도다리쑥국

경남 사천시

# 봄바람 따라 올라오는 도다리 맛보세요

여행 내비게이션

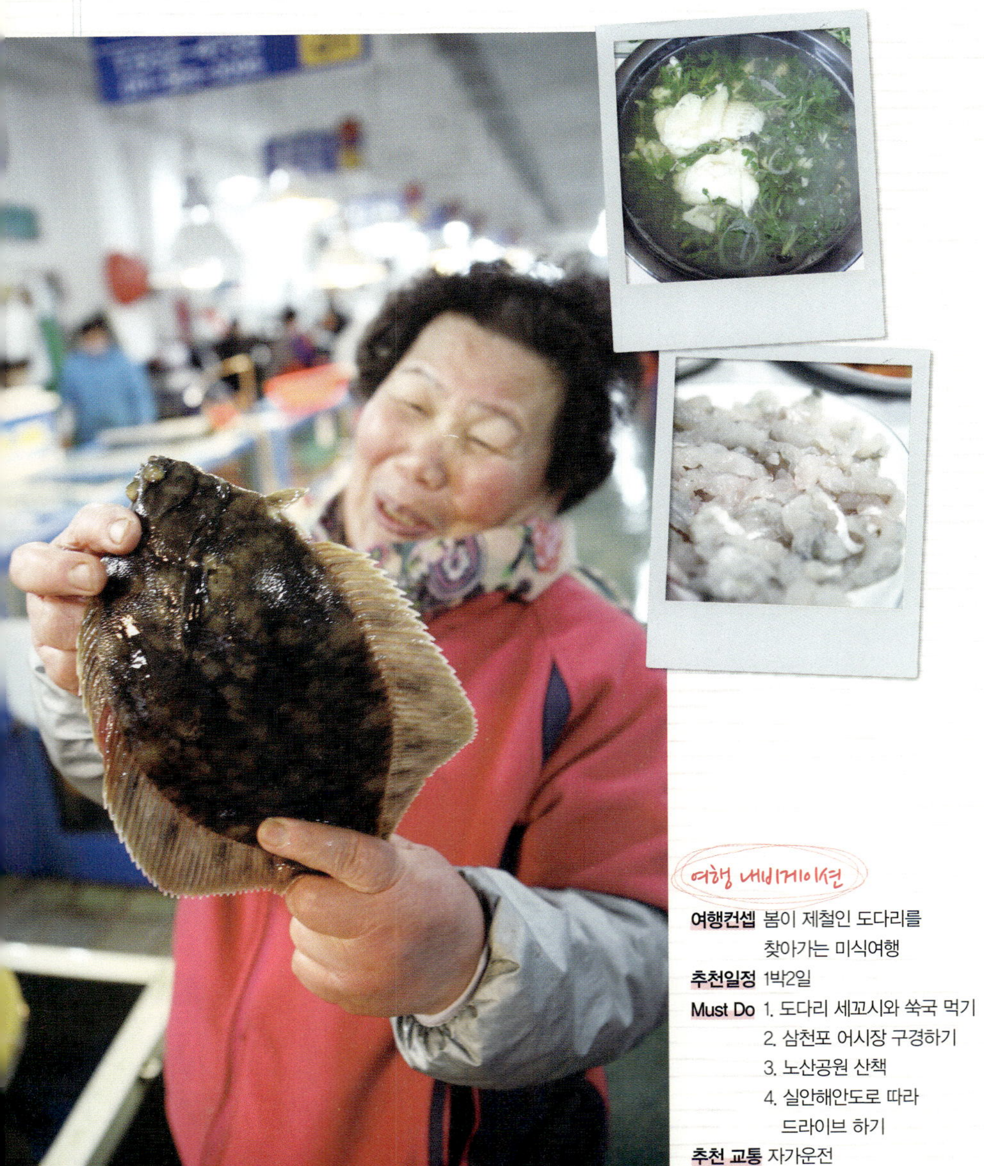

**여행컨셉** 봄이 제철인 도다리를 찾아가는 미식여행

**추천일정** 1박2일

**Must Do**
1. 도다리 세꼬시와 쑥국 먹기
2. 삼천포 어시장 구경하기
3. 노산공원 산책
4. 실안해안도로 따라 드라이브 하기

**추천 교통** 자가운전

**추천 계절** 봄~가을

봄바람이 살살 불어오면 사천 삼천포항 어부들의 손길이 바빠진다. 제주도 근처에서 겨울 산란기를 지낸 도다리가 매년 3월쯤 삼천포 앞바다로 올라오기 때문이다.

'봄 도다리, 여름 민어, 가을 전어, 겨울 광어'라는 말이 있듯, 봄에는 도다리가 제일 맛이 좋다. 이즈음 멀리 반도의 끝자락 사천으로 여행을 떠나는 이유도 봄에 제철인 도다리가 있어서다.

사천의 항구 중에서 도다리를 만나기 쉬운 곳이 삼천포항이다. 경남 서부 연안어업의 중심지이자 우리나라 3대 어항의 하나다. 구항과 신항으로 이뤄져 있는데, 구항으로 행선지를 잡아야 도다리는 물론 항구 주변에 펼쳐진 어시장도 구경할 수 있다. 삼천포항에서 항구의 활력과 갓 잡아 올린 도다리의 싱싱함을 보려면 이른 새벽에 가야 한다. 밤새 바다에 나가 거친 파도와 싸우며 그물 가득 도다리를 걷어 올린 어선이 하나둘 돌아오는 시간이 새벽 3시부터다. 이때부터 삼천포항은 활기가 넘친다. 어선은 항구에 정박하기가 무섭게 도다리를 쏟아내고, 도다리는 배에서 내려지기가 무섭게 경매에 오른다. 새벽 5시면 경매가 끝나고 삼천포 어시장에 도다리가 모습을 드러낸다.

아무리 바다가 좋더라도 입이 즐거워야 여행길이 더욱 풍성하고 행복한 법. 삼천포에 와서 도다리를 놓칠 수는 없다. 삼천포 어시장에는 상점, 좌판 할 것 없이 도다리가 주인공이다. 노점과 좌판, 포장마차가 늘어선 바닷가 쪽 도로변에서 싱싱한 도다리를 골라 회를 뜬다. 도다리는 뼈째 썰어내는 세꼬시로 먹는다. 제철 가격은 1kg에 3만 5,000~4만 원 선. 구입할 때는 어른 손바닥만 한 15~20cm 내외의 크기가 좋다. 큰 것은 보기에는 좋아도 뼈가 단단해서 세꼬시 용으로 적합하지 않고, 너무 작으면 살이 별로 없다. 산란기를 끝낸 도다리는 살이 꽉 차서 찰지고 쫄깃하다. 하얀 살과 함께 씹히는 뼈는 씹을수록 고소하다. 도다리는 광어와 비슷해서 자칫 혼동하기 쉽다. 구별법은 '좌광우도!' 광어는 눈이 왼쪽, 도다리는 눈이 오른쪽에 몰려 있다.

봄의 향기를 오감으로 만끽하고 싶다면 도다리 쑥국이 제격이다. 도다리 쑥국은 전라도의 홍어애탕에 비견되는 경상남도의 대표적 봄철 음식이다. 구수한 된장을 푼 뒤 파릇파릇한 해쑥과 도다리를 넣고 끓여내면 잃었던 입맛을 되찾는 것은 시간문제다. 된장국의 진한 맛과 쑥 향의 절묘한 배합, 쑥과 도다리를 함께 먹을 때 입안에 감도는 쑥 향과 도다리 속살의 부드러움이 두고 두고 잊히지 않을 맛으로 남는다. 먹어 보지 못한 사람은 죽었다가 깨어나도 모를 진미다.

### 삼천포어시장

삼천포어시장은 삼천포항을 중심으로 형성된 활어전문 상설재래시장이다. 40년 전만해도 인근 어촌과 도서지방에서 밤새 잡은 생선이 이곳으로 모여 들었다. 싱싱한 생선이 들어오니 진주, 남해 등지에서 상인들이 모여들면서 자연스레 시장이 형성됐고, 1978년 정식으로 시장이 개장했다. 항구를 중심으로 활어와 회를 판매하고, 농산물, 건어물, 조개류 등을 판매하는 상점과 노점이 즐비하다. 여느 재래시장과 다르지 않지만 풍성한 어류가 매대 가득 메우고 있어 바닷가에 여행 온 기분을 만끽할 수 있다.

### 노산공원

삼천포 구항과 신항 사이에 바다를 향해 돌출한 언덕에 있다. 시원스레 펼쳐진 한려수도의 전망이 한눈에 들어오는 전망 포인트다. 동백꽃 떨어진 산책로를 걸어 바닷가로 가면 해변을 따라 나무 데크가 설치되어 있다. 데크는 신항의 등대로 이어진다. 바닷가를 걷고, 등대와 바다를 배경으로 멋진 추억 한 장 남길 수 있다. 공원 안에는 우리말의 아름다움이 잘 드러나는 시를 썼던 삼천포 출신 박재삼 시인의 문학관이 조성되어 있다.

### 대방진 굴항

삼천포항 옆에 있어 존재가 잘 드러나지 않는 작은 항구다. 몇 척의 어선이 드나드는 작은 항구에 불과하지만 그냥 지나치기 어려운 것은 방파제 끝에 서 있는 하얀 등대 때문이다. 파란 하늘과 바다를 배경으로 한 하얀 등대는 보는 것만으로도 낭만적이다. 누구라도 멋진 여행 사진을 남길 수 있는 장소다. 대방진은 고려 말 남해안에서 극성을 부리던 왜구를 막기 위해 설치한 군항시설의 하나로 역사적으로도 유서가 깊다. 임진왜란 때에는 이순신 장군이 수군 기지로 이용했다.

### 실안해안도로

삼천포대교 아래 대교공원에는 '일몰이 아름다운 거리'라는 이정표가 있다. 실안해안도로의 시작을 알리는 표식이다. 공원 주차장에는 커다란 거북선이 놓여 있다. 임진왜란 당시 이순신 장군이 최초로 거북선을 출전시킨 곳이 사천해전이다. 실안해안도로는 사천해전의 승전을 주제로 60km의 바닷길을 조성한 것이다. 실안해안도로를 따라가면 낮에는 범선의 돛대처럼 바다 위를 가로지르고, 밤에는 오색조명이 반짝이며 빛나는 삼천포대교를 만난다. 삼천포대교를 지나면 원시어업의 하나인 죽방렴이 설치된 바다가 보인다. 죽방렴이 붉게 물드는 실안낙조는 사천8경의 하나다.

1 삼천포 어시장 풍경 2 노산공원 전망대 역할을 하는 팔각정 3 충무공 이순신이 거북선을 숨겨두었다는 대방진 굴항 4 실안마을에서 본 저녁노을

## 1박2일 추천코스

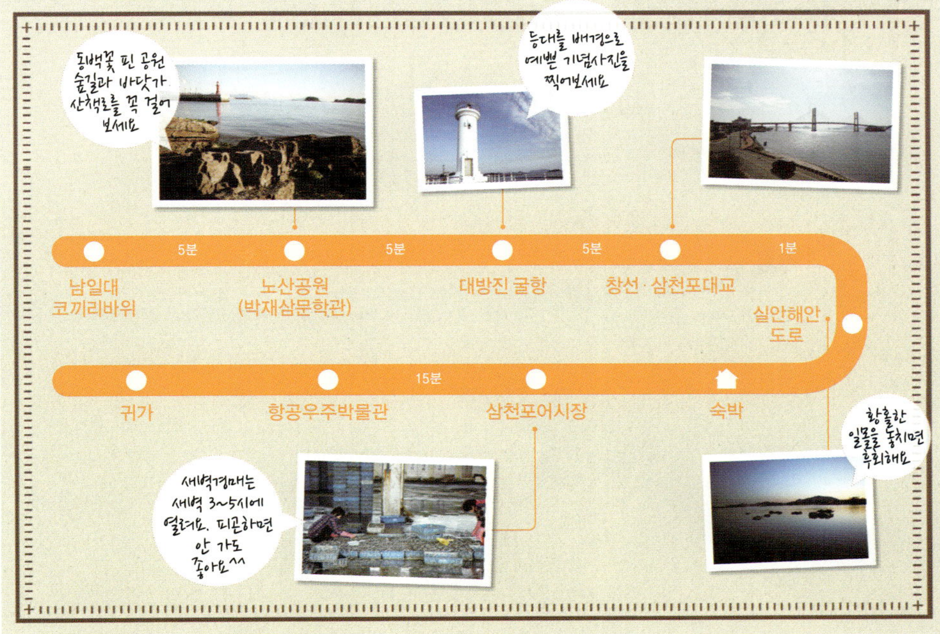


## 여행정보

### ★ 웹사이트와 전화
사천시 문화관광 055-831-2727, toursacheon.net
항공우주박물관 055-851-6565, www.aerospacemuseum.co.kr
박재삼문학관 055-832-4953, www.parkjaesam.com
삼천포대교 공원안내소 055-835-1023

### ★ 대중교통
[버스] 서울남부버스터미널–삼천포시외버스터미널 : 40~50분
　　　 간격 운행, 4시간 10분 소요

### ★ 자가운전
대전통영간고속도로–진주JC–남해고속도로–사천IC–3번 국도–
사천시청–삼천포항

### ★ 숙박
사천관광호텔 : 사천읍 역사길 12, 055-855-0005
삼천포해상관광호텔 : 사천대로 80, 055-832-3004,
　　　　　　www.3004hotel.com
엘리너스호텔 : 남일대길 70, 055-832-9800, www.namiltte.com
양지모텔 : 사천읍 옥산로 71, 055-853-4280
폴라리스모텔 : 팔포1길 54, 055-835-7468

### ★ 맛집
삼천포한정식 : 회 정식, 수남길 13-7, 055-832-7345

자연산횟집 : 도다리쑥국, 어시장길 7, 055-832-2228
해안횟집 : 도다리쑥국, 어시장길 8, 055-832-2700
재건냉면 : 냉면, 사천읍 동성길 28, 055-852-2132
시골여행 : 칼국수, 각산로 138, 055-835-5554
삼천포돌게장 : 돌게장 백반, 삼상로 121-1, 055-835-9052
오복식당 : 해물정식, 수남길 68, 055-833-5023

### ★ 축제 및 행사
사천세계타악축제 : 매년 8월, 055-835-6493, www.sccf.or.kr
경남사천항공우주엑스포 : 매년 10월, 055-831-2061,
　　　　　　festival.aerospace.go.kr

더 많은 정보는
요기!!!

# 003

## 나주 유채꽃

전남 나주시

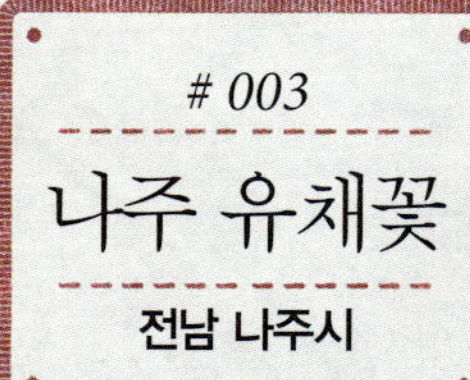

# 2,000년의 이야기를 간직한 영산강의 보석

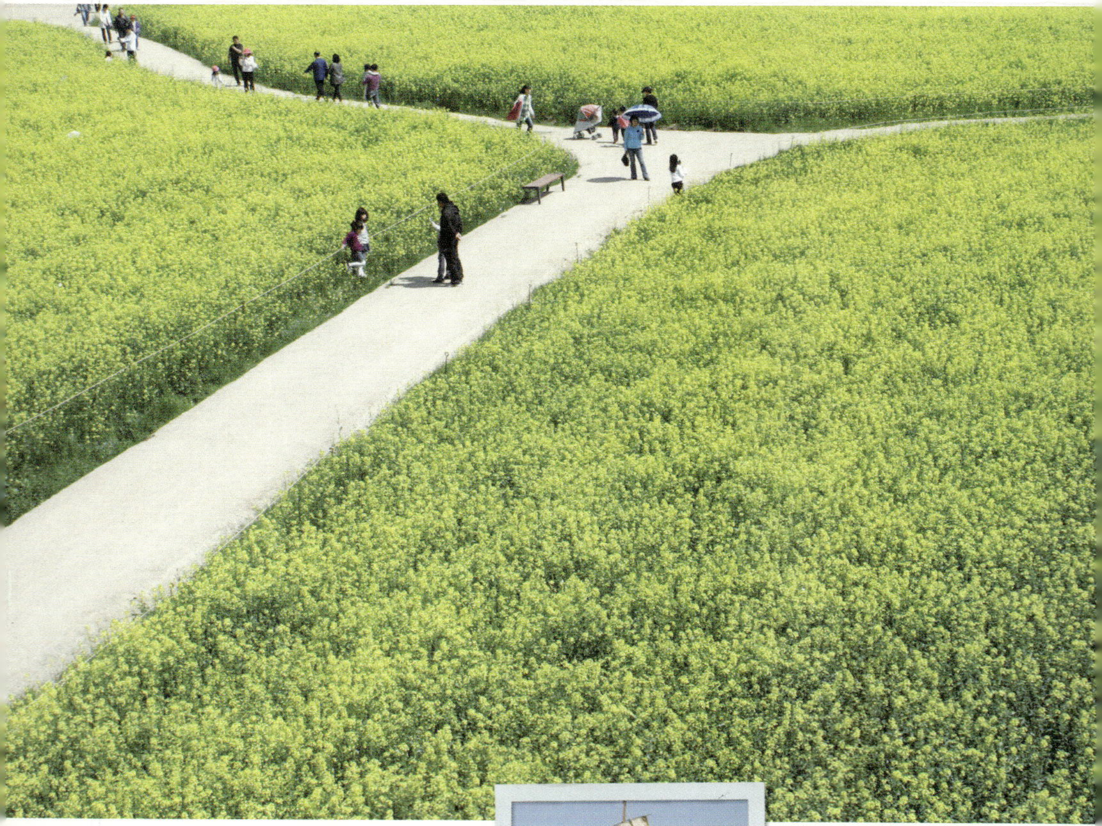

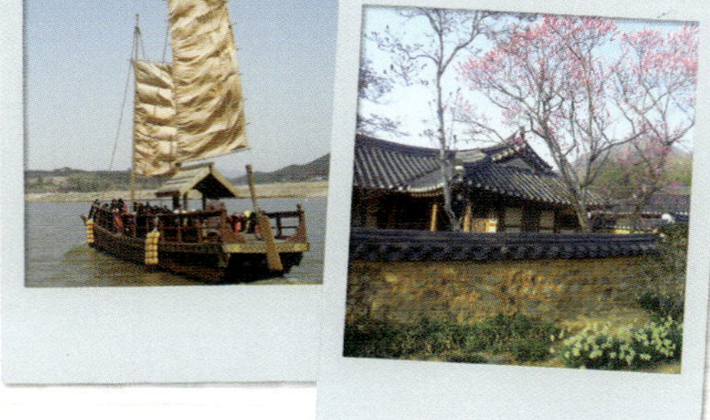

여행 내비게이션

**여행컨셉** 유채꽃 피어난 영산강변과 주변 스케치 여행

**추천일정** 1박2일

**Must Do** 1. 영산강변 유채꽃 보기
2. 영산포 등대 돌아보기
3. 영산포 홍어 맛보기
4. 영산강 황포돛배 타기
5. 나주곰탕 먹기

**추천 교통** 자가운전

**추천 계절** 봄

전남 담양군 용면에서 발원해 광주, 나주, 영암을 지나 목포의 서해바다로 빠져나가기까지 350리를 굽이치며 흐르는 영산강. 작은 지류들을 만나며 굴곡을 더욱 크게 하고 강의 품을 넓게 열어 살찌운 땅이 바로 나주다. 영산강변의 영산포는 남해바다에서 올라온 해산물과 나주평야에서 모아진 곡물들이 모이는 호남 지역 최대의 물자 교류지였다. 일제강점기에는 호남지역의 곡물들이 영산포를 통해 일본으로 공출되면서 수탈의 거점이 되기도 했던 아픈 역사도 갖고 있다. 1977년까지도 배가 드나들었으나 1981년 영산강 하구둑이 만들어지면서 영산포는 더 이상 포구로서의 역할을 하지 못하게 되었다.

영산포가 있는 영산강변의 봄은 노란 유채꽃이 바다를 이룬다. 드넓은 유채밭이 펼쳐진 강변의 남과 북을 잇는 영산교 끝자락에는 작은 등대가 서 있다. 빈번하게 범람하던 영산강의 수위를 측정하기 위해 1915년 만들어진 것이다. 내륙의 하천에 만들어진 것으로는 국내 유일의 등대다. 영산포 등대는 항구의 등대처럼 영산포 선창을 드나드는 배들의 안내자 역할도 했다.

쓸쓸한 등대를 뒤로 하고 걸으면 어디선가 바다의 비릿함이 코를 자극한다. 영산포 홍어의 거리다. 영산교 남단 사거리를 중심으로 홍어간판을 내건 식당과 도매 업소가 즐비하다. 삭힌 홍어의 맛 또한 영산포에서 탄생했다. 고려 공민왕 때 왜구의 남해안 침탈이 빈번하자 섬사람들을 육지로 이주시키는 공도정책이 실시되었고, 홍어로 유명한 흑산도의 주민들이 영산강을 거슬러 와 영산포에 정착하게 되었다. 고향을 떠나온 사람들은 바다로 나가 즐겨먹던 홍어를 잡아왔는데, 영산포로 돌아오는 동안 싱싱하던 홍어는 자연스럽게 숙성이 되고 진한 풍미까지 더해졌다. 영산포가 삭힌 홍어의 고향이 된 셈이다.

홍어의 거리 뒤편 영산동과 이창동 일대에는 삭힌 홍어의 맛만큼이나 독특한 풍광을 가진 골목길이 이어진다. 일본 식민지시대 일본인 자본가들이 지은 가옥과 창고건물이 세월의 흔적을 고스란히 간직한 채 늘어서 있다. 근대의 가옥들이 이어지는 골목 풍경이 마치 영화 속 한 장면을 연상시킨다. 실제로 영화 〈장군의 아들〉이 영산동을 중심으로 촬영되기도 했다. 특히 식민지시대 나주에서 가장 많은 농지를 가졌다는 대지주 구로즈미 이타로의 가옥은 1935년에 지어진 것으로 일본에서 직접 자재를 실어 와 지은 대저택이다.

### 황포돛배 체험장

푸른 물결을 가로지르며 떠가는 황포돛배의 낭만을 즐겨보자. 영산강 하구둑 30여 km 지점까지 갔다가 돌아오며, 30분 동안 승선할 수 있다. 유유히 흐르는 영산강을 바라보는 석관정과 금강정 등의 정자도 볼 수 있다.

### 나주 영상테마파크

인기리에 방영 되었던 TV드라마 〈주몽〉의 세트장을 테마파크로 재단장한 곳이다. 부여의 왕궁과 중국의 황궁, 신단 등을 재현해 놓았다. 저잣거리였던 곳은 다양한 공예체험과 염색체험, 도자기체험을 할 수 있는 체험장으로 만들었다. 신단에서는 굽이치며 흐르는 영산강도 조망할 수 있다.

### 반남면 고분군

마한시대의 역사가 숨어있는 유적지다. 서기 300년경부터 500년에 걸쳐 만들어진 것으로 추정되는 크고 작은 고분들이 들판 가운데에 자리 잡고 있다. 특히 신촌리의 제9호분에서는 국보 제295호로 지정된 금동관을 비롯해 금동신발, 환두대도 등이 발굴되었다. 반남면과 인근의 복암리에서 발견된 35기의 고분들은 마한의 중심 세력이 영산강에 기대어 자리 잡았음을 보여주고 있다.

### 나주읍성

나주천이 흐르는 읍성 안에는 983년 나주목으로 지정되면서 만들어진 유적들을 볼 수 있다. 성벽은 허물어지거나 일반 가옥의 담장으로 흡수되어 그 흔적이 일부 밖에 남아 있지 않지만, 남고문과 동점문이 복원되어 읍성으로서의 면모를 보여준다. 관아의 출입문이라 할 수 있는 정수루와 전국에서 가장 규모가 컸던 객사인 금성관이 있고, 목사 내아인 금학헌에서는 숙박체험도 가능하다. 나주향교의 중심인 대성전은 보물 제394호로 지정되어 있을 정도로 건축적인 아름다움과 역사적인 가치가 높은 곳이다.

### 배 박물관

나주배의 역사와 다양한 사진 자료들, 그리고 배로 만들어낼 수 있는 다양한 음식까지 배에 관한 다양한 정보들을 일목요연하게 정리해 놓은 곳이다. 4월말에서 5월초에는 배 박물관 주변의 3,000여 호가 넘는 배 과수원에서 하얀 배꽃이 피어나 장관을 이룬다.

### 천연염색문화관

다양한 천연염색 작품들과 함께 천연의 재료를 이용한 염색이 실제 의복들에 어떻게 응용되고 있는지 한눈에 살펴볼 수 있다. 특히 쪽풀을 이용해 손수건이나 티셔츠를 염색해 볼 수 있는 천연염색 체험장이 상시 운영되고 있어 탐방객들로부터 큰 호응을 얻고 있다.

### 도래마을

도래마을은 풍산 홍씨의 집성촌이다. 민속자료로 지정된 홍기창, 홍기웅, 홍기헌 가옥을 비롯해 한옥의 멋스러움을 그대로 간직한 전통마을이다. 그 중 '도래마을 옛집'은 1930년대의 가옥으로 숙박과 함께 다양한 문화 프로그램들을 체험할 수 있다.

1 나주 배박물관 뒤편에 있는 배 과수원 풍경
2 나주읍성의 남고문 3 나주 천연염색문화관 판매점 4 나주영상테마파크 전경

## 1박2일 추천코스

15분 — 배 박물관 — 영산포 — 점심(홍어) — 5분 — 영화 〈장군의 아들〉 촬영지 — 20분 — 반남면 고분군 — 20분



5분 — 도래마을(숙박) — 25분 — 황포돛배체험 — 30분 — 나주 영상테마파크



산포수목원 — 30분 — 점심(나주곰탕) — 나주읍성 — 천연염색 문화관 — 15분 — 귀가

## 여행정보

### ★ 웹사이트와 전화

나주시 문화관광 061-339-8592, tour.naju.go.kr
나주영상테마파크 061-335-7008, www.najuthemepark.com
나주천연염색문화관 061-335-0091, www.naturaldyeing.or.kr
반남리 고분군 관광안내소 061-336-1151
나주 배 박물관 061-331-5038
도래마을 옛집 061-336-3675

### ★ 대중교통

[기차] 용산역에서 나주역까지 하루 8회 운행
[고속버스] 센트럴시티터미널에서 영산포행과 나주행 각각 6회
운행, 02-6282-0114
나주시외버스터미널 061-333-3227
영산포터미널 061-332-2345

### ★ 자가운전

[서해안고속도로] 무안IC(1번 국도)-함평-나주-영산포 이정표 따라 진행
[호남고속도로] 광산나들목(13번 국도)-송정-나주-영산포 이정표 따라 진행

### ★ 숙박

나주목사 내아 체험 : 나주시 금성관길 13-8, 061-332-6565
도래마을 : 나주시 다도면 동력길 16, 061-336-3675

### ★ 맛집

홍어1번지 : 홍어삼합, 홍어애탕, 061-332-7444
남평곰탕할매집 : 곰탕, 수육, 061-334-4682
신흥장어 : 장어구이, 061-335-9109

### ★ 축제 및 행사

나주 영산강문화축제 : 매년 10월 하순경
영산포 홍어축제 : 매년 4월 중순

# 이국적인 허브의 숲에 몸을 맡기다

## 여행 내비게이션

**여행컨셉** 허브 숲에 머물며 허브음식 맛보기

**추천일정** 1박2일

**Must Do** 1. 허브펜션에 묵어보기
2. 허브테라피 받고 허브음식 맛보기
3. 국립수목원 숲길 걷기

**추천 교통** 자가운전

**추천 계절** 봄~가을

포천 신북면 허브아일랜드는 '허브로 가득 찬 자연의 섬'을 표방하는 공간이다. 허브로 먹고, 자고, 치유하는 힐링이 한 울타리에서 이뤄진다. 허브아일랜드는 유럽의 허브마을이 연상될 정도로 이국적인 체험 공간들을 새롭게 개장했다. 치유와 휴식을 테마로 한 허브힐링센터, 프랑스풍의 허브펜션, 파르테논 신전을 모티브로 한 허브레스토랑 등이 허브꽃밭 사이에서 이색 풍광을 자랑한다. 라벤더, 페퍼민트 밭과 잣나무 숲길을 연결하는 허브체험 둘레길도 조성됐다. 어느 곳에 머물러도 허브 향은 코를 그윽하게 자극한다.

허브아일랜드의 고전적인 자랑거리는 허브식물박물관이다. 단순 식물원을 넘어서 박물관으로 등록된 허브식물박물관은 국내 최대급 규모로, 2m가 넘는 키다리 레몬버베나를 비롯한 180여 종의 이색 허브가 식재돼 있다. 산책길은 식물박물관을 지나 야외 산속 허브정원으로 연결된다. 사계절 다른 향기를 뿜어내는 허브정원 길은 고즈넉하게 홀로 사색을 즐기기에 좋다.

본격적인 허브아일랜드 탐방에 나서면 이색 시설들이 눈길을 사로잡는다. 허브박물관은 기원전부터 현재까지 먹고 마시고 치료하는 생활 속의 허브를 전시한 공간이다. 허브박물관 앞 베네치아 마을은 허브의 원산지인 지중해의 베네치아를 재현한 곳으로, 곤돌라가 다니고, 주말이면 각종 댄스 공연도 무대에 오른다. 허브아일랜드 가장 높은 곳에 위치한 프랑스 농가풍의 엉쁘띠빌라쥬에서는 허브초 만들기 체험 등이 진행된다.

허브카페, 허브빵집, 향기가게 등이 옹기종기 모인 허브아일랜드 초입 공간은 아기자기함으로 인기를 끄는 곳이다. 이곳 허브빵집의 마늘스틱은 별미로 꼽히며 허브와 관련된 각종 제품들은 향기가게에서 구입이 가능하다. 허브빵집을 돌아서면 7080세대의 향수가 담긴 추억의 거리로 연결된다. 음악다방, 국밥집 등이 실제로 운영 중이며 옥이상회에서 옛날 군것질 거리를 직접 구입할 수도 있다. 허브꽃밥, 허브정식 등 허브를 테마로 한 다양한 음식들도 미각을 자극한다. 아테네 파르테논 신전의 외관을 지닌 아테네 홀에서는 허브의 신 벽화가 그려진 향기로운 공간에서 언덕 아래 경관을 내려다보며 몸에 좋은 허브음식을 맛볼 수 있다.

허브힐링센터는 '허브로 행복해지는 세상'을 모토로 허브입욕, 허브건초, 허브터치 체험 등의 다양한 힐링 코스를 갖추고 있다. 20여 개의 방마다 디자인, 향기, 색깔, 음악 등을 달리해 체질에 따라 보고 듣고 향기를 맡는 맞춤형 치료가 가능하다.

### 시크릿 프랑스 펜션

허브아일랜드 안의 테마 펜션인 시크릿 프랑스 펜션은 코코샤넬, 잔다르크, 마드모아젤 등 방마다 다른 테마로 꾸며 놓았으며, 마당에는 허브들이 식재돼 있다. 창문을 열고 하룻밤 잠을 청하면 몸이 저절로 치유되는 힐링 수면을 취할 수 있다. 허브아일랜드는 오후 10시까지 야간 개장을 해 펜션에 묵으며 아침, 저녁으로 다른 향을 내뿜는 허브 향을 음미할 수 있다.

### 국립수목원

우리나라에서 으뜸가는 산림생태계의 보고로 540여 년간 보전된 나무와 숲을 간직하고 있다. 유네스코 생물권 보전 지역으로도 지정된 큰 숲의 품에 안겨 나무 데크 길을 걸으면 몸의 치유와 함께 편안한 사색에 잠길 수 있다. 숲 생태 관찰로를 걸은 뒤 육림호 카페에서 커피 한잔의 여유를 음미하는 것을 놓치지 말 것!

### 아프리카 예술박물관&아트밸리

허브아일랜드와 국립수목원 가는 길에는 아프리카 예술박물관과 아트밸리 등 쉼표를 던져주는 공간들이 들어서 있다. 아프리카 예술박물관에서는 소수민족들의 공예품 외에도 수준 높은 야외조각 작품과 현지인들의 역동적인 공연을 감상할 수 있다. 채석장을 공원으로 조성한 아트밸리는 화강암 웅덩이인 천주호의 광경이 독특하며, 주말 위주로 공연도 열린다.

<u>1</u> 허브 아일랜드 안에 있는 시크릿 프랑스 펜션 <u>2</u> 독특한 전시회와 공연이 열리는 아프리카 예술박물관 <u>3</u> 산림생태계의 보고 국립수목원 생태관찰로

## 1박2일 추천코스

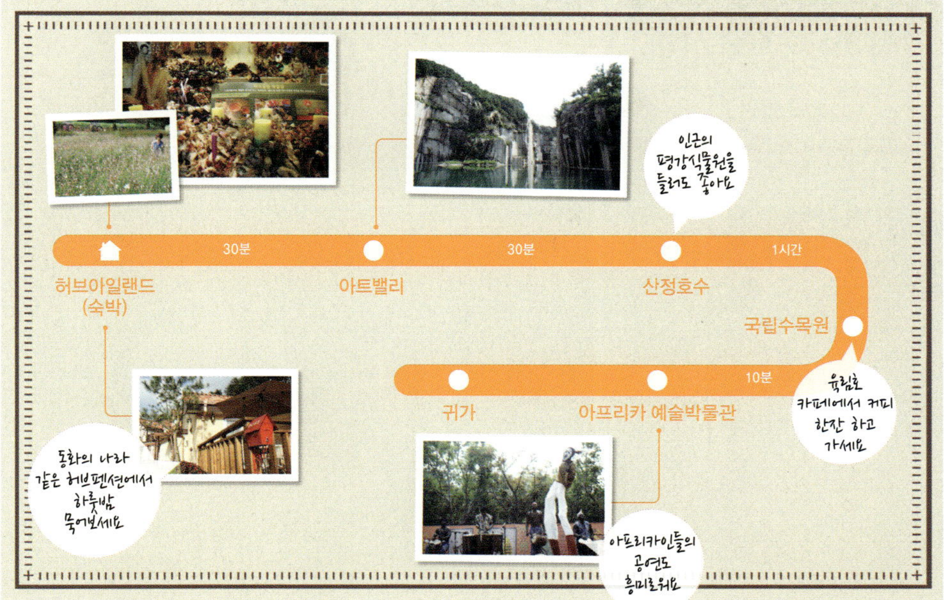


## 여행정보

**★ 웹사이트와 전화**

포천시 문화관광 031-538-2034, tour.pcs21.net
허브아일랜드 031-535-6494, www.herbisland.co.kr
국립수목원 031-540-2000, www.kna.go.kr
아프리카 예술박물관 031-543-3600, www.amoa.or.kr
포천 아트밸리 031-538-3484, www.artvalley.or.kr

**★ 대중교통**

[지하철] 1호선 소요산역에서 하차, 57번, 57-1번(1시간 단위 운행)
환승, 허브아일랜드 하차
[버스] 서울 양재역 뱅뱅사거리에서 3100번 탑승, 대진대 앞에서
57번, 61번 환승, 허브아일랜드 하차

**★ 자가운전**

서울외곽순환도로 의정부IC-동두천 방향 3번 국도-368번 지방도
신북온천 방향-허브아일랜드

**★ 숙박**

시크릿 프랑스 펜션 : 신북면 청신로 947번길 35(허브아일랜드 내),
1644-1997
한화리조트 산정호수 : 영북면 산정호수로 402, 031-534-5500,
www.hanwharesort.co.kr
운악산자연휴양림 : 화현면 화동로 184번길 39, 031-534-6330,
www.huyang.go.kr

**★ 맛집**

아테네 홀 : 허브꽃밥, 신북면 청신로 947번길 35(허브아일랜드 내),
031-535-1174
함병현 김치말이국수 : 김치말이 국수, 내촌면 내촌로 175,
031-534-0732
청산별미 : 버섯샤브샤브, 신북면 청신로 1215, 031-536-5362

# 보리밭, 동백,
# 성벽길이 어우러지다

**여행컨셉** 보리밭길을 걸으며 봄기운 만끽하기
**추천일정** 1박2일
**Must Do** 1. 학원농장 보리밭길 걷기
　　　　　 2. 선운사 동백꽃 감상하기
　　　　　 3. 세계유산 고인돌 구경하기
　　　　　 4. 고창읍성 성곽 걷기
　　　　　 5. 풍천장어에 복분자주 곁들이기
**추천 교통** 자가운전
**추천 계절** 봄, 가을

고창은 가족 봄나들이의 '삼박자'를 갖춘 고장이다. 푸른 자연과 흥미로운 역사와 걷기 좋은 길이 함께 어우러진다. 고창은 연두빛 5월로 넘어서는 길목이 예쁘다. 학원농장에는 보리가 패기 시작하고, 선운사의 동백은 '후두둑' 몸을 던지며, 고창읍성은 철쭉으로 단장된다.

5월, 무장면 학원농장에 들어서면 청보리의 풋풋한 내음이 봄바람에 실려 다닌다. 아득하게 뻗은 보리밭에서는 클래식 음악이 흘러나오고 사람들은 굽이치는 길을 따라 하염없이 걷는다. 보리는 4월 중순에 이삭이 나오기 시작해 5월 중순이면 누렇게 물든다. 청보리는 보리의 품종이 아니라 보리가 가장 예쁜 이 시기의 보리를 일컫는 말이다. 보리가 익어갈 무렵이면 마음도 넉넉해진다. 가족끼리 삼삼오오 손을 잡고 콧노래로 '보리밭 사잇길로 걸어가면'을 흥얼거리거나 보리피리를 불며 옛 추억에 잠긴다. 보리밭 사이로 바람이 지나가면 보리는 사각거리는 소리와 함께 리듬을 맞추며 몸을 눕힌다.

보리밭은 이른 아침이나 해질녘이 더욱 운치 있다. 사람들이 하나둘 빠져나가면 북적거리는 인파를 피해 호젓하게 보리밭 길을 걸으며 사색에 잠길 수 있다. 곳곳에 오두막도 설치돼 있어 지친 다리를 쉴 수도 있다. 농장 식당에서 내놓는 보리 비빔밥을 곁들이면 향긋한 보리 향기와 함께 배도 부른다.

고창은 예전부터 보리가 성하고 잘 자라는 땅이었다. 고창의 옛 이름인 모양현의 '모'는 보리를 뜻하고, '양'은 태양을 의미한다. 보리의 고장에서는 청보리의 빛깔이 완연해지는 4월말, 5월초에 청보리밭 축제가 열린다. 그리고 학원농장 일대의 푸른 보리밭은 초가을이면 하얀 메밀꽃으로 덮힌다.

고창 선운사로 향하는 길도 봄기운이 넘친다. 선다원 앞으로 흐르는 냇물에는 초록이 담기고, 대웅전 앞 경내에는 연등이 주렁주렁 매달린다. 선운사를 감싼 동백은 붉은 자태를 뽐내다가 송이 째 부러지며 천년 사찰의 배경을 물들인다. 이곳 동백은 대웅전, 금동보살좌상 등의 보물을 품은 선운사의 또 다른 보물이다.

### 도솔암

선운사까지 왔으면 내친김에 도솔암까지 길을 잡아 본다. 선운사 경내가 상춘객들로 늘 북적인다면, 도솔암으로 향하는 길은 완만하고 인적이 드물어 가족들의 봄 산책에 알맞다. 산행 길에는 가녀린 계곡이 벗이 된다. 도솔암 경내를 지나 절벽 뒤편의 작은 암자에 오르면 선운산의 기암절벽이 웅장한 모습을 드러낸다. 그 광경 하나만으로도 도솔암까지 걸어 온 피로는 말끔히 가신다.

### 미당 시문학관

선운사에서 풍천장어를 파는 식당들의 고소한 냄새를 뒤로하고 5분 정도 달리면 미당 서정주 선생의 시문학관이다. 시문학관에는 미당의 작품들이 전시돼 있고, 마당에는 커다란 자전거 조형물이 들어서 있어 한가로운 풍경이다. 시문학관에서 시선을 돌리면 멀리 서해바다가 보인다. 시문학관 인근의 하전마을 갯벌 체험장에서는 바지락을 캘 수 있다. 바지락은 진달래꽃 필 때를 전후로 해서 가장 맛이 좋다.

### 매산리 고인돌 군락

매산리 고인돌 군락에는 세계유산으로 등재된 고인돌 수백 기가 흩어져 있다. 이곳에서는 타임머신을 타고 과거로 돌아간 듯 착각에 빠지게 된다. 매산리에는 2,500년 전부터 수백 년간 이 지역을 지배했던 족장의 가족묘역들이 곳곳에 흩어져 있다. 고인돌박물관을 지나 미니 열차를 타고 구경할 정도로 범위가 넓다. 돌무덤은 6개의 코스로 나뉘어 있는데, 최근 '올레길' 열풍을 타고 고인돌 군락을 지나 생태습지인 운곡습지, 운곡저수지까지 걷는 코스도 새롭게 등장했다.

### 고창읍성

읍내에 들어서면 고창읍성이 고풍스런 자태를 뽐낸다. 조선시대 왜침을 막기 위해 쌓은 성은 원형에 가까운 모습을 간직하고 있고 둘레가 1,684m나 된다. 봄을 만끽하며 걷는 길은 고창읍성에서 무르익는다. 읍성의 가치는 실제로 성 주변을 돌아봤을 때 피부 깊숙이 와 닿는다. 예전부터 성을 한 바퀴 돌면 다리 병이 낫고, 두 바퀴 돌면 무병장수하고, 세 바퀴 돌면 극락승천 한다는 말이 전해져 내려온다. 음력 9월이면 성 밟기 놀이도 재현된다. 실제로 성은 성곽 밖, 성벽 위, 성 안 솔숲 길 따라 취향에 맞게 선택하여 돌 수 있다. 어느 고궁의 산책 길 못지않게 길은 호젓하고 아름답다. 성벽 위를 걷다보면 고창 읍내가 한눈에 들어오고 성 안에는 대숲과 관아 등 볼거리도 넉넉하다. 읍성 입구에는 판소리 여섯마당을 집대성한 신재효의 생가와 판소리박물관이 들어서 있다.

1 선운사 마애불 곁에 있는 도솔암 2 조선시대 축조된 고창읍성 3 세계문화유산으로 지정된 매산리 고인돌 군락 4 서정주 시인의 시세계를 만날 수 있는 미당 시문학관 전경

## 1박2일 추천코스

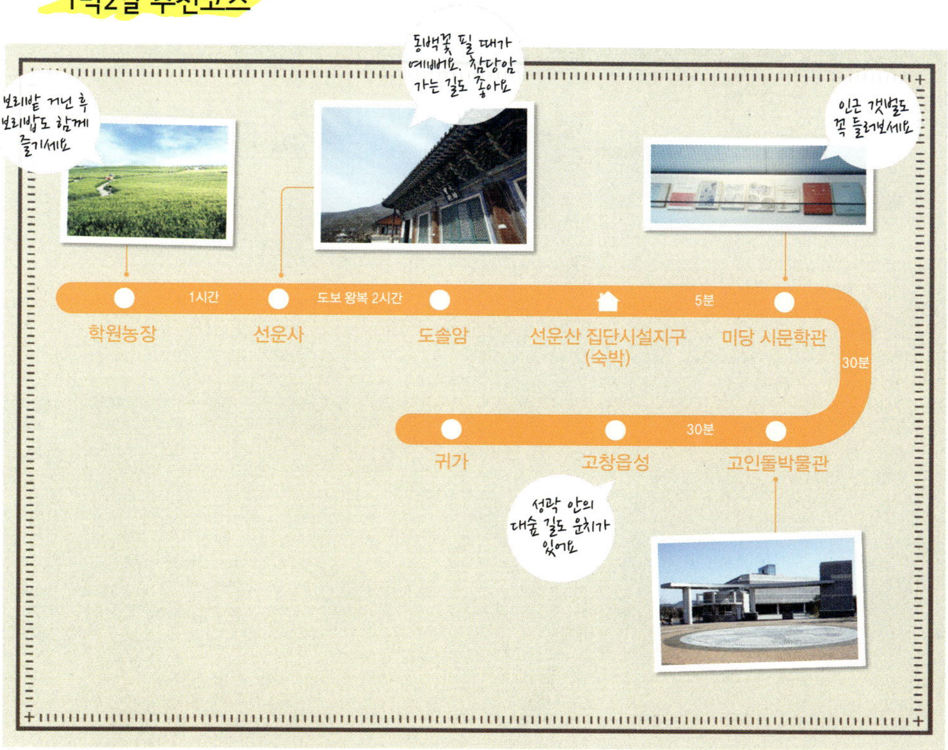

학원농장 — 1시간 — 선운사 — 도보 왕복 2시간 — 도솔암 — 선운산 집단시설지구 (숙박) — 5분 — 미당 시문학관 — 30분 — 고인돌박물관 — 30분 — 고창읍성 — 귀가



## 여행정보

### ★ 웹사이트와 전화

고창군 문화관광 063-560-2455, culture.gochang.go.kr

고인돌 박물관 063-560-2577, www.gcdolmen.go.kr

학원농장 063-564-9897, www.borinara.co.kr

선운사 관리사무소 063-561-1422

### ★ 대중교통

[버스] 강남터미널-고창 3시간 소요, 50분 간격

전주, 광주 터미널에서 30분~1시간 간격 운행

### ★ 자가운전

[서해안고속도로] 고창IC-아산-무장-학원농장

[호남고속도로] 정읍IC-고창읍-아산-무장-학원농장

### ★ 숙박

선운산관광호텔 : 아산면 중촌길 21, 063-561-3377

선운산유스호스텔 : 아산면 선운사로 158-36, 063-561-3333

아리랑 모텔 : 고창읍 월곡6길 6, 063-561-5595

### ★ 맛집

미향 : 새싹비빔밥, 고창읍 모양성로 24, 063-564-8762

학원농장 식당 : 보리밥, 공음면 학원농장길 158-6, 063-564-9897

용궁횟집 : 회, 상하면 진암구시포로 541, 063-563-0031

신덕식당 : 풍천장어구이, 아산면 선운사로 8, 063-564-1533

더 많은 정보는
요기!!

# 오독오독 씹히는 봄바다의 강렬한 맛

**여행컨셉** 포구 드라이브를 즐기며
제철 간재미 맛보기
**추천일정** 1박2일
**Must Do** 1. 장고항에서 간재미 맛보기
2. 방조제 드라이브
3. 왜목마을에서
일몰과 일출 보기
4. 필경사에서 서해대교
조망 하기
**추천 교통** 자가운전
**추천 계절** 봄

　봄 입맛이 뚝 떨어졌을 때에는 충남 당진으로 핸들을 돌리자. 당진의 봄 포구에는 오독오독 씹히는 맛이 일품인 해산물들이 쏟아진다. 당진에 왔으면 일단 싱싱한 간재미 회무침을 못 본 체 할 수 없다. 3월 당진에서는 간재미가 제철이다. 2월 말부터 본격적으로 잡히기 시작하는 간재미는 5월까지 미식가들의 사랑을 받는다. 6월이 지나 알이 들면 살이 뻣뻣해져 맛이 떨어진다.

　충청도 사투리로 간재미는 갱개미로도 불리는데 생긴 것은 꼭 홍어 새끼를 닮았다. 홍어는 삭혀 톡 쏘는 맛을 내는데 반해, 간재미는 삭히지 않고 막 잡은 놈들을 회무침으로 먹는다. 당진의 포구에서 잡히는 간재미는 대부분 자연산이다. 예전에는 석문방조제 초입의 성구미포구가 간재미의 집어항이었다. 최근 성구미포구의 인근에 제철소와 공장들이 들어서면서 풍취가 예전 같지 않다. 오히려 옛 포구의 정취가 깃든 곳은 석문방조제 건너 장고항이다. 변해가는 당진의 포구 중에서 소담스러운 어촌 풍경과 함께 바다 향을 맡으며 회 한 점 즐길 수 있는 곳이다. 장고항에는 20년 된 등대횟집 등 10여 곳의 횟집들이 간재미를 주 메뉴로 식탁에 올린다.

　장고항의 간재미는 예전처럼 그물을 이용하지 않고 낚시를 이용해 건져 올린다. 배를 타고 10~20분 가는 근해가 간재미를 잡는 포인트다. 수족관에서 갇혀 있던 간재미들은 물 밖에 나서면 퍼덕거리며 지칠 줄 모르고 힘자랑을 한다. 간재미를 회로 뜨다 보면 간혹 낚시 바늘이 발견되기도 하는데 자연산이라는 증표이니 걱정할 필요는 없다. 간재미는 수놈보다 암놈이 더 부드럽고 맛있다. 수놈은 꼬리가 양 갈래로 뻗어 있고 암놈은 꼬리가 한 가닥이다. 같은 값이면 암놈으로 잡아달라고 주문하는 것도 요령이다.

　도마 위에 오른 간재미는 껍질을 벗겨낸 뒤 오이, 당근, 고춧가루, 물엿, 식초 등에 버무려져 회무침으로 변신한다. 날회로 먹는 경우는 드물다. 간재미무침의 감칠맛을 위해서 싱싱한 간재미는 필수. 여기에 양념을 버무리는 주인장의 손맛이 더해져야 한다. 식당에 따라 청양고추를 넣어 매콤한 맛에 힘을 주는 곳도 있다. 간재미무침 한 점을 입에 물면 다른 회와 달리 씹는 맛이 강하게 전해진다. 부드러운 살점 한 가운데서 오독오독 씹히는 회 맛은 봄 야채들과 곁들여져 향긋하게 입 전체를 감싼다.

### 방조제 드라이브 길

바다를 따라 이어지는 방조제 드라이브 길은 당진9경에 속해 있을 정도로 인기가 높다. 장고항에서 일출, 일몰로 유명한 왜목마을까지는 승용차로 불과 10분 거리다. 왜목마을은 최근에 가장 번연해진 곳이다. 예전에 어촌 민박 몇 집 있는 한적한 마을의 모습이었다면, 요즘은 수십여 곳의 식당, 펜션 등이 들어서 일대 포구 중 가장 번화한 곳으로 변신했다. 왜목마을에는 해변을 잇는 나무 데크 길이 갖춰져 산책을 즐기는 운치가 있다. 대호방조제 건너 도비도포구는 휴양단지로 조성된 곳으로써 난지도로 들어가는 배가 출발하며, 해수탕에서 여독을 풀 수도 있다.

### 필경사

방조제 길을 벗어나 38번 국도를 따라 송악IC 방향으로 이동하면 소설가 심훈의 고택 필경사가 있다. 심훈은 이곳에서 직접 〈상록수〉를 집필했으며 기념관, 생가 터, 상록수를 상징하는 조형물 등이 들어서 있다. 이곳에서 서해대교를 조망할 수 있다.

### 삽교호 함상공원

38번 국도를 따라 삽교호국민관광지 방향으로 계속 길을 잡으면 삽교호 앞바다에 함상공원이 모습을 드러낸다. 현역에서 은퇴한 군함들이 있는 함상공원에서는 실전에 투입됐던 함정에 들어가 해군과 해병대의 내무반 생활을 엿보고, 기관포 레이더 등의 무기와 장비들을 직접 만지며 체험할 수 있다.

### 솔뫼성지

당진여행의 마무리는 솔뫼성지에서 차분하게 맞는다. 솔뫼성지는 한국 최초의 천주교 사제인 김대건 신부가 태어난 곳으로 그의 생가 터와 기념관이 마련돼 있다. 기념관과 생가 터를 잇는 길은 솔뫼라는 이름답게 소나무 숲과 잔디밭이 넓게 펼쳐져 있어 따사로운 봄 산책을 즐기기에도 좋다.

**1** 장고항과 왜목마을을 잇는 석문방조제 **2** 〈상록수〉를 집필한 심훈의 기념관과 생가가 있는 필경사 **3** 삽교호 함상공원에 전시된 함선의 내무반 **4** 한국 최초의 천주교 사제 김대건 신부가 태어난 솔뫼성지

## 1박2일 추천코스

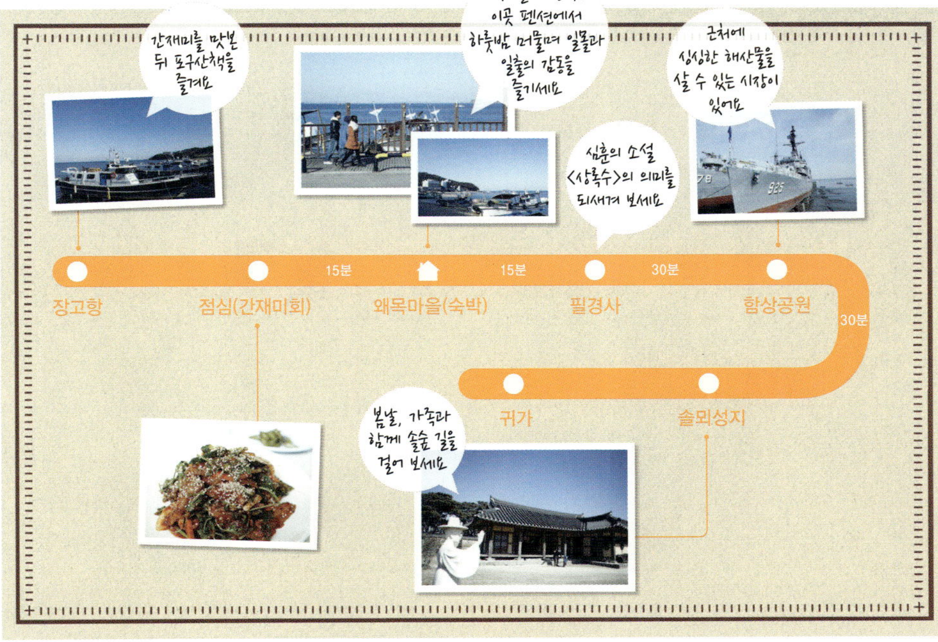


## 여행정보

**★ 웹사이트와 전화**

당진시 문화관광 www.dangjin.go.kr/html/tour

필경사 041-356-8405, www.ssks.kr

솔뫼성지 041-362-5021, www.solmoe.or.kr

함상공원 041-363-6960, www.sgmp.co.kr

**★ 대중교통**

[버스] 서울강남터미널, 남부터미널에서 당진 수시 운행, 1시간 30분 소요

인천, 천안, 대전터미널에서 당진 직행버스 운행

**★ 자가운전**

서해안 고속도로 송악IC-38번 국도-성구미포구-석문방조제-장고항

**★ 숙박**

떼라세리조트 : 석문면 교로리 788-3, 041-352-9500, www.tterasse.kr

왜목펜션힐 : 석문면 석문해안로 33-6, 041-353-0418

서해대교 관광호텔 : 송악면 반촌리 800, 041-357-8991

왜목펜션 : 석문면 석문해안로 9, 041-353-2750, www.freecian.com

**★ 맛집**

등대회집 : 간재미무침과 실치회, 석문면 장고항로 301, 041-353-0261

지중해 : 간재미무침, 송산면 성구미길 102-21, 041-354-0877

우렁이박사 : 우렁쌈밥, 신평면 서해로 7439, 041-362-9554

섬마을횟집 : 자연산 회, 석문면 교로리 844, 041-357-3694

**★ 축제 및 행사**

영주수박페스티벌 : 매년 7월~8월

영주 풍기인삼 축제 : 매년 10월, www.ginsengfestival.com

무섬외나무다리축제 : 매년 10월, 054-639-6601

더 많은 정보는 요기!!!

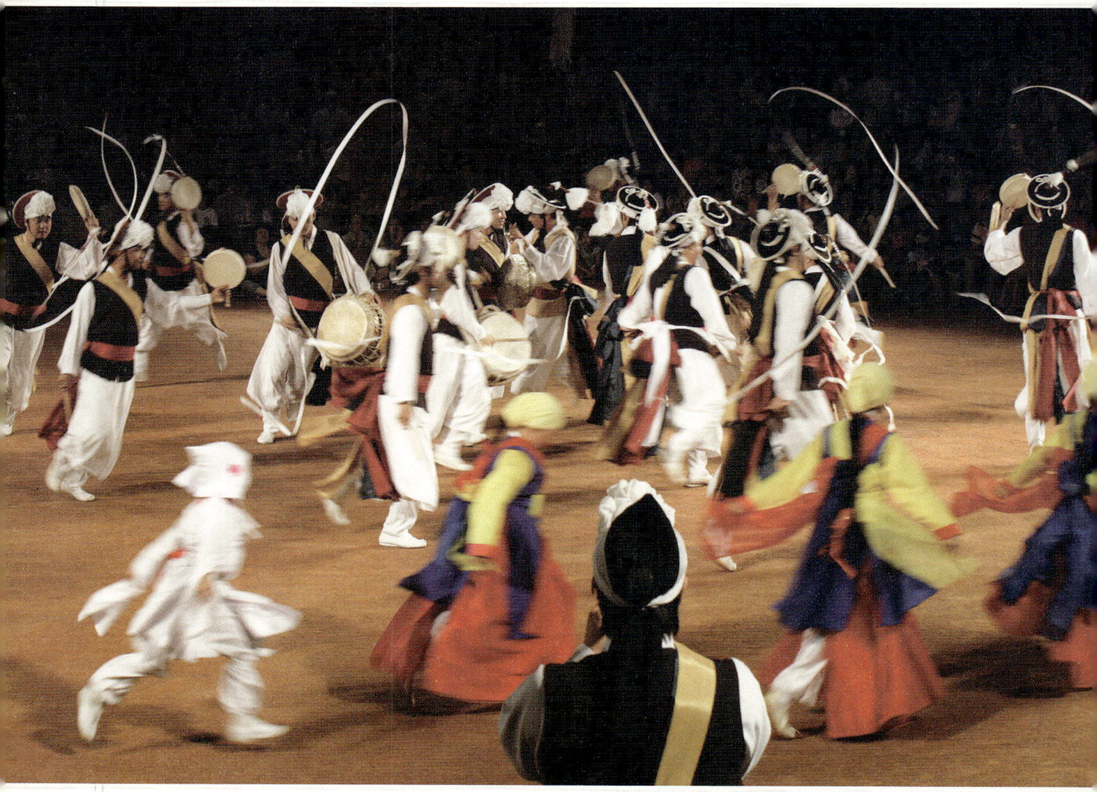

# 007

## 남사당놀이

경기도 안성시

# 열쑤, 신명나게 한 판 놀아보세

여행 내비게이션

**여행컨셉** 유네스코 세계무형문화유산인 남사당놀이 흥겹게 감상하는 봄나들이

**추천일정** 당일

**Must Do** 1. 남사당놀이 감상하기
2. 안성맞춤박물관 관람하기
3. 복거마을에서 산책 즐기며 벽화 감상
4. 서일농원 장독대 구경
5. 설렁탕이나 한우 맛보기

**추천 교통** 자가운전

**추천 계절** 봄

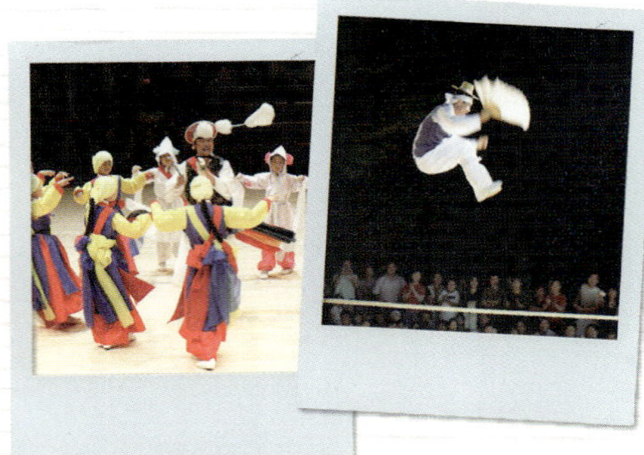

유네스코에 의해 세계무형문화유산으로 등재된 남사당놀이의 상설공연은 2002년 처음 시작됐다. 매주 토요일과 일요일 오후가 되면 남사당공연장으로 여행객들이 많이 모여든다. 가족 단위 여행객들은 물론 외국인 관광객들도 쉽게 눈에 띈다. 남사당공연장의 실내 원형공연장은 가족 객석과 2층 객석 등이 마련돼 700명의 관객을 동시에 수용할 수 있으며, 온돌시설이 설치됐다는 점이 특이하다. 야외공연장은 1,000석의 규모를 자랑한다.

안성시립남사당바우덕이풍물단 단원들은 '한국에서 가장 신명이 가득한 곳, 전통과 현대가 멋으로 넘치는 곳'이라는 남사당공연장에서 묘기와 재담 등을 통해 전통문화의 진수를 2시간 동안 보여준다. 상설공연은 상반기3월말~7월말, 하반기8월중순~11월말로 나뉘어 실시된다. 토요일의 상설공연은 오후 4시부터 6시까지, 일요일의 상설공연은 오후 2시부터 4시까지 진행된다.

남사당놀이의 첫순서는 풍물놀이. 북, 장구, 징 등의 풍물악기가 총동원돼 흥겨운 장단과 몸놀림을 다양한 진법이동법으로 들려주고 보여준다. 이어서 버나놀이가 전개된다. 버나놀이는 긴 막대나 담뱃대 등으로 둥글고 넓적한 접시를 돌리거나 공중으로 높이 던지는 놀이다. 다음 순서는 무동놀이. 어린 아이를 어깨 위에 태우고 놀아보는 기예로 1명을 올리는 것은 단무동, 2명을 올리면 3무동, 4명이나 올리고 놀면 5무동이라고 부른다. 그 다음으로 살판이 이어진다. 살판은 '못하면 죽을 판 잘 하면 살 판'이라는 말에서 유래된 놀이. 어릿광대와 재주꾼이 멍석 위에서 해학 넘치는 재담을 주고받으며 땅재주를 펼친다. 버나쳇바퀴를 돌리며 재담을 늘어놓는 버나놀이가 다시 이어진다.

공연의 클라이맥스는 줄타기어름이다. 얼음 위를 걷듯 조심스럽게 하는 놀이로 줄을 타는 줄타기꾼 어름산이는 한 가닥 외줄 위에서 갖가지 묘기를 펼치고 관객들과 재담을 나눈다. 약 10m 떨어진 두 군데 지점에 두 개의 지주를 세운 다음 밧줄을 걸친다. 지상에서 약 3m 높이 정도에 줄이 팽팽하게 이어지면 이 줄 위에서 어름산이가 목숨을 걸고 재주를 보여준다. 앞뒤로 걷기, 종종걸음으로 달리기, 잽싼 걸음으로 달리기, 앉아서 이동하기 등의 재주가 줄기차게 이어진다. 줄에서 떨어질 것만 같은 재주를 보여줄 때 숨도 멈춘 채 그의 솜씨에 빠져들었던 관람객들은 기겁을 하다가 이내 안도의 한숨을 쉬곤 한다.

이어서 12발놀이가 관객들을 사로잡는다. 12발약 14m짜리 흰 끈이 달린 상모를 돌리며 재주를 부리는 것이다. 뒤풀이는 광대들이 관객들과 함께 어울려 신명나게 흥을 나누고 막춤도 추는 시간, 모두가 하나가 되는 난장의 어울림이다.

### 안성맞춤박물관

안성의 유기(놋쇠로 만든 기물), 안성의 농업과 향토문화, 안성남사당 등을 소개하고 있다. 초등학생 자녀들과 함께 떠나는 나들이라면 반드시 들러봐야 할 테마박물관이다. 1층은 안성맞춤 유기전시실, 2층은 농업역사실과 향토사료실로 구성되어 있다. 문화관광해설사가 오전 11시, 오후 2시와 4시에 정기적으로 안내를 해준다. 상설체험프로그램으로 탁본, 안성출토유물 퍼즐맞추기 등이 준비되어 있다. 중앙대 안성캠퍼스 초입에 위치한다.

### 태평무전수관

태평무를 비롯한 전통무용을 무료로 감상할 수 있다. 공연은 오후 3시부터 약 1시간 동안 진행되며 매년 3월 말부터 10월 마지막 주 토요일까지 계속된다. 다양한 전통무용을 한 자리에서 만날 수 있다는 것이 장점이다. 태평무(중요무형문화재 제92호)는 국가의 태평성대와 풍년을 기원하는 춤이다. 경쾌하고 특이한 발짓춤에 손놀림이 우아하고 섬세하다. 향발무, 장고춤, 키춤, 부채춤, 무당춤, 공작과 학춤, 물동이춤, 한량무, 검무, 북춤, 바라춤, 즉흥무 등이 관객들의 어깨를 들썩거리게 만든다.

### 복거마을

복거마을 주민들은 2007년부터 대안미술공간 소나무와 함께 '아름다운 미술마을 만들기' 사업을 시작했다. 호랑이 마을답게 마을 꾸미기의 주제는 '호랑이를 기다리며'로 정하고 복거마을회관을 중심으로 골목과 담 곳곳에 호랑이 그림이며 조형물을 설치해나갔다. 마을회관 입구에는 흙으로 만든 '마을지도'가 붙어 있고 맞은편에는 폐철로 만든 '호랑이를 기다리며'라는 작품이 세워져 있다. 그 밖에 '하늘에서 호랑이가 내려온다', '옥상 위의 호랑이', '호랑이 담배피던 시절', '소', '꽃밭과 소' 등 50여 개의 작품이 마을 방문객들의 눈과 발걸음을 행복하게 만들어준다.

### 서일농원

항아리가 가득한 장독대가 압권이다. 전통음식 시식점 솔리에서 각종 장아찌, 고추장, 채소가 차려진 된장찌개로 식사도 하고, 된장을 비롯한 각종 장류와 장아찌를 구입할 수 있다. 서일농원 안에서 곧게 뻗으며 자라는 소나무들은 전북 임실군의 수몰지구에서 물에 잠길 운명에 처한 것들을 가져와 옮겨 심은 나무들이다. 자그마한 연못 주변에는 황톳길이 조성되어 있어 잠시 산책을 즐기기에 적당하다.

**1 2** 남사당놀이 공연장에서 펼쳐지는 태평무 공연 **3** 마을 곳곳에 호랑이 벽화와 조형물이 있는 복거 마을 **4** 전통적인 방식으로 된장을 담그는 서일농원

## 당일여행 추천코스

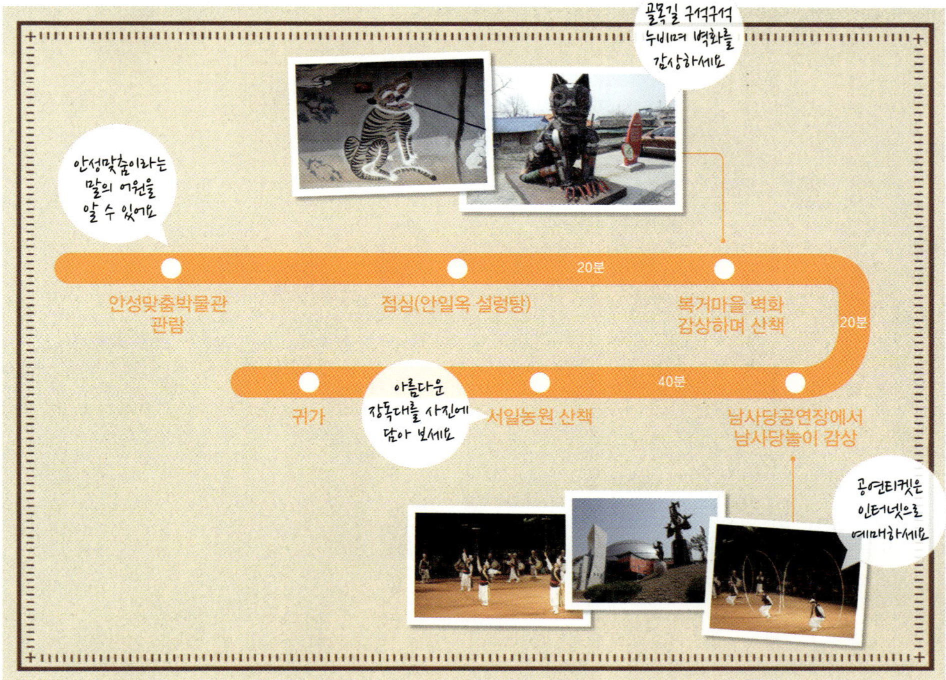


## 여행정보

### ★ 웹사이트와 전화

안성시 문화관광 tour.anseong.go.kr
안성시립남사당바우덕이풍물단 031-678-2518,
　　　　　　　　　www.namsadangnori.or.kr
안성맞춤박물관 031-676-4352,
　　　　　　　www.anseong.go.kr/position/museum
태평무전수관 031-676-0141, www.taepyungmu.net
서일농원 031-673-3171, kgfarm.gg.go.kr/farm/00059

### ★ 대중교통

[버스] 남서울-안성, 15분 간격 운행, 1시간 소요
　　　수원-안성, 20분 간격 운행, 1시간 소요
　　　안성시내-남사당공연장 : 안성시내 알파문구 앞에서 북좌리
　　　방면(15-1번) 버스를 이용(하루 6회 운행), 남사당공연장 앞에
　　　서 하차

### ★ 자가운전

경부고속도로 안성나들목-안성맞춤박물관 입구-대덕터널-보개면
사무소 입구-남사당공연장

### ★ 숙박

안성호텔 수 : 안성시 금광면 삼흥로 102, 031-671-0147
안성프로방스펜션 : 안성시 죽산면 용설호수길 126, 031-676-9904
헐리우드모텔 : 안성시 금광면 가협길 41, 031-674-0810
안성퓨전펜션 : 안성시 죽산면 용설로 300-23, 031-675-1807

### ★ 맛집

명성추어탕 : 어죽, 안성시 강변남로 2-10, 031-671-3305
중앙가든 : 한우, 안성시 공도읍 서동대로 4557, 031-618-9144
장안면옥 : 냉면, 안성시 중앙로371번길 54, 031-674-4703
안일옥 : 설렁탕, 안성시 중앙로411번길 20, 031-675-2486

### ★ 축제 및 행사

안성남사당바우덕이축제 : 매년 10월 초순, 031-678-5991,
　　　　　　　　　www.baudeogi.com
조병화 시 축제 : 매년 5월 초순, 031-674-0307, www.poetcho.com

# 008

## 계족산 황톳길

대전광역시 대덕구

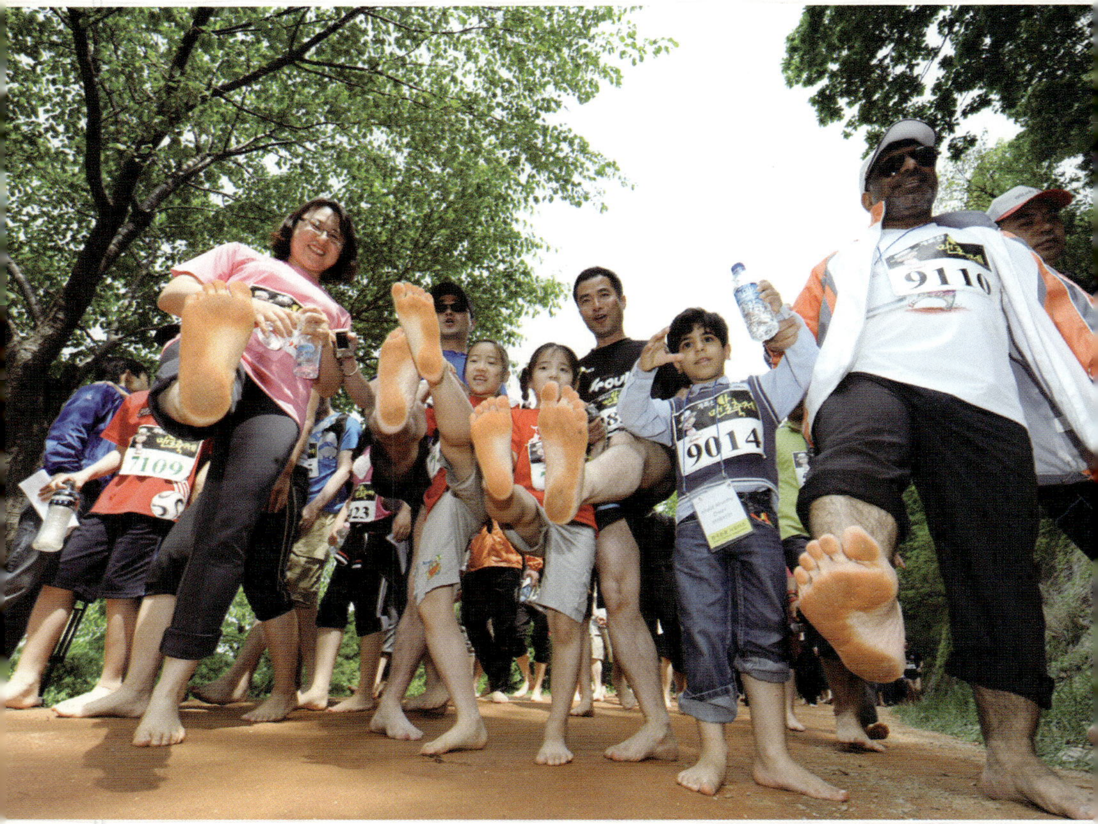

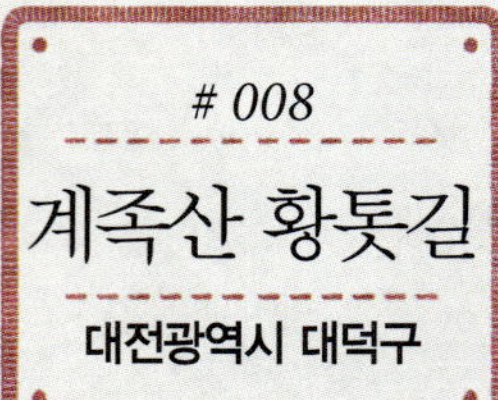

# 온가족이 다함께 맨발로 고고씽!

여행 내비게이션

**여행컨셉** 맨발로 걷는 황톳길 힐링 로드

**추천일정** 1박2일

**Must Do** 1. 황톳길 맨발 걷기
2. 계족산성에 올라 대전시 한 눈에 담기
3. 대청호반 산책하기
4. 유성온천 체험하기
5. 이응노미술관 관람하기

**추천 교통** 자가운전

**추천 계절** 여름

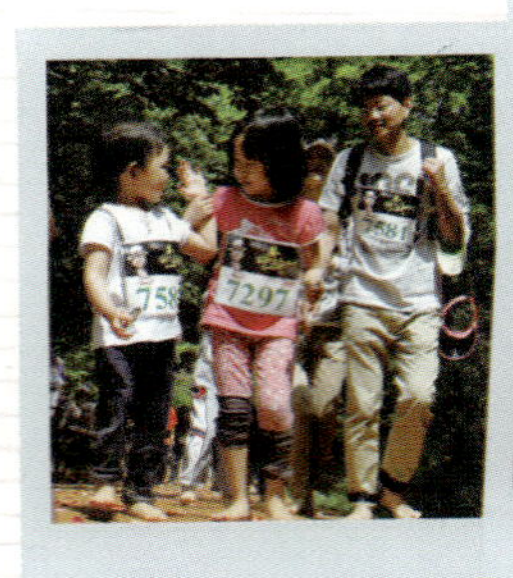

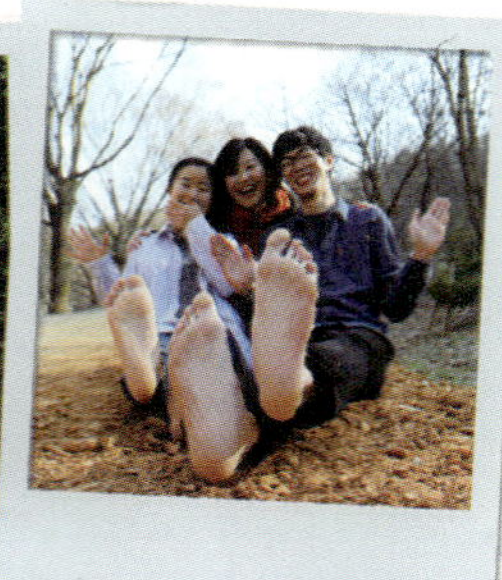

　대전시 장동 삼림욕장 안에 조성된 계족산 황톳길은 '걷기'와 더불어 몸에 좋은 '황토'까지 더한 에코 힐링 로드Eco Healing Road로 인기가 높다. 남녀노소 누구나 부담 없이 즐길 수 있으며 산길이 가파르지 않아 온가족 나들이 코스로 손색이 없다.

　대전시 외곽 동쪽에 위치한 계족산은 산 중턱을 순환해 도는 임도가 닭의 다리鷄足를 닮았다 해서 붙여진 이름이다. 그 임도 위에 황토를 깔아 맨발로 걸을 수 있는 황톳길을 만들었다. ㈜선양이 2006년부터 계족산에 황톳길을 조성해 매년 '계족산 맨발축제'를 개최해오고 있다.

　축제 기간이 아니어도 황톳길 걷기 체험은 언제든 가능하다. 맑고 화창한 날 나무들 사이로 햇빛이 쏟아져 내리면 황톳길은 금가루가 뿌려진 듯 황금빛으로 빛난다. 금빛으로 물든 황톳길을 걷노라면 왠지 몸이 더 가뿐해 지는 느낌이다. 황톳길을 제대로 즐기려면 신발을 벗고 그냥 맨발로 걸어야 한다. 황토는 혈액순환을 돕고 발한 작용을 촉진하며 항균 효과와 독소 제거 효능이 있다고 알려져 있다. 신발을 신고 걸을 때는 느끼지 못했던 부드럽고 푹신한 황토의 감촉이 더할 나위 없이 좋다. 비온 후라도 맨발 걷기를 주저하지 말자. 맨발에 차지게 감기는 황토의 쫀쫀함이 시원한 해방감마저 맛보게 한다.

　맨발 걷기에 가장 신이 나는 건 아이들이다. 흙길을 신나게 뛰어 오르는 아이들이 혹시나 다칠까 하는 걱정은 내려두어도 된다. 매년 전북, 익산 등지에서 구해온 질 좋은 황토를 새로 깔아 정비하기 때문에 늘 두툼하게 황토가 덮인 길을 만날 수 있다.

　계족산 황톳길은 총 길이가 14.5km로 장동 삼림욕장 입구부터 시작해 산 중턱 순환 임도를 한 바퀴 돌아 나오게 된다. 보통 걸음으로 약 5시간 정도면 완주 가능한 거리다. 하지만 가볍게 나선 가족 나들이에 완주를 목적으로 할 필요는 없다. 싱그러움 가득한 숲 속을 자박자박 걷는 것만으로도 충분히 기분 좋은 시간을 보낼 수 있다. 산길이라지만 비교적 완만해 어린 아이들도 어렵지 않게 오를 수 있으며 중간에 물놀이장과 발 씻는 곳 등 쉬어가는 길목도 잘 꾸며져 있다.

## 계족산성

계족산 정상부터 능선을 따라 축조되어 있는 계족산성은 삼국시대 신라에서 쌓은 것으로 당시 이 지역이 전략적으로 중요한 곳이었음을 알려준다. 황톳길을 따라 약 1시간 정도 걷다보면 산 중턱 즈음에 계족산성 안내 표지판이 나타난다. 산성까지 다소 가파른 길을 올라야 하므로 신발 착용은 필수. 초등학생 정도면 아이와 함께 등반하는데 큰 무리는 없다. 약 15분 정도 산길을 오르면 병풍처럼 둘러쳐진 산성과 함께 대청댐은 물론 대전 시내가 한 눈에 보이는 멋진 전망이 파노라마처럼 펼쳐진다. 조금 힘은 들지만 고생한 보람을 충분히 느끼게 해준다.

## 로하스 해피로드

대청호반 주변에는 걷기 좋은 산책길이 많다. 그중 금강 수변 길을 따라 이어진 로하스 해피로드는 걷기 편하도록 데크 산책로가 잘 정비되어 있어 가족 단위 여행객이 많이 찾는다. 벚꽃과 수양버드나무가 가지를 길게 드리운 평화로운 봄날의 풍경은 가족 누구에게나 아름다운 추억을 남기게 해준다. 이름 그대로 수변을 따라 걷다 보면 행복한 기분이 절로 드는 길이다.

## 유성온천 족욕 체험장

온천으로 유명한 유성온천지구에는 누구나 무료로 이용할 수 있는 족욕 체험장이 있다. 따끈한 온천물에 발을 담그고 있으면 그동안 쌓였던 피로가 어느새 사르르 녹아내린다. 여행객은 물론 주민들에게도 워낙 인기가 좋은 곳이라 낮 시간엔 앉을 자리 찾기가 쉽지 않다. 족욕 전에는 먼저 발을 씻고 담그는 것이 예의. 체험장 부근에 수건 판매기가 있어 편하게 이용할 수 있다.

## 국립중앙과학관

대전까지 와서 국립중앙과학관을 보고 가지 않는다면 무척 섭섭하다. 과학은 물론 자연사까지 두루 아우르는 상설전시관도 볼만하지만 각종 체험 프로그램이 갖춰진 창의나래관은 아이들 현장 학습에도 도움이 된다.

## 이응노미술관 & 한밭수목원

프랑스 유명 건축가인 로랑보두앵이 설계한 이응노미술관은 외관부터 아름다운 예술 작품을 보는 듯하다. 미술관 안은 고암 이응노 화백의 끊임없는 실험 정신과 작품에 대한 열정으로 가득 차 있다. 미술관에서 걸어서 5분 거리에는 한밭수목원이 도심 속 비밀의 화원처럼 숨겨져 있다.

## 동춘당 & 우암사적공원

보물 제 209호인 동춘당은 예학의 대가로 꼽히는 송준길이 1643년 중건한 건물로 선비와 문인들이 학문을 논했던 공간이다. 우암사적공원은 우암 송시열 선생이 학문을 수양하던 곳으로 주변 경치가 무척이나 운치 있다.

1 삼국시대 신라가 쌓은 산성으로 알려진 계족산성 2 과학과 자연사 관련 상설 전시가 열리는 국립중앙과학관 3 금강을 따라 조성된 로하스 해피로드 4 예학의 대가 송준길이 지은 동춘당 5 조선 중기 학자 우암 송시열이 학문을 수양하던 우암사적공원 6 이응노 화백의 그림이 전시된 이응노미술관

## 1박2일 추천코스

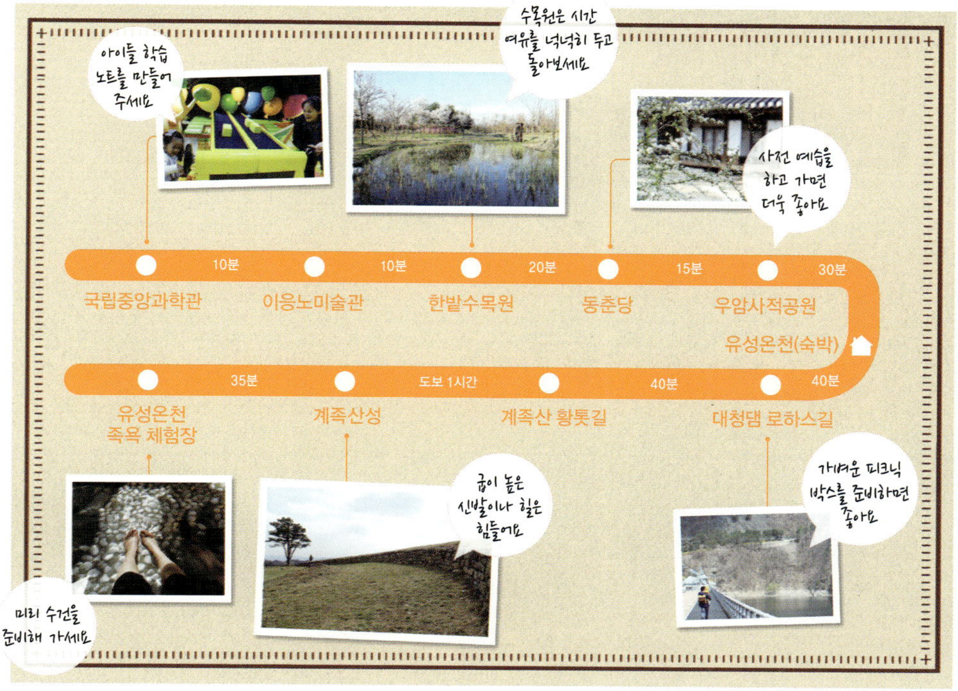

10분 · 10분 · 20분 · 15분 · 30분

국립중앙과학관 — 이응노미술관 — 한밭수목원 — 동춘당 — 우암사적공원

유성온천(숙박)

35분 · 도보 1시간 · 40분 · 40분

유성온천 족욕 체험장 — 계족산성 — 계족산 황톳길 — 대청댐 로하스길



## 여행정보

### ★ 웹사이트와 전화

대전시 문화관광 042–270–3973, www.daejeon.go.kr
유성온천 042–611–2114, tour.yuseong.go.kr
국립중앙과학관 042–601–7894, www.science.go.kr
이응노미술관 042–611–9800, ungnolee.daejeon.go.kr
한밭수목원 042–472–4972, www.daejeon.go.kr/treegarden
계족산성 042–270–4521
계족산 황톳길 042–581–4801
동춘당 042–608–6574
대청호반 042–930–7204
우암사적공원 042–673–9286

### ★ 대중교통

[KTX] 서울–대전, 하루 67회 운행, 1시간 소요
　　　부산–대전, 하루 51회 운행, 1시간 50분 소요
　　　목포–서대전, 하루 10회 운행, 2시간 20분 소요
[버스] 서울–대전 매일(06:00~24:10) 수시 운행, 2시간 소요
　　　서울–대전청사 매일(06:10~21:30) 수시 운행, 2시간 소요

### ★ 자가운전

경부고속도로　신탄진IC–신탄진로(금산 · 대전역　방면)–장동로–장동산림욕장

### ★ 숙박

삼호자객관 : 대전시 서구, 042–483–5995
경하온천호텔 : 대전시 유성구, 042–822–5656
호텔인터시티 : 대전시 유성구, 042–600–6000
유성호텔 : 대전시 유성구, 042–820–0100

### ★ 맛집

황토기와집 : 보쌈, 대전시 유성구, 042–936–0001
광천식당 : 오징어 두루치기, 대전시 중구, 042–226–4751
진로집 : 두부 두루치기, 대전시 중구, 042–226–0914
성심당 : 튀김 소보로, 대전시 중구, 042–256–4114

### ★ 축제 및 행사

계족산 맨발축제 : 매년 5월, 042–530–1836
금강 로하스 축제 : 매년 5월, 042–270–3973
유성온천문화축제 : 매년 5월, 042–611–2114

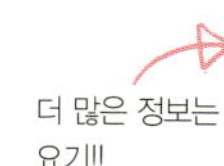


더 많은 정보는 요기!!

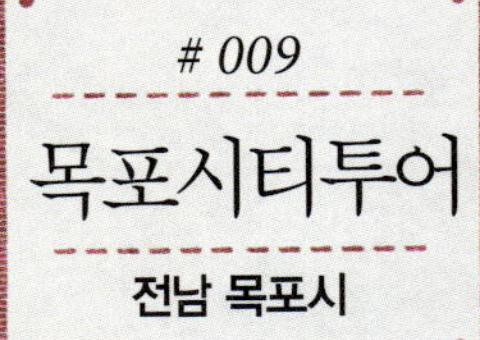

# 009
## 목포시티투어
전남 목포시

# 봄바람 타고 떠나는 목포여행

여행 내비게이션

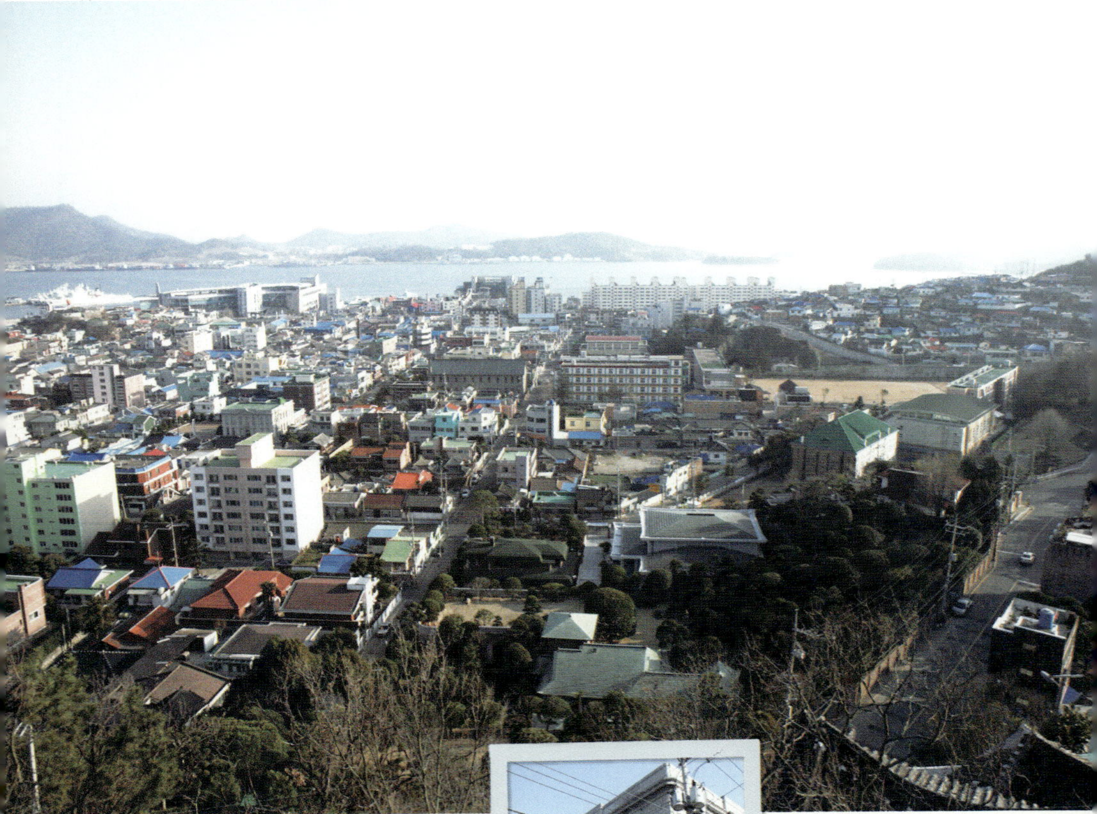

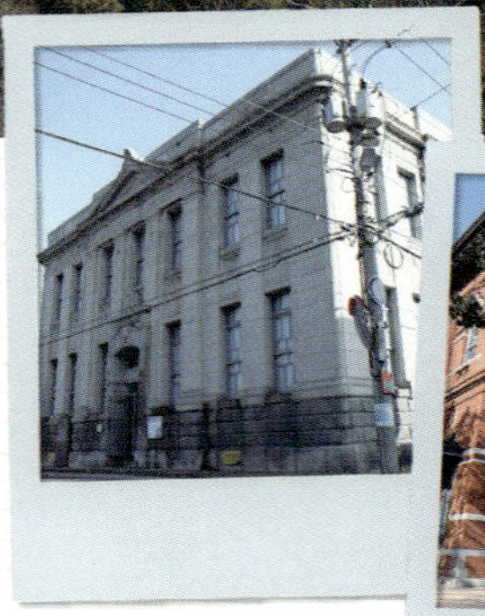

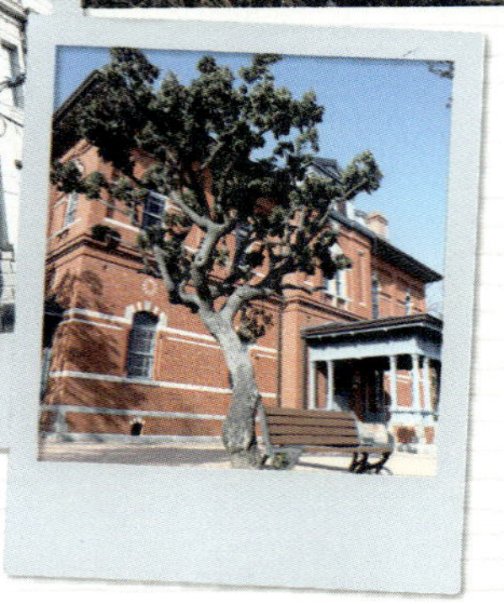

**여행컨셉** 시티투어버스 타고 다니며 목포 즐기기
**추천일정** 1박2일
**Must Do** 1. 목포 근대역사관 돌아보기
2. 유달산 노적봉에서 이순신 장군 얼굴 찾기
3. 이난영 노래비에서 노래 듣기
4. 목포 종합수산시장에서 해산물 장보기
**추천 교통** KTX
**추천 계절** 봄, 가을

목포역 광장. 시티투어버스에 오르는 사람들의 얼굴에 기대감이 가득하다. 처음 만난 사람들이지만 문화해설사의 명랑한 인사에 웃음을 터뜨리며 어색함을 씻어낸다.

목포시티투어의 첫 방문지는 유달산 아래 위치한 목포 근대역사관이다. 일본이 우리나라의 경제를 수탈하기 위해 1920년에 세운 동양척식주식회사가 있던 곳이다. 목포의 옛 모습을 담은 기록 사진들과 일제의 경제 수탈, 침략사 등을 기록한 사진들이 전시되어 있다.

국도 1, 2호선 기점은 목포를 기점으로 서울을 지나 신의주까지 이어지는 1번 국도와 부산으로 이어지는 2번 국도가 시작되는 지점이다. 일제가 전국에서 수탈한 물자들을 이동시키기 위해 만들었으며, 동학혁명 때 포로로 잡힌 농민군들이 도로 건설에 투입되었던 아픈 역사가 숨어 있는 곳이다. 국도 1,2호선 기점 위쪽의 언덕에는 붉은 벽돌로 지은 옛 일본영사관이 있다. 목포에서 가장 오래된 근대 건축물이다. 영사관 마당에서 내려다보면 일본인들이 모여 살았던 지역과 산비탈에 둥지를 틀고 살았던 조선인 거주 지역이 확연히 구분된다.

해발 228m의 유달산에 오르면 기암절경 아래 펼쳐진 목포 시내의 전경이 한 눈에 들어온다. 노적봉과 이충무공 동상, 고故 김대중 전 대통령의 친필 현판이 걸린 새천년 시민의 종, '목포의 눈물'을 부른 가수 이난영의 노래비를 만날 수 있다. 4월의 유달산은 꽃치마를 입는다. 3월 중순부터 피기 시작하는 춘백이 만개하고 개나리, 벚꽃이 앞서거니 뒤서거니 바통을 이어 받는다.

남도의 해산물들이 풍성하게 오르는 백반으로 점심 식사를 한 후 효자 아들의 전설이 깃든 갓바위로 간다. 갓바위 앞으로는 해상보도교가 만들어져 있어 자세히 관찰할 수 있다. 갓바위 위쪽의 언덕으로 이어지는 산책로를 오르면 멀리 영산강 하구둑까지 조망할 수 있다. 갓바위 문화타운은 남농기념관, 목포 문학관, 목포 자연사박물관 등 목포의 역사와 문화를 만날 수 있는 공간들이 모여 있다. 그 중 시티투어 코스에 포함된 국립해양문화재연구소는 목포 인근 바다에서 인양된 수중 문화유산들이 전시되어 있는 공간이다.

시티투어의 마지막 코스는 포구에 자리 잡은 목포 종합수산시장이다. 잘 삭힌 홍어들이 보기 좋게 썰어져 손님을 기다리고, 말린 먹갈치며 조기들이 식욕을 자극한다. 시장 안쪽에는 여행자 전용 휴게소가 있어 톡 쏘는 홍어 한 점을 먹으며 쉬어 갈 수 있다.

### 유달산 조각공원

국내외 유명 조각가들의 작품으로 꾸며진 우리나라 최초의 야외 조각공원이다. 예술성을 인정받은 조각 작품을 보는 즐거움에 더해 목포 시내도 조망할 수 있다. 작품을 감상하며 천천히 산책할 수 있어 더욱 좋다.

### 평화광장

분위기 좋은 카페가 모여 있어 목포의 젊은이들이 즐겨 찾는 공간이다. 특히 밤이면 구름다리와 바다분수의 야경으로 장관을 이룬다.

### 목포 어린이바다과학관

어린이들이 바다의 특성과 해양생태에 대해 호기심을 갖고 친근하게 다가가도록 꾸며진 공간이다. '바다상상홀', '깊은 바다', '우글우글 자원탐사' 등 재미난 이름을 붙인 공간과 갯벌놀이터 등이 있다. 해양 관련 영상물을 볼 수 있는 '4D 상영관'이 특히 인기다.

### 남농기념관

한국 남종화의 거장인 남농 허건 선생의 작품과 일생을 만날 수 있는 공간이다. 남농의 조부이자 시, 서, 화 삼절로 불렸던 소치 허련의 작품부터 운림산방 5대에 걸친 작품을 전시하고 있다. 가야시대부터 조선시대에 이르는 토기와 도자기, 중국과 일본의 도자기도 볼 수 있다. 목포 여행에서 반드시 들러야 하는 명소로 꼽힌다.

### 목포자연사박물관

지구의 역사를 이해할 수 있는 운석과 광물, 곤충과 식물, 어류 표본을 전시하고 있어 어린이와 청소년들의 발길이 끊이지 않는다. 전남 압해도에서 발굴해 복원한 세계적 규모의 육식 공룡알 둥지화석이 큰 볼거리다.

<u>1</u> 현대조각품이 전시된 유달산 조각공원
<u>2</u> 목포가 한눈에 내려다보이는 유달산과 노적봉 <u>3</u> 유달산에 올라 새천년 시민의 종소리를 듣는 여행객들 <u>4</u> 개나리 필 무렵에 열리는 유달산꽃축제

## 1박2일 추천코스

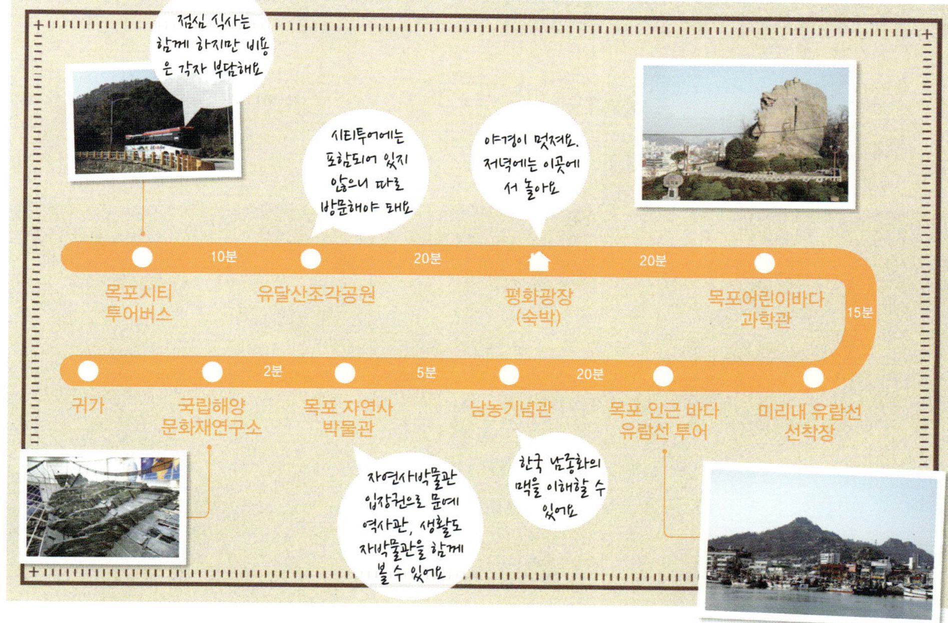


## 여행정보

### ★ 웹사이트와 전화

목포시 문화관광 061-270-8598, tour.mokpo.go.kr
국립해양문화재연구소 061-270-2000, www.seamuse.go.kr
목포 종합수산시장 061-245-5096, mpsusan.co.kr
시티투어 예약 · 문의(초원여행사) 061-245-3088
노적봉 관광안내소 061-270-8411
미리내유람선 선착장 061-242-6109
목포어린이바다과학관 061-242-6359, mmsm.mokpo.go.kr
목포자연사박물관 061-276-6331, museum.mokpo.go.kr
목포 근대역사관 061-270-8728
남농기념관 061-276-0313

### ★ 대중교통

[기차] 용산–목포, KTX 1일 12회(05:20~21:40) 운행, 3시간 20분 소요
　　　무궁화호 · 새마을호 1일 8회(07:05~23:10) 운행, 5시간 소요
[버스] 서울–목포, 센트럴시티터미널에서 30~40분 간격
　　　(05:30~24:00) 운행, 4시간 소요
　　　동서울종합터미널에서 1일 5회(07:10~17:10) 운행, 4시간 20분 소요

### ★ 자가운전

서해안고속도로 목포 IC–영산로 따라 약 8km 이동–목포역 광장

### ★ 숙박

윈저모텔 : 목포시 통일대로, 061-282-9349
베네치아호텔 : 목포시 미항로, 061-283-9955
샤르망호텔 : 목포시 신흥로59번길, 061-285-3300
선샤인모텔 : 목포시 평화로73번길, 061-284-9160
몰디브모텔 : 목포시 옥암로46번길, 061-284-5852
베니스호텔 : 목포시 북항로149번길, 061-243-0588

### ★ 맛집

금메달식당 : 흑산 홍어, 목포시 영산로, 061-272-2697
독천식당 : 낙지, 목포시 호남로 64번길, 061-244-8622
영란횟집 : 민어회, 목포시 번화로, 061-243-7311,
　　　www.youngran.co.kr
선경준치횟집 : 갈치찜과 준치회무침,
　　　목포시 해안로 57번길, 061-242-5653
장터 하당점 : 꽃게무침, 목포시 통일대로 75번길, 061-285-1888

### ★ 축제 및 행사

유달산 꽃축제 : 4월 초순, 유달산 일원 · 로데오광장,
　　　061-270-8442

더 많은 정보는 요기!!

# 010
맹골마을
경기도 양주시

# 매화 향 흩날리던 봄날의 기억

여행 내비게이션

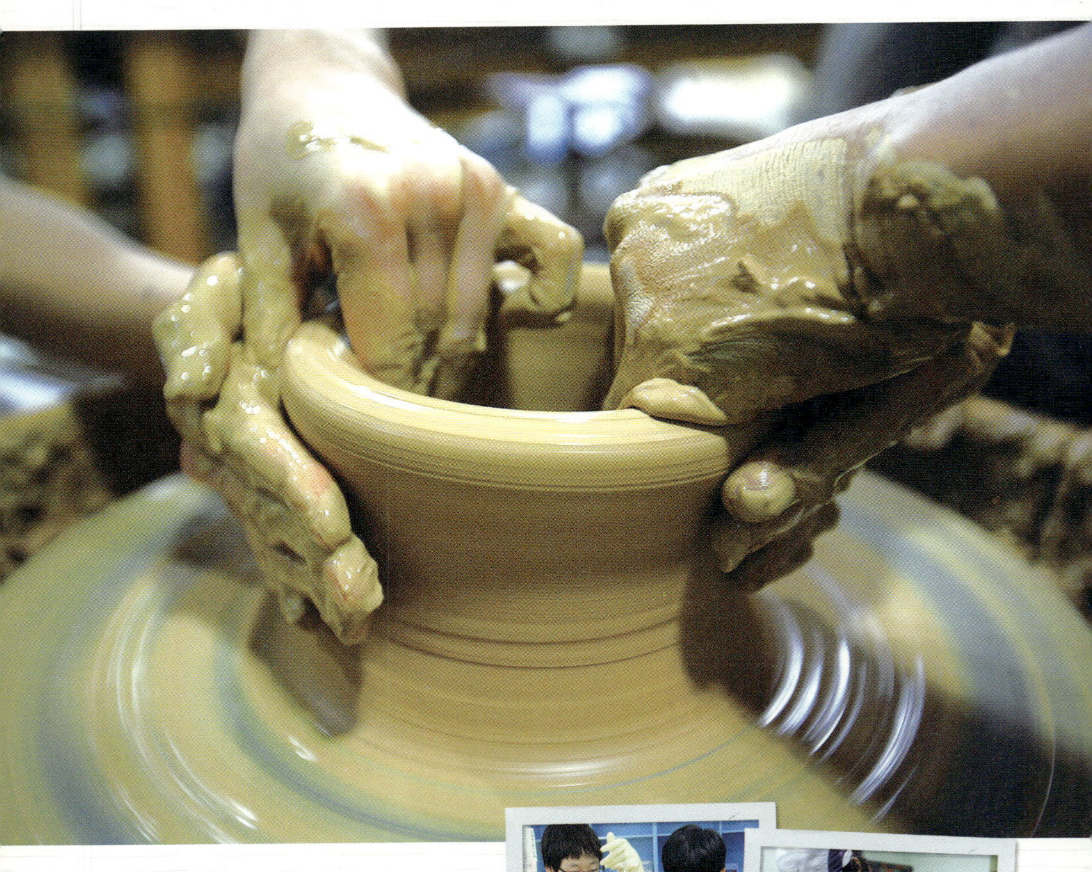

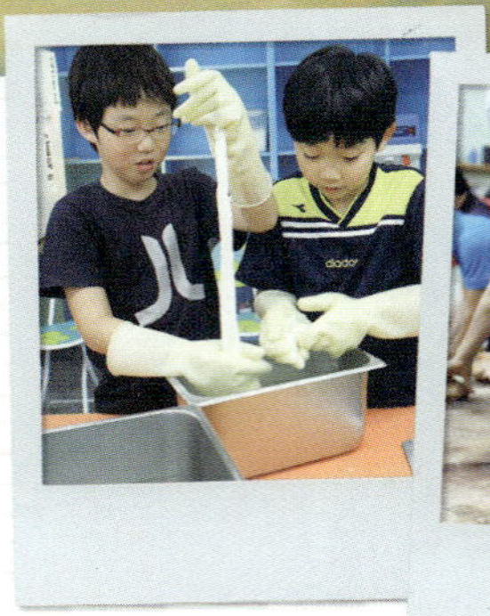

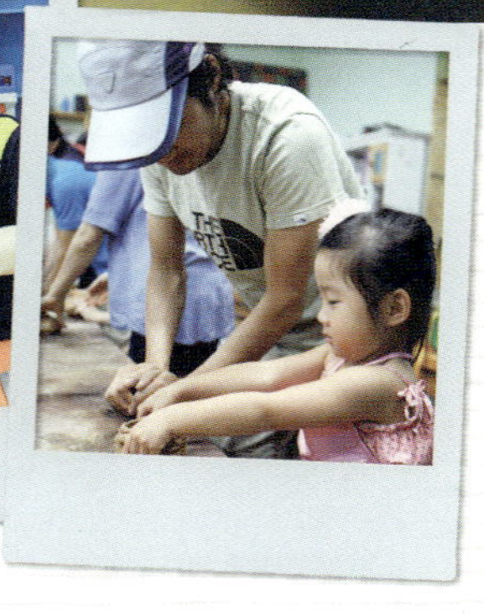

**여행컨셉** 신나고 즐거운 나만의 작품과 먹을거리 만들기
**추천일정** 당일
**Must Do** 1. 치즈, 아이스크림 등 유제품 만들기 체험
2. 칠보공예로 예쁜 선물 만들기
3. 도자기 체험으로 나만의 작품 만들기
4. 양주관아지에서 국궁체험
5. 회암사지박물관 둘러보기
**추천 교통** 자가운전
**추천 계절** 봄, 가을

감악산 남쪽 자락에 자리 잡은 맹골마을은 매화마을로 유명하다. '맹골'이라는 이름은 '매화나무가 있는 골짜기'라는 뜻에서 매골, 매곡으로 불리다가 변한 것이다. 맹골마을은 매화 이름을 간직한 마을답게 집집마다 매화나무가 대여섯 그루씩 있어 봄이면 우아한 자태를 뽐낸다.

맹골마을은 체험마을로도 이름을 날리고 있다. 이 마을에서는 도자기, 천연 염색, 한지등, 칠보목걸이 같은 미술 공예체험, 아이스크림과 치즈 만들기 등 유가공 체험 등 다양한 체험 프로그램이 체계적으로 운영된다.

미술 체험장에서는 도자기 만들기와 목공, 천연 염색 등을 해볼 수 있다. 가장 인기 있는 프로그램은 도자기 만들기다. 반죽을 주물러서 석고 틀에 올린 후 물레를 직접 돌려가면서 도자기를 만든다. 만든 도자기는 가마에서 구운 뒤 집으로 보내주는데, 20일 정도 걸린다.

유가공 체험은 어린이들에게 가장 인기 있는 프로그램이다. 만드는 과정에 숨어 있는 과학을 배우는 체험이자, 치즈나 아이스크림을 직접 맛볼 수 있는 맛 체험이다. 준비된 커드<sub>우유가 효소에 의해 응고된 치즈 덩어리</sub>를 뜨거운 물에 담가 말랑말랑해질 때까지 주무른다. 뜨거운 물에 들어간 커드는 고무줄처럼 늘어나는데, 이때 먹기 좋은 크기로 자르거나 동물 모양 틀에 넣은 뒤 찬물에 굳힌다. 체험이 끝나면 맹골마을에서 준비한 치즈를 시식한다. 자신이 만든 치즈는 포장해서 가져갈 수 있다. 아이스크림 만들기는 흡열반응<sub>주변의 열을 흡수하는 화학 반응</sub>의 원리를 이용한 체험이다. 음악에 맞춰 아이스크림 만드는 통을 신나게 흔들어야 제대로 된 아이스크림을 맛볼 수 있다. 아이들이 가장 즐거워하는 시간이다. 유가공 체험에서는 퐁듀와 요구르트 시식도 한다.

칠보공예와 한지등 만들기는 우리나라의 전통을 익혀보는 체험이다. 그중 칠보공예는 금속 등에 유리질 유약을 발라 고온의 가마에서 용해한 뒤 장식하는 것으로, 오묘하고 아름다운 색감에 매료된다. 동판을 덮는 유약의 바탕색과 그 위에 올릴 유약 덩어리의 색깔을 맞추는 것이 가장 중요하다. 동판에 각양각색 유약을 입힌 뒤 800℃의 가마에서 2~3분 구우면 밝은 주황빛을 내다가 서서히 식으면서 화려한 칠보의 색감을 간직한 작품이 된다. 만든 작품은 목걸이나 브로치, 반지 등으로 새롭게 태어난다.

### 필룩스 조명박물관

필룩스 조명박물관은 다양하고 편리하게 발달한 조명의 역사와 함께 빛이 인류에게 전해주는 감동과 해악을 만나볼 수 있는 곳이다. 전통조명관, 근대관, 현대조명관, 엔틱관으로 구성된 조명역사관을 둘러본 다음, 빛과학관에서 빛의 원리와 특성을 알아보고 체험하며, 감성조명체험관에서 인류가 추구해야 할 조명의 미래를 엿보자.

### 양주관아지와 어사대비

양주관아지는 목사가 정무를 보던 동헌과 내아, 집사청, 객사, 군기고 등의 관아 건물이 있던 터로, 지금은 매학당(동헌)이 복원되어 있다. 매학당 뒤편으로 비각이 하나 있는데, 정조가 광릉에 행차했다가 돌아가는 길에 들러 잔치를 베풀며 활 쏜 것을 기념해 양주목사가 세운 것이다. 어사대(왕이 활을 쏘던 곳)라는 글씨가 세로로 큼지막하게 새겨졌다.

### 회암사지

회암사지는 인도 승려인 지공선사의 뜻에 따라 나옹선사가 중창했고, 조선 시대에는 숭유억불 정책에도 불구하고 조선 최대의 왕실 사찰로 성장했다. 태조의 신망이 두터운 무학대사가 또다시 중창했고, 태종의 둘째 아들 효령대군이 수도한 절로도 유명하다. 회암사지를 둘러보기 전에 그곳의 역사와 출토 유물이 전시된 회암사지박물관을 관람하는 것이 좋다. 창건부터 폐사까지 회암사의 역사, 회암사지에서 출토된 용두, 청기와, 청동금탁 등 다양한 유물을 차례로 둘러볼 수 있다. 회암사지 전망대에 오르면 회암사지의 전경이 한눈에 내려다보인다. 왕실 사찰다운 회암사지의 면모는 지금도 변함이 없다. 회암사지 전망대에서 10분 정도 산길을 오르면 회암사가 나온다. 언덕에는 지공선사와 나옹선사의 부도와 석등, 무학대사탑과 쌍사자석등이 남아 있다.

1 필룩스조명박물관의 전시실 내부 2 회암사지 박물관 입구 3 회암사 언덕에 남아 있는 무학대사탑과 쌍사자석등 4 정조가 활을 쏘았던 곳을 기념하기 위해 세운 어사대비

## 당일여행 추천코스

## 여행정보

### ★ 웹사이트와 전화
양주시 문화관광 tour.yangju.go.kr
양주 맹골마을 031-863-6978, mengol.invil.org
조명박물관 070-7780-8911, www.lighting-museum.com
회암사지박물관 031-8082-4187, museum.yangju.go.kr

### ★ 대중교통
[지하철/버스] 지하철 1호선 양주역에서 25번 버스(20~30분 간격)를 타고 25사단 앞 하차, 도보 약 10분
명진여객 031-840-1621

### ★ 자가운전
외곽순환고속도로 의정부 IC-장암역삼거리에서 좌회전, 롯데마트삼거리에서 양주 방면 3번 국도로 우회전-양주시청사거리에서 광적·백석 방면 좌회전-덕도삼거리에서 백인걸선생묘 방면 우회전-효촌삼거리에서 364번 지방도로 좌회전, 약 4.3km 직진-양주 맹골마을

### ★ 숙박
이고을 : 남면 감악산로 514번길, 031-867-2111 (한옥에서의 하루)
맹골마을 종합체험관 : 남면 휴암로, 031-863-6978
느티나무펜션 : 남면 휴암로, 010-3789-5691
맹골한옥펜션 : 남면 휴암로 443번길, 010-4925-5135

### ★ 맛집
가나안가든 : 펑샤브샤브, 남면 감악산로, 031-863-5909
감악산생고기 : 바비큐, 남면 개나리6길, 031-867-8833
만두예찬 : 만두전골, 덕정동 화합로, 031-857-9284
윤가네일품요리 : 닭곰탕, 만송동 부흥로, 031-858-8007

### ★ 축제 및 행사
중봉충렬제 : 10월 중순, 표충사·관성회관 일대
festival.taebaek.go.kr

더 많은 정보는 요기!!

# 011
득량만
전남 보성군

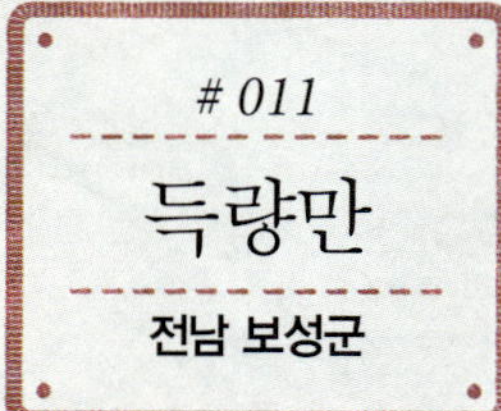

# 경전선 차창 너머 펼쳐지는 초록의 보리밭

여행 내비게이션

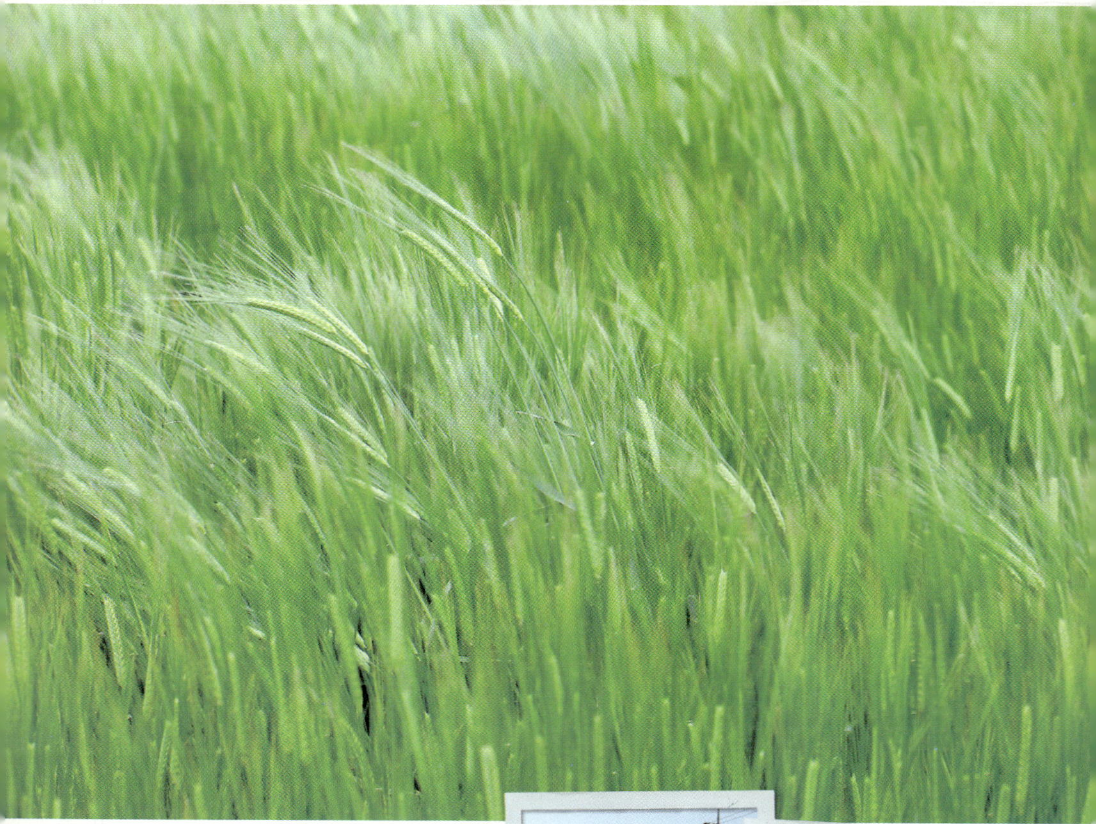

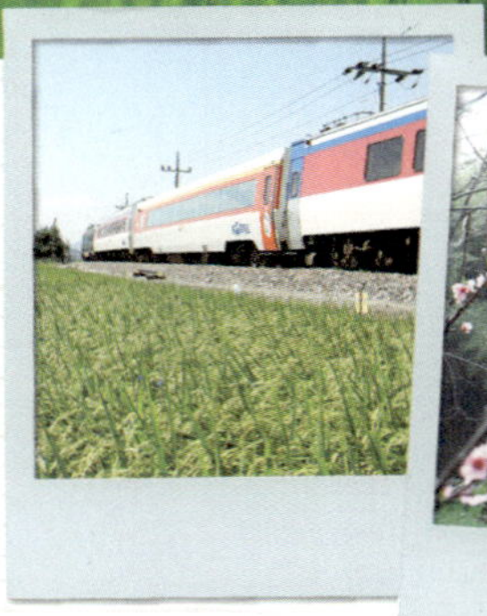

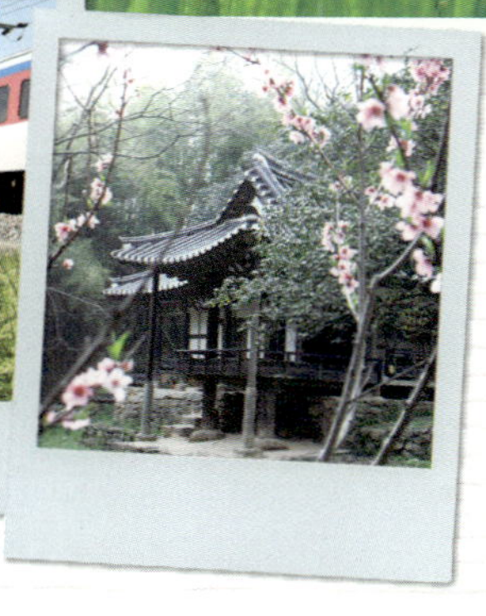

**여행컨셉** 경전선 기차타고 보성 득량만 풍경 감상하기
**추천일정** 1박2일
**Must Do** 1. 경전선 기차타기
2. 강골마을 산책하기
3. 보성 녹차밭 거닐기
4. 율포 해수탕에 몸 담그기
5. 벌교 꼬막정식 맛보기
**추천 교통** 자가운전
**추천 계절** 봄

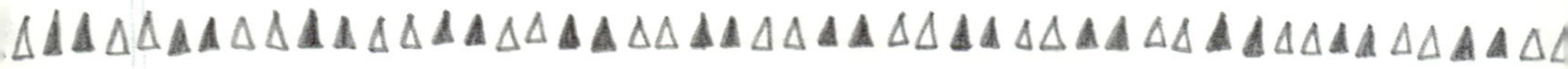

경전선은 경상도와 전라도를 이어주는 철도다. 일제강점기에 건설되어 오래된 철도라 그 길이 구불거리고 느릿느릿하다. 그러나 오히려 그 점 때문에 경전선 완행열차를 찾게 된다. 완행열차만의 낭만을 느끼려 광주 송정역에서 출발하여 녹차와 보리의 초록 봄을 선사해줄 보성으로 여정에 오른다.

순천행 열차를 떨리는 가슴으로 기다리고 있자니 봄 햇살을 가득 실은 네 칸짜리 열차가 미끄러져 들어온다. 시속 300km 속도의 KTX열차와 비교하면 느리고 초라해 보이지만 남도의 들판을 어루만지며 달려온 네 칸짜리 꼬마기차는 거침없고 당당하다.

열차가 남쪽을 향해 달리다 보성역, 득량역을 지나 조성역으로 향할 때 미끄러지듯 몸을 틀어 동쪽으로 방향을 바꾼다. 왼편으로는 작은 마을들이 이어지고 오른편으로는 초록 보리밭이 가득 메운 득량만 간척지의 모습이 펼쳐진다. 임진왜란 당시 군수식량을 모아 명량대첩을 승리로 이끌었다하여 '득량'이라는 이름을 얻은 마을이다. 드넓은 보리밭을 더욱 가까이에서 감상할 수 있는 방법은 득량만 방조제 위를 걷는 것이다. 방조제 길을 따라 왼쪽에 수로가 이어지고 갈대가 우거져 운치가 있다.

득량만의 또 다른 명소는 강골마을이다. 영화 〈서편제〉와 〈태백산맥〉, TV 예능프로그램 등의 단골 촬영지가 된 강골마을은 전통의 멋과 소박한 정서가 살아있는 곳이다. 19세기부터 하나 둘 지어지기 시작한 약 30여 채의 한옥에는 툇마루와 댓돌에서 마당의 우물, 군불 때는 아궁이까지 우리 고유의 생활 풍경들이 고스란히 남아있다.

마을 내 이금재 가옥, 이용욱 가옥, 이식래 가옥, 열화정은 중요무형문화재로 지정되어 있다. 특히 마을 뒤편 대숲에 둘러싸인 열화정은 19세기 중엽에 후학을 양성하기 위해 지은 정자로 100년 넘는 세월의 흔적이 깃든 강골마을의 자랑거리 중 하나다. 싸리담장을 끼고 돌길을 따라 굽이진 고샅길을 오르면 수많은 선비들이 시를 짓고 학문을 논하던 멋스런 누마루와 소박한 연못, 아름드리 동백나무가 어우러진 열화정을 만날 수 있다.

강골마을의 좁게 난 돌길, 시원스런 대숲 길을 따라 천천히 걸으며 전통마을에 찾아온 봄 햇살을 즐겨보자. 마을 주민들과 정을 나누며 하룻밤을 묵을 수도 있고, 엿 만들기나 다도체험 등 다양한 프로그램을 운영하고 있으니 미리 정보를 알아 가면 더 많은 경험을 해 볼 수 있다.

### 대한다원

보성의 상징인 차밭은 매년 4월경 새 옷을 갈아입는다. 이 백여 미터에 이르는 삼나무길을 지나 대한다원 차밭으로 들어서면 코앞으로 초록 물결이 넘실댄다. 이정표의 안내를 따라 천천히 둘러봐도 좋고 전망대 벤치에 오랫동안 머물며 차밭이 주는 평온함을 느껴보는 것도 좋겠다. 녹차 전망대까지 오르면 차밭을 한눈에 볼 수 있다. 그보다 높은 곳의 바다전망대에서는 청명한 날이면 산 너머 보성 앞바다까지 조망할 수 있다. 전망대에서 내려와 먹는 녹차 한잔, 혹은 녹차 아이스크림도 훌륭하다. 대한다원에서 율포 방면으로 고개를 넘어가면 회천리에 제2의 대한다원이라 불리는 차밭이 있다. 이곳도 각종 CF와 드라마 촬영지로 잘 알려졌다. 평지에 시원하게 펼쳐진 이 녹차밭은 사진 애호가들이 많이 찾는 촬영 포인트다.

### 율포 해변&율포해수녹차탕

율포 해변은 백사장 길이가 약 1km로 규모는 작지만 한적하고 여유로운 바다 산책지로 제격이다. 드넓은 갯벌과 일출에서 일몰까지 모두 볼 수 있다. 보성군에서 운영하는 율포해수녹차탕에서는 녹차탕과 해수탕을 번갈아 즐기며 바다를 조망할 수 있다.

### 태백산맥 문학관

벌교읍에 있다. 소설 〈태백산맥〉과 소설가 조정래의 문학세계를 만날 수 있는 곳이다. 친필 원고를 비롯해 실제 사용했던 필기도구들까지 꼼꼼하게 전시되어 있고 우리나라 현대사의 굴곡들을 그려낸 작가의 다른 작품들도 정리되어 있다. 문학관 앞 벌교천을 가로지르는 무지개다리 홍교를 비롯해 소설 속 실존인물들의 흔적도 만날 수 있다.

1 푸른 차 이랑이 물결처럼 이어지는 대한다원의 녹차밭 2 조정래 장편소설 〈태백산맥〉에 관한 내용을 전시한 태백산맥문학관 3 강골마을의 저녁 상차림 4 녹차와 해수를 이용화는 율포해수녹차탕

## 1박2일 추천코스

## 여행정보

### ★ 웹사이트와 전화

보성군 문화관광 061-850-5214, tour.boseong.go.kr
강골마을(득량정보화마을) 061-853-2885, dr.invil.org
대한다원 02-511-3455, www.dhdawon.com
태백산맥 문학관 061-858-2992, tbsm.boseong.go.kr
득량역 061-853-7136
조성역 061-858-7788
율포해수녹차탕 061-853-4566

### ★ 대중교통

[기차] 득량–조성(무궁화호), 하루 5회 왕복
[버스] 서울 센트럴시티터미널에서 보성시외버스터미널간 운행,
　　　센트럴시티터미널 02-6282-0114

### ★ 자가운전

호남고속도로 주암IC–18번 국도 보성 방향–보성 진입 2번 국도 순천
방향–득량 이정표 보고 우회전

### ★ 숙박

강골마을 : 061-853-2885, 박향숙 010-9312-5778
다비치콘도 : 보성군 회천면, 061-850-1114
다향리조텔 : 보성군 회천면, 061-852-5087

### ★ 맛집

연미정 : 낙지요리, 보성군 보성읍내, 061-858-1772
시골밥상 : 백반과 해물요리, 보성군 보성읍내, 061-857-6650
제일회관 : 꼬막정식, 보성군 벌교읍, 061-857-1672

### ★ 축제 및 행사

보성다향제 : 매년 5월, dahyang.boseong.go.kr
보성소리축제 : 매년 10월, sori.boseong.go.kr
강골마을 음악회 : '아름다운 쉼표', 매년 가을
강골마을 두 그루 철쭉제 : 매년 4월말 철쭉 개화기

# 항일운동의 큰 별들이 태어난 역사의 땅

### # 012
### 김좌진 · 한용운 생가
**충남 홍성군**

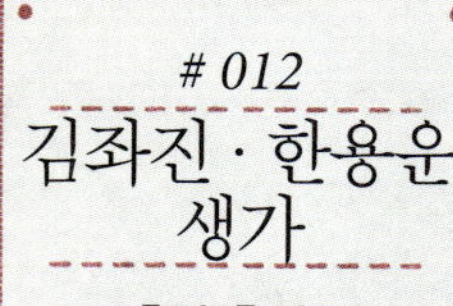

**여행 내비게이션**

**여행컨셉** 선조들의 나라사랑 정신을 되새겨보기
**추천일정** 당일
**Must Do** 1. 홍주성역사관 관람하기
      2. 김좌진 장군의 청산리대첩 알아보기
      3. 한용운생가지의 민족시비공원 산책하기
      4. 홍성조류탐사과학관 관람
      5. 남당항에서 별미 맛보기
**추천 교통** 자가운전
**추천 계절** 봄

충남 홍성군에서는 역사 속의 위인들이 많이 배출됐다. 고려 말기의 큰스님 보우국사, 명장이자 재상 최영, 사육신 성삼문, 조선 후기의 문신 남구만, 조선 말기의 순국지사 이설, 독립운동가 김복한 선생 등이 홍성 출신이다. 또 일제강점기에 독립운동을 펼친 홍성 출신의 대표적 인물로 만해 한용운 선생과 백야 김좌진 장군이 손꼽힌다.

홍성 읍내의 홍주성역사관에서 홍성군의 역사와 문화에 관한 기초 지식을 쌓았다면 김좌진 장군 생가지부터 가보자. 서해안고속도로 홍성IC로 나가자마자 쉽게 찾을 수 있는 역사 시설이다. 출입문 왼편에 생가, 오른편에 기념관이 있다. 300m 정도 안으로 들어간 야산 자락에 사당이 있다.

생가 대문에 붙은 '김좌진' 문패 글씨가 선명해서 아직도 장군이 살아 계신 듯 여행객의 가슴을 뜨겁게 만든다. 마당으로 들어서면 안채, 사랑채, 광, 우물이 보인다. 서향으로 앉은 안채 뒤편 장독대를 돌 때면 조국 광복을 보지 못하고 눈감은 장군의 일생이 안타깝다. 1998년 문을 연 백야기념관으로 이동하면 장군의 흉상을 비롯해 독립운동의 이모저모를 자세히 볼 수 있다. 특히 청산리대첩 모형이 눈길을 끈다. 김좌진 장군이 이끄는 독립군이 일본군을 청산리계곡으로 유인, 초토화하는 장면이다.

김좌진 장군 생가 앞길을 따라 남쪽의 결성농요농사박물관 방면으로 10분 정도 내려가면 승려이자 시인이요 독립운동가 만해 한용운 선생의 생가지에 닿는다. 먼저 들러볼 곳은 만해문학체험관. 동상과 초상화를 보면서 예의를 갖추고 실내 전시실로 들어서면 만해의 문학과 철학을 반영하는 유물 60여 점이 있다. 특히, 유천<sup>만해의 아호</sup>이 서당에서 공부하던 모습, 서당에서 한학을 가르치는 모습, 글 읽기에 정신이 팔려 참새가 벼를 다 먹어 치운 장면, 만주에서 마취 없이 총탄 제거 수술을 받는 장면, 딸 영숙에게 한글을 가르치는 모습 등 만해의 일생이 자그마한 인형으로 재현돼 위인의 삶을 친근하게 배울 수 있다. 그중에서도 설악산 오세암에서 〈님의 침묵〉을 집필하는 장면을 재현한 방이 압권이다. 12폭 병풍을 뒤에 두르고 단정하게 앉은 선생은 호롱불에 의지한 채 붓으로 〈님의 침묵〉을 써 내려간다. 생가지 옆 산비탈에는 민족시비공원이 조성되어 숲길을 차분하게 산책하며 시편들을 감상할 수 있다.

### 홍주성역사관

홍성군을 여행하기 전, 사전 지식을 넓히기 위해 방문하면 좋은 곳이다. 홍성 출신 소리꾼 장사익 씨의 음성으로 홍성의 역사, 홍주성의 옛날 이야기를 들을 수 있도록 꾸며졌다. 규장각 지도를 참고해서 제작한 홍주성 복원 모형도가 눈길을 끈다. 이어서 홍성이 낳은 위인들, 이를테면 고려 말기의 무신 최영 장군, 독립운동가 이설, 한용운, 김좌진, 의병 김복한 등의 생애와 사상을 알 수 있도록 해설판을 제작해 놓았다.

### 이응노생가기념관

홍성군 홍북면 중계리의 홍천마을에는 화가였던 고암 이응노생가기념관이 들어서서 미술관기행을 좋아하는 여행객들의 발걸음이 줄을 잇는다. 초가로 복원한 생가를 지나 만나는 기념관 건물은 서울 올림픽공원 내 소마미술관과 선유도공원을 설계한 건축가 조성룡씨의 작품이다. 제1전시실은 이응노의 인생 여정을 읽어 내려가는 공간이고, 제2전시실에는 파리로 건너가기 전에 그린 서화 작품과 풍경화 몇 점이 전시되어 있다. 제3전시실은 프랑스로 간 이후의 '구성' 작품, 1980년대부터 싹트기 시작한 '군상' 작품을 전시 중이다.

### 홍성조류탐사과학관

1층에서 천연기념물로 지정된 독수리, 멸종 위기 2급 조롱이, 흰뺨검둥오리, 직박구리, 원앙 등 텃새의 박제를 보고 2층 천수만 전시실로 이동하면 천수만에 철새들이 많이 사는 까닭을 알 수 있다. 천수만을 거치는 철새는 천연기념물, 멸종 위기종, 환경부 지정 보호종 등을 포함해서 모두 265종이나 된다고 한다. 영상실에서는 가창오리 30만~40만 마리가 펼치는 멋진 군무를 담은 〈철새들의 비상〉을 감상한다.

### 남당항

천수만의 동부에 위치한 어촌이다. 맛집들이 즐비해서 식도락가들이 즐겨 찾는다. 봄이면 주꾸미와 꽃게, 가을이면 전어와 대하, 겨울이면 새조개로 유명하다. 방파제 끝자락에 서면 남당항 전경과 물결 잔잔한 천수만, 그 바다에 점점이 떠있는 죽도, 그리고 바다 건너 안면도 땅이 한눈에 들어온다. 남당항에서 홍성방조제를 건너가면 충남 보령시의 천북면 굴구이마을에 닿는다.

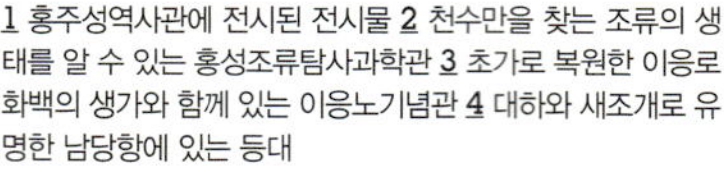

1  홍주성역사관에 전시된 전시물 2 천수만을 찾는 조류의 생태를 알 수 있는 홍성조류탐사과학관 3 초가로 복원한 이응로 화백의 생가와 함께 있는 이응노기념관 4 대하와 새조개로 유명한 남당항에 있는 등대

## 당일여행 추천코스

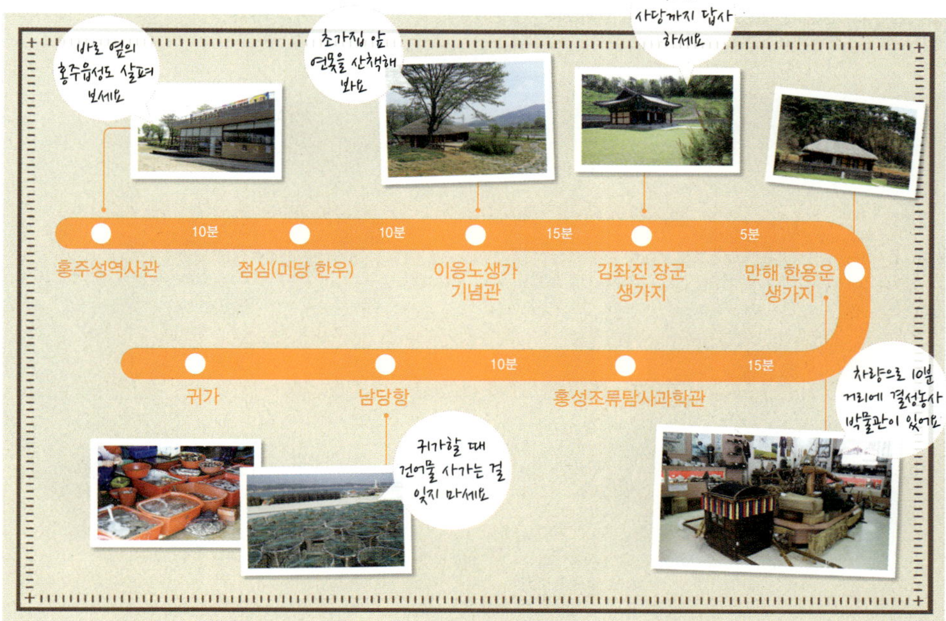


## 여행정보

### ★ 웹사이트와 전화

홍성군 문화관광 041-630-1808, tour.hongseong.go.kr
홍주성역사관 041-630-9240
이응노생가기념관 041-630-9232, blog.naver.com/toyain
홍성조류탐사과학관 041-630-9696, blog.naver.com/birdcenter

### ★ 대중교통

[기차] 용산-홍성, 장항선 새마을호 하루 7회 운행, 2시간 소요
[버스] 서울-홍성, 하루 8회 운행, 2시간 소요
　　　 대전-홍성, 1시간 10분 간격 운행, 2시간 20분 소요

### ★ 자가운전

1. 서해안고속도로 홍성IC-갈산로터리-안면도 방면 40번 국도-김
좌진 장군 생가지
2. 당진대전고속도로 수덕사IC-21번 국도-홍성군청-김좌진 장군
생가지

### ★ 숙박

조응식가옥(우화정) : 홍성군 장곡면 홍남동로, 041-642-6065
홍성온천관광호텔 : 홍성군 홍성읍 내포로, 041-633-7777
오서산소풍가는날 : 홍성군 광천읍 오서길 399, 041-641-6070
오서산펜션 : 홍성군 광천읍 오서길351번길 8-13, 041-641-7654

### ★ 맛집

대봉한정식 : 한정식, 홍성읍 내포로 66, 041-632-5868
돌산가든 : 영양돌솥밥, 홍북면 용봉산2길 47, 041-634-8500

미당 : 생갈비, 홍성읍 홍덕서로 193, 041-632-2001
갯마을회센타 : 활어회, 서부면 남당항로 868, 041-631-3969

### ★ 축제 및 행사

광천토굴새우젓 · 재래맛김 축제 : 매년 10월 중순, 041-630-1378,
　　　　　　　　　　　　　　　 tour.hongseong.go.kr
남당리대하축제 : 매년 10월~11월 초순, 041-630-1378,
　　　　　　　　 tour.hongseong.go.kr

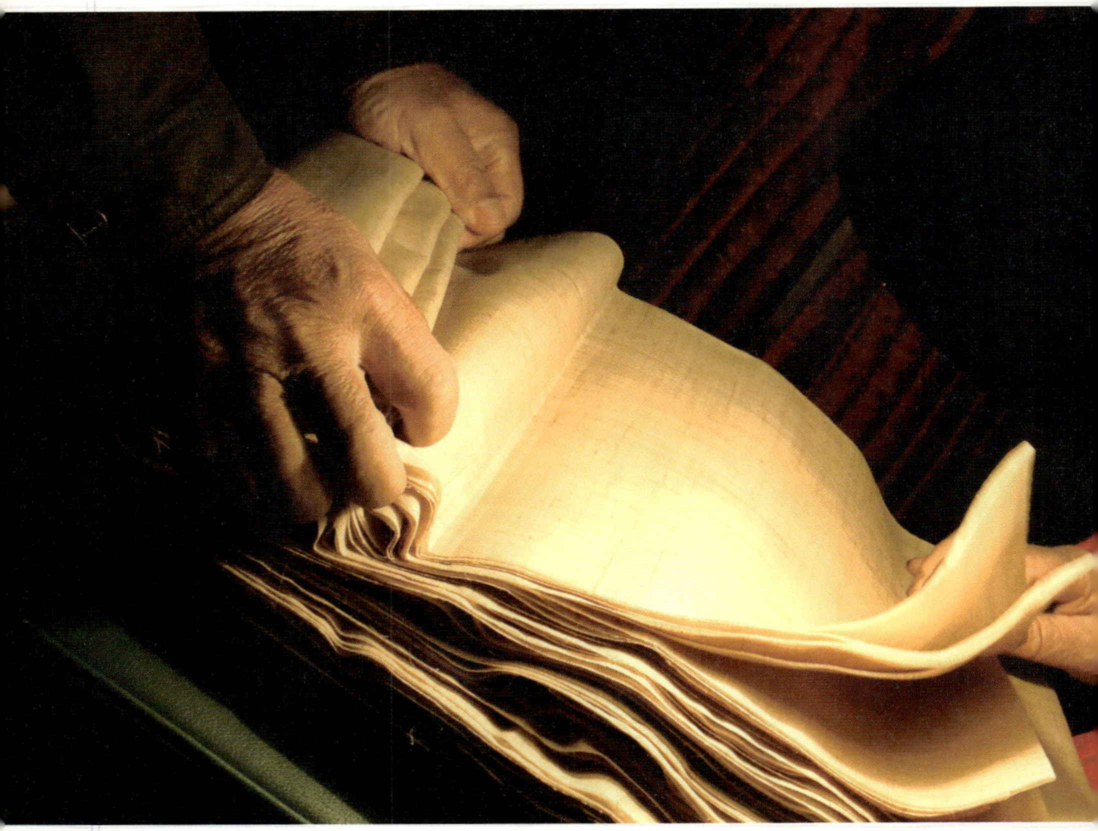

# 013

한산오일장

충남 서천군

# 추억과 꿈을 파는 천년 장터

여행 내비게이션

**여행컨셉** 한산모시가 거래되는 국내 유일의 전통시장 구경하기

**추천일정** 당일

**Must Do** 1. 새벽 모시전 구경하기
2. 한다공방 생활공예품 구경하기
3. 서천특화시장에서 싱싱한 회 맛보기

**추천 교통** 자가운전

**추천 계절** 봄~초여름

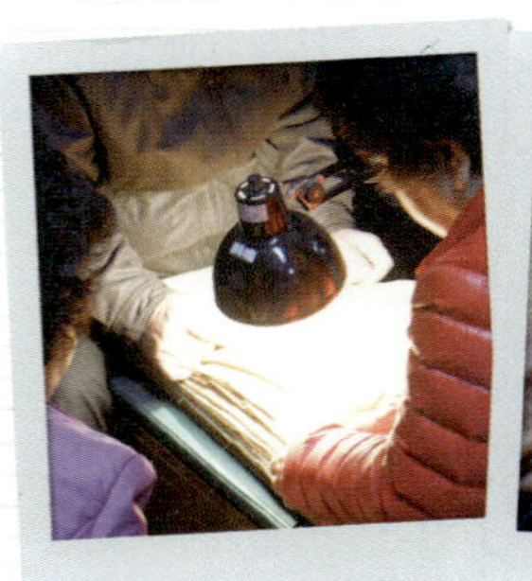

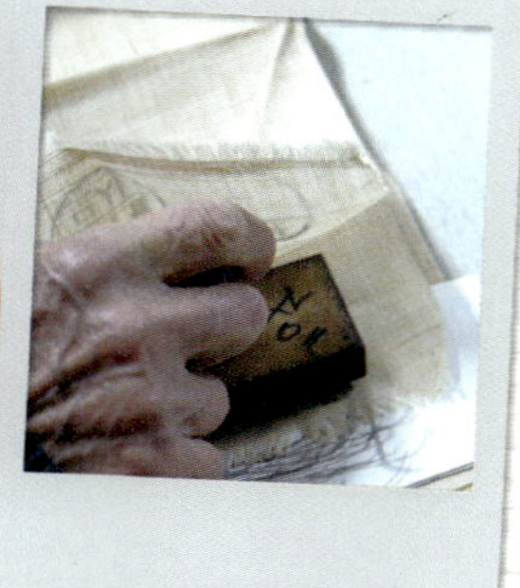

　'추억과 꿈을 파는 천년 장터' 한산오일장은 매월 1, 6으로 끝나는 날 한산터미널과 한산초등학교 사이에서 열린다. 정기시장으로 등록된 것은 1926년이지만, 조선시대 이전에 개설된 것으로 전한다. 한때는 지금의 4배 규모로 서천군에서 가장 큰 장이었다는데, 당시엔 어찌나 사람이 많은지 '아이들은 어른들 바짓가랑이 사이로만 다닐 수 있었다'고 한다. 현재 국내에서 모시가 거래되는 유일한 전통시장이기도 하다.

　한산오일장은 항상 문을 여는 골목상점들과 장날에만 좌판을 펴는 난전상인들이 함께 꾸려간다. 1900년부터 3대째 가업을 잇고 있는 아성대장간, 50년 넘게 농기계와 철물을 팔고 있는 학교앞 철물점, 양철을 자르고 두드려 생활용품과 장식용 공예품을 만드는 정함석집 등은 한산장의 과거를 기억하는 대표적인 골목상점들이다. 대장간의 화덕과 모루, 함석집 양동이와 연통에는 지나간 시간의 흔적들이 고스란히 배어 있다. 장터 한가운데에는 한산오일장의 공예 브랜드인 '한다공방'이 있다. 솟대, 짚풀, 공작선, 천연비누, 천연염색 분야의 한산지역 공예가 8명이 함께 만든 곳으로, 예쁜 생활공예품들을 자유롭게 구경하고 구입도 할 수 있다.

　난전과 공방, 골목상점들까지 두루 구경하다 보면 금방 점심시간이 될 터. 장터거리의 삼거리식당은 국밥이, 오라리집은 얼큰한 칼국수가, 모시원식당은 영양솥밥이 맛있다. 삼거리식당과 오라리집에서는 한산지역 대표 김치인 섞박지도 맛볼 수 있다. 오라리집은 촌스러운 듯 개성이 넘치는 간판 글씨도 인상적이다.

　본격적으로 장이 서는 시간은 오전 9~10시이지만, 한산장의 명물인 모시전을 보려면 6시 전에 한다공방 옆 모시거래장에 도착해야 한다. 모시전이 이른 새벽에 열리는 이유는 어둠 속에서 백열등에 비춰 보아야 모시의 품질을 정확히 알 수 있기 때문. 5시가 좀 넘으면 정성껏 짠 필모시(모시 한 필은 폭 31cm, 길이 21.6m)를 꼭 안은 할머니들이 검사장으로 들어선다. 검사필 도장을 받고 기다리고 있으면 이윽고 모시를 살 사람과 중개인이 도착하고, 캄캄한 가운데 백열등을 밝힌 후 거래가 시작된다. 조금이라도 더 받으려는 할머니들과 한 푼이라도 깎으려는 모시상인 사이에 팽팽한 긴장감이 감돌고 지켜보는 구경꾼은 흥미진진하다. 모시전은 4월에서 6월 사이가 성수기다.

### 한산모시관

모시 한 필이 나오기까지는 모시풀 겉껍질을 벗겨 태모시를 만드는 것부터 시작해 수많은 단계를 거쳐야 한다. 한산모시관 전시실에서는 모시짜기 전 과정을 자세히 볼 수 있다. 시연공방에서 한산모시짜기 기능보유자가 직접 시연을 하고 있으니 궁금한 점이 있으면 설명을 부탁하자.

### 이상재선생 생가지

한산장터에서 5분 거리에 독립운동가 월남 이상재 선생의 생가와 전시관이 있다. 독립협회, YMCA, 조선교육협회, 신간회 활동 등 선생의 일대기를 각종 자료와 함께 알기 쉽게 정리해 두어 초등학생 자녀와 함께 들러볼 만하다.

### 서천특화시장

인근 수산물들이 모두 모이는 대규모 상설 수산물시장이다. 광어, 우럭, 도미와 같은 활어는 물론이고 물오른 주꾸미, 서천특산품인 박대, 반건조 우럭, 물메기, 게, 조개, 갑오징어, 각종 건어물 등을 저렴하게 구입할 수 있다. 1층에서 횟감을 구입해 2층 식당가로 올라가 양념값을 내고 먹을 수 있다.

1 한산모시관 시연공방 2 새벽부터 솥 걸고 끓여 만든 한산 오일장의 도토리묵 3 한산모시관 전시실 4 서천 수산물 특화시장의 활기 넘치는 모습 5 독립운동가 월남 이상재 선생 생가 6 서천 수산물 특화시장에서 파는 박대 7 한산 오일장 어물전

## 당일여행 추천코스

## 여행정보

**★ 웹사이트와 전화**

서천군 문화관광 041-950-4525, tour.seocheon.go.kr

한산오일장 www.gohansanjang.net

한산모시관 041-951-4100, www.hansanmosi.kr

서천특화시장 041-951-1445

**★ 대중교통**

[버스] 서울–서천 : 서울남부터미널에서 1일 4회 운행, 2시간 20분
소요

[기차] 용산역–서천역 : 새마을호 하루 16회 운행, 2시간 50분 소요

**★ 자가운전**

경부고속도로–천안논산고속도로–당진대전고속도로–서천공주고속
도로–동서천IC–29번국도

**★ 숙박**

서천비치텔 : 서면, 041-952-9566~8

산호텔 : 종천면, 041-952-8012, 8015

산성파크 : 한산면, 041-951-0654

**★ 맛집**

모시원식당 : 영양솥밥, 한산면 지현리, 041-951-0021

오라리집 : 칼국수와 백반, 한산면 지현리, 041-951-0629

할매온정집 : 아귀찜, 장항읍 창선2리, 041-956-4860

**★ 축제 및 행사**

동백꽃주꾸미축제 : 매년 3~4월 사이, 041-950-4019

한산모시문화제 : 매년 6월, 041-950-4749

자연산 광어 · 도미 축제 : 매년 5월 말, 041-950-4019

# 014
여수세계박람회
전남 여수시

# 다시 만나는 해양엑스포 감동!

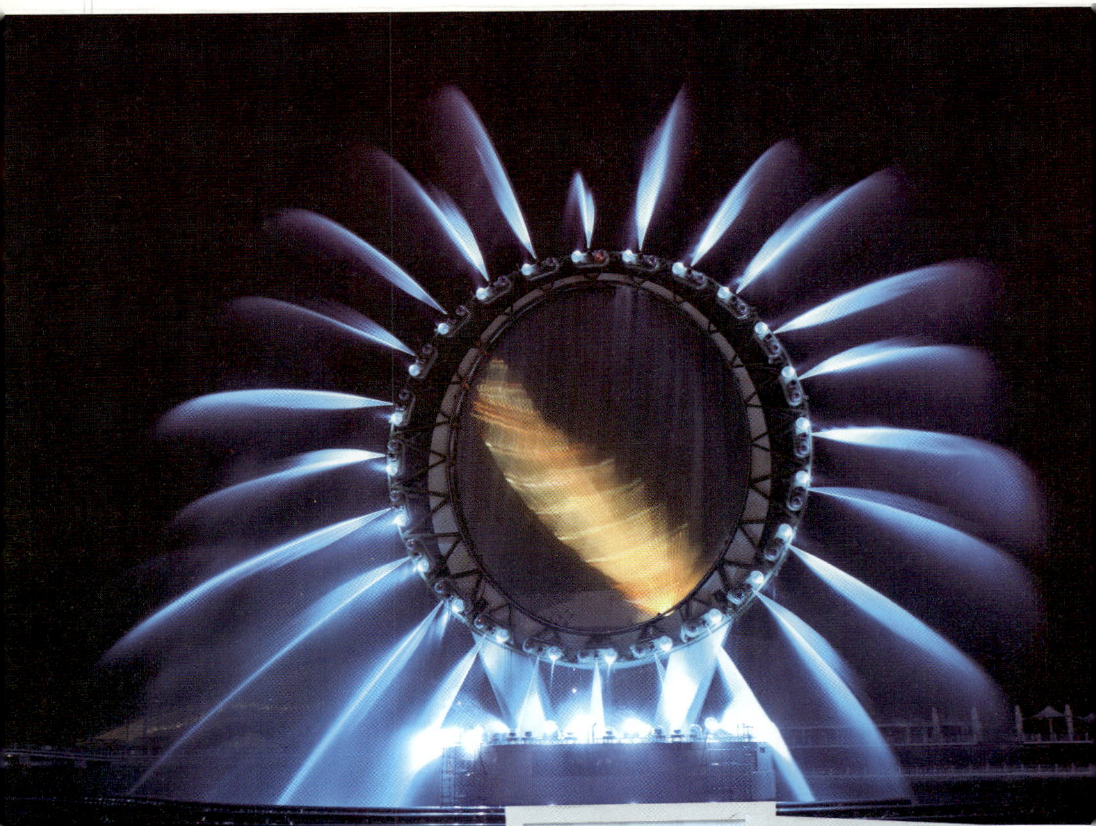

여행 내비게이션

**여행컨셉** 물의 도시 '여수'로 떠나는 가족여행
**추천일정** 1박2일
**Must Do** 1. 빅 오 쇼 관람하기
2. 스카이타워 야간조명 보기
3. 레일바이크 체험하기
4. 아쿠아플라넷 여수의 '마린 걸스' 공연 보기
5. 갯장어 샤브샤브 먹기
**추천 교통** 자가운전
**추천 계절** 봄~가을

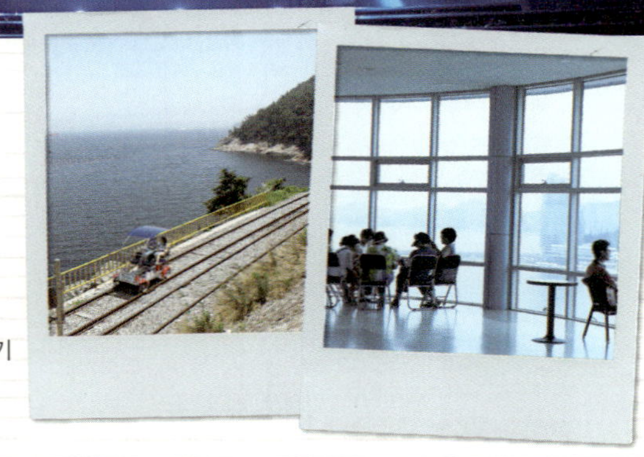

　여수엑스포해양공원은 어린이를 포함한 온 가족 여름 여행지로 제격이다. 2012 여수세계박람회장을 엑스포해양공원으로 재개장해 운영 중인데, 아쿠아리움을 비롯해 엑스포디지털갤러리EDG, 스카이타워, 빅 오Big-O 등 박람회의 4대 명물을 모두 다시 만나볼 수 있다.

　엑스포디지털갤러리는 정문에서 제3문에 이르는 415m 구간의 천장에 설치된 대형 LED 스크린이다. 길이 218m, 폭 30m에 달하는 거대한 스크린에서 다양한 영상을 상영한다. 버려진 시멘트 저장고를 재활용해 만든 높이 67m 스카이타워 외벽에는 세계에서 가장 큰 소리를 내는 파이프오르간이 설치되어 있다. 매시 정각에 10여 분간 오르간 주자가 연주하면 뱃고동 음색의 파이프오르간 소리가 공원 전체에 울려 퍼진다. 6km 떨어진 곳에서도 들릴 만큼 소리가 커 기네스북에도 등재되었다. 입구에서 엘리베이터를 타고 3층으로 올라가 시원한 전망을 즐긴 뒤, 2층 영상전시실에서 여수의 자연을 주제로 한 짧은 영상을 관람한다. 해가 지면 화려한 조명으로 치장하는 외관은 파이프오르간과 함께 스카이타워의 백미다.

　아쿠아플라넷 여수는 세계박람회가 끝나고 바로 재개장했다. 마린 라이프, 아쿠아 포리스트, 오션 라이프 등 3개 전시관에 희귀종을 포함한 해양 생물 3만3,000여 마리가 살며, 하루 5회 싱크로나이즈드스위밍 전 국가 대표 선수들이 펼치는 마린 걸스 공연, 아쿠아리움의 귀염둥이 '벨루가' 흰 돌고래, 걸으면서 다양한 해양 생물을 볼 수 있는 터널식 수조가 인기다. 2층에는 트릭 아트, 디지털 아트, 오브제 아트 등으로 이루어진 착시 체험 테마파크 '박물관은 살아있다'가 있다.

　'빅 오 쇼'는 2014년 봄에 공연이 재개된다. 세계박람회장 앞바다 해상 무대인 빅 오 한가운데 설치된 높이 47m 원형 조형물 '디 오The O'에 분수 노즐을 이용해 워터 스크린을 만들고, 형형색색의 조명과 레이저, 홀로그램을 쏘아 화려한 볼거리를 연출한다.

### 여수해양레일바이크

왕복 3.5km의 레일바이크로 국내에서 유일하게 복선 코스로 운행된다. 전 구간이 해안을 따라 달리기 때문에 탁 트인 바다를 조망할 수 있다는 점이 매력. 오동도와 남해가 손에 잡힐 듯하고, 해가 지면 바다 위에 점점이 흩어진 외항선 불빛이 밤바다의 낭만을 더한다. 엑스포해양공원에서 차량으로 5분 거리로 접근성도 좋다.

### 오동도

입구에 차를 세우고 방파제를 따라 15분쯤 걷거나 수시로 운행하는 동백열차를 타고 들어간다. 신우대, 후박나무, 동백나무가 빽빽한 산책로를 따라 섬을 한 바퀴 돌고 해돋이 전망지에서 시원한 바람을 맞으며 바다를 바라보는 기분이 상쾌하다.

### 진남관

전라좌수영 객사다. 임진왜란 때 이순신 장군이 지휘소로 사용한 진해루가 있던 자리에 세웠다. 지금 건물은 숙종 44년(1718)에 다시 세운 것으로, 현존하는 지방 관아 건물 중 최대 규모다. 기둥에 기대 앉으면 멀리 이순신 장군 동상과 바다가 한눈에 들어온다.

### 교동시장

갓 잡아온 싱싱한 해산물부터 반건조한 생선까지, 수산물이라면 없는 게 없는 소매시장이다. 새벽부터 시작되어 점심시간이 지나면 파장 분위기가 되니 장 구경을 하려면 일찌감치 찾는 것이 좋다. 오후 6시 무렵부터는 포장마차가 들어선다.

### 경도 갯장어 샤브샤브

국동항에서 배로 5분 거리인 작은 섬 경도에는 여름철 여수 별미, 갯장어 식당들이 있다. 일본식 이름인 '하모'로 더 많이 알려진 갯장어는 구이, 샤브샤브, 회 등으로 먹는데, 이곳 경도는 샤브샤브가 유명하다. 팔팔 끓는 국물에 갯장어 한 점을 살짝 익히면 꽃이 피어나듯 활짝 벌어진다. 부추, 양파 등과 함께 먹으면 담백한 맛이 일품이다.

### 돌산공원

여수 밤바다와 야경을 즐기고 싶다면 돌산도 초입에 있는 돌산공원을 찾는다. 조명을 환히 밝힌 돌산대교와 여수항 야경이 환상적인 경관을 선사한다. 버스커버스커의 노래 '여수밤바다'를 들으며 감상하면 금상첨화다.

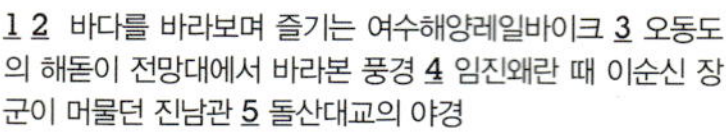

**1 2** 바다를 바라보며 즐기는 여수해양레일바이크 **3** 오동도의 해돋이 전망대에서 바라본 풍경 **4** 임진왜란 때 이순신 장군이 머물던 진남관 **5** 돌산대교의 야경

## 1박2일 추천코스

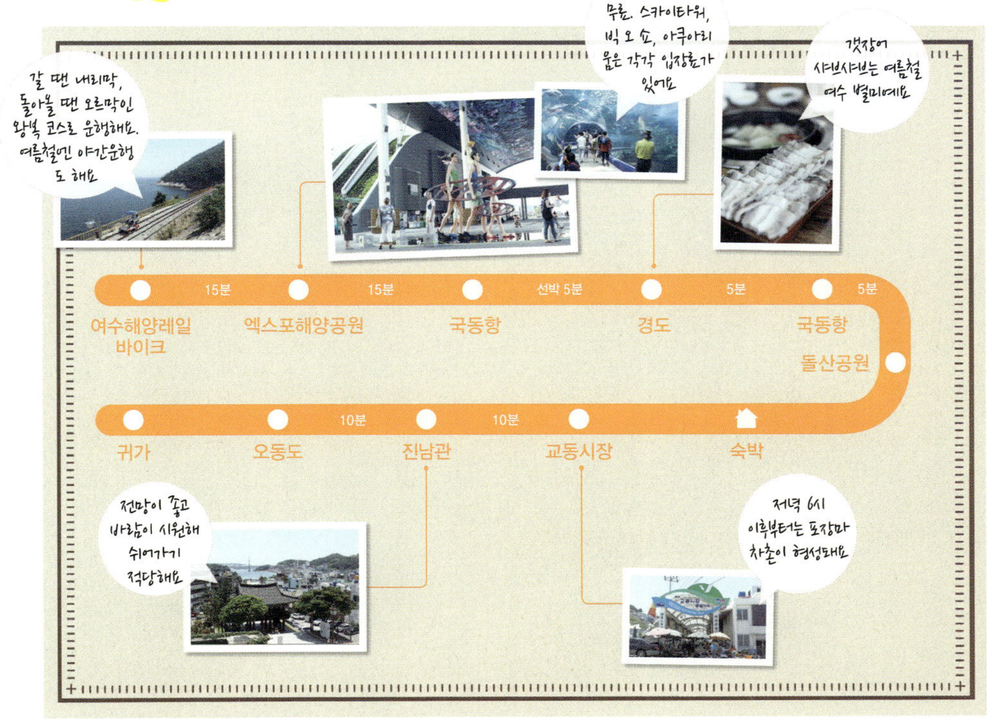

## 여행정보

### ★ 웹사이트와 전화
여수시 관광정보 061-690-2037, www.ystour.kr
여수세계박람회 1577-2012, www.expo2012.kr
아쿠아플라넷 여수 061-660-1111, www.aquaplanet.co.kr
여수해양레일바이크 061-652-7882, www.여수레일바이크.com
진남관(임란유물전시관) 061-690-7329

### ★ 대중교통
[기차] 용산-여수EXPO역, KTX 하루 8회 운행, 3시간 30분 소요
[버스] 서울-여수 : 센트럴시티터미널에서 1일 21회 운행, 4시간
        10분 소요
        동서울터미널에서 1일 8회 운행, 4시간 50분 소요

### ★ 자가운전
남해고속도로-순천IC-둔덕삼거리-남해화학 방면 좌회전 후 2km
직진-오동도 방면 국도 대체 우회도로(약 5분)

### ★ 숙박
베니키아호텔여수 : 시청서6길, 061-662-0001
한옥호텔 오동재 : 외밭넘2길, 061-660-1000
엠블호텔 : 오동도로, 061-660-5800
히든베이호텔 : 신월로, 061-680-3000

### ★ 맛집
경도회관 : 갯장어 샤브샤브, 대경도길, 061-666-0044
백제식당 : 장어탕과 장어구이, 충무로, 061-662-0122
황소식당 : 게장백반, 봉산남3길, 061-642-8007

### ★ 축제 및 행사
여수거북선축제 : 매년 5월, 061-690-2226
영취산진달래축제 : 매년 4월, 061-690-2041

더 많은 정보는
요기!!

# 015

## 통영 대매물도

경남 통영시

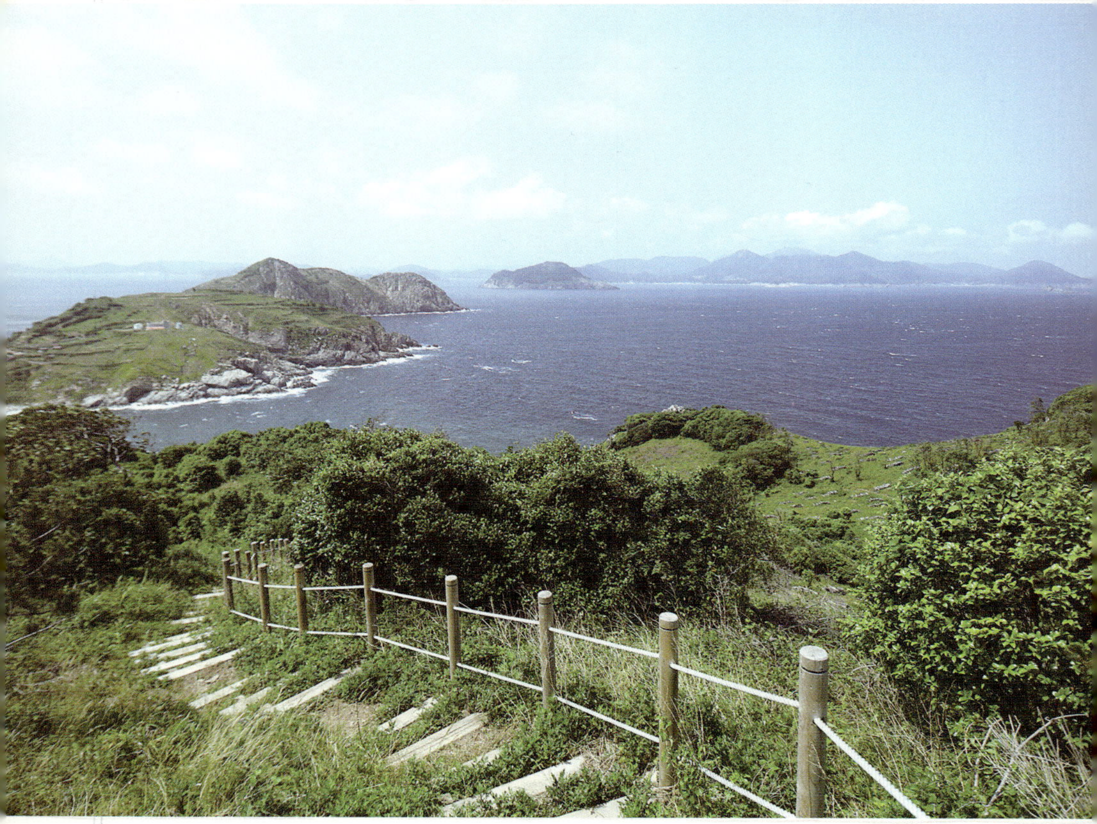

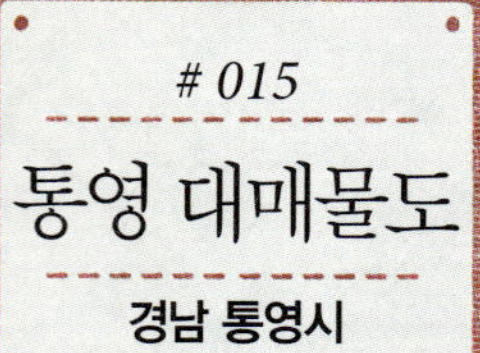

# 하루를 살아도 매물도 사람처럼

여행 내비게이션

**여행컨셉** 대매물도의 매력을 찾아 떠나는 걷기여행

**추천일정** 1박2일

**Must Do** 1. 대매물도 일주

2. 방파제에서 낚시하기

3. 다양한 조형물 감상하기

4. 장군봉에서 소매물도와 등대섬 바라보기

5. 꼬돌개에서 일몰 감상하기

**추천 교통** 자가운전

**추천 계절** 봄~가을

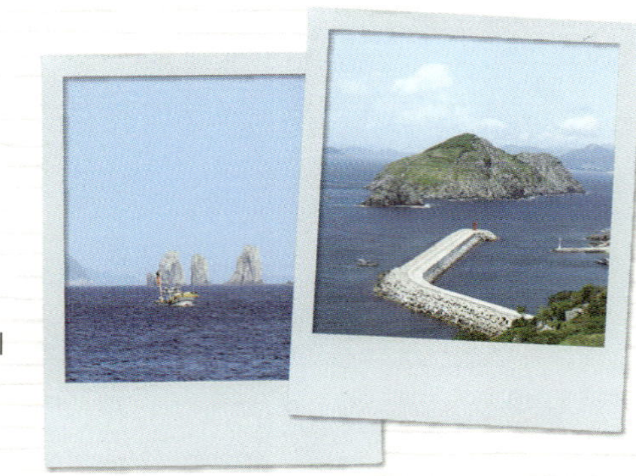

　　통영여객터미널에서 뱃길로 1시간 30분이면 대매물도의 남쪽마을 대항마을에 닿는다. 통영에서 직선 거리로 27km. 27가구 30여 명의 주민이 생활하는 대항마을은 마을 전체가 한눈에 들어올 정도로 아담하다. 장군봉(210m)에 기대어 자리한 민가의 모습이 마치 갯바위에 붙어있는 따개비처럼 정겹다.

　　대항마을과 당금마을은 1km 남짓한 고갯길로 이어진다. 고갯길이라고는 하지만 길이 완만해 산책하듯 천천히 걷기에 좋다. 고갯길에서 만나는 소박한 모습의 이정표와 조형물도 인상적이다. 대매물도는 지난 2005년 문화체육관광부의 '가보고 싶은 섬' 시범사업대상지로 선정된 후 많은 변화가 생겼다. 문화예술 사단법인 '다움'과 주민들이 합심해 마을 곳곳에 예술작품을 설치했으며, 집집마다 문패도 새로 달았다. 고갯길에서 만난 조형물도, 당금마을 선착장에 있는 철제탑과 거대한 여인의 모습을 한 작품도 모두 이 사업의 일환으로 제작된 것들이다. 주민들이 말려놓은 생선을 훔쳐 먹던 '매갱이해달'와 물을 길어오는 노부부의 모습을 형상화해 놓은 작품도 있다. 섬 마을 주민들의 삶을 표현해 놓은 이들 조형물을 찾아보는 것도 대매물도 여행에선 빼놓을 수 없는 재미다. '섬마을 옛집', '어부의 집', '무지개 노는 집' 등 소박하지만 이야기가 담긴 민박집 앞 문패들도 흥미롭다.

　　당금마을 선착장에서 10분만 오르면 전망대가 나오고, 전망대에서 다시 걸음을 옮겨 한산초등학교 매물분교로 방향을 잡으면 본격적인 탐방로가 시작된다. 2007년부터 조성하기 시작한 탐방로는 대매물도를 온전히 돌아볼 수 있는 코스로, 당금마을에서 장군봉을 거쳐 대항마을까지 5.8km 정도 이어진다.

　　장군봉에 오르면 소매물도와 등대섬이 한눈에 들어온다. 그 모습이 마치 바다로 나아가는 거북을 닮은 듯도 하고, 비상하는 독수리를 닮은 듯도 하다. 소매물도 앞, '등대여'라 불리는 작은 바위군락도 매력적이다. 장군봉 정상에는 군마상과 휴식을 위한 벤치가 마련돼 있어 피곤한 다리 잠시 쉬어가기에도 좋다. 걷기의 중간지점인 장군봉에서 대항마을까지는 다시 2.8km 정도를 더 가야하지만 길이 완만한데다 소매물도와 등대섬이 좋은 길동무가 되어주기 때문에 지루할 틈 없이 걸을 수 있다.

### 꼬돌개

대매물도의 일몰 명소로 알려진 꼬돌개(당금마을 앞 탐방로 안내표지판에는 꼬들개라고 명시되어있지만 마을주민들은 꼬돌개가 맞다고 한다)는 대매물도의 서쪽 끝 해안가에 자리해 있다. 소매물도와 등대섬을 배경으로 해가 넘어가는 일몰을 감상할 수 있는 이곳은 오래 전, 대매물도 초기 정착민들이 흉년과 괴질로 '꼬돌아졌다(꼬꾸라졌다)'고 해서 붙여진 이름이라 한다.

### 대매물도 당나무

대항마을 입구에서는 대매물도의 당나무인 후박나무(경남도기념물 제214호)를 만날 수 있다. 수령 300년의 이 후박나무는 그 나이만큼 굵은 몸통과 길게 늘어진 가지가 신령스러운 분위기를 자아내는데, 마을사람들 사이에서는 한 가지 소원은 꼭 들어주는 나무로 알려져 있다. 이곳에서는 지난 2011년부터 20여 년 전 사라졌던 당제를 다시 열고 있다.

1 해질녘 가익도와 소지도 2 수령 300년의 매물도 후박나무 3 탐방로 남쪽에서 바라본 등대섬

## 1박2일 추천코스

## 여행정보

### ★ 웹사이트와 전화

통영시 문화관광 055-650-4600, www.utour.go.kr
한산면사무소 055-650-3600
통영항여객선터미널 055-642-0116
한솔해운 055-645-3717

### ★ 대중교통

[버스] 서울–통영 : 서울고속버스터미널에서 하루 17회 운행, 4시간 10분 소요
[여객선] 통영항여객선터미널–대매물도 : 매일 3회(07:00, 11:00, 14:10) 운항, 1시간 30분 소요
　▶ 1항차, 2항차 (07:00, 11:00 출발) : 통영 – 비진도 – 소매물도 – 매물도(대항) – 매물도(당금) – 비진도 – 통영
　▶ 3항차 (14:10 출발) : 통영 – 비진도 – 매물도(당금) – 매물도(대항) – 소매물도 – 비진도 – 통영

### ★ 자가운전

통영대전간 고속도로 통영IC–통영방면 우측방향–관문사거리에서 좌회전–무전사거리 직진–북신사거리에서 여객터미널 방면 우측 방향으로 2km 진행–통영항여객선터미널

### ★ 숙박

노을민박 : 경남 통영시 대매물도, 055-646-3008
바람민박 : 경남 통영시 대매물도, 055-642-9855
매물도다이빙리조트 : 경남 통영시 대매물도, 055-643-7453
바다이야기펜션 : 경남 통영시 대매물도, 055-642-6171
노을바다펜션 : 경남 통영시 대매물도, 055-645-8853

### ★ 맛집

대매물도에는 식당이 없다. 때문에 민박집에서 식사를 같이 해결해야 한다. 식사비용은 6～7천원. 민박집에 따라 '매물도 어부의 밥상'이라고 불리는 메뉴를 내는 곳도 있다. 미역과 성게 등 각종 해물로 차려지는 매물도 어부의 밥상은 1인분에 1만 5천원.

### ★ 축제 및 행사

통영국제음악제 : 매년 3월, www.timf.org
통영한산대첩제 : 매년 8월, www.hsdf
통영예술제 : 매년 10월

더 많은 정보는 요기!!

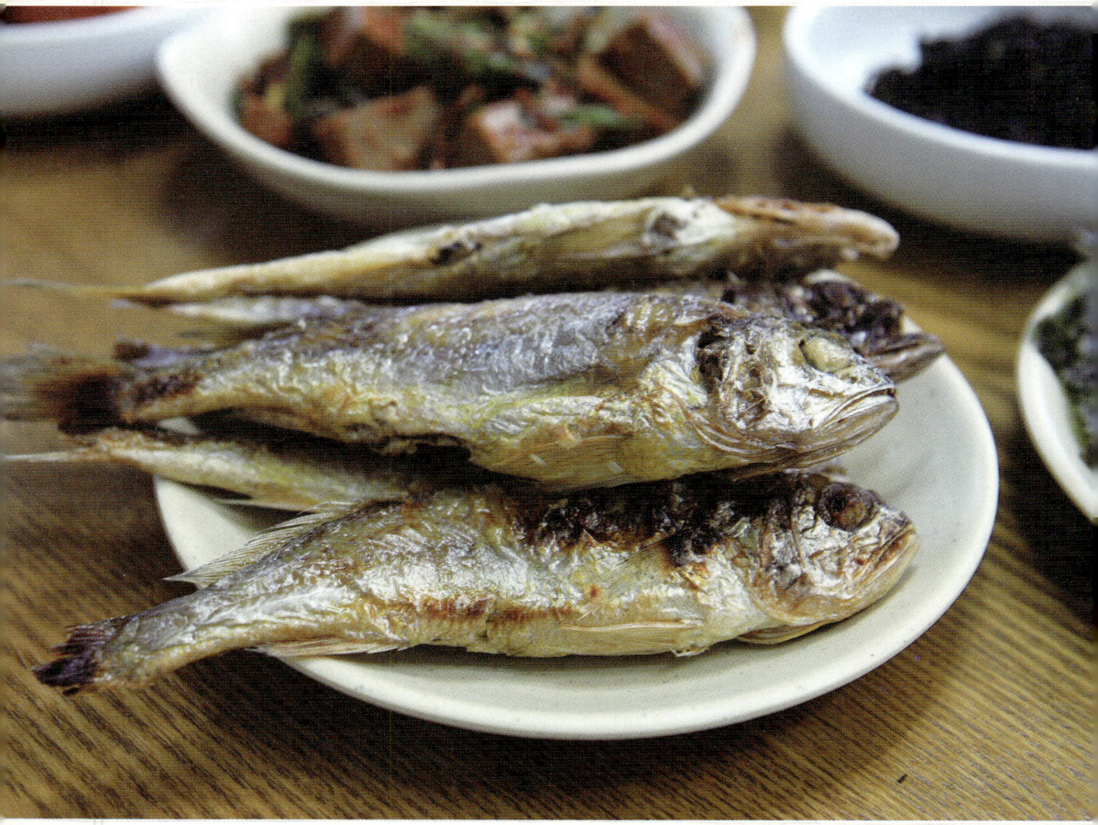

\# 016

영광굴비

전남 영광군

# 자연이 만들어낸 영광의 맛

여행 내비게이션

**여행컨셉** 영광 특산품 굴비 맛보며 여행하기

**추천일정** 1박2일

**Must Do** 1. 영광굴비 맛보기

2. 백수해안도로 드라이브

3. 백제불교 최초 도래지 탐방

4. 해수온천랜드에서 심해수로 온천욕하기

**추천 교통** 자가운전

**추천 계절** 사계절

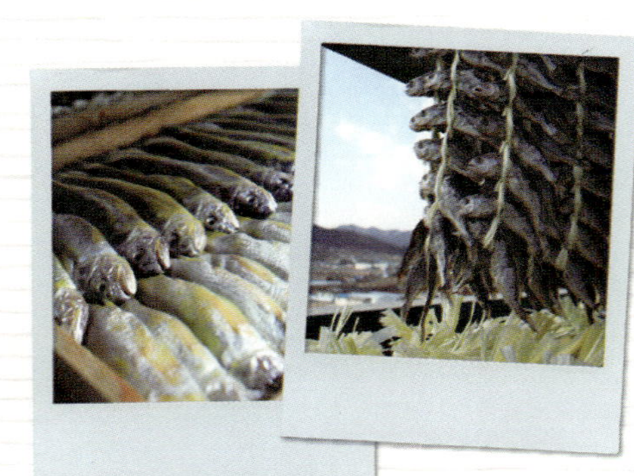

영광 법성포는 서해바다가 육지 안쪽까지 깊숙이 들어와 있는 천혜의 항구이다. 연중 어느 때이든 고기잡이배들이 북적이는 곳이지만 영광을 대표하는 어종인 조기잡이가 한창인 봄철이면 유난히 활기차다. 그런데 서해 어디에서나 잡을 수 있는 조기가 왜 영광을 대표하는 생선이 되었을까? 그것은 가장 맛있기로 손꼽는 알배기조기가 봄철 영광앞바다인 칠산어장을 지나기 때문이다. 연중 조기를 잡을 수 있는 기간은 8월 말부터 4월23일까지라 한다. 칠산어장을 지나면서부터 봄 조기는 산란을 위한 금어기에 들어서는 셈이다.

싱싱한 조기도 많은 사랑을 받지만 그보다 더 사랑받는 것은 조기를 살짝 염장해 말린 굴비다. 영광의 또 다른 특산품인 소금과 법성포의 해풍이 더해져 만들어지는 굴비는 그 이름에도 재미있는 이야기가 담겨있다. 고려 인종과 이자겸의 이야기이다. 왕위를 넘보다가 영광으로 귀양 온 이자겸이 말린 참조기를 인종에게 진상하면서 자신의 뜻을 굽히지 않겠다는 '굴비屈非'라 이름 지어 보냈다는 것이다. 이후 영광의 옛 이름 '정주'를 붙인 '정주굴비'가 말린 참조기의 공식이름이 되었다 한다.

조기가 굴비로 변신하는 과정에는 꽤나 많은 시간과 사람의 손길이 필요하다. 제일 먼저 필요한 것은 굴비의 맛을 좌우하는 소금이다. 법성포 굴비는 영광에서 생산된 천일염을 사용한다. 여기에 조기의 비린 맛을 잡아줄 수 있는 저마다의 비법이 더해져 상품으로 완성된다. 조기의 크기에 따라 염장시간을 6~24시간으로 조절하는 것도 맛을 일정하게 하는 비결이다. 염장이 잘 된 조기는 두름으로 엮은 후 맑은 물에 씻어 더 이상 소금이 생선 안으로 배어들지 않게 한다. 이후 잘 말려주면 굴비가 완성된다.

옛 맛을 그리워하는 사람들은 바싹 말린 전통굴비를 쌀뜨물에 담갔다가 쪄내는 굴비찜을 영광굴비 최고의 맛으로 손꼽는다. 하얀 쌀밥에 굴비찜 한 점 얹어 먹으면 더할 나위 없이 행복하다. 더운 여름엔 밥을 물에 말아 함께 먹는 굴비찜이 달아났던 입맛도 돌아오게 하는 별미다. 말린 굴비를 찢어 고추장에 재웠다 먹는 고추장 굴비도 그 뒤를 따르는 맛이다.

### 백제불교 최초 도래지

영광굴비를 맛본 후에는 영광의 다양한 문화유산을 찾아가보자. 제일 먼저 찾아갈 곳은 법성포라는 지명이 생겨난 백제불교 최초 도래지이다. 이곳은 인도승려 마라난타가 백제에 불교를 전하기 위해 찾아와 첫발을 내딛은 곳이라 한다. 법(法)은 불교를, 성(聖)은 성인인 마라난타를 뜻한다. 부용루, 탑원, 간다라유물전시관, 4면대불 등 볼거리가 많다.

### 백수해안도로

법성포에서 해안을 따라 이어지는 백수해안도로는 영광군 최고의 드라이브코스이다. 이 길에 영광해수온천랜드와 노을전시관이 자리하고 있다. 영광해수온천랜드는 지하 600m에서 솟아나는 27.1℃의 염화나트륨 광천수를 사용한다. 온천을 즐기며 바다를 감상할 수 있는 것이 장점이다. 노을전시관은 백수해안도로의 아름다운 일몰을 감상할 수 있는 장소이다. 백수해안도로에서 촬영한 아름다운 노을사진과 노을을 테마로 쓴 책들을 전시하고 있다.

### 연안김씨 종택

해안도로를 벗어나 군남면 동간리로 가면 연안김씨 종택이 자리하고 있다. 조선 후기 영광 양반들의 생활을 살필 수 있는 이 집은 대문 위에 세워진 삼효문三孝門이 색다르다. 삼효문은 연안김씨 가문에서 나온 세 명의 효자를 표창하기 위해 고종황제의 명으로 지어진 것이다. 현판은 고종황제의 형인 이재면이 썼다고 전해진다. 누각 위로 올라가면 이들의 효성을 기리는 편액을 볼 수 있다. 안채 곳곳에는 아궁이에 불을 넣어 목욕물을 데우는 목욕탕 등의 흥미로운 공간들이 자리하고 있다.

1 영광굴비의 고장 법성포 전경 2 연안김씨 종택의 해질녘 풍경 3 노을 사진과 책을 전시하는 노을전시관 4 법성포에 있는 백제 불교 최초 도래지

## 1박2일 추천코스

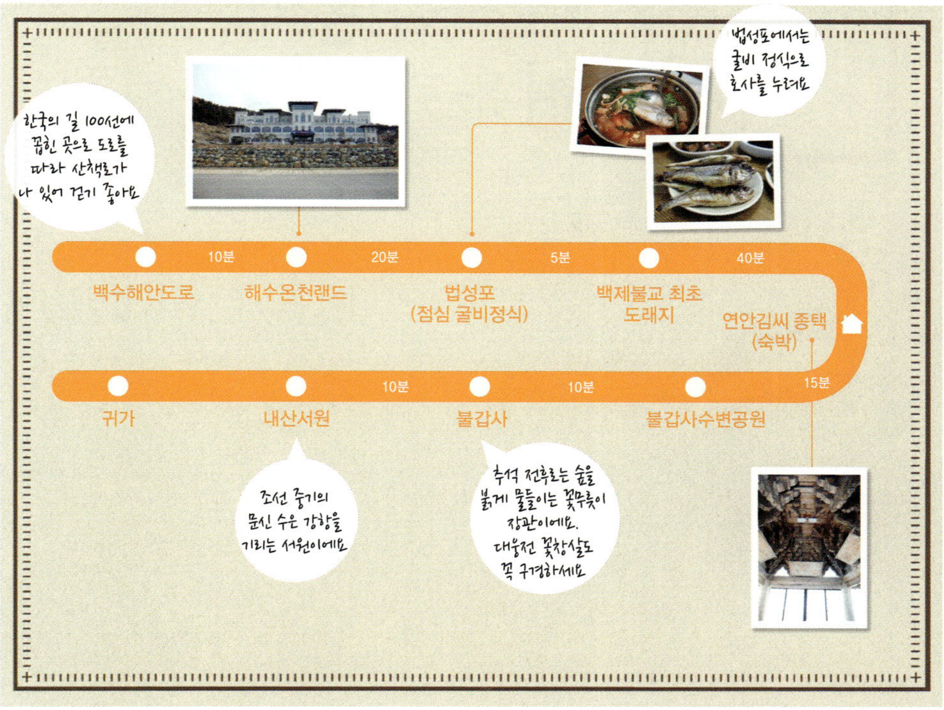

## 여행정보

### ★ 웹사이트와 전화

영광군 문화관광 061-350-5742, www.yeonggwang.go.kr/tour
연안김씨 종택 070-4208-5279, cafe.daum.net/kbmetoo
영광해수온천랜드 061-353-9988
노을전시관 061-350-5600
백제불교 최초 도래지 061-350-5999

### ★ 대중교통

[버스] 서울-영광 : 하루 19회, 40~50분 간격 운행, 소요시간
　　　　3시간 40분
　　　　광주-영광 : 하루 35회 운행, 소요시간 50분

### ★ 자가운전

서해안고속도로 영광IC-함평 · 영광 방향 23번 국도-단주로터리-
신평교차로-22번 국도 공음 · 법성포 방향-법성포

### ★ 숙박

영광컨트리클럽 : 백수읍 구수리, 061-350-2000
영광연안김씨종택 : 군남면 동간길2길, 070-4208-5279,
　　　　　cafe.daum.net/kbmetoo
팔레스모텔 : 영광읍 신하리, 061-351-5300
글로리관광호텔 : 영광읍 녹사리, 061-351-8700
노을하우스 : 백수읍 대신리, 061-356-7331

### ★ 맛집

동원정 : 굴비한정식, 법성면 법성리, 061-356-3323
007식당 : 굴비한정식, 법성면 법성리, 061-356-2216
명가어찬 : 굴비한정식, 법성면 법성리, 061-356-1313
해촌 : 백반, 영광읍 단주리, 061-353-8897
할매집 : 보리밥정식, 불갑면 모악리, 061-352-7844

### ★ 축제 및 행사

법성포단오제 및 굴비축제 : 매년 6월, 음력 단오 무렵
찰보리문화축제 : 매년 5월경, 061-350-4950

더 많은 정보는
요기!!

# 017

울산시티투어

울산광역시

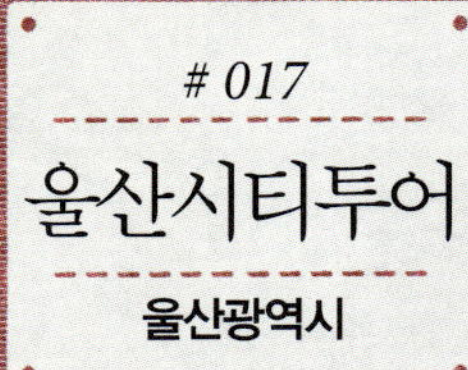

# 버스로 즐기는 여유로운 울산여행

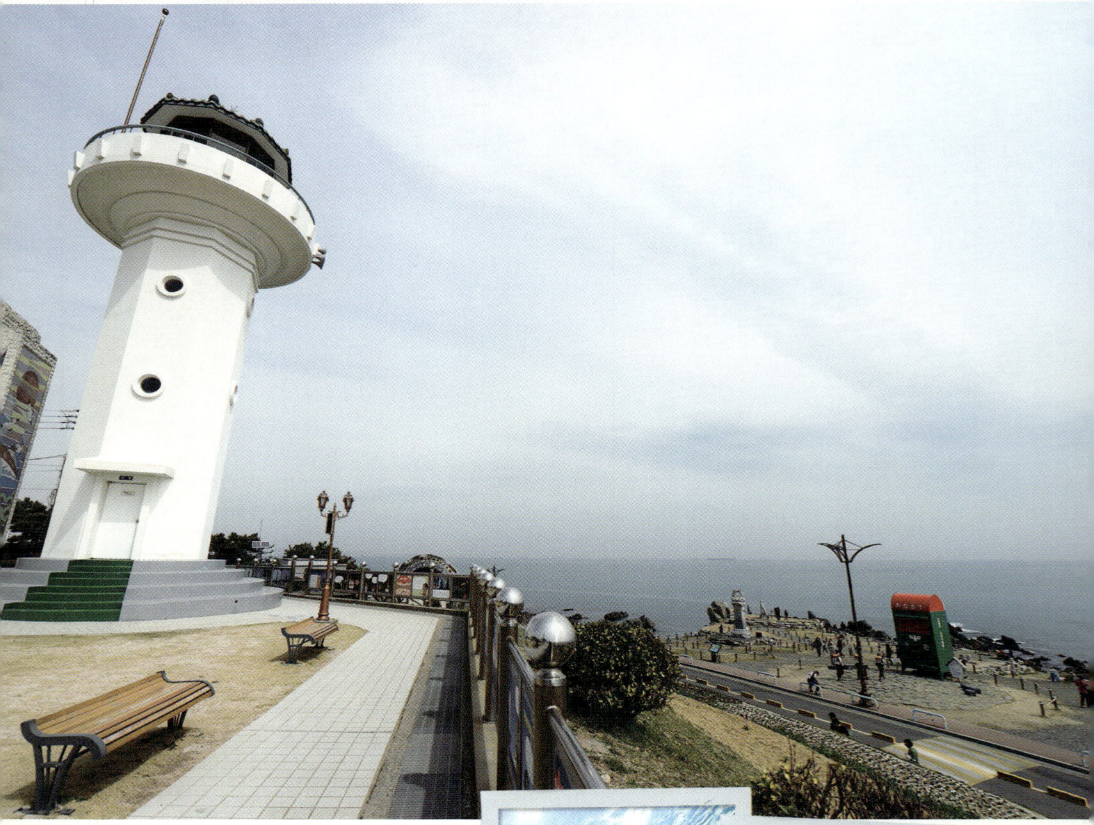

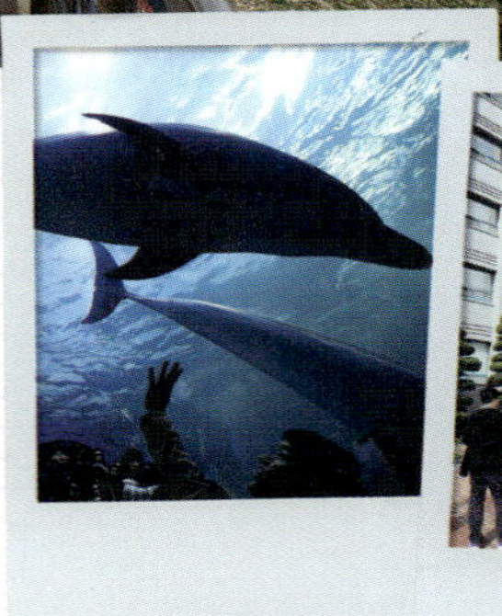

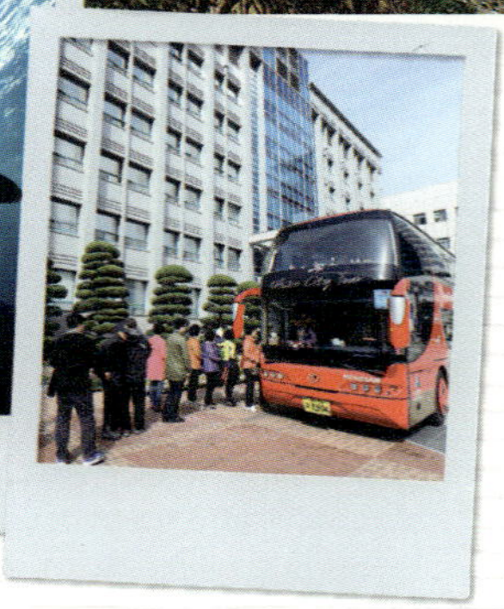

여행 내비게이션

**여행컨셉** 시티투어 버스를 타고 만나는 울산의 비경

**추천일정** 1박2일

**Must Do** 1. 다양한 코스의 울산시티투어 이용하기

2. 외옹산옹기마을에서 옹기체험

3. 간절곶 산책

4. 고래박물관과 고래생태체험관 관람

5. 언양시장 구경

**추천 교통** KTX

**추천 계절** 봄~가을

울산은 산업도시로서의 이미지가 강한 곳이다. 현대자동차 울산공장을 비롯해 현대중공업, SK에너지 울산Complex 등 굵직굵직한 산업시설들이 자리해 있기 때문이다. 하지만 산업도시라는 이미지에 못지않게 보석처럼 빛나는 관광지들을 품고 있는 도시이기도 하다. 울산시티투어는 이처럼 숨겨진 울산의 관광지들을 하나하나 찾아가는 과정이다. 월요일을 제외한 모든 요일의 코스와 이용하는 차량에 따른 코스를 달리해 놓은 것도 이들 관광지를 꼼꼼히 돌아볼 수 있게 하기 위해서다. 그뿐만이 아니다. 12개 정기투어 외에 단체를 위한 맞춤투어도 마련해 두고 있어 그만큼 선택의 폭이 넓다는 점도 매력이다. 맞춤투어의 경우에는 정기투어와 달리 출발지와 도착지 그리고 코스까지도 변경이 가능하다. 울산시티투어에는 단층버스와 2층 버스 각 1대씩이 투입돼 운영되고 있으며, 최소 5인 이상이면 투어가 진행된다.

울산시티투어 탑승은 울산시청과 KTX울산역 중 편한 곳을 이용하면 된다. 탑승시간은 코스에 따라 약간의 차이가 있지만 보통 오전 9시 30분에서 10시 사이. 각각의 코스에 따라 탑승시간은 조금씩 차이가 있으니 사전에 자신이 이용하는 코스의 출발시간을 정확이 알아두는 게 좋다. 참고로 자가운전자의 경우 KTX울산역보다는 울산시청을 이용하는 편이 유리하다. KTX울산역 주차장은 시티투어 이용과 관계없이 별도의 주차료를 지불해야 하지만 시청 주차장을 이용할 경우에는 주말과 공휴일은 물론 평일에도 무료 주차가 가능하다. 무료주차권은 동승한 문화해설사에게 받으면 된다.

울산시티투어는 기본적으로 3~4곳의 관광지를 경유하는 코스로 구성돼 있다. 이동시간과 체류시간 등을 고려한 구성이다. 전체 코스를 관람하는 데는 6시간 정도의 시간이 소요되며, 각각의 경유지에서는 1시간에서 1시간 30분 정도 체류하게 된다. 각각의 여행지에서는 동승한 문화해설사로부터 다양한 이야기를 들을 수 있다. 물론 개별 관람도 가능하다. 단, 개별 관람을 할 경우에는 관람시간을 정확히 지켜야 한다. 자칫 한두 명의 욕심 때문에 전체 투어일정에 차질이 생길 수도 있기 때문이다. 투어 중 유료 관광지의 입장권은 개별 구입이 원칙이다.

### 외고산 옹기마을

외고산 옹기마을은 옹기 장인들과 함께 직접 전통옹기를 만들어보는 체험을 할 수 있는 곳이다. 옹기박물관에서는 옹기에 대한 역사, 문화를 전시하고 있으며, 옹기아카데미에서는 전통옹기를 손수 만들어 볼 수도 있다. 옹기체험 비용은 1인 7천원이다.

### 간절곶

우리나라 내륙에서 가장 먼저 해가 뜨는 간절곶은 울산을 대표하는 관광지 중 한 곳이다. 매년 1월 해맞이 행사가 열리는 간절곶 일대는 멋스러운 공원으로 조성돼 있는데, 간절곶 광장을 중심으로 소망우체통, 간절곶등대, 모자상 등이 있고 이들 주위로 산책로가 마련돼 있어 동해를 바라보며 천천히 산책을 즐기기에도 좋다.

### 고래박물관

장생포에 위치한 고래박물관은 우리나라 유일의 고래전문 박물관으로 귀신고래의 실물모형을 포함해 포경에 관련된 다양한 전시물을 만나볼 수 있는 공간이다. 박물관 관람은 2층 포경 역사관에서 시작해 3층 귀신고래관을 거쳐 1층 어린이 체험관으로 이어진다. 2층 출입구를 들어서면 거대한 모습의 귀신고래 실물 모형이 기다린다. 몸 여기저기에 따개비들이 붙어있는 귀신고래의 모습이 인상적이다.

### 고래생태체험관

고래생태체험관은 돌고래와 다양한 해양생물을 눈으로 직접 보고 체험할 수 있는 곳이다. 그중에서도 돌고래를 직접 볼 수 있는 돌고래 수족관은 최고의 인기 코스. 하루 4회(11:10, 13:10, 15:10, 17:10) 진행되는 돌고래 생태설명회는 돌고래 수족관은 물론 투명유리로 천장을 마감한 해저터널에서도 감상할 수 있다.

### 언양시장

시티투어의 여유로움은 사람냄새 물씬 나는 언양시장에서 마무리 하는 것도 괜찮다. 끝자리 2, 7일에 장이 서는 언양시장은 울산에서도 손에 꼽히는 재래시장. 최근에는 장터 중앙에 산뜻한 차양을 설치해 장날이 아닌 날에도 제법 많은 이들이 찾고 있다. 언양시장은 울산시티투어 정기코스에 들어있지는 않지만 시티투어 버스가 정차하는 KTX 울산역에서 3km 남짓밖에 안 떨어져 있어 부담 없이 찾아볼 만하다.

1 옹기에 관한 모든 것을 알 수 있는 외고산 옹기마을 2 간절곶에 있는 모자상 3 고래생태체험관 해저터널에서 돌고래를 구경하는 여행객들 4 언양시장 노점에서 볼 수 있는 주전부리

## 1박2일 추천코스

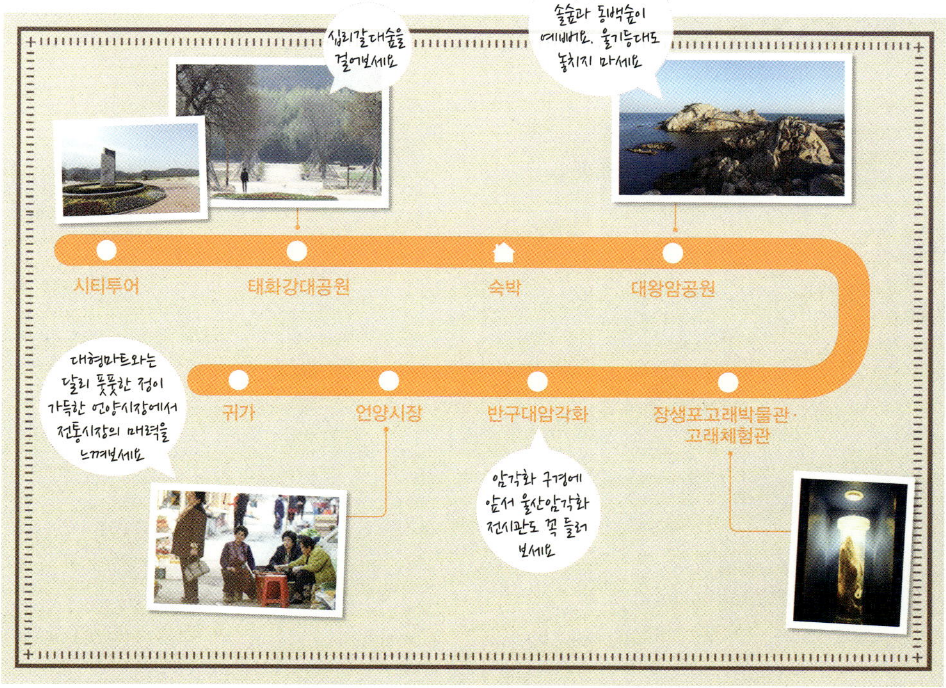

시티투어 — 태화강대공원 — 숙박 — 대왕암공원



귀가 — 언양시장 — 반구대암각화 — 장생포고래박물관·고래체험관

## 여행정보

**★ 웹사이트와 전화**
울산광역시 문화관광 052-229-3893, guide.ulsan.go.kr
울산시티투어 052-700-0052, www.ulsancitytour.co.kr
장생포고래박물관 · 고래생태체험관 www.whalemuseum.go.kr
외고산 옹기마을 052-237-7894, onggi.ulju.ulsan.kr
장생포고래박물관 052-256-6301

**★ 대중교통**
[기차] 서울-울산 : 매일 32회 운행, 2시간 20분 소요
[버스] 서울고속버스터미널에서 매일 32회 운행, 4시간 30분 소요

**★ 자가운전**
경부고속도-언양JC-부산울산고속도로-울산JC-울산IC-삼호5교-
남부순환도로-옥현사거리-문수로-공업탑로터리-봉월사거리-
울산광역시청

**★ 숙박**
하이호텔 : 동구 바드래5길, 052-944-1010
S모텔 : 남구 달삼로75번길, 052-271-7080
경원BIZ모텔 : 동구 녹수7길, 052-233-2000
산드라 모텔 : 남구 대학로 147번길, 052-249-9107

**★ 맛집**
삼천포횟집 : 활어회, 동구 방어동, 052-252-1029
청해고래전문점 : 고래고기, 남구 장생포, 052-269-5153
영진회고래집 : 고래고기, 남구 장생포, 052-261-3400
가반상식당 : 도루묵찌개, 동구 방어동, 052-251-5160
삼교리동치미막국수 : 메밀막국수, 동구 주전동, 052-235-3935

**★ 축제 및 행사**
간절곶 해맞이행사 : 매년 12월 31일~1월 1일, ganjeolgot.ulsan.go.kr
울산고래축제 : 매년 4월 말, www.ulsanwhale.com
울산서머페스티벌 : 매년 7월 말, 진하해수욕장, www.usmbc.co.kr

# 018
## 전주한옥마을
전북 전주시

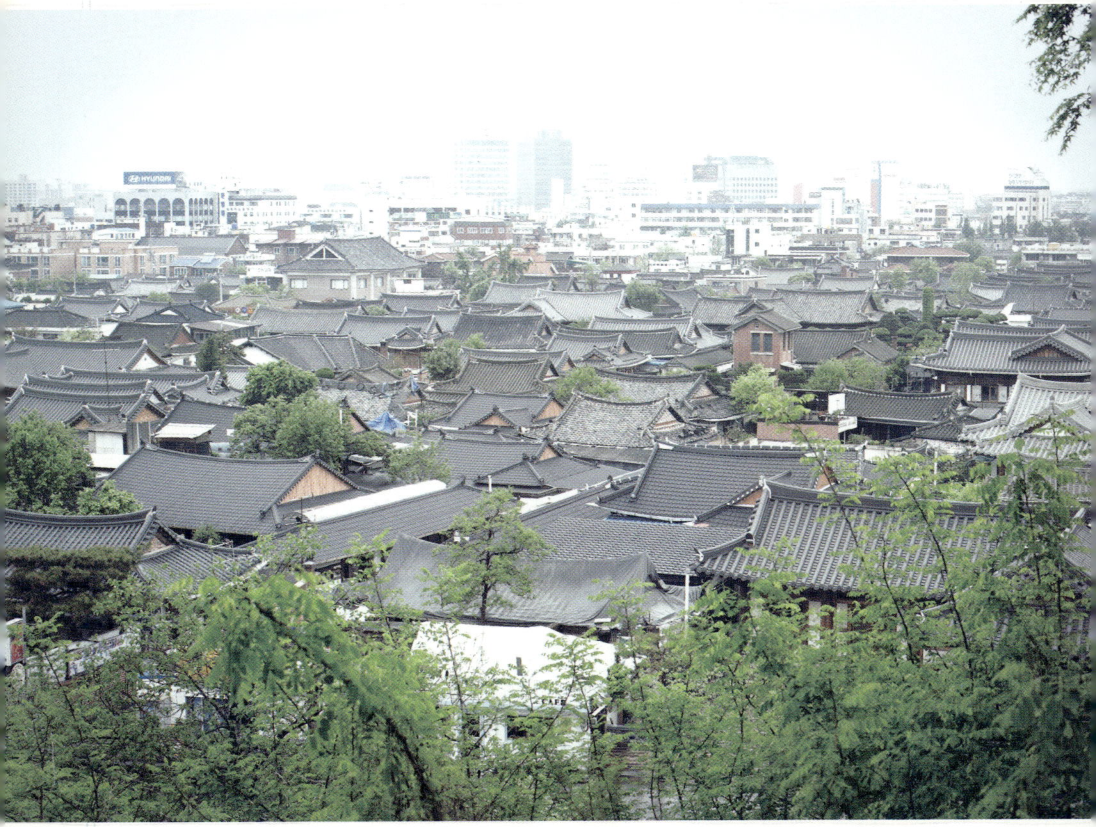

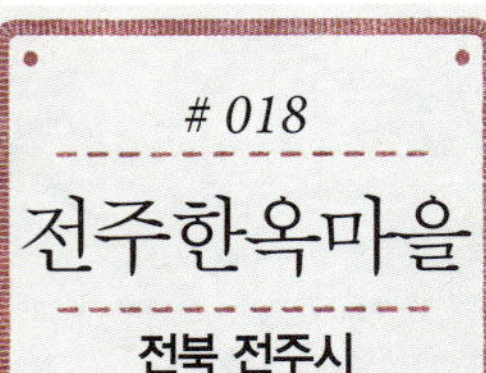

# 한국적 아름다움이 넘쳐흐르다

여행 내비게이션

**여행컨셉** 한옥마을의 멋과 풍류 즐기기

**추천일정** 1박2일

**Must Do** 1. 한옥에서 숙박체험
2. 다례 등 전통생활 체험하기
3. 전동성당 산책하기
4. 비빔밥과 콩나물국밥 등 전주 음식 맛보기

**추천 교통** 자가운전

**추천 계절** 봄, 가을

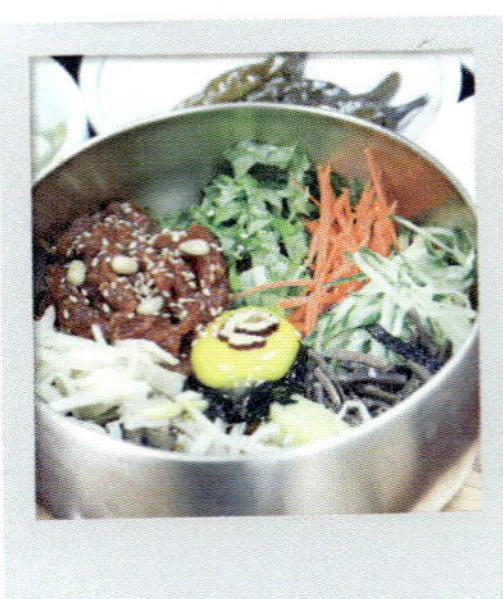

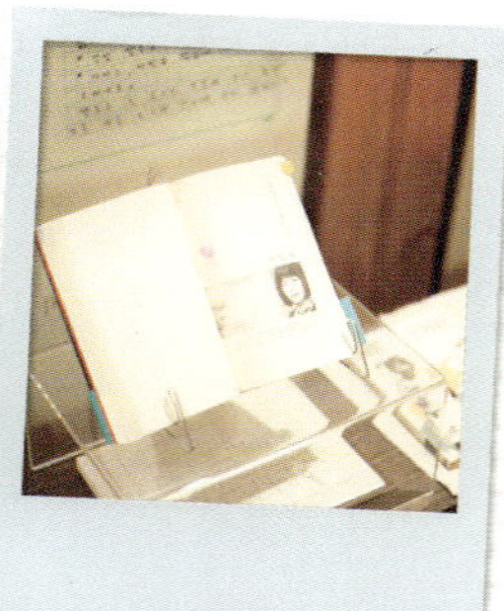

전주 풍남동과 교동 일대에 자리한 한옥마을은 전주하면 가장 먼저 떠오르는 여행지다. 약 700여 채의 한옥이 모여 있는데, 한나절 여유롭게 거닐며 예향 전주의 멋과 풍류를 느껴보기에 모자람이 없다.

한옥마을의 유래는 1910년 일제 강점기로 거슬러 오른다. 전주 서문 근처에서 행상을 하던 일본인들이 중앙동 일대로 진출하고 상권을 차지하게 되자 이에 대한 반발로 한국인들이 교동과 풍남동 일대에 한옥을 짓고 살기 시작하면서 한옥마을이 만들어졌다. 한옥마을을 그저 기와집들의 집단지라 생각하면 오산이다. 각종 전시시설과 박물관, 체험관 등이 있어 꼼꼼히 돌아보려면 하루가 족히 걸린다.

여행의 시작은 경기전慶基殿이다. 조선왕조의 고향과 같은 이곳은 태조 이성계의 어진임금의 초상화을 봉안한 곳으로 태종 10년 창건되었다. 경기전은 한강 이남에서 유일하게 궁궐식으로 지은 건물이기도 한데, 전주 이씨의 시조인 이한과 시조비, 경주 김씨의 위패가 봉안된 조경묘와 예종대왕 태실비 등이 있다. 경기전 정문 앞에는 하마비가 있다. 하마비에는 "지차개하마 잡인무득입至此皆下馬 雜人毋得入"이라고 쓰여 있다. '이곳에 이르는 자는 계급의 높고 낮음, 신분의 귀천을 떠나 모두 말에서 내리고, 잡인들은 출입을 금한다'는 뜻이다.

경기전 뒤로는 교동아트센터와 최명희문학관이 나란히 자리하고 있다. 교동아트센터는 갤러리와 세미나실 등을 갖춘 2층짜리 아담한 건물인데, 각종 예술 관련 행사와 전시회를 열고 있다. 예술인들이 직접 들어와 작업을 할 수 있는 공간도 마련돼 있다. 최명희문학관은 〈혼불〉로 널리 알려진 소설가 최명희(1947~1998)를 기념하고 있는 곳. 그의 육필 원고를 비롯해 작가의 다양한 유품을 전시하고 있어 1년 내내 문학도들의 발길이 끊이지 않는다.

한옥마을에는 전통문화를 체험할 수 있는 시설이 많이 있다. 전주전통술박물관은 호남 유일의 전통술 전문박물관으로 향토주를 마셔보고 구입도 할 수 있다. 술박물관과 가까운 곳에 자리한 전주한옥생활체험관은 양반집에 하룻밤 머물며 공예와 다례 등 전통생활 체험을 할 수 있는 곳이다. 전국에 숙박시설로 활용되는 수많은 고택이 있지만, 규모나 시설 면에서 으뜸인 곳은 전주한옥마을이다. 한옥생활체험관 외에도 마지막 황손 이석이 살고 있는 승광재를 비롯해 동락원, 학인당, 아세헌 등 모두 9곳에서 한옥숙박체험을 해 볼 수 있다. 한옥마을이 초행이라면 경기전 앞이나 한국전통공예전시관 앞에 있는 관광안내소에 들러 한옥마을 안내지도를 받아 두는 것이 좋다.

### 오목대

옹기종기 처마를 맞댄 전주한옥마을을 한눈에 보고 싶다면 오목대에 올라보자. 전주공예품전시관 맞은편으로 난 나무 계단을 따라 10여 분 오르면 된다. 이성계가 고려 말 우왕 6년(1380년) 남원 황산에서 왜적을 무찌르고 돌아가던 중 자신의 조상인 목조가 살았던 이곳에 들러 종친들을 모아 잔치를 벌였던 곳이다. 이곳에서 이성계는 한나라 유방의 시를 읊으며 나라를 세우겠다는 속내를 내비쳤다고 한다.

### 전주향교

중국 7현과 동방 18현 등 50인의 유학 성인 위패를 모신 큰 규모의 향교다. 우리나라에서 온전히 보존된 향교 가운데 으뜸이라고 한다. 전주향교는 고려시대에 창건되었다고 전해진다. 원래 경기전 옆에 있었으나 한차례 외곽 이전 뒤 1603년 현 위치로 옮겼다고 한다. 향교 내에는 다섯 그루의 오래된 은행나무가 있는데, 향교 내 서문 앞 은행나무는 수령이 400년이나 된다.

### 풍남문

경기전 맞은편에 있는 전주의 대표 문화재다. 고려 공양왕 때인 1389년 처음 창건되었는데, 당시 전주부성을 쌓으면서 4대문 가운데 하나로 만들어졌다. 남쪽에 위치해 있으며 남대문과 같은 형태적 특징을 보인다. 전주 성곽이 정유재란 때 모두 불타 없어진 것을 영조 때 수축하였다가 또 한 번의 화재로 남문이 소실되자 당시의 관찰사가 재건한 것이다. 순종 때인 1907년에 도시계획의 일환으로 동, 서, 북문이 철거되고 풍남문만 남게 되었으며, 1978년에 복원을 거쳐 지금에 이르게 되었다.(보물 제308호)

### 전동성당

부드러운 곡선의 지붕들로 가득한 한옥 마을에 로마네스크 양식의 아름다운 서양식 건물이 눈에 띈다. 전동성당이다. 전주성당의 초대주임신부인 보두네 신부가 1914년 지었다. 비잔틴풍의 로마네스크 양식으로 한때 영화 '편지'의 촬영 무대로 많은 인기를 끌었다.

### 전주한지박물관

전주는 조선시대부터 한지 생산의 중심지 역할을 했다. 교통이 편리하고 한지의 원재료인 닥나무가 많았기 때문이다. 당시만 해도 경상도와 함께 한지의 70% 이상을 생산했다고 한다. 전주한지박물관은 한지공예품과 한지제작도구, 고문서, 고서적 등 한지 관련 유물을 전시하고 있는 곳으로 한지제작 체험도 즐길 수 있어 아이들이 좋아한다. 또한 다양한 주제로 한지 관련 특별전을 열고 있어 방문해볼 만하다.

1 한옥마을이 한눈에 내려다보이는 오목대 2 보물 제306호로 지정된 풍남문 3 로마네스크 양식으로 지어진 전동성당 4 전주한지박물관에 전시된 전시물

## 1박2일 추천코스

## 여행정보

### ★ 웹사이트와 전화

전주시 문화관광 063-281-5046, tour.jeonju.go.kr
전주한옥마을 063-282-1330, hanok.jeonju.go.kr
교동아트센터 063-287-1244, www.gdart.co.kr
최명희문학관 063-284-0570, www.jjhee.com
전주전통술박물관 063-287-6305, urisul.net
전동성당 063-284-3222, www.jeondong.or.kr
전주한지박물관 063-210-8103, www.hanjimuseum.co.kr

### ★ 대중교통

[기차] KTX 용산역-익산역, 하루 18회 운행, 1시간 50분 소요
[버스] 서울-전주 : 센트럴시티터미널에서 15분 간격 운행, 2시간
40분 소요
동서울터미널에서 30분 간격 운행, 3시간 소요
부산-전주 : 부산사상터미널에서 70분 간격 운행, 3시간 20분
소요

### ★ 자가운전

서울출발 : 경부고속도로-천안논산간고속도로-호남고속도로-
전주IC
부산출발 : 남해고속도로-대전통영간간고속도로-포항익산간고속
도로-소양IC
대구출발 : 경부고속도로-회덕분기점-호남고속도로-전주IC

### ★ 숙박

한옥생활체험관 : 완산구 풍남동, 063-287-6300
승광재 : 완산구 풍남동, 063-283-0071, www.royalcity.or.kr

천년의사랑 : 덕진구 산정동, 063-244-5585
동락원 : 완산구 풍남동, 063-285-3490, www.jkhanok.co.kr
아세헌 : 완산구 풍남동, 063-287-1677, www.kiwahouse.com
학인당 : 완산구 교동, 063-284-9929
전주코아리베라호텔 : 완산구 풍남동, 063-232-7000,
www.core-riviera.co.kr

### ★ 맛집

성미당 : 비빔밥, 완산구 서신동, 063-273-0029
가족회관 : 비빔밥, 완산구 중앙동, 063-284-2884
백번집 : 한정식, 완산구 다가동, 063-286-0100
전라회관 : 한정식, 완산구 삼천동, 063-228-3033
삼백집 : 콩나물국밥, 완산구 고사동, 063-284-2227
왱이콩나물국밥 : 콩나물국밥, 완산구 경원동, 063-287-6980

더 많은 정보는
요기!!

# 019
## 보현산천문대
경북 영천시

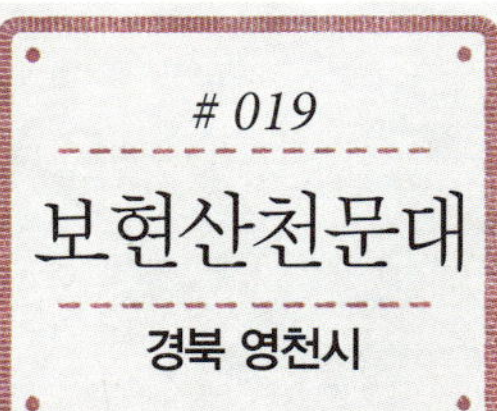

# 별처럼 반짝이는 체험명소를 찾아서

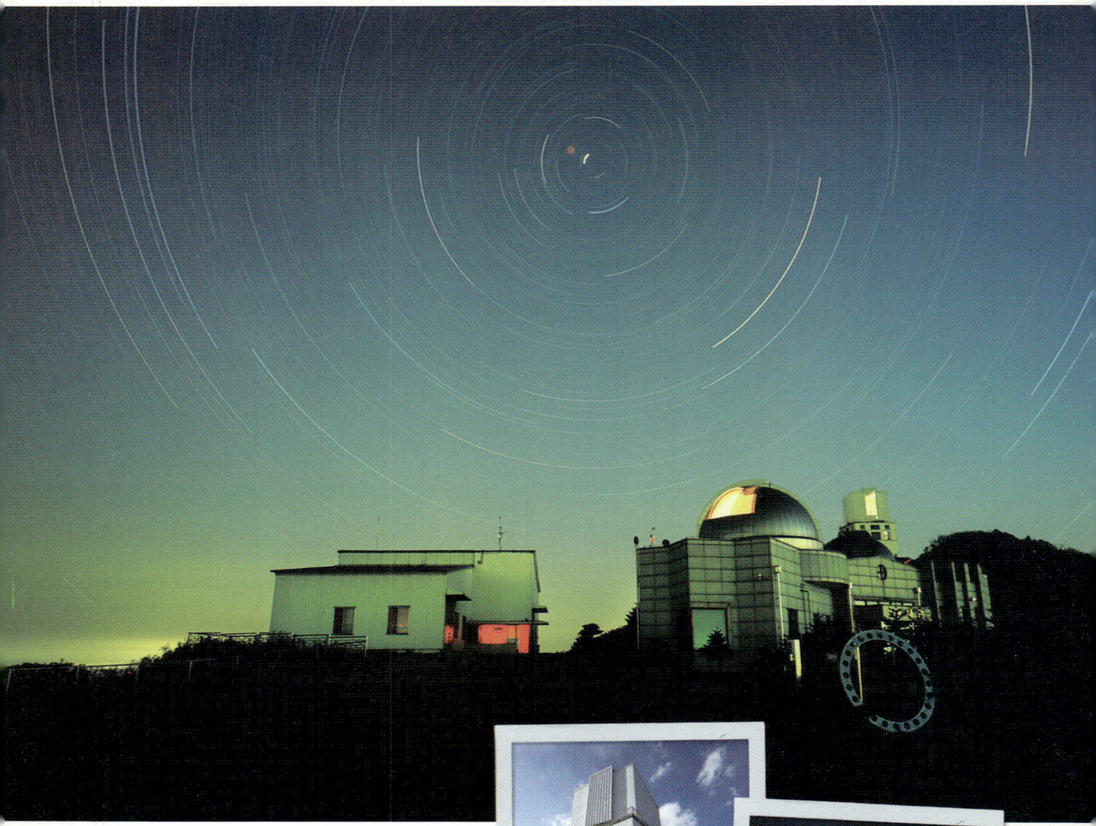

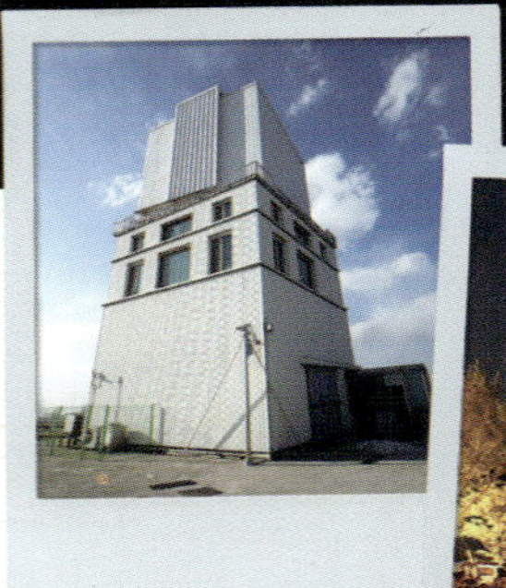

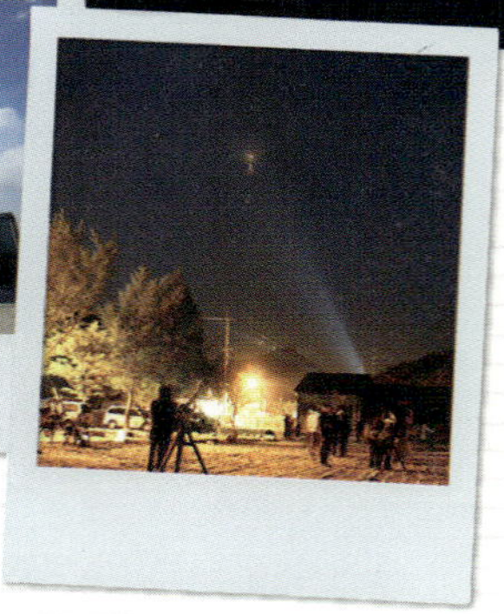

여행 내비게이션

**여행컨셉** 보현산 별보기 체험과 영천 여행지 돌아보기

**추천일정** 1박2일

**Must Do** 1. 보현산천문과학관에서 별보기
2. 천수누림길 걷기
3. 운주산승마자연휴양림에서 승마체험하기
4. 은해사 돌아보기

**추천 교통** 자가운전

**추천 계절** 봄~가을

경상북도 영천시는 '별의 도시'라 불린다. 밤하늘의 별이 유난히 가깝게 보이는 보현산 정상부에 대한민국 최대의 반사망원경이 설치되어 있기 때문이다.

보현산천문대로 가는 길은 가파른 산자락을 따라 지그재그로 이어진다. 한겨울에도 오르내리기 쉽도록 햇살을 잘 받는 쪽에 길을 냈다. 보현산 정상에는 햇살과 자연을 듬뿍 누릴 수 있는 산책로가 있다. 천문대 입구 주차장부터 천문대를 지나 시루봉까지 이어지는 1km 길이의 천수누림길 데크로드다. 이 길은 아이들의 자연학습체험장으로도 제격이다. 중간 중간 피어 있는 야생화와 나무를 관찰하다보면 시간가는 줄 모른다. 산책로 중간에는 특별한 공간도 있다. 뾰족뾰족 별모양으로 만들어진 별광장이다. 별광장은 그 모습만으로도 사람들의 시선을 사로잡지만 그곳에서 바라보는 풍경이 더욱 좋다. 거칠 것 없이 탁 트인 능선의 바다가 눈앞에 펼쳐지기 때문이다.

첫번째 별광장은 천문대 바로 아래에 있다. 그곳에서 천문대로 올라가면 오른쪽으로는 방문객센터가, 왼쪽으로는 태양망원경동이 손님을 맞는다. 지름 1.8m의 망원경이 있는 광학망원경동은 천문대 가장 안쪽에 자리하고 있다. 빌딩처럼 높은 건물이 그곳이다. 안으로 들어가 볼 수는 없지만 망원경의 위용은 짐작할 수 있다.

보현산천문대는 천문연구공간이다. 우리나라에서 발견해 등록한 별 13개 중 12개를 이곳에서 발견했다. 낮 동안 개방되던 천문대는 해가 지고 나면 일반인은 들어갈 수 없는 연구공간이 된다. 이곳에서 야간관측에 참여할 수 있는 때는 연중 딱 한 번이다. 매년 4월에 열리는 영천보현산별빛축제 기간에 영천시와 천문대가 협의해 야간관측을 할 수 있도록 밤에도 개방한다. 그렇다고 실망할 필요는 없다. 이곳에서 별을 관측할 수 없는 아쉬움을 달랠 공간이 준비되어 있다. 정각리 별빛마을에 자리한 보현산천문과학관이다. 2009년 5월에 문을 연 과학관에는 400mm 망원경을 비롯해 다양한 구경의 망원경이 갖춰져 있다. 여기에 2011년 주관측실의 주망원경으로 800mm 망원경이 추가되면서 별과 성운, 성단, 은하를 관찰할 수 있게 됐다. 우주의 모습을 생생하게 느낄 수 있는 5D돔영상관도 즐겨보자.

### 운주산승마자연휴양림

영천시가 숲속에서 휴식과 레저를 동시에 즐길 수 있도록 임고면 황강리에 조성한 신개념 자연휴양림이다. 초보자들이 안전하게 승마체험을 할 수 있도록 실내승마장은 물론, 승마를 즐기는 사람들을 위한 산악외승코스와 장애물코스도 있다. 전문적으로 말을 돌봐주는 마사도 갖추고 있어 명실상부한 승마의 메카가 됐다. 이를 위해 영천시가 직접 보유한 말도 28필이나 된다. 이곳에서는 전문적인 교관이 승마를 가르친다. 안전을 위해 초보승마체험을 할 수 있는 아이들의 키를 140cm 이상으로 제한하고 있다. 승마뿐 아니라 마사 돌아보기, 건초먹이주기 등 말과 친해질 수 있는 다양한 체험도 할 수 있다.

### 시안미술관

화산면 가상리에 있는 어린이 전문미술관이다. 선생님과 함께 감상하고, 그리고, 만들며 미술이 무엇인가를 배우는 공간이다. 토끼 굴처럼 작은 전시장의 입구는 어린이들의 호기심을 자극하고, 그 문을 들어서는 순간 아이 눈높이에 맞춘 작품세상이 펼쳐진다. 작은 전구 안에 담긴 만화의 주인공, 하늘을 날고 있는 아이, 찍찍이 옷을 입고 벽에 붙어 그림이 되어보는 공간 등 아이들의 상상력을 자극한다. 소수정원제로 운영되어 참가 전 예약필수이다.

### 영천공예촌

자양면 성곡리 구 자양초등학교 자리에 들어선 작가들의 공간이다. 이곳에 도예, 천연염색, 목각 작업을 하는 작가들이 입주해 작업을 하고 있다. 덕분에 언제든 다양한 체험을 할 수 있는 것이 특징이다.

### 은해사

영천에는 역사체험 장소가 많다. 그중 은해사와 거조암, 포은 정몽주를 기리기 위해 세워진 임고서원은 꼭 가봐야 할 곳이다. 은해사는 신라시대 창건된 고찰로 원효와 지눌같은 고승이 머물렀다. 은해사성보박물관에는 금고(보물 제1604호) 및 금고거를 비롯해 추사 김정희가 쓴 현판을 볼 수 있다. 은해사의 산내 암자인 거조암에는 국보 제14호로 지정된 영산전이 있다. 고려 우왕 원년에 지은 이 건물은 옆으로 긴 건물에 출입구가 하나이고 통풍을 위한 트인 창살만 달려 있다. 이런 건물의 특징 때문에 원래의 용도는 경판과 서책을 보관하던 것이 아니었을까 추측하기도 한다. 전각 안에 모셔진 526분의 석조나한상이 인상적이다.

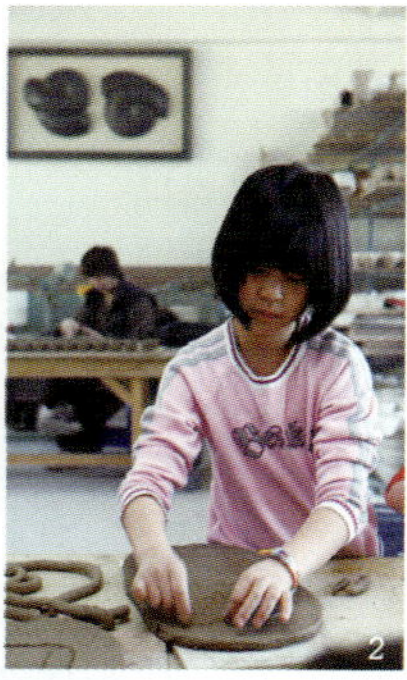

1 운주산승마자연휴양림 승마장에서 말을 타는 어린이들 2 영천 도예촌 도예체험 3 시안미술관 전경 4 신라시대 원효대사가 창건한 은해사

## 1박2일 추천코스

## 여행정보

### ★ 웹사이트와 전화

영천시 문화관광 054-330-6063, tour.yc.go.kr
보현산천문대 054-330-1000, boao.kasi.re.kr
보현산천문과학관 054-330-6447, www.staryc.com
운주산승마자연휴양림 054-330-6784, www.unjusan.co.kr
시안미술관 054-338-9391, www.cyanmuseum.org
은해사 054-335-3318, www.eunhae-sa.org

### ★ 대중교통

[기차] 서울역–동대구(KTX 이용, 새마을호로 환승), 동대구–영천
하루 20회 운행, 2시간 30분 소요
[버스] 강남고속버스터미널–영천버스터미널, 1일 3회 운행, 4시간
소요
대구 동부시외버스터미널–영천버스터미널, 10분 간격 운행,
1시간 소요
영천버스터미널–보현산천문대 입구(정각리 삼거리), 1일 10회
운행, 1시간~1시간 20분 소요
문의 : 영천버스터미널: 1666-0016

### ★ 자가운전

경부고속도로 영천IC–영천시 남문사거리–대구포항고속도로 북영
천IC–화남농협–화북면사무소–횡계삼거리–정각삼거리–영천보현
산천문과학관–보현산천문대

### ★ 숙박

청우장모텔 : 문외동, 054-331-8763

보현청소년야영장 : 자양면 보현리, 054-336-1112,
www.bohyeon.co.kr
운주산승마자연휴양림 : 임고면 황강리, 054-330-6287,
www.unjusan.co.kr

### ★ 맛집

길손식당 : 수육과 곰탕, 영천시장 내, 054-333-6180
시안미술관 카페 : 스파게티와 돈가스, 화산면 가상리,
054-338-9391~3, www.cyanmuseum.org
보현청소년야영장 : 산삼배양근비빔밥, 자양면 보현리,
054-336-1112, www.bohyeon.co.kr
천문대식당 : 미나리칼국수와 된장찌개, 화북면 정각리,
054-336-7121

### ★ 축제 및 행사

영천보현산별빛축제 : 매년 4월경, 054-330-6582,
star.yc.go.kr

\# 020
순천만
국제정원박람회
전남 순천시

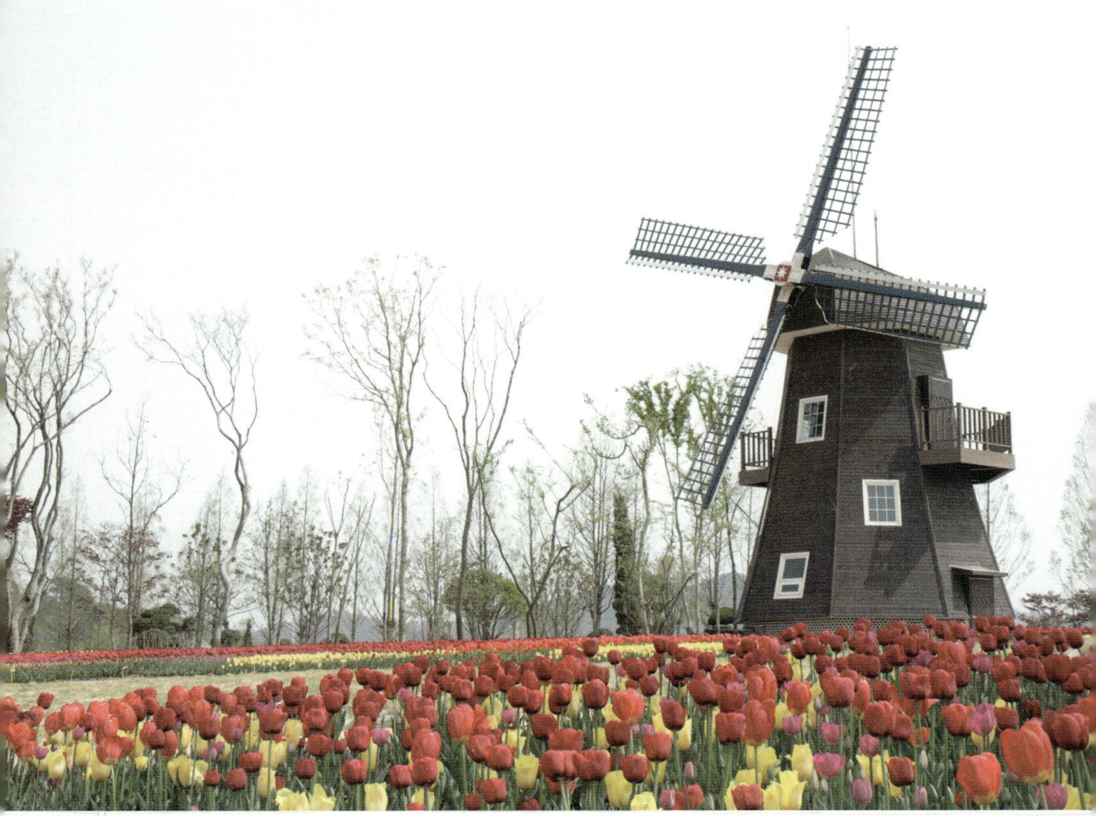

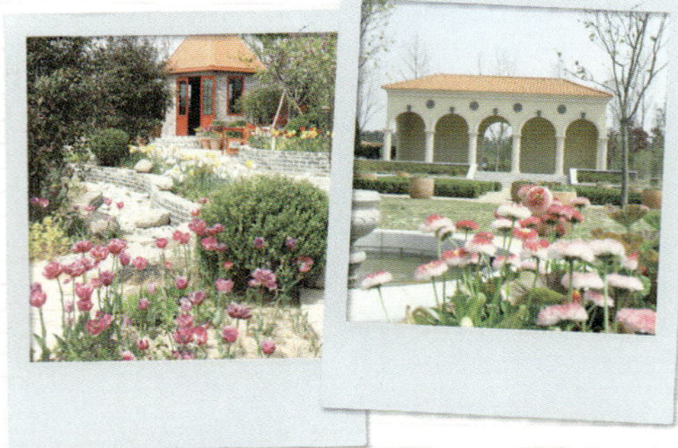

# 사람과 자연의 교감을 만드는 정원여행

여행 내비게이션

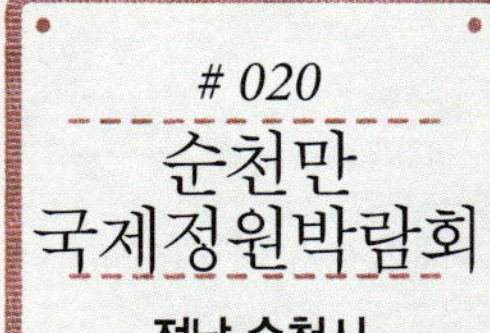

**여행컨셉** 아름다운 정원을 거닐며 소통하기
**추천일정** 1박2일
**Must Do** 1. 정원박람회장 돌아보기
2. 순천만 산책하기
3. 용산전망대에서 S자 물길 감상하기
4. 낙안읍성 돌아보기
5. 송광사와 선암사 돌아보기
**추천 교통** 자가운전
**추천 계절** 봄~가을

순천만은 세계 5대 연안습지 중 하나다. 드넓은 갯벌에 갈대군락과 수많은 생명들이 살아가는 거대한 정원이다. 순천만의 소중한 생태를 보호하는 에코벨트<sup>eco-belt</sup>로의 출발이 바로 2013 순천만 국제정원박람회다. 박람회는 끝났지만 이 때 조성된 정원은 그대로 보존되어 여행자들을 부른다.

박람회장은 크게 네 개의 구역으로 나뉜다. 한국정원과 철쭉정원, 나무도감원을 중심으로 한 '수목원구역', 순천만 국제습지센터를 중심으로 한 '습지센터구역', 세계 각국의 정원과 다양한 테마정원, 참여정원이 함께 있는 '세계정원구역', 나눔숲과 비오톱 습지, 순천만 자연생태공원으로 이루어진 '습지구역'이다.

주제관인 '순천만 국제습지센터'는 순천만의 생태를 한 자리에서 살펴볼 수 있는 공간이다. 주제영상관과 생태도시관, 생태체험관을 돌며 다양한 영상과 전시물들을 관람할 수 있다. 특히 야외에는 '야생동물원'과 '물새놀이터'가 있어 어린이들에게 인기다. 습지와 야생조류 보호를 위해 활동하는 세계적인 시민단체 WWT<sup>Wildfowl and Wetland Trust</sup>의 조언을 받아 조성한 '순천만 WWT 습지'도 여유롭게 돌아보자.

물결 잔잔한 습지 너머로는 수목원 구역이다. 창덕궁 후원과 담양 소쇄원 등을 재현해 놓은 '한국정원'과 사계절 푸른 남도의 숲을 만날 수 있는 '늘푸른정원', '철쭉정원', '나무도감원'이 이어져 있다. 정상에 있는 수목원 전망지에 서면 순천시와 박람회장이 한눈에 들어온다.

이제 정원의 세계를 만나보자. 조용히 흘러가는 동천 위로 독특한 다리가 놓여 있다. 세계적으로 주목받고 있는 설치미술가 강익중씨가 디자인한 '꿈의 다리'로, 컨테이너박스를 연결해 만든 것이다. 세계 각국의 어린이들이 그린 14만여 점의 그림들이 전시되어 있는 긴 갤러리이기도 하다. 세계정원구역에서 가장 먼저 눈길을 사로잡는 것은 세계적인 정원 디자이너 찰스 젱스가 디자인한 '호수정원'이다. 순천만과 순천시의 풍경에서 영감을 얻어 디자인한 정원으로, 넓은 호수 위에 우뚝우뚝 솟은 인공 언덕들이 독특한 풍광을 보여 준다.

세계 각국의 전통 정원과 테마정원은 순천만 국제정원박람회장의 하이라이트다. 프랑스, 영국, 스페인, 네덜란드 정원 등 유럽의 정원과 중국, 일본, 태국의 정원들이 각국의 특색을 담고 있다. 설치작품과 도서관이 있는 '갯지렁이 다니는 길', 어린이정원과 암석원, 수만 송이의 장미가 어우러진 야수의 장미 정원 등 아름다운 정원이 이어진다.

### 순천만 자연생태공원

순천만은 광활한 갈대밭과 갯벌이 어우러진 대자연이다. 순천만의 생태를 일목요연하게 전시하고 있는 순천만자연생태관을 지나 2km의 갈대밭 산책로를 걸을 수 있다. 갈대밭을 지나 용산전망대에 오르면 S자로 굽어지며 흐르는 순천만의 물길과 순천만 일대를 조망할 수 있다. 순천만의 둑길을 따라 달리는 갈대열차는 아이들에게도 인기다. 생태체험선을 타고 울창한 갈대밭 사이를 헤치고 나가 드넓은 갯벌과 바다를 보는 것도 좋다.

### 와온해변

앵무산 끝자락과 순천만 바다가 만나는 자리에 펼쳐진 드넓은 갯벌이다. 해넘이가 아름다워 드라이브를 즐기려는 여행자들에게 사랑받는 명소다. 특히 와온마을은 어촌체험관광마을로, 널배를 타고 꼬막을 채취하는 아낙네의 모습도 볼 수 있다.

### 선암사

승선교 아래로 보이는 강선루는 선암사를 상징하는 그림 같은 풍광이다. 천태종의 중심사찰로 수많은 승려들이 머무르는 공간이다. 선암사에 이르는 계곡의 풍광 또한 아름답고, 야생차밭과 야생화 단지가 있어 호젓한 산책을 즐길 수 있다. 선암사 화장실은 '볼일'이 없어도 한번쯤 들여다봐야 한다.

### 낙안읍성

조선시대 축조된 읍성마을. 둥그런 초가집들이 다정하게 머리를 맞댄 풍경이 마치 타임머신을 타고 과거로의 여행을 떠나온 느낌이다. 동헌과 객사, 저잣거리를 걷고 초가지붕 아래 돌담을 걸으며 옛 정취에 빠져보자. 특히, 낙안읍성을 한 바퀴 돌아보는 성곽걷기는 낙안읍성 여행의 백미다. 초가집 툇마루에 앉아 밤하늘을 올려다보는 민박체험도 적극 추천한다.

### 송광사

합천의 해인사, 양산의 통도사와 더불어 삼보사찰로 꼽힌다. 송광사는 불법을 공부하는 학승들이 머무르는 대가람이다. 이름난 고승들을 배출한 도량으로도 유명하지만 경내로 이어지는 계곡이 아름답기로도 손꼽힌다. 순천 송광사 목조삼존불감(국보42호), 혜심고신제서(국보43호) 등 3점의 국보와 보물 등 많은 불교문화재를 보유하고 있다. 천자암의 쌍향수와 능허교, 우화각의 아름다움도 빼놓을 수 없다.

### 화포해변

해넘이와 해맞이 행사가 열리는 곳. 화포해변에서는 멀리 여수 앞바다와 고흥, 보성까지 바라다보인다. 화포해변과 순천만이 이어지는 전망대에서는 새로운 각도에서 순천만을 조망할 수 있다.

1 전기로 충전하는 순환버스 2 다양한 한방의학을 접할 수 있는 한방 체험관 3 형형색색의 꽃이 어우러진 호수정원

## 1박2일 추천코스

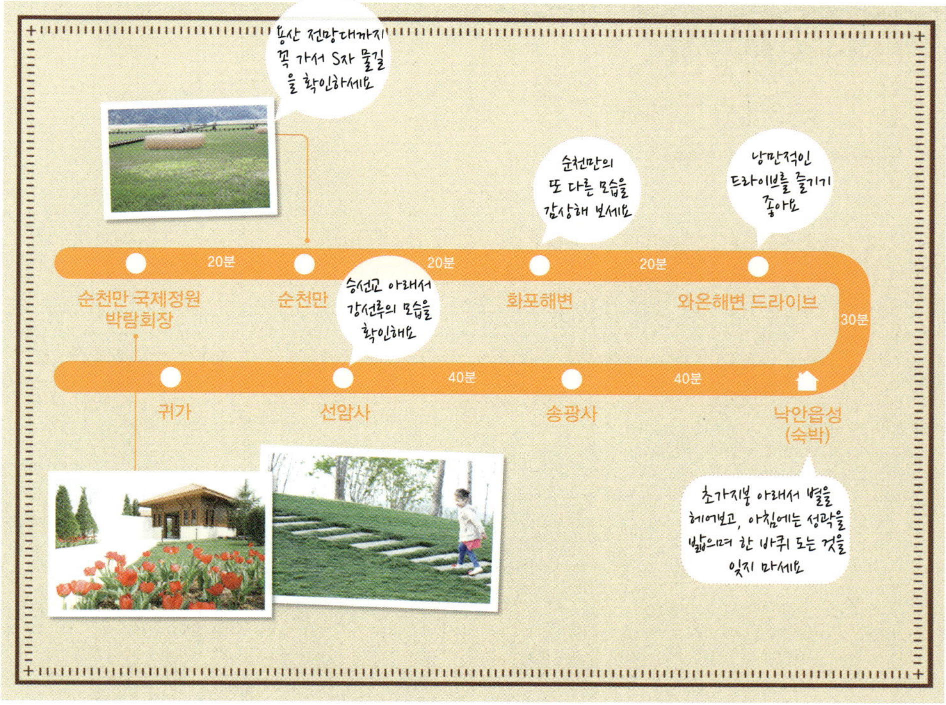

## 여행정보

### ★ 웹사이트와 전화

2013 순천만 국제정원박람회 1577–2013, www.2013expo.co.kr
순천만 자연생태공원 061–749–4007, www.suncheonbay.go.kr
낙안읍성 061–749–8831, nagan.suncheon.go.kr/nagan
송광사 061–755–0107, www.songgwangsa.org
선암사 061–754–5247, www.seonamsa.net

### ★ 대중교통

[기차] 서울(용산) – 순천, 하루 왕복 18편, 순천역에서 200번
　　　시내버스 이용
[버스] 서울, 인천, 서대구, 부산, 광주에서 고속버스 운행, 순천종합
　　　버스터미널에서 200번 시내버스 이용
　　　순천종합버스터미널 1666–6563
[비행기] 김포–여수, 하루 8~9회 운항, 여수공항에서 96번 공항버스
　　　이용 후 팔마경기장에서 100번 버스로 환승

### ★ 자가운전

남해고속도로　서순천　IC–순천시청·순천만·낙안읍성방향–가곡
삼거리, 강변로 벌교(여수)방향–강변로 고가도로 진입 후 1.3km 이
동 –강변로 지하차도 진입 후 약 1.4km 이동–남승룡로, 정원박람회
장 안내판 따라 이동–약 2.8km 진행 후 U턴–순천만 정원박람회장

### ★ 숙박

에코그라드호텔 : 백강로 234, 061–811–0000
순천로얄관광호텔 : 장천4길 15–17, 061–746–0001
브라운모텔 : 상풍길 33, 061–745–2737
밀라노모텔 : 장선배기2길 5–15, 061–723–4207
순천만해룡성고택 : 홍두길 136, 061–744–1760

### ★ 맛집

대대선창집 : 짱뚱어탕, 순천만길 542, 061–741–3157
순천만갈대밭식당 : 꼬막정식, 순천만길 656, 061–741–0727
대원식당 : 한정식, 장천2길 30–29, 061–744–3582
흥덕식당 : 백반, 가곡동 884–10, 061–744–9208

# 021

부산시티투어

부산광역시

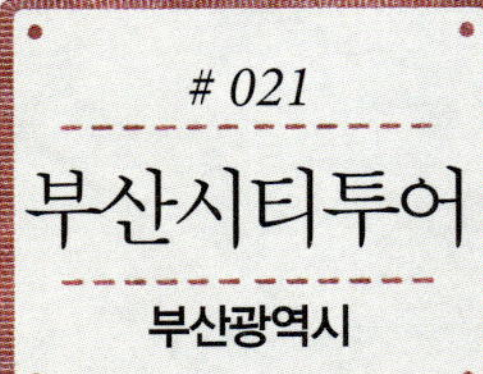

# 부산 여행의 충실한 안내자

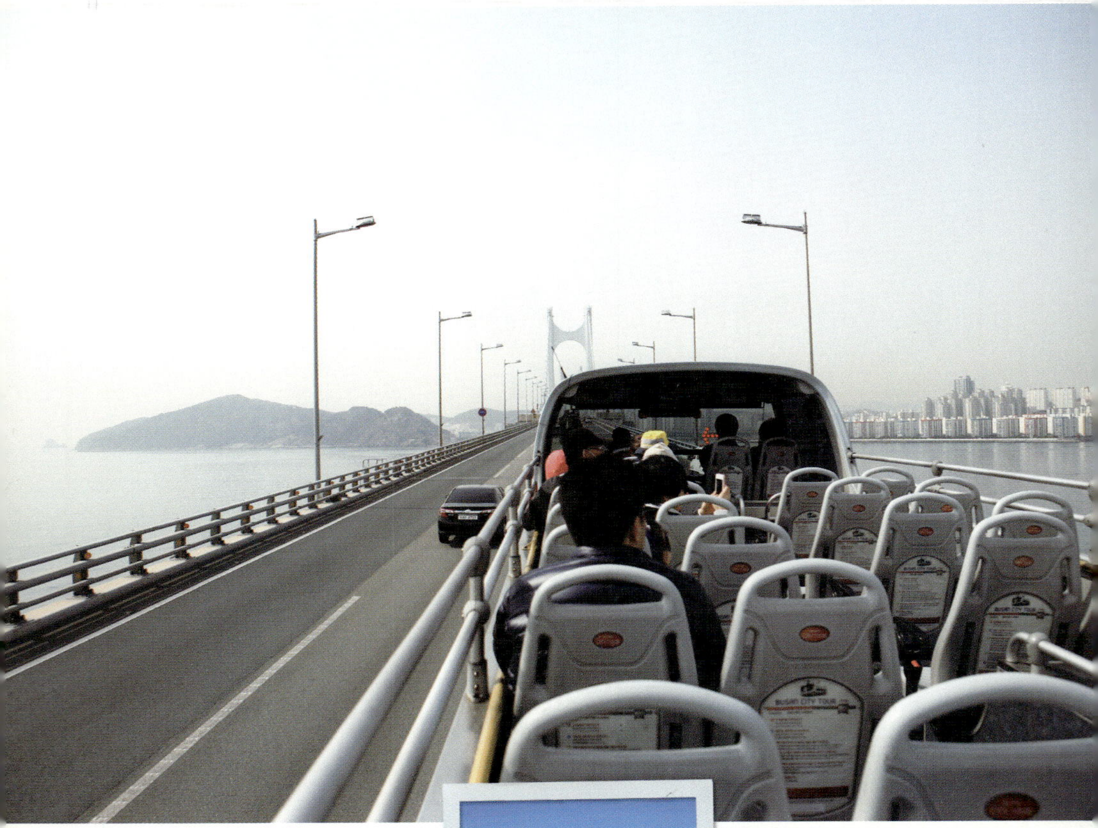

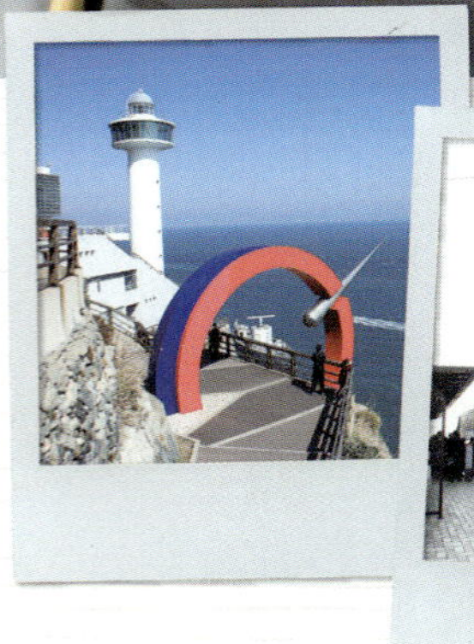

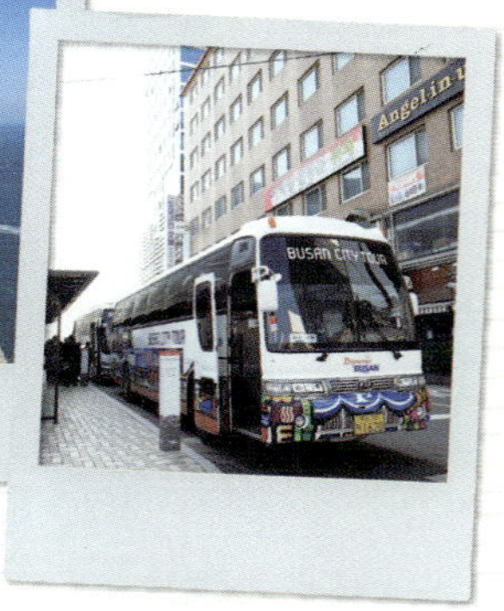

여행 내비게이션

**여행컨셉** 시티투어버스 타고 부산 여행하기

**추천일정** 1박2일

**Must Do** 1. 시티투어버스 타기

2. 태종대 다누비열차 타보기

3. 자갈치시장 돌아보기

4. 해운대 문탠로드 걷기

**추천 교통** KTX

**추천 계절** 사계절

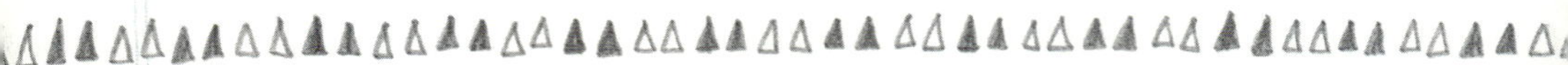

부산광역시는 산업과 관광이 발달한 대한민국 제2의 도시다. 그래서인지 부산은 사시사철 여행자들로 북적인다. 부산의 아름다움을 만끽할 수 있는 관광 명소도 곳곳에 있다. 오랜 세월 부산 바다를 지켜온 태종대와 영도등대, 도심 한가운데 있는 차이나타운, 낙동강이 바다와 만나는 을숙도 하굿둑, 전통의 해수욕장 해운대, 구석구석 자리잡은 미술관과 박물관, 왁자지껄한 삶이 담긴 전통시장 등이다. 이들을 효율적으로 돌아보는 데는 시티투어버스만큼 좋은 게 없다.

부산역 1번 출구 앞 광장에서 출발하는 부산시티투어는 월요일을 제외하고 매일 운행한다. 버스의 종류는 세 가지. 2층 천장이 개방된 오픈 톱 버스와 2층 버스, 1층 버스다. 이중 가장 인기 있는 것은 오픈 톱 버스다. 손에 잡힐 듯 지나는 부산 시가지의 풍경은 물론, 광안대교와 영도해안을 달리며 바다 내음과 바람도 온몸으로 느낄 수 있다. 시야가 넓어 버스의 답답함이 느껴지지 않는 것도 장점이다.

시티투어는 두 가지 형태로 진행된다. 한 가지는 30분 간격으로 정해진 코스를 오가며 주요 관광지 앞에 여행자를 내려주고 태워 오는 순환형이다. '태종대 코스'와 '해운대 코스'가 있다. 다른 하나는 주제에 맞는 장소를 선정해 하루 1~2회 반나절 코스로 운행하는 테마형이다. '역사문화 탐방', '해동용궁사', '을숙 도자연생태', '야경투어' 등의 코스가 있다. 이 중 많은 사람들이 이용하는 것은 여행지를 취사선택할 수 있는 순환형 시티투어다. 이 가운데 태종대 코스는 부산의 해변과 자연을 만끽할 수 있다.

태종대 코스의 첫 번째 정차지는 '1975년에 만들어진 광장'이라는 뜻이 담긴 75광장이다. 버스에서 내리면 드넓은 바다를 끼고 이어지는 절영해안산책로로 진입할 수 있다. 다음 정차지는 태종대다. 명승 17호로 지정된 태종대는 부산의 대표 관광지다. 이 코스를 선택한 여행자들 대부분이 이곳에서 내린다. 태종대는 걷거나 다누비열차를 타고 돌아볼 수 있다.

해운대 코스에서는 오늘의 부산을 만날 수 있다. 그 중심은 해운대해수욕장이다. 언제 가도 젊음의 열기가 넘치는 곳이다. 해운대 코스를 선택했다면 달맞이고개의 문탠로드 산책과 미술관 탐방도 빠뜨리지 말자.

### 절영해안산책로

걷기를 좋아하는 여행자라면 태종대 코스 75광장에서 내려 절영해안산책로를 걷자. 걷기를 좋아하지 않는 여행자라도 산책로를 따라 버스가 오던 방향으로 5분만 이동해보자. 바다 위로 손 내민 듯 돌출된 하늘전망대를 만날 수 있다. 전망대 끝에 서면 탁 트인 바다와 어우러진 해안 풍경이 그만이다. 투명한 바닥 아래로 보이는 절벽과 바다 풍경도 재미있다.

### 다누비열차

태종대유원지 입구에서 출발하는 다누비열차를 타면 자갈마당~구명사~전망대~영도등대~태종사를 지나 입구로 돌아올 수 있다. 영도등대에서 내려 태종대유원지의 명물인 영도등대와 신선바위를 돌아보자.

### 자갈치시장

시티투어버스를 타고 부산을 돌아보느라 지쳤다면 자갈치 아지매들의 활기찬 목소리와 펄떡이는 해산물의 에너지가 가득한 자갈치시장으로 가보자. 길 건너에 국제시장과 깡통시장이 있으니 시장 투어를 즐겨도 좋겠다.

### 차이나타운

부산 시티투어의 시작이자 끝점인 부산역 맞은편에 있다. 1884년 중국영사관이 설치되면서 차이나타운이 형성됐지만 1900년대 이후 중앙동 왜관의 일본 거주 지역이 확대되면서 옛 영화를 잃었다고 한다. 지금은 중국 음식점이 대부분이다. 그래도 여전히 이국적인 공간으로 남아 있다. 오랜 역사를 자랑하는 식당, 중국 전통 빵과 과자를 만들어 판매하는 상점이 있으니 시티투어버스 탑승 전후에 들러보자.

### 달맞이고개

달맞이고개에서 바다 쪽으로 자리한 송림에는 산책로 '문탠로드'가 이어진다. 벚나무와 소나무가 이어지는 이 길은 가로등이 밝아 저녁에도 걷기 어렵지 않다. 하지만 혼자 걷는 것은 금물. 꽃이 활짝 핀 봄날 저녁, 연인과 함께 걸어보자. 보름달이 뜨면 더욱 좋은 길이다. 달맞이고개가 시작되는 기찻길 옆에 있는 노란색 건물의 작은 미술관 바나나롱갤러리도 들러보자. 이름처럼 개성 넘치는 작가들의 작품이 전시되는 공간이다.

### 해운대시장

해운대해수욕장 반대편, 해운대구청 인근에 위치한 시장이다. 이 시장의 매력은 저녁에 돋보인다. 곰장어, 시락국, 칼국수 등 다양한 음식을 맛볼 수 있기 때문이다. 이곳에 부산을 찾은 배우들이 가는 단골집도 많다

1 절영해안산책로를 걷는 여행객들 2 태종대에서 바라본 푸른 바다 3 부산의 명물 자갈치시장 4 개성 넘치는 작가들의 작품이 전시된 바나나롱갤러리

## 1박2일 추천코스

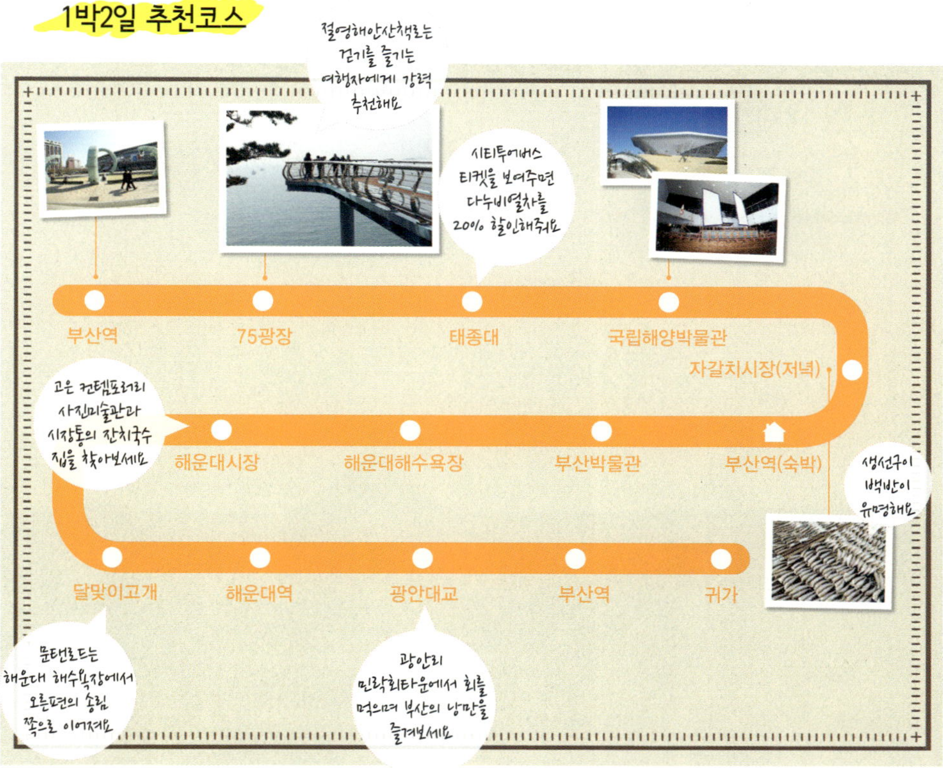

## 여행정보

### ★ 웹사이트와 전화

부산관광공사 시티투어 051-464-9898, www.citytourbusan.com
태종대유원지 www.taejongdae.or.kr
국립해양박물관 051-309-1900, www.nmm.go.kr
자갈치시장 www.jagalchimarket.or.kr
고은 컨템포러리 사진미술관 051-744-3924, goeunmuseum.org
바나나롱갤러리 051-741-5106, blog.naver.com/bananaspace

### ★ 대중교통

[기차] 서울-부산, KTX 하루 약 55회 운행, 2시간 41분~3시간
　　　 26분 소요

### ★ 자가운전

[영동고속도로] 남원주 나들목-중앙고속도로-제천IC-영월방면 38
번 국도-두문동재 터널 입구

### ★ 숙박

대영호텔 : 중구 중구로33번길, 051-241-4661
더플래닛게스트하우스 : 해운대구 해운대 해변로, 070-8201-6350
더게스트하우스 : 해운대구 중동1로, 051-909-9049
에이플러스모텔 : 해운대구 구남로 24번길, 051-731-5007
MK모텔 : 해운대구 구남로 18번길, 051-731-0094

### ★ 맛집

신발원 : 만두, 동구 대영로 243번길, 051-467-0177
원항재 : 중국 요리, 동구 대영로 243번길, 051-467-4868
부산명물횟집 : 회백반, 중구 자갈치해안로, 051-245-7617
수정궁 : 자연산 회, 수영구 민락수변로, 051-753-2811
밀면전문점 : 밀면, 해운대구 중동2로 10번길, 051-743-0392

### ★ 축제 및 행사

부산연극제 : 매년 3~4월 중, 부산문화회관 · 부산시민회관,
　　　 www.bstheater.or.kr

# 022

조령산체험마을

충북 괴산군

# 한지 뜨기부터 도자기 공예까지

여행 내비게이션

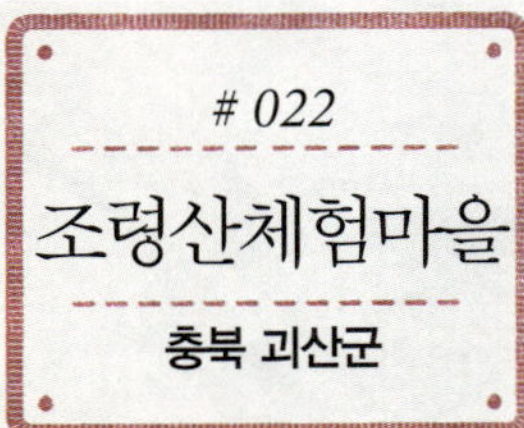

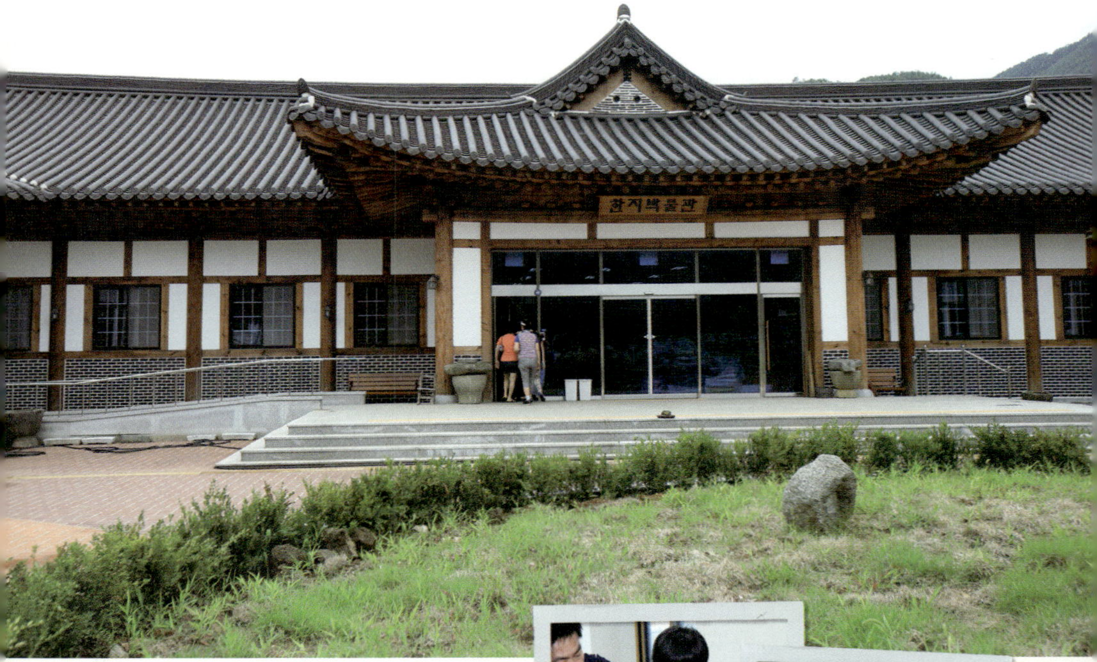

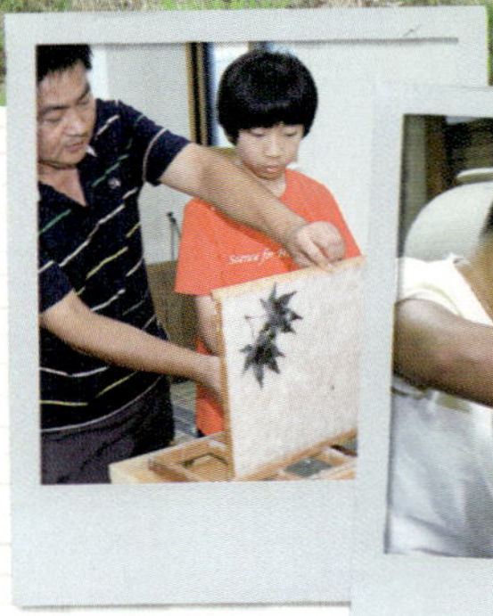

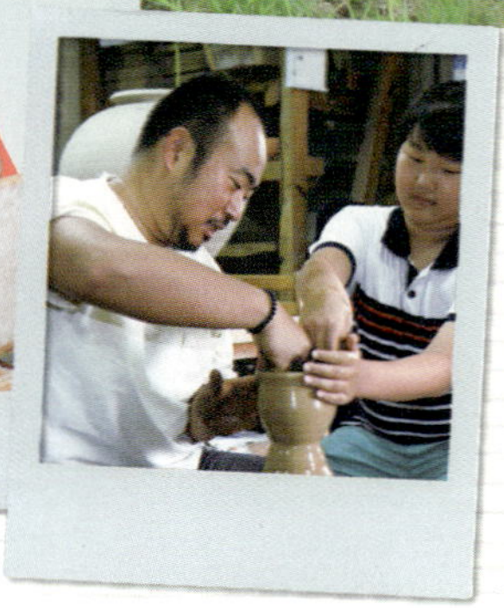

**여행컨셉** 산촌에 머물면서 한지 뜨고 도자기 빚기

**추천일정** 1박2일

**Must Do** 1. 한지 뜨기
2. 도자기 빚기
3. 옥수수 따기 등 농사 체험
4. 조령산자연휴양림 탐방과 문경새재 삼림욕
5. 수안보온천 꿩샤브샤브 먹기

**추천 교통** 자가운전

**추천 계절** 봄~가을

괴산 조령산체험마을은 전형적인 산촌이다. 마을 가운데 서서 사방을 둘러보면 눈 닿는 곳 어디나 산이다. 그중 으뜸은 하늘을 나는 새도 쉬어 간다는 조령산이다. 문경새재의 자연을 마음껏 누릴 수 있는 곳에 자리한 조령산체험마을은 아이들이 즐길 거리도 많다. 마을 돌아보기와 체험은 마을을 가로지르는 원풍로를 따라 시작한다. 충청북도 무형문화재 한지장 안치용 씨의 신풍한지, 도예가 강경훈 씨의 옹기종기도예방, 괴산한지의 우수성을 널리 알리기 위해 만들어진 괴산한지체험박물관 등이 길을 따라 이어진다.

처음 방문할 곳은 옛 신풍분교 터에 자리한 괴산한지체험박물관이다. 괴산한지의 역사, 수명 1,000년을 자랑하는 한지의 섬유질을 관찰할 수 있는 현미경, 종이를 만드는 재료 등 교육 자료가 풍성하다. 한지를 꼬아 만든 실, 한지로 만든 가구, 한지로 만든 옷 등 한지의 우수성을 알 수 있는 유물들이 전시실을 가득 채우고 있다. 이곳에 전시된 유물은 안치용 씨가 수십 년 동안 모은 것이다.

박물관에는 거울, 컵받침, 연필꽂이, 부채 등을 한지로 만드는 공예실과 직접 한지를 만들어보는 체험실이 있다. 전시실에서 나무가 종이로 변하는 과정을 살펴본 아이들의 시선을 붙잡는 곳은 체험실이다. 한지를 뜨는 도구에 고운 발을 얹고 종이 물을 얇게 퍼 올리면 한지가 만들어진다. 제철에 많이 볼 수 있는 야생화와 나뭇잎 등을 모양내어 얹고, 그 위에 종이 물을 덮어주면 야생화지 뜨기가 완성된다. 즉석에서 물기를 빼고 잘 말려서 가져갈 수 있도록 만든 체험 도구도 인상적이다.

두 번째 방문할 곳은 조령민속공예촌에 자리한 옹기종기도예방이다. 이곳에서는 작가와 함께 도자기 만드는 과정을 체험할 수 있다. 체험은 그릇의 모양을 만드는 성형 수업, 반 건조된 작품에 장식을 하는 정형 수업, 초벌 그릇에 그림을 그리는 채색 수업 등으로 나뉜다. 도자 수업을 마치면 다도 체험실에서 차 한 잔 마시는 여유를 누린다.

괴산의 특산물인 대학찰옥수수 농사 체험도 빼놓을 수 없다. 갓 수확한 옥수수의 껍질을 벗겨 숯불에 구워 먹는 옥수수 숯불구이는 잊을 수 없는 여름의 맛을 선물한다. 마을의 개구리 농장에서 식용 개구리를 관찰하고, 염소에게 먹이를 주는 체험도 재미있다.

### 연풍향교

충청북도 유형문화재 103호로, 조선 중종 때 창건된 유서 깊은 향교다. 한국전쟁으로 소실되었던 것을 현대에 와서 새로 지었다. 이외에도 연풍향청(충청북도 유형문화재 13호), 연풍 풍락헌(충청북도유형문화재 162호) 등 옛 흔적을 찾아볼 수 있는 문화재들이 연풍면 소재지에 밀집해 있다.

### 괴산 원풍리 마애이불병좌상

보물 97호로 지정된 마애불이다. 바위의 평평한 면에 불상이 드러나도록 새긴 일반적인 마애불과 달리 거대한 바위를 파내어 감실을 만들고 불상을 새겼다. 비바람에 착색된 불상 주위의 바위 면과 대조되어 그 모습이 선명하게 드러난다. 두 불상을 나란히 새긴 것도 특이하다.

### 수옥폭포

조령산 일대에서 흘러내린 계곡물이 모여 만든 폭포다. 문경새재 초입에 있는데, 쉽게 접근할 수 있다. 폭포가 아름다워 사극 촬영지로 이름 높은 곳이다. 드라마 〈계백〉, 〈공주의 남자〉, 〈바람의 화원〉, 〈선덕여왕〉 등 수많은 작품이 이곳에서 촬영되었다. 한여름 더위를 식히기에도 그만인 장소다.

### 조령산자연휴양림

수옥폭포 위쪽에 자리한 휴양림이다. 이곳에는 백두대간 생태교육장이 있다. 전시장에는 백두대간의 흐름을 정확히 파악할 수 있는 한반도의 지형도, 충북의 백두대간, 개발 때문에 손상되는 백두대간의 모습, 백두대간에 서식하는 동식물 등이 상세히 소개된다. 해설사의 설명을 들으며 전시장을 돌아볼 수 있어 자연 생태 교육에 그만이다. 휴양림에서 조령3관문까지 30분쯤 걸리는 트레킹도 꼭 해보자.

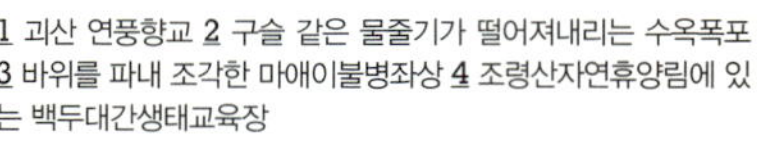

1 괴산 연풍향교 2 구슬 같은 물줄기가 떨어져내리는 수옥폭포 3 바위를 파내 조각한 마애이불병좌상 4 조령산자연휴양림에 있는 백두대간생태교육장

## 1박2일 추천코스

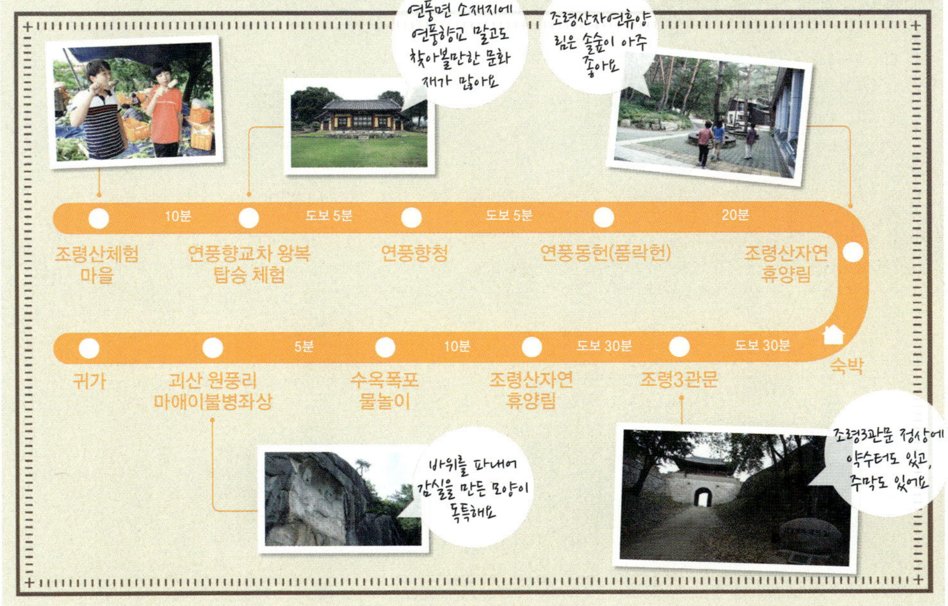


## 여행정보

### ★ 웹사이트와 전화

괴산군 문화관광 043-830-3114,
www.goesan.go.kr/content/main_tour.php
괴산 조령산체험마을 043-830-3901, one.invil.org
괴산한지체험박물관 043-832-3223, www.museumhanji.com
조령산자연휴양림 백두대간생태교육장 043-833-7994,
baekdoo.cbhuyang.go.kr

### ★ 대중교통

[버스] 동서울–괴산, 시외버스 하루 19회(06:50~20:10) 운행,
2시간 소요
청주–연풍, 시외버스 하루 4회(11:25~18:10) 운행, 2시간 소요
청주여객터미널 1688-4321, cjterminal.com

### ★ 자가운전

중부내륙고속도로 연풍IC–연풍 방향 우회전–연풍면 소재지–3번 국도 충주·수안보 방향 좌회전–신풍교차로 조령관문 방향 오른쪽으로 진출–도로 아래로 좌회전–신풍삼거리 좌회전–괴산한지체험박물관(조령산체험마을)

### ★ 숙박

조령산자연휴양림 : 연풍면 새재로, 043-220-6201,
jof.cbhuyang.go.kr
마운틴밸리휴펜션 : 연풍면 수옥정길, 043-833-7733,
www.mhue.kr
작은새재펜션 : 연풍면 수옥정길, 043-833-3327,
www.jspension.com
남강펜션 : 연풍면 수옥정길, 043-833-2080, www.namgang.cc

### ★ 맛집

토석 : 국수, 연풍면 원풍로, 043-833-2535
조령산기사식당 : 청국장, 연풍면 신풍길, 043-833-8026
용천수횟집 : 송어 요리, 연풍면 신풍길, 043-833-5801
양어장가든 : 송어 요리, 연풍면 원풍로절골길, 043-833-5678
고사리산장 : 엄나무백숙, 연풍면 새재로, 043-833-2166

### ★ 축제 및 행사

괴산고추축제 : 매년 9월 초중순, 043-830-3462

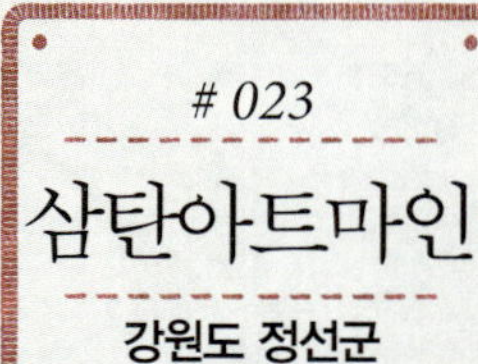



## 삼탄아트마인
### 강원도 정선군

# 탄가루 날리던 검은 탄광의 화려한 변신

## 여행 내비게이션

**여행컨셉** 예술체험과 정선의 자연을 만끽하는 여행
**추천일정** 1박2일
**Must Do** 1. 예술작품 감상하기
         2. 아트체험프로그램 참여하기
         3. 사북석탄유물보존관 관람하기
         4. 정암사 관람하기
         5. 만항재 숲길 걷기
         6. 함백역사자료관
**추천 교통** 자가운전
**추천 계절** 봄~가을

삼탄아트마인은 2001년 폐광된 삼척탄좌 정암광업소를 새로운 문화예술공간으로 조성한 곳이다. 삼탄아트마인은 삼척탄좌를 줄인 삼탄과 예술의 아트Art 그리고 광산을 의미하는 마인Mine을 합쳐놓은 말이다. 삼탄아트마인은 삼탄아트센터와 야외전시장으로 구분된다. 전문 갤러리로 구성된 삼탄아트센터에는 레지던시 작가들의 오픈 갤러리를 포함해 현대미술과, 기획전시실 등 다양한 형태의 전시공간이 마련돼 있으며, 삼척탄좌시절 사용하던 건물을 활용해 조성한 야외공간은 마치 공원을 산책하듯 전시물을 관람할 수 있도록 꾸며져 있다.

삼탄아트마인 관람은 삼탄아트센터에서 시작한다. 삼척탄좌시절 종합 사무동으로 사용하던 공간이다. 경사지에 기대듯 자리한 삼탄아트센터는 로비가 4층에 위치하는 독특한 형태를 하고 있다. 삼탄아트마인의 중심공간답게 입구에서부터 다양한 예술작품이 자리해 있다.

초대작가들의 작품을 전시하는 현대미술관 'CAM'을 지나면 삼척탄좌 시절의 자료와 당시 무전기, 방독면 등 광원들이 사용했던 물건들을 전시해 놓은 삼탄자료실과 삼탄뮤지엄을 만날 수 있다. 박물관이라고는 하지만 부분조명과 나무박스를 이용해 갤러리처럼 꾸며놓은 점이 인상적인 공간이다. 2층으로 걸음을 옮기면 세계미술수장고와 기획전시실이 나온다. 세계미술수장고를 가득 메운 10만여 점의 미술품은 김민석 대표가 30여 년간 세계 곳곳을 돌아다니며 수집한 것들로 유럽이나 아시아는 물론 아프리카나 중동지역에서 구입한 희귀한 미술품들이 가득하다. 삼탄아트센터에는 삼척탄좌 시절 사용했던 공간을 그대로 갤러리로 활용한 곳도 있다. 대표적인 곳이 2층 샤워실과 1층 세탁실. 이곳은 기존의 공간에 예술적 표현을 더해 삼척탄좌시절 광원들의 삶을 표현해 놓았는데, 샤워실은 광원들의 폐를 찍은 엑스레이 사진을, 세탁실은 실제 사용했던 세탁기와 작업복을 이용해 공간을 꾸몄다.

삼탄아트마인의 야외공간은 레일바이뮤지엄이 들어설 조차장을 중심으로 동굴와이너리, 글라스하우스, 원시미술박물관 등으로 구성돼 있다. 조차장은 수직갱이라 불리는 높이 53m의 거대한 철탑을 포함하고 있는 삼척탄좌의 중심시설이다. 조차장 주위로는 당시 채탄과 채굴에 사용했던 광차를 포함해 다양한 기계들이 옛 모습 그대로 전시돼 있다. 삼탄아트마인에는 레스토랑832L과 글라스하우스같이 관람객을 위한 휴식공간도 마련돼 있다.

### 사북석탄유물보존관

사북석탄유물보존관에는 '먼지도 유물'이라는 심정으로 모은 1,600여 종, 2만여 점의 유물이 전시돼 있다. 유물보존관 입구를 들어서면 광원들이 작업복을 지급받고 갈아입었던 탈의실을 시작으로 샤워실 그리고 수백 개의 안전등이 줄지어 있는 안전등 반납대 등이 연이어진다. 샤워실은 사북광업소의 모습을 기록한 사진 전시관으로 운영 중이다. 2층으로 올라가면 갱도를 빠져나온 광원들이 장화를 씻었던 세화장과 수직갱도 입구가 나오고, 수직갱도를 지나 다시 1층으로 내려오면 입갱체험을 위한 광차 탑승장이 나온다. 무료로 진행되는 입갱체험은 오전 10시부터 오후 5시까지, 매시 정각에 진행된다.

### 정암사

정암사는 양산 통도사 · 평창 상원사 · 인제 봉정암 · 영월 법흥사와 함께 5대 적멸보궁 중 하나이다. 적멸보궁이란 석가모니불의 진신사리를 모신 사찰로, 정암사 수마노탑(보물 제410호)에 석가모니불의 사리가 봉안돼 있다.

### 만항재

만항재(1,330m)는 우리나라 고개 중 차로 오를 수 있는 가장 높은 고개로 함백산 등산의 들머리가 되는 곳이기도 하다. 만항재 주변의 야생화 단지도 멋스럽다. 최근에는 야생화 단지에서 만항마을을 잇는 숲길이 조성돼 천천히 트레킹을 즐기기에도 좋다. 숲길은 1km 남짓 이어진다.

### 함백역사사료관

함백역사자료관은 폐철된 함백역을 역사자료관으로 복원한 곳이다. 2006년 철거된 뒤, 마을주민들이 마음을 모아 역사자료관으로 다시 개관했다. 국가기록원이 인증한 제1호 기록사랑마을이기도 한 이곳에는 1957년 개통 후 50여 년을 이어온 함백선의 역사가 고스란히 담겨있다.

1 삼탄아트마인 전경 2 사북석탄유물보존관의 전시물 3 5대 적멸보궁의 하나인 정암사 4 만항재에 조성된 야생화단지와 숲길 5 함백역사를 개조해 만든 함백역사자료관

## 1박2일 추천코스

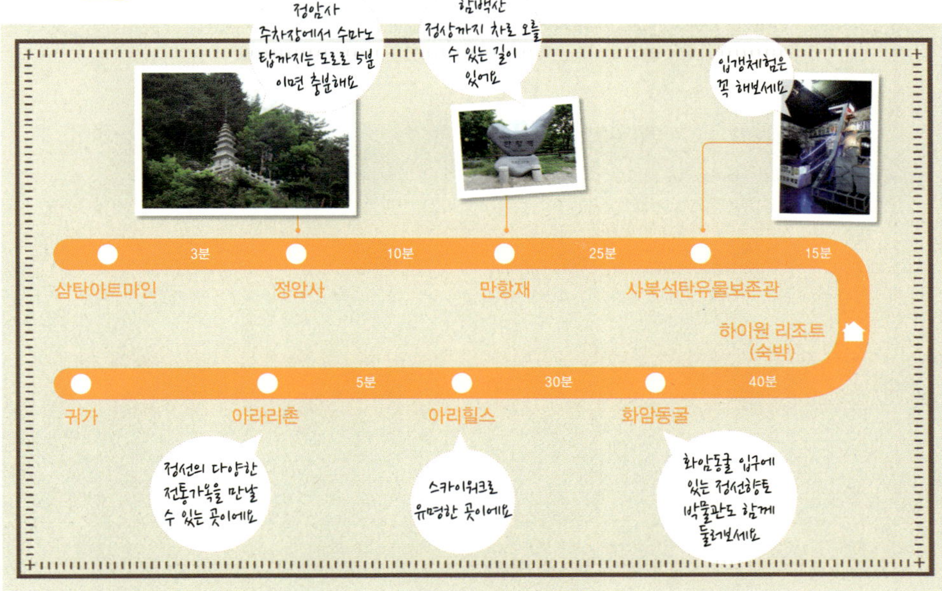


## 여행정보

### ★ 웹사이트와 전화
정선군 문화관광 033-560-2363, www.ariaritour.com
정선군 종합관광안내소 1544-9053
삼탄아트마인 033-591-3001, www.samtanartmine.com
정암사 033-591-2469, www.jungamsa.com

### ★ 대중교통
[기차] 청량리-사북역(강원랜드), 하루 7회 운행, 3시간 30분 소요
청량리-고한역(하이원), 하루 7회 운행, 3시간 20분 소요
[버스] 동서울-정선, 하루 9회 운행, 3시간 30분 소요
동서울-신고한, 하루 30회 운행, 2시간 50분 소요

### ★ 자가운전
[영동고속도로] 진부 IC-59번 국도-정선
[중앙고속도로] 제천 I-영월삼거리-미탄-정선

### ★ 숙박
하이랜드호텔 : 정선군 고한읍, 033-591-3500, www.hi-landhotel.co.kr
문호텔 : 정선군 사북읍, 033-591-0707, www.l-casino.com
엘카지노호텔 : 정선군 남면, 033-592-8222
하이원호텔 : 정선군 고한읍, 1588-7789

### ★ 맛집
운암정 : 한정식, 사북읍, 033-590-7631~2
세종회관 : 황기돼지갈비, 사북읍, 033-592-5553
시골한밥상 : 정식 백반, 사북읍, 033-592-3316
동광식당 : 콧등치기국수와 황기족발, 정선읍, 033-563-3100

### ★ 축제 및 행사
아우라지뗏목축제 : 매년 7월 말~8월 초, www.auraji.net
민둥산억새꽃축제 : 매년 9~10월
정선아리랑제 : 매년 10월 초, www.arirangfestival.kr

더 많은 정보는 요기!!

# 024
분주령 트레킹
강원도 태백시

# 봄이면 흐드러지는 야생화 천국

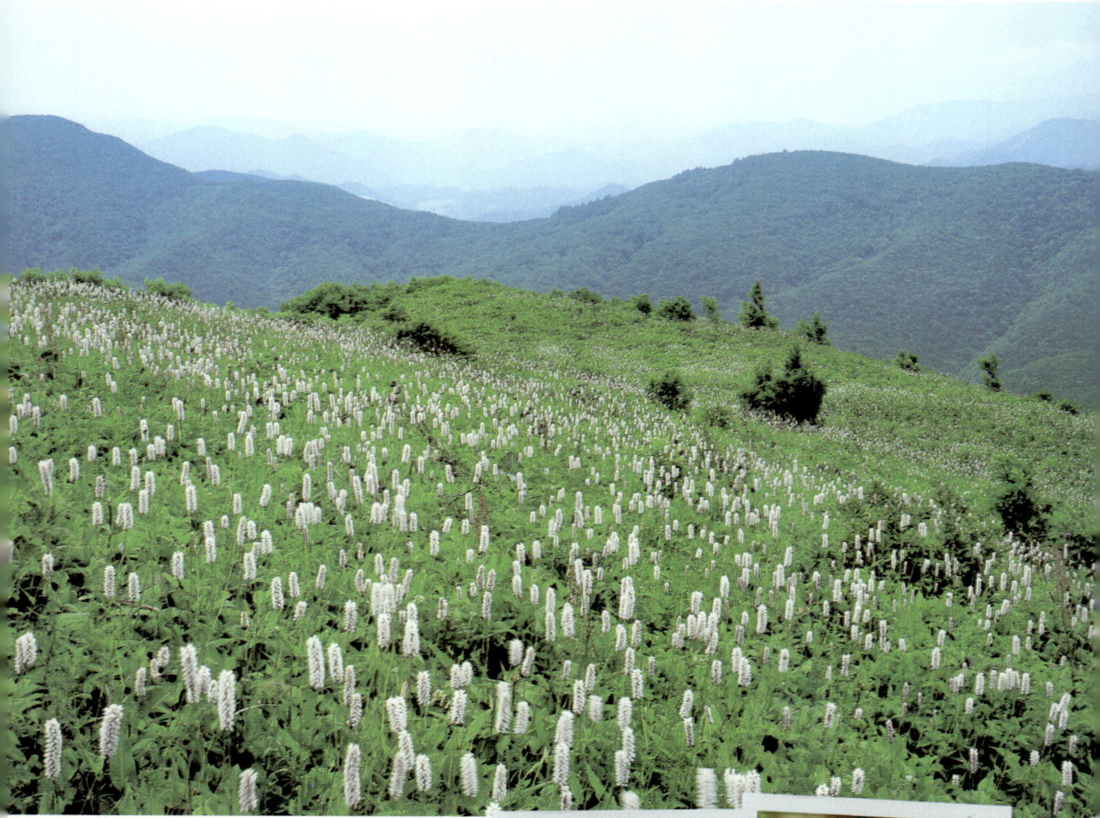

여행 내비게이션

**여행컨셉** 높은 산길을 걸으며 봄에 피는 야생화 감상
**추천일정** 1박2일
**Must Do** 1. 야생화 관찰하기
2. 한강발원지 검룡소 가기
3. 태백고생대자연사박물관 관람하기
4. 매봉산 바람의 언덕 거닐기
5. 마블링 예술인 태백한우 먹기
**추천 교통** 자가운전
**추천 계절** 봄~가을

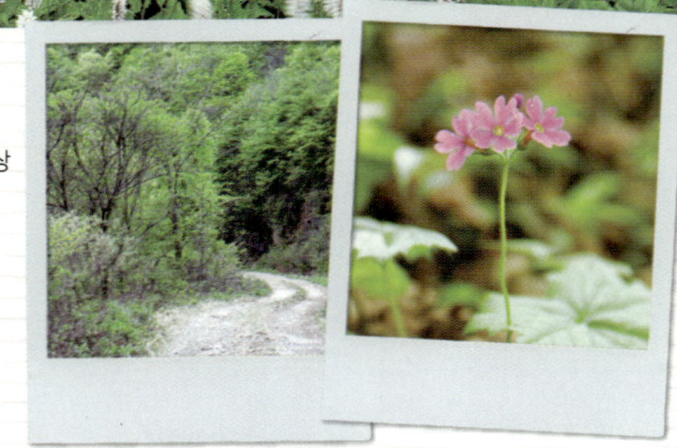

5월은 트레킹하기 좋은 계절이다. 따뜻한 봄햇살과 싱그런 숲내음을 즐기며 걸을 수 있어 좋다. 수줍게 얼굴을 내미는 형형색색의 야생화를 보는 재미도 쏠쏠하다. 태백 분주령은  야생화 천국으로 손꼽는 곳이다. 야생화가 가장 많은 시기는 5월 초부터 7월 초순. 기린초, 하늘나리, 하늘말나리 등이 눈부시게 핀다.

트레킹의 시작은 두문동재(1,268m)다. 두문동재는 정선과 태백을 잇는 고개인데 싸리재라고도 부른다. 두문동재에서 트레킹을 시작해 금대봉 정상과 분주령을 거쳐 한강 발원지인 검룡소로 내려가는 6.6km의 코스가 일반적이다.

두문동재에서 헬기장을 지나 금대봉(1,418m)으로 향하는 길은 평탄한 능선길과 완만한 내리막길로 이어진다. 양지바른 곳에는 할미꽃들이 드문드문 피어있다. 산책하듯 느린 걸음으로 걸어 약 30~40분 정도를 가면 금대봉이다. 금대봉은 식물자원 보호구역이다. 그만큼 야생화가 많다. 금대봉에 이르는 짧은 길에도 노란 산괴불주머니며 솜방망이, 딱총나무꽃 등의 단아한 자태를 만날 수 있다.

금대봉에서 숲길을 따라 좀 더 내려가면 '고목나무 샘'이다. 이 물은 검룡소로 스며들어 다시 솟구친다. 고목나무샘에서 다시 1시간 여를 가면 분주령 초원이다. 이 길은 '들꽃숲길'이라는 명칭이 붙어 있는데, 이름에 걸맞게 하늘이 보이지 않을 만큼 녹음이 우거져 있고 길섶에는 야생화가 지천으로 피어 봄바람에 흔들린다. 이들과 눈을 맞추며 길을 걷다보면 어느새 전망이 탁 트이는 곳에 닿는다. 분주령이다. 해발 1,080m에 이렇게 넓은 분지가 펼쳐진다는 것이 믿기지 않을 정도다.

봄이면 분주령 일대는 드넓은 꽃밭으로 변한다. 다양한 야생화들이 앞다투어 핀다. 낚시제비꽃, 줄딸기꽃, 노루삼, 홀아비바람꽃, 범꼬리, 왜미나리아재비, 현호색, 앵초, 터리풀, 요강나물, 쥐오줌풀, 구슬붕이, 광대수염 등이 분주령에서 만날 수 있는 야생화. 금대봉과 분주령에 자생하는 풀꽃은 약 900여 종에 달하는데 식물도감을 챙겨가 꽃 이름을 확인하며 걷는 것도 야생화 트레킹을 잘 즐기는 한 방법이다. 분주령은 생태경관보존지역이기 때문에 입산 일주일 전에 태백시청 환경보호과에 사전 예약하면 된다.

### 검룡소

한강의 발원지다. 울창한 숲 속, 푸른 이끼가 가득한 바위 웅덩이에서 하루 2,000톤의 물이 샘솟는다. 오랜 세월 동안 물줄기가 흘러 2m 정도 되는 암반이 구불구불하게 패어 있다. 이끼가 가득한 암반 사이로 굽이쳐 흐르는 물줄기가 신비스럽게 보인다. 이 모습이 마치 용이 용틀임하는 것과 비슷해 검룡소라 불린다. 물 온도가 사계절 내내 섭씨 10도 안팎으로 유지된다고 한다.

### 용연동굴

국내 동굴 중 가장 높은 해발 920m 지점에 있다. 1억5,000만~3억년 전에 생성된 것으로 추정된다. 총 길이 1.5km. 동굴 내부에는 다양한 모양의 석순과 종유석, 석주 등이 즐비하다. 모양에 따라 드라큘라 성, 죠스의 두상, 등용문 등 재미있는 이름을 붙여 놓았다. 동굴 내부에는 폭 50m, 길이 130m의 광장과 인공분수, 조명시설이 만들어져 있는데 자연 생성물들과 어우러져 신비로운 경관을 연출한다. 주차장에서 동굴 입구까지 1.1km 구간을 운행하는 '낭만의 용연열차'도 아이들에게 인기다.

### 태백고생대자연사박물관

전국에서 유일하게 고생대 지층위에 건립된 고생대 전문박물관으로 고생대 삼엽충, 두족류 및 공룡 화석과 자체 제작한 영상물, 입체 디오라마 등을 전시하고 있다. 대륙 이동 등 지각변동에 관한 자료도 볼 수 있는데, 고생대 때 한반도가 3개의 땅덩어리로 분리돼 있었다는 사실이 흥미롭게 다가온다. 박물관 지하 1층에는 화석 발굴 현장, 화석 탁본, 30억 년 지층 파노라마 등 다양한 주제의 체험전시실도 운영하고 있다. 박물관 가기 전 볼 수 있는 구문소는 황지에서 시작된 물이 태백을 빠져나가며 산자락을 뚫어 커다란 석문(石門)을 만들어 놓은 것으로 천연기념물 제417호다.

### 매봉산풍력발전단지

'바람의 언덕'으로도 불린다. 가파른 비탈의 배추밭 꼭대기 능선에 자리한 거대한 풍력발전기가 멋진 풍경을 자아낸다. 발전기 외에도 조그마한 네덜란드식 풍차가 한 기 서 있어 이국적인 풍경을 연출한다.

1 한강의 수원(水源), 검룡소 2 태백고생대자연사박물관에 전시된 메소히푸스 화석 3 태백고생대자연사박물관에 전시된 아노말로카리스 복원 모형 4 국내 동굴 가운데 가장 높은 곳에 자리한 용연동굴의 분수

## 1박2일 추천코스

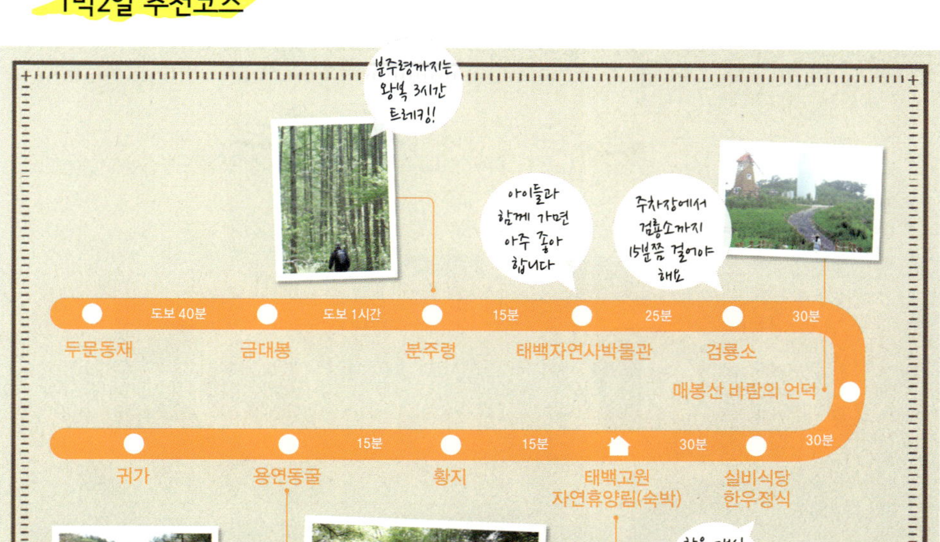


## 여행정보

### ★ 웹사이트와 전화
태백시 문화관광 033-550-2085, tour.taebaek.go.kr
태백고생대자연사박물관 033-581-8181, paleozoic.go.kr
태백석탄박물관 033-552-7730, www.coalmuseum.or.kr
용연동굴 033-553-8584

### ★ 대중교통
[기차] 청량리–태백, 하루 7회 운행, 4시간 40분 소요
동대구–태백, 하루 2회 운행, 4시간 20분 소요
[버스] 동서울–태백, 하루 32회 운행, 3시간 10분 소요
북대구–태백, 하루 7회 운행, 5시간 소요

### ★ 자가운전
영동고속도로 남원주 나들목–중앙고속도로–제천IC–영월방면 38번
국도–두문동재 터널 입구

### ★ 숙박
태백고원자연휴양림 : 머리골길 153, 033-582-7440
O2리조트 : 황지동, 033-580-7500
호텔메르디앙 : 황지동, 033-553-1266
스카이호텔 : 소도동, 033-552-9912

태백산 민박촌 : 소도동, 033-553-7440

### ★ 맛집
태성실비식당 : 한우, 상장동, 033-552-5287
경성실비식당 : 한우, 삼수동, 033-552-9356
태백닭갈비 : 닭갈비, 황지동, 033-553-8119
강산막국수 : 막국수, 황지동, 033-552-6680

### ★ 축제 및 행사
태백산 눈축제 : 매년 1월 말, 033-550-2085,
festival.taebaek.go.kr
태백산 철쭉제 : 매년 6월, 033-550-2085,
festival.taebaek.go.kr

더 많은 정보는
요기!!

# 세계 음식의 종합선물세트

## 여행 내비게이션

**여행컨셉** 현지 스타일의 세계음식 탐방

**추천일정** 당일

**Must Do** 1. 이국적인 길거리 음식 맛보기

2. 경기도미술관에서 작품 감상하기

3. 최용신기념관 탐방

**추천 교통** 지하철

**추천 계절** 봄, 가을

지하철 4호선 안산역에 내려 2번 출구로 나오면 원곡동 다문화거리다. 지하도에서 올라오자마자 태국이나 필리핀, 중국의 어느 거리에 온 듯 착각에 빠진다. 아니, 국적 불명의 어느 거리를 걷고 있는 듯한 기분에 휩싸인다.

경기도 안산은 우리나라 최대의 외국인 밀집지역이다. 1990년대 후반부터 외국인 이주노동자들이 원곡동을 중심으로 집단 거주지를 형성하기 시작했고, 지금은 내국인과 합법적 이주민, 미등록 체류자가 함께 모여 사는 대표적인 다문화마을로 자리매김 하게 됐다. 그러다보니 거리에는 자연스레 여러 기관에서 운영하는 외국인 쉼터와 식당, 식료품점, 여행사, 은행 등이 들어서게 됐다. 가게 간판은 한국어보다 외국어가 더 많다. 중국어, 베트남어, 태국어, 인도어 등 생경한 글자로 쓰인 간판이 가득하다. 휴대폰 매장 앞에는 세계 각국의 언어로 쓰인 입간판이 서 있고, 은행 간판도 한국어가 아니라 중국어다. 아랍어가 적힌 노래방도 있다.

다양한 인종이 몰려드는 거리인 만큼 먹을거리도 여러 가지다. 거리에 들어서면 입구부터 낯선 음식들이 보이기 시작한다. 시큼하면서도 매콤한, 그리고 말로는 설명하기 어려운 향신료 냄새가 코끝을 간지럽힌다. 과일가게는 동남아여행에서나 보던 과일들로 가득 차 있다. 과일의 여왕으로 불리는 망고스틴, 과일의 왕자라 불린다는 두리안, 가지에 열매가 열린 모습이 마치 여의주를 물고 있는 용의 형상을 닮았다고 해서 이름 붙은 용과, 달콤한 맛으로 가득한 망고 등등 형형색색의 과일들은 보기만 해도 입 안 가득 침이 고이게 만든다.

길거리 음식도 풍성하다. 하지만 한국의 그것과는 종류가 사뭇 다르다. 떡볶이와 어묵, 튀김 대신 기름에 튀긴 중국식 꽈배기와 과자, 연변순대, 만두, 양고기꼬치, 닭발 등이 자리를 차지하고 있다. 아시아 음식의 종합선물세트라고 할 만 하다.

외국인이 자기네 전통 방식으로 직접 음식을 만들어 파는 식당도 150곳을 훌쩍 넘는다. 베트남, 태국, 인도, 네팔, 인도네시아 음식점이 많은데, 아무래도 현지인들을 상대로 음식을 팔다보니 한국인의 입맛에 맞게 변형시킨 음식이 아니라 현지 스타일 그대로의 음식을 판다. 그래서 아시아나 인도를 장기간 여행하고 돌아온 배낭여행자들이 현지에서 먹었던 음식을 잊지 못해 찾는 일이 많다고 한다. 게다가 이곳 음식점들은 주머니가 가벼운 이주노동자들을 상대하기 때문에 서울 강남이나 이태원, 동대문에 밀집한 외국 음식점에 비해 가격이 저렴하다는 것도 장점이다.

### 최용신기념관

최용신(1909~1935)은 심훈의 소설 〈상록수〉의 실제 여주
인공으로, 일제강점기 당시 농촌마을인 샘골(泉谷 현 안산
시 상록구 반월동)에서 26세의 젊은 나이로 생을 마감하기
까지 전 생애를 농촌계몽에 바친 우리나라의 대표적인 여
성 리더이다. 선생은 샘골 아이들을 '조선의 빛', '조선의 싹'
이라고 불렀고, 일본어를 국어로 알던 아이들에게 조선어
가 국어라 일러주어 조국에 대해 눈을 뜨게 한 인물이다.
기념관에는 최용신의 건국훈장, 〈상록수〉 초판본(1936년),
당시의 성경 등 유물이 전시되어 있으며, 기념관 아래 최
용신 거리에는 최용신과 아이들을 소재로 제작한 실물 크
기의 동상이 서 있다.

### 안산식물원

열대기후에 자생하는 식물들을 모아놓은 식물원이다. 유
리로 만든 피라미드 안에서는 야자나무, 팬지 등 220여 종
의 열대 식물을 만날 수 있으며 중부전시관, 남부전시관 등
에서는 우리나라에서 자라는 각종 식물을 볼 수 있다. 아
이들 생태학습장으로도 좋다. 곁에 단원조각공원도 있다.

### 경기도미술관

원곡동 다문화거리에서 승용차로 10분이면 닿는다. 드넓은
잔디밭 위에 지어진 미술관은 복잡한 거리에서 벗어나 한
숨 돌리며 여유를 가지기에 좋다. 미술관은 주제에 맞춰 새
로운 작품들을 선보인다. 박물관 내에는 베트남 커피를 맛
볼 수 있는 카페도 있다. 연유를 듬뿍 넣은 달짝지근한 베트
남 커피를 마시며 피곤한 다리를 잠시 쉴 수 있다.

1 심훈의 소설 〈상록수〉의 실재 여주인공 최용신의
유물이 전시된 최용신기념관. 2 열대기후에 자생하
는 식물을 전시한 안산식물원 3 드넓은 잔디밭이
조성된 경기도미술관

## 당일여행 추천코스

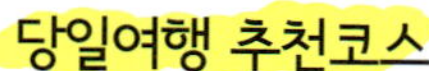

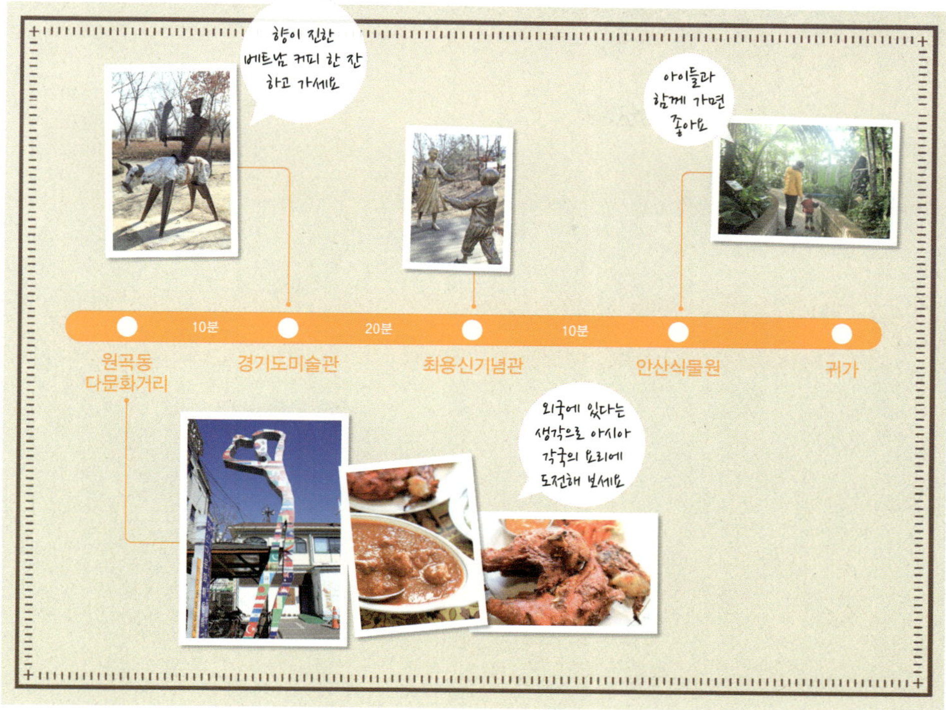

원곡동
다문화거리 — 10분 — 경기도미술관 — 20분 — 최용신기념관 — 10분 — 안산식물원 — 귀가

## 여행정보

★ **웹사이트와 전화**
안산시 문화관광 031-481-3409, tour.iansan.net
경기도미술관 031-481-7007, www.gmoma.or.kr
최용신기념관 031-481-3040, choiyongsin.iansan.net
안산식물원 031-481-3168, plant.iansan.net
안산외국인주민센터 global.iansan.net

★ **대중교통**
[버스] 좌석버스 1, 320, 350, 707, 909, 5601 안산역 하차
[지하철] 지하철 4호선 안산역 2번 출구

★ **자가운전**
영동고속도로 서안산IC로 나와 안산역 방향

★ **숙박**
뉴라성호텔 : 상록구 본오동, 031-502-7600
리오호텔 : 상록구 일동, 031-417-4100
아우라 관광호텔 : 상록구 이동 713-7, 031-415-0060
태평양관광호텔 : 상록구 사동, 031-417-4321

★ **맛집**
칸티풀 : 네팔 음식, 031-493-9563
수왈 : 태국 음식, 031-494-0338
베트남고향식당 : 베트남 음식, 031-492-0865
컨트리하우스 : 인도네시아 음식, 031-494-9471

더 많은 정보는
요기!!

여름에 바다가 최고라는 편견은 버려도 좋다.
오감이 시원해지는 솔숲 캠핑은 물론, 경비행기와 조정체험,
여름밤을 밝히는 별 관측까지 다양한 추억 만들기가 가능하다.
무더위를 식힐 휴가로, 더위에 맞서는 체험여행으로도 제격이다.
기차를 타고 가는 낭만여행도 여름이 제격이다.
여름이라 더욱 특별한 여행지로 지금부터 출발!

# 026
편치볼과두타연
강원도 양구군

# 전쟁의 상처 위에 피어난 청정한 자연

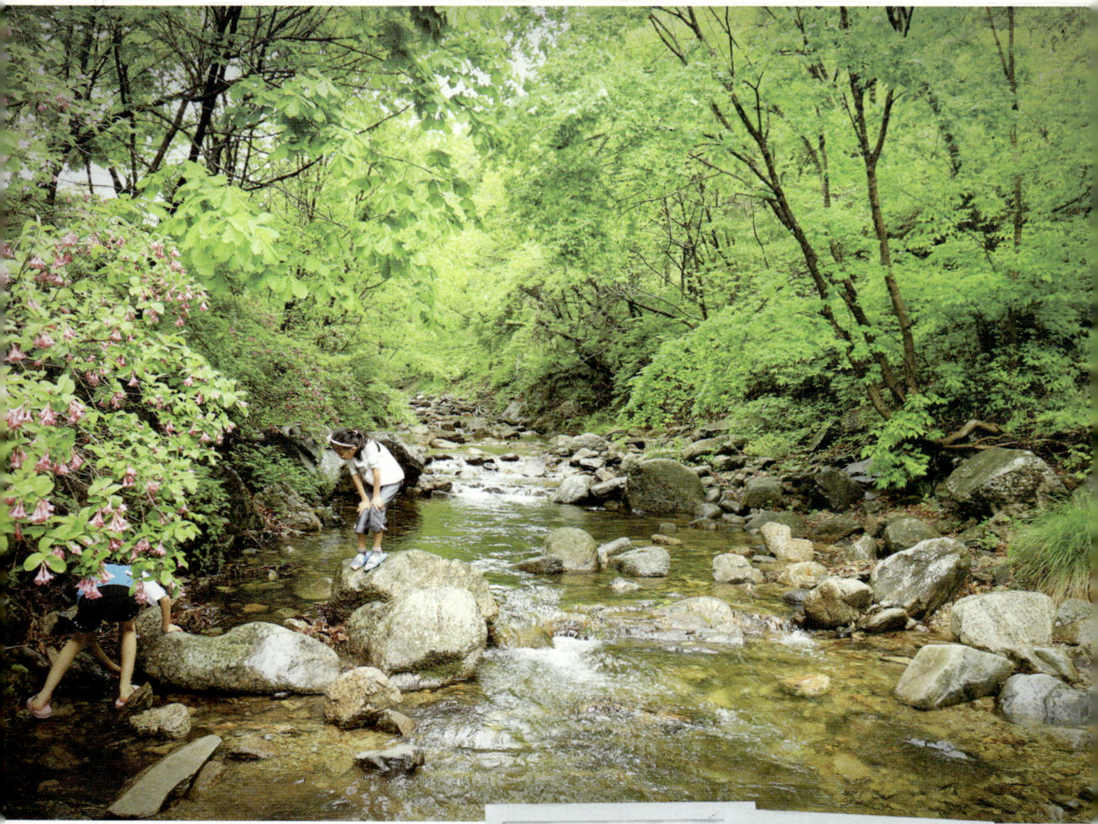

여행 내비게이션

**여행컨셉** 안보관광지 양구의 청정한 자연을 느끼다
**추천일정** 1박2일
**Must Do** 1. 두타연 트레킹
2. 을지전망대에서 펀치볼 감상
3. 제4땅굴 탐방
4. 박수근미술관 관람
5. 국토 정중앙 방문
**추천 교통** 자가운전
**추천 계절** 봄~가을

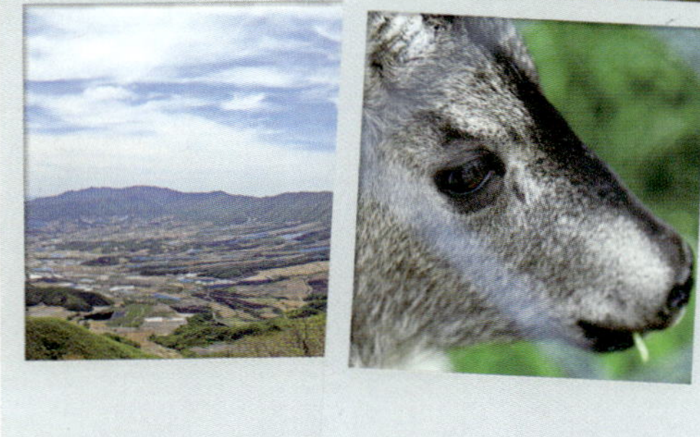

을지전망대에 오르자 남쪽으로 드넓게 펼쳐진 풍광이 시원하다. 해발 1,100m가 넘는 산등성이가 사방을 둘러싸고, 가운데 움푹한 곳에 마을이 형성되었다. 마을의 평균 고도는 400~500m, 면적은 여의도의 6배가 넘는다. 펀치볼이란 이름은 한국전쟁 당시 해안분지의 독특한 지형이 화채 그릇 같다고 외국 종군기자가 펀치볼이라 부른 데서 유래했다. 지금도 해안면은 펀치볼이라는 별명이 더 익숙하다. 을지전망대 북쪽

아래는 삼중으로 된 철책이 보이고 그 너머는 DMZ<sup>비무장지대</sup>다.

1990년에 발견된 제4땅굴은 총 길이 2km 남짓, 군사분계선에서 1km 정도 남쪽으로 내려온 곳에 있다. 안보교육관에서 영상과 전시물을 둘러본 다음 땅굴 입구로 들어선다. 북한 측이 판 땅굴에 이르기까지 우리 측이 판 굴을 걸어서 들어가고, 제4땅굴에 이르면 미니 열차를 타고 내부를 둘러본다. 을지전망대와 제4땅굴을 보려면 해안면 소재지에 있는 양구통일관에서 출입 신청을 해야 한다. 당일 오후 4시까지 신청이 가능하다. 통일관 바로 앞은 양구전쟁기념관이다.

두타연은 때 묻지 않은 자연 속을 거닐고 빼어난 계곡과 폭포를 감상할 수 있는 최고의 트레킹 코스다. 트레킹이 시작되는 두타연갤러리에는 배우 소지섭의 사진과 의상이 전시되고 있고, 갤러리 앞에는 소지섭길 안내판과 소지섭의 손을 본뜨기 한 조형물이 있다. 소지섭이 양구에서 드라마 〈카인과 아벨〉을 촬영한 것이 인연이 되어 DMZ를 배경으로 한 포토에세이 〈소지섭의 길〉을 출간했는데, 여기서 착안해 '소지섭길'을 만든 것이다. 두타연도 그 코스 가운데 하나다.

두타연 폭포를 기점으로 상류와 하류를 아우르는 두타연길은 2~3km 정도로 한 시간이면 충분하고, 출렁다리 아래쪽까지 다녀오려면 30분쯤 더 걸린다. 60년 동안 출입이 통제되었던 덕분에 두타연의 비경은 자연의 모습을 그대로 간직할 수 있었다. 두타연에 출입하려면 평화누리길 이목정안내소 혹은 비득안내소에서 출입신청서와 신분증을 제출한 뒤 태그(위치추적목걸이)를 받아 착용해야한다. 2013년 11월부터 당일 출입관광이 가능해졌다. 두 안내소 모두 도보나 자전거를 이용할 수 있으며, 차량 통행은 이목정안내소에서만 가능하다. 두타연 주차장에서 문화해설사의 안내를 받을 수도 있다.

### 박수근미술관

박수근의 삶을 반추하는 기록물과 그의 작품을 만날 수 있다. 박수근 작품은 작은 유화 한 점도 수억원을 호가한다. 이 때문에 미술관 개관 당시에는 진품 유화가 한 점도 없었다. 하지만 10여 년이 흐르는 동안 4점을 기증받아 지금은 모두 7점의 진품 유화가 전시돼 있다. 유화 외에도 스케치, 목판화 등을 볼 수 있다.

### 이해인시문학관&철학의 집

박수근미술관에 이어 양구에 문화예술의 숨결을 불어넣는 여행지다. 양구에서 태어난 이해인 수녀를 기리는 시문학관은 시인의 육필 원고와 시집, 소장품 등을 전시한다. 같은 건물 2층은 철학의 집이다. 우리나라를 대표하는 철학자 김형석과 안병욱 선생의 삶과 사상을 만날 수 있는 공간이다. 두 철학자 모두 평안남도가 고향이라 가까운 양구에 철학의 집을 연 것. 젊은이들에게 던지는 두 철학자의 명언을 읽으며 잠시 사색에 잠기기 좋다.

### 국토정중앙천문대

양구는 한반도의 동서남북 각 끝 점이 교차하는 국토 정중앙에 있다. 그걸 기념하는 국토정중앙천문대는 가상의 밤하늘 여행을 관람하는 천체 투영실, 천문학을 재미있게 알아보는 전시 교육실, 신비로운 우주를 관측하는 주관측실 등으로 구성되었다. 천문대 앞에 캠핑장이 조성되어 밤하늘의 별을 관측하기 위해 찾는 가족 캠퍼들이 많다. 천문대에서 산길로 950m 올라가면 국토 정중앙 지점을 상징하는 휘모리탑이 있다. 경사가 완만해 아이들 손을 잡고 다녀오기 적당하다.

### 광치자연휴양림

두타연처럼 빼어난 비경은 아니지만 아이들과 시원하게 물놀이를 즐기기에는 광치계곡이 제격이다. 휴양림으로 들어서면 계곡을 따라 숙박동이 이어지고, 곳곳에 계곡으로 내려가는 길이 보인다. 짙은 나무 그늘 아래 낮잠을 청하거나 맑은 계곡물에 발만 담그고 있어도 세상사 근심이 사라지는 기분이다.

1 박수근상과 박수근미술관 2 캠핑을 하며 별도 볼 수 있는 국토정중앙천문대 3 이해인 시문학의 공간과 김형석ㆍ안병욱 철학의 집 4 광치자연휴양림의 산장 5 두타연 갤러리와 소지섭길

## 1박2일 추천코스

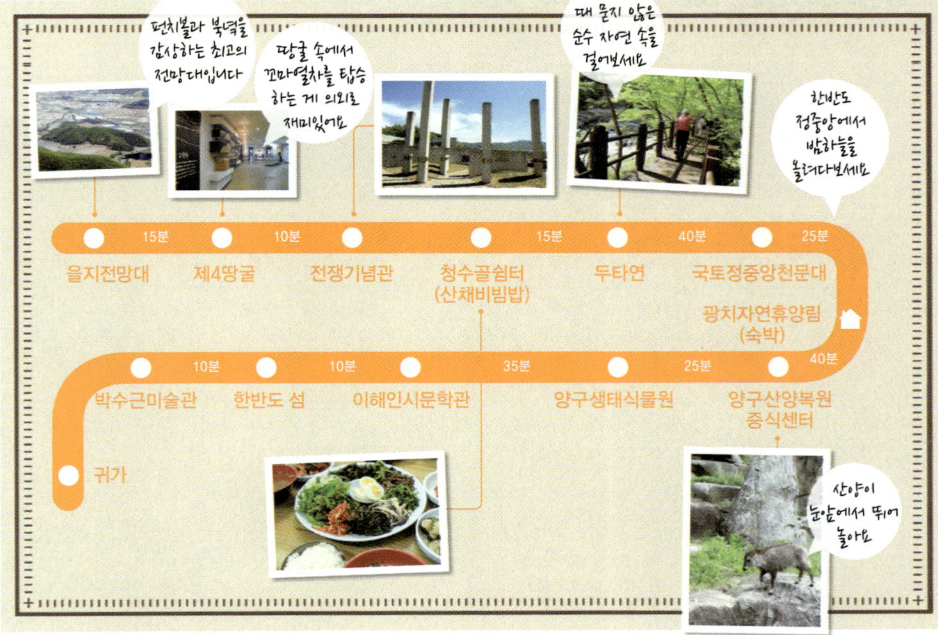


## 여행정보

### ★ 웹사이트와 전화

양구군 문화관광 033-480-2386, www.ygtour.kr
박수근미술관 033-480-2655, www.parksookeun.or.kr
국토정중앙천문대 033-480-2586, www.ckobs.kr
광치자연휴양림 033-482-3115, www.kwangchi.or.kr
양구군 관광안내소 033-480-2675
양구통일관 033-481-9021
양구산양복원증식센터 033-480-2665
이해인시문학관 033-482-9800

### ★ 대중교통

[버스] 서울-양구 : 동서울종합터미널에서 1일 22회 운행,
2시간 10분 소요
춘천-양구 : 춘천시외버스터미널에서 1일 20회 운행, 50분
소요
양구-해안 : 양구시외버스터미널에서 1일 4회 운행

### ★ 자가운전

서울춘천고속도로 춘천IC-46번 국도-배후령터널-추곡터널-양구
읍-해안면-양구통일관

### ★ 숙박

포시즌펜션 : 양구읍 금강산로 438-2, 033-481-6666,
cafe.daum.net/ygfourseason
양구KCP호텔 : 양구읍 파로호로 993-19, 033-482-7700,
www.yanggukcphotel.com

현대모텔 : 양구읍 관공서로 15-1, 033-482-1233
광치자연휴양림 : 남면 광치령로 1794번길 265, 033-482-3115,
www.kwangchi.or.kr
펀치볼민박 : 해안면 전망대로 16, 033-481-0878

### ★ 맛집

청수골쉼터 : 산채비빔밥, 방산면 평화로 6132, 033-481-1094
시래원 : 시래기정식, 남면 봉화산로 457, 033-481-4200
석장골오골계식당 : 오골계구이, 양구읍 양록길23번길 16-7,
033-482-0801
광치막국수 : 막국수, 남면 남동로 34-9, 033-481-4095
도촌막국수 : 막국수, 남면 국토정중앙로 6, 033-481-4627

### ★ 축제 및 행사

도솔산전적문화제 : 매년 6월, ygfestival.kr

## # 027

### 봉화 분천역

경북 봉화군

# 산골마을의
# 화려한 변신

## 여행 내비게이션

**여행컨셉** 백두대간 협곡을 누비는 기차 타기

**추천일정** 1박2일

**Must Do** 1. 백두대간 협곡열차 타기

2. 체르마트길 걷기

3. 만산고택에서 하룻밤

4. 달실마을 돌아보기

**추천 교통** 자가운전

**추천 계절** 봄~가을

경북 봉화군 소천면 분천리는 200여 명이 사는 산골 마을이다. 태백산과 청량산, 통고산 등 백두대간 산자락에 둘러싸여 외지인의 발길이 뜸하고, 빈집이 늘어가던 마을이다. 하루에 여섯 차례 무궁화호 열차가 서는게 전부라서 적막감이 감돌던 마을에 최근 변화가 시작되었다. 마을의 중심에 있는 분천역이 백두대간 협곡열차V-train의 기착지가 되면서 수많은 여행자들이 찾아오기 때문이다. 분천역은 한국·스위스 수교

50주년을 맞아 분천역과 체르마트역이 자매결연을 맺으면서 외관도 스위스 샬레 분위기로 단장했다. 체르마트역은 스위스 빙하특급열차가 출발하는 역으로, V-train이 서는 분천역과 쌍둥이처럼 닮았다.

열차를 기다리는 사이 여행자들은 분천역 이곳저곳을 돌며 기념사진을 찍고, 역사 안에 비치된 기념 스탬프도 찍는다. 여유가 있다면 자전거를 빌려 타고 분천마을을 돌거나, 카 셰어링car sharing 서비스를 이용해 가까운 곳으로 드라이브를 즐길 수도 있다. 기차를 타고 분천역에서 내린 여행자들이 친환경 전기 자동차를 타고 인근 관광지를 돌아볼 수 있어 호응이 뜨겁다.

1일 3회 분천과 철암을 왕복 운행하는 V-train은 비동, 양원, 승부, 석포를 거치는 동안 백두대간 협곡의 절경을 감상할 수 있는 세 칸짜리 관광 열차다. 분천에서 철암까지 1시간 10분 정도 열차를 타는데, 평균 시속 30km 내외로 운행하는 열차에 앉아 창밖으로 펼쳐지는 비경을 즐길 수 있어 주말은 두 달 전에 예약이 완료된 상태다.

백두대간을 누비던 호랑이를 형상화한 기관차와 이국적인 관광 열차를 닮은 분홍색 객차는 잠자는 듯 고요하던 분천역 철로에 생기를 불어넣는다. 창밖을 바라볼 수 있는 4인용 좌석과 다정하게 마주 볼 수 있는 2인용 좌석이 배치되었고, 간단한 음료나 간식을 파는 매점도 있다. 친절한 목소리의 승무원이 창밖으로 지나가는 마을과 지형에 대해 설명도 해준다.

트레킹을 좋아하는 여행자라면 비동마을에서 양원역까지 2.2km 이어지는 체르마트길을 걸어보자. 양원마을과 비동마을 주민들이 걸어 다니던 길로, 분천역과 체르마트역이 자매결연 하면서 새롭게 명명되었다. 열차 창밖으로 보이던 협곡을 걸으며 때 묻지 않은 계곡의 절경과 울창한 산길, 철길을 만날 수 있다. 민가도 없는 오지이므로 길동무와 함께 걷는 것이 좋다.

＊ ＊ ＊ ＊ ＊ ＊ ＊ ＊ ＊ ＊ ＊ ＊ ＊ ＊ ＊ ＊ ＊ ＊ ＊ ＊ ＊ ＊ ＊ ＊ ＊ ＊ ＊ ＊

### 만산고택

봉화 만산고택은 조선 말기의 문신인 만산 강용이 1878년에 지은 집이다. 긴 행랑채와 너른 사랑채, 서재와 별채, 안채를 거느린 빼어난 건축물로 평가받는다. 문인과 우국지사들이 모여 독립운동을 모의한 의양리 권진사댁, 충재 권벌 선생의 후손이 지은 봉화 한수정도 함께 둘러볼 수 있다. 숙박체험도 할 수 있다.

### 달실마을

황금 닭이 알을 품고 있는 '금계포란형' 명당으로, 조선 중기의 충신이자 대학자인 충재 권벌 선생이 일가를 이루어 살기 시작하면서 오늘에 이른 한옥 마을이다. 종가에서는 왕이 명한 불천위 제사를 지금까지 지내는데, 충재 선생의 유품을 모아 정리한 충재박물관에는 불천위 제사의 내용이 자세히 정리되었다. 충재 선생이 지은 청암정과 그 아들이 지은 석천정사의 계곡은 달실마을이 품은 보석이다.

### 북지리 마애여래좌상

호고산 자락의 바위에 새겨진 부조 형식 여래좌상으로, 통일신라 때 제작된 것으로 추정된다. 국보 제201호로 커다란 바위에 새겨진 마애불의 숭고한 모습을 볼 수 있다. 마애여래좌상이 있는 지림사는 의상대사가 머물며 축서사 창건의 계시를 받은 곳으로 알려졌다. 지림사에서 약 10km 거리에 위치한 축서사도 함께 돌아보면 좋겠다.

1 조선 말기의 문신 만산 강용이 지은 만산고택
2 달실마을의 청암정 3 국보 제201호로 지정된 봉화 북지리 마애여래좌상

## 1박2일 추천코스

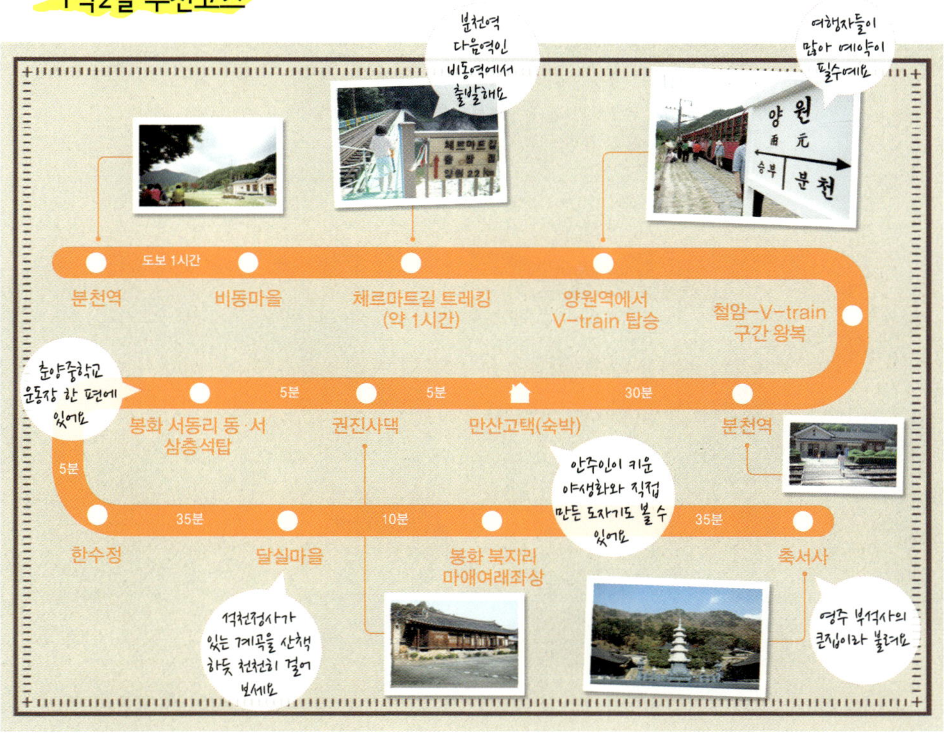

## 여행정보

### ★ 웹사이트와 전화

봉화군 문화관광 054-679-6341, culture.bonghwa.go.kr
분천역 054-672-7711
백두대간협곡열차(V-train) www.v-train.co.kr
달실마을 054-673-0963, www.darsil.kr
권진사댁 blog.naver.com/kwonjinsa

### ★ 대중교통

[기차] 서울 출발(07:45), 수원 출발(07:40), 제천출발(15:00, 15:03)
중부내륙순환열차(O-train) 분천역 정차

### ★ 자가운전

중앙고속도로 풍기IC에서 빠져나와 우회전-신재로 따라가다 영주·
풍기 방향 좌회전-36번 국도 따라 이동-노루재터널-분천삼거리에
서 분천역 이정표 보고 좌회전-분천역

### ★ 숙박

만산고택 : 춘양면 낙천당길, 054-672-3206 (한옥)
권진사댁 : 춘양면 낙천당길, 054-672-6118 (한옥)
추원재 : 봉화읍 충재길, 054-673-0963
동아모텔 : 춘양면 한티로, 054-672-6611

### ★ 맛집

우돈명가 : 청국장, 춘양면 의양로4길, 054-672-2234
홍가네매운탕 : 매운탕, 춘양면 소천로, 054-673-1541
솔봉이 : 송이돌솥밥, 봉화읍 내성천1길, 054-673-1090
인화원 : 송이돌솥밥, 봉화읍 유록길, 054-672-8289

### ★ 축제 및 행사

은어축제 : 매년 7월말~8월초 봉화읍 내성천 일원, 054-679-6311,
bonghwafestival.com/eunuh/
봉화송이축제 : 매년 9월말~10월초, 봉화읍 체육공원, 관내 송이산
일원, 054-679-6311, bonghwafestival.com/songi/

더 많은 정보는
요기!!

# 028
도리뱅뱅과
생선국수
충북 옥천군

# 금강이 빚어낸 진한 맛

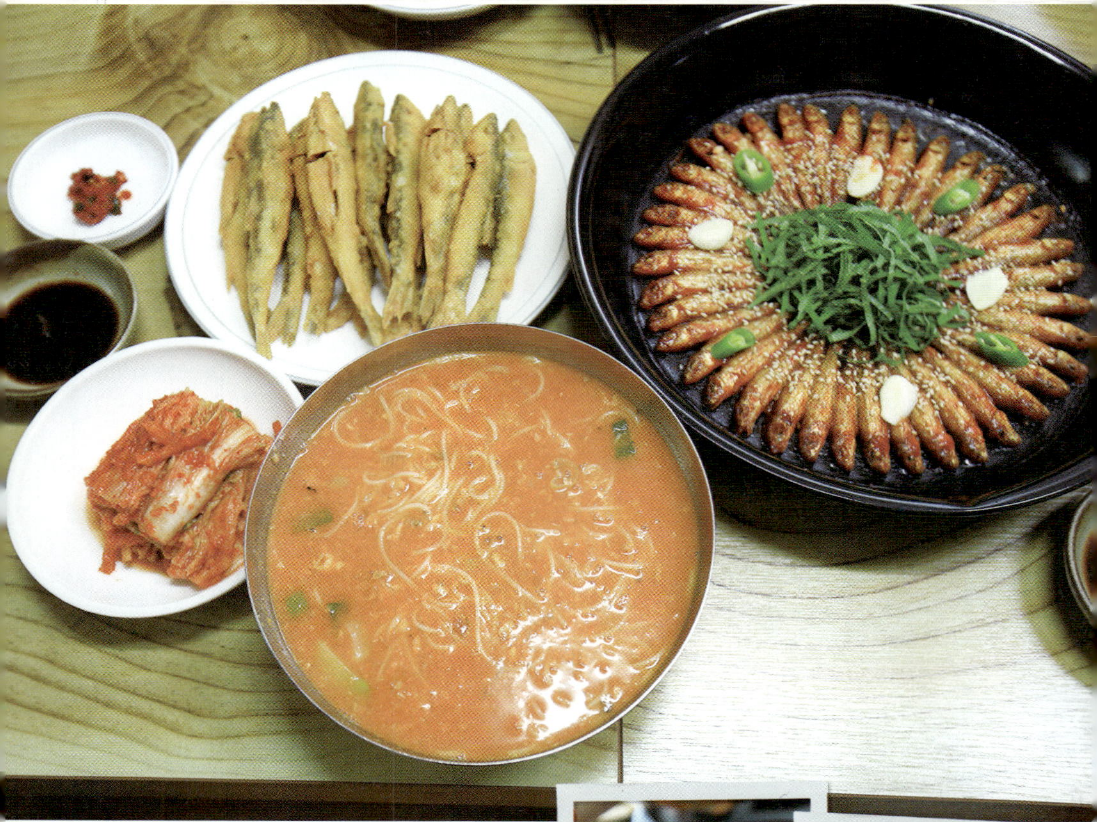

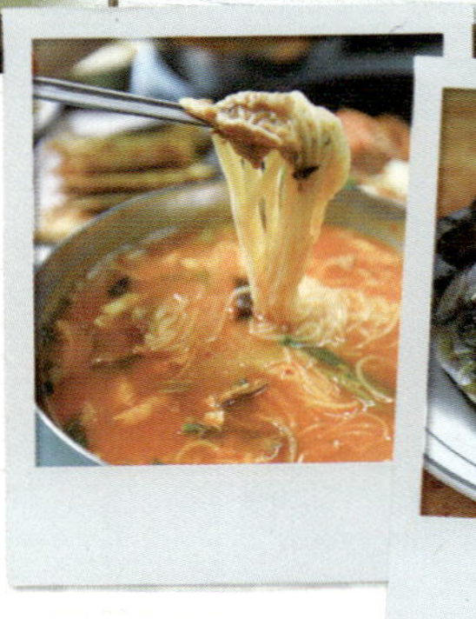

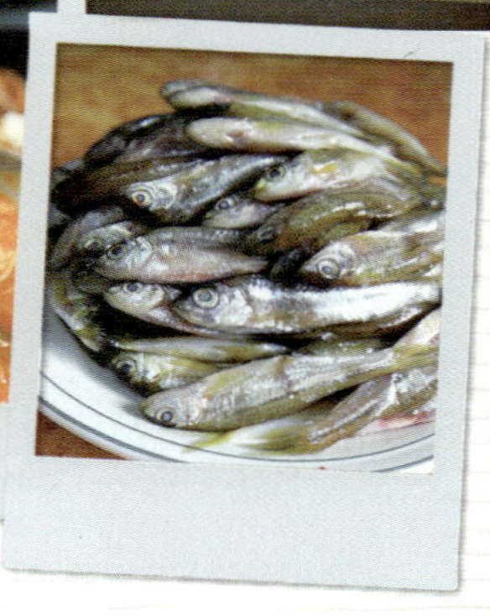

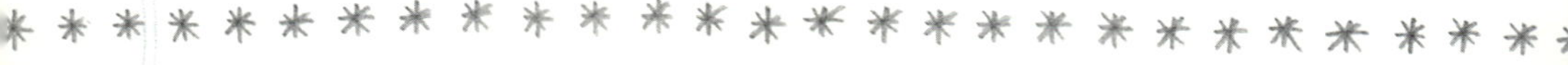

여행 내비게이션

**여행컨셉** 강에서 천렵하던 추억을 찾아가는 별미여행
**추천일정** 당일
**Must Do** 1. 도리뱅뱅이와 생선국수 먹어보기
2. 둔주봉에 올라 거꾸로 된 한반도 지형 내려다보기
3. 정지용 문학관에서 '향수' 낭독해 보기
**추천 교통** 자가운전
**추천 계절** 여름~가을

　'도리뱅뱅이와 생선국수 음식거리'가 있는 청산면은 옥천군에서도 가장 동쪽에 자리 잡은 고장이다. 이 고장을 휘감아 도는 보청천은 보은 속리산 자락에서 발원해 금강으로 합류되는 하천이다. '보청'이란 이름은 보은과 청산의 첫 자를 따서 지었다. 보청천은 아이들의 여름철 물놀이터이자 천렵을 즐기던 강이다. 강에는 예나 지금이나 물고기가 많다. 물고기가 많으니 물고기로 만드는 음식도 많았을 터. 청산면의 도리뱅뱅이와 생선국수의 인기가 높은 것은 당연한 일이다.

　청산면에서는 지전사거리를 중심으로 선광집, 청양식당, 금강집, 찐한식당 등 도리뱅뱅이와 생선국수를 내는 집이 여러 곳 있어 음식거리를 이룬다. 음식점마다 비법이 있고 맛도 다르지만, 기본 재료로 민물고기를 이용하는 점은 똑같다. 그중 선광집은 생선국수의 원조로 알려졌다. 청산 사람들은 붕어, 메기, 누치 등 물고기를 잡으면 보청천 변에 솥을 걸고 나무로 불을 때서 천렵국을 끓였는데, 쌀을 넣어 어죽처럼 먹었다. 이것이 생선국수의 시초다. 쌀 대신 수제비나 칼국수, 소면 등을 넣어보니, 소면이 가장 칼칼하면서도 국물 배합이 잘 되었다고 한다.

　생선국수는 국물이 가장 중요하다. 생선 국물 만드는 것을 '사골처럼 곤다'고 할 정도로 시간이 걸리고 정성이 들어간다. 물고기는 두 시간 정도 센 불에 끓이는데, 이때 뚜껑을 열고 끓여야 생선 비린내를 없앨 수 있다. 두 시간 정도 끓인 뒤에는 중간 불로 4~5시간 푹 삶는다. 손으로 누르면 가시가 흐물흐물 부서질 정도라니 생선 국물은 물고기의 기운이 담긴 보약인 셈이다. 잘 우린 국물에 고추장 양념을 풀고, 대파와 애호박을 넣은 뒤 소면을 넣고 한소끔 끓이면 맛깔스런 생선국수가 탄생한다.

　피라미나 빙어를 사용하는 도리뱅뱅이는 간단한 것 같지만 역시 손이 많이 간다. 우선 프라이팬에 물고기를 일렬횡대로 키를 맞춰 담는다. 키가 맞아야 해바라기 꽃처럼 둥근 모양이 되기 때문이다. 기름을 피라미가 잠기도록 붓고 바삭하게 한 번 튀긴 뒤 고추장 양념을 발라 한 번 더 튀긴다. 마늘, 고추와 함께 깻잎에 싸먹는데, 고소한 맛이 입 안 가득 퍼진다. 피라미가 없는 계절에는 빙어로 도리뱅뱅이를 만들기도 한다. 누치, 참마자 등 피라미보다 조금 큰 물고기를 통째로 튀기는 생선 튀김도 음식거리의 별미다.

### 부소담악

금강의 지류 소옥천이 대청호로 흘러드는 군북면 추소리에 있다. 이름 그대로 물 위에 뜬 산봉우리다. 우암 송시열 선생이 소금강이라 표현했을 정도로 아름답다. 추소정이나 전망 데크에 오르면 소옥천과 함께 길게 늘어선 봉우리가 장관을 이룬다.

### 중봉 조헌 유적

임진왜란 때 의병을 일으켰던 조헌을 기리는 유적지다. 조헌은 계모를 모시기 위해 자청해서 보은현감으로 갔다가 상소가 받아들여지지 않자 옥천으로 낙향했다. 그 후 임진왜란이 일어나자 의병을 모집해 청주성을 탈환했지만, 금산전투에서 중과부적으로 의병 700명과 함께 순절했다. 옥천군 안내면에는 조헌이 의병을 일으킨 후율당, 안남면 도농리에는 조헌의 묘소와 신도비, 사당인 표충사가 있다.

### 정지용문학관과 생가

옥천은 '향수'로 유명한 정지용 시인의 고장이다. 정지용이 태어난 생가, 그리고 그의 문학과 삶을 되짚어 볼 수 있는 문학관이 남아 있다. 옥천 구읍에 위치한 생가와 문학관은 서로 이웃하고 있으며, 구읍 곳곳에는 정지용의 시를 간판으로 내건 상점들이 많아 볼만하다.

### 둔주봉

안남면에 위치한 둔주봉은 한반도 지형으로 유명세를 타고 있다. 면사무소에서 시멘트 길을 따라 1km 정도 올라가면 점촌고개, 고갯마루에서 등산로를 따라 약 0.8km 오르면 전망대. 전망대에서 본 풍경은 강원도 영월 한반도면에 있는 한반도 지형을 좌우 대칭한 모습이다. 금강이 휘감고 주변 산세가 강과 어우러지는 풍경이 일품이다.

1 서낭당가든에서 추소정으로 가는 수변 데크 2 둔주봉 전망대에서 바라본 한반도 지형 3 중봉 조헌 선생이 의병을 일으켰던 후율당 4 중봉 조헌 선생의 일대기가 기록된 조헌 신도비

## 당일여행 추천코스

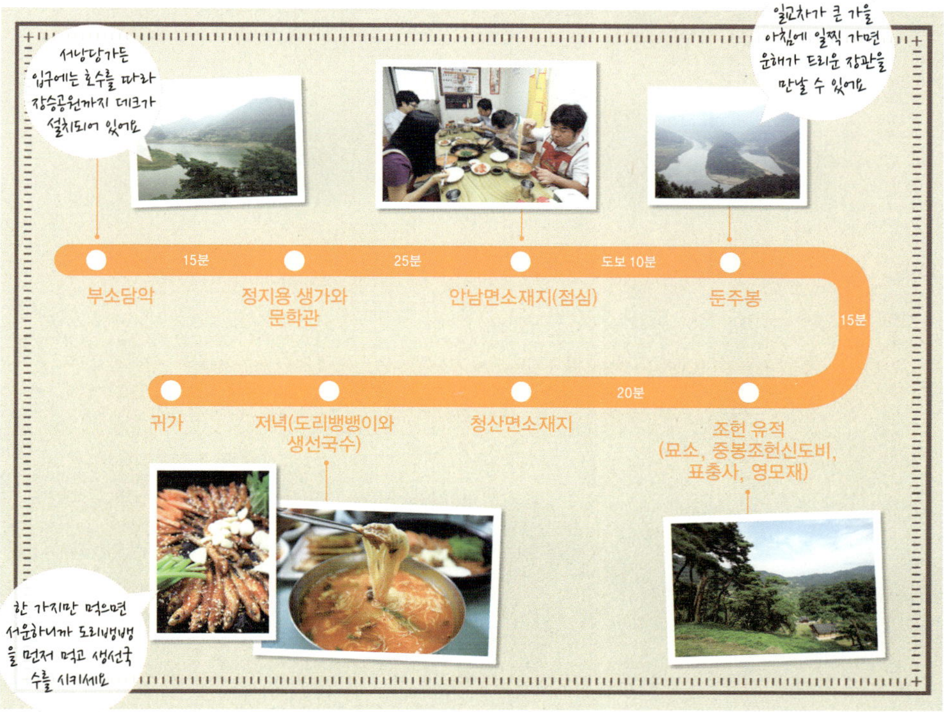

부소담악 — 15분 — 정지용 생가와 문학관 — 25분 — 안남면소재지(점심) — 도보 10분 — 둔주봉 — 15분

귀가 — 저녁(도리뱅뱅이와 생선국수) — 청산면소재지 — 20분 — 조헌 유적 (묘소, 중봉조헌신도비, 표충사, 영모재)



## 여행정보

### ★ 웹사이트와 전화

옥천군 문화관광 043-730-3413, tour.oc.go.kr
정지용문학관 043-730-3408, www.jiyong.or.kr
안남면사무소(둔주봉 한반도 지형) 043-730-4544

### ★ 대중교통

[버스] 서울-옥천, 동서울종합터미널에서 하루 2회(14:00, 18:00)
운행, 약 2시간 소요
옥천에서 청산행 버스 하루 14회(06:10~18:40) 운행
옥천시외버스공용정류장 043-731-5108
옥천버스운송 043-732-7700
[기차] 서울-옥천, 무궁화호 하루 16회(06:10~22:50) 운행,
약 2시간 15분 소요

### ★ 자가운전

경부고속도로-당진영덕고속도로 보은IC-보은IC 교차로에서 19번
국도 우측-서원리삼거리에서 영동 방면 좌회전-지전삼거리에서 청
산면 소재지 방면 좌측-청산면 생선국수 도리뱅뱅 음식거리

### ★ 숙박

리베라모텔 : 옥천읍 성왕로, 043-731-8713
명가모텔 : 옥천읍 성왕로, 043-733-7744

장령산자연휴양림 : 군서면 장령산로, 043-730-3491,
jaf.cbhuyang.go.kr

### ★ 맛집

선광집 : 생선국수와 도리뱅뱅이, 청산면 지전1길, 043-732-8404
청양식당 : 생선국수와 도리뱅뱅이, 청산면 지전길, 043-732-8163
찐한식당 : 생선국수와 도리뱅뱅이, 청산면 지전길, 043-732-3859
구읍할매묵집 : 메밀골패묵과 도토리골패묵, 옥천읍 향수길,
043-732-1853
마당넓은집 : 두부전골, 옥천읍 향수길, 043-733-6350

### ★ 축제 및 행사

중봉충렬제 : 10월 중순 표충사 · 관성회관 일대,
festival.taebaek.go.kr

더 많은 정보는
요기!!

# 029

## 선유도

전북 군산시

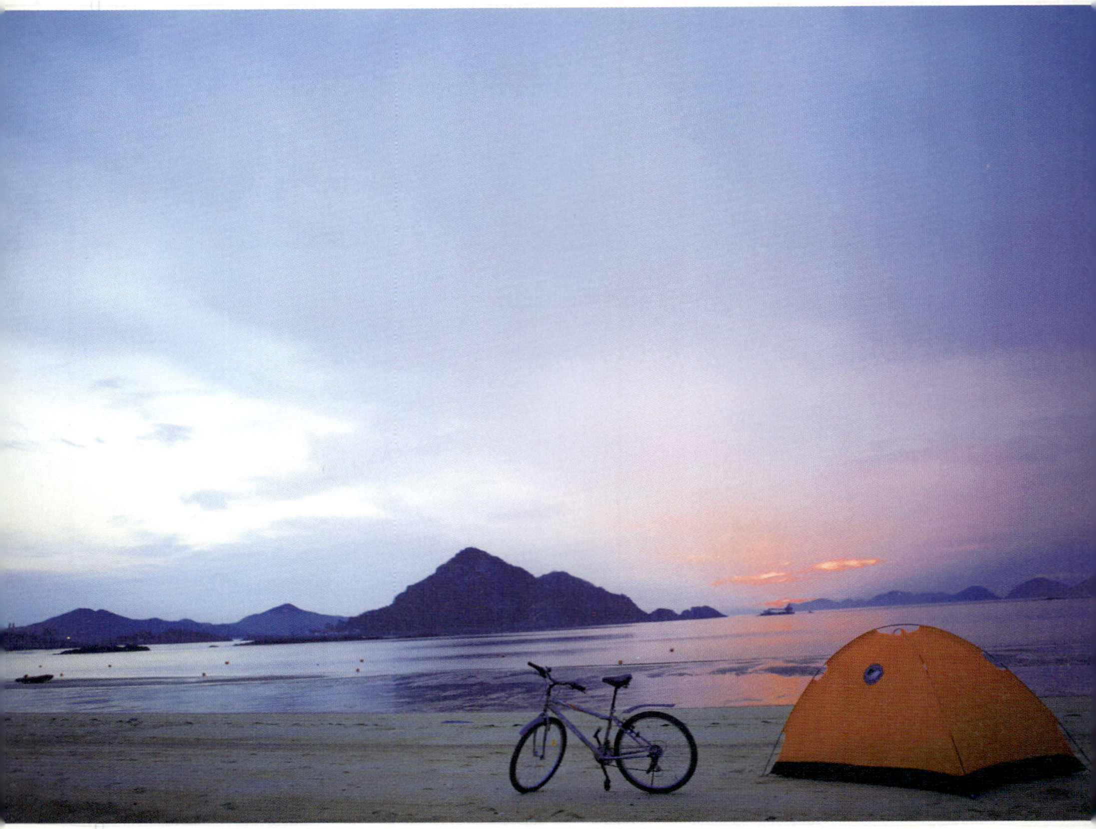

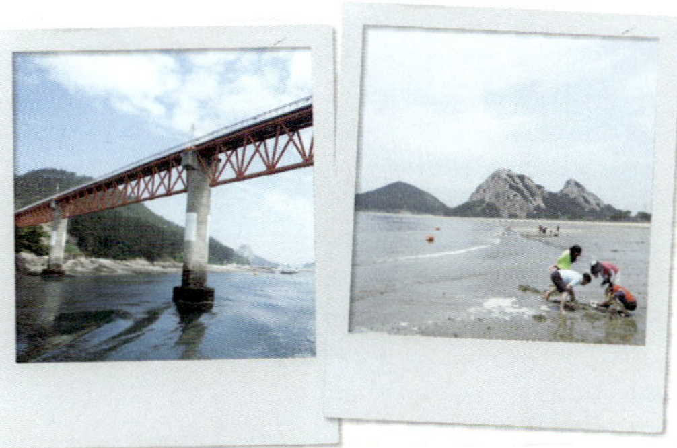

# 낙조 해변 사이로 자전거가 달리다

여행 내비게이션

**여행컨셉** 자전거로 섬을 누비며 낙조를 즐긴다
**추천일정** 1박2일
**Must Do** 1. 자전거 타고 섬 일주
2. 명사십리 캠핑과 갯벌체험
3. 무녀도 섬 둘러보기
4. 몽돌, 옥돌 해변 방문
**추천 교통** 자가운전, 여객선
**추천 계절** 봄~가을

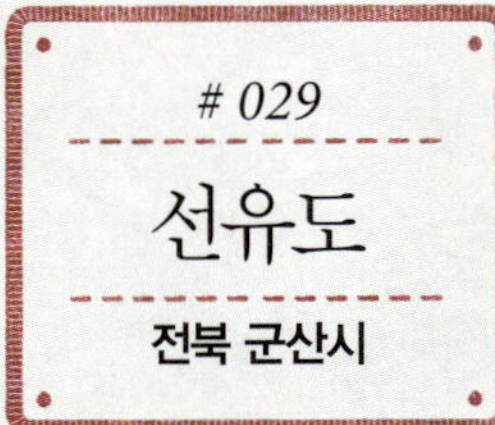

군산 선유도는 낭만이 깃든 섬이다. 명사십리의 낙조와 옥돌해변의 호젓함은 섬의 운치를 더한다. 섬을 가로지르는 해변에서 여행자들은 자전거를 타고, 낙조를 벗 삼아 하룻밤을 보내기도 한다. '신선들이 노닐던 섬.' 선유도의 이름에서조차 여유로움은 묻어난다. 고군산군도는 16개의 유인도와 47개의 무인도로 이뤄진 섬의 군락이다. 그중 만이로 꼽히는 섬이 선유도다. 선유도로 총칭해서 불리지만 선유도, 장자도, 대장도, 무녀도 등이 다리로 연결되면서 한 묶음이 됐다.

선유도는 자전거로 여유롭게 둘러보는 섬이다. 가족과 연인들이 나란히 달리는 그런 풍경이 섬과 잘 어울린다. 하이킹 코스는 14km 정도. 골목 구석구석에 들어서면 포구마을의 풍경이 눈에 알알이 박힌다. 섬을 가르는 길목에서는 바다의 작은 섬들과 봉우리들이 벗이 되고 이정표가 된다. 망주봉, 선유봉, 대봉, 대장봉, 무녀봉 등 섬에 봉긋 솟은 봉우리들의 산세가 제법 웅장하다. 봉우리로 이어지는 솔숲은 여름에 좋은 그늘이 된다.

선유도가 품에 안은 최고의 명소는 명사십리 해변이다. 천연 해안사구 해수욕장으로, 모래가 가늘고 곱다. 모래언덕이 바다와 바다를 가른 형국이라 물은 얕고 잔잔하다. 해수욕장 끝자락에는 쌍둥이처럼 망주봉이 솟아 있다. 해변에 물이 빠지면 해수욕장은 갯벌체험장으로 모습을 바꾼다. 소라, 맛조개, 바지락 등은 체험에 나선 가족들을 즐겁게 한다.

그렇게 해수욕과 갯벌체험으로 뜨거운 낮을 달래면 명사십리 해변으로 해가 저문다. 명사십리의 낙조는 선유도 최고의 절경으로 꼽힌다. 섬에서의 하룻밤을 선택한 사람들에게 낙조는 훌륭한 선물이다. 사구 위의 벤치에 앉거나 텐트 밖으로 얼굴을 내밀고 모두들 숭고한 시간을 맞는다. 선유봉, 대봉 등이 낙조 포인트로 알려져 있지만 한여름에는 명사십리 해변에서 감상하는 낙조가 역시 멋스럽다. 대장도와 선유도 남악마을 사이, 작은 섬들과 바다로 해는 저문다.

본섬인 선유도에서는 북쪽 남악마을과 남쪽 옥돌해변까지 볼거리들이 넘친다. 남악마을 뒤편으로는 자그마한 몽돌해변이 들어서 있다. 남악마을을 나서 망주봉을 에돌아 달리는 하이킹도 즐겁다. 망주봉 뒤편에는 등대가 선 커다란 선착장이 있다.

* * * * * * * * * * * * * * * * * * * * * * * * * * * * * * * * * * *

### 옥돌 해변

본섬 선유도의 숨은 비경은 선유봉 아래 옥돌 해변이다. 한여름 명사십리 해변이 분주할 때도 옥돌 해변은 한가로운 풍경이다. 자그마한 자갈들이 빼곡하게 깔려있는 해변은 물도 한결 맑다. 오전 배가 들어서기 전이나 마지막 배가 떠난 뒤 해변을 찾으면 홀로 벤치에 앉아 아늑한 해변을 독차지할 수 있다.

### 장자도

선유도에서 장자대교를 넘으면 장자도와 대장도다. 예전에 멸치잡이가 성했던 장자도는 고군산열도의 천연 대피항 역할을 했던 곳이다. 밤이면 고기잡이배가 수를 놓았던 섬은 최근에는 어촌체험마을로 지정돼 체험 신청을 하면 바다낚시, 갯벌체험 등을 즐길 수 있다.

### 대장도

대장도의 북쪽 바위섬들에는 천연기념물인 가마우지의 서식처가 있다. 대장봉 남쪽 기슭에는 마을의 안녕과 만선을 기원하는 전설이 담긴 할미 바위가 바다를 바라보며 아슬아슬하게 매달려 있다.

### 무녀도

선유대교를 건너 무녀도로 들어서면 마을 분위기는 완연히 바뀐다. 선유도, 장자도가 관광어촌의 성격이 짙다면 무녀도는 오롯이 섬사람들만의 터다. 섬 안에는 민박집도 드물고 해변에는 고깃배들만 을씨년스럽게 흩어져 있다. 무녀도의 안으로 들어서면 커다란 밭이 모습을 드러내 농촌마을에 가까운 풍경이다. 무녀도에서는 예전에 염전이 성했지만 지금은 그 흔적만 남아있다.

1 해변에 자갈이 곱게 깔려 있는 옥돌해변 2 바다를 바라보는 할미바위가 있는 대장도 3 섬사람들의 삶의 터전 무녀도

## 1박2일 추천코스

## 여행정보

### ★ 웹사이트와 전화

군산시 문화관광 063−450−6110, tour.gunsan.go.kr

선유도 관광진흥회 063−465−6729, www.sunyoudo.or.kr

선유도닷컴 www.sunyoudo.com

군산연안여객선터미널 063−472−2711

월명여객선 063−462−4000

한림해운 063−461−8000

### ★ 대중교통

[버스] 서울센트럴시티터미널−군산 2시간 30분 소요,
　　　20분 간격 수시운행

[기차] 서울 용산역−군산역 1시간 간격 운행

[여객선] 군산여객선터미널−선유도 : 쾌속선 50분, 고속선 1시간
　　　30분 소요(전화예약 가능. 여름 성수기 평균 1시간 단위로
　　　운행)
　　　군산고속버스터미널−군산여객선터미널 : 7번 버스(1시간
　　　단위로 운행, 1시간 소요), 택시 약 9,000원

### ★ 자가운전

서해안고속도로 군산IC−옥녀교차로−여객선터미널 방향(현대중공업
방향)−여객선터미널 1박2일 주차가능

### ★ 숙박

고래섬 : 옥도면 선유도리, 063−465−2770

선유팔경 : 옥도면 선유도리, 063−465−8667

전원 : 옥도면 선유도리, 063−465−5830

바다민박 : 옥도면 선유도리, 063−466−4649

### ★ 맛집

서해횟집 : 생선회와 매운탕, 옥도면 선유도리, 063−462−5090

고군산횟집 : 생선회와 꽃게탕, 옥도면 선유도리, 063−465−3239

군산진 : 생선회, 옥도면 선유도리, 010−4422−3500

더 많은 정보는
요기!!!

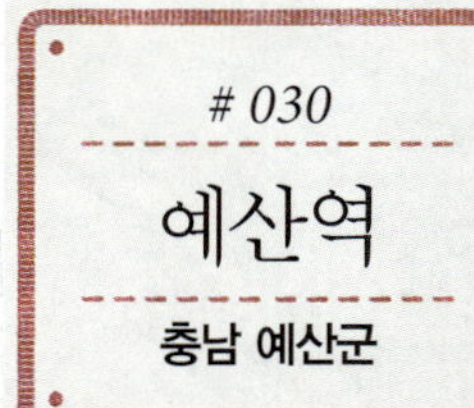


# 장항선 타고,
# 허리띠 풀고 떠나는
# 예산 여행

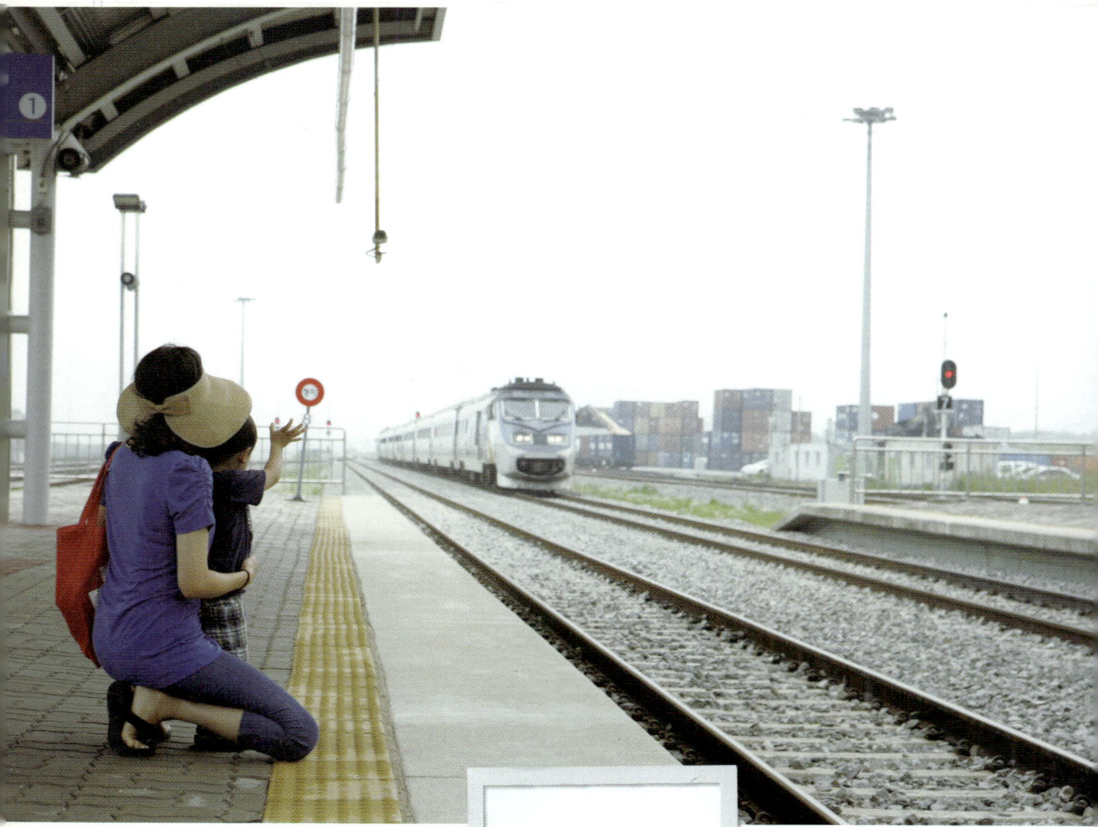

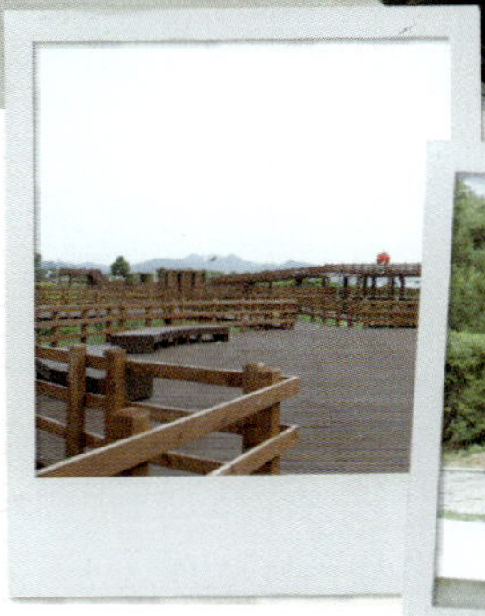

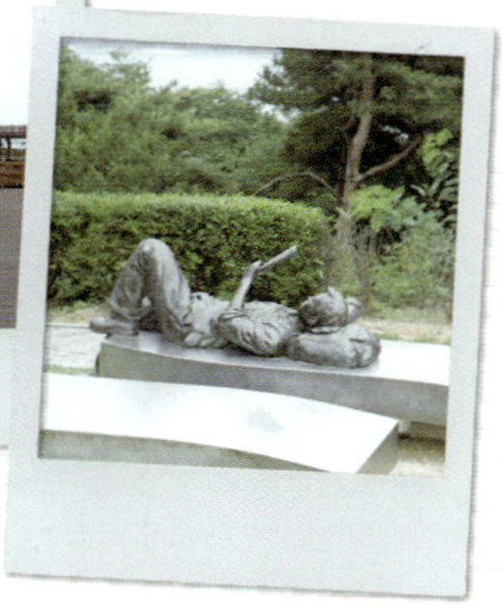

## 여행 내비게이션

**여행컨셉** 장항선 타고 예산의 멋과 맛 즐기기
**추천일정** 1박2일
**Must Do** 1. 장항선 타고 예산역, 삽교역 방문하기
         2. 예당호 느린 꼬부랑길 걷기
         3. 광시한우, 삽다리곱창 맛보기
**추천 교통** 기차
**추천 계절** 봄~가을

허리띠 풀고, 장항선 타고, 예산에 간다. 장항선은 천안을 거쳐 예산, 홍성 등 충남의 평야지대를 가로지른다. 지금은 전 노선을 폭넓게 장항선으로 부르지만 본래는 1922년 천안-온양 간에 개통된 충남선이 장항선의 시작이었다.

예산에서는 예산역, 삽교역에 장항선이 정차한다. 화려한 서해바다의 경유지와 달리, 예산은 소담스러운 여름 관광지로 외지인들의 발길을 유혹한다. 삽다리곱창, 광시 한우, 수덕사 더덕산채정식 등 숨겨진 먹을거리도 곳곳에서 만날 수 있다. 예산역과 삽교역은 개성이 다르다. 예산 읍내와 이어지는 예산역 앞이 분주하다면, 삽교역 앞은 한적하다. 어느 역에서 하차하든 예산의 고요한 호수, 오래된 고택과 사찰, 맛집 골목이 어우러진다.

예산역에 내리면 예당호로 발길을 옮긴다. 온천놀이시설로 북적거리는 덕산 일대와 달리 예당호는 '고요하고 느린' 예산을 만날 수 있는 곳이다. 최근에 부상하고 있는 곳이 봉수산 아래 예당호와 맞닿은 대흥면 일대다. 이곳은 슬로시티마을에 이어 '느린 꼬부랑길'이 조성된 뒤로 걷기 여행자들의 사랑을 받고 있다. 대흥향교, 대흥동헌 등 오래된 가옥을 지나면 호수와 나란히 뻗은 시골길이 나오고, 그 길은 봉수산 숲길로 연결된다. 어느 곳을 거닐어도 예당호는 좋은 길동무가 된다. 느린 꼬부랑길은 옛이야기길, 느림길, 사랑길로 구성돼 있는데 각 길들은 1시간에서 1시간 30분 코스로 가족들이 함께 거닐기에도 좋다.

느린 꼬부랑길이 경유하는 길목에는 새로운 쉼터와 사연 가득한 공간들도 함께 어우러져 있다. 봉수산 내에 위치한 봉수산자연휴양림은 예당호가 내려다보이는 풍광 좋은 위치에 자리했다. 휴양림 내에는 느린 꼬부랑길이 나무 데크로 연결돼 있어 호젓한 산책에도 안성맞춤이다. 휴양림에서 호수 쪽으로 내려서면 지난해 개장한 의좋은 형제 테마공원으로 연결된다. 대흥면에 실존했던 한 형제의 우애를 기린 공원으로 의좋은 형제의 사연은 교과서에도 수록돼 있다. 의좋은 형제 공원에서 길을 하나 건너면 예당호생태공원이다. 생태공원에는 호숫가에 서식하는 동식물들을 관찰할 수 있는 수변산책코스가 깔끔하게 단장돼 있다.

삽교역을 기점으로 예산 여행을 즐긴다면 추사고택, 수덕사 등이 둘러보기에 가깝다. 삽교역 인근은 삽다리곱창으로 유명하며, 수덕사 앞은 더덕 산채식당이 수십여 곳이 밀집돼 있다.

* * * * * * * * * * * * * * * * * * * * * * * * * * * *

### 광시한우마을

예당호 남쪽으로는 광시한우마을이 지척거리다. 광시한우마을에 들어서면 한우 정육점과 식당이 30여 곳 옹기종기 모여 있다. 직영 농장에서 공급하는 이곳 한우는 육질이 부드럽고 가격이 저렴하다. 1등급 암소한우가 주로 거래되는데, 정육점에서 한우를 직접 구입한 뒤 인근 식당에서 상차림 값을 지불하면 싱싱한 고기를 맛볼 수 있다.

### 추사 김정희 고택

신암면 용궁리의 추사 김정희 고택은 '예향 예산'을 만날 수 있는 곳이다. 추사가 태어나고 어린 시절을 보냈던 추사고택은 'ㄱ'자 모양의 사랑채가 위풍당당하게 손님을 맞이한다. 사랑채와 안채의 기둥들에는 기둥에 글씨를 쓴 '주련'들이 빼곡하게 있고, 방에는 추사가 유배 시절 그렸다는 세한도가 걸려 있다. 추사의 증조부가 지었다는 고택은 예전에 53칸이나 됐다고 한다. 추사고택에서 500m 떨어진 곳에는 천연기념물이자 우리나라에 7그루밖에 없다는 200년 된 백송(白松)이 세한도의 한 장면처럼 허리를 구부리고 서 있다.

### 삽다리곱창

삽교역에서 추사 고택을 오가며 삽다리곱창을 그냥 지나칠 수 없다. '예산 5미(味)' 중 하나인 삽다리곱창은 40여 년 전부터 삽교 지역을 중심으로 연탄불을 이용해 구워 먹는 곱창구이로 명성을 떨쳤다. 돼지곱창의 꼬들꼬들한 맛은 곱창전골과 함께 담백한 맛을 이어오고 있다.

### 수덕사

덕산 온천관광지를 지나 덕숭산으로 향하면 충남 북부를 대표하는 천년 사찰 수덕사가 있다. 수덕사 대웅전은 1308년에 지어진 것으로 국보 49호이다. 다른 사찰들의 대웅전과는 달리 맞배지붕의 형태를 지녔으면서도 웅장한 모습을 함께 간직하고 있다. 수덕사 일주문 옆의 수덕여관은 고암 이응로 화백이 작업을 하던 곳으로, 암각화가 고스란히 남아 운치를 더한다.

1 한우를 저렴한 값에 먹을 수 있는 광시한우마을 2 연탄불로 구워 먹는 삽다리 곱창 3 추사 김정희 생가와 무덤이 있는 추사 고택 4 맞배지붕으로 지은 수덕사 대웅전

## 1박2일 추천코스

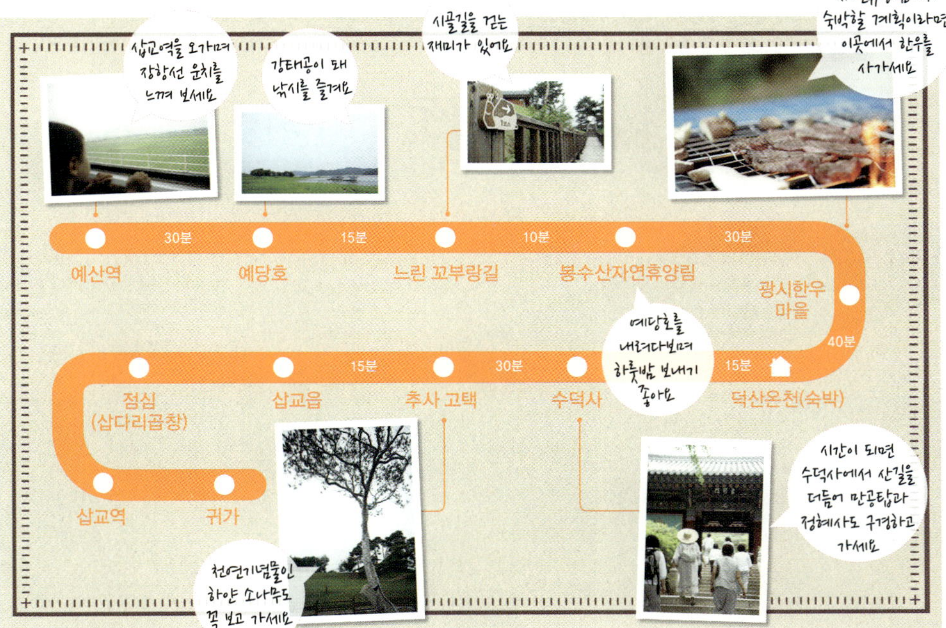


## 여행정보

### ★ 웹사이트와 전화

예산군 문화관광 041-339-7114, www.yesan.go.kr/culture
수덕사 041-330-7700, www.sudeoksa.com
봉수산자연휴양림 041-339-8936, www.bongsoosan.com
예당관광지 041-339-8281
추사고택 041-339-8248

### ★ 대중교통

[기차] 서울 용산역-예산역 : 하루 평균 17회 운행(새마을호 7회),
　　　1시간 50분 소요
　　　예산역은 새마을호, 무궁화호가 항시 정차
　　　삽교역은 무궁화호 항시 정차, 새마을호 일부 정차
　　　예산역-삽교역 : 6분 소요
　　　예산역 041-335-7788, 삽교역 041-337-7788

### ★ 자가운전

서해안고속도로 당진JC-대전당진간 고속도로 예산수덕사IC-21번
국도-619번 지방도 예당호, 대흥 방향

### ★ 숙박

그랜드모텔 : 예산읍 충서로 1344, 041-334-8934
가야관광호텔 : 덕산면 신평1길 14, 041-337-0101~9,
　　　www.gayahotel.co.kr
리솜스파캐슬 덕산 : 덕산면 온천단지3로 45-7, 041-330-8000
　　　www.resom.co.kr/spa

봉수산자연휴양림 : 대흥면 임존성길 153, 041-339-8936,
　　　www.bongsoosan.com

### ★ 맛집

버들식당 : 더덕산채정식, 덕산면 수덕사안길 37, 041-337-6056
별미식당 : 더덕산채비빔밥, 덕산면 수덕사안길 33-4,
　　　041-337-6363
매일한우타운 : 한우, 광시면 예당로 171, 041-333-2604
양지정육점 : 한우, 광시면 예당로 151, 041-333-6040
할머니곱창 : 곱창구이, 삽교읍 삽교로 221, 041-338-2641

# 숲을 병풍 삼아
# 소나무 아래 하룻밤

## 여행 내비게이션

**여행컨셉** 솔숲 아래서 즐기는 캠핑의 맛
**추천일정** 1박2일
**Must Do** 1. 가족과 함께 캠핑 즐기기
         2. 중미산자연휴양림 산책과 별자리 감상
         3. 들꽃수목원 허브 체험
         4. 사찰 사나사에서 호젓한 휴식
**추천 교통** 자가운전
**추천 계절** 봄~가을

　여름은 캠퍼들의 엉덩이가 들썩거리는 캠핑의 계절이다. 초록 가득한 숲을 병풍 삼아 하룻밤 자연 속에서 묵으면 가족들에게 잊지 못할 추억이 될 것이다. 경기도 양평 북부는 유명산, 중미산, 용문산이 둘러싼 숲의 천국이다. 솔뜰캠핑장은 이들 산과 숲이 이어지는 중간지대에 자리 잡았다. 캠핑장에서 중미산, 유명산 휴양림은 차량으로 10분 거리. 용문산 사나사도 15분 거리에 위치해 있다. 캠핑장을 베이스캠프 삼아 인근 휴양림과 계곡, 강변을 찾는 것도 큰 재밋거리다.

　솔뜰캠핑장은 2011년 문을 연 신예 캠핑장이다. 37번 국도를 지나 캠핑장 초입에 들어서면 숲의 향기는 완연하다. 캠핑장에는 100여 동의 텐트를 세울 수 있는 널찍한 마당이 구분돼 있다. '솔뜰'이라는 이름처럼 캠핑 사이트 곳곳에 아름드리 소나무들이 나무 그늘을 만들어준다. 캠핑장을 위해 별도로 옮겨 심은 소나무는 캠퍼들이 해먹을 설치하고 편안하게 낮잠을 즐길 수 있도록 하기 위함이다. 캠핑장 윗뜰에는 물놀이장이 있으며, 숲을 따라 걸을 수 있는 산책로도 마련돼 있다.

　윗뜰, 앞뜰, 아랫뜰, 옆뜰로 나뉜 캠핑 사이트들은 각기 다른 개성을 갖췄다. 캠퍼들에게 꾸준한 사랑을 받는 곳은 아랫뜰이다. 층층이 계단을 이룬 터나 그늘이 되는 소나무들이 알맞게 배치돼 있다. 흡사 숲속에서 캠핑하는 분위기가 샘솟는다. 앞뜰은 식수대, 샤워장, 매점 등 편의시설이 가까워 단골들이 즐겨 찾는다. 상대적으로 한적한 옆뜰은 호젓한 하루를 즐기려는 캠퍼들에게 인기가 높다. 산자락과 맞닿아 있는 윗뜰은 소나무 그늘이 부족한 것이 단점이지만 대신 넓은 공간을 이용할 수 있도록 배려했다.

　단골 캠퍼들이 꼽는 솔뜰 캠핑장의 매력은 몇 가지로 요약된다. 일단은 수도권에서 근거리라 접근이 용이한데다 깊은 산에 둘러싸여 있어 호젓한 캠핑이 가능한 점이 첫 번째 이유다. 샤워시설 등의 부대시설이 깔끔하고, 캠핑에 자질구레한 제약이 없으며, 운영자가 친절하다는 점도 큰 매력이다. 자갈바닥을 비롯해 캠핑을 위한 넓은 공간 등도 전문 캠퍼들이 선호하는 부분이다. 가족 캠핑족에게는 물놀이장이나 탁구장 등의 놀이시설을 겸비한 것도 반갑다.

### 중미산자연휴양림

중미산자연휴양림은 37번 국도를 따라 캠핑장에서 승용차로 10분 거리에 위치한다. 이곳은 숲 해설가와 함께 숲속 탐방 코스를 거닐며 산림과 자연환경에 대한 설명을 들을 수 있는 해설 프로그램이 인기 높다. 태교의 숲길 코스 등 임산부와 태아의 건강, 감성에 도움이 되는 휴식공간을 마련한 것도 이색적이다. 휴양림 옆에는 중미산천문대가 들어서 있어 밤하늘의 별자리와 추억을 나눌 수 있다.

### 사나사

용문산 백운봉 기슭에 위치한 절이다. 고려 태조 때 창건된 절로, 사찰까지 닿는 길에 용천이라는 맑은 계곡이 흘러 더욱 시원하고 정감이 간다. 경내에는 원증국사의 부도와 그 탑비가 모셔져 있다. 사나사로 향하는 길은 산음자연휴양림과, 양평국제천문대로 연결되며, 곳곳에 작은 갤러리와 카페들이 있어 여유롭게 차 한 잔을 즐길 수 있다.

### 들꽃수목원

냉면으로 유명한 옥천 읍내를 지나면 6번 국도변의 들꽃수목원과 연결된다. 꽃들이 화려하게 피어나는 계절이면 들꽃수목원의 진가가 드러난다. 남한강변에 들어선 수목원은 꽃동산 외에도 다양한 조각들이 어우러져 있어 가족들이 추억을 새기기에 좋다. 강변 산책로를 거닐다 보면 허브농장과 미꾸라지 연못, 공작새 우리 등이 아기자기한 재미로 다가선다. 수목원에서 판매하는 허브식물과 허브제품들은 엄마들에게는 단연 인기품목이다.

### 세미원

들꽃수목원이 아기자기했다면 연꽃 정원인 세미원은 강변 생태 공간의 의미가 크다. 세미원은 '물을 보며 마음을 씻고, 꽃을 보며 마음을 아름답게 한다'는 옛말의 의미를 고스란히 재현하고 있다. 6개의 테마 연못들은 여름이면 다양한 연꽃과 연잎으로 외지인들을 반긴다. 연꽃 외에도 산책로 곳곳에서 만나는 조형물들은 독특한 재미를 전해 준다. 항아리 모양의 분수대, 두물머리를 조망할 수 있는 관람대, 프랑스의 화가 모네의 흔적을 담은 '모네의 정원' 등이 둘러볼만 하다.

1 밤하늘의 별을 관찰할 수 있는 중미산천문대 2 3 꽃동산과 조각물이 어울린 들꽃수목원 4 용문산 사나사의 석불 5 여름이면 연꽃이 만개하는 세미원 연못

## 1박2일 추천코스

## 여행정보

### ★ 웹사이트와 전화
양평군 문화관광 031-773-5101, tour.yp21.net
솔뜰 캠핑장 031-771-9670, www.solddeul.com
중미산 자연휴양림 031-771-7166, www..huyang.go.kr
들꽃수목원 031-772-1800, www.nemunimo.co.kr
세미원 031-775-1834, www.semiwon.or.kr
양평 국제 천문대 031-775-0822~3, www.ngc7000.kr

### ★ 대중교통
[버스] 상봉터미널-양평, 동서울터미널-양평 : 30분 단위로 운행.
　　　 양평버스터미널에서 옥천 방향 군내버스 이용
[기차] 청량리역-양평역 : 약 1시간 소요

### ★ 자가운전
양평 읍내 방향 6번 국도-고흡삼거리에서 청평, 설악 방면 좌회전-37번 국도 한화리조트, 청평 방향 좌회전-중미산막국수 지나 우회전

### ★ 숙박
양평밸리 : 양평읍 삼산길 130-48, 031-774-3000,
솔뜰캠핑장 : 옥천면 사기점길 53, 031-771-9670
유명산자연휴양림 : 설악면 유명산길 79-53, 031-589-5487
한화리조트 양평 : 옥천면 신촌길 188, 031-772-3811,
　　　　 www.hanwharesort.co.kr

### ★ 맛집
옥천냉면 : 냉면과 완자, 옥천면 고읍로 136, 031-772-9693
중미산 막국수 : 막국수, 옥천면 마유산로 584, 031-773-1834
초가 시골 밥상 : 백반, 옥천면 옥천길 5, 031-774-3819
국수리 국수 : 된장칼국수, 양서면 경강로 1061, 031-772-2433

### ★ 축제 및 행사
정읍전국민속소싸움대회 : 매년 10월, 내장산 문화광장
정읍사문화제 : 매년 10월, 내장산 문화광장, www.jchf.or.kr
정읍시민의 날 : 매년 10월, 내장산 문화광장
정읍평생학습축제 : 매년 10월, 내장산 문화광장

더 많은 정보는 요기!!

\# 032

## 강화도

**인천광역시 강화군**

# 역사·자연 체험 겸비한 '여행 멀티 몰'

## 여행 내비게이션

**여행컨셉** 강화도의 문화유산과 자연을 즐기는 1박2일 꽉 찬 여행

**추천일정** 1박2일

**Must Do** 1. 동막 해변 갯벌체험

2. 강화도 해안 방어시설 따라 걸으며 역사여행

3. 전등사 숲길 거닐기

4. 석모도 가는 배에서 갈매기에게 과자 주기

5. 서해 일몰 감상

**추천 교통** 자가운전

**추천 계절** 봄~가을

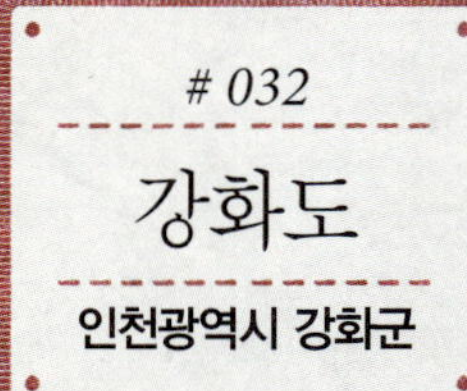

* * * * * * * * * * * * * * * * * * * * * * * * * * * * * * * * * * * * * * * * * *

서울에서 2시간이면 닿을 수 있는 강화도는 문화 유산과 자연이 조화를 이룬 최적의 섬 여행지다. 이곳에는 치열한 역사의 현장과 함께 신나는 생태체험을 할 수 있는 갯벌이 있다.

강화도 동막 해수욕장은 강화도에서 유일한 해수욕장이다. 그러나 해수욕 보다는 갯벌 체험장으로 인기가 더 높다. 썰물이 들면 폭 10m에 불과하던 해변 앞으로 갯벌이 드러나기 시작한다. 완전한 썰물이 되면 갯벌은 수평선 끝까지 이어진다. 강화도 남단에 펼쳐진 갯벌은 무려 1,800만 평. 물이 빠지면 직선 4km까지 갯벌이 펼쳐진다. 햇빛을 받은 갯벌은 은빛으로 빛난다.

갯벌이 형성되려면 조수간만의 차가 크며 지형이 완만하고 수심이 얕아야 한다. 물이 멀리까지 빠지고 물의 속도가 느려야 고운 모래와 진흙이 쌓일 수 있기 때문이다. 동막 해변은 이런 조건을 모두 갖추고 있다. 이런 이유로 동막 갯벌은 유럽 북해 연안, 캐나다 동부 해안, 미국 동부 조지아 해안, 남미 아마존 강 하구 해안과 더불어 세계 5대 갯벌로 꼽힌다.

바닷물이 빠지기 시작하면서 참게, 농게, 쇠스랑게 등 다양한 종류의 게가 분주하게 돌아다닌다. 갯벌에 발을 묻고 조금만 펄을 파헤치면 조개도 잡을 수 있다. 아이들은 질퍽한 갯벌에 들어가 어패류를 찾아내며 갯벌의 중요성을 몸으로 느낀다. 몸이 진흙 범벅이 되는 건 중요치 않다. 갯벌 체험 자체로 즐겁고 신나는 일이지만, 갯벌에 깃든 생명체의 소중함을 느끼고 환경의 중요함을 깨닫는다. 갯벌을 헤집고 다니며 조개를 캐고, 게를 잡는 아이들의 얼굴에는 웃음꽃이 피어난다. 해수욕과 갯벌 체험으로 시간을 보내고 저녁 무렵 서해를 넘어가는 노을이 하늘과 바다, 그리고 갯벌을 붉게 물들이면 동막 해변의 하루는 대미를 장식한다.

바다의 짠내와 뜨거운 태양이 부담스럽다면 산속의 시원한 계곡 함허동천을 추천한다. 이곳에는 캠핑장도 있다. 숲그늘이 아주 좋아서 수도권에 이런 야영장이 있었나 싶다. 산골짜기를 타고 흘러내리는 계곡을 중심으로 조성된 캠핑장은 3천명을 동시에 수용할 수 있다. 고려 말 함허대사는 이곳에서 좌선하며 도를 닦다가 '사바세계의 때가 묻지 않아 수도자가 가히 삼매경에 들 수 있는 곳'이라고 극찬하였다고 한다. 지금도 계곡 안의 자연암반에 함허대사가 새겼다고 하는 '함허동천'이라는 네 글자가 뚜렷이 남아 있다.

* * * * * * * * * * * * * * * * * * * * * * * * * * *

### 전등사

강화도에서 호젓한 사색의 장소로는 전등사가 제격이다. 고구려 아도화상이 세웠다는 고찰이다. 입구 역할을 하는 삼랑산성을 지나면 울창한 소나무 숲길이 이어진다. 포장되지 않은 흙길이라 푹신하며, 나무 사이로 불어오는 바람이 무척이나 청량하다. 숲길에서 계단을 오르면 아담한 대웅보전이 나온다. 빛바랜 단청에서 오래된 세월이 느껴진다. 대웅보전은 네 귀퉁이 처마 밑에 벌거벗은 여인상이 지붕을 이고 있는 것으로 유명하다. 전설에 따르면 절을 짓던 목수가 자신의 사랑을 배반하고 도망친 여인에게 벌을 주기 위해 조각해 넣었다고 한다.

### 석모도 해수온천

석모도에는 무료로 운영하는 해수온천이 있다. 지하 700m 암반층에서 온천수가 하루 5,000톤씩 나온다. 온도는 무려 70도. 우리나라 온천의 약 68%가 수온 30℃ 미만이라는 것을 감안하면 얼마나 뜨거운지 알 수 있다. 온천수는 해수와 섞여 나온다. 지하수가 가열되는 동안 바닷물이 흘러들어 온천수가 짠맛이 난다. 이곳 온천수는 부인병에 좋으며, 피부미용, 관절염, 피로회복 등에 효능이 있는 것으로 알려졌다. 시설은 보잘 것 없다. 컨테이너로 꾸민 욕탕과 자그마한 족욕탕이 있을 뿐이다. 2002년 온천이 발견되었지만 현재 개발이 중단되어 무료로 개방하고 있다.

### 석모도 보문사

석모도는 강화도에서 다시 배를 타고 들어가는 섬이다. 이 섬의 명물은 섬 중앙에 솟은 낙가산에 둥지를 튼 보문사다. 신라 선덕여왕 4년(635) 희정대사가 창건한 것으로 전해지는 보문사는 남해 보리암, 낙산사 홍련암과 함께 우리나라 3대 관음도량의 하나다. 절 뒤편으로 나 있는 돌계단을 따라 약 10분 정도 올라가면 마애불과 마주한다. 눈썹바위라 불리는 자연암반에 새겨진 이 마애불은 복스럽게 생긴 다정한 얼굴에 미소를 흠뻑 머금고 있다.

### 해안 방어시설

강화도에서 빼놓을 수 없는 문화유산은 섬 곳곳에 세워진 해안방어시설이다. 근대 서구 열강이 통상교섭을 요구하며 노골적으로 침략의 마수를 드리울 때 조선 수군이 맞서 싸우던 역사적 현장이다. 초지대교를 건너 북쪽으로 올라가면 초지진, 덕진진, 광성보로 이어지는 강화 둘레길이다. 포탄의 흔적이 그대로 남아 있는 초지진과 강화 최대의 포대인 남장포대가 있는 덕진진은 보는 것만으로도 가슴 아픈 역사의 현장이다. 광성보는 '종합 돈대 세트'라 불려도 좋을 만큼 돈대며 진들이 고루 갖춰져 있다. 전망 좋은 역사공원으로 광성돈대와 손돌목돈대, 용두돈대를 끼고 있다. 초입에 있는 안해루와 울창한 소나무 숲을 지나 바다 끝에 서면 아름답기로 유명한 용두돈대다.

1 대웅보전에 벌거벗은 여인상이 있는 전등사 2 강화도의 돈대 가운데 규모가 가장 큰 광성보 3 초지대교를 건너면 만나는 초지진

## 1박2일 추천코스

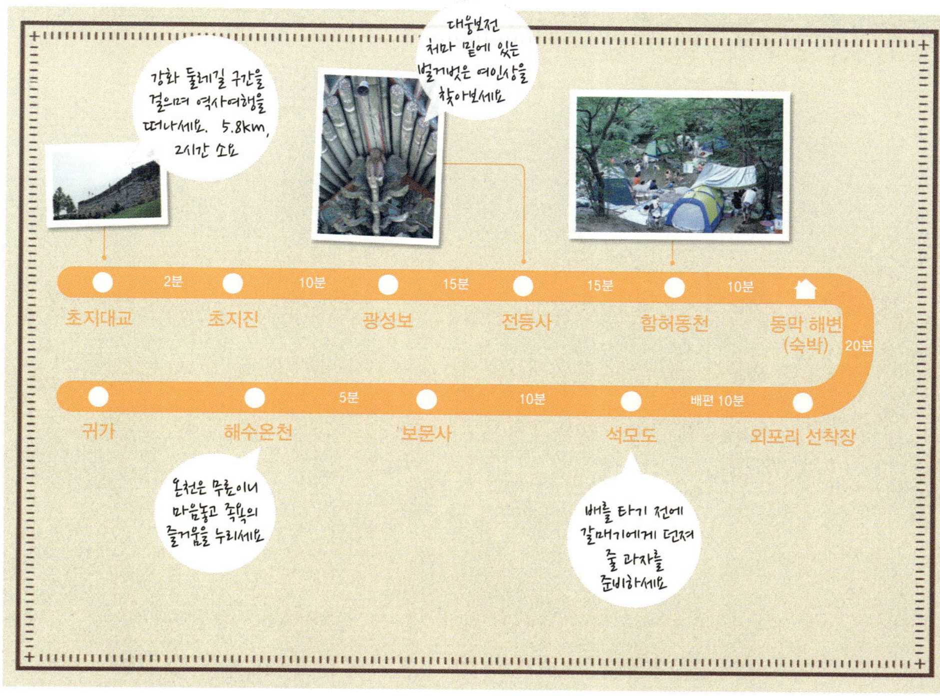


## 여행정보

### ★ 웹사이트와 전화
강화군 문화관광 032–930–3114, tour.ganghwa.incheon.kr
강화역사박물관 032,–934–7887, museum.ganghwa.go.kr
초지진관광안내소 032–937–9365
강화도 축제 www.ghfestival.com

### ★ 대중교통
[버스] 서신촌시외버스터미널–강화여객터미널 : 10~15분 간격
　　　　운행, 약 1시간 40분 소요

### ★ 자가운전
올림픽대로–48번 국도(김포)–352번 지방도로–초지대교–전등사–
동막해변–외포리 선착장–석모도

### ★ 숙박
초록별펜션 : 화도면 동막리 437–2, 032–937–7858
씨씨하우스 : 화도면 동막리 121, 032–937–3453,
　　　　www.seaseehouse.com
갈릴리 북면 : 화도면 해안남로 1539, 032–937–0063
구름위 산책 : 화도면 해안남로 1502번길 21–35, 010–8008–1552,
　　　　www.skyhills-ps.com
하늘바라기 : 화도면 해안남로 1662, 010–3322–9368,
　　　　www.skywish.kr

### ★ 맛집
우리옥 : 한식백반, 강화읍 신문리 184–1, 032–934–2427
연안식당 : 한식백반, 화도면 상방리 807, 032–937–1009
대선정 : 시래기밥, 길상면 초지리 1251–326, 032–937–1907
충남서산집 : 꽃게탕, 내가면 중앙로 1200, 032–933–8403
미도락 : 생선회, 강화읍 관청리 471, 032–934–3358

### ★ 축제 및 행사
강화고인돌문화축제 : 매년 4월, 032–930–3623,
　　　　www.ghfestival.com
강화개천대축제 : 매년 10월, 032–930–3623, www.ghfestival.com
삼랑성역사문화축제 : 매년 10월, 032–937–0125,
　　　　www.samrangseong.org
새우젓축제 : 매년 10월, 032–932–9337, www.jutgal.co.kr

더 많은 정보는 요기!!

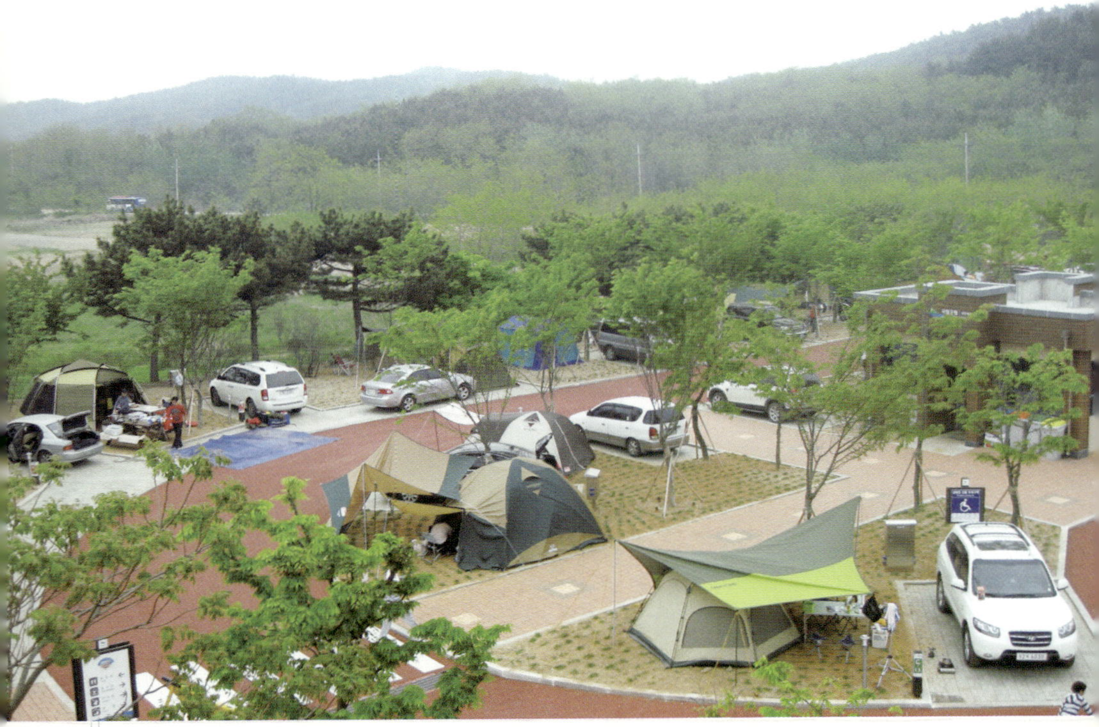

# 033
## 학암포오토캠핑장
충남 태안군

# 파도소리 감미로운 자연 속 휴식처

여행 내비게이션

**여행컨셉** 파도소리 들으며 캠핑하고 태안반도 여행하기

**추천일정** 1박2일

**Must Do** 1. 학암포해수욕장 물놀이

2. 신두리 해안사구 거닐기

3. 천리포수목원 돌아가기

4. 우럭젓국과 박속낙지연포탕 먹어 보기

5. 태안시장에서 조개 사서 캠핑장에서 구워 먹기

**추천 교통** 자가운전

**추천 계절** 여름

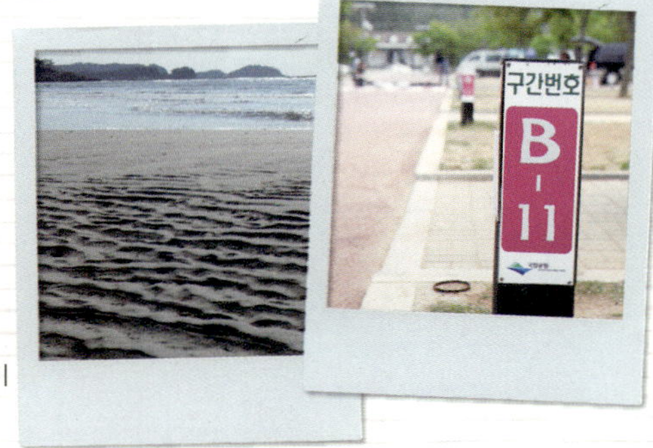

　여름은 휴가철은 맞은 캠핑족들이 본격적으로 오토캠핑을 하는 시기다. 오토캠핑은 '오토모빌automobile'과 '캠핑camping'의 합성어. 자동차에 텐트와 숙식 도구를 싣고 바다와 산을 찾아 야영하는 것을 말한다. 자동차와 몸만 있다면 자연 속에서 마음껏 휴식을 취할 수 게 매력이다.

　태안반도 북쪽 학암포 해변가에 있는 학암포오토캠핑장으로 잔잔한 파도 소리를 들으려 캠핑을 하려는 캠퍼들이 찾아온다. 이곳은 2010년 4월 태안해안국립공원에 개장한 캠핑장으로 쾌적한 편의시설을 갖추고 있다. 무엇보다 해변과 지척인 곳에 이처럼 좋은 시설을 갖춘 캠핑장이 있다는 것이 캠퍼들의 관심을 끌만하다.

　학암포는 포구와 해수욕장이 함께 있다. 서쪽이 해변, 북쪽이 포구, 동쪽에 캠핑장이 있다. 캠핑장에서 학암포 해변까지는 도보로 2~3분 거리. 학암포는 학이 날아가는 모양의 바위가 있어 이런 이름을 얻었다. 명물인 학바위를 중심으로 W 모양의 해수욕장이 펼쳐진다. 해변의 고운 모래사장은 마치 해외의 프라이빗 비치 같은 고급스런 분위기를 풍긴다. 가족 여행객들은 바닷물이 빠지고 난 해변에서 모래성을 쌓으며 해수욕을 즐긴다. 연인들은 시원한 바람을 맞으며 융단같은 모래 위를 사뿐히 걸으며 행복한 시간을 갖는다. 파도가 잔잔하고 포근해서 '마음이 크게 편안해지는 땅'이란 태안의 이름처럼 언제라도 편안함을 누릴 수 있는 곳이다.

　깔끔한 캠핑 환경과 전기, 수도시설 등의 편의시설, 저렴한 이용료도 커다란 만족을 준다. 온수 사용이 가능한 샤워장도 있어 바다에서 마음껏 헤엄쳐 놀아도 걱정이 없다. 더욱이 국립공원에서 관리와 운영을 하는 만큼 청결이나 안전도는 만족할 만한 수준이다. 캠핑 사이트는 총 70곳. 주말을 앞둔 금요일 오후부터는 각양각색의 텐트로 가득 채워진다. 캠핑장은 주차 공간과 캠핑 공간이 한 세트다. 각 사이트마다 나무를 심어 자연스레 구역도 정해주고, 한 낮에는 시원한 그늘도 제공한다.

　텐트는 자신이 배정받은 자리를 확인하고 설치할 수 있다. 자리를 예약할 때, 본인이 원하는 위치를 선택할 수 있으며, 예약은 100% 인터넷을 통해서만 가능하다. 1인이 예약할 수 있는 사이트는 2곳으로 한정되어 있고, 기간도 2박3일까지 가능하다. 좋은 환경의 오토캠핑장을 보다 많은 사람들이 향유할 수 있도록 하기 위함이다.

### 신두리 해안사구

학암포오토캠핑장에서 멀지 않은 곳에 있는 모래언덕이다. 해변을 따라 길이 약 3.4km, 폭 약 0.5~1.3km로 형성된 모래언덕은 우리나라에서 유일하게 사막의 분위기를 경험할 수 있는 장소로 유명하다. 아무런 장식도 없이 그저 하늘과 땅이 맞닿은 모래산과 그 위에 초목이 가득 펼쳐진 풍경이 이채롭다. 낮은 구릉에 초목이 가득 펼쳐진 모습이 초원인 듯하고, 바람자국 선명한 모래언덕을 보노라면 사막을 보는 것도 같다. 2011년 개봉해 화제를 모았던 〈최종병기 활〉의 마지막 전투 장면에서 모래 바람 날리고, 나무 한 그루 보이지 않던 이국적인 풍경이 바로 신두리 해안사구(천연기념물 제431호)다.

### 태안반도 해수욕장

신두리 해안사구에서 태안반도 해안을 따라 30여 곳의 해수욕장이 포진해 있다. 태안의 해안선 길이는 530.8km에 달한다. 이 해안을 따라 30여 개의 해수욕장이 있다. 가장 유명한 곳이 대천, 변산과 함께 서해안 3대 해수욕장으로 꼽히는 만리포해수욕장이다. '만리'라는 지명에 걸맞게 해변이 2km가 넘는다. 만리포해수욕장을 중심으로 위로는 구름포, 의항 · 백리포, 천리포가 있고 아래로는 어은돌, 파도리, 연포, 몽산포, 청포대로 해서 안면도로 이어진다.

### 천리포수목원

국내 최초의 민간 수목원으로 천리포해수욕장 근처에 있다. 귀화한 미국인 민병갈(Carl Rerris Miller)씨가 평생 동안 정성스레 가꾼 수목원이다. 미군 정보장교로 한국에 온 그는 사재를 털어 천리포 해변의 부지를 매입해 1970년부터 수목원을 조성했다. 처음에는 국내 자생종을 중심으로 조성하다 외국에서 다양한 묘목과 종자를 가져다가 식재했다. 현재는 1만 3,200여 종류의 식물 종을 보유하고 있는 국내 최대 식물 종 보유 수목원이다. 특히 400여 종에 이르는 호랑가시나무와 목련류가 자랑이다. 수목원 안에는 7채의 게스트하우스도 있다. 천리포수목원은 아시아에서 최초로 세계수목원협회에서 인증하는 '세계의 아름다운 수목원'이 됐다.

### 태안동문리마애삼존불입상

태안읍 백화산 중턱 바위면에 새겨진 마애불이다. 국내에서 가장 오래된 마애불상이다. 강건한 얼굴, 당당한 신체와 묵중한 법의를 걸치고 있음에도 입가의 옅은 미소는 편안하고 친근하게 다가온다. 마애불은 자연 암벽에 돋을새김으로 새겨졌는데, 좌우에 여래입상을 세우고 가운데 보살입상을 배치했다. 좌우의 불상은 큼직하고 중앙의 보살은 상대적으로 작아 1보살 2여래라고 하는 파격적인 구도를 보여준다.

1 신두리 해안사구 전경 2 등대와 만리포해수욕장 3 튤립이 활짝 핀 천리포수목원 4 천리포수목원에서 한가롭게 휴식하는 나들이객

## 1박2일 추천코스

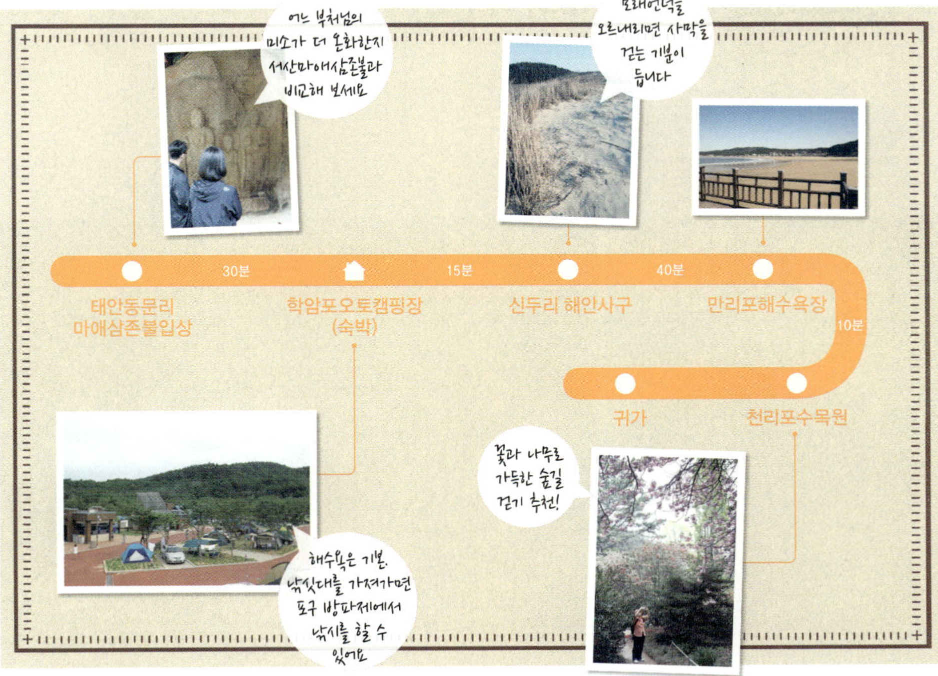


## 여행정보

### ★ 웹사이트와 전화
태안군 문화관광 041-670-2692, www.taean.go.kr
학암포오토캠핑장 041-674-3224, ecotour.knps.or.kr/hakampo
태안해안국립공원 041-672-7276, taean.knps.or.kr
천리포수목원 041-672-9982, www.chollipo.org
만리포관광협회 041-672-9662, www.imalripo.com

### ★ 대중교통
[버스] 서울-태안 : 남부터미널에서 1일 22회 운행, 약 2시간 소요

### ★ 자가운전
서해안고속도로-서산IC-32번 국도 서산 · 태안 방면-예천사거리-
태안버스터미널-교통광장오거리-603번 지방도로 원북 방면-반계
삼거리-634번 지방도로-학암포오토캠핑장

### ★ 숙박
학암포비치콘도 : 원북면 학암포길 43-22, 1544-6417,
www.hakampobeachcondo.com
학암포노을펜션 : 원북면 옥파로 1163-8, 041-674-7172,
www.hakamponoel.com
하늘과바다사이리조트 : 원북면 신두해변길 199, 041-674-6666,
www.sky-sea.co.kr
자작나무리조트 : 원북면 신두해변길 141, 041-675-9995,
www.birchresort.com
마로니에펜션 : 원북면 신두해변길 135, 041-675-1617,
www.oceanworld.co.kr

바다여행펜션 : 원북면 방갈리 536-2, 041-674-8883
에벤에셀펜션 : 원북면 신두리 1233-3, 041-675-8273
바다풍경 : 원북면 신두해변길 136-5, 041-675-1602

### ★ 맛집
토담집 : 우럭젓국, 태안읍 동백로 161, 041-674-4561
원풍식당 : 박속낙지, 원북면 상리길 24-1, 041-672-5057
이원식당 : 박속낙지, 이원면 포지리 82-1, 041-672-8024

### ★ 축제 및 행사
몽산포항 주꾸미축제 : 매년 4~5월, 041-672-2453,
www.mongsanpo.net/jjugumi
태안 육쪽마늘캐기체험 : 매년 6월, 041-670-2827,
garlic.taean.go.kr
태안 백합꽃축제 : 매년 6~7월, 041-675-7881,
www.ffestival.co.kr
서해안 해변축제 : 매년 7월, 02-414-2045,
yeonpofest.com/gnuboard4

더 많은 정보는
요기!!

## 034

**냇강마을**

강원도 인제군

# 냇가에서 뗏목 타고 물놀이해요

## 여행 내비게이션

**여행컨셉** 뗏목 타기 체험하면서 맑은 계곡에서 피서하기

**추천일정** 1박2일

**Must Do** 1. 냇강에서 뗏목타기

2. 농촌 체험 프로그램에 참여하기

3. 백담사에서 만해 한용운 만나기

4. 내린천에서 레포츠 즐기기

**추천 교통** 자가운전

**추천 계절** 여름

　　강원도 인제군 냇강마을은 여름에 인기가 높은 체험마을이다. 이 마을은 대암산이 병풍처럼 둘러쳐 있고, 마을 가운데로는 소양강이 흘러간다. 그럼에도 첩첩산중의 시골이라는 느낌보다 유유자적하고 편안한 곳처럼 여겨진다.

　　여름이면 냇강마을에는 피서를 겸해 농촌 체험을 하기 위해 심심찮게 사람들이 찾아든다. 민박을 하면서 주민들과 감자전이나 올챙이국수를 만들며 정을 나누고, 밭에서는 옥수수와 감자를 수확해 맛있게 먹는다. 밤이면 반짝반짝 빛을 내며 날아다니는 반딧불을 관찰하고, 밤하늘을 수놓은 무수한 별들을 바라보며 한여름 밤의 정취에 젖는다. 솟대를 만드는 목공예 체험도 인기가 많다. 마을에서 준비한 소품을 이용하기에 만들기가 어렵지 않고, 자신만의 상상력을 더해 만들면서 가족들 모두 자연스레 집중하게 된다. 더욱이 완성된 솟대는 집으로 가져가 장식용으로 사용할 수 있다. 그러나 냇강마을을 방문하는 가족들이 좋아하는 것은 따로 있다. 바로 뗏목 타기다.

　　체험관 앞 냇강에 여러 대의 뗏목이 떠 있다. 뗏목은 산간 지역에서 강을 통해 통나무 목재를 운반하는 수단으로 만들었다. 그러니 생긴 모습은 특별할 것이 없어 보인다. 통나무 여러 개를 서로 엮어 놓은 게 전부다. 크기도 생각보다 작다. 하지만 단순한 형태의 뗏목이 주는 감동은 작지 않다. 여러 대를 서로 엮어 하나로 만들 수 있어 체험 인원에 따라 크기 조절이 가능하다. 뗏목의 가장 큰 매력 '느림의 미학'이다. 느린 물살의 흐름에 맞춰 몸을 맡기는 것은 유유자적함의 극치다. 속도가 느리니 주변 풍광도 훨씬 눈에 잘 들어온다. 발을 물에 담그고 있으면 무더위도 잊게 된다.

　　뗏목에 대한 이야기도 아이들에게는 신나는 공부다. 인제는 뗏목과 연관성이 깊다. 예부터 인제 지역에서 생산된 목재는 뗏목을 만들어 북한강을 통해 서울로 운송했다. 나무도 그냥 나무가 아니다. 뗏목으로 운반한 나무는 도성의 궁궐을 짓거나 왕실에서 필요한 곳에만 사용했다. 뗏목은 수량이 적은 상류에서는 너비 1.2~3.0m, 길이 9.0~10.8m로 작게 만들고, 수량이 풍부한 하류에 이르면 너비 2.4~4.5m, 길이 25~54m 정도도 되는 대형 뗏목으로 다시 묶었다고 한다. 인제 합강에서 춘천을 거쳐 서울까지 가는데 일주일에서 보름이 걸렸다고 한다. 뗏목을 운반하던 사공들은 큰돈을 받았는데, '떼돈을 벌다', '떼부자' 등의 말이 모두 뗏목에서 유래됐다. 산과 강이 포근하게 감싸주는 자연 속에서 뗏목도 타고 농촌 체험을 하며 살아있는 자연을 만나는 일은 아이들에게 한여름의 행복한 시간이다.

### 백담사

신라 진덕여왕 때인 647년에 창건된 사찰이다. '백담'이라는 이름은 설악산 대청봉에서 절까지 웅덩이(담)가 백개나 된다 해서 지어졌다. 경내의 건물은 한국전쟁 때 병화를 당해 새로 지어 고즈넉한 세월의 멋은 없다. 다만 찻집으로 쓰이는 건물 지붕이 특이하게 너와지붕으로 되어 있어 눈길을 끈다. 내설악 깊은 골에 자리한 백담사가 세간에 유명해지게 된 것은 만해 한용운이 〈님의 침묵〉을 집필한 장소여서다. 경내에 있는 한용운과 관련된 자료를 모아 놓은 전시관이 볼만하다. 절 앞 계곡을 가득 메우고 있는 돌탑도 장관이다.

### 내린천 모험레포츠

인제에서의 여름을 신나고 짜릿하게 보내고 싶다면 번지점프, 슬링샷, 짚트렉을 비롯한 모험레포츠에 도전할 것을 추천한다. 합강정휴게소 앞에 높이 설치된 번지점프대는 63m 높이에서 내린천을 향해 뛰어내린다. 휴게소에서 볼 때는 높아 보이지 않지만, 막상 점프대 위에 서면 국내 최대 높이라는 게 실감난다. 점프를 해서 뛰어내리는 순간이 약 3초. 짧은 시간에 짜릿한 쾌감이 엄습하며 가슴 속에 쌓인 스트레스를 한 순간에 날려버린다. 그 옆의 슬링샷은 번지점프와는 다른 재미를 선사한다. 슬링샷은 비행기 조종사들이 비상시 탈출하는 기구에서 유래됐다. 체험자의 의지와 상관없이 갑자기 하늘로 높이 튕겨져 오를 때의 쾌감은 상상 이상이다.

짚트렉은 내린천테마파크에서 체험할 수 있다. 짚트렉은 양편에 지주대를 설치하고 그 사이를 튼튼한 와이어로 연결해 트롤리라는 도구로 빠르게 이동하는 공중 레포츠다. 내린천테마파크에는 체험, 모험, 도전코스 등 세 코스가 준비되어 있다. 장비를 착용하고 간단한 설명을 들으면 남녀노소 누구라도 도전할 수 있다. 단 안전벨트를 착용하기에 키가 너무 작거나, 체중이 많은 사람은 안전을 위해 체험을 제한하고 있다. 이중삼중의 안전장치를 설치하여 줄이 끊어져 추락할 수 있는 위험요소를 최소화했기 때문에 교관의 안내에 따른다면 크게 위험하지 않다. 어떤 구간에서는 줄에 매달려 날고, 어떤 구간에서는 구름다리를 건너며 짜릿함을 맛본다. 짧게는 25m, 길게는 300m 이상을 날아 내린천을 가로지르기 때문에 온 몸을 자연 속에 내던진 기분을 만끽할 수 있다.

이외에도 내린천 래프팅, 리버버깅, ATV, 밀리터리 체험 등 다양한 모험 레포츠를 즐길 수 있다.

1 백담사 만해기념관 앞에 세워진 한용운 동상 2 짚트랙을 타고 내린천을 건너며 하늘을 나는 기분을 만끽하는 여행객 3 내린천에서 래프팅을 즐기는 모습 4 짜릿한 쾌감의 번지 점프

## 1박2일 추천코스

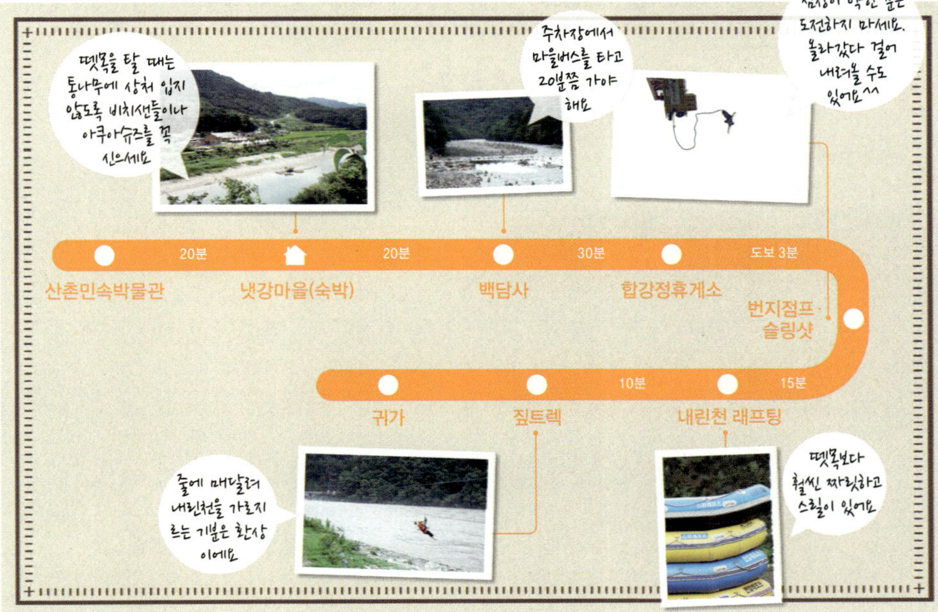


## 여행정보

### ★ 웹사이트와 전화

인제군 문화관광 033-460-2081, tour.inje.go.kr
냇강마을 033-462-5400, wolhakri.go2vil.org
백담사 033-462-6969, www.baekdamsa.org
짚트렉 033-462-0701, www.ziptrack.co.kr
번지점프 · 슬링샷 033-461-5216, www.injejump.co.kr
내린천 래프팅협회 033-463-0463, www.knrca.com

### ★ 대중교통

[버스] 서울 상봉터미널-원통 : 하루 2회(06:50, 09:50) 운행, 2시간 소요
서울 동서울터미널-원통 : 하루 38회(06:30~21:10) 운행, 2시간 10분 소요

### ★ 자가운전

춘천동홍천고속도로-동홍천IC-44번 국도-철정검문소-신남선착장-인제대교-합강정 삼거리-원통교차로-원통공용버스터미널-원통체육공원-냇강마을

### ★ 숙박

하늘내린호텔 : 인제읍 비봉로 43, 033-463-5700, www.hnhotel.co.kr
파인밸리 가족호텔 : 북면 백담로 124, 033-462-8955, www.finevalley.co.kr
게스트하우스리뮤팬션 : 북면 만해로 229, 070-4208-0928
선녀랑백담이랑 : 북면 해로 229, 033-462-3110, www.100dam.com

마운틴밸리펜션 : 북면 백담로 43-17, 033-462-6133, www.pensionmountain.com

### ★ 맛집

백담순두부 : 순두부정식, 북면 백담로 19, 033-462-9395, www.bdsundubu.com
황태촌식당 : 황태요리, 북면 황태길 372, 033-462-5855
할머니황태구이 : 황태구이, 북면 백담로 61, 033-462-3990
박가네 : 감자옹심이, 남면 설악로 953, 033-461-7982

### ★ 축제 및 행사

만해축전 : 매년 8월, 033-462-2304, www.manhae.com
인제서화DMZ평화생명축제 : 매년 9월, 033-460-2082
내설악겨울강변축제 : 매년 12월, 033-462-2010, www.내설악.kr

# 035

섬진강기차마을

전남 곡성군

# 전라선 차창 밖으로 섬진강 서정미 가득

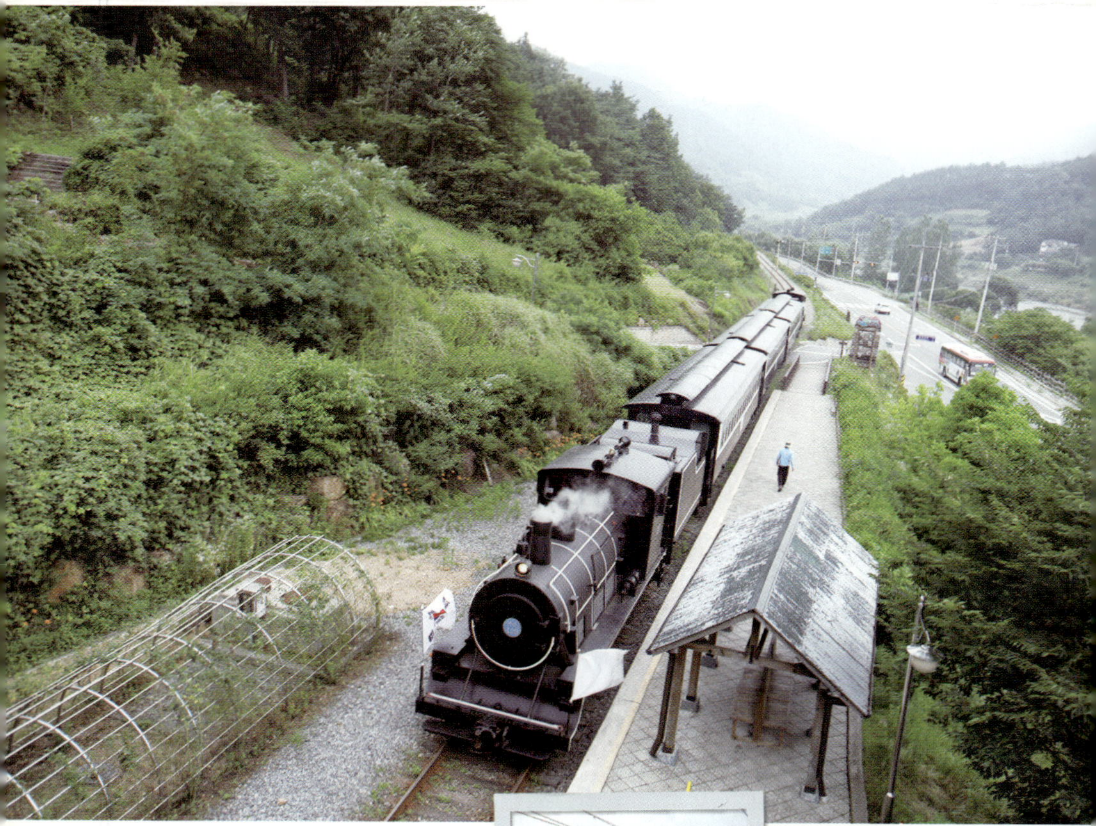

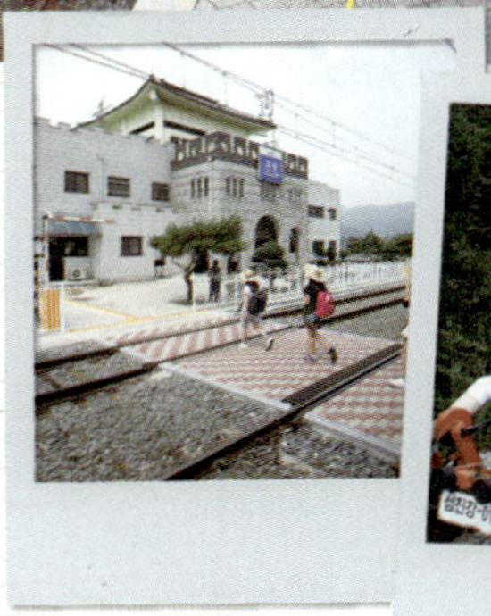

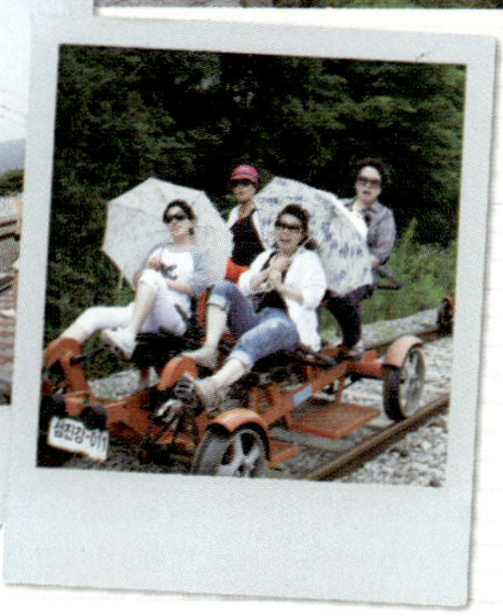

여행 내비게이션

**여행컨셉** 증기기차에 올라 섬진강 정취에 취하기

**추천일정** 1박2일

**Must Do** 1. 증기기관차 타고 가정역까지 가보기

2. 레일바이크 체험하기
3. 장미공원에서 우아하게 산책하기
4. 태안사 등 사찰 답사하기
5. 참게탕과 은어회, 석쇠불고기 등 맛보기

**추천 교통** 자가운전

**추천 계절** 여름

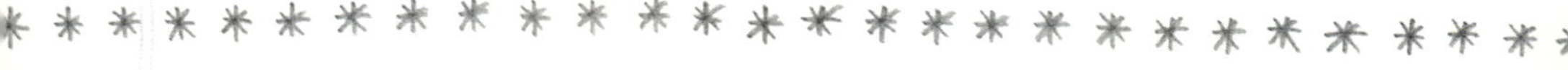

　전라선은 전북 익산시와 전남 여수시를 이어주는 노선이다. 전북 지방의 산야를 달린 전라선은 전남 땅으로 넘어가면서 압록역과 구례구역으로 들어가기 전 곡성역을 만난다. 10여 년 전만 해도 3, 8일마다 열리는 곡성 5일 장날이면 기차역은 군산쪽 서해안과 여수쪽 남해안의 사람과 물산이 한데 모여 제법 흥청거렸다. 남도와 북도의 구수한 전라도 사투리도 곡성역에서는 한 가지 화음으로 섞였다. 장이 파할 즈음 국밥 한 그릇과 한 잔 술에 거나해진 아버지들과 나물 팔아 얼마간의 지전을 손에 쥔 어머니들은 다시 곡성역으로 모여들어 전라선에 지친 몸을 실었다.

　곡성역의 운행시간 단축, KTX운행 등을 위해 선로를 곧게 펴는 작업이 이뤄지면서 구 역사는 1999년 자신의 임무를 신 역사에 넘겨줬다. 1933년 지어진 구 곡성역사<sup>등록문화재 제122호</sup>에 가면 작은 안내판 하나가 발길을 멈추게 만든다. '이 건물은 섬진강의 모래를 운반하는 기능을 했던 간이역'이었다는 것이다. 금빛으로 반짝거리던 섬진강 모래는 옛날에도 귀한 대접을 받으며 전국으로 실려나갔던 모양이다. 이 역사는 일제강점기 때 지어진 지방 역사 건물의 전형을 보여주기에, 드라마 '토지'의 배경으로 등장했다. 진주역에서 평사리 청년들이 일본군에 강제 징집되는 장면, 하얼빈역에서 진주역으로 돌아가는 장면 등이 촬영됐다. 또 영화 '태극기 휘날리며'에도 구 곡성역이 등장했다. 진태<sup>장동건 분</sup>가족의 피난길, 진태와 진석<sup>원빈 분</sup>이 국군으로 징집되는 장면, 피난열차 등 여러 장면을 이곳에서 찍었다.

　애절한 사연을 품은 예전의 역은 이제 섬진강기차마을로 화려하게 변신, 증기기관차에 대한 향수를 가진 관광객들을 반갑게 맞이하고 있다. 섬진강기차마을의 핵심은 증기기관차 탑승으로, 계절과 요일에 따라 하루 3~5회 가정역까지 왕복 20km를 다닌다. 예전의 전라선 철길이 증기기관차의 선로로 활용된다. 하얀 수증기를 내뿜는 기관차 뒤로는 3량의 객차가 매달렸다.

　증기기관차가 섬진강변을 달리면서 가끔 울려주는 기적은 향수를 자극한다. 증기기관차에 몸을 실은 어른들은 가난했지만 꿈은 부자였던 그때 그 시절을 회상하고, 어린이들은 아직도 이렇게 느린 시속 30~40km의 교통수단이 버젓이 굴러다닌다는 사실에 대해 신기해하고 재미있어 한다.

### 섬진강레일바이크

레일바이크는 두 군데에서 탑승할 수 있다. 기차마을 안의 철로만 이용하는 레일바이크는 1.6km를 순환형으로 돈다. 1회 왕복에 20분 정도가 걸린다. 반면 침곡역부터 가정역까지 갈 수 있는 섬진강 레일바이크는 5.1km 거리를 달리며 섬진강을 왼쪽에 끼고 달린다. 소요 시간은 30~40분 정도. 증기기관차가 운행되지 않는 시간에 레일바이크가 다니므로 안전 문제는 걱정할 필요가 없다.

### 장미공원과 섬진강 천적곤충관

증기기차와 더불어 섬진강기차마을을 유명하게 만든 여행 명소들이다. 4만㎡의 장미공원에는 1,004 품종의 장미 3만 7,000 주가 계절에 따라 번갈아 피고 지면서 저마다의 향기를 뽐낸다. 연못, 소망정, 분수, 유리온실, 미로원, 야외공연장, 파고라 등의 시설이 여행객들의 산책과 휴식을 돕는다. 장미공원 깊숙한 쪽에는 섬진강 천적곤충관이 자리했다. 이곳은 섬진강 주변에서 살아가는 곤충의 세계를 배울 수 있어 초등학생들의 체험학습 장소로 알맞다.

### 섬진강천문대

가정역 건너편에 위치한 섬진강천문대는 지름 8m의 돔스크린이 설치된 천체투영실이 인기를 끈다. 환상의 별자리여행과 별자리에 담긴 신화여행이 2채널 디지털천체투영시스템으로 펼쳐진다. 천체관측실에서는 태양계의 생성부터 오늘날의 태양계 모습, 태양계를 둘러싸고 있는 갖가지 행성에 대해 배운다. 주관측실에는 우리나라의 순수한 과학기술로 제작된 600mm 천체망원경이 설치되어 있다. 밤에 보조 관측실의 슬라이딩 루프가 열리면 203mm 반사굴절망원경을 통해 별자리와 성운, 성단을 고루 관측한다.

### 태안사

도림사와 더불어 곡성의 명찰로 손꼽히는 태안사. 진입로는 머리를 맑게 해주는 숲길이다. 계류를 가로질러 세워진 능파각을 지나면 태안사 경내로 들어서게 된다. 태안사는 신라 경덕왕 때 세워진 사찰로 조선 숙종 때까지는 대안사로 불렸다. 태안사 연못에는 고려시대의 삼층석탑이 오롯하게 서 있는데, 부처님의 사리가 모셔져 있다고 한다.

1 〈심청전〉을 테마로 꾸민 섬진강이야기마을 2 옛 전라선 철길을 따라 가는 섬진강레일바이크 3 섬진강기차마을에 있는 장미공원 4 5 가정역 건너편에 위치한 섬진강천문대 6 절로 가는 진입로가 아름다운 태안사

## 1박2일 추천코스

## 여행정보

### ★ 웹사이트와 전화

곡성군 문화관광 061-360-8307, www.simcheong.com
섬진강기차마을 증기기관차 061-363-6174, www.gstrain.co.kr
섬진강천문대 061-363-8528, star.gokseong.go.kr
가정역 매표소 061-363-7524
장미공원 061-360-8636
섬진강천적곤충관 061-363-8977

### ★ 대중교통

[기차] 용산역–곡성 : 1일 13회, 상행 12회 운행, 약 4시간 소요
[버스] 광주–곡성 : 25분 간격 운행, 1시간 소요
　　　 남원–곡성 : 25분 간격 운행, 20분 소요
　　　 전주–곡성 : 30분 간격 운행, 1시간 30분 소요
　　　 여수–곡성 : 1시간 간격 운행, 1시간 50분 소요

### ★ 자가운전

1. 호남고속도로 곡성나들목–60번 지방도–도림사 입구–곡성역
2. 전주–광양고속도로 서남원나들목–곡성역

### ★ 숙박

심청이야기마을 한옥펜션 : 오곡면 심청로 178, 061-363-9910
섬진강기차마을 레일펜션 : 오곡면 기차마을로 232, 061-362-9712
화이트빌리지 : 죽곡면 하한리 977, 061-363-7531
모심정 : 죽곡면 섬진강로 1005, 010-9882-1415

### ★ 맛집

석곡식당 : 석쇠불고기, 석곡면 석곡로 60, 061-362-3133
옥과한우촌 : 한우, 오산면 오산로 983, 061-363-6062
새수궁가든 : 참게탕, 죽곡면 섬진강로 1015-2, 061-363-4633
벽천지가든 : 은어회, 곡성군 오곡면 섬진강로 1266, 061-362-8746

### ★ 축제 및 행사

섬진강기차마을대축제 : 매년 5월 초, 061-360-8241,
　　　　　　　　　　　 www.simcheong.com
곡성세계장미축제 : 매년 5월 말~6월 초, 061-360-8241,
　　　　　　　　　 www.simcheong.com

더 많은 정보는 요기!!

# 036
인삼골 오토캠핑장
충남 금산군

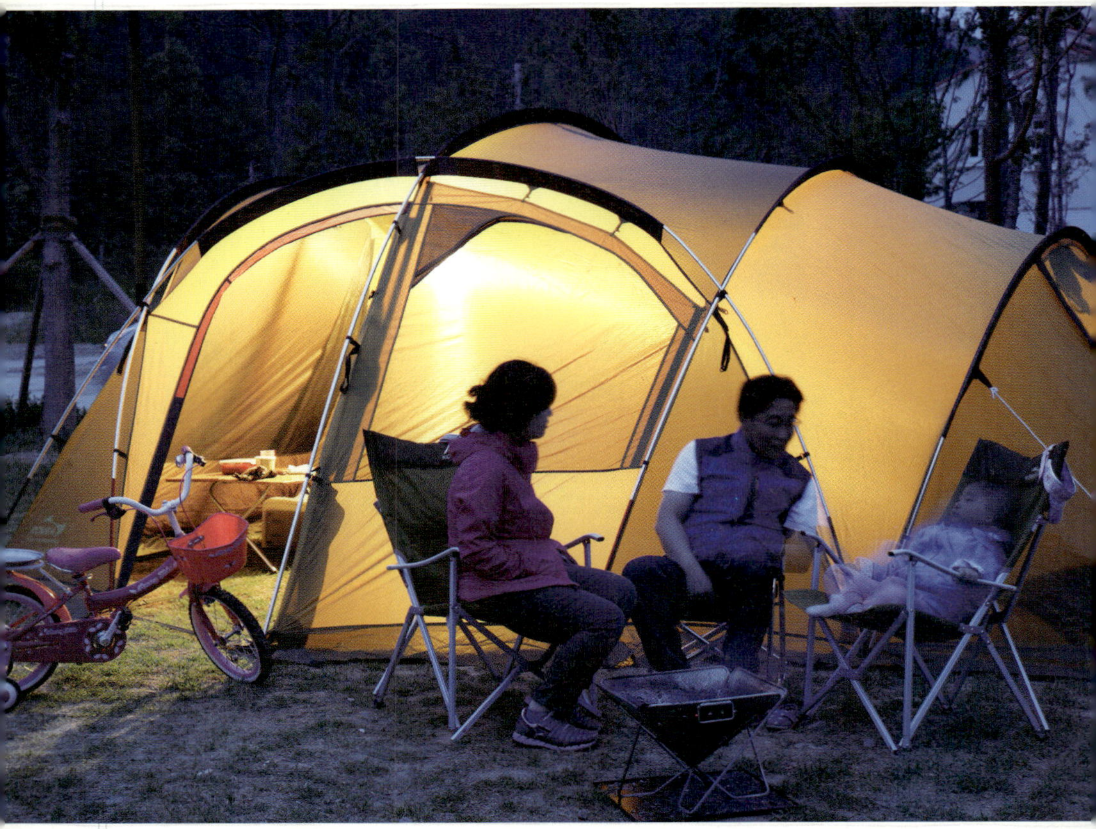

# 배산임수 명당에서 인삼향 맡으며 별 헤는 밤

여행 내비게이션

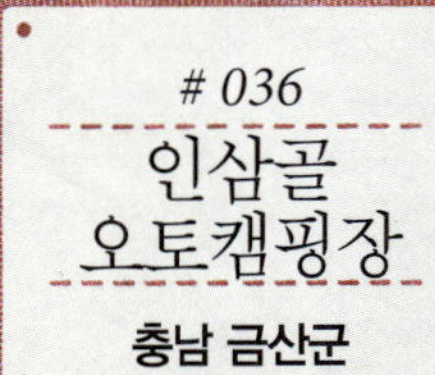

**여행컨셉** 강변 산소 가득 마시며 캠핑장에서 맑은 하룻밤 보내기
**추천일정** 1박2일
**Must Do** 1. 캠핑장에서 별사진 찍어보기
2. 강변도로 따라서 자전거 타보기
3. 금산인삼시장에서 인삼 쇼핑하기
4. 금산산림문화타운에서 삼림욕 즐기기
5. 인삼으로 만든 각종 요리 맛보기
**추천 교통** 자가운전
**추천 계절** 여름

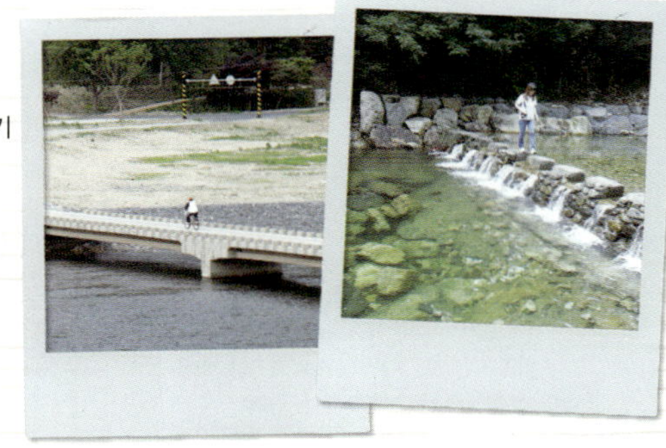

　　금산군 금강변의 인삼골오토캠핑장은 명당 중의 명당이다. 캠핑장이 들어선 곳은 용화리 금강변인데 뒤를 둘러싼 야산 줄기는 동서로 뻗어가면서 외부의 잡스런 기운을 막아주기에 충분하다. 캠핑장 바로 앞은 금강이 고요히 흘러가면서 기운을 북돋운다. 이런 곳을 바로 '배산임수'의 명당이라고 한다.

　　캠핑의 목적이 자연 속에서 하룻밤을 쉬어가며 잃어버린 나를 찾고, 허약해진 기운을 채우고, 가족과의 행복한 추억을 만드는 것이라면 인삼골오토캠핑장은 100% 이상의 만족도를 선사한다. 텐트를 치는 사이트 사이사이에 느티나무를 많이 심어 한낮에도 뜨거운 햇빛을 피할 수 있게 했다. 자동차를 주차시키는 장소 바로 옆에 텐트를 치는 공간이 붙어 있음은 물론이다.

　　용화마을에서 요리조리 휘어지는 마을 안길을 약 1.5km 정도 지나면 드디어 금강변에 차분한 모습으로 들어선 인삼골오토캠핑장을 만난다. 캠핑장은 금강 본류와는 또 다른 물줄기를 가늘게 뽑아 캠핑장 북쪽으로 흐르게 했다. 이 물줄기를 따라 산책데크를 만들어 놓았다. 강변 정자는 쉼터이면서 전망대 구실도 한다. 강 건너편 부리면 신촌리는 인삼밭이 많아 건듯 바람이 불면 캠핑장은 인삼 향기로 뒤덮인다. 강물 위에 놓인 잠수교는 수위가 낮으면 언제든지 통행이 가능하다. 강변 자전거 길을 타면 적벽강까지는 약 11km 거리이다.

　　부지런한 캠퍼들은 동서로 길게 조성된 캠핑장의 안쪽 사이트보다 강변 사이트를 막영지로 정한다. 간이 테이블에 커피 한 잔을 올려놓고 잔디밭이나 접이식 의자에 편히 몸을 누이면 금강이 말없이 흘러가는 모습을 감상하기에 좋은 것이다. 특히 해질녘 저녁놀은 감동이다.

　　텐트 설치가 완료되고, 랜턴불을 밝히고, 바비큐 파티가 시작되면 인삼골 오토캠핑장은 활기가 넘쳐난다. 훈기가 도는 텐트 안에서 침낭 위에 엎드려 미처 읽지 못한 시집이나 수필집을 읽어도 좋겠다. 아니면 아무 것도 안 하고 뒹굴어도 누가 뭐라 하겠는가. 잠이 쉽게 들지 않으면 밤하늘의 별을 찍어보자. 이곳은 주변 빛의 간섭이 적어 별 사진을 찍어보기에 좋은 포인트이다. 감도는 1,000, 시간은 30초로 설정하고 광각렌즈를 장착하는 것이 좋다. 삼각대가 없으면 카메라를 바닥에 눕히고 렌즈가 하늘을 향하도록 한다. 뜻하지 않은 선물을 얻을 수 있다.

1 인삼을 테마로 만든 금산인삼관 2 3 임진왜란 때 순국한 칠백의총 의총문(왼쪽)과 숭의지 4 금산 인삼의 시조로 불리는 강 처사의 집을 재현해 놓은 개삼터공원

### 금산인삼관

금산이 인삼의 고장인 만큼 금산인삼관은 건물 전체에 인삼 스토리가 흐른다. 특히 3층의 인삼음식관이 흥미롭다. 인삼을 넣은 한국의 대표음식, 퓨전인삼요리, 인삼을 이용한 간식, 궁중음식과 인삼 등을 보고 있으면 절로 건강해지는 기분이 든다. 금산인삼관을 중심으로 주변에 금산수삼센터, 금산인삼국제시장, 금산인삼종합쇼핑센터, 금산인삼약령시장 등이 손님들을 맞고 있다.

### 금산향토관

인삼약초의 고장 금산의 역사와 생활을 알기 쉽게 이해하고 체험해보는 공간이다. 역사실을 지나면 생활민속관으로 이어지는데, 어른들은 옛날의 생활 유물들을 보면서 추억에 젖고 어린이들은 조상의 슬기를 배우게 된다. 계절별로 쓰이는 농기구, 세시풍속, 천내리 용호석, 그리고 인삼을 심을 때 이용하던 나무칼인 묘삼칼, 구한말에 사용하던 의용소방대의 수레 등이 눈길을 끈다.

### 칠백의총

임진왜란 때 금산의 의병들은 용화리 마달피에 말을 숨기고 붉은 황토흙을 강물에 떠내려 보내 추격해오던 왜군의 진로를 차단했다. 그러나 현재 칠백의총이 있는 구릉지대에서 무기의 열세와 중과부적으로 참혹하게 최후를 맞이했다. 칠백의총에는 700의사의 전투 장면을 담은 기록화와 조헌 선생의 유물 등이 보관 전시되어 있다. 조헌 선생은 임진왜란의 발발을 예견하고 수차 상소, 왜구의 침입에 대비할 것을 주장했던 선비이다.

### 개삼터공원

금산 인삼의 유래가 궁금하다면 개삼터공원을 찾아간다. 현재 강처사의 초가집, 제를 지내는 개삼각, 강처사의 일생을 표현한 모형 등이 이곳에 설치되어 있다. 개삼각 앞의 안내판에 쓰인 금산 인삼의 유래를 정리하면 이렇다. 지금으로부터 1,500여 년 전, 강씨 성을 가진 선비가 진악산 밑에 홀어머니를 모시고 살았는데, 어머니의 병구완을 위해 진악산 관음굴에서 기도를 했다. 산신령의 가르침대로 붉은 열매 세 개가 달린 풀의 뿌리를 달여서 어머니를 소생시켰다. 그것이 곧 오늘날의 인삼이다.

### 금산산림문화타운

금산생태숲, 금산건강숲, 느티골산림욕장, 남이자연휴양림 등의 시설이 들어선 숲 세상이다. 특히 금산생태숲은 생태숲학습관, 숲체험학습장, 약이되는숲, 생태연못, 팔도숲, 관목원으로 구성되어 있어서 자녀를 동반한 여행 중에 방문하면 좋다. 산림문화타운의 느티골산림욕장에는 2.0km의 등산로가 조성되어 있다. 코스는 제1주차장을 출발, 502봉과 541봉을 거쳐서 숲속의집으로 돌아오면 1시간이 걸린다.

## 1박2일 추천코스

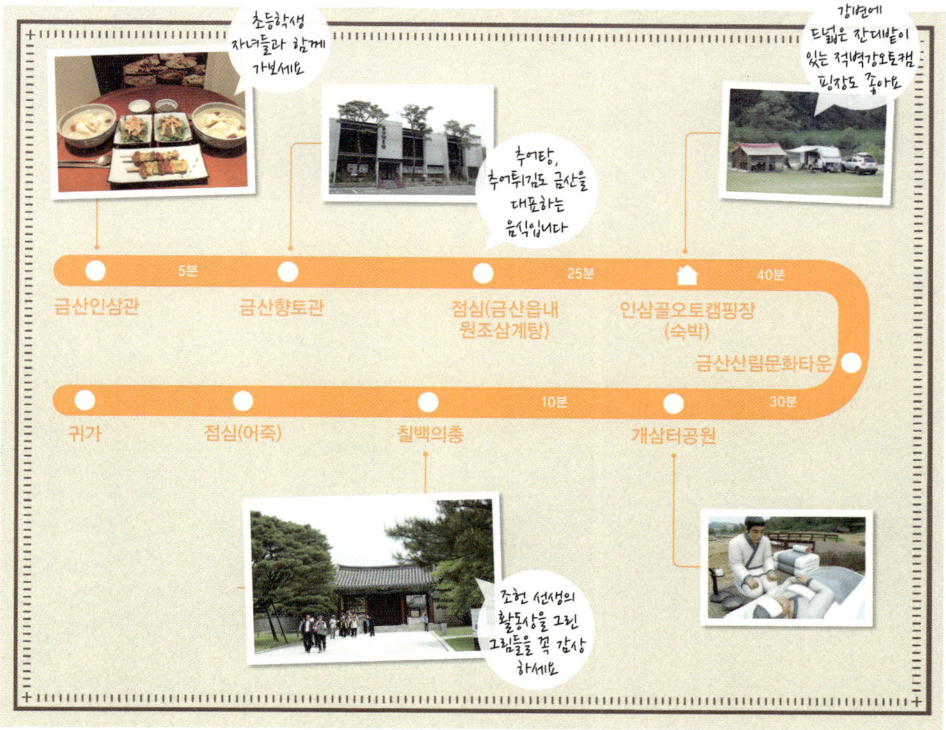

금산인삼관 — 5분 — 금산향토관 — 점심(금산읍내 원조삼계탕) — 25분 — 인삼골오토캠핑장 (숙박) — 40분 — 금산산림문화타운

귀가 — 점심(어죽) — 칠백의총 — 10분 — 개삼터공원 — 30분



## 여행정보

### ★ 웹사이트와 전화
금산군 문화관광 tour.geumsan.go.kr
금산산림문화타운 041-753-5706, forestown.geumsan.go.kr
금산군청 문화공보관광과 041-750-2392
인삼골오토캠핑장 041-751-1405
금산인삼관 041-750-2621
칠백의총관리소 041-753-8701

### ★ 대중교통
[버스] 서울-금산, 하루 4회 운행, 2시간 40분 소요
　　　　대전-금산, 15분 간격 운행, 50분 소요

### ★ 자가운전
대전통영 고속도로 금산나들목-영동 방면 68번 지방도-제원대교
직전 삼거리-용화리-인삼골오토캠핑장

### ★ 숙박
진산자연휴양림 : 진산면 묵산리 산87-13, 041-753-4242
블리스펜션 : 부리면 적벽강로 609, 041-754-5895
펜션에버그린 : 부리면 적벽강로 597, 070-7765-6014
리버빌펜션 : 부리면 적벽강로 426, 010-8824-7067

### ★ 맛집
원조삼계탕 : 삼계탕, 금산읍 인삼약초로 33, 041-752-2678
적벽강가든 : 인삼어죽, 부리면 적벽강로 774, 041-753-3595
마달피가든 : 인삼어죽, 제원면 용화로 272, 041-754-7123
금산삼원가든 : 한정식, 남일면 마장리 726-2, 041-754-3121

### ★ 축제 및 행사
금산인삼축제 : 매년 9월 하순, 041-750-2411, tour.geumsan.go.kr
금강여울축제 : 매년 7월 하순, 041-750-2412, tour.geumsan.go.kr

더 많은 정보는
요기!!

![station photograph]

# # 037

## 삼랑진역

### 경남 밀양시

# 시속 50km로 천천히,
# 750리 경전선 시발점



**여행컨셉** 향수를 부르는 기차역 여행
**추천일정** 1박2일
**Must Do** 1. 경전선 일부 구간 탑승해 보기

　　　　　2. 삼랑진 오일장 구경하기

　　　　　3. 영화 〈밀양〉의 무대 찾아보기

　　　　　4. 얼음골에서 여름에도 얼음이 어는지 확인하기

　　　　　5. 밀양의 명물 '돼지국밥' 맛보기

**추천 교통** 자가운전
**추천 계절** 봄~가을

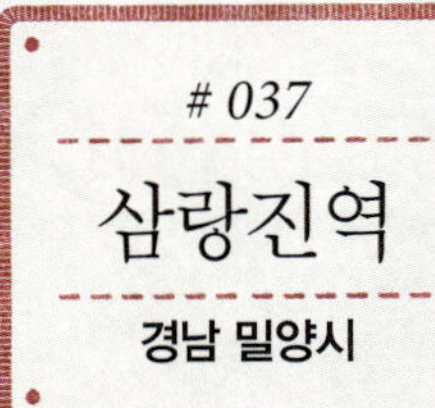

자동차로 3시간 30분이면 갈 거리를 장장 6시간 동안 시속 50km의 속도로 달리는 철도가 있다. 바쁜 속도전의 시대에 어울리지 않는 이 기찻길은 경상도와 전라도를 잇는 유일한 철도노선 '경전선'이다. 경부선 서울 기점 394.1km 지점의 삼랑진역에서 시작해 호남선 광주송정역까지 306.8km를 천천히 달려가는 동안 창원, 마산, 진주, 북천, 횡천, 하동, 광양, 순천, 벌교, 보성, 화순 등 경상도와 전라도의 크고 작은 역들을 지난다.

삼랑진역은 경부선이 개통되던 1905년에 영업을 시작했다. 107년이라는 긴 시간을 한국철도의 역사와 함께 해온 셈이다. 증기기관차가 디젤기관차로, 디젤기관차가 전기기관차로 바뀌는 동안 삼랑진역도 몇 번의 신축을 거쳐 1999년에 현재의 모습을 갖췄다. 역 구내에는 증기기관차가 다니던 1920년대의 흔적도 남아 있다. 당시 규모가 큰 주요 역에는 증기기관차에 물을 공급해 주기 위한 급수탑이 설치돼 있었는데, 삼랑진역도 그중 하나였다. 온통 덩굴식물로 뒤덮여 멀리서도 눈에 금방 띄는 이 급수탑(등록문화재 제51호)은 1923년에 설치되어 1950년대 디젤기관차가 등장하기 전까지 제 기능을 다한 후 은퇴했다. 지금은 삼랑진역의 명물로 사랑받고 있다. 승강장으로 건너가는 지하통로에는 옛 삼랑진역의 흑백사진들이 걸려 있어 교통의 요지 역할을 하던 호시절을 짐작할 수 있게 해 준다.

삼랑진역은 승강장이 3개다. 1번 플랫폼은 경부선 하행열차가, 2번 홈은 경부선 상행열차가, 3번 홈은 경부선과 경전선을 경유하는 열차가 정차한다. 상하행선을 합쳐 경부선 무궁화호가 하루 36번, 경전선 무궁화호는 하루 10번 운행하며, 새마을호와 KTX는 무정차 통과한다.

삼랑진역을 이용하는 사람들은 마산, 창원, 부산 등 인근 대도시로 출퇴근하는 직장인부터 삼랑진고등학교 학생들, 부전역으로 장보러 가는 아주머니까지 다양하다. 여기에 주말이면 경전선 투어에 나선 철도애호가들과 낙동강 자전거길을 이용하려는 바이크족까지 가세해 역에서 읍내까지 제법 떠들썩하다. 끝자리 4, 9일마다 열리는 삼랑진 5일장이 주말과 겹쳐 열리는 날이면 특히 더 그렇다.

* * * * * * * * * * * * * * * * * * * * * * * * * * * * * * * * * * * * *

1 종소리처럼 맑은 소리를 내는 너덜지대가 있는 만어사 2 영남루에서 바라본 밀양강 3 삼랑진 오일장의 명물 어묵 4 5 밀양의 명물 흑염소불고기(왼쪽)와 돼지국밥 6 피서객들로 붐비는 표충사 계곡

## 만어사

삼랑진읍 만어산(674m) 8부 능선에 자리 잡은 사찰. 이른 새벽이나 비 오는 날 절 마당에서 바라보는 자욱한 운해는 밀양8경의 하나다. 절로 가는 길목에 있는 너덜지대도 볼거리다. 너덜지대를 가득 메운 바위를 두드리면 '챙챙' 종소리와 쇳소리가 난다.

## 얼음골

여름에 얼음이 어는 얼음골 가운데 첫 손에 꼽는 곳이다. 〈동의보감〉을 집필한 허준의 스승 유의태가 자신의 몸을 해부하라고 한 곳이다. 이곳에 얼음이 어는 것은 땅속으로 바람이 통하는 독특한 지형 때문이다. 산 위에서 바람이 땅속을 지나면서 차갑게 식어 얼음이 어는 것이다. 얼음골 맞은편에 자리한 호박소는 너른 암반과 짙푸른 소가 어울려 절경이다. 얼음골에는 산 정상으로 올라가는 케이블카도 운행된다.

## 영남루

절벽 위에 우뚝 서서 밀양시내 밀양강을 굽어보는 영남루(보물 제147호)는 조선후기 목조건축의 걸작으로 손꼽힌다. 강물에 비친 영남루 야경이 멋지다. 영남루는 밀양8경 중 제1경으로 꼽히며, 진주 촉석루, 평양의 부벽루와 더불어 조선 3대 누각의 하나로 일컬어진다. 주말이면 밀양아리랑 상설공연이 펼쳐진다.

## 표충사

영남루에 필적하는 밀양의 대표적인 명소다. 신라 무열왕 원년(654년)에 원효대사가 산정에 올라 오색채운이 이는 것을 보고 터를 잡았다는 이야기가 전한다. 삼층석탑, 청동향로 등 귀한 문화유적들을 감상한 후에는 우화루에 신을 벗고 올라가 앉아 보자. 발 아래로 남계천 맑은 물이 시원하게 펼쳐진다.

## 1박2일 추천코스

## 여행정보

### ★ 웹사이트와 전화

밀양시 문화관광 055-359-5644, tour.miryang.go.kr
표충사 055-352-1150, www.pyochungsa.or.kr
영남루 관리사무소 055-359-5590
삼랑진역 1544-7788
만어사 055-356-2010

### ★ 대중교통

[기차] 서울역─삼랑진역 : 무궁화호 일일 10회 운행, 4시간 50분 소요
　　　 순천역─삼랑진역 : 무궁화호 일일 4회 운행, 3시간 40분 소요
　　　 부전역─삼랑진역 : 무궁화호 일일 7회 운행, 45분 소요

### ★ 자가운전

경부고속도로─대전JC─동대구JCT─신대구부산고속도로─삼랑진IC

### ★ 숙박

동부식육식당 : 돼지국밥, 무안면 무안리, 055-352-0023
설봉돼지국밥 : 돼지국밥, 내이동, 055-356-9555
밀성청국장 : 청국장, 교동, 055-355-2928

### ★ 맛집

재약콘도모텔 : 단장면 시전2길, 055-351-1194
펜션아름드리 : 단장면 범도리, 055-351-0082
얼음골한옥펜션 : 산내면 삼양리, 055-356-3596

### ★ 축제 및 행사

밀양아리랑대축제 : 매년 4월 말~5월 초, www.arirang.or.kr
얼음골사과축제 : 매년 10월 말~11월 초, icevalley.kr
밀양여름공연예술축제 : 매년 7월 말~8월 초, www.stt1986.com

## 038

## 지리산 힐링여행
### 경남 함양군, 산청군

# 천 년 숲을 거닐어
# 지리산 품에서 잠들다

### 여행 내비게이션

**여행컨셉** 산 좋고 물 맑은 곳에서
느긋하게 쉬어가는 힐링 여행
**추천일정** 1박2일
**Must Do** 1. 남사예담촌 한옥에서 숙박
2. 1023번 지방도로 드라이브
3. 함양 안의갈비찜 먹기
**추천 교통** 자가운전
**추천 계절** 봄~가을

　　지리산 자락의 함양과 산청은 치열한 일상으로부터 한 걸음 물러서 몸과 마음을 쉬어가는 '힐링 여행지'로 제격이다. 가장 먼저 찾을 곳은 함양의 자랑 상림(천연기념물 제154호). 함양IC로 나가 5분이면 닿는 상림은 통일신라 말 최치원이 조성한 국내 최초의 인공림으로 함양8경 중 제1경이다. 한여름 맹렬한 기세로 달려드는 햇볕조차 감히 침범하지 못하는 울창한 숲길을 걸으며 온몸으로 자연의 기운을 느껴보자. 숲의 중심부로 들어가면 느티나무, 이팝나무, 굴참나무, 떡갈나무, 층층나무가 가득하다. 상림 북쪽 끝에서 이어지는 5km 코스의 최치원산책로는 '경남의 걷고 싶은 길 25선'에 선정되기도 했다. 주차장 인근에는 오곡밥으로 유명한 늘봄가든과 연잎밥 전문점인 옥연가가 있다.

　　상림을 천천히 둘러본 후 지안재~오도재~지리산 제1문으로 이어지는 1023번 지방도로 드라이브도 즐겨 보자. 유려한 S자 곡선의 지안재는 사진작가들의 출사지로 많은 사랑을 받는 곳. 지리산 제1문을 지나 조망공원에 서면 반야봉, 형제봉, 영신봉, 천왕봉 등 지리산 주요 봉우리들이 일망무제로 줄달음친다.

　　산청으로 넘어오면 한국에서 가장 아름다운 마을 제1호 '남사예담촌'이 있다. 이름처럼 옛 담장이 아름다운 700년 전통의 이 양반마을은 안동 하회마을과 더불어 경상도를 대표하는 전통한옥마을로 손꼽힌다. 2m 가까이 높게 쌓아올린 옛 담장과 18~20세기 초에 지은 한옥 40여 채가 조화를 이룬 풍경이 기품 있다. 가장 오래된 집인 300년 된 이씨고택 앞에는 X자 모양으로 교차한 회화나무 두 그루가 수문장처럼 든든히 집을 지키며 서 있다. ㄱ자로 꺾인 골목을 돌면 아름다운 돌담과 높다란 솟을대문이 나타나는 최씨고택은 이른 아침에도 늘 열린 채로 산책길에 나선 여행자를 반긴다. 사양정사는 연일 정씨 선조들의 위패를 모신 사당과 부속건물로, 최씨고택과 함께 한옥체험이 가능한 두 집 중 한 집이다. 남사예담촌 가까이에는 성철스님의 생가터에 지은 '시간과 공간을 초월한 절' 겁외사가 있어 불자는 물론 일반 관광객들도 즐겨 찾는다. 지리산 기슭 삼장면 유평리에 위치한 대원사는 비구니들의 참선도량으로, 비구니 템플스테이 1호 사찰이기도 하다.

### 연암물레방아공원

함양 용추계곡 초입의 연암물레방아공원어는 3층 건물 높이의 대형 물레방아와 연암 박지원의 동상이 있다. 연암과 물레방아는 무슨 관계일까? 연암이 사신으로 갔던 청나라에서 물레방아를 본 후 〈열하일기〉에 소개하고, 1792년 함양군 안의현감으로 부임하면서 처음으로 물레방아를 만들어 사용하도록 했다는 이야기가 전한다.

### 개평한옥마을

선비의 고장 함양을 대표하는 마을로, 하동 정씨와 풍천 노씨의 집성촌이다. 마을 안에 고색창연한 한옥 60여 채가 모여 있다. 그 중에서도 조선 5현 중 한 분인 일두 정여창의 고택이 아름답다. 일두 고택 맞은편에는 16대 손부 박흥선 명인의 솔송주전시관도 있다.

### 산청생초국제조각공원

가야시대 고분유적인 생초고분군과 인접한 조각공원이다. 국내외 현대조각품 27점이 전시돼 있고, 발 아래로 경호강 조망이 시원하게 펼쳐진다. 산청의 과거와 현재를 한눈에 볼 수 있는 산청박물관도 바로 옆에 있다.

### 산청한의학박물관

한의학을 손쉽게 설명하고 체험할 수 있는 곳이다. 체지방, 혈액순환, 혈압 등 기초건강 상태를 자가 체크하고, 체질별 유익한 약초 등 흥미로운 정보를 얻은 후 건강산책로를 거닐며 왕산의 정기를 흠뻑 받아볼 수 있다. 산책 후 당귀, 방풍 등 다섯 가지 계절 약초와 버섯, 한우로 맛을 낸 '약초와 버섯 샤브샤브'까지 맛보고 나면 몸과 마음이 한층 건강해지는 기분이 든다.

### 지리산둘레길

지리산을 한 바퀴 돌아 걷는 길이다. '속세와 인연을 끊는다'는 의미의 단속사 터와 보물로 지정된 단속사지 동서삼층석탑을 만날 수 있는 7코스(어천~운리), 남명 조식 선생의 산천재와 덕천서원이 있는 사리마을을 지나는 8코스(운리~사리) 등 5개 코스가 산청을 지난다. 단속사지 동서삼층석탑 앞의 마을 정자와 남명 조식 유적지의 아름드리 나무그늘 밑은 지친 다리를 쉬어가기 좋다.

1 3층 높이의 물레방아가 있는 연암물레방아공원
2 지리산 탐방객들이 즐겨 찾는 늘봄가든 오곡밥
정식 3 산청 한의학박물관 전시실 내부 4 지리산
둘레길 산청 제3구간

## 1박2일 추천코스

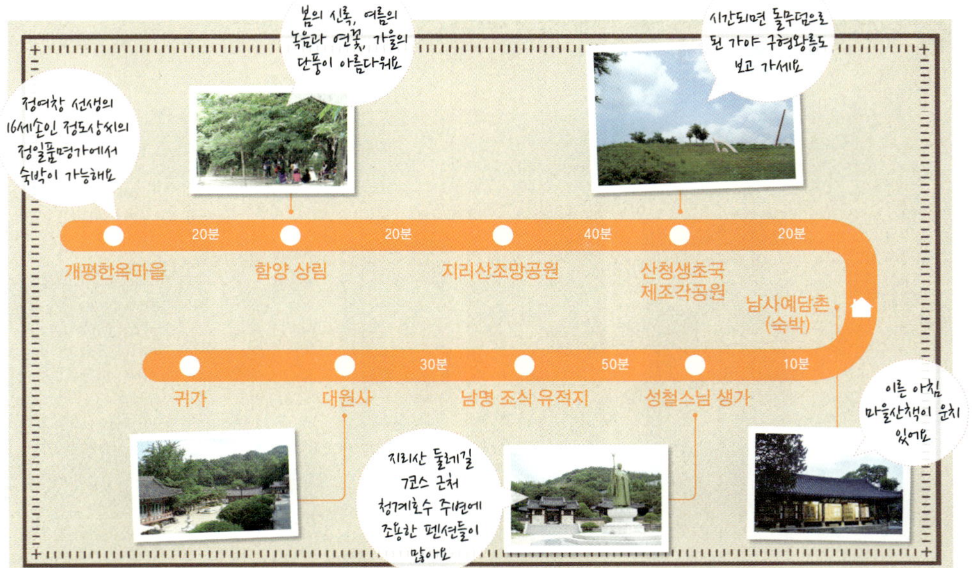


## 여행정보

### ★ 웹사이트와 전화

함양군 문화관광 055-960-4305, tour.hygn.go.kr
산청군 문화관광 055-970-6423, tour.sancheong.go.kr
산청남사예담촌 yedam.go2vil.ort
대원사 www.daewonsa.net
성철스님생가(겁외사) 055-973-1615
상림공원관리사무소 055-960-5756

### ★ 대중교통

서울남부-원지 · 산청 : 각각 하루 26회 · 8회 운행, 3시간 소요
서울남부-안의 · 함양 : 각각 하루 14회 · 4회 운행, 3시간 · 4시간 소요
부산서부-산청 : 30~50분 간격 운행, 2시간 20분 소요

### ★ 자가운전

서울 방면 : 경부고속도로-대전통영간고속도로-함양IC
부산 방면 : 남해고속도로-대전통영간고속도로-88고속도로-
　　　　　함양IC
대구 방면 : 88고속도로→함양IC

### ★ 맛집

약초와버섯골식당 : 약초와 버섯 샤브샤브, 산청군 금서면 특리,
　　　　　055-973-4479
홍화약초식당 : 홍화새싹비빔밥, 산청군 신안면 외송리,
　　　　　055-973-9556
옥연가 : 연잎밥, 함양읍 교산리, 055-963-0107
늘봄가든 : 오곡밥정식, 함양읍 교산리, 055-963-7722
안의원조갈비집 : 갈비찜과 갈비탕, 함양군 안의면 당본리,
　　　　　055-962-0666

### ★ 숙박

남사예담촌 최씨고택 : 산청군 단성면 남사리, 055-973-5597
남사예담촌 사양정사 : 산청군 단성면 남사리, 010-3789-0801
지리산통나무펜션 : 산청군 시천면 중산리, 055-973-0666
느티나무산장 : 함양군 마천면 백무동로, 055-962-5345
함양정일품명가 : 함양군 지곡면 개평리, 1677-8958

### ★ 축제 및 행사

산청 한방약초축제 : 매년 5월
산청 황매산철쭉제 : 매년 5월, 055-970-8051~4
산청 남명선비문화축제 : 매년 10월, 055-970-6401~2
함양 물레방아골축제 : 매년 9월, 055-960-5161

더 많은 정보는
요기!!

\# 039

신석정문학관

전북 부안군

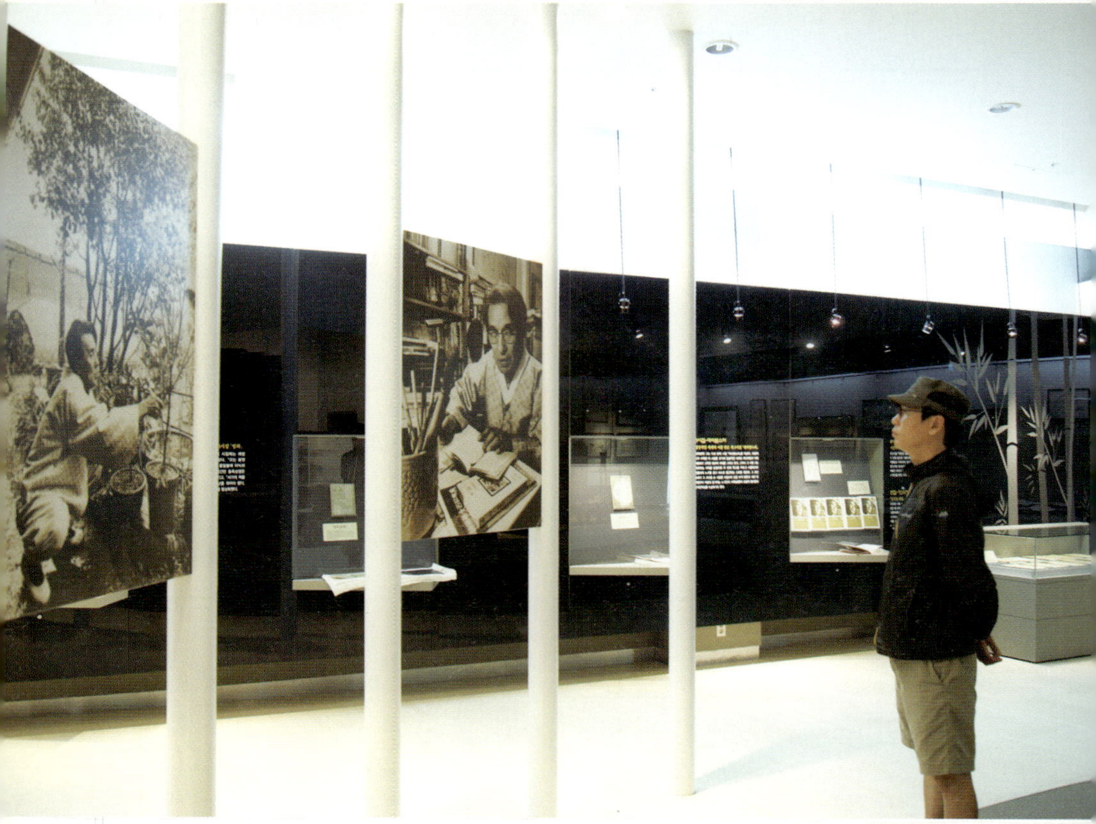

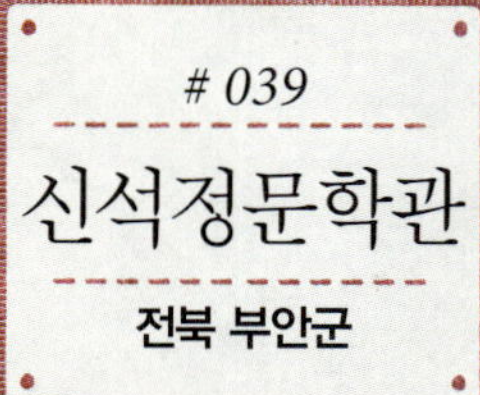

# 시인이 꿈꾸던 '그 먼 나라'를 찾아서

여행 내비게이션

**여행컨셉** 문학의 향기를 따라가는 여행

**추천일정** 1박2일

**Must Do** 1. 곰소염전 구경하기

2. 내소사 전나무길 걷기

3. 부안 명물인 백합요리와 젓갈정식 먹기

4. 모항갯벌해수욕장에서 조개잡이 체험

**추천 교통** 자가운전

**추천 계절** 여름

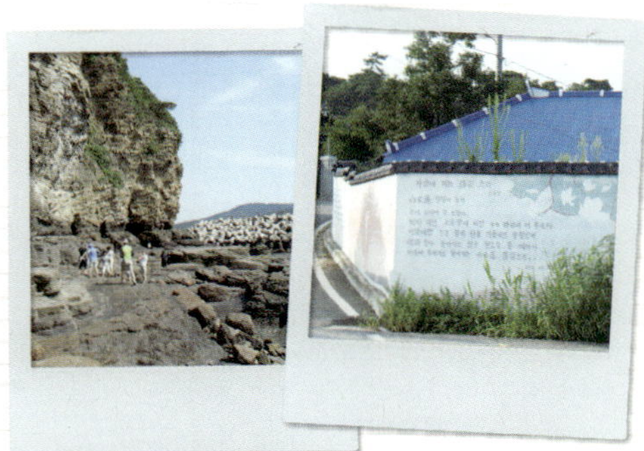

　호남정맥 줄기에서 떨어져 나와 바다를 향해 내달리다 우뚝 멈춰 선 변산, 그 산과 맞닿은 고요한 서해, 전나무 숲길이 깊은 그늘을 만드는 단정한 내소사, 울금바위를 병풍 삼아 아늑하게 들어앉은 개암사, 켜켜이 쌓인 해식단애가 신비로운 풍경을 연출하는 격포 채석강, 드넓은 곰소염전과 소박하고 평화로운 갯마을의 서정……. 부안의 자연은 이토록 아름답고 매력적이다. 그리고 그곳엔 아름다운 자연이 낳은 시인 신석정(1907~1974)의 발자취가 남아 있다.

　부안군 선은리에 자리한 2층 규모의 신석정문학관에는 1939년 간행된 첫 번째 시집 〈촛불〉부터 2007년 탄생 100주년에 맞춰 출간된 유고 시집이자 여섯 번째 시집인 〈내 노래하고 싶은 것은〉까지 석정 문학의 변모 과정이 알기 쉽게 전시되어 있다. 귀중한 육필 원고와 평소 사용하던 가구, 필기구 등 유품도 한자리에 모아 시인의 삶과 문학을 보다 가까이서 느껴볼 수 있도록 구성했다.

　신석정은 1924년 11월 조선일보에 첫 시 '기우는 해'를 발표한 이래 한 세기의 절반을 교육자이자 시인으로 살았다. '시문학' 동인으로 활동한 것은 1931년 〈시문학〉 3호에 '선물'이라는 시를 게재하면서부터다. 이때 한용운, 이광수, 정지용, 김기림 등과 교류하며 문학적으로 성장한다. 하지만 그 해 서울 생활을 접고 낙향해 선은리에 집을 짓고, 전주로 이사하기까지 이곳에서 살았다. '청구원靑丘園'이라고 직접 명명한 이 집은 문학관 맞은편에 복원되었다. 첫 시집 〈촛불〉과 두 번째 시집 〈슬픈 목가〉가 이 집에서 탄생했다.

　신석정은 첫 시집을 내면서 "청구원 주변의 산과 구름, 멀리 서해의 간지러운 해풍이 볼을 문지르고 지나갈 때 얻은 꿈 조각들"이라고 말할 정도로 이 집을 사랑했다고 한다. 첫 시집에는 '그 먼 나라를 알으십니까', '아직 촛불을 켤 때가 아닙니다'를 포함해 당시 석정의 나이와 같은 33편이 실렸다. 그 후 〈문장〉에 게재될 예정이던 시가 검열에 걸리고 〈문장〉이 강제 폐간되는 등 일제의 압박이 심해지던 차에 친일 문학지 〈국민문학〉에서 원고 청탁이 들어오자, 석정은 청탁서를 찢고 창씨개명도 끝까지 거부한 채 해방을 맞이할 때까지 절필을 선언한다. 이 시기에 쓴 시들은 1947년 두 번째 시집 〈슬픈 목가〉를 통해 발표되었다.

### 매창공원

신석정이 '박연폭포, 황진이, 서경덕이 송도삼절이라면 부안삼절은 직소폭포, 매창, 유희경'이라 했다는 기생이자 여류 시인 이매창을 기리는 공원이다. '이화우(梨花雨) 흩날릴 제 울며 잡고 이별한 님 / 추풍낙엽에 저도 날 생각는가……'로 시작되는 이별가의 절창 '이화우', 오랜 세월 우정을 나눈 허균이 매창의 죽음을 전해 듣고 쓴 애도의 시, 가람 이병기가 매창의 무덤을 찾아 읊었다는 '매창뜸'이 시비로 남아 있다.

### 신석정 묘소

신석정의 묘소는 문학관에서 10~15분 거리인 행안면 역리에 위치한다. 묘소로 들어가는 마을 초입 벽에는 데뷔작 '기우는 해'와 병상에서 마지막으로 쓴 '가슴에 지는 낙화소리' 시화가 있다.

### 곰소염전

국내에 얼마 남지 않은 천일염 생산지다. 소금 거둬들이는 모습을 구경하려면 미리 시간대를 알아보고 가는 것이 좋다. 비가 온 뒤 며칠간은 작업을 쉬므로 참고할 것. 염전 구경을 마친 뒤엔 길 건너편 곰소쉼터에 들러 9가지 젓갈이 나오는 젓갈정식을 맛보자.

### 내소사

백제 무왕 23년(633)에 창건된 고찰. 600m에 이르는 전나무 숲길 끝에서 단정하고 기품 있는 자태를 드러낸다. 한국적인 아름다움이 잘 살아있는 대웅보전의 사방연속무늬 꽃 창살이 백미다. 내소사 뒤로 보이는 변산의 아름다운 자태도 놓치지 말자.

### 개암사

내소사와 더불어 부안을 대표하는 고찰이다. 백제 무왕 35년(634) 창건된 것으로 전하며, 원효와 의상대사가 머물렀던 곳이기도 하다. 대웅보전 뒤 울금바위의 자태가 인상적이다. 내소사에 비해 찾는 이가 적어 언제나 호젓하다.

1 부안이 고향이 시인 신석정의 묘소 2 바닷물을 가둬 소금을 만드는 곰소염전 3 아름드리 전나무가 도열한 내소사 진입로 4 담백한 국물 맛이 일품인 백합탕

## 1박2일 추천코스

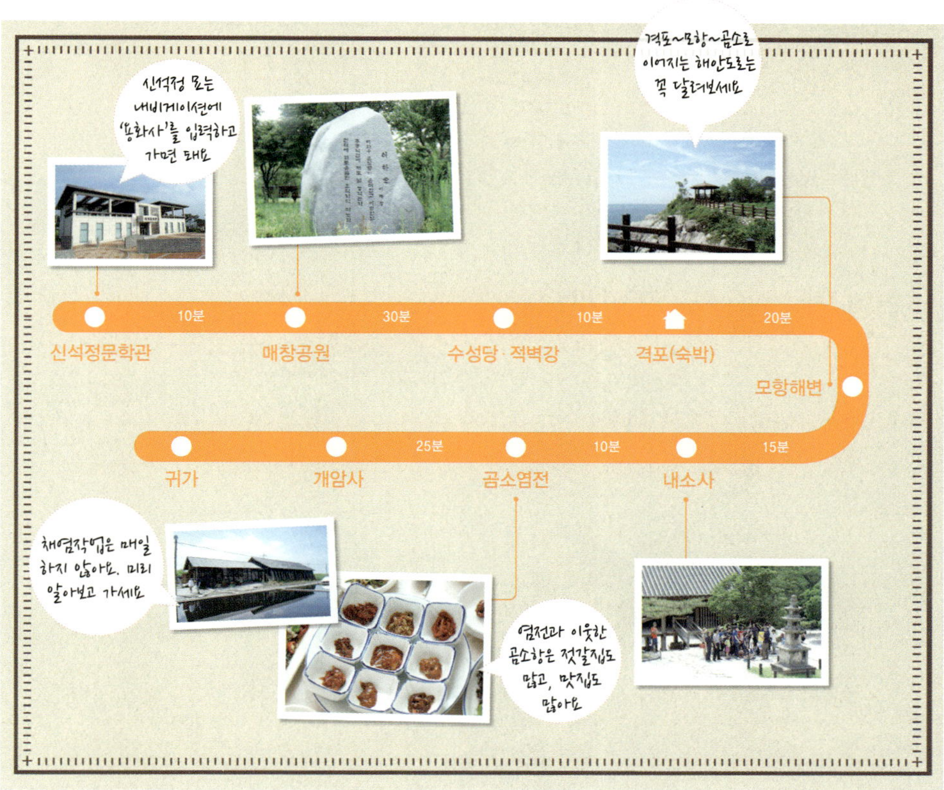

## 여행정보

### ★ 웹사이트와 전화

부안군 문화관광 063-580-4713, www.buan.go.kr/02tour
신석정문학관 063-584-0560, shinseokjeong.com
내소사 063-583-7281, www.naesosa.org
변산반도국립공원 063-582-7808, byeonsan.knps.or.kr
개암사 063-581-0080

### ★ 대중교통

[버스] 센트럴시티터미널에서 1일 16회 운행, 약 2시간 50분 소요
　　　　동서울종합터미널에서 1일 5회 운행, 약 3시간 30분 소요

### ★ 자가운전

서해안고속도로-부안IC-30번 국도-신석정문학관

### ★ 숙박

채석리조텔오크빌 : 변산면 격포로, 063-583-8046
채석강스타힐스호텔 : 변산면 채석강길, 063-581-9911
대명리조트 변산 : 변산면 변산해변로, 1588-4888

### ★ 맛집

계화회관 : 백합죽, 행안면 변산로, 063-584-0075
칠산꽃게장 : 꽃게장, 진서면 청자로, 063-581-3470
곰소쉼터 : 젓갈정식, 진서면 청자로, 063-584-8007

### ★ 축제 및 행사

매창문화제 : 매년 4월 말
곰소젓갈축제 : 매년 10월 중순

# 040
탄금호
충북 충주시

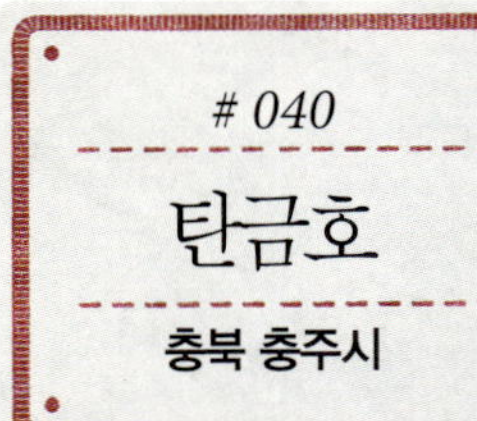

# 시원한 물살을 가르며 도전! 조정체험

여행 내비게이션

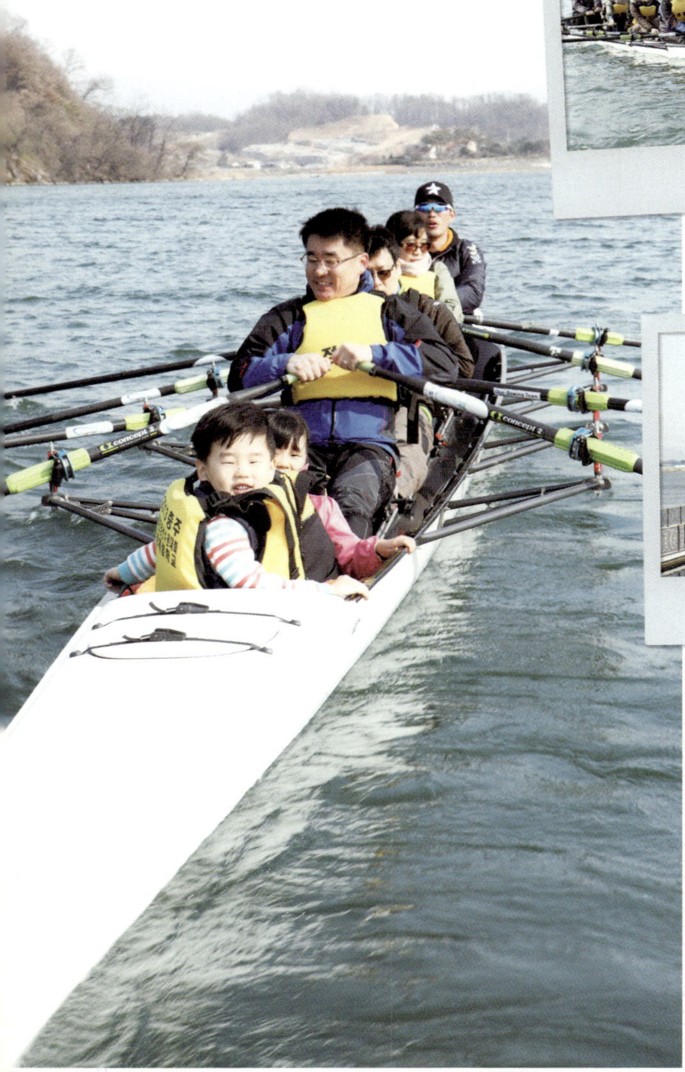

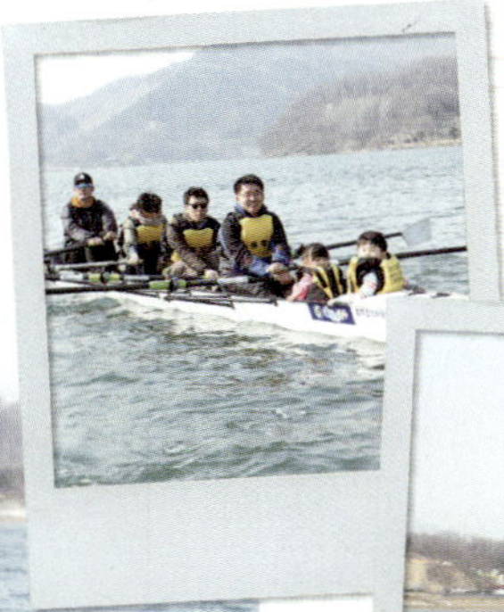

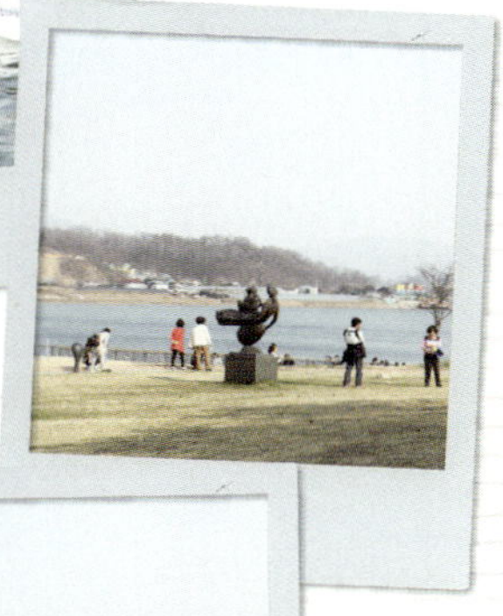

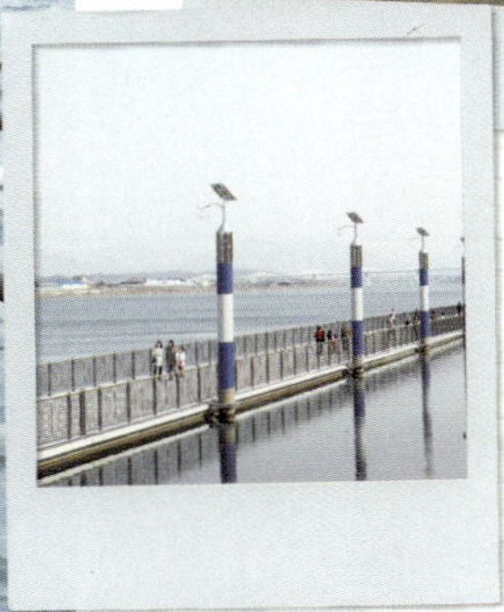

**여행컨셉** 호반 도시에서 온 가족이 즐기는 짜릿한 수상 스포츠
**추천일정** 당일
**Must Do** 1. 온 가족이 한 팀이 되어 조정 체험
2. 중앙탑사적공원에서 돗자리 펴고 누워 뒹굴기
3. 민물매운탕 먹기
**추천 교통** 자가운전
**추천 계절** 여름

충주 시민들이 주말 가족 나들이 코스로 즐겨 찾는 탄금호와 중앙탑사적공원에는 국제조정경기장이 있다. 이곳에서는 지구촌 최대의 조정 축제인 세계조정선수권대회가 열렸었다.

조정은 바람을 가르며 물 위로 날아갈 듯 미끄러지는 날렵한 선체, 한 몸처럼 움직이는 조수$^{crew}$들의 일사불란한 노 젓기, 타수$^{cox}$와 조수의 환상적인 호흡 등 보는 것만으로도 가슴속까지 상쾌해지는 수상 스포츠다. 1916년 국내에 처음 소개된 조정은 공중파 예능 프로그램에 소개된 이후 대중적 관심과 인지도가 폭발적으로 늘었다. 최근에는 정기적으로 조정을 즐기는 주부와 직장인 동호회도 많아졌다. 조정은 전신 근육을 사용해 운동 효과가 뛰어나고, 다이어트와 몸매 보정에 도움이 된다. 또한, 팀워크가 중요한 경기인 만큼 배려와 화합이 절대적이다.

충주조정체험학교에서는 일반인을 대상으로 조정체험을 한다. 조정 체험은 인터넷으로 접수를 받아 평일 오전 10시와 오후 1시, 주말 오전 10시와 오후 2시, 3시에 진행한다. 체험은 이론 교육과 실전 교육으로 구성된다. 먼저 간단한 이론 교육으로 조정의 유래와 종목, 장비 등 기초적인 설명이 이어진다. 복잡해 보이지만 1일 체험자가 알아야 할 내용은 간단하다. 반드시 기억해야 할 사항은 노$^{oar}$를 저을 때 팔이 가슴 위로 올라오지 않도록 할 것, 손목으로 젓지 말 것, 손등과 손목은 언제나 수평을 이룰 것 정도이다.

다음은 '에르고미터'라는 실내 조정 훈련 기구로 노 젓는 요령을 터득하는 시간이다. 다리로 밀고 허리를 젖히고 팔로 당기는 동작, 반대로 팔을 펴고 허리를 숙이고 무릎을 접는 동작이 부드럽게 이어져야 한다. 처음에는 모두 '머리 따로, 몸 따로'라 곳곳에서 웃음보가 터지지만, 하다보면 점점 자연스러운 자세가 나온다. 노 젓는 연습이 끝나면 실전이다. 동승한 강사의 구령에 맞춰 하나, 둘, 셋~ 노를 젓다보면 어설퍼도 보트가 움직이는 것이 신기하고 재미있다. 바람도 상쾌하고, 함께 호흡 맞춰 앞으로 나아가는 리드미컬한 기분도 좋고, 온몸에 전달되는 묵직한 물의 저항감도 느낌이 좋다.

조정에 공식적으로 연령 제한이 있는 것은 아니다. 하지만, 신장이 최소 150cm는 되어야 노 젓기가 가능하므로 초등학교 고학년 정도부터 체험이 가능하다. 체험용 보트는 선수용과 달리 폭이 넓고 무거우며 균형이 잘 맞도록 제작되어 안전 문제는 걱정하지 않아도 된다.

1 신라가 영역 표시를 위해 세운 탑평리 칠층석탑 2 신라 귀족들의 묘로 추정되는 누암리 고분군 3 충주 고구려비전시관 4 조동리 선사유적박물관에 전시된 토기

### 탑평리 칠층석탑

충주는 선사시대에서 삼국, 통일신라에 이르는 우리 역사의 흔적이 여러 곳에 남아 있어 자녀와 함께 여행하기 좋은 곳이다. 중앙탑이라고도 불리는 탑평리 칠층석탑(국보 제6호)은 삼국통일 후 신라가 일종의 영역 표시로 세운 탑으로 충주조정체험학교 바로 옆 중앙탑사적공원에 있다.

### 고구려비전시관

충주는 지리적으로 국토의 중앙에 위치했을 뿐 아니라 무기의 재료인 철 생산량이 많아 고구려와 백제, 신라의 치열한 격전지였다. 삼국 중 충주를 선점한 나라는 백제였다. 백제가 5세기 무렵까지 약 400년간 지배해온 땅을 고구려에 내준 것은 광개토대왕 때. 고구려는 그 후 150년간 충주를 지배하면서 역사상 최대 판도를 구축했는데, 이때 세운 것이 국내에 유일하게 남은 고구려 비석인 '충주고구려비'(국보 205호)다.

### 누암리 고분군

신라가 충주에 진출한 것은 6세기 중반 진흥왕 때다. 6세기 말에서 7세기 초에 조성된 것으로 추정되는 '충주 누암리 고분군'(사적 463호)은 신라의 영토 확장과 함께 이곳으로 이주한 귀족들의 무덤으로 알려졌다. 경주의 고분군을 연상케 하는 누암리 고분군에서는 이 시기 유물이 다량 출토되었다. 통일신라의 세력권에서 충주는 경주 다음가는 거대도시로 번성했다고 한다.

### 조동리선사유적박물관

신석기부터 청동기시대 유물을 전시한 조동리선사유적박물관도 자녀와 함께 둘러볼 만하다. 신석기시대 문화층에서 발굴된 빗살무늬토기, 청동기시대 문화층에서 나온 민무늬토기와 집터, 불 땐 자리, 움, 도랑 등 다양한 생활 유적을 볼 수 있다.

## 당일여행 추천코스

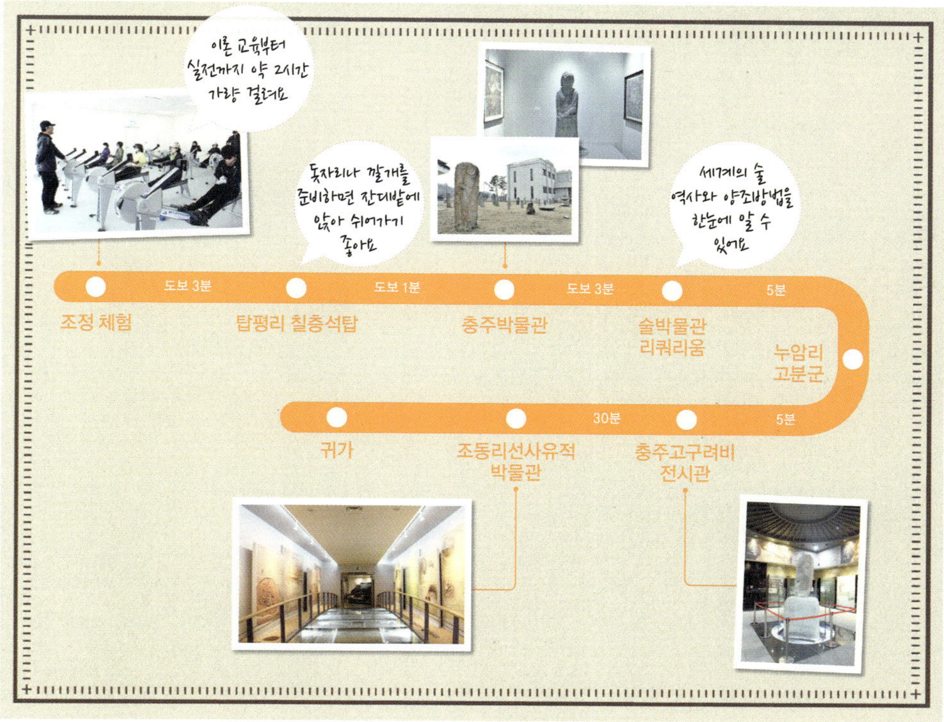

## 여행정보

### ★ 웹사이트와 전화

충주시 문화관광 043–850–6712, www.cj100.net/tour
충주조정체험학교 043–844–3533
충주박물관(조동리선사유적박물관) 043–850–3992,
www.cj100.net/museum
충주고구려비전시관 043–850–7301
충주박물관(중앙탑사적공원) 043–850–3924

### ★ 대중교통

[버스] 센트럴시티터미널에서 1일 34회 운행, 약 1시간 50분 소요
동서울터미널에서 1일 7회 운행, 약 1시간 40분 소요

### ★ 자가운전

제2중부고속도로–중부내륙고속도로–북충주IC–가금면 중앙탑길–
충주조정체험학교

### ★ 숙박

수안보파크호텔 : 수안보면 탑골1길, 043–846–2331
켄싱턴리조트 충주 : 앙성면 산전장수1길, 043–840–2700
계명산자연휴양림 : 충주호수로, 043–850–7313

### ★ 맛집

대장군 : 꿩 요리, 수안보면 미륵송계로, 043–846–1757
중앙탑오리집 : 오리백숙, 가금면 중앙탑길, 043–857–5292
남한강횟집 : 붕어찜, 메기매운탕과 송어비빔회, 동량면 호반로,
043–851–2544

### ★ 축제 및 행사

충주세계무술축제 : 매년 9월, 043–850–6721
충주호수축제 : 매년 7월, 043–850–6721
충주사과축제 : 매년 11월, 043–850–5720

# 041
요트&씨카약 체험

경남 남해군

# 망망한 바다 위에서 짜릿한 해방감을 맛보다

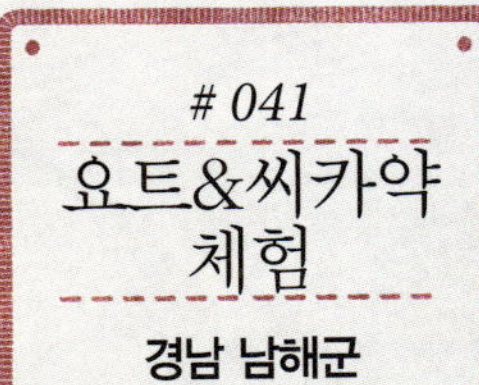

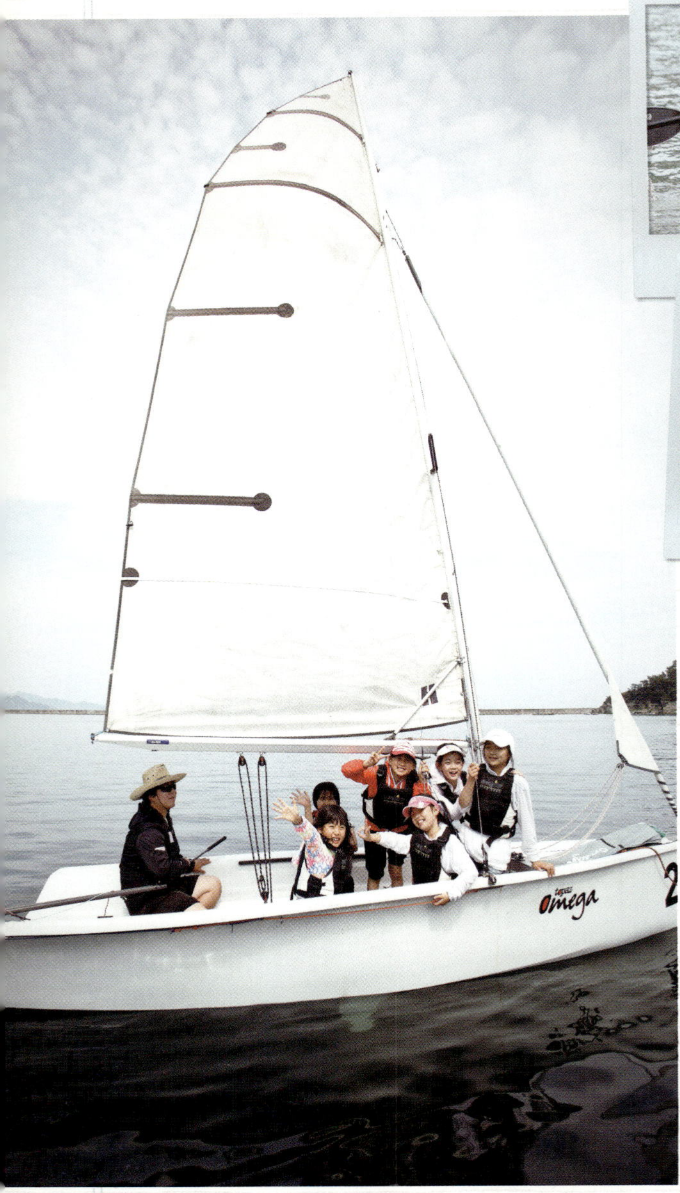

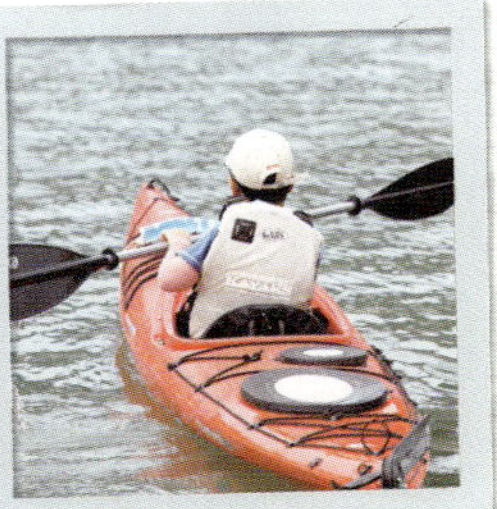

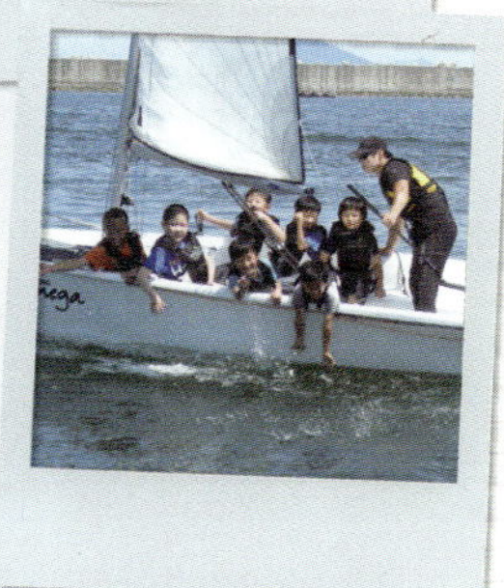

**여행 내비게이션**

**여행컨셉** 요트와 카약 등 짜릿한 해양레포츠 즐기며 남해 여행하기

**추천일정** 2박3일

**Must Do**
1. 씨카약 타고 남해바다 즐기기
2. 금산 보리암 트레킹
3. 다랭이 마을 탐방하기
4. 원예예술촌 산책하기
5. 멸치회, 갈치회, 전복죽 등 남해 별미 맛보기

**추천 교통** 자가운전

**추천 계절** 사계절

커다란 돛을 펴고 바람을 잔뜩 안은 채 바다 멀리 떠가는 요트! 누구나 한 번은 타고 싶다. 그 꿈을 이룰 수 있는 곳이 있다. 남해군 삼동면 물건항에 자리한 남해군 요트학교는 멀게만 느껴지는 요트를 체험해볼 수 있는 곳이다. 영국왕립요트협회[RYA]의 과정을 한국 실정에 맞게 조정해 체험, 입문, 숙련 과정과 1급 지도자를 양성하는 스피네커·씨맨쉽까지 모두 4개 과정, 10단계 프로그램으로 구성해 교육을 진행한다. 초등학생 4학년 이상이면 누구나 요트를 배울 수 있는데, 교육과정 이수 후에는 국제적으로 통용되는 수료증을 발급해 준다. 물론 간단한 체험도 즐길 수 있다.

체험을 해보면 요트가 어려운 레포츠가 아니라는 것을 알 수 있다. 스윔슈트와 구명조끼, 슈즈 등을 갖춰 입은 후 가장 먼저 배우는 것은 기본적인 테이킹 동작. 바람을 거스르며 전진할 수 있는 기술인데, 요트의 양쪽에 번갈아 앉으며 돛의 방향을 바꾸면 된다. 이렇게 하다보면 요트는 자연스럽게 지그재그로 앞으로 나아간다. 두 시간 정도 배우면 초보자들도 어느 정도 익숙해진다. 이 단계를 지나면 물건항을 벗어날 수 있는 수준이 된다. 망망한 바다 위를 바람에 의지해 나아가는 기분은 뭐라 말할 수 없을 정도로 짜릿한 해방감을 느끼게 해준다. 흰 구름과 어우러진 쪽빛 남해바다는 숨이 막힐 것 같은 풍광을 선사한다.

그래도 요트가 다소 어렵게 느껴진다면 씨카약을 즐겨보자. 금산 남서쪽 자락에 자리한 상주면 양아리 두모마을은 70가구가 사는 작은 마을. 드므개마을이라고도 불린다. 2011년부터 씨카약을 즐길 수 있는 시설을 갖추고 여행객을 맞을 준비를 하고 있다. 카약은 요트보다 더 배우기 쉽다. 30분~1시간 정도의 교육을 받으면 초등학생 이상이면 누구나 즐길 수 있다. 배가 뒤집어질 염려는 하지 않아도 된다. 구명조끼를 입고 탑승하기 때문에 더욱 안전하다. 시원한 바닷바람을 맞으며 노를 젓다 보면 스트레스가 말끔히 사라지는 느낌이다. 파도를 넘어가는 재미도 쏠쏠하다.

일정 시간 교육을 받으면 두모마을에서 카약을 타고 노도까지 갈 수도 있다. 20~30분 정도 걸린다. 노도는 조선 중기의 문신이자 소설가 서포 김만중이 3년간 유배생활 중 생을 마친 곳이다. 당시 주변 사람들은 섬에 갇혀 고독한 나날을 보내던 그를 보고 '노자묵자 할배'라 불렀다고 전한다. 노도는 중국의 진시황이 불노초를 구하러 보낸 서불이라는 사람과 500명의 동남동녀 일행이 금산을 오를 때 처음 도착한 섬이라는 이야기도 전한다. 마을 어귀에는 솔숲도 조성되어 있는데 이곳에서 캠핑도 즐길 수 있다.

### 금산 보리암

양양 낙산사, 강화 보문사와 함께 우리나라 3대 기도도량으로 알려진 곳이다. 암봉으로 이뤄진 금산의 9부 능선에 위치해 있는데, 보리암에서 바라보는 한려수도의 시원스런 경치가 가히 절경이다. 금산의 원래 이름은 보광산(普光山)이었으나 이성계가 이 산에 와서 기도를 한 뒤 왕위에 오르자, 산 전체를 비단으로 덮겠다는 약속을 지키기 위해 산 이름을 금산(錦山)으로 바꿨다고 한다.

### 다랭이마을

남해의 남면 가장 끄트머리에 있는 다랭이마을은 108계단의 다랭이 논으로 이루어진 곳이다. 산비탈을 따라 680여 개의 논배미(논두렁으로 둘러싸인 논 하나하나의 구역)들이 이어진다. 선조들이 산간지역에서 벼농사를 짓기 위해 산비탈을 깎아 만든 것이 다랭이 논인데, 이곳은 밭 갈던 소도 한눈을 팔면 가파른 절벽 아래로 떨어진다는 얘기가 있을 정도로 계단논의 폭이 좁다. 마을 어귀에는 암수바위라고 불리는 한 쌍의 바위가 있다. 남성과 여성을 상징하는 것처럼 보이는데, 아이를 못 낳는 여자가 이 바위를 보고 빌면 아들을 낳는다는 전설이 있다.

### 물미해안도로 드라이브

남해는 섬 전체가 빼어난 해안드라이브 코스다. 그 중에서 특히 삼동면 지족에서 시작해 동남쪽 해안을 따라 내려가며 물건리에서 미조항에 이르는 코스가 이름 높다. '물미해안도로'라고 불리는 이 길은 급한 커브길이나 높은 고갯길이 없어 드라이브하기에 적당하다.

### 원예예술촌

일본, 프랑스, 영국 등 20여 나라의 정원을 모아놓은 곳이다. 예쁜 정원과 아기자기한 전원주택을 구경하며 산책을 즐길 수 있어 연인들의 데이트코스로 인기가 높다. 남해의 특산물인 유자와 흑마늘을 이용해 수제 초콜릿 만들기 체험도 해 볼 수 있어 가족여행객이라면 한번쯤 들러도 좋을 듯하다.

1 보리암에서 바라본 남해 바다 2 가천 다랭이마을의 암수바위 3 물미해안도로에서 바라본 남해바다 4 원예예술촌의 프랑스식 정원

## 2박3일 추천코스

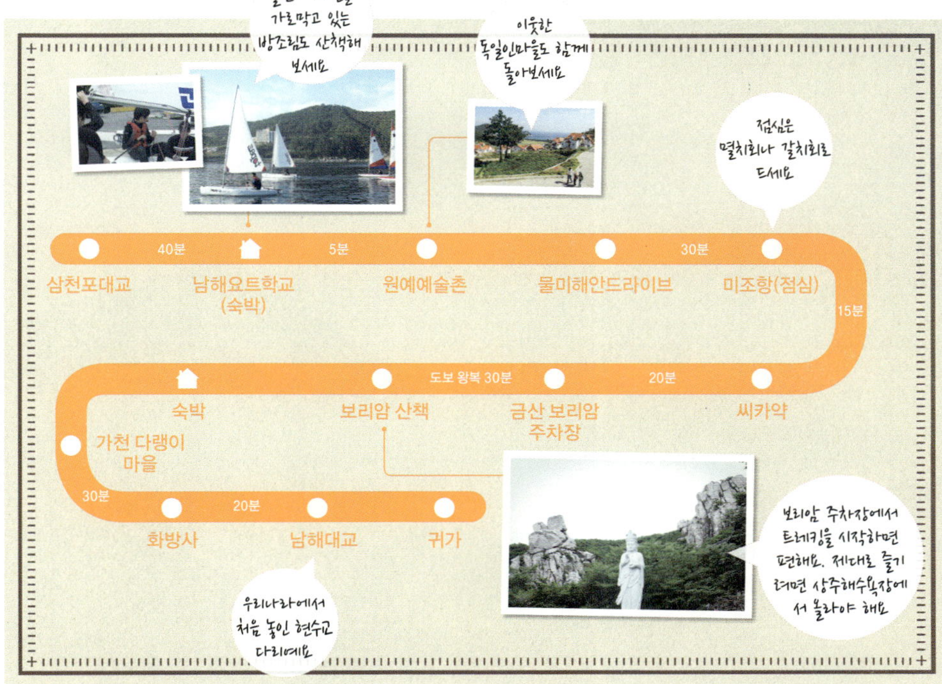


## 여행정보

### ★ 웹사이트와 전화

남해군 문화관광 055-860-8601, tour.namhae.go.kr
남해군 요트학교 070-7755-5278, yacht.namhae.go.kr
두모마을 055-862-5865, www.du-mo.co.kr
다랭이마을 010-9809-2660, darangyi.go2vil.org
원예예술촌 055-867-4702, www.housengarden.net

### ★ 대중교통

[버스] 서울-남해 : 센트럴시티터미널-남해, 1일 7회 운행,
    4시간 30분 소요

### ★ 자가운전

경부고속도로-대전통영고속도로-진주분기점-남해고속도로-사천
IC-삼천포대교-창선대교-물건리

### ★ 숙박

힐튼남해골프&스파리조트 : 남해군 남면 덕월리, 055-860-0100,
    www.hiltonnamhae.com
남송가족관광호텔 : 남해군 삼동면 물건리 5-1번지,
    055-867-4710~2, www.namsongresort.co.kr
스포츠파크가족호텔 : 남해군 서면 서상리 1182-9, 055-862-8811,
    www.namhaehotel.co.kr
남해편백자연휴양림 : 남해군 삼동면 봉화리 내산마을,
    055-867-7881

가천테마펜션 : 남해군 남면 홍현리 1010-1, 055-863-2080
보물섬캠핑장 : 남해군 남면 선구리 1060-1, 055-864-7367,
    보물섬캠핑장.kr

### ★ 맛집

촌놈횟집 : 활어회, 남해군 미조면 미조리, 055-867-4977
어부림횟집 : 활어회, 남해군 삼동면 물건리, 055-867-3362
대청마루 : 쌈밥·정식, 남해군 삼동면 동천리, 055-867-0008
일번기숯불구이 : 남해군 삼동면 지족리, 장어구이, 055-867-3311
달반늘장어구이 : 남해군 삼동면 지족리, 장어구이, 055-867-2970
공주식당 : 멸치회와 갈치회, 남해군 삼동면 미조리, 055-867-6728

더 많은 정보는
요기!!

# 042

## 증도

**전남 신안군**

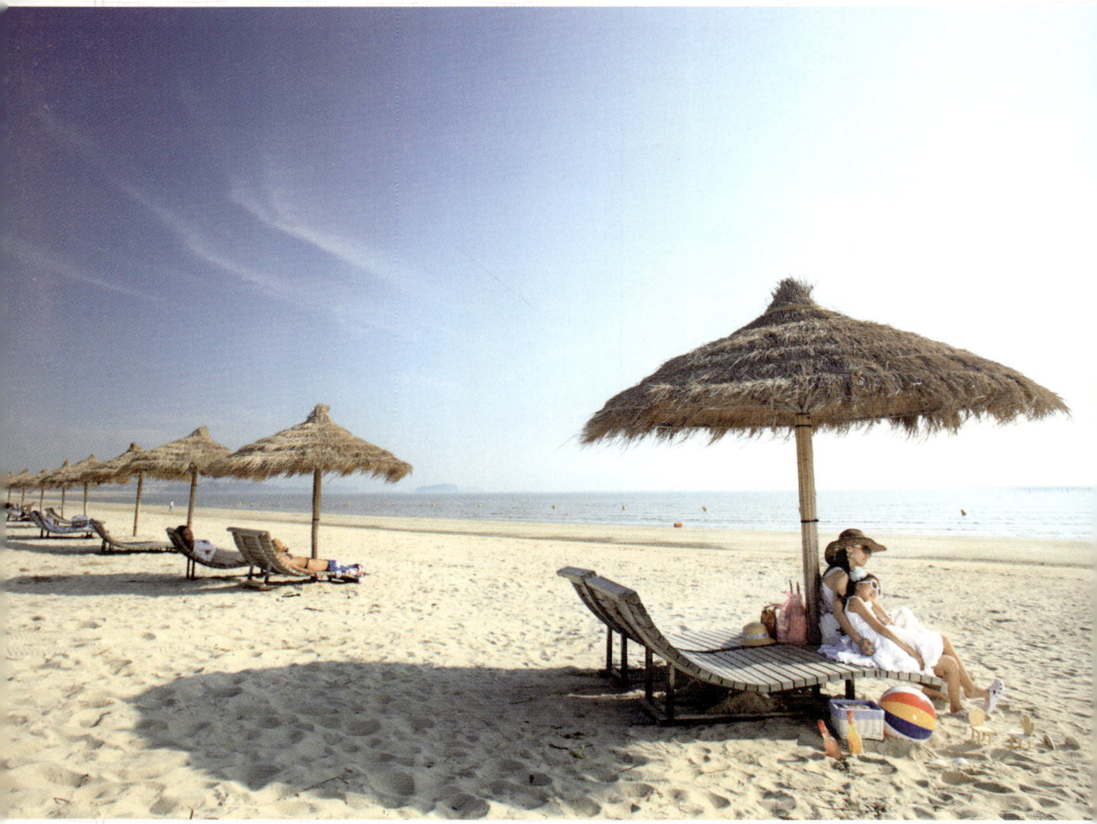

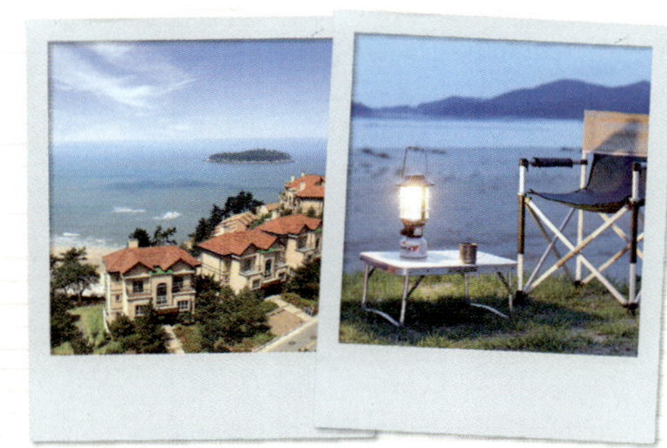

# 슬로시티에서 보내는 느린 하룻밤

여행 내비게이션

**여행컨셉** 소금과 갯벌을 체험하며 뜨거운 여름나기
**추천일정** 1박2일
**Must Do** 1. 태평염전에서 소금 만들기 체험
2. 우전해수욕장에서 해수욕 하기
3. 염생식물원 돌아보기
4. 화도 탐방하기
5. 함초요리와 짱뚱어탕 먹어보기
**추천 교통** 자가운전
**추천 계절** 봄~가을

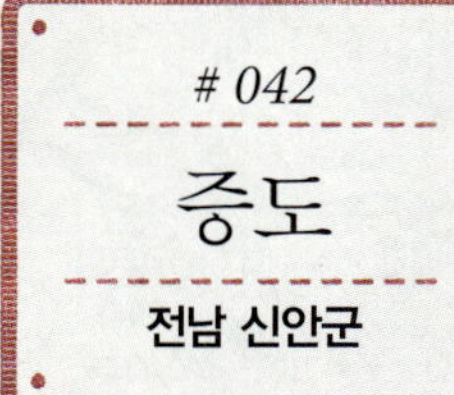

신안 증도는 섬에서의 하룻밤을 즐기기에 부족함이 없는 곳이다. 끝이 보이지 않는 넓은 갯벌과 은빛 해변, 해변 뒤로는 짙은 녹음의 해송숲이 펼쳐진다. 뜨거운 햇살에 소금꽃을 피워내는 염전에서 즐거운 체험도 해 볼 수 있다. 게다가 증도는 담양, 완도군과 함께 아시아 최초로 슬로시티로 지정된 곳이다.

증도는 섬 어디서 걸음을 멈춰도, 어느 곳을 둘러봐도 눈과 귀가 즐겁지만 그 가운데서도 빼놓지 않고 챙겨봐야 할 곳들이 있다. 첫 번째로 봐야 할 곳이 갯벌이다. 짱뚱어해수욕장 앞으로 드넓은 갯벌인 '갯벌도립공원'이 펼쳐진다. 유네스코 생물권 보전지역으로 승인된 곳으로 422만4000㎡의 광활한 면적을 자랑한다. 갯벌도립공원의 명물은 짱뚱어다리. 드넓은 갯벌 위에 세워진 470m 길이의 다리로, 철제 구조에 나무널판을 댄 모양새가 예쁘다. 다리 아래에 짱뚱어가 많이 살고 있다고 해서 붙은 이름이다. 썰물 때는 다리 아래로 농게와 칠게, 갯지렁이, 짱뚱어 등 갯벌 생물을 관찰할 수 있다. 다리 중간쯤에는 갯벌로 내려가는 계단도 설치되어 있다. 바닷물이 들어올 때는 바다 위를 걷는 기분을 느낄 수 있다. 다리를 배경으로 바라보는 일몰도 아름답다.

증도의 또 다른 명소는 태평염전이다. 우리나라 단일염전 가운데 규모가 가장 큰 곳으로 140만 평이나 된다. 연간 1만6,000톤의 소금이 이곳에서 만들어진다. 국내 천일염의 6%다. 태평염전은 그 자체가 근대문화유산(등록문화제 제360호)으로 지정돼 있다. 광활한 소금밭과 이를 가르며 길게 서 있는 소금창고는 증도의 대표적인 볼거리다. 염전 전체를 조망하려면 염전 입구 야산에 마련된 소금밭 전망대에 오르면 된다. 소금밭 전체는 물론 멀리 증도대교까지 한 눈에 조망할 수 있다.

염전 주변에는 다양한 체험시설이 많다. 가장 먼저 가볼 곳은 입구에 있는 소금박물관. 박물관 안에는 소금의 역사와 제도, 소금으로 만든 짱뚱어 등의 조형물, 소금 생산 도구와 결정지<sub>소금 결정이 만들어지는 못</sub>를 재현해 놓았다. 박물관 벽에는 소금장수로 위장하며 살다가 고구려 15대 미천왕이 된 을불의 이야기, 팔만대장경판의 습기를 빨아들이고 해충을 막기 위해 해인사 장경각 지반에 소금을 묻혔던 이야기, 신기전 제조와 매염제로도 쓰였다는 이야기 등을 적어 놓았다. 박물관 건물은 실제 사용했던 석조 소금창고였다고 한다. 요즘은 대부분 목조창고인데 반해 돌로 지은 모양새가 이색적이다. 1980년대 후반 목조 소금창고들이 생겨나면서 자재 창고로 쓰이다 2007년 소금박물관으로 새롭게 단장했다. 소금박물관 역시 근대문화유산(등록문화제 제361호)이다.

### 염전체험장과 염생식물원

태평염전 안에는 염전체험장과 염생식물원도 있다. 염전 체험장에선 3월 중순부터 10월 중순까지 하루 두 차례(오전 11시, 오후 3시) 염전 체험을 할 수 있다. 방문 3일 전에 소금박물관 홈페이지(www.saltmuseum.org)나 전화(061-275-0829)로 예약하면 된다. 염생식물원 역시 방문객들에게 인기가 높다. 220m의 목조 관찰 데크를 따라가며 자연 갯벌에 자생하는 갖가지 염생식물 군락지를 관찰할 수 있다. 함초(퉁퉁마디), 나문재, 칠면초, 해홍나물 군락과 함께 오염된 습지에서는 자랄 수 없는 띠(삐비)가 물결치는 것도 볼 수 있다.

### 우전해수욕장

증도에는 우전해수욕장과 짱뚱어해수욕장이 있다. 남쪽을 우전, 북쪽 한켠을 짱뚱어해수욕장이라 부른다. 우전해수욕장에는 송림이 울창하다. 모래는 밀가루처럼 곱고 부드럽다. 폭도 100m에 달하는데다 수심도 완만해 가족들과 함께 물놀이를 즐기기에 좋다. 짱뚱어해수욕장에는 짚 파라솔과 선베드가 줄지어 서 있는데, 동남아의 유명 휴양지에 온 듯한 기분을 들게 한다.

### 방축리 해안일주도로

증도는 1976년 세상을 떠들썩하게 했다. 증도 앞바다에서 중국 송·원나라 시대 유물이 무더기로 발견된 것. 도자기와 동전 등 모두 2만3,000여 점의 유물을 건져 올렸다. 증도 북서쪽 방축리 가는 해안일주도로를 따라가다 보면 이를 알리는 기념비를 만나볼 수 있다. 기념비가 있는 일대는 증도에서 일몰이 아름다운 곳으로도 꼽힌다. 호롱섬, 도덕도, 대단도 등 크고 작은 섬들이 어우러진 낙조가 운치 있다. 기암절벽을 따라 펼쳐진 도로는 드라이브 코스로 손색이 없다.

### 화도

화도도 가볼만 하다. 장혁과 공효진이 나왔던 드라마 〈고맙습니다〉 촬영지로 입소문 나면서 유명해졌다. 증도와 화도는 노두길로 연결돼 있는데, 노두는 개펄 위에 돌을 놓아 건너 다니던 징검다리다. 물이 차면 사라지고 물이 빠지면 모습을 드러낸다.

1 우리나라에서 가장 큰 태평염전 전경 2 태평염전에서 진행하는 소금 모으기 체험 3 짠 갯벌에서 서식하는 수생식물을 알 수 있는 염생식물원 4 드라마 〈고맙습니다〉의 촬영지 화도 5 해수욕을 즐기기 좋은 우전해수욕장의 일몰

## 1박2일 추천코스

증도대교 — 10분 — 우전해수욕장 물놀이 — 5분 — 짱뚱어다리 — 5분 — 숙박(엘도라도 리조트) — 5분 — 태평염전 — 10분 — 소금박물관 — 15분 — 방축해안 일주 — 10분 — 화도 — 귀가

## 여행정보

**★ 웹사이트와 전화**

신안군 문화관광 061-271-1004, tour.shinan.go.kr

소금박물관 061-275-0829, saltmuseum.org.

신안증도 슬로시티 위원회 061-240-8884

**★ 대중교통**

[기차] KTX 용산역-목포역, 주중 10회, 3시간 20분 소요

[버스] 센트럴시티터미널에서 매시간 운행, 4시간 30분 소요

**★ 자가운전**

1. 서울출발 : 서해안고속도로-북무안IC-24번 국도 해제반도 방향-지도-송도-사옥-증도

2 부산출발 : 남해고속도로-호남고속도로 동림IC-무안국제공항고속도로 나주IC-북무안IC

**★ 숙박**

엘도라도리조트 : 신안군 증도면 우전리 233-42, 061-260-3300, www.eldoradoresort.co.kr

현대장 : 신안군 증도면 증동리 1727, 061-271-7528

에벤에셀민박 : 신안군 증도면 대초리 93, 010-3645-5569

장고민박 : 신안군 증도면 대초리 1275, 010-9394-4100

**★ 맛집**

보물섬 : 활어회, 신안군 증도면 증동리, 061-271-0631

안성식당 : 짱뚱어탕, 신안군 증도면 증동리, 061-271-7998

갯풍 참민어장어 : 장어구이, 신안군 증도면 증동리, 061-271-0248

솔트레스토랑 : 함초요리, 신안군 증도면 대초리, 061-261-2277

더 많은 정보는 요기!!

# 정조의 꿈이 담긴 새로운 도시

## 여행 내비게이션

**여행컨셉** 조선시대의 성곽 축조기법과
정조의 꿈을 생각하며 수원 화성 걷기
**추천일정** 당일
**Must Do** 1. 수원 화성 걷기
2. 화성 행궁 앞 공연관람 및 체험하기
3. 해우재박물관에서 화장실 변천사 엿보기
4. 수원 왕갈비 먹어보기
**추천 교통** 자가운전
**추천 계절** 봄~가을

　　수원시 팔달구에 자리한 수원 화성사적 제3호은 정조의 염원이 담긴 곳이자 세계문화유산으로 지정되어 세계적으로도 주목받는 건축물이다.

　　화성의 성곽은 팔달산의 지형지세를 따라 나뭇잎 모양으로 길게 뻗었다. 5.7km나 이어지는 성곽에는 기존 성곽의 허점을 보완하는 시설물이 가득하다. 성문을 보호하기 위해 옹성을 쌓고, 문 양쪽에 적대와 포루를 만들었으며, 산에서 내려오는 물이 성 안에 고이지 않도록 북수문과 남수문을 만들어 물길을 안정시킨 것이다. 단순히 돌을 쌓아 만든 것이 아니라 벽돌을 함께 사용해 만든 성벽 위의 건축물도 재미있다. 총 지휘시설인 장대, 전투지휘시설이자 좋은 쉼터인 각루, 군사가 다치지 않도록 방어시설을 갖춘 포루, 숨겨진 출입구인 암문, 망루이자 적극적인 공격방어시설인 공심돈, 봉수대와 포대의 기능을 하는 봉돈 등 어느 것 하나 같은 모양으로 만들어지지 않았다. 성곽을 돌아보는 두세 시간 동안의 걷는 길이 지루하지 않은 까닭이다.

　　완공 후 200년이 지난 지금까지도 많은 사람의 관심을 받는 수원 화성은 축성 당시에도 많은 화제를 낳았다. 그 첫 번째는 백성을 사랑하는 정조의 마음이다. 사도세자의 능원을 옮기기 위해 백성들을 이주시킬 때 넉넉한 보상금과 이주비를 지급한 일, 막대한 공사비가 들어가는 것에 개의치 않고 성곽의 길이를 늘려 많은 백성이 성안에서 함께 살 수 있도록 한 일, 공사에 동원된 백성들에게 일한 만큼 품삯을 지급한 일, 일하는 도중 병이 나지 않도록 환약을 지어 보급한 일 등이다.

　　두 번째는 성곽축조를 도운 새로운 기계의 도입이다. 유형원, 정약용 등의 실학자가 개발한 거중기, 유형거, 용관자, 석저 등의 과학기계는 불과 2년 6개월 만에 화성을 완성하는데 도움을 주었다.

　　세 번째는 화성을 축조하는 모든 과정을 기록한 것이다. 성의 설계부터 완공까지 동원된 인부수와 그들의 출신지, 총 소요자금, 나무와 돌의 출처, 사용기계, 건축방법 등에 대한 상세한 설명을 글과 그림으로 기록한 〈화성성역의궤〉가 그것이다. 수원화성이 200여 년을 지나며 무너지고 훼손되었지만 다시 복원할 수 있었던 것도 건축과정을 상세히 적어놓은 의궤가 있었기 때문이다. 세계문화유산으로 지정되기까지도 이 의궤가 뒷받침을 해준 셈이다.

### 화성행궁

행궁은 임금이 전쟁을 피하거나 지방행차 때 잠시 쉬어가는 궁궐이다. 화성행궁은 620칸에 이르는 또 하나의 궁궐이다. 주말 신풍루 앞에서는 궁중무용과 풍물공연 등이 펼쳐지고 행궁 안에서는 의복체험, 궁중전통체험 등 다채로운 체험행사도 열린다.

### 수원화성박물관

수원 화성을 돌아보며 공심돈의 내부를 볼 수 없다는 아쉬움을 달랠 수 있는 박물관이다. 공심돈의 내부구조는 물론 화성의 축조과정을 기록한 〈화성성역의궤〉, 정조가 어머니 혜경궁 홍씨의 60번째 생일을 축하하기 위해 화성행궁에서 베푼 진찬연의 모형 등 화성에 대한 모든 것이 이곳에 전시되어 있다.

### 해우재전시관

'미스터 토일렛(Mr. Toilet)'이라 불리며 화장실문화개선에 힘썼던 고 심재덕 전 수원시장이 자신이 살던 집을 헐고 변기모양으로 지은 집이다. 실제 생활공간으로 사용하던 이 집은 이후 수원시에 기증되어 화장실문화전시관이 되었다. 전시공간으로 탈바꿈되는 과정에서 집안의 생활시설물은 사라졌지만 집 가운데 있는 화장실만은 그대로 두었다. 볼일을 보는 동안에는 투명유리를 불투명 유리로 바꿀 수 있다. 전시장에서는 과거 우리나라의 화장실과 변화된 현재의 화장실을 모두 만날 수 있다. 꿈과 똥 이야기, 똥과 관련된 속담 등 재미있는 화장실이야기도 가득하다.

### 지도박물관

수원시 영통구 원천동 국토지리정보원 내에 있다. 야외전시장에서는 수원을 시작점으로 삼는 경위도원점을 볼 수 있다. 경위도원점은 우리나라의 모든 위치의 시작점이다. 조선시대, 국토 곳곳을 다니며 대동여지도를 그린 김정호 선생의 동상도 함께 전시되어 있다. 지도박물관 실내전시장에서는 고지도와 함께 현대의 지도가 어떻게 만들어지는지, 어떤 도구가 사용되는지를 살펴볼 수 있다. 60%가 겹치도록 촬영된 두 장의 사진을 입체경을 통해 보며 지도의 입체감을 어떻게 표현하는지를 직접 체험할 수도 있다.

1 화성 행궁 앞에서 펼쳐지는 공연 2 화성 축조과정을 알 수 있는 수원화성박물관 3 변기모양으로 설계된 해우재 4 지도박물관의 전시실

## 당일여행 추천코스

## 여행정보

### ★ 웹사이트와 전화
수원시 문화관광 031-228-2068, tour.suwon.ne.kr
수원화성운영재단 031-251-4435, hs.suwon.ne.kr
수원화성박물관 031-228-4205, hsmuseum.suwon.ne.kr
지도박물관 031-210-2600, museum.ngii.go.kr
해우재 031-271-9777, www.haewoojae.com

### ★ 대중교통
지하철1호선 또는 경부선 수원역에서 하차, 4번 출구 건너편 수원역ㆍAK프라자 버스정류장에서 1007, 2-2, 7-2번 버스 환승, 창룡문ㆍ연무대 버스정류장에서 하차. (화서문, 장안공원, 화성행궁, 수원화성박물관, 연무대 경유)

### ★ 자가운전
경부고속도로 수원IC-42번 국도-동수원사거리 직진-팔달문(남문)에서 우회전-연무대(주차장)-수원화성
영동고속도로 동수원IC-43번 국도-경기도경찰청-창룡문(동문)사거리 직진-연무대(주차장)-수원화성

### ★ 숙박
수원호스텔 : 팔달구 남창동 화성행궁 앞, 031-254-5555
이비스 앰배서더 수원 : 팔달구 인계동, 031-230-5000, ibis.ambatel.com.suwon/main.amb
뉴필모텔 : 팔달구 인계동, 031-223-3765, blog.naver.com/0107ldy
제이비(JB)호텔 : 권선구 구운동, 031-295-0041

### ★ 맛집
가보정갈비 : 한우양념갈비, 팔달구 인계동, 031-238-3883, www.kabojung.co.kr
화청갈비 : 한우양념갈비와 전복갈비탕, 팔달구 인계동, 031-216-1500
오리대가 : 유황오리진흙구이, 팔달구 인계동, 031-223-5292, www.오리대가.kr
충남집 : 순대국과 소머리국밥, 팔달구 지동, 031-243-3284
목우촌보리회관 : 한우떡갈비와 굴비정식, 팔달구 팔달로2가, 031-244-8840

### ★ 축제 및 행사
수원화성문화제 : 매년 10월

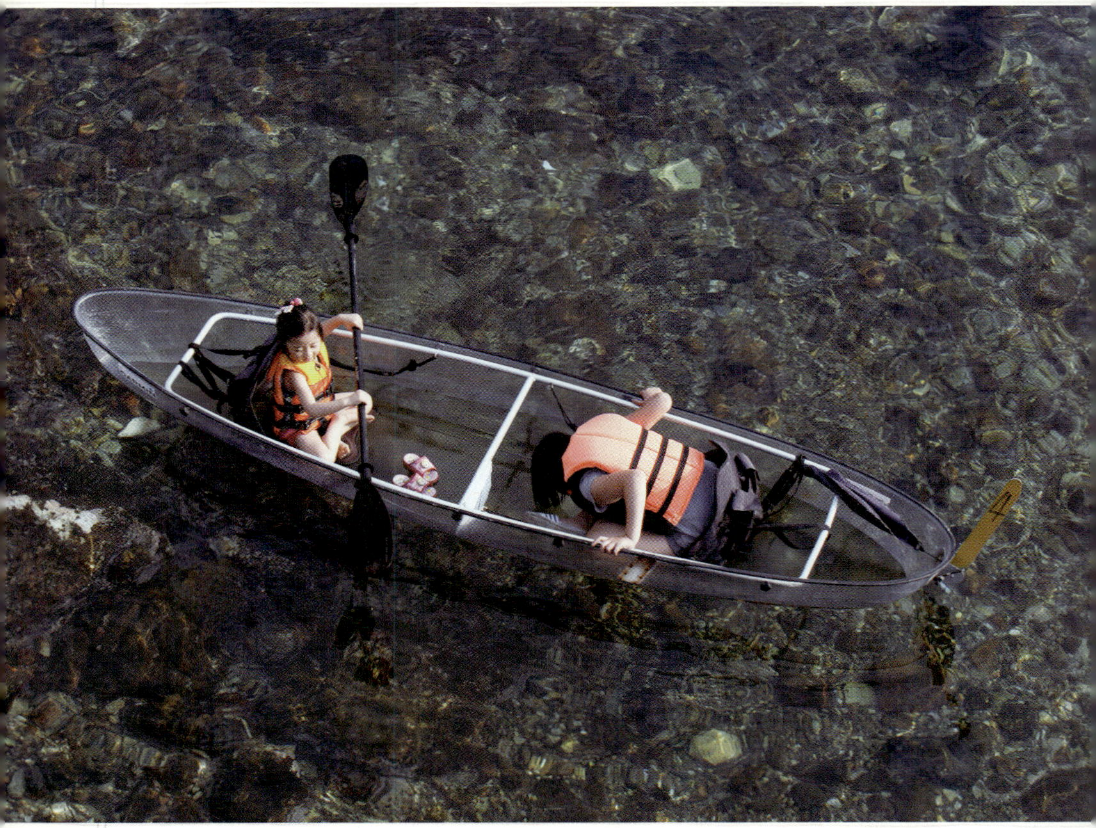

# 044 용화해수욕장

강원도 삼척시

# 푸른 바다를 즐기는 올 어바웃 해양 레포츠

여행 내비게이션

**여행컨셉** 수상레포츠를 포함한 동굴탐험, 레일바이크 타기로 신나는 여름 나기

**추천일정** 2박3일

**Must Do** 1. 카누타기
2. 스노클링
3. 해양레일바이크 타기
4. 대이리 동굴탐험

**추천 교통** 자가운전

**추천 계절** 여름

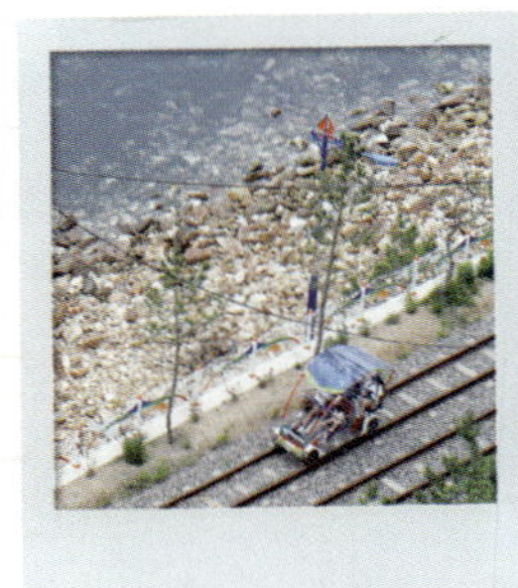

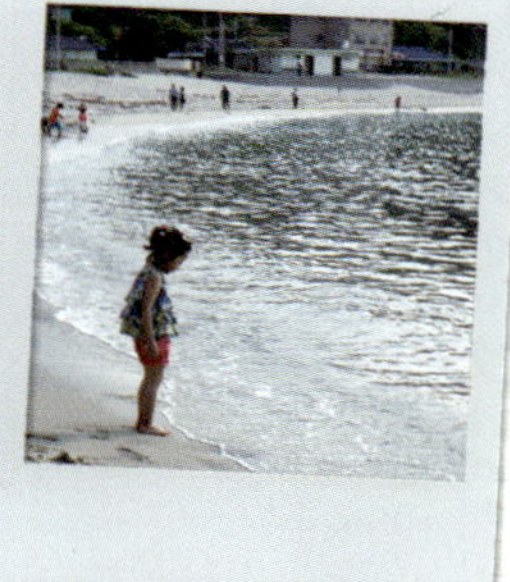

　　삼척 장호리는 어촌체험마을이다. 그냥 어촌체험이 아니다. 이곳에서 가장 이름난 어촌체험은 해양레포츠다. 장호리에서는 해외의 휴양지에서나 즐기는 것이라 여겼던 스노클링은 물론, 카누타기, 바다래프팅, 바다기차 래프팅보트를 기차처럼 연결한 후 모터보트가 끄는 것 타기 등을 할 수 있다. 짜릿한 손맛을 누릴 수 있는 바다낚시와 어부의 하루를 체험하는 어업생활체험도 할 수 있다. 이 중 많은 사람들이 즐겨 찾는 해양레포츠는 카누를 타고 바다를 누비는 투명카누 생태탐험이다.

　　투명카누 생태탐험은 장호리 연안에서 이루어진다. 장호항을 지나 길을 따라 끝까지 가면 바다 쪽으로 구명조끼 등 안전장비와 투명카누, 래프팅보트 등이 줄지어 있는 선착장을 만난다. 이곳에서 카누타기에 대한 몇 가지 교육을 받은 후 바로 바다를 즐길 수 있다. 카누는 남녀노소 누구나 즐길 수 있는 수상레포츠로 노 젓는 방법만 알면 아이들끼리 배에 올라도 안전하다.

　　장호리 바다에는 다른 곳에서 볼 수 없는 특별한 것이 있다. 해안 가까이 솟아 있는 둔대바위, 거북바위, 외도암, 알개바위, 너른바위, 당두암, 아치암 등 10여 개의 큰 바위가 이룬 바다 위의 협곡을 오가는 것이다. 하롱베이의 그것처럼 물 위로 솟아오른 바위가 만들어낸 풍경이 사뭇 이국적이다. 햇살 따가운 여름날 바위 그늘에서 잠시 햇살을 피해 바다를 즐길 수 있는 것도 이곳의 장점이다.

　　투명카누를 탄 아이들은 바다 밑에 관심을 갖는다. 카누 바닥을 통해 바다 속 풍경이 고스란히 보이기 때문. 잠시 노 젓기를 멈춘 채 바다 속 바위에 붙어 자라는 해초와 그 사이를 오가는 물고기들, 바다 속의 별이라 불리는 불가사리와 성게, 해삼 등을 관찰한다. 카누 바닥이 투명해 손만 뻗으면 잡을 수 있을 것처럼 가까이 보인다. 바다 속을 좀 더 가까이서 보고 싶다면 스노클링을 하면 된다.

　　삼척에는 뭍에서도 삼척의 바다를 즐기는 또 하나의 레포츠가 있다. 장호리와 인접해 있는 근덕면 용화리와 궁촌리를 오가는 약 5.4km 길이의 해양레일바이크이다. 바다를 따라 이어지는 기찻길을 달리며 해송 숲과 억새군락지, 초곡 터널 등을 지난다. 중간지점인 초곡에 쉼터를 만들어 바다를 누리게 한 것도 특징이다. 해양레일바이크는 편도로 운영된다. 출발한 역으로 되돌아올 때는 셔틀버스를 이용한다.

### 해신당공원

남근 모양의 조각을 볼 수 있는 독특한 공원이다. 원덕읍 갈남리에 있는 해신당에는 남녀의 이루지 못한 사랑이야기가 전해진다. 마을사람들은 사랑을 이루지 못하고 죽은 처녀의 영혼을 달래기 위해 매년 정월대보름이면 실물모양의 남근을 깎아 해신당에 제사를 지내고 있다. 해신당공원은 해신당 전설을 테마로 다양한 모습의 남근조각상을 전시하고 있다. 공원 안에 자리한 어촌민속전시관에서 해신당에 얽힌 이야기와 동해안 어촌의 옛 모습, 동해안별신굿, 바닷가 금기사항 등 다양한 풍습 등도 살펴보자.

### 동굴엑스포타운

동굴의 모든 것을 알 수 있는 곳으로 박쥐의 날개를 형상화한 태양열 집광판이 이색적이다. 동굴의 생성과정과 역사에 대해 알아보고 다양한 체험을 할 수 있어 어른과 아이가 모두 즐거운 공간이다. 아이맥스영화와 동굴가상체험코스는 아이들이게 특히 인기다.

### 대이리동굴지대

삼척의 관광지도를 바꾼 동굴지대다. 백두대간 깊숙한 품에 자리한 대이리동굴지대에는 대금굴과 환선굴이 있다. 2007년 6월에 개방된 대금굴은 '황금빛 종유석이 많은 곳'이라는 뜻의 이름이라한다. 이름처럼 동굴 안에는 커튼형 종유석과 지팡이 굵기의 3.5m 종유석, 계단식 논처럼 층을 이룬 휴석소 등 화려한 동굴생성물이 즐비하다. 환선굴은 수천 명이 동시에 들어갈 수 있는 대광장으로 유명하다. 대이리에는 강원도 전통가옥인 너와집과 굴피집도 볼 수 있다. 대이리동굴지대의 관람은 인터넷 예약제로 이루어진다.

### 죽서루

조선시대 삼척부 객사의 부속건물이자 공식연회 장소로 이용되었던 정자다. 정자의 규모는 크고 웅장하나 마치 자연의 일부인 듯 바위와 조화를 이뤄 조선시대 정자 건축의 아름다움을 보여준다. 바위에 구멍을 내고 기둥을 박아 세우는 '그렝이질'이라 불리는 건축기법으로 정자를 세웠다고 한다. 대이리 동굴이 개방되기 전까지는 삼척의 얼굴이었다.

### 도계유리마을

도계유리마을 전시장에서는 유리공예작가들과 함께 다양한 체험도 할 수 있다. 유리를 불에 달궈 원하는 모양의 장신구 만들기, 컵에 그림을 그려 붙인 후 모래로 깎아내는 세상에 하나뿐인 컵 만들기 등이다. 온 가족의 특별한 추억을 만들 수 있는 공간이다.

1 남근 모양의 장승으로 유명한 해신당 2 황금빛 종유석이 많은 대금굴 3 도계유리마을 전시장

## 2박3일 추천코스

장호어촌체험마을 — 해양 레포츠 체험 — 숙박 — 15분 — 해신당 — 해양레일바이크

1시간

일출 — 숙박 — 죽서루 — 5분 — 동굴엑스포장 — 35분 — 대이리동굴지대

1시간 10분

도계유리마을 — 귀가

## 여행정보

### ★ 웹사이트와 전화

삼척시 문화관광 033-570-3545~6, tour.samcheok.go.kr
장호어촌체험마을 070-4132-1601, www.jangho.seantour.com
해양레일바이크 033-576-0656, www.oceanrailbike.com
대이동굴지대 033-541-9266, samcheok.maintticket.co.kr
도계유리마을 033-541-6259, cafe.naver.com/glassvill
해신당공원 어촌민속전시관 033-572-4429
엑스포타운관리소(동굴신비관) 033-574-6828

### ★ 대중교통

[버스] 서울 경부터미널—삼척 1일 23회 운행, 3시간 30분 소요
서울 동서울터미널—삼척 시외버스 1일 17회 운행, 3시간 10분 소요
삼척—장호해수욕장 울진행 시외버스, 또는 장호리를 지나는 시내버스 이용. 약 40분 소요

### ★ 자가운전

동해고속도로—동해TG—삼척(7번 국도)—삼척종합운동장—근덕 · 울진 방향—정라삼거리—삼척교를 건너 좌회전—동양시멘트—한재—울진 방향(자동차전용도로)—용화IC—장호리 어촌체험마을

### ★ 숙박

장호바다민박 : 근덕면 장호리, 033-573-5149
소문난회집 민박 : 근덕면 장호리, 033-572-5224, 단체 이용가능
작은들풀학교 : 미로면 사둔2리, 033-573-6307
문모텔 : 정상동, 033-572-4436
삼척온천관광호텔 : 정상동, 033-573-9696, www.schotel.co.kr
삼척팰리스호텔 : 정하동, 033-575-7000, www.palacehotel.co.kr

### ★ 맛집

고향순두부 : 순두부, 성내동, 033-574-5818
부일막국수 : 막국수, 등봉동, 033-572-1277
해뜨는집 : 자연산활어회, 근덕면 장호리, 033-575-0913
단골식당 : 곰치국, 정하동, 033-574-1536
대이가든 : 한식, 신기면 서하리, 033-541-9999

찰칵!

더 많은 정보는
요기!!

# 온고이지신,
# 과거로의 여행

### 여행 내비게이션

**여행컨셉** 기차와 버스 타고 다니며
옛 모습 간직한 풍기역과
주변 여행하기

**추천일정** 1박2일

**Must Do** 1. 풍기역 돌아보기
2. 풍기인삼시장 구경하고
   인삼요리 먹기
3. 순흥면 도보여행 하기
4. 소수서원과 선비촌 탐방하며
   유교문화 느껴보기
5. 부석사에서 백두대간 조망하기

**추천 교통** 기차

**추천 계절** 봄~가을

중앙선은 서울 청량리역과 경북 경주역을 잇는 철길이다. 1939년 4월 청량리~양평 구간을 개통하며 열차운행을 시작했다. 경성과 경주를 잇는 노선이라 하여 경경선이라 불리기도 했던 중앙선의 길이는 383km. 풍기역은 청량리 기점에서부터 약 199km 지점에 자리하고 있으니 중앙선의 중심역이라 해도 과언이 아니다.

풍기역을 중심이라 하는 데는 또 다른 이유가 있다. 중앙선 개통 때부터 이 노선을 오가는 모든 기차들의 휴식처이자 물 보급소 역할을 해왔기 때문이다. 증기기관차는 물을 끓여 그 힘으로 기차를 움직인다. 그런데 풍기역 앞에는 백두대간을 넘는 험준한 고개 죽령이 있다. 이 역에서 물을 보충해야만 고개를 넘을 수 있는 것이다. 고개를 넘어온 기차들도 물이 부족했을 터이다. 풍기역 급수탑의 물탱크가 전국 최대의 저수량을 가진 까닭이다.

50톤이나 되는 물을 저장했던 물탱크를 받치고 선 급수탑의 높이도 30m나 된다. 급수탑에서 선로 옆 급수전까지 물을 옮기는 데는 낙차를 이용했다 한다. 지금은 사라진 추억 속의 장면이지만 아직도 당시의 위용을 찾아볼 수 있다. 역 광장 오른쪽에 우뚝 서 있는 급수탑과 급수를 기다리듯 서 있는 증기기관차를 볼 수 있다. 역사에서 급수탑으로 가는 길에 재미있는 기차가 서 있다. 새마을호 열차를 개조한 선비객차 2량이다. 풍기역에서 구매한 내일로 티켓으로 여행하는 젊은 여행자들과 단체여행자들을 위한 쉼터이다. 여행자들의 회의실로도 사용할 수 있다.

지금의 풍기역은 영주관광의 중심지이다. 역을 나서면 곧바로 인삼향기 가득한 풍기인삼시장이 있다. 시장 앞 버스정류장에서는 소수서원, 부석사로 이어지는 27번 버스를 탈 수 있다. 몇 걸음 더 걸어 내려오면 삼계탕, 인삼갈비, 인삼도넛, 인삼순대 등 다양한 인삼음식들도 만날 수 있다.

1 우리나라 최초의 서원인 소수서원 2 무량수전을 비롯한 문화재의 보고 부석사 3 선비촌에 있는 김세기 가옥 4 순흥 면소재지에 있는 봉도각공원

## 소수서원

우리나라 최초의 서원으로 의미가 남다른 곳이다. 소수서원이 보관해오던 유물들을 전시한 소수박물관도 함께 둘러보자. 소수서원이라는 이름을 갖기 전 서원의 이름이었던 백운동서원의 현판, 창건자인 주세붕의 초상(보물 제717호), 고려시대부터 주자학의 기초를 닦은 회헌 안향의 초상(국보 제111호) 등 서원의 역사를 한눈에 살필 수 있다.

## 선비촌

영주시 관내에 자리한 12채의 고택을 재현해 놓은 공간이다. 만죽재 고택, 해우당 고택, 김문기 가옥, 화기리 인동장씨 종택, 김세기 가옥, 두암 고택, 김상진 가옥 등이 재현됐다. 이곳에 재현된 고택들은 저마다 선비들의 생활모습을 담고 있다. 집집마다 무엇이 다른지, 어떤 특징을 가졌는지 살펴보자.

## 부석사

신라 문무왕 때 의상대사가 창건했다 전혀지는 절로 국보와 보물이 가득하다. 부석사를 대표하는 공간이자 배흘림기둥으로 잘 알려진 무량수전(국보 제18호)과 동쪽을 바라보고 앉은 소조여래좌상(국보 제45호), 통일신라시대에 만들어진 무량수전 앞 석등(국보 제17호), 의상대사의 진영을 모신 조사당(국보 제19호)과 조사당벽화(국보 제46호) 등이 모두 국보다. 이밖에 삼층석탑, 당간지주, 자인당의 석조여래좌상 등도 보물로 지정 관리되고 있다. 의상대사를 사모한 선묘낭자 이야기가 담긴 선묘각, 부석사의 사찰 이름이 된 부석 등이다. 부석사로 가는 진입로는 가을이면 사과가 주렁주렁 열린다. 또 대웅전 앞마당에서 바라보는 백두대간 풍경이 인상적이다.

## 봉도각공원

순흥도호부 청사였던 조양각의 뒤뜰이라 전해진다. 영조 때인 1754년 부사 조덕상이 관원들의 쉼터로 만들었다는 이야기가 〈순흥지〉에 기록되어 있다. 정원은 '하늘은 둥글고 땅은 네모지다'는 천원지방(天圓地方)의 원리를 따르고 있다. 지금도 당시의 모습 그대로다. 연못 가장자리를 지키듯 둘러선 버드나무 고목이 인상적이다. 이웃한 사현정은 안석이 그의 아들 안축, 안보, 안집을 길러낸 곳이다. 안축은 경기체가인 관동별곡, 죽계별곡 등을 남겼다. 이밖에 순흥면에는 도보로 둘러볼 수 있는 다양한 문화재가 있다.

## 1박2일 추천코스

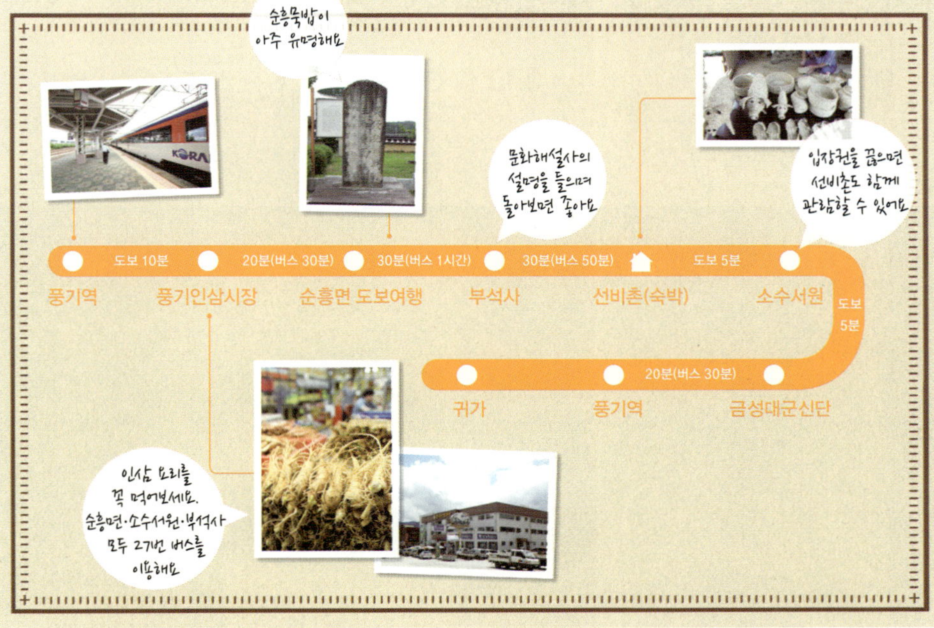


## 여행정보

### ★ 웹사이트와 전화

영주시 문화관광 054–639–6603, tour.yeongju.go.kr
풍기역 054–636–7788, cafe.daum.net/pungki7788
선비촌 054–638–6444, www.seonbichon.or.kr
부석사 054–633–3464, www.pusoksa.org
소수서원 054–639–7691~5

### ★ 대중교통

[기차] 청량리–풍기, 하루 8회 운행, 약 2시간 40분 소요
[시내버스] 풍기역 ↔ 소수서원 ↔ 부석사행 27번 버스
　　　　　영주여객 054–633–0011

### ★ 자가운전

중앙고속도로 풍기IC–북영주 · 풍기 · 봉화 방향–봉현면사무소–풍기교–풍기역

### ★ 숙박

선비촌 : 순흥면 소백로, 054–638–6444, www.sunbichon.net
풍기관광호텔 : 풍기읍 성내리, 054–637–8800,
　　　　　www.punggihotel.com
한국선비문화수련원 : 순흥면 소백로, 054–631–9888,
　　　　　www.sunbi.info

### ★ 맛집

선비촌 종가집 : 선비촌 정식, 순흥면 소백로, 054–637–9981
원조순흥묵집 : 묵조밥과 태평초, 순흥면 읍내리, 054–632–2028
영주축협한우프라자 : 한우구이, 풍기읍 산법리, 054–631–8400
풍기한방삼계탕 : 삼계탕, 풍기읍 성내리, 054–638–2600
약선당 : 약선요리, 봉현면 오현리, 054–638–2728

### ★ 축제 및 행사

영주수박페스티벌 : 매년 7월~8월
영주 풍기인삼 축제 : 매년 10월경, www.ginsengfestival.com
무섬외나무다리축제 : 매년 10월, 054–639–6064

더 많은 정보는
요기!!

# 046
## 아트인아일랜드
**강원도 평창군**

# 나무 섬에 나만의 별장을 짓다!

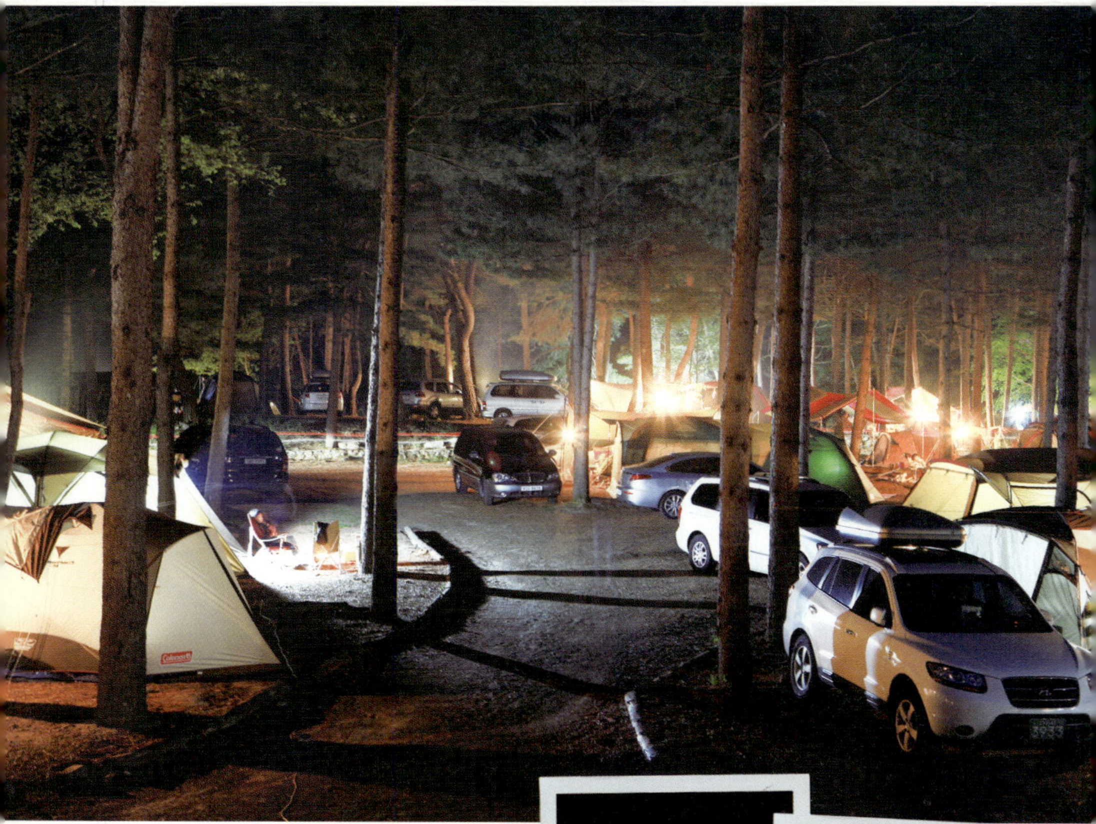


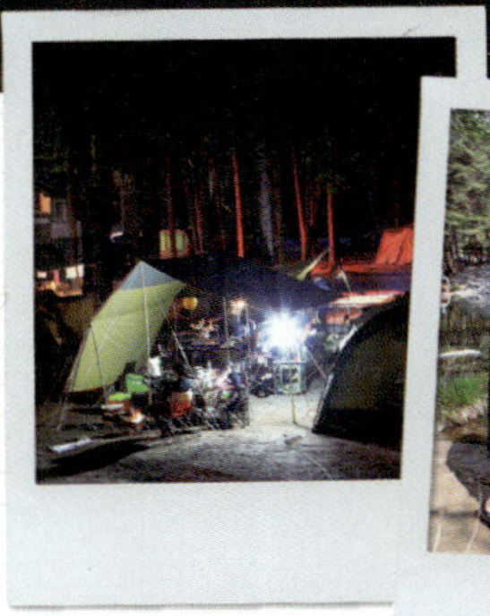

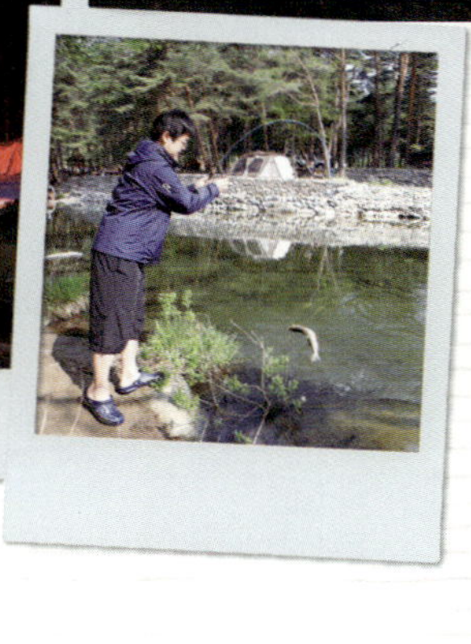

여행 내비게이션

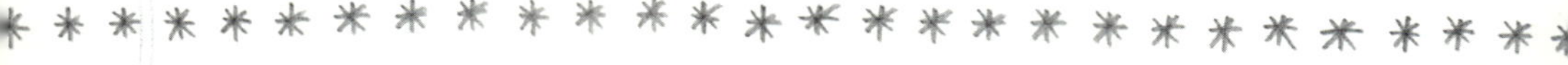

**여행컨셉** 계곡 가운데 자리 잡은 섬에서 캠핑하며 여행하기
**추천일정** 2박3일
**Must Do** 1. 아트인아일랜드에서 캠핑하기
2. 아트인아일랜드에서 송어잡기
3. 붓꽃섬 산책하기
4. 이효석문학관 탐방하고 메밀밭 거닐기
5. 메밀로 만든 요리 먹어보기
**추천 교통** 자가운전
**추천 계절** 여름, 가을

평창군 봉평에는 산중의 섬 '붓꽃섬'이 있다. 흥정계곡 물줄기가 두 갈래로 갈라졌다가 다시 모이는 자리에 있는 이 섬은 붓꽃이 많이 피어 붓꽃섬이라 불린다. 이 섬에 최근 캠핑장이 조성됐다. 여름이면 맑은 흥정계곡에서 실컷 물놀이를 즐기며 휴식하고픈 캠퍼들이 몰려 든다.

붓꽃섬에는 아름드리 잣나무와 낙엽송이 열 지어 서 있다. 섬 주인의 할아버지부터 심은 나무들로 수령이 50~90년을 헤아린다. 잣나무와 낙엽송 말고도 엄나무, 느릅나무, 돌배나무 등도 있다. 이 나무들이 만든 짙은 숲그늘이 있어 언제든지 기분 좋은 삼림욕을 할 수 있다. 여기서 캠핑을 하면 삼림욕은 저절로 된다.

아트인아일랜드 캠핑장의 여유로움은 주인의 마음씀씀이에서도 살필 수 있다. 이 섬에는 90여 동 이상의 텐트를 칠 수 있다. 하지만 딱 30동 정도의 텐트만 예약을 받는다. 성수기에도 최대 50동이 넘지 않도록 노력한다. 덕분에 캠퍼들은 여유로운 공간을 누릴 수 있다. 아이들을 위한 유아방과 공부방도 준비되어 있다.

캠퍼들의 짜릿한 손맛을 위해 봄철이면 계곡에 70여 마리의 송어를 풀어 넣고 송어잡기 체험도 벌인다. 많은 사람이 함께 즐길 수 있도록 1인당 1마리의 송어만 잡도록 제한하고 있다. 미처 낚아 올리지 못한 송어는 여름철 장마로 불어난 계곡물을 타고 캠핑장 계곡을 벗어난다. 장마가 지나면 다시 송어를 넣어준다. 아이들과 함께 족대를 들고 섬 아래 얕은 물로 물고기 잡이를 나서도 된다.

아이들에게 섬 안은 천국이자 정서를 풍부하게 해주는 놀이터이다. 주말이면 아이들의 본격적인 체험이 시작된다. 흥정계곡 상류 쪽의 밭과 산으로 체험여행을 떠나는 것. 옥수수, 고추, 감자 등의 모종을 심는 봄철체험, 봄에 심은 채소들을 수확하는 여름과 가을체험이 그것이다. 여기에 산 속 나무 그늘 아래 세워둔 버섯종자나무에서 봄가을 수확하는 표고버섯체험까지 더해지면 여느 시골마을의 농사체험과 비교해도 뒤지지 않을 만큼 다양하다. 산을 내려오는 길에 꽃사슴도 관찰할 수 있다. 이 모든 것을 체험할 수 있도록 아트인아일랜드 캠핑장은 2박3일 캠핑을 기본으로 예약을 받는다.

### 이효석문학관

봉평면은 이효석의 고장이다. 그의 소설 〈메밀꽃 필 무렵〉이 1936년 '조광' 10월호에 발표된 이후부터 지금까지 이효석과 봉평은 떼려야 뗄 수 없는 이름으로 기억된다. 아예 이효석의 삶과 문학세계를 시간의 흐름에 따라 살펴볼 수 있는 이효석문학관이 자리하고 있다. 전시관에서는 그의 작품이 실렸던 신문, 친필 원고, 발행된 책 등과 옛 봉평장터와 메밀가공과정, 메밀음식 등을 볼 수 있다.

### 무이예술관

폐교된 무이초등학교를 개조해 만든 예술창작공간이다. 회화, 조각, 서예 등 각자의 분야를 가진 예술가들이 모여 함께 작업을 하고, 작품을 전시한다. 예술관으로 들어서 처음 만나는 공간은 널찍한 야외조각공원이다. 조각가 오상욱이 인간의 복잡다단한 삶을 표현한 청동 주물상과 테라코타, 부조 등이 전시되어 있다. 건물 안쪽에는 사시사철 지지 않는 메밀 꽃밭이 있다. 메밀꽃에 반해 20여 년 동안 메밀꽃을 그려온 화가 정연서씨의 작품이다. 그의 그림은 이곳을 찾은 사람들이 쉽게 발걸음을 돌릴 수 없게 만든다. 화폭에 피어난 메밀꽃들이 실제보다 더 아름답다.

### 한국자생식물원

우리나라에서 자생하는 다양한 식물과 꽃들을 마음껏 구경할 수 있는 장소다. 식물원은 조경관, 분경관, 생태식물원, 신갈나무숲 등으로 나뉘어져 있다. 야외전시장에는 앵초, 붓꽃 등 우리 꽃이 만발한 동산과 꽃길 등산코스가 마련돼 있다. 깽깽이풀, 얼레지, 양지꽃, 할미꽃, 은방울꽃, 금낭화 등 산과 들에서 늘 보아오던 우리 꽃들을 볼 수 있어 아이들의 자연 학습장으로 좋다.

### 월정사

오대산에 있는 월정사는 신라 선덕여왕 때 지은 고찰이다. 국보 제48호인 팔각구층석탑을 비롯해 많은 문화재가 있다. 월정사에서 산길을 20분쯤 더 올라가면 상원사가 있다. 상원사에는 동종(국보 제36호)을 비롯해 이름난 문화재가 많다. 특히, 조선 세조와 얽힌 전설이 많이 내려온다. 마당에서 바라보면 오대산의 깊은 품이 내려다보인다. 상원사에서 산길을 따라 1시간쯤 가면 부처님의 진신사리가 모셔진 적멸보궁이 있다.

1 이효석문학관 전시실 2 우리나라에 자생하는 야생 식물을 알 수 있는 한국자생식물원 3 아름다운 전나무 숲길과 많은 문화재를 품고 있는 오대산 월정사 4 무이예술관에 전시된 조각품

## 2박3일 추천코스

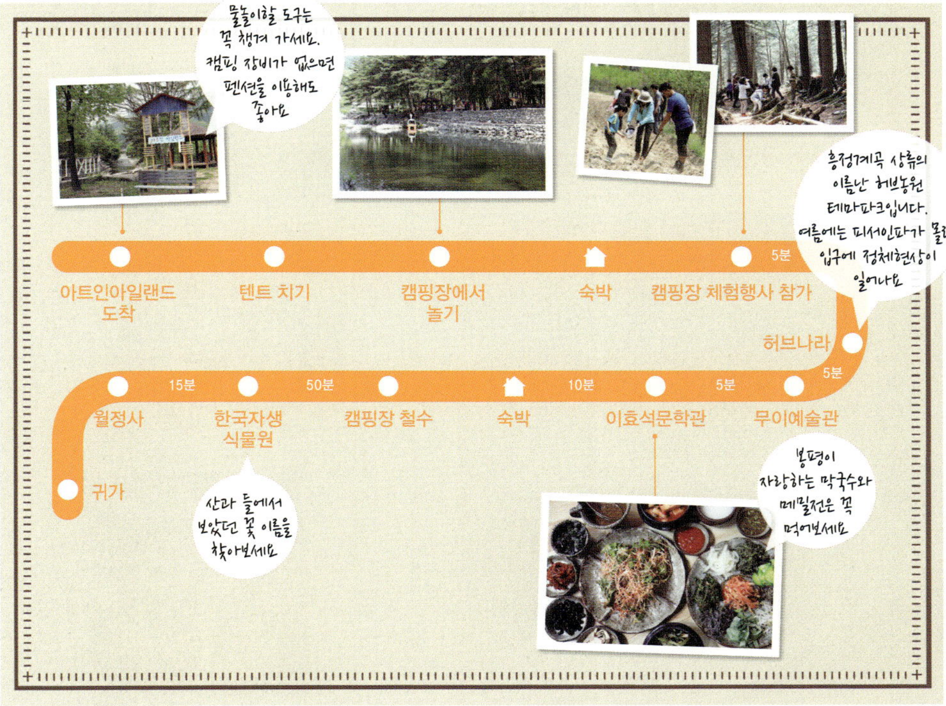

아트인아일랜드 도착 — 텐트 치기 — 캠핑장에서 놀기 — 숙박 — 캠핑장 체험행사 참가 — 5분 — 허브나라 — 5분 — 무이예술관 — 5분 — 이효석문학관 — 10분 — 숙박 — 캠핑장 철수 — 50분 — 한국자생식물원 — 15분 — 월정사 — 귀가

## 여행정보

### ★ 웹사이트와 전화

평창군 문화관광 033-330-2000, www.yes-pc.net
아트인아일랜드 캠핑장 033-336-1771, www.irispension.co.kr
이효석문학관 033-330-2700, www.hyoseok.org
한국자생식물원 033-332-7069, www.kbotanic.co.kr
월정사 033-339-6800, www.woljeongsa.org
무이예술관 033-335-6700

### ★ 대중교통

[버스] 동서울버스터미널→장평버스정류장, 약 2시간 소요
　　　원주시외버스터미널→장평버스정류장, 약 50분 소요
　　　장평버스정류장 033-332-4209

### ★ 자가운전

영동고속도로 장평IC-6번 국도 봉평 방향-봉평-흥정계곡 방향-
세명조경 안내판 따라 좌회전-500m 진입-아트인아일랜드캠핑장

### ★ 숙박

아트인아일랜드 펜션 : 봉평면 원길리, 033-336-1771,
　　　www.irispension.co.kr
국립평창청소년수련원 : 용평면 새터마을길, 033-330-0800,
　　　www.pnyc.or.kr
월정사템플스테이 : 진부면 동산리, 033-339-6606~7,
　　　www.woljeongsa.org

### ★ 맛집

풀내음 : 메밀음식, 봉평면 원길리, 033-336-0037, 033-335-0034,
　　　www.pulneeum.co.kr
가벼슬 : 곤드레나물밥, 봉평면 창동리, 033-336-0609
늘봄먹거리 : 메밀싹비빔밥, 봉평면 창동리, 033-336-2525

### ★ 축제 및 행사

효석문화제 : 매년 8월말~9월중순, 효석문화제준비위,
　　　033-335-2323, www.hyoseok.com

찰칵!

더 많은 정보는
요기!!

# 상인들이 힘을 모아 만든 젊음의 맛길

## 여행 내비게이션

**여행컨셉** 이색적인 거리에서 곱창도 먹고 추억도 먹기

**추천일정** 1박2일

**Must Do** 1. 안지랑거리에서 곱창 먹기
2. 케이블카 타고 앞산공원에 올라 대구 시내 조망하기
3. 마비정 벽화마을 돌아보기
4. 도동서원 탐방하기

**추천 교통** 자가운전

**추천 계절** 사계절

대구를 벗어나 타지에 사는 젊은이들에게 소울푸드soul food처럼 고향이 떠오르는 음식이 있다. 바로 연탄불 위에서 지글지글 익어가는 안지랑시장의 곱창구이다. 저렴한 가격과 50개가 넘는 곱창집이 만들어내는 거리 풍경 또한 젊은이들에게 색다른 추억이 되었을 터.

안지랑시장의 곱창구이가 젊은이들의 소울푸드가 되기까지 시장 상인들의 노력이 있었다. 첫째, 평범한 재래시장에서 곱창거리로 변신을 꾀한 것이다. 안지랑시장은 다른 재래시장과 마찬가지로 다양한 식재료를 취급하는 상점들이 모여 있었다. 그러나 1990년대 가까이에 대형 마트가 생기고, IMF를 겪으면서 시장은 거의 폐쇄되다시피 했다. 이때 안지랑 토박이이자 상인회장을 오랫동안 맡아온 우만환 씨의 눈에 사람들이 줄을 서는 시장 바깥쪽의 곱창집이 들어왔다. 40여 년 동안 곱창구이를 해온 '충북곱창'이다. 우 회장은 충북곱창 할머니에게 문을 닫는 상가들이 곱창집을 운영할 수 있도록 도움을 청했다. 안지랑시장이 '안지랑곱창거리'로 변신하는 출발점이다.

둘째, 맛과 가격을 지키기 위해 공동구매를 한다. 안지랑곱창거리는 앞산 아래 주택가에 자리하고 있다. 주택 사이에 50개가 넘는 곱창집이 들어선 것. 곱창 손질할 때 나는 냄새와 연기, 상가 손님들의 소음이 거주민과 부딪히는 요소가 되었다. 이를 해결하기 위해 상인회가 선택한 것은 곱창의 공동 구매, 주민과의 소통이다. 상인들은 곱창의 품질을 높이기 위해 공장 사람들과 함께 노력했다. 생산된 곱창의 미생물 검사는 물론, 공장의 위생 관리도 철저히 한다. 이렇게 완성된 곱창은 '안지랑곱창'이라는 브랜드로 상가에 공급된다. 덕분에 곱창거리 내의 모든 곱창집은 청결한 환경을 유지할 수 있었고, 주민과 마찰도 잦아들었다. 곱창의 맛 역시 균일하게 유지된다. 집집마다 특성을 살리는 것은 곱창의 양념과 구운 곱창을 찍어 먹는 소스다. 요즘은 굽는 법을 달리하는 상가들이 생겨나고 있다. 같은 곱창이지만 연탄불에 굽기, 가스 불에 굽기, 화덕에 굽기 등 다양한 방법으로 변신 중이다. 젊은이들 취향에 맞게 내부 인테리어를 카페처럼 바꾸는 곱창집도 늘었다.

셋째, 안지랑곱창거리의 발전을 위한 편의시설 확충과 상가들의 규칙 지키기다. 이런 노력으로 안지랑곱창거리는 대구의 명물 음식 테마 거리가 되었다. 상인들은 시장을 살려준 손님들에게 보답하기 위해 사회복지공동모금회의 '착한 골목 사업'에도 참여하고 있다.

### 앞산공원

대구 시민들의 쉼터인 앞산공원은 앞산과 산성산, 대덕산을 아우르는 공간으로, 주말이면 행락객들로 북적인다. 공원에는 낙동강승전기념관과 케이블카, 전망대 등 즐길 거리도 많다. 그중 케이블카를 타고 올라가 전망대에서 바라보는 대구 시가지 경관이 으뜸이다. 바로 아래 자리한 안지랑곱창거리는 물론, 대구 전역이 훤히 보인다.

### 마비정 벽화마을

가족이 함께 대구를 찾았다면 달성군 화원읍에 자리한 마비정 벽화마을에 가보자. 마을 입구에 들어서면 담장 가득 그려진 그림이 여행자를 반긴다. 마을 이름의 유래가 담긴 천리마와 장수 이야기, 난로 위 도시락, 지난달 다녀간 방송 프로그램, 외양간 송아지의 커다란 눈망울, 담장 가득 열린 호박 덩굴 등 다양한 그림이 마을의 벽을 채우고 있다. 마을 방문자를 위한 농촌 체험장도 운영한다. 이곳에서 진행되는 체험은 인절미 · 두부 만들기(단체만 가능), 전통 제기 만들기, 다양한 약재를 넣은 향낭 만들기 등이다. 이 중 한지를 접어 오린 뒤 가운데 엽전을 두고 묶는 제기는 어른, 아이 할 것 없이 호기심과 추억을 자극한다. 체험장 앞마당에서 직접 만든 제기를 차며 온 가족이 즐거운 시간을 보낼 수 있다.

### 도동서원

마비정 벽화마을에서 약 40km 떨어진 곳에 달성 도동서원(사적 488호)이 있다. 한훤당 김굉필을 추모하기 위해 처음 세워진 서원은 임진왜란 때 불탔다. 이후 1604년에 새로 사당을 짓고 1607년 선조가 도동서원 현판을 내리면서 사액서원이 되었다. 중정당의 기단과 돌계단 장식, 기와를 얹은 담장 등 조선시대 장인들의 솜씨를 경내 곳곳에서 만날 수 있다. 모두 보물 350호로 지정되었다.

### 공구박물관

대구의 근대문화유적을 쉽게 접할 수 있는 중구 태평로2가에 있다. 1930년대 곡물 창고로 사용하던 일본식 건물을 활용해 박물관으로 꾸몄다. '설계도만 있으면 대포도 만들 수 있다'는 북성로 공구골목의 역사를 전시했다.

1 앞산공원 전망대에서 바라본 대구 시가지 2 마비정 벽화마을의 벽화를 즐겁게 바라보는 어린이 3 달성 도동서원 전경 4 북성로 공구골목의 역사를 전시한 공구박물관

## 1박2일 추천코스

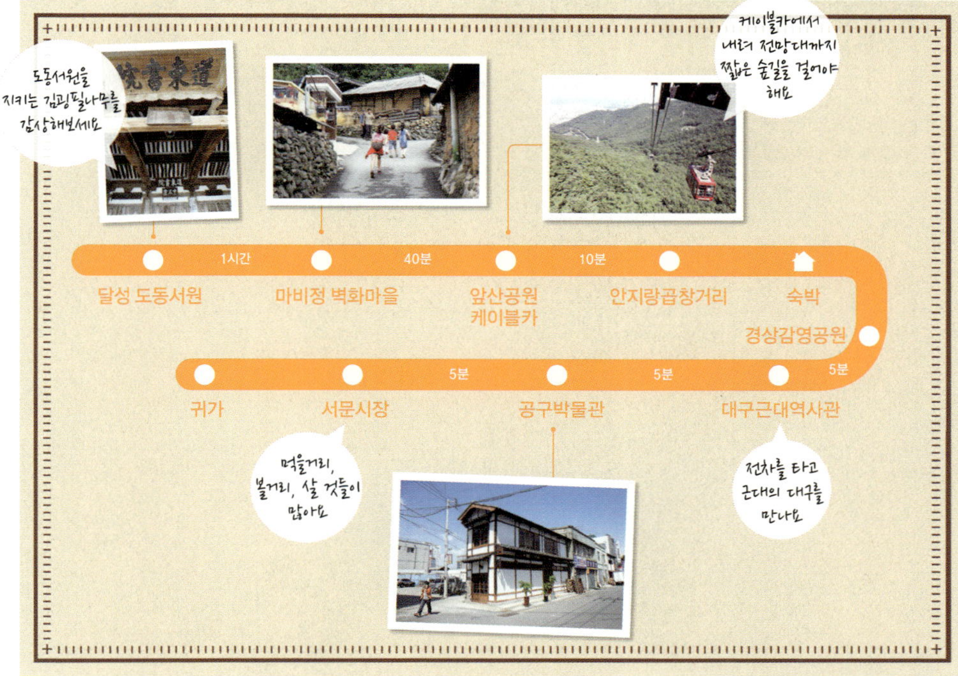


## 여행정보

**★ 웹사이트와 전화**

안지랑시장곱창상인회 053-652-6569, www.안지랑곱창.com
대구광역시 문화관광 053-803-0114, tour.daegu.go.kr
앞산공원 관리사무소 053-625-0967,
　　　　　www.daegu.go.kr/Apsanpark
마비정 벽화마을 053-633-2222, cafe.daum.net/mabijeong
달성 도동서원 관광안내소 053-616-6407

**★ 대중교통**

[기차] 서울역-동대구역, KTX 하루 60여 회(05:30~23:00) 운행,
　　　약 1시간 50분 소요
[버스] 서울-대구, 서울고속버스터미널에서 15~40분 간격(06:00~
　　　다음 날 01:30) 운행, 약 3시간 40분 소요
[지하철] 대구지하철 1호선 동대구역-안지랑역(3번 출구)

**★ 자가운전**

중부내륙고속도로 남대구IC-대명동 방향 성서공단로 따라 약 5km
진행-안지랑사거리 우회전-안지랑곱창거리

**★ 숙박**

앞산비즈니스호텔 : 남구 현충로, 053-625-8118
히로텔 : 중구 국채보상로, 053-421-8988
뉴그랜드모텔 : 북구 칠성남로38길, 053-424-4114
크리스탈관광호텔 : 달서구 달구벌대로, 053-655-7799,
　　　www.crystalhotel.co.kr

**★ 맛집**

돈박사곱창 : 곱창구이, 남구 대명로 36길, 053-624-1855
한바가지꿉는포차 : 곱창구이, 남구 대명로 36길, 053-751-9292
하늘별마당 : 곱창구이, 남구 대명로 36길, 053-654-0007
대덕식당 : 따로국밥, 남구 앞산순환로, 053-656-8111
미성복어 : 복어 요리, 수성구 들안로, 053-767-8877
용문촌두부(마비정황토방) : 촌두부, 달성군 마비정길,
　　　053-631-8624

**★ 축제 및 행사**

컬러풀대구페스티벌 : 매년 10월 중순경, 중앙로 · 동성로 일대,
　　　www.cdf.or.kr
대구국제오페라축제 : 매년 10월~11월, 대구오페라하우스 외,
　　　www.diof.org

찰칵!

더 많은 정보는
요기!!

# 048
## 경비행기 체험
경기도 화성시

# 하늘, 땅, 바다를 360도로 즐긴다

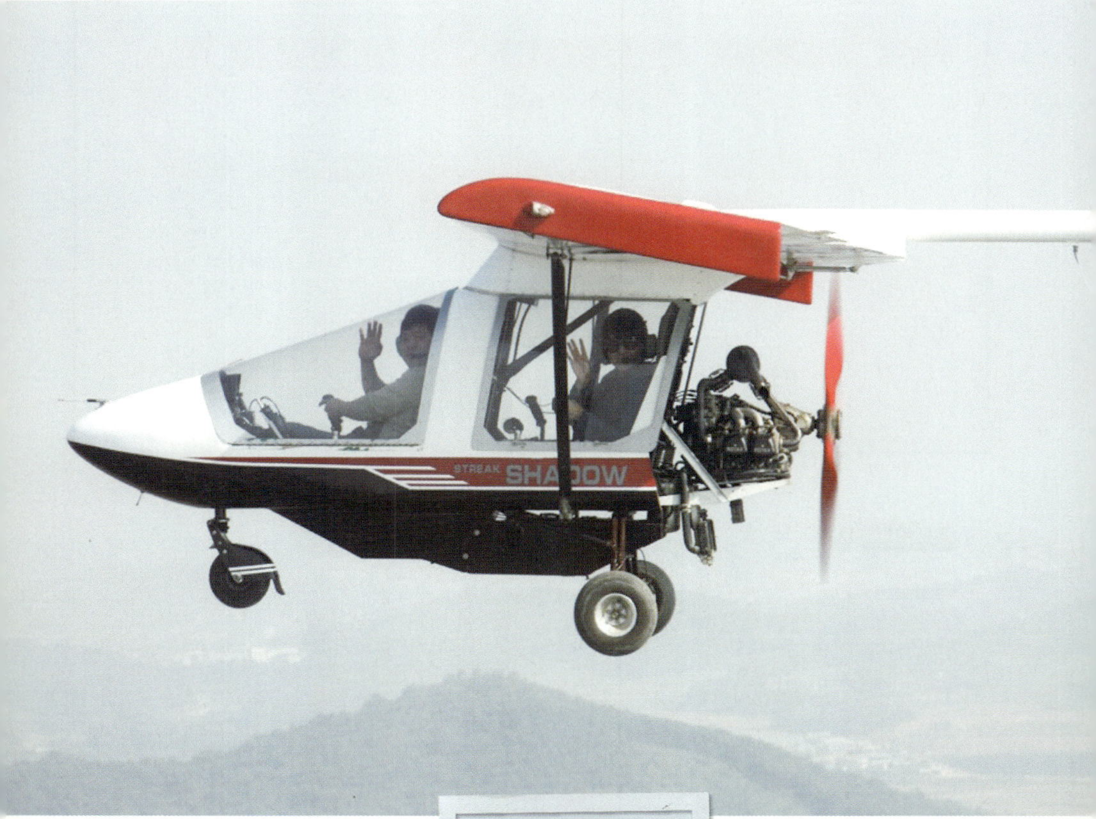


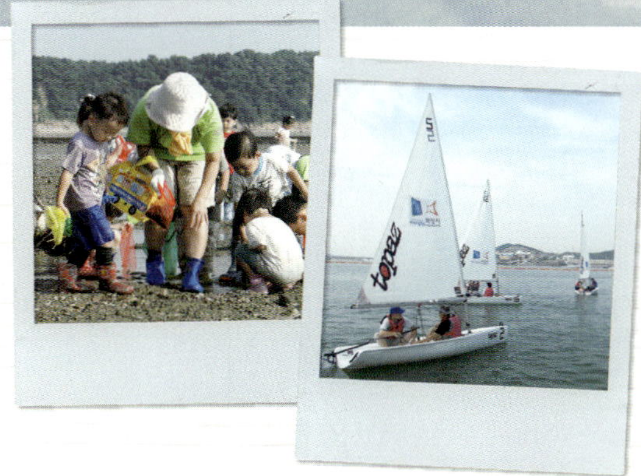

여행 내비게이션

**여행컨셉** 화성의 하늘과 바다에서 즐기는 짜릿한 이색체험
**추천일정** 당일
**Must Do** 1. 어섬에서 경비행기 체험
2. 제부도에서 갯벌체험
3. 타조 사파리에서 타조 타기
**추천 교통** 자가운전
**추천 계절** 봄~가을

탁 트인 곳에서 마음의 고민을 홀가분하게 털어내 버리고 싶다면 화성시에 위치한 어섬 비행장에서 경비행기 체험은 어떨까. 서울, 수도권 거주자에게는 특히 접근성이 좋아 가벼운 마음으로 떠날 수 있고, 비행 시 펼쳐지는 풍경 또한 아름다워 경비행기 체험지로써 나무랄 데 없다.

어섬 비행장은 '섬'이라는 이름이 붙어 있으나 들어갈 때는 배를 타지 않는다. 이미 간척사업으로 바다의 일부가 땅으로 변했고, 또 바다 위에 놓인 길로 육지와 연결이 되어 있기 때문이다. 어섬으로 들어갈 때는 시화방조제와 대부도를 지나는 길을 선택하는 것이 좋다. 바다를 가로질러 놓여 있는 긴 방조제를 달리며 시원한 바닷바람을 맞기도 하고, 광활히 펼쳐진 갈대습지의 이국적인 풍경 속에서 뮤직비디오의 한 장면 같은 사진 몇 장도 건질 수 있다.

어섬 비행장에서의 비행 체험은 비행기 조종사 1명과 체험자 1명이 짝을 지어 15분가량 이루어진다. 작은 비행기에 몸을 실으면 두근거림도 잠시, 어느새 하늘 속으로 들어와 있다. 하늘에서의 풍경도 그만이다. 멀리 구름 사이로 솟아 있는 송도의 고층빌딩, 발아래 펼쳐진 바다와 섬의 아름다움이 무서움도 잊게 한다. 무엇보다 매력적인 것은 비행기 조종간을 통해 전해지는 경비행기의 움직임이다. 정식으로 조종사가 되어 하늘을 날고 싶은 마음을 갖게 할 정도다. 노을이 지는 풍경 속을 비행할 때가 가장 아름답다는 조종사의 말이 아니더라도 어섬의 저녁 하늘을 마음껏 누리고 싶어진다.

어섬에서의 체험 비행은 최소한 3일 전에 서비스 업체에 예약을 해야 한다. 해당 업체에서 탑승 신고를 위한 생년월일 등의 신상정보를 확인해야 하기 때문이다. 또한 아직 체험 관광이 상설화 되어 있지 않기 때문에 인근에 음식점 및 화장실 시설 이용이 용의치 않은 점을 감안해야 한다. 물과 간식거리, 휴지 등을 사전에 챙겨가는 것이 좋다.

바닷물 갈라짐 현상으로 유명한 제부도 역시 배를 타지 않고 육로로 갈 수 있는 화성의 섬이다. 다만 제부도로 드나드는 길은 간척사업으로 만들어진 것이 아니라 조수 간만의 차에 의해 만들어진다. 때문에 물길이 열리는 시간을 맞추지 못하면 섬을 앞에 두고도 들어가지 못하거나, 섬에서 나오지 못하는 상황이 생기기도 한다. 국립해양조사원 홈페이지에서 물길이 열리는 시간 확인은 필수!

* * * * * * * * * * * * * * * * * * * * * * * * * * * * * * *

### 제부도 갯벌체험

제부도는 쏙, 바지락 등을 잡을 수 있는 갯벌 체험장으로도 유명하다. 체험장에는 장화를 비롯한 간단한 갯벌 체험 장비를 빌려주는 대여소가 있다. 직접 도구를 준비해 가지 않아도 되는 점이 편리하다. 조개 바구니가 어느 정도 채워지면 갯벌에서 나와 해변을 즐기자. 모래사장에서 매바위까지 이어지는 해변은 천천히 걸으며 풍경을 즐기기에도 좋다.

### 진주목장

진주목장은 일일 낙농 체험을 할 수 있는 곳이다. 젖소목장 견학, 송아지 우유주기, 소젖 짜기, 치즈 만들기 등 다양하다. 이곳의 체험은 교육적인 효과와 재미, 두 마리 토끼를 모두 잡을 수 있어 만족도 역시 높다. 놀이기구 못지않게 스릴이 넘치는 트랙터 마차는 어른들에게도 인기다. 젖소 무늬 카우보이모자를 쓴 젊은 체험 안내원의 재치 있는 진행솜씨와 다양하게 준비된 특별 이벤트로 두세 번 참가하는 가족들도 있다. 예약제로 운영되므로 즐거운 경험을 놓치지 않으려면 반드시 예약하는 것이 좋다.

### 타조 사파리

타조 사파리에 가면 웬만한 어른 키보다 큰 타조의 늠름한 자태에 깜짝 놀라게 된다. 타조 타기 체험은 체중이 70kg 이하면 누구나 할 수 있다. 타조를 타는 것이 어렵게 느껴진다면 다른 체험에 도전해보자. 타조알 볼링, 타조에게 먹이 주기, 아이들의 눈높이에 맞는 조랑말타기 체험 등이 준비되어 있다. 타조 사파리는 예약 없이 방문해도 언제나 즐길 수 있어 편리하다. 다만, 농촌 한가운데 체험장이 있어 오가는 길이 좁다. 농로를 따라 가는 동안 운전에 집중할 것.

1 궁평항에서 갯벌을 체험하고 있는 사람들 2 진주목장에서 낙농체험을 하는 사람들 3 타조 사파리에서 진행하는 먹이주기 체험 4 썰물 때면 뭍과 연결되는 제부도의 매바위

## 당일여행 추천코스

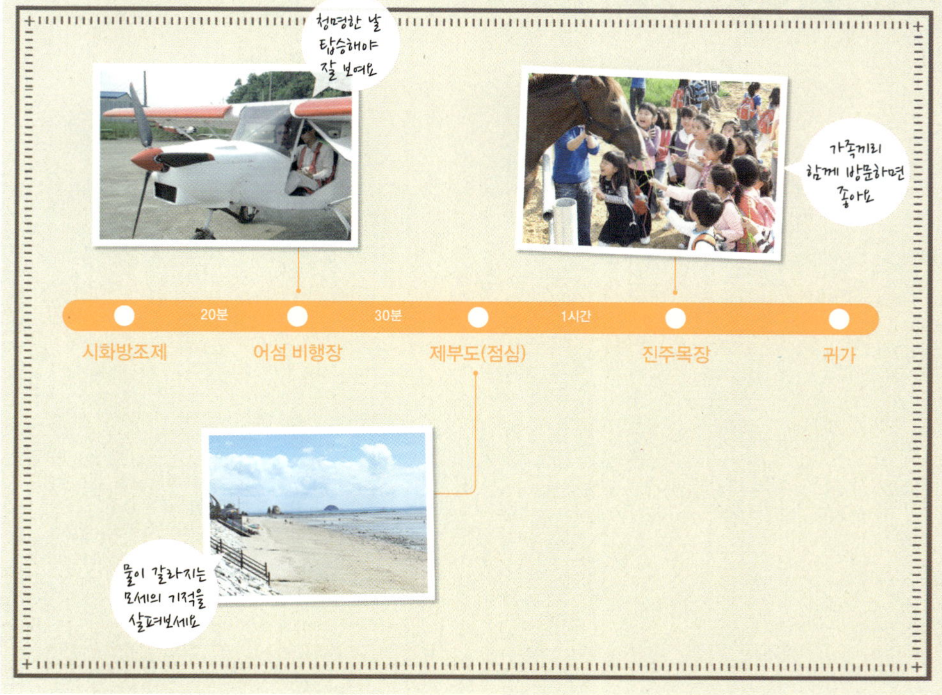



시화방조제 — 20분 — 어섬 비행장 — 30분 — 제부도(점심) — 1시간 — 진주목장 — 귀가

## 여행정보

★ **웹사이트와 전화**

화성시 031-369-2094, www.hscity.net,
국립해양조사원 www.khoa.go.kr
어섬비행장 경비행기 체험 010-4380-8595
제부도 갯벌체험 031-357-8616, www.jebumud.co.kr
진주목장 031-356-0073, www.jinjufarm.com,
타조사파리 031-351-8528, www.ostrichsafari.com,
요트닷컴(제부도 요트체험) 02-3478-0202, www.요트닷컴.kr

★ **대중교통**

대중교통을 이용하기에는 적합지 않음

★ **자가운전**

영동고속도로 월곶IC-시화호방조제-대부도-전곡항-301번 도로-
사강교차로-322번 지방도-어섬

★ **숙박**

별빛사랑채펜션 : 송산면 어섬길 259번길 6-8, 031-357-0447,
www.starsarangche.co.kr
해피하우스산토리니 : 서신면 살곶이길 80-32, 010-8619-1254,
www.hhsantorini.com

테라스의 아침 : 서신면 해안길 412-13, 031-357-8326,
www.mterrace.ne

★ **맛집**

비봉손칼국수 : 칼국수, 비봉면 양노리 562, 031-356-0722
오리정순두부 : 두부요리, 남양성지로 245-1, 031-356-3694

더 많은 정보는
요기!!

# PART 3.

# 가을
*Autumn*

따사로운 볕과 선선한 바람이 여행객들을 감싸는 가을.
청명한 하늘빛을 받아 유독 반짝이는 가을 강가를 따라
자전거 타고 달려보면 어떨까. 스산하고 허전했던 마음에
새로운 색깔을 입혀줄 트레킹 코스와 맛집도 기다리고 있다.
가을은 또 축제의 계절. 넘실대는 갈대와 단풍을 따라
당신의 마음도 들썩여질 것이다.

# 부용에 기대어
# 하회마을을 품어보다

## 여행 내비게이션

**여행컨셉** 선비정신 깃든 한옥에 머물며 전통을
찾아 떠나는 여행

**추천일정** 1박2일

**Must Do** 1. 부용대에 올라 하회마을 조망하기
2. 옥연정사에서 하룻밤 묵어가기
3. 병산서원, 겸암정사 등 하회마을 돌아보기
4. 헛제삿밥 먹어보기
5. 영국 엘리자베스 여왕도 찾았던 봉정사 들러보기

**추천 교통** 자가운전

**추천 계절** 사계절

　낙동강이 휘감으며 흘러가는 안동 하회마을. 마을에서 강 건너편을 보면 우뚝 선 절벽이 보인다. 부용대다. 마치 강을 감싼 병풍처럼 위풍당당한 부용대를 자세히 보면 솔숲에 은거한 한옥이 보인다. 명당 중의 명당에 자리한 이 가옥이 옥연정사玉淵精舍다. 2010년 유네스코 세계문화유산에 등재될 만큼 그 가치를 인정받은 전통 가옥이다.

　옥연정사는 조선 선조 때의 충신 서애 유성룡(1542~1607)이 10년에 걸쳐 손수 지은 거처다. 서애는 임진왜란 때 병조판서와 영의정, 도체찰사 등을 지내며 이순신과 권율 같은 명장을 등용해 나라를 구한 영웅이자 학자로서의 덕망까지 갖춘 선비다. 서애의 종택은 하회마을에 있다. 옥연정사는 서애가 독서와 학문을 닦으며 내방객을 맞이하던 별채로 지은 것이다. 옥연정사는 대궐같은 명문가의 가옥에 비하면 소박하기 그지없다. 이는 청렴한 서애의 성품을 잘 말해준다. 그나마도 평소 가까이 지내던 승려 탄홍의 도움으로 겨우 완성했다고 한다.

　옥연정사는 나루터에서 바라봤을 때 오른쪽부터 대문간채, 안채, 별당채, 사랑채 순으로 ‘一자형’ 평면을 이루고 있다. 대부분의 고가들이 ‘ㅁ’자의 입체적인 배치를 이루는 것과 달리 벼랑의 지세를 자연스레 이용한 배려가 엿보인다. 또 일반적으로 대문채와 사랑채를 근접해서 집을 짓는데 반해 옥연정사는 두 건물을 멀찌감치 떼어 놓은 점도 특이하다. 이는 뱃길이 하회마을에서 옥연정사로 가는 유일한 방법이었기 때문이다. 서애는 하회마을에서 나룻배를 타고 강을 건너와 대문채를 거치지 않고 곧장 사랑채로 향했다.

　낙동강과 하회마을이 시원하게 내려다보이는 감록헌 마루를 가운데 두고 좌우 방 1칸씩을 둔 세심재는 선생이 서당으로 활용해 학문을 이어가며 〈징비록懲毖錄 국보 제132호〉을 저술한 곳이다. 원락재는 서애가 기거하던 공간이다. 원락재라는 이름은 〈논어〉의 유명한 글귀인 ‘먼 곳으로부터 벗이 찾아오니 또한 즐겁지 아니한가’에서 따왔다.

　옥연정사에서 고귀한 선비이자 충신이었던 서애의 생애를 떠올리며 하룻밤 묵어갈 수 있다. 여행자를 위해 내놓은 공간은 사랑채인 세심재洗心齋와 안채인 원락재遠樂齋 두 칸이다. 이곳에서 바라보는 하회마을의 아름다운 모습은 두고두고 기억에 남을 만하다.

### 부용대

옥연정사에서 벼랑길을 오르면 하회마을과 마을을 감싸고 흐르는 낙동강의 유려함을 한눈에 볼 수 있는 부용대에 이른다. 해발 64m의 부용대는 하회마을에서 열리는 대규모 전통 불꽃놀이인 '하회줄불놀이'의 줄불이 걸리는 꼭짓점이기도 하다. 부용대에서 드리운 줄불이 불꽃을 내며 낙동강을 수놓는 장관은 하회마을에서도 흔치 않은 볼거리로 통한다.

### 하회마을

우리나라 제1의 민속마을이자 마을 전체가 유네스코 세계문화유산에 등재된 곳이다. 낙동강이 마을을 감싸고 유려하게 휘돌아 나간 모습이 아름답다. 하외마을은 풍산 류씨의 집성촌으로 600여 년 간 지속되어 왔으며, 겸암 류운룡과 서애 류성룡 등을 비롯해 여러 학자와 관료, 선비를 배출했다. 하회마을에는 기와와 초가로 지어진 127채의 가옥이 보존되어 있다. 양진당(養眞堂 보물 제306호)과 충효당(忠孝堂 보물 제414호) 등 의미 있는 가옥도 많다. 마을에 머물며 선비문화와 전통공예, 민속문화 체험 등을 두루 해 볼 수 있다. 무엇보다 옛 모습을 잃지 않은 마을을 천천히 거닐며 그 옛날로의 시간 여행을 하는 것이 의미가 있다.

### 세계탈박물관

하회마을 입구에 있다. 하회탈을 비롯해 세계 각국의 탈을 전시하고 각종 체험도 진행한다. 하회탈은 '하회별신굿탈놀이'(중요무형문화재 제69호)에 쓰던 탈이다. 하회별신굿탈놀이는 마을 최고의 볼거리이자 민속공연 예술의 정수로 손꼽힌다. 10개 마당으로 구성된 이 탈놀이는 특히 8마당으로 짠 놀이마당이 인기 있는데, 주지승, 각시, 중, 양반, 선비, 초랭이, 이매, 부네, 백정, 할미 등이 등장해 양반과 선비, 파계승 등으로 상징되는 권력을 풍자하는 내용으로 골계미학을 전하고 있다.

### 병산서원

하회마을은 뒤에 자리한 화산 너머에 있다. 1572년 서애 류성룡이 후진양성을 위해 건립한 서원이다. 복례문, 만대루, 동재, 서재, 입교당, 장판각, 존덕사, 전사청, 고직사 등으로 이루어져 있는데, 만루대에서 낙동강을 바라보는 풍경이 그만이다. 또 지붕없이 달팽이집처럼 돌돌 꼬인 독특한 모양의 화장실도 볼거리다.

### 봉정사

신라 문무왕 12년(672)에 의상대사의 제자인 능인스님이 창건한 고찰이다. 현존하는 최고(最古)의 목조건축물 가운데 하나로 알려진 극락전(국보 제15호)을 비롯해 대웅전(국보 제311호), 화엄강당(보물 제448호), 고금당(보물 제449호) 등 귀중한 문화재가 가득하다. 이 밖에 덕휘루, 무량해회, 삼성각 및 삼층석탑 등이 있으며, 부속암자로 영산암과 지조암 등을 두고 있다. 영화 〈달마가 동쪽으로 간 까닭은〉의 촬영지였고, 영국 엘리자베스 여왕이 안동 방문 시 하회마을과 더불어 다녀가기도 했다.

1 병산서원 입교당에서 바라본 만대루 2 민속공연예술의 정수 안동하회별신굿탈놀이 3 부용대에서 바라본 하회마을

## 1박2일 추천코스

## 여행정보

### ★ 웹사이트와 전화

안동관광정보센터 054–856–3013, www.tourandong.com

옥연정사 054–857–7005, www.hahoehouse.co.kr

안동하회마을 054–853–0109, www.hahoe.or.kr

하회별신굿탈놀이보존회 www.hahoemask.co.kr

병산서원 054–858–5929 www.byeongsan.net

### ★ 대중교통

[기차] 청량리–안동, 하루 8회(주말 9회) 운행, 3시간 30여분 소요

[고속버스] 동서울–안동, 하루 40회(심야우등 포함) 운행,
2시간 50분 소요

서울강남–안동, 하루 15회 운행, 2시간 50분 소요

부산–안동, 하루 16회(직행) 운행, 2시간 40분 소요

[시내버스] 안동역 · 안동시외버스터미널에서 46번 버스 이용

1일 8회 운행(10:30, 14:40은 하회마을 경유 병산서원 종점)

안동버스 054–859–4571

### ★ 자가운전

영동고속도로–중앙고속도로–서안동IC–34번 국도 영주 방면–풍산
읍–916번 지방도 풍천 방면–하회삼거리–하회마을

### ★ 숙박

옥연정사 : 풍천면 광덕리, 054–857–7005, www.hahoehouse.co.kr

감나무집 : 풍천면 하회리, 010–2339–1181

화경당(북촌) : 풍천면 하회리, 010–2228–1786

낙고재 : 풍천면 하회리, 054–857–3410

### ★ 맛집

예닮 : 연잎밥정식과 진흙구이, 서후면 명리, 054–842–3131~2

옥류정 : 안동찜닭과 헛제사밥, 풍천면 하회리, 054–854–8844

한우와 된장 : 한우와 된장찌개, 풍천면 하회리, 1577–5007

목석원 : 헛제사밥과 산채비빔밥, 풍천면 하회리, 054–853–5331

### ★ 축제 및 행사

안동국제탈춤페스티벌 : 매년 9월말~10월초,

054–841–6397~8, www.maskdance.com

더 많은 정보는
요기!!

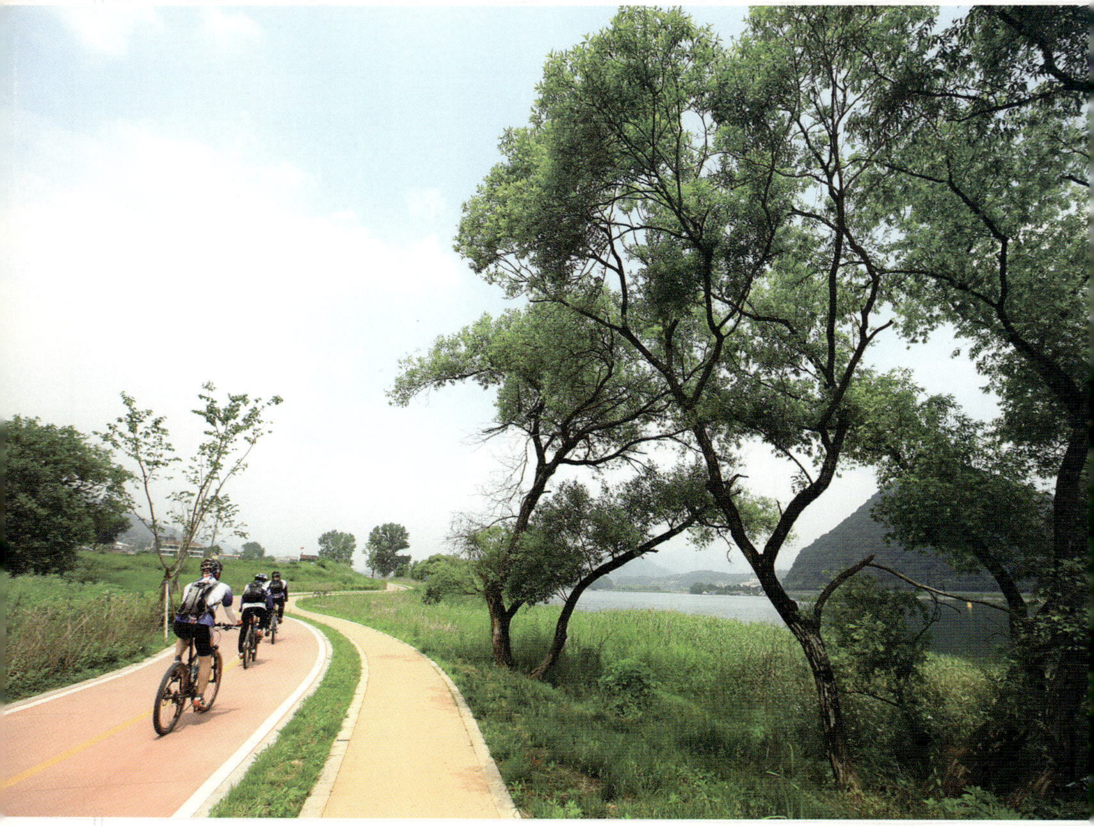

# 050

## 북한강 자전거길

경기도 남양주시

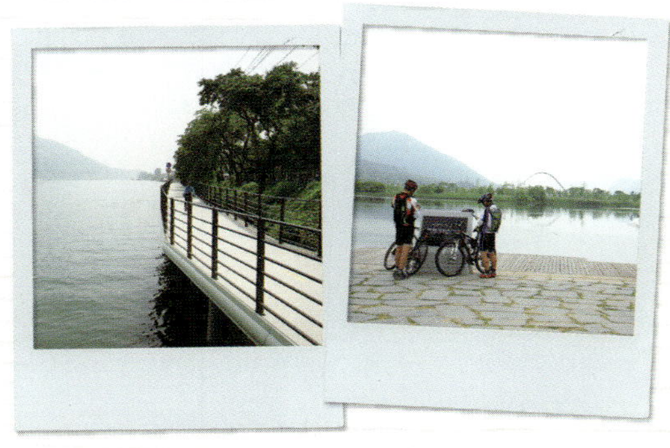

# 북한강을 따라 바람을 가르며 달리다

여행 내비게이션

**여행컨셉** 강변을 따라 달리는 자전거 여행
**추천일정** 당일
**Must Do** 1. 물의정원 산책하기
2. 닥터&왈츠만에서 커피 즐기기
3. 두물머리 둘러보기
**추천 교통** 지하철, 자전거
**추천 계절** 가을

청춘시절의 낭만열차, 대학생들의 MT열차로 대표되던 경춘선은 2010년 경춘선 복선 열차가 개통되면서 역사의 뒤안길로 사라졌다. 하지만 옛 경춘선 철로가 리모델링되면서 지금은 사용하지 않는 교량과 터널을 포함한 북한강 자전거길이 2012년에 개통되었다. 옛 경춘선의 낭만과 추억을 되새겨볼 수 있게 된 것이다.

북한강 자전거길은 남양주에서 가평을 거쳐 춘천까지 70.4km, 우회도로 28.1km를 합쳐 총 98.5km 구간이다. 여행자들은 남양주 유기농테마파크까지 왕복 10km 정도를 이용해보는 것이 좋다. 출발지는 복선화된 중앙선이 지나는 양수철교 아래 밝은광장이다. 이곳은 진중1리에서 운영하는 자전거길의 휴식 공간이자 자전거 대여소다. MTB, 여성용 등 다양한 자전거가 있으며 비용은 1시간 3,000원, 1일 1만 원이다.

진중 습지의 물의정원은 북한강 자전거길 남양주 구간에서 가장 아름다운 풍광을 간직한 구간이다. 물의정원에는 물빛길, 물향기길, 물마음길, 강변산책길 등이 조성되어 자전거뿐만 아니라 여유로운 산책을 즐기기에 제격이다. 강변을 따라 조성된 물마음길과 강변산책길은 전망대와 휴식 공간이 곳곳에 설치되어 북한강의 풍경을 만끽할 수 있다. 특히 물마음길에서 바라보는 뱃나들이교와 주변 수목의 풍광이 아름답다.

뱃나들이교는 물의정원을 가로지르는 다리다. 진중 습지는 예부터 배가 드나들던 곳으로, '뱃나들이들'이라는 지명이 전해진다. 다리 이름도 이 지명에서 따왔다. 뱃나들이교 건너기 직전에 커다란 액자가 있는데, 액자를 통해 한 폭의 풍경화를 보는 것 같다. 이곳을 지나는 사람은 꼭 멈춰서 사진 촬영을 한다.

물의정원을 지나면 자전거길은 북한강과 나란하게 이어진다. 나무들이 늘어선 숲터널도 지나고, 북한강으로 합수되는 지류를 건너기도 한다. 남양주 유기농테마파크를 지나면 국도와 인접해 강 위로 조성된 자전거전용도로가 나온다. 물 위를 달리는 기분이 드는 코스다. 수상스키, 바나나보트 등 수상 레저를 즐기는 사람들도 눈에 많이 들어온다. 이 구간을 지나면 자전거길은 새터삼거리까지 45번 국도와 나란하게 이어진다.

새터삼거리 부근에서 만나는 야연터널과 구운천철교는 옛 경춘선의 흔적이 고스란히 남아 있다. 기차를 타고 지났을 터널은 이제 자전거가 지날 때 조명이 켜진다. 구운천철교에 설치된 전망대에서는 구운천이 북한강과 합수되는 풍경을 볼 수 있다. 구운천철교는 북한강 자전거길 남양주 구간의 끝 지점이다. 초보들의 자전거 여행은 여기까지다. 춘천까지는 경험 많은 이들만 갔다 올 수 있다.

### 유기농테마파크

패스트푸드에 익숙한 현대인에게 유기농의 가치를 전해주는 국내 최초 유기농 전문 테마파크다. 상설 전시관에서는 유기농의 역사와 원리, 우리나라 유기농의 뿌리 깊은 역사, 가정과 거리의 가상공간을 통해 빠르게 변하는 현대사회와 패스트푸드의 이면을 알아볼 수 있다. 테마파크 곳곳에는 유기농으로 일구는 체험 농장과 과수원, 산양과 토끼, 닭을 키우는 작은 농장이 있어 텃밭 가꾸기와 수확, 동물 먹이 주기 등 가족 단위 체험 활동이 가능하다.

### 남양주 종합촬영소

남양주 종합촬영소에 가면 영화 〈공동경비구역 JSA〉를 촬영한 판문점 세트, 영화 〈취화선〉을 촬영한 민속 마을 세트, 드라마 〈장옥정, 사랑에 살다〉를 촬영한 전통 한옥 운당 등의 세트장을 둘러볼 수 있다. 영상 체험관, 영화인 명예의 전당, 미니어처 체험 전시관 등을 갖춘 영상 지원관은 영화 제작에 필요한 체험 · 전시 공간으로 구성되었다.

### 몽골문화촌

몽골문화촌은 13세기 중국에서 유럽까지 대륙을 호령한 칭기즈 칸의 나라 몽골의 문화와 역사를 살펴볼 수 있는 공간이다. 몽골의 전통과 역사, 자연을 둘러볼 수 있는 전시관, 역사관, 생태관, 몽골의 놀이기구와 악기 체험, 몽골 의상을 입어볼 수 있는 어린이 체험관으로 구성되었다. 하루 두 차례 마상 공연과 민속 공연이 펼쳐지는데, 특히 마상 공연이 볼 만하다. 칭기즈 칸의 후예답게 말 위에서 현란한 기교와 정확한 활쏘기 등 다채로운 마상 기술을 선보여 박수와 환호가 끊이지 않는다.

1 유기농테마파크의 산양과 즐거운 시간을 보내는 아이들 2 남양주종합촬영소의 취화선 세트장 3 몽골문화촌의 몽골 마상공연 4 몽골문화촌의 몽골 문화관 내부 전경

## 당일여행 추천코스

| 북한강 자전거길 | 자전거 25분 | 점심<br>(송촌식당 동치미국수) | 자전거 20분 | 남양주 유기농<br>테마파크 | 자전거 5분 | 남양주 종합촬영소 |

## 여행정보

### ★ 웹사이트와 전화

남양주시 문화관광 031-590-2474, www.nyj.go.kr/culture/index.jsp
다산유적지 031-590-2481, www.nyj.go.kr/dasan/index.jsp
실학박물관 031-579-6000, www.silhakmuseum.or.kr
남양주종합촬영소 031-579-0600, studio.kofic.or.kr
남양주 유기농테마파크 031-560-1471, www.organicmuseum.or.kr
몽골문화촌 031-559-8018, www.mongoliatown.co.kr

### ★ 대중교통

[지하철] 중앙선 운길산역 하차, 도보로 북한산 자전거길 기점인 밝은광장으로 이동
운길산역 031-577-7196

### ★ 자가운전

중부고속도로 하남 IC 하남 팔당 방면 좌측 팔당대교 건너 우측 양평 방면 6번 국도 조안교차로 좌측 가평 방면 45번 국도로 약 2.8km 직진 후 운길산역삼거리를 지나자마자 우측으로 진입 밝은광장

### ★ 숙박

스타힐리조트 : 화도읍 먹갓로 96, 02-2233-5311, www.starhillresort.com
축령산 자연휴양림 : 수동면 축령산로, 031-592-0681, www.chukryong.net
리버힐빌리지 : 화도읍 북한강로 1191번길, 031-593-8916, www.riverhillvillage.co.kr

### ★ 맛집

송촌식당 : 동치미국수, 조안면 북한강로, 031-576-4070
상해 해물손칼국수 : 뽕잎칼국수, 조안면 북한강로, 031-576-5051
별난버섯집 : 버섯육개장, 조안면 다산로 362번길, 031-592-6654
저녁바람이 부드럽게 : 굴림만두전골, 조안면 다산로, 031-576-0815
기와집순두부 : 순두부백반, 조안면 북한강로, 031-576-9009

더 많은 정보는 요기!!

# 051
영랑호 자전거길
강원도 속초시

# 설악산 울산바위가 손 흔드는 낭만 라이딩

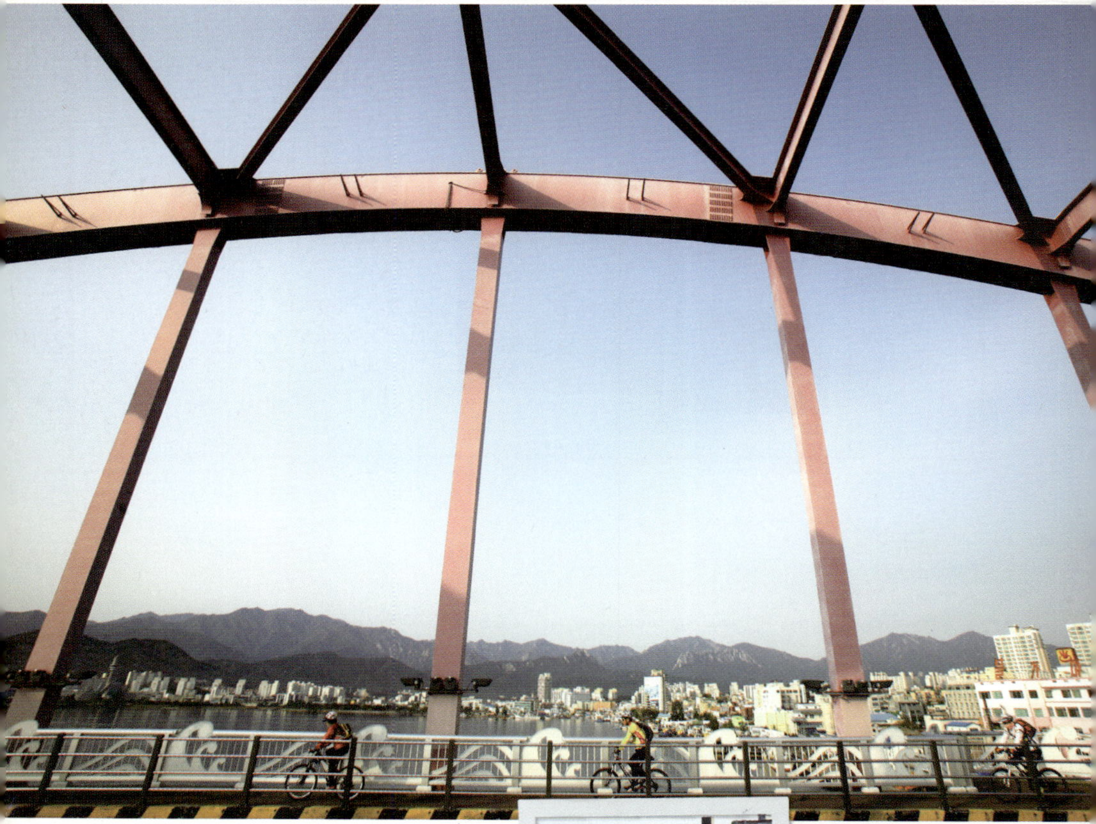

여행 내비게이션

**여행컨셉** 영랑호를 따라 자전거 타고 속초의 정취 즐기기
**추천일정** 1박2일
**Must Do** 1. 영랑호 자전거 타기
2. 영랑호의 전설 범바위 확인하기
3. 아바이마을 갯배타기
4. 속초해변 산책
5. 척산온천에서 온천욕 하기
6. 설악산 흔들바위 흔들고 오기
**추천 교통** 자가운전
**추천 계절** 봄~가을

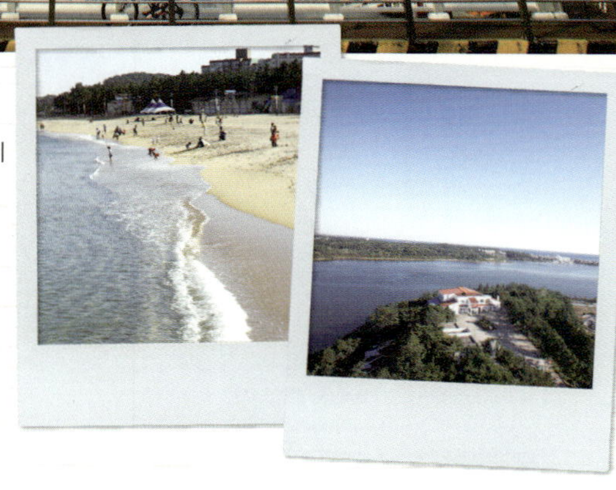

설악산의 능선을 거느리고 병풍처럼 우뚝 솟은 울산바위. 그 아래 바다인 듯 호수인 듯 드넓게 펼쳐진 푸른 물결이 영랑호다. 8km에 이르는 호수 둘레를 따라 완만한 자전거 길이 조성되어 영랑호 여행을 특별하게 만들어준다. 호반을 따라 나무 그늘이 이어지고 호숫가 조망 쉼터가 있어 여유와 낭만을 즐기기에 더없이 좋다. 이제 막 자전거 타기를 익힌 초보자나 어린아이도 무난히 호수 한 바퀴를 돌 수 있을 만큼 정비가 잘 된 것도 장점이다. 영랑호 카누경기장 앞에는 자전거타기운동연합 속초지부에서 운영하는 자전거 대여소가 있어 누구나 쉽게 영랑호 자전거 길을 즐길 수 있다.

영랑호 자전거 길은 쌩쌩 달리며 속도감을 즐기기보다 천천히 페달을 밟으며 나뭇가지 사이로 내리는 햇살과 바람을 느끼는 길이다. 손에 잡힐 듯한 울산바위의 장쾌한 전경을 바라보고 잔잔한 영랑호의 얼굴을 어루만지며 달리는 길이다. 전체 길이는 짧지만 영랑호에 깃든 재미난 이야기와 전설을 만날 수 있어 더욱 즐겁다.

영랑호는 해수면이 상승하면서 바닷물이 내륙의 지형을 깎아내고, 그 퇴적물이 다시 바다를 가로막아 만들어진 석호다. 자연이 만든 비경은 철새 도래지이기도 하다. 천연기념물 201호 고니를 비롯해 청둥오리, 가창오리 등의 겨울 철새들이 머물다 간다. 늦가을부터 이듬해 봄까지 이른 아침과 해 질 무렵 영랑호 자전거 길을 달리면 철새들의 군무를 감상하는 행운을 누릴 수 있다.

영랑호 이름의 유래는 이렇다. 신라 시대 화랑이던 영랑이 금강산 수행을 마치고 서라벌로 가는 길에 호수의 비경에 매료되어 동료들과 함께 오래 머물렀다. 그 후로 호수는 영랑호라는 이름을 얻었고, 화랑과 무인의 수련장으로 쓰였다. 재미난 전설도 전해진다. 영랑호와 청초호에는 용이 한 마리씩 살았다. 어느 날 불이 나서 청초호에 살던 용이 죽었는데, 영랑호에 살던 용이 노하여 속초에 재앙을 내리기 시작했다. 두 마리 용은 부부였던 것이다. 이를 알게 된 사람들이 영랑호의 용에게 제사를 지내자 재앙이 사라지고 풍어가 계속되었다는 전설이다. 영랑호 자전거 길을 달리면 신라의 화랑과 두 마리 용의 이야기를 담은 조각상을 볼 수 있다. 범바위는 영랑호 자전거 길에서 만나는 또 다른 명물이다. 호랑이 한 마리가 울산바위를 향해 엎드린 형상으로, 속초팔경 중 하나이다.

### 장사항

영랑호와 이어진 바닷가 마을은 장사항이다. 횟집이 모여 있는 작은 포구로, 해마다 여름이면 장사항오징어맨손잡기 축제가 열린다. 자전거를 세워두고 시원한 파도 소리를 들으며 바다의 정취를 즐길 수 있다.

### 외옹치항

육지가 바다를 향해 길게 뻗은 모양으로 속초에서 가장 먼저 해가 뜨는 곳이다. 외옹치항에는 자연산 활어를 먹을 수 있는 작은 횟집들이 모여 있다. 바다 풍광을 바라보며 여유롭게 식사를 할 수 있어 매력적이다. 외옹치항의 방파제는 낚시터로도 유명해 낚싯대에 걸려 올라오는 고기들을 구경하는 재미도 쏠쏠하다.

### 대포항

속초를 대표하는 포구이자 동해안 제1의 종합관광어항이다. 바다를 매립한 18만여㎡의 부지 위에 최신의 횟집 타운이 조성됐다. 친수공간과 대포항의 옛 추억을 떠올리게 하는 난전들도 자리 잡고 있다. 국내 최대를 자랑하는 10m 높이의 방파제는 안전한 바다산책을 즐길 수 있는 포인트다.

### 속초해수욕장

무인도인 '조도'가 그림처럼 떠 있는 속초해수욕장은 나무 데크로 연결되어 바다 풍광을 감상하기 좋다. 속초고속버스터미널과 가까워 젊은이들의 발길이 이어진다. 시원한 그늘을 만들어주는 해송 숲이 있고, 돌고래상, 산호의 사랑 이야기 등 다양한 조각상을 감상하는 것도 즐겁다.

### 속초등대전망대

속초등대전망대는 속초8경 중 제1경으로 꼽힐 만큼 빼어난 절경을 감상할 수 있는 명소다.
전망대에 서면 속초항과 속초시내, 설악산의 장관 등 속초8경을 두루 조망할 수 있다. 우리나라를 대표하는 등대들의 모습도 전시하고 있다.

### 아바이마을

한국전쟁 때 피란 온 사람들이 정착한 청초호 백사장 끝자락의 마을이다. 줄을 끌어 움직이는 갯배와 아바이순대가 유명하다. 함경도에서 피난 온 사람들이 주로 살아 아바이마을이라는 이름을 갖게 됐다. 드라마 〈가을동화〉, 예능 프로그램 〈1박2일〉에 소개되면서 외국인 여행객도 즐겨 찾는 명소다.

1 장사항의 바다 풍경 2 속초해변에서 바라본 조도 3 영랑호에서 자전거를 타는 가족 4 실향민들이 모여 사는 속초 아바이마을 전경 5 산책로로 개방된 대포항의 방파제

## 1박2일 추천코스

## 여행정보

### ★ 웹사이트와 전화
속초시 문화관광 010-5379-8037, www.sokchotour.com
자전거타기운동연합 속초지부 033-639-2690,
cafe.naver.com/sokchobike

### ★ 대중교통
[버스] 서울-속초, 센트럴시티터미널에서 하루 38회(06:00~23:30)
운행, 약 2시간 30분 소요
동서울종합터미널에서 하루 46회(06:05~23:00) 운행,
약 2시간 20분 소요
센트럴시티터미널 02-6282-0114
동서울종합터미널 1688-5979, www.ti21.co.kr

### ★ 자가운전
서울춘천고속도로 동홍천IC-인제-미시령터널-학사평교차로-교동
사거리 직진-영랑교 건너 좌회전-영랑호-영랑호 카누경기장 앞 자
전거타기운동연합 속초지부 자전거 대여소

### ★ 숙박
동해콘도 : 동해대로, 033-635-9631,
www.donghaecondo.co.kr
메모리즈모텔 : 영금정로6길, 033-636-9415,
www.memoriesmotel.kr
헬리오스모텔 : 장사항해안길, 033-632-7676,
www.heliosmotel.com
영랑호리조트 : 속초시 영랑호반길, 033-633-0001,
www.yrhresort.co.kr

### ★ 맛집
대명횟집 : 회와 매운탕, 장사항해안길, 033-631-1541
사돈집 : 물곰탕과 가자미조림, 영랑해안길, 033-633-0915
봉포머구리집 : 물회와 멍게비빔밥, 중앙로, 033-631-2021
속초함흥냉면옥 : 명태회냉면, 청초호반로, 033-633-2256

### ★ 축제 및 행사
양미리 축제 : 11월 중순, 속초항 양미리부두, 033-639-2735
크리스마스 딸기 축제 : 12월 25일 전후, 노학동 응골 딸기마을,
www.sokchoberry.com
장사항 오징어맨손잡기축제 : 7월말~8월초, www.jangsahang.com

더 많은 정보는 요기!!

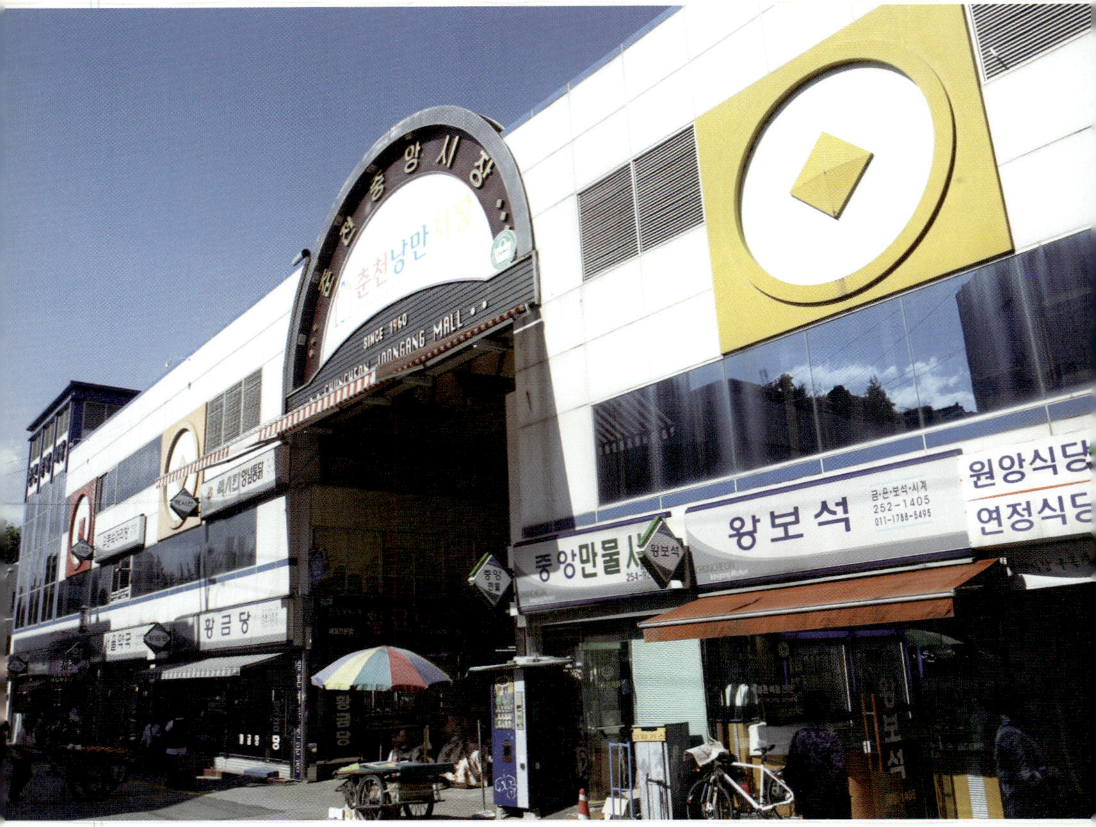

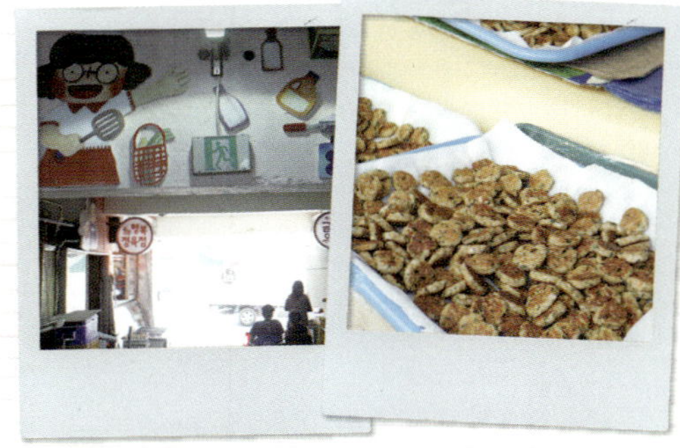

# 052

## 춘천 낭만시장

강원도 춘천시

# 구수한 맛과 낭만을 드립니다

여행 내비게이션

**여행컨셉** 전통과 예술이 숨 쉬는 시장 엿보기
**추천일정** 당일
**Must Do** 1. 낭만시장 숨은 그림 찾기
2. 수십 년 전통의 순댓국 먹기
3. 망대골목 산책하기
4. 애니메이션 박물관 둘러보기
5. 춘천닭갈비와 막국수 먹기
**추천 교통** 기차
**추천 계절** 사계절

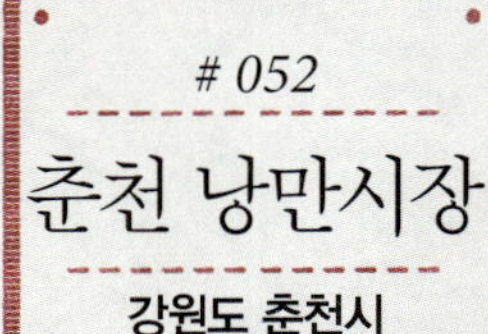

춘천 낭만시장은 서민들의 삶과 낭만이 함께 깃든 시장이다. 춘천 중앙시장에서 이름이 바뀌며 새롭게 단장했지만, 전해지는 사연과 소박한 풍취는 예전 그대로다. 구수한 맛을 풍겨내는 시장 골목의 정서 역시 변함이 없다.

명동 옆에 위치한 춘천 낭만시장의 역사는 70년 전으로 거슬러 올라간다. 일제 강점기부터 문을 열었던 시장은 한국전쟁 때 폐허가 되어 모습을 감췄다가 1952년부터 다시 장이 서기 시작했다. 이주해 온 피란민들과 인근 서민들이 온갖 생필품을 구할 수 있었던 유일한 곳이었으며, 미군부대에서 흘러나온 미제 상품과 약사리고개를 넘어온 농산물들이 한자리에 모이는 곳이기도 했다. 70년대 춘천에서 낭만시장은 명동과 함께 춘천의 유행과 문화의 중심지 역할을 했다. 중앙시장에서 낭만시장으로 이름이 바뀐 것은 2010년의 일이다. '2010 문화관광형 시장 육성사업'과 함께 시장 구석구석에 미술작품이 내걸리고 벽화가 그려졌으며, 책 한 권 읽을 수 있는 휴식공간이 생겨났다.

미술작품이 어우러진 시장 나들이는 발걸음을 가볍게 한다. 50년 넘은 한복가게의 간판과 닭집 위에도 재미있는 동화가 그려져 있다. 길을 걷다 좁은 골목에서 길을 잃어도 천정에 달려 추억을 낚는 강태공, 전깃줄을 타고 달리는 미니카 등의 조형물을 보며 낭만을 즐길 수 있다. 소박한 갤러리들도 시장의 한 귀퉁이를 차지하고 있다. 이곳의 진정한 낭만은 그 안에서 물건을 파는 상인들의 손길에서 더욱 무르익는다. 이곳의 맛집들 중에는 수십 년의 전통을 간직한 가게가 여러 곳이다.

시장의 내장골목에는 소, 돼지의 내장들을 진열해 놓은 가게들이 늘어서 있다. 전쟁 후 내장을 함지에 이고 다니며 팔다 정착한 원조집도 있고, 60년 전부터 시어머니가 끓여오던 순댓국을 며느리가 대를 이어 내놓는 가게도 있다. 내장골목의 붉은 조명이 으스스하긴 해도 매일 도축장과 직거래하는 만큼 최고의 신선도를 자랑한다. 내장골목 옆 '1호닭집'은 25년 가까이 어머니와 딸이 신선한 닭고기를 파는 곳으로 인근 주민들에게는 소문난 곳이다. 닭집 옆에는 직접 뽑아 말린 건면을 파는 황소표 국수집도 보인다. 소박한 좌판이 늘어선 과일가게며 나물가게, 떡집, 전집 등도 시장 동쪽과 북문 사이에서 볼 수 있는 풍경들이다. 이 밖에도 30년 된 단추가게, 50년 된 수예점들이 시장의 낭만을 덧씌운다.

## 망대골목

낭만시장 남문 인근의 망대골목은 산책을 즐기기에 좋다. 망대는 일제 강점기에 화재 감시를 위한 초소였는데, 중앙시장 상인들이 망대 인근 산비탈에 한두 집씩 집을 지어 살면서 동네가 형성됐다고 한다. 이 망대골목길에서 조각가 권진규가 하숙을 하며 학창시절을 보냈으며, 화가 박수근이 은사가 있던 춘천에 와서 그림을 그리다 생활이 어려울 때 나무를 해다 시장에 내다 팔았다는 일화가 전해 내려온다. 망대골목과 나란히 연결되는 고개에는 근대문화유산으로 지정된 죽림동성당도 있다.

## 김유정문학촌

김유정역 앞에 들어선 김유정문학촌은 그의 고향이었던 신동면 실레마을에 생가를 복원해놓은 것이다. 마을 전체가 그의 소설 배경이었으며, 문학촌을 중심으로 실레길도 조성돼 문학기행을 위해 찾는 사람들이 늘고 있다. 김유정역 옆에는 레일파크도 조성돼 책을 배경으로 한 카페와 강촌까지 오가는 레일바이크가 운행되고 있다.

## 애니메이션박물관

아이들과 함께 하는 나들이라면 의암호 변두리에 위치한 애니메이션박물관을 방문해 보자. 박물관에는 만화 속에 등장하는 주인공들이 전시돼 있으며 각종 체험거리도 가득하다. 박물관 뒤편으로 의암호를 두고 드넓은 잔디밭이 펼쳐져 있어 아이들이 뛰어놀기에 좋다.

1 박수근과 권진규 화백의 자취가 어린 망대골목 2 김유정문학촌 입구에 있는 김유정역 3 〈봄봄〉을 집필한 소설가 김유정의 생가가 있는 김유정문학촌 4 체험거리가 가득한 춘천 애니메이션박물관

## 당일여행 추천코스

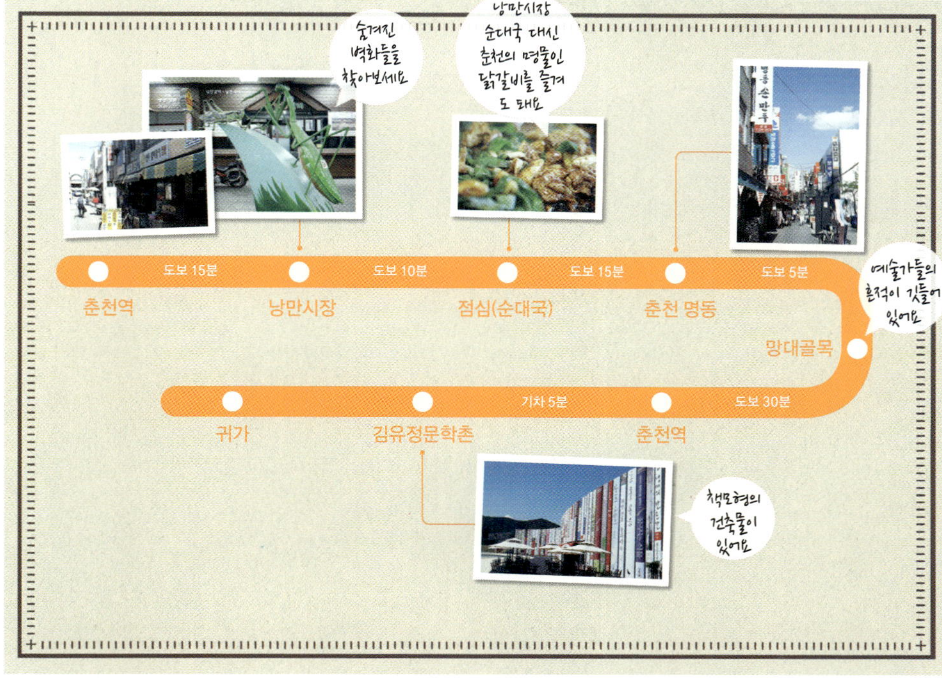


## 여행정보

### ★ 웹사이트와 전화

춘천관광넷 033-250-3068, tour.chuncheon.go.kr
애니메이션박물관 033-243-3112, www.animationmuseum.com
김유정문학촌 033-261-4650, www.kimyoujeong.org
춘천 낭만시장 033-254-2558

### ★ 대중교통

[기차] 용산역-춘천역 : ITX-청춘 열차 매시 정각 출발, 평균
1시간 10분 소요
상봉역-춘천역 : 매시간 2~3차례 춘천역까지 운행
[버스] 동서울종합터미널-춘천시외버스터미널 : 20분 간격 운행,
1시간 10분 소요

### ★ 자가운전

[서울동홍천간고속도로] 남춘천 IC-70번 지방도-김유정역-
남춘천-명동
[중앙고속도로] 춘천IC-남춘천역-명동

### ★ 숙박

리츠모텔 : 공지로 451번길 1, 033-241-0797
춘천베어스관광호텔 : 스포츠타운길 376, 033-256-2525
강원숲체험장 : 서면 삿갓봉길 102, 033-243-5340
집다리골자연휴양림 : 사북면 화악지암길 288, 033-243-1443

### ★ 맛집

명동산골닭갈비 : 닭갈비, 금강로 62번길 7, 033-254-7042
유정마을 : 닭갈비, 신동면 실레길 33, 033-262-0361
우성닭갈비 : 닭갈비, 후만로 81, 033-254-0053
남부막국수 : 막국수, 효자1동 679-37, 033-254-7859
부안막국수 : 막국수, 후석로 344번길 8, 033-254-0654

# 053

## 구즉여울묵마을

대전광역시 유성구

# 가을철 식탐, 도토리로 잡는다!

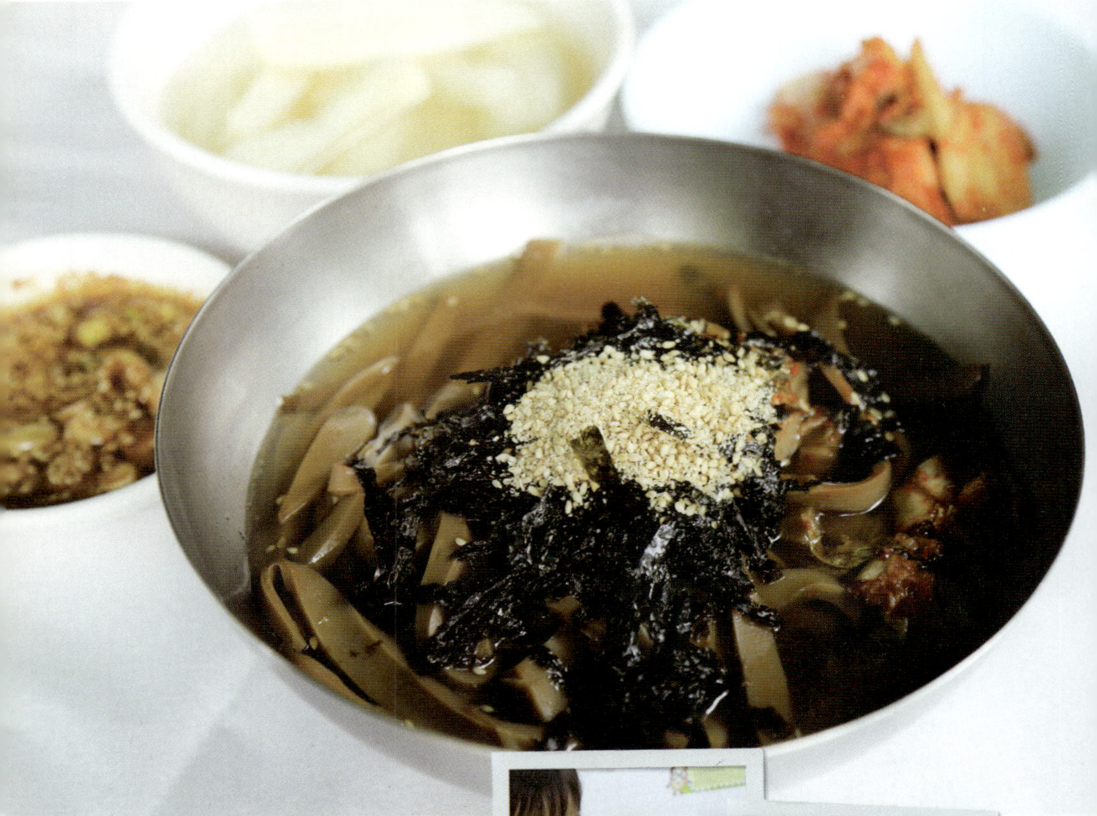

여행 내비게이션

**여행컨셉** 가을맞이 식도락 여행

**추천일정** 1박2일

**Must Do** 1. 묵 만들기 체험하기
2. 다양한 묵 요리 맛보기
3. 저녁엔 스카이로드 관람하기
4. 오월드 사파리 구경하기
5. 뿌리공원에서 자신의 성씨 조형물 찾아보기

**추천 교통** 자가운전

**추천 계절** 가을

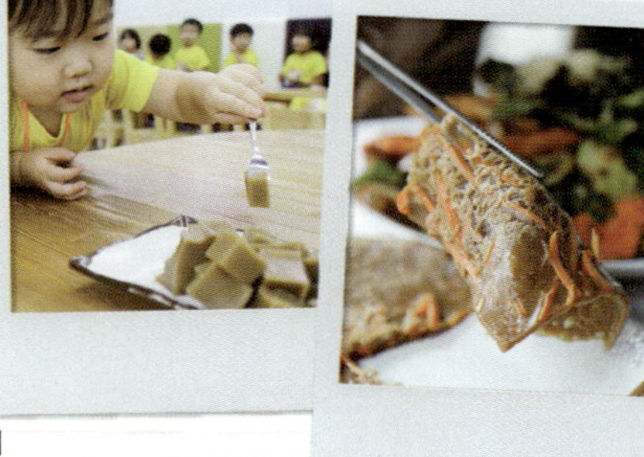

　점점 깊어가는 가을, 눈과 입을 호강시켜줄 식도락 여행을 떠나보는 건 어떨까. 말처럼 살이 찔까 걱정된다면 당장에 여행지를 대전으로 잡을 일이다. 많이 먹을수록 오히려 건강과 다이어트에 도움이 되는 최고의 먹을거리가 있으니 말이다.

　대전을 대표하는 음식인 도토리묵은 가을철 넘치는 식욕을 마음껏 충족시켜주는 무공해 웰빙식품이다. 도토리 자체가 자연에서 얻는 천연 재료인데다 열매 안에 있는 에이콘산 성분이 몸속의 독소 배출을 돕고 소화 기능을 촉진시키는 등 건강에 좋은 여러 효능들을 지니고 있다. 게다가 도토리묵은 열량도 적어 다이어트 음식으로도 손색이 없다.

　대전 유성구 북대전IC 인근에 자리한 구즉여울묵마을은 채묵을 비롯해 묵무침, 묵전 등 여러가지 다양한 묵 요리를 내놓는 묵집들이 모여 있는 곳이다. 대전의 명물로 꼽히는 이 마을은 원래 봉산동 부근에 형성되어 있었지만, 2007년 그 일대가 재개발되면서 남은 묵집들이 지금의 자리로 옮겨왔다. 현재 구즉여울묵마을에는 여러 곳의 묵 전문점이 성업 중이다. 최근에는 묵체험관이 건립되어 예전 묵마을의 명성을 되찾아가고 있다.

　묵을 채 썰어 마치 국밥처럼 내놓는 '채묵밥'은 남녀노소 누구나 부담 없이 먹을 수 있는 구즉여울묵마을의 대표 메뉴다. 채 썬 묵에 멸치와 다시다, 무 등을 넣고 끓인 육수를 부어 김치, 김, 깨 등을 올려 내온다. 어렵던 옛 시절을 떠올리게 하는 소박한 한 그릇이지만 든든한 한 끼 식사로 결코 부족함이 없다. 담백하면서도 깔끔한 맛이 먹어도 먹어도 물리지 않는 묘한 중독성이 있다. 채묵밥은 젓가락 대신 숟가락을 이용해 먹는 것이 훨씬 편하다.  젓가락으로 집으면 묵이 뚝뚝 끊어지기 때문에 대부분 국처럼 떠먹는다.

　묵전은 채묵밥보다 더 소박하다. 밀가루 대신 도토리묵 가루를 풀어 넣고 당근 등 야채를 넣어 얇게 부쳐내는데 여느 전들과 달리 느끼함이 덜하다. 맛 또한 지극히 소박해 입보다는 속이 더 편하고 즐겁다. 넓적하게 썬 묵에 양파와 오이, 당근, 깻잎 등 야채를 넣어 갖은 양념에 무쳐내는 묵무침은 입까지 행복한 묵 요리의 결정판이다. 한 접시 가득 푸짐히 내오는 묵무침은 보기만 해도 침이 꿀꺽 넘어간다. 담담한 묵맛에 새콤달콤한 양념장이 어우러져 끝없이 식욕을 자극한다. 젓가락질이 멈춰지지 않는다고 걱정할 필요는 없다. 오히려 묵을 많이 먹을수록 우리 몸은 더욱 가벼워진다.

### 구즉여울묵 체험관

묵은 어떻게 만드는 걸까? 묵마을 입구에 자리한 구즉여울묵 체험관에 들러 아이들과 함께 직접 묵 만들기 체험에 나서보자. 지하 1층, 지상 2층 규모로 건립된 체험관은 내부에 현대적 설비를 갖춘 묵 공장과 도토리묵 관련 박물관, 묵 요리 체험장까지 고루 갖추고 있다. 박물관은 아이들 눈높이에 맞춰 꾸며져 있어 누구나 흥미롭게 관람할 수 있다. 묵 만들기 체험은 사전 예약해야 하며 최소 10인 이상 신청 가능하다.

### 으능정이 스카이로드

대전 문화 1번지 으능정이 거리에 설치된 초대형 LED 영상 시설. 길이 214m에 폭 13.3m, 높이 20m에 달하는 명실상부 국내 최대 규모로 어둠이 깔리면 거리 위로 환상적인 영상 쇼를 펼쳐낸다. 쇼가 시작되면 하늘로 쳐든 고개를 좀처럼 수그릴 수 없다. 쉴 틈도 없이 쏟아내는 화려한 퍼포먼스를 놓칠까 아쉬워 한시도 눈을 뗄 수 없기 때문이다. 오색 조명 빛이 화려한 불꽃놀이를 펼치는가 하면 어느새 하늘은 알록달록한 산호초와 물고기들이 유영하는 공중 수족관으로 바뀌어 있다. 굉음과 함께 에어쇼가 벌어지기도 하고 신비로운 우주 풍경이 거리 위로 쏟아진다. 스카이로드 영상 쇼는 매일 밤 7시부터 11시까지 30분씩 진행되며 동절기에는 오후 6시부터 10시까지 운영된다. 매주 월요일은 휴장.

### 지질박물관

대덕과학연구단지에 위치한 지질박물관은 아이들 체험학습 코스로 잡으면 좋다. 박물관 입구부터 거대한 공룡 전시물이 눈길을 사로잡는다. 여러 가지 광물과 암석, 화석 표본 등이 밀도 있게 전시되어 있으며 전시물마다 자세한 설명이 더해져 학습 활동에 도움을 준다. 관심이 가는 광물들은 현미경을 통해 직접 관찰해볼 수 있다.

### 대전 오월드

날씨가 좋은 날엔 대전 오월드로 떠나보자. 대전 오월드는 대전 동물원과 플라워랜드가 통합해 문을 연 종합테마파크로 중부 이남에서는 최대 규모를 자랑한다. 아기자기하게 꾸며진 놀이동산과 더불어 세이셸에서 건너온 국내 유일의 알다브라 육지거북이 있는 동물원이 무척 흥미롭다.

### 뿌리공원

오월드에서 멀지 않은 곳에 있다. 뿌리공원은 세계 최초로 성씨를 테마로 삼은 독특한 자연 공원이다. 유등천이 흐르는 경관 좋은 만성산 자락에 140여 개에 이르는 성씨 조형물과 한국족보박물관이 한데 어울려 있다. 자신의 성씨 조형물을 찾아 기념 촬영하는 재미가 쏠쏠하다.

1 구즉여울묵마을 체험관에서 묵 만들기 체험중인 아이들 2 뿌리공원에 있는 성씨 조형물 3 대전오월드의 사슴 4 5 밤이면 화려한 조명 쇼가 펼쳐지는 스카이로드

## 1박2일 추천코스

## 여행정보

### ★ 웹사이트와 전화

대전광역시 문화관광 042-270-3960, www.tour.daejeon.go.kr
구즉여울묵마을 042-932-3313, yewoolmook.com
스카이로드 042-252-7100, skyroad.or.kr
지질박물관 042-868-3797~8, museum.kigam.re.kr
대전 오월드 042-580-4820, www.oworld.kr
효월드 뿌리공원 042-581-4445, djjunggu.go.kr/html/hyo

### ★ 대중교통

[기차] 서울–대전, KTX 수시(05:30~23:30) 운행, 약 1시간 소요
부산–대전, KTX 수시(05:00~22:30) 운행, 약 1시간 50분 소요
목포–서대전, KTX 하루 12회(06:05~22:15) 운행, 약 2시간
20분 소요

[버스] 서울–대전, 서울고속버스터미널에서 5~20분 간격
(06:00~00:10) 운행, 약 1시간 50분 소요.
서울–대전청사, 동서울종합터미널에서 10~20분 간격
(06:10~21:30) 운행, 약 2시간 소요.

### ★ 자가운전

경부고속도로 회덕 JC–호남고속도로지선–북대전IC–구즉여울묵마을

### ★ 숙박

호텔 ICC : 유성구, 042-866-5000
코스모스관광호텔 : 동구, 042-628-3400, www.cosmoshotel.net
호텔리베라 유성 : 유성구, 042-823-2111
유성호텔 : 유성구, 042-820-0100

### ★ 맛집

할머니묵집 : 도토리묵, 유성구, 042-935-5842
산밑할머니묵집 : 도토리묵, 유성구, 042-935-2947
솔밭묵집 : 도토리묵, 유성구, 042-935-5686
초가묵집 : 도토리묵, 유성구, 042-934-5739
구즉묵집 : 도토리묵, 유성구, 042-935-2016
산골묵집 : 도토리묵, 유성구, 042-935-9900
화암양반촌 : 도토리묵, 유성구, 042-863-9911
이서방묵집 : 도토리묵, 유성구, 042-935-1517

### ★ 축제 및 행사

대전 효문화 뿌리축제 : 매년 10월, 042-606-6114
대전 국제 푸드&와인 페스티벌 : 매년 10월, 042-860-0160

더 많은 정보는
요기!!

# 강, 호수에 기댄 한옥에서의 아침

## 여행 내비게이션

**여행컨셉** 물가에 위치한 한옥에서의 하룻밤
**추천일정** 1박2일
**Must Do** 1. 한옥에서 고요하게 하룻밤 묵기
2. 팜카티지 인근 산책로 걷기
3. 환상의 드라이브길 달려보기
4. 자라섬 캠핑장의 이화원 방문하기
**추천 교통** 자가운전
**추천 계절** 봄~가을

강과 호수가 어우러진 한옥에서의 하룻밤은 한결 운치 있다. 가을, 아침녘 눈을 뜨면 물안개가 자욱하게 피어올라 오래된 기와 위에 내려앉는다.

가평군 설악면에 위치한 한옥 숙소인 팜카티지는 강과 호수의 경계가 되는 곳에 자리잡았다. 장락산 끝자락 홍천강이 청평호와 만나는 둔치에 고즈넉하게 몸을 숨긴 채 자태를 뽐낸다. 인근에 현대식 별장들이 옹기종기 들어서 있지만 은사시나무에 둘러싸인 한옥 2채는 고요한 풍취의 청평호와 잘 어울리는 모습이다.

이곳 한옥은 잠실 풍납토성에 있던 200년 된 가옥을 1980년대에 옮겨와 복원한 것이다. 올림픽 선수촌이 조성되면서 한옥이 헐릴 위기에 처하자 아쉬웠던 지금의 주인장이 한옥을 구입해 청평호 자락으로 고스란히 옮겨왔다. 복원에만 4년이 걸렸고, 길도 제대로 닦여 있지 않아 나룻배를 이용해 기와와 서까래를 나르기도 했다. 육로로 쉽게 접근하지 못하는 상황은 한옥이 외부인에 의해 훼손되지 않고 옛 모습을 간직할 수 있는 밑거름이 됐다.

한옥 2채는 250년 된 성춘제와 150년 된 천리제로 나뉘어져 있다. 성춘제가 좀 더 완연한 한옥의 자태를 뽐낸다면 천리제는 내부에 현대식 시설을 갖춰 편의를 더했다. 성춘제는 안채와 사랑채로 구분되는데, 넓은 대청마루를 끼고 있는 'ㄱ'자 구조의 안채에서는 옛 선인들의 풍류까지 느껴진다. 건너편 사랑채에는 툇마루를 사이에 두고 견우방과 직녀방이 있으며, 뒷문은 아름다운 잣나무 숲으로 연결된다. 성춘제 한옥은 영화 〈비밀애〉의 배경이 된 곳으로, 주인공 유지태가 사랑채에서 묵기도 했다. 천리제의 보산방은 안방과 건넌방 외에도 서양식 벽난로를 갖춘 부엌이 인상적이다. 벽송산방은 온달방, 평강방으로 나뉘며 아늑한 마당을 끼고 있다.

몇 년 전만 해도 이 한옥에서 묵으려면 청평댐에서 유람선을 타고 청평호를 가로질러 홍천강 줄기를 거슬러 올라야 했다. 가을이면 홍천강 주변으로 단풍색이 변하는 것에 감탄하며 넋을 잃고 있으면 고풍스런 한옥에 닿았다. 최근에는 육로로 연결되는 길이 뚫렸지만, 사전에 별도 예약을 하면 청평댐 초입에서 유람선을 이용해 한옥 마당 아래 선착장까지 직접 닿을 수 있다.

대부분의 투숙객들은 이곳에 묵으면서 홍천강가나 소나무 숲을 산책하며 여유로운 시간을 보낸다. 장락산 인근은 토종 식물들의 보고로 알려져 있는데 한옥 마당 건너에서는 이곳 자생식물들을 연구하는 전문가의 미니 식물원을 구경할 수 있다. 이곳 한옥은 예전 주한 외국 대사의 손님들이 찾아와 하룻밤 운치를 느끼고 갔던 곳이기도 하다.

### 청평 5일장

설악면에서 신청평대교를 넘어서면 청평 읍내로 이어진다. 읍내에서는 오래된 한옥만큼이나 따뜻한 온기를 느낄 수 있는 장터를 만날 수 있다. 청평 읍내 초입에는 매 2, 7일 날 5일장이 들어선다. 서울에서 멀지 않지만 5일장은 훈훈한 장터의 모습 그대로다. 생선과 야채 외에도 온갖 생필품을 파는 난전이 서며, 가평 명물인 잣과 사과 등이 내다 팔리기도 한다.

### 환상의 드라이브길

청평 읍내에서 청평댐을 거쳐 호수를 따라 75번 국도 쪽으로 방향을 잡으면 환상의 드라이브 길로 연결된다. 75번 국도에서 호명산과 호명호수를 경유해 경춘국도까지 이어지는 길은 울창한 숲에 가을색이 완연하고 호수가 내려다보이는 고즈넉한 길이 이어져 환상의 드라이브길로 불린다. 길목에는 자연과 어우러진 펜션, 카페들이 아늑하게 자리하고 있다. 환상의 드라이브길 중간에는 가평 제2경인 호명호수가 위치했다. 호명호수는 청평 양수발전소의 상부에 인공적으로 조성된 호수이다. 일반 차량은 출입을 제한하니 걸어 오르거나 셔틀 버스를 타야 하는데, 오히려 한적하게 호수를 만끽할 수 있다.

### 자라섬

자라섬은 국제재즈페스티벌의 메카로 자리매김한 곳이다. 매년 10월이면 재즈페스티벌이 펼쳐지는 자라섬은 캠핑족들의 아지트로도 완벽한 변신에 성공했다. 4개의 섬으로 이뤄진 자라섬은 드라마 〈아이리스〉의 배경이 되기도 했으며 다양한 레저, 테마공원까지 갖추고 있다.

### 이화원

자라섬 초입의 사계절 정원인 이화원은 소통과 화합을 테마로 가족 나들이객의 발길을 유혹한다. 이화원의 온실에서는 동서양의 열대, 난대식물과 수도권, 남부지방의 식물들이 두루 식재돼 있다. 브라질의 커피나무, 전남 고흥의 유자나무, 가평의 잣나무 등을 한자리에서 만날 수 있다. 산책을 즐긴 입장객들에게는 브라질 커피도 제공된다.

1 청평 5일장의 거리 풍경 2 우리나라 오토캠핑의 메카 자라섬캠핑장 3 산 정상에 조성된 아름다운 호명호수 4 다양한 식물들을 볼 수 있는 이화원

## 1박2일 추천코스

## 여행정보

**★ 웹사이트와 전화**

가평군 문화관광 031-580-2065, www.gptour.go.kr

팜카티지 031-584-7279, www.farmcottage.co.kr

이화원 031-581-0228, www.ewhawon.com

자라섬 캠핑장 031-580-2700, www.jarasumworld.net

**★ 대중교통**

[기차] 서울 상봉역에서 춘천행 전철 매 20분마다 운행. 팜카티지와
청평 5일장은 청평역 하차, 자라섬 · 이화원은 가평역 하차

[버스] 서울 동서울터미널, 상봉터미널-가평터미널 1시간 20분 소요,
30~40분 간격 운행

**★ 자가운전**

경춘고속도로 설악IC-설악 방면-청심병원 방면-미사호식당 우회
전 비포장도로(팜카티지)

**★ 숙박**

팜카티지 : 설악면 미사리로 914, 031-584-7279,
www.farmcottage.co.kr

청평풍림리조트 : 상면 청군로 430, 031-584-9380,
www.poonglimresort.co.kr

가평설악관광호텔 : 설악면 유명로 1808-20, 031-585-6440,
gshotel.co.kr

**★ 맛집**

시골밥상 : 쌈밥, 가평읍 경춘로 1793, 031-582-9809

소양강민물매운탕 : 매운탕, 청평면 경춘로 1357, 031-584-5561

초옥동해장국 : 해장국, 청평면 경춘로 1451, 031-582-7397

빗고개청국장 : 청국장, 청평면 경춘로 1529, 031-582-7631

더 많은 정보는
요기!!

# 느리고 고요하게
# 가을 늪을 달리다

## 여행 내비게이션

**여행컨셉** 자전거를 타고 우포늪에서 가을 만끽하기
**추천일정** 1박2일
**Must Do** 1. 우포늪에서 철새 탐조
        2. '물억새길' 걸어보기
        3. 화왕산 올라 억새 감상하기
        4. 창녕시장에서 뜨끈한 수구레국밥 맛보기
**추천 교통** 자가운전
**추천 계절** 봄, 가을

창녕 우포늪 자전거 여행은 '느리게 달리기'가 어울린다. 자전거를 타고 비밀스런 늪을 둘러보는 색다른 체험이지만 속도를 내거나 함성을 질러서는 곤란하다. 가을이 깊어지면 철새들이 우포늪에 군락을 이루기 때문이다.

깊은 가을에 찾는 우포늪은 다가서는 느낌이 다르다. 한여름 우포의 전경이 융단을 깔아놓은 듯 초록이 강렬했다면, 가을 우포는 철새와 갈대, 물억새의 세상이다. 자전거를 타고 오솔길을 달리다 보면 머리를 풀어헤친 물억새와 갈대의 흰빛 군무가 동무가 되어 준다. 가을을 기점으로 날아들기 시작한 철새들도 곳곳에서 보금자리를 마련하느라 분주한 일상을 보낸다.

우포늪 자전거 여행은 우포늪생태관 입구에서 출발한다. 자전거 대여소가 마련돼 있으며 1인용, 2인용 자전거를 별도로 비치하고 있다. 자전거 코스는 우포늪의 생태 탐방로인 우포늪 생명길과도 다소 중복된다. 차가운 시멘트 길이 아니라 흙을 다진 비포장 길이 따사롭게 이어진다. 철새뿐 아니라 일반 탐방객들에게도 방해되지 않도록 느리게 페달을 밟거나 때때로 자전거에서 내려 걷는 게 더욱 중요한 이유다.

자전거 이용자들에 추천되는 루트는 1코스와 2코스를 아우르는 코스다. 1코스는 생태관에서 출발해 갈림길에서 좌회전한 뒤 전망대와 철새 관찰대를 거쳐 쪽지벌 초입까지 연결된다. 우포늪과 눈높이를 맞추며 철새도 탐방하고 왕버들 군락도 감상하는 코스다. 쪽지벌로 연결되는 아늑한 늪지대도 관찰할 수 있다.

2코스는 갈림길에서 우회전해 대대제방을 따라 사지포 초입까지 이어지는 코스다. 물억새가 핀 오솔길과 대대마을의 가을 황금벌판을 가로지르다가, 곳곳에 마련된 벤치에 앉아 철새의 군무와 억새의 향연도 감상할 수 있다. 깊은 가을에 접어들면 우포의 사계절중 가장 많은 철새를 관찰할 수 있다. 우포에서는 따오기, 노랑부리저어새, 큰고니 등 천연기념물과 댕기물떼새, 큰부리큰기러기, 가창오리 등의 군무가 아름답게 펼쳐진다.

1코스가 1.3km, 2코스가 1.4km로 양 코스를 왕복하며 쉬엄쉬엄 우포늪을 탐방하는 데는 두세 시간이면 족하다. 코스 끝자락에는 자전거 반환점이 표시돼 있으며, 수위가 증가하는 시기에는 출입금지 표시가 있는 곳을 꼼꼼히 살피는 자세가 필요하다.

### 창녕시장 수구레국밥

찬바람 불 때 창녕에서 식욕을 돋우는 별미는 수구레국밥과 송이닭탕이다. 수구레국밥은 창녕 장날에 맛볼 수 있던 이곳 주민들의 대표 음식이다. 수구레는 소의 껍질 안쪽 아교질 부위로 쫄깃쫄깃하게 씹는 맛이 일품이다. 창녕에서는 수구레와 선지, 콩나물, 파 등을 푸짐하게 넣고 가마솥에 오랫동안 삶아 국물을 우려내는데, 장날이 아니더라도 최근에는 창녕시장 인근의 국밥 전문점에서 수구레국밥을 맛볼 수 있다.

### 화왕산 억새

가을 창녕 여행에서 화왕산 억새를 놓칠 수 없다. 가을이면 화왕산 상상부 화왕산성 일대가 온통 억새의 향연으로 채워진다. 우포에서 경험했던 물억새가 억새 감상의 전주곡이었다면, 해를 마주보고 펼쳐지는 참억새의 흰빛 물결은 강렬한 감동을 만들어낸다. 억새가 드넓게 펼쳐진 화왕산성은 임진왜란 때 의병장 곽재우의 분전지로도 알려져 있다. 화왕산 억새 산행은 창녕 읍내 자하곡매표소를 기점으로 제2코스를 이용하면 왕복 두세 시간이면 족하며 관룡사를 경유해 오를 수도 있다.

### 부곡온천

늪 산책과 산행으로 쌓인 피로는 부곡온천에서 푼다. 부곡온천은 옛날부터 가마솥처럼 생겼다고 해서 부곡이라 불렸고, 자연 분출된 온천물은 국내 최고의 온도를 자랑한다. 부곡온천 지구에는 물놀이 시설인 부곡하와이가 있어 가족 단위의 방문객이 즐겨 찾는다. 창녕의 깔끔한 숙박시설은 대부분 이곳에 밀집돼 있는데, 각 숙소마다 지하 온천시설을 갖추고 있어 휴식과 보양에 좋다.

1 창녕의 별미 수구레국밥 2 화왕산 정상부에 조성된 화왕산성 3 가을이면 억새가 장관인 화왕산 정상

## 1박2일 추천코스

## 여행정보

**★ 웹사이트와 전화**

창녕군 문화관광 055−530−1524, tour.cng.go.kr

우포늪 사이버생태공원 055−530−1559, www.upo.or.kr

**★ 대중교통**

[버스] 서울남부터미널−창녕 : 하루 5회 운행, 4시간 소요

대구서부터미널−창녕 : 30분∼1시간 간격으로 수시 운행

**★ 자가운전**

중부내륙고속도로−대구창원 고속도로 창녕IC−합천 방향 우회전−회룡 삼거리 우회전−우포늪생태관

**★ 숙박**

대천장호텔 : 부곡면 온천중앙로 12, 055−536−5656, www.daecheonhotel.com

부곡로얄호텔 : 부곡면 온천중앙로 3, 055−536−7300, bugokroyal.co.kr

부곡하와이 : 부곡면 온천중앙로 77, 055−536−6331, www.bugokhawaii.co.kr

**★ 맛집**

왕순한우식육식당 : 수구레국밥, 창녕읍 창녕시장길 101−1, 055−532−1711

원조할매소피국 : 수구레국밥, 이방면 이방로 951, 055−532−6095

장군식당 : 송이닭탕, 창녕읍 계성화왕산로 614, 055−521−180

메주마을 : 민물새우탕, 부곡면 사창리 596, 055−521−0981

# 056

## 구룡령 옛길

강원도 양양군

# 영동과 영서를 잇는 민초들의 옛 고갯길

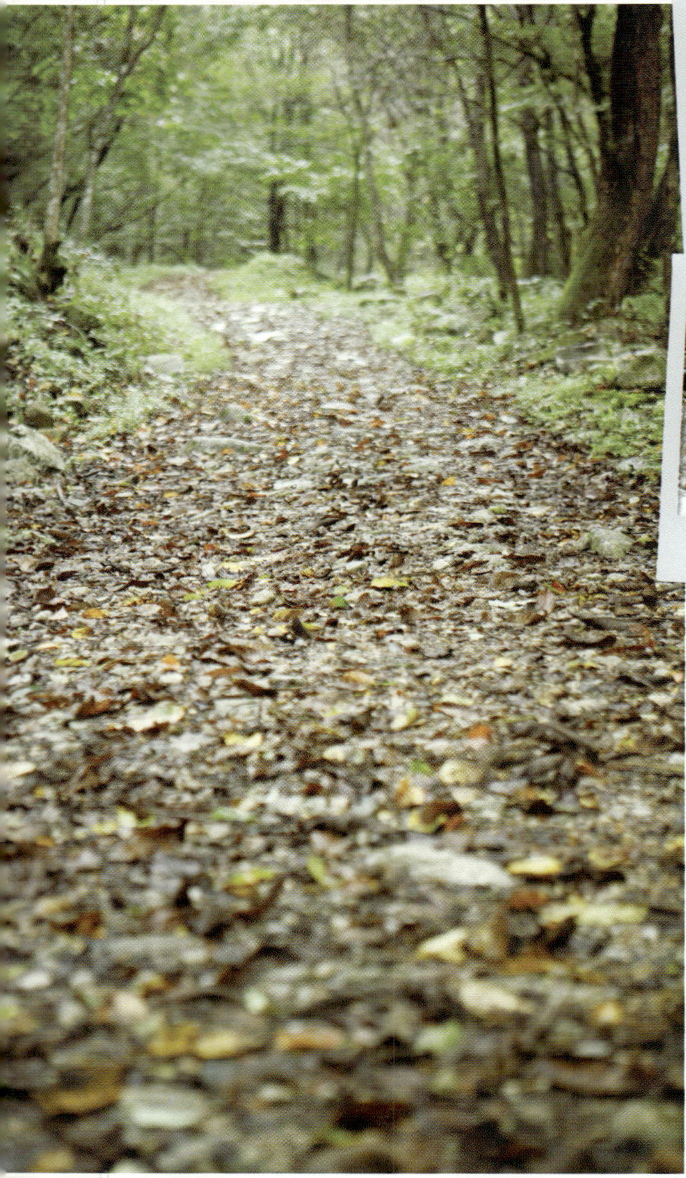

여행 내비게이션

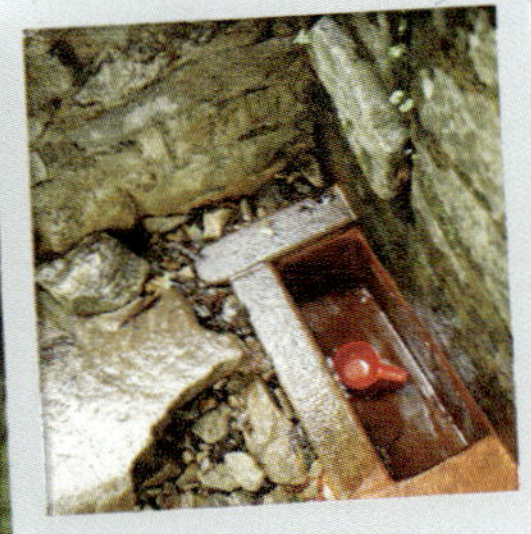

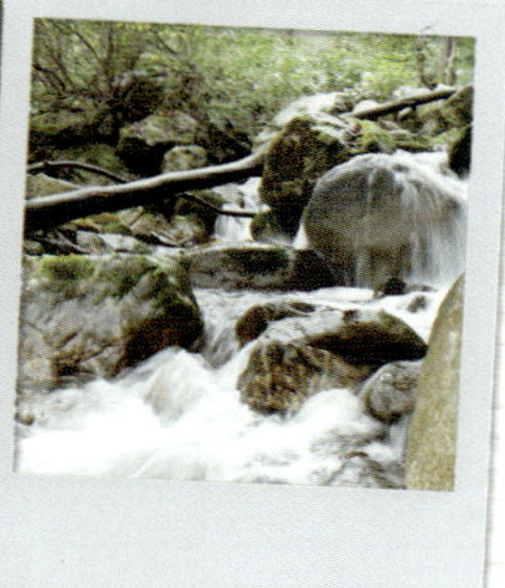

**여행컨셉** 옛 민초들이 넘던 옛 구룡령 고갯길 걷기

**추천일정** 1박2일

**Must Do** 1. 구룡령 옛길 따라 트레킹
2. 법수치 등 자연 속에서 하룻밤
3. 남애항, 하조대 등 동해 바다 구경
4. 양양 5일장에서 장보기

**추천 교통** 자가운전

**추천 계절** 봄~가을

양양 읍내에서 56번 국도를 따라 구룡령(1,013m)으로 향하는 길에는 볼 것들이 아기자기하게 널려있다. 송천떡마을을 지나면 미천골자연휴양림, 갈천약수 등이 길손을 반긴다. 그 길 끝자락에 자리 잡은 고개가 구룡령이다. 구룡령 길은 한가롭고 고즈넉해 가을이면 운치를 더한다.

구룡령은 아홉 마리의 용이 갈천약수에서 목을 축이기 위해 고개를 넘어갔다고 해서 붙여진 이름이다. 양양과 홍천을 오갔던 옛 사람들은 구룡령 옛길에 땀과 희망을 실었다. 양양군 서면 갈천리 갈천산촌체험학교에서 시작해 구룡령 정상까지 이어지는 옛길은 사람 한두 명이 지나갈 수 있는 좁은 숲길이다. 이 길을 따라 등짐장수들은 홍천의 농산물과 양양의 해산물을 짊어지고 다니며 소문과 사연을 함께 전했다. 구룡령 옛길은 문화재청이 명승 29호로 지정한 문화재길이기도 하다. 구룡령 옛길을 포함해 문경새재, 문경의 토끼비리, 죽령 옛길 등 4곳만이 우리나라 4대 명승길로 등재돼 있다.

구룡령 길은 갈천분교가 폐교된 뒤 새롭게 단장한 갈천산촌체험학교를 출발점으로 한다. 산허리를 두른 마을에 성급한 단풍이 물들면, 산촌학교 옆의 코스모스와 함께 구룡령 옛길의 시작을 알리는 이정표를 찾을 수 있다. 숲길은 울창한 소나무로 빽빽하다. 횟돌반쟁이, 솔반쟁이 길을 지나 정상까지는 약 4km의 숲길이 이어진다.

숲길은 백두대간과 연결되어 있다. 갈천약수로 연결되는 등산길은 완만하게 잘 닦여져 있어 편리하지만 일제 수탈의 아픔이 새겨진 길이기도 하다. 하산할 때엔 갈천약수 방향으로 내려올 수 있다. 소나무숲과 계곡이 끊임없이 이어져 산행의 동무가 되며, 철분이 함유된 갈천약수는 톡 쏘는 맛으로 갈증을 풀어준다.

구룡령으로 향하는 56번 국도변에는 가족여행객들의 눈과 입을 즐겁게 하는 곳들이 숨어있다. 길 초입의 송천떡마을은 고향의 향기가 가득한 마을이다. 전통방식대로 떡메를 치고 손으로 직접 빚어 떡을 만든다. 떡 마을의 역사는 40년 가까이 됐고, 떡체험장도 마련돼 있어 직접 떡을 만드는 정겨운 체험이 가능하다. 길 중간에 현대식으로 세워진 건물은 양양 에너지월드로, 양수 발전에 대해 체험하며 배우는 공간이다. 구룡령 옛길 여행은 미천골자연휴양림에서 하룻밤 묵는 것으로 마무리 된다. 휴양림에는 숲속의 집, 야영데크 등이 마련돼 있어 울창한 숲에서 호젓한 밤을 즐길 수 있다.

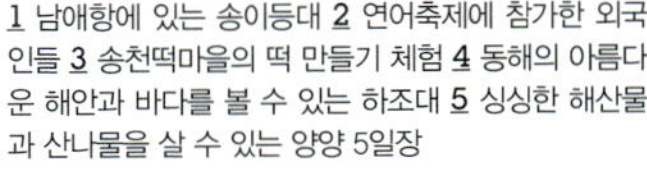

1 남애항에 있는 송이등대 2 연어축제에 참가한 외국인들 3 송천떡마을의 떡 만들기 체험 4 동해의 아름다운 해안과 바다를 볼 수 있는 하조대 5 싱싱한 해산물과 산나물을 살 수 있는 양양 5일장

### 법수치

구룡령 옛길이 숲길로 단장됐다면 법수치로 향하는 길은 깊은 계곡을 만날 수 있어 즐겁다. 연어가 오른다는 남대천 상류로 거슬러 오르면 어성전, 법수치 계곡이 모습을 드러낸다. 법수치로 오르는 10㎞ 계곡길은 아담한 펜션들이 자리 잡고 있다. 피서객들이 빠져나간 법수치는 가을이면 호젓한 절경과 함께 한적한 휴식처로 다시 태어난다. 동틀 무렵 법수치 계곡 물은 청옥빛을 낸다. 법수치는 불가의 법문처럼 물이 마르지 않는다고 해서 이름이 붙었는데, 불가에서 예를 올릴 때 이곳의 맑은 물을 떠갔다고 한다. 오대산 자락에서 내려오는 법수치 계곡에는 아직도 꺽지, 산천어 등이 서식한다.

### 남애항

양양의 남쪽 끝단에 자리 잡은 남애항은 양양의 포구 중 가장 아름다운 항구로 꼽힌다. 남애항 언덕의 소나무가 이곳의 상징이며, 남애항과 남애해수욕장에서는 영화 〈고래사냥〉의 주인공들이 모래사장을 뛰어가는 마지막 장면이 촬영되기도 했다. 포구 끝자락에는 양양의 트레이드마크로 굳어진 송이등대가 있다.

### 하조대, 의상대

양양의 바다를 제대로 조망하려면 하조대, 의상대를 빼놓을 수 없다. 고운 모래가 인상적인 하조대 해변을 에돌아 오르면 하조대와 하조대 등대가 모습을 드러낸다. 파도소리, 불경소리가 어우러진 절경은 의상대에서 정점을 찍는다. 낙산사의 절벽에 기대선 의상대는 사찰과 낙산 해변을 아우른 풍경으로 연중 사람들의 발길이 끊이지 않는 곳이다. 2005년 화재로 소실된 낙산사는 복원이 완료된 상태다.

### 양양 5일장

양양 읍내의 5일장도 반드시 들러볼 일이다. 양양 5일장은 영동지방에서 가장 큰 전통 시장으로, 인근 시골에서 생산되는 각종 특산물이 쏟아져 나온다. 매 끝자리 4일, 9일에 남대천 하류에서 장이 선다. 양양의 가을 축제 때는 5일 장터도 더욱 시끌벅적해진다. 10월이면 송이축제와 함께 남대천 일대에서 연어축제가 펼쳐진다.

## 1박2일 추천코스

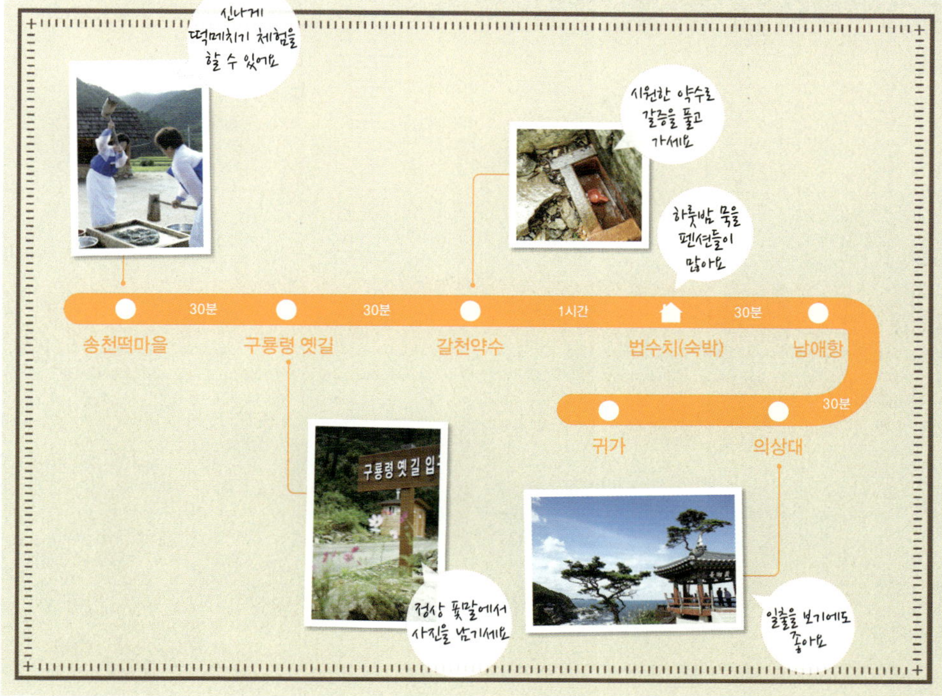



## 여행정보

### ★ 웹사이트와 전화

양양군 문화관광 033-670-2229, www.yangyang.go.kr
오산리 선사유적박물관 033-671-2000, osm.go.kr
양양 에너지월드 www.komipo.co.kr/energyworld
낙산사 033-672-2448
미천골자연휴양림 033-673-1806

### ★ 대중교통

[버스] 서울강남터미널, 동서울터미널-양양 : 3시간 30분 소요
　　　상봉터미널-양양 : 4시간 소요

### ★ 자가운전

동해고속도로 현남 · 하조대IC-7번 국도-양양 읍내-한계령 방향 갈
림길 좌회전-56번 국도-구룡령

### ★ 숙박

오색그린야드호텔 : 서면 대청봉길 34, 033-670-1000,
　　　　　　　　www.greenyardhotel.com
흐르는 강물처럼 : 현북면 법수치길 293, 033-673-0941,
　　　　　　　www.riverruns.net
미천골자연휴양림 : 서면 미천골길 115, 033-673-1806,
　　　　　　　　www.huyang.go.kr

### ★ 맛집

송이버섯마을 : 송이전골, 양양읍 안산1길 74-52, 033-672-3145
송이골 : 송이불고기, 손양면 동명로 4, 033-672-8040
옛뜰 : 섭국, 손양면 동명로 289, 033-672-7009
상운메밀촌 : 메밀국수, 손양면 상운길 44-33, 033-672-7772
속초식당 : 산채요리, 양양읍 동해대로 2785, 033-672-8845

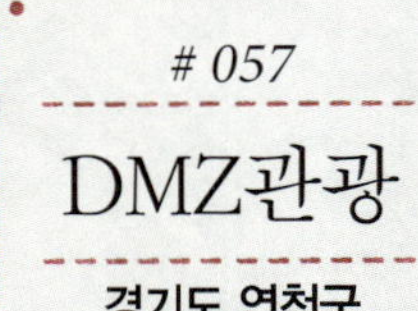

## # 057

### DMZ관광

경기도 연천군

# 분단의 현장에서
# 희망을 이야기하다

여행 내비게이션

**여행컨셉** 통일을 기원하며 DMZ를 따라 여행하기

**추천일정** 당일

**Must Do** 1. 남북을 가르는 휴전선 관찰하기

2. 1·21무장공비침투로 확인하기

3. 경주를 벗어난 신라왕릉 방문하기

4. 전곡리 선사유적 관람하기

5. 재인폭포의 호쾌한 물줄기 감상하기

**추천 교통** 자가운전

**추천 계절** 봄~가을

해마다 6월이면 생각나는 한국전쟁. '세계 유일의 분단국'이란 수식어는 우리나라의 아픈 현실을 말해준다. 남과 북을 가로막은 철책과 지뢰, 군부대로 상징되는 DMZ<sup>비무장지대</sup>는 한국전쟁의 아픔을 보여준다.

연천 DMZ여행은 철책 너머로 북한이 한눈에 들어오는 승전OP<sup>Observation Post, 초소</sup>에서 시작된다. 승전OP는 철원이나 고성 지역에 설치되어 육군 25사단이 북한군의 활동을 관측하기 위해 운용하는 최전방 관측소다. 우리 군 관측소와 북한군 관측소의 거리가 750m에 불과해 북한 땅을 생생하게 볼 수 있다.

승전OP 앞으로 남방한계선의 철책이 길게 늘어서있고, 2km 북방에 휴전선이라 부르는 군사분계선이 있다. 군사분계선 앞에는 태극기와 유엔기가 꽂힌 GP<sup>Guard Post, 휴전선 감시초소</sup>가 있고, 북쪽으로 2km 지점에 북방한계선이 있다. 군사분계선을 중심으로 남북 2km 사이에 국군과 북한군의 관측소와 초소가 빼곡하게 서있다. 사소한 움직임도 금방 알아챌 수 있을 만큼 시야가 확 트여 있다.

안보관광을 할 때 지역에 대한 설명은 반드시 들어야 한다. 눈으로 보고 있어도 어디가 북한 땅인지, 멀리 보이는 건물은 무엇인지 알 수가 없기 때문이다. 그저 휴전선과 너른 평지, 중첩되는 산자락이 전부다. 하지만 승전OP 내 전망대에 마련된 지역 모형도를 보면서 담당 군인의 설명을 듣고 나면 주위를 바라보는 느낌이 달라진다. 내가 보는 곳에서 어떤 일이 벌어졌는지, 어느 것이 북한군의 초소이며 북한군이 주둔하는 부대인지 자세히 알 수 있다. 그러고 나서 북녘을 바라보면 눈에 들어오는 것이 훨씬 많고, 남북이 대치하는 상황이 실감 난다.

승전OP 다음으로 방문할 곳은 1·21무장공비침투로다. 1968년 1월 17일 김신조를 포함한 무장 공비 31명이 남방한계선을 넘어 침투한 곳이다. 이들은 한국군 복장에 수류탄과 기관총으로 무장하고 철책을 넘어와 서울까지 잠입했다. 당시 무장공비가 침투한 구간을 걸으며 체험할 수는 없다. 다만, 이곳에 주둔한 미군 2사단 방책선 경계 부대가 설치했던 경계 철책과 철조망을 뚫고 침투하는 무장공비의 모형물이 전시되어 있다. 경계 철책에는 통일의 염원을 담은 희망 리본이 가득 달려 있어 분단의 아픔이 고스란히 전해진다.

### 경순왕릉

신라 마지막 경순왕의 능이다. 백제의 잦은 침입과 각 지방 호족들의 할거로 국가 기능이 마비 되는 상태에 이르자, 경순왕은 고려에 평화적으로 나라를 넘겨주고 왕위에서 물러났다. 고려 태조 왕건의 딸 낙랑공주와 결혼했고, 고려에서 태자보다 높은 정승공에 봉해지기도 했다. 경순왕이 세상을 뜨자 신라 유민들이 경주에서 장례를 치르려 했다. 그러나 고려 조정에서 왕의 관은 100리 밖으로 나갈 수 없다고 하여 현재 위치에 장례를 지냈다. 경순왕릉이 신라의 왕릉 중에서 유일하게 경주를 벗어나 있는 것도 이 때문이다. 이후 오랜 세월이 흐르면서 능의 존재가 잊혔다가, 조선 영조 23년(1747) 후손들이 왕릉 주변에서 묘지석을 발견해 조선 후기 양식으로 재정비했다.

### 호로고루

임진강에 위치한 고구려의 성곽이다. 평지에 설치한 성곽으로, 남한에서는 찾아보기 어려운 삼각 형태가 이채롭다. 성곽이 위치한 고랑포는 임진강 하류에서 처음 만나는 여울목이다. 배를 이용해야 건널 수 있는 군사적 요충지다. 고구려가 임진강 방어선을 관장하던 국경 방어 사령부가 있던 곳이 호로고루다.

### 전곡리 선사유적지

한탄강 주변에 있는 전곡리 유적도 둘러볼 만하다. 이곳은 우리나라 구석기시대 유적을 대표하는 유적지다. 1978년 주한 미군 병사가 당시까지 유럽과 아프리카에서 발굴되던 '아슐리안형(形) 주먹도끼'를 발견하면서 세계적으로 주목받는 유적지가 되었다. 유적지에는 토층 전시관과 움집, 선사시대 야외 체험관 등 구석기인의 생활상을 엿볼 수 있는 시설이 갖춰졌다. 유적지 내 전곡선사박물관에서는 인류의 진화 과정, 선사시대의 자연환경, 구석기시대의 예술 등을 한눈에 살펴볼 수 있다.

1 신라의 마지막 왕 경순왕의 능 2 고구려가 쌓은 호로고루성의 말뚝 3 전곡리 선사유적지에 재현한 선사시대 움집 4 재인폭포에서 휴식을 취하는 여행객들

## 당일여행 추천코스

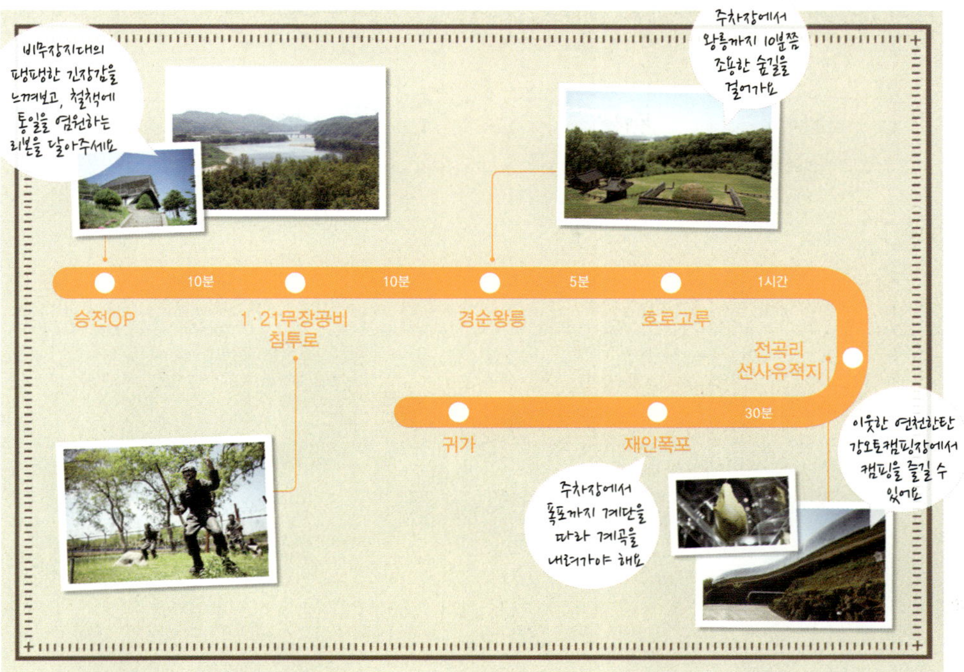


## 여행정보

### ★ 웹사이트와 전화

연천군 문화관광 031-839-2061,
www.iyc21.net/_yc/tour/a06_b01_c01.asp
연천 전곡리유적 031-832-2570, www.goosukgi.org
전곡선사박물관 031-830-5600, www.jgpm.or.kr

### ★ 대중교통

승전OP와 1·21무장공비침투로는 대중교통 이용 불가

### ★ 자가운전

1. 자유로-문산IC-37번 국도-장남교-경순왕릉-승전OP
2. 의정부-동두천-한탄강다리 건너기 전 좌회전-37번 국도 문산·
적성 방면-적성-장남교-경순왕릉-승전OP

### ★ 숙박

조선왕가 한옥호텔 : 연천읍 현문로 339-10, 031-834-8383,
www.royalresidence.kr
클럽플로라 : 연천군 왕징면 북삼로 20번길 55(허브빌리지 내),
031-833-3322, www.herbvillage.co.kr

### ★ 맛집

언덕너머매운탕 : 쏘가리매운탕, 군남면 솔너머길 43-21,
031-833-0447
하남식당 : 매운탕, 전곡읍 선사로 175, 031-832-0625
고려가든 : 손두부버섯전골과 버섯불고기, 미산면 숭의전로 381,
031-835-5464, www.goryogarden.co.kr
망향비빔국수 : 비빔국수, 청산면 궁평로 5, 031-835-3575

### ★ 축제 및 행사

DMZ 민통선예술제 : 매년 6월, 031-835-2859
연천DMZ국제음악제 : 매년 8월, 031-839-2062, www.dmzimf.com

더 많은 정보는
요기!!

# 200년 종가의 기품이 서린 전통마을

**여행컨셉** 윤동마을에서 전통문화
체험하며 하룻밤 자기

**추천일정** 1박2일

**Must Do** 1. 한옥 체험하기

2. 다도 배우기

3. 세종대왕자태실 돌아보기

4. 한개마을 거닐기

5. 가야산야생화식물원 관람하기

**추천 교통** 자가운전

**추천 계절** 여름, 가을

성산가야의 옛 터전이던 경북 성주군. 커다란 역사의 소용돌이에 휩싸이지 않고 평안을 유지해 온 몇 안 되는 지역 가운데 하나다. 그래서 이곳 사람들은 '역사에 큰 사건도 없었고 지금까지 별다른 변화도 없었다'고 말한다. 윤동마을은 성주를 대표하는 '변하지 않은' 전통마을이다.

성주군 수륜면 소재지를 지나 약 1km 가면 윤동마을 입구에 닿는다. '윤동'이라고 새겨진 큰 바위 뒤로 여러 채의 기와집이 보인다. 한눈에 반촌班村임을 알 수 있다. 그 중에서도 마을 중앙에 유독 눈에 띄는 집 한 채가 있다. 의성 김씨 종택인 사우당이다. 사우당은 조선 정조 18년(1794) 사우당 김관석의 후손들이 조상을 받들기 위해 건립했다. 사우당 종택은 평지에서 산 아래까지 여러 채의 건물이 길게 늘어서 있어 범상치 않은 분위기가 풍긴다. 문을 열고 들어서면 멋진 소나무가 정원수로 심어진 기와집이 보이고, 그 뒤로 주인이 기거하는 안채가 자리한다. 종가의 주인공 격인 사우당은 안채 뒤에 별도의 담장과 문으로 구역이 나뉘어 있다. 빛바랜 기둥과 처마에서 묻어나는 세월의 흔적과 아궁이에 불을 땔 때마다 묻어난 그을음이 고택의 향기를 느끼게 한다. 건물마다 마루나 처마 아래에 전통의 향기를 느낄 수 있는 민속품을 배치해 놓아 여행객들이 자연스레 우리 것을 접할 수 있도록 배려했다.

현재 고택과 가풍을 지키며 도시인들에게 전통문화를 알려주는 이는 사우당 21대 종부 류정숙씨다. 그녀는 여행자들에게 사우당이 단순히 스쳐 지나가는 장소가 아니라 전통예절 배우기, 다도와 민속놀이 체험 등을 하며 조상들이 살아온 삶의 멋과 고택의 품격을 몸소 체험해 알게 되기를 바란다. 그녀는 벽면 가득 다기 세트로 가득한 다도 체험장에서 직접 차를 대접하며 다도를 알려주고, 정신없이 뛰어다니는 아이들에게 할머니처럼 친근한 목소리로 웃어른에 대해 공경할 줄 아는 예절을 일러준다. 산만한 아이들도 찻잔을 들어 차를 마시며 종부의 목소리에 귀 기울이다보면, 자신도 모르게 전통문화에 빠져든다.

사우당 뒤편에는 '6.25 피난굴'이라는 작은 동굴이 있다. 이 동굴은 사우당 종가의 자부심을 말해준다. 한국전쟁이 발발하자 현 종손의 선친이 집안에 전해오는 문화재를 보존해야 한다는 생각으로 한 달여에 걸쳐 대숲에 굴을 팠다. 북한군이 성주 일대에 나타나자 자녀와 일가족은 가야산 밑으로 피난을 보내고, 종손과 종부는 족보, 문집, 간찰 등 종중 유물을 가지고 함께 동굴에서 숨어 지냈다고 한다. 지금은 대나무를 베어내고 동굴로 가는 길을 내서 그 존재를 쉽게 파악할 수 있으나, 당시에는 대나무 숲이 우거져 바깥에서는 알 수가 없었다고 한다.

### 한개마을

윤동마을과 함께 성주 전통마을의 쌍벽을 이루는 곳이다. 한개마을은 560년 전 이 마을에 처음 들어온 성산 이씨들이 모여사는 집성촌이다. 북으로는 영취산이 좌청룡 우백호처럼 우뚝 솟아 있고, 서남으로는 흰 나가 유유하게 굽이치는 곳에 위치해 영남 제일의 길지로 꼽힌다. 한개마을의 건물은 대부분 18세기 후반에서 19세기 초반에 지어졌다. 가옥들은 각자의 영역을 침범하지 않으면서 유기적으로 연결되어 있다. 대지의 특성에 따라 안채와 사랑채, 부속채 등이 배치되어 있으며 내외 공간의 구조가 다양하다. 한주종택은 영취산 산자락이 병풍처럼 둘러쳐져 있고, 사랑채와 안채의 대문이 따로 나 있다. 북비고택은 조선 영조 때 사도세자의 호위 무관이던 이석문이 사도세자를 애도하며 북쪽으로 사립문을 내어 은거한 곳이다.

### 세종대왕자태실

성주 땅이 풍수지리로 볼 때 명당이 많음을 증명하는 곳으로 세종대왕자태실을 들 수 있다. 월항면 인촌리 태봉 정상에 위치한 세종대왕자태실은 조선 세종 20년(1438)에서 24년(1442) 사이에 조성된 19기의 태실이 남아 있다. 수양대군을 비롯한 세종의 적서 17왕자와 왕손 단종의 탯줄과 태반을 안장했다. 예로부터 탯줄은 태아에게 생명력을 부여한 것이라 생각하여 태아의 출산 후에도 함부로 버리지 않고 소중하게 보관했다. 왕실에서는 태가 국가와 왕실의 안녕과 관련이 있다고 믿어 더욱 소중하게 다뤘다. 그래서 전국에서 풍수가 뛰어난 길지를 찾아 태를 묻어 보관했다.

### 가야산야생화식물원

성주군에서 야생화를 주제로 꾸민 국내 유일의 군립식물원이다. 1천여 평 규모의 2층 야생화 학습원에는 멸종위기 2급 식물인 대청부채, 울릉도에서만 자생하는 섬시호 등 희귀 야생화를 비롯해 가야산에 자생하는 야생화 600여 종이 식재돼 있다. 겨울철에는 야외에서 야생화를 볼 수는 없지만, 종합전시관과 유리온실에서 녹색의 싱그러움을 만끽할 수 있다.

### 심원사

가야산야생화식물원에서 내려오는 길에 심원사라는 조용한 사찰이 있다. 등산객으로 발 디딜 틈 없는 가야산이라도 이곳만큼은 딴 세상인 양 사람을 찾아보기 힘들다. 그런 탓에 조용히 절을 둘러보며 시간을 보내기에 안성맞춤인 장소다. 본래 심원사는 신라시대에 창건된 고찰이라는 기록이 있지만, 18세기 말경에 폐사되어 빈 터로 남아 있었다. 근래에 심원사에 대한 발굴 조사를 통해 사지의 규모와 위치를 확인하고 대웅전, 극락전, 약사전 등을 차례로 중창해 옛 모습을 되찾았다.

1 한개마을의 아름다운 돌담길 2 세종의 17왕자와 적손의 탯줄과 태반을 안장한 세종대왕자태실 3 가야산에 자생하는 야생화를 전시한 가야산야생화식물원 4 가야산에 자리한 호젓한 절 심원사 전경

## 1박2일 추천코스

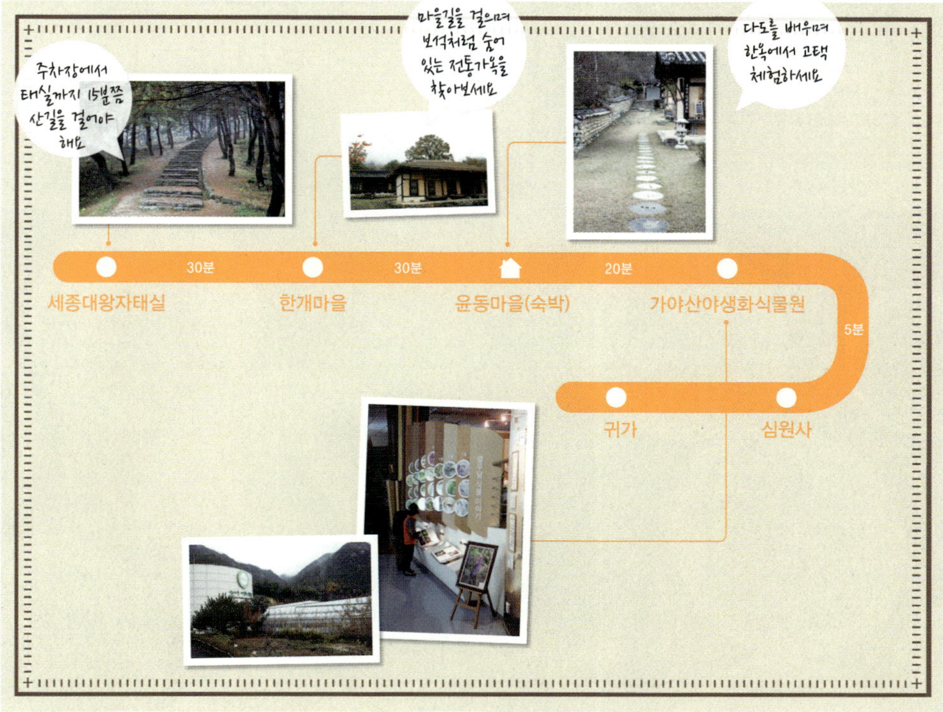

## 여행정보

**★ 웹사이트와 전화**

성주군 문화체육과 054─930─6067, sj.go.kr/S1007
윤동마을 010─8855─0114, www.yundong.kr
한개마을 054─931─4227
가야산야생화식물원 054─931─1264, www.gayasan.go.kr
심원사 054─931─6886

**★ 대중교통**

[버스] 서울남부버스터미널─성주시외버스터미널 : 하루 5회 운행,
약 3시간 40분 소요

**★ 자가운전**

중부내륙고속도로─성주IC─33번 국도─대천리─수륜초등학교─윤동마을

**★ 숙박**

가야호텔 : 수륜면 가야산식물원길 52, 054─931─3500,
www.gayahotel.kr
대가야 펜션 : 수륜면 백운2길 51─22, 054─933─7772,
www.대가야펜션.kr
하늘꿈 : 가천면 법전1길 51, 054─931─6501

**★ 맛집**

펑샤브샤브 : 펑샤브샤브, 가천면 가천로 113, 054─932─4037
명가복어 : 복어, 성주읍 성밖숲길 15, 054─933─0955
보물섬 : 잉어찜, 수륜면 참별로 1168, 054─933─5954
포동이참외포그숯불가든 : 돼지갈비, 성주읍 성주순환로 230,
054─931─0770

**★ 축제 및 행사**

성주 가야산 해맞이 행사 : 매년 1월 1일, 054─930─6762
성주생명문화축제 : 매년 5월, 054─930─6763, www.sjlife.or.kr

찰칵!

더 많은 정보는
요기!!

## 059

**쌀밥거리**

경기도 이천시

# 임금님 입맛도 사로잡은 밥맛이 여기에

## 여행 내비게이션

**여행컨셉** 기름진 쌀밥 배불리 먹고 도자 구경하는 가을 나들이
**추천일정** 당일
**Must Do** 1. 맛있게 밥 짓는 법 물어보기
2. 설봉호 한 바퀴 걷기
3. 세라피아 아트샵에서 소품 쇼핑
4. 월전미술관 카페에서 커피 마시기
5. 장호원 복숭아나 임금님표 이천쌀 사오기
**추천 교통** 자가운전
**추천 계절** 가을

　우리나라의 전국적인 쌀 생산량은 해마다 줄어 드는 추세를 보인다. 그러나 이천시는 조금 다르다. 2010년 이후 해마다 생산량이 늘고 있다. 이천시 관계자에 따르면 이천 쌀의 인기가 높아 판로가 확장되었고, 농민들도 생산량 증대에 신경을 쓰고 있기 때문이다.

　이천 설봉공원과 가까운 기치미고개부터 광주시와 경계를 이루는 북쪽의 넋고개<sup>혹은 넓고개</sup>까지 3번 국도를 따라 이천쌀밥집이 띄엄띄엄 들어섰다. 덕제궁, 이천쌀 밥집, 임금님쌀밥집, 옛날쌀밥집, 나랏님수라상, 정일품 등은 주말이나 공휴일 점심과 저녁 시간이면 각지에서 몰려든 고객으로 붐빈다. 이들 식당에서는 흑미나 잡곡, 밤, 은행 등을 넣지 않고 오직 쌀로만 밥을 짓는다. 주문을 받자마자 지어낸 쌀밥은 하얗다 못해 푸른 색을 띠며 윤기가 자르르 흐르고, 고소하고 달콤한 향이 난다. 한 숟가락 떠서 입안에 넣으면 촉촉한 기운이 고루 퍼진다. 밥알을 씹으면 단맛이 돌고 침이 가득 고이면서 기분이 좋아진다.

　이천시는 1995년 전국 최초로 이천에서 생산되는 쌀에 '임금님표'라는 상표를 붙였는데, 이런 노력 역시 이천 쌀밥의 명성을 높이는 데 한몫했다. 임금님표 이천 쌀을 이용해서 지은 밥을 누가 언제부터 상품화했는지는 정확하게 알려진 것이 없다. 현지 식당 주인들의 추정에 따르면 1980년대 중반에 이천 쌀밥이 등장한 것으로 보인다. 이천에 쌀밥이 맛있다는 소문을 듣고 찾아오는 여행객이 많아지자, 식당도 하나둘 늘어났다. 강원도나 경상도로 떠난 사람들은 영동고속도로가 막히면 대개 문막이나 여주IC로 빠져 이천시를 관통하는 3번 국도로 귀경하는데, 이때 이천 쌀밥을 파는 식당을 많이 이용한 것도 이천 쌀밥집의 명성을 굳혀준 요인이 됐다. 도자기를 사러 오거나 골프장을 이용하는 사람들도 쇼핑을 마치고, 운동을 끝내고 돌아갈 때면 대부분 밥맛이 좋고 상차림이 푸짐한 이천 쌀밥집을 지나치지 못했다.

　초기의 상차림은 쌀밥 한 그릇에 나물 예닐곱 가지가 전부였다. 그러나 식당들이 경쟁하면서 요리와 반찬 가짓수가 늘었다. 모 식당에서 내놓는 청자정식은 단호박죽, 장어구이, 갈치조림, 구절판, 갈비찜, 간장게장, 삼합, 홍어회무침, 도토리묵, 삼색전, 잡채 등이 김치, 나물 등 다른 밑반찬과 어울려 상에 오른다. 상다리 휘어지게 받은 느낌이다.

### 이천세라피아(이천세계도자센터)

한국도자재단에서 운영하는 도자 조형예술 테마파크이다. 설봉공원의 핵심시설이기도 한 세라피아는 세라믹과 유토피아의 합성어. 구미호를 중심으로 세라믹스창조센터, 세라믹스, 구미정, 반달무대, 도자판매점 도선당, 레지던시홀, 세라믹스 창조공방, 세라카페, 도자나무와 포토존, 도자선언문 등이 배치돼 있어 한 바퀴 돌면서 각종 도자 조형물을 감상하고 사색에 잠겨보기에 좋다. 다례시연장, 야외옹기전, 곰방대가마도 이천세라피아의 독특한 부속 시설들이다. 특히, 다례시연장과 곰방대가마 사이의 잔디밭은 문학동산으로 꾸며졌다. 신소설을 발표한 이인직의 문학비를 비롯해서 각종 시비와 조각작품들이 여행객들의 명상을 도와준다.

### 이천시립박물관

이천향토민속박물관으로 출발했다. 고고유물, 민속유물, 서화유물, 공예품 등 1,200여 점의 유물을 소장하고 있다. 특히, 이천의 지명 유래와 고지도 속 이천 등의 자료로 꾸며진 역사문화실, 청자에서 분청사기를 거쳐 백자까지 도자변천사를 알려주는 도자문화실을 골고루 관람하면 어느새 이천시민이 된 듯하다. '이천'이라는 지명은 고려 태조 왕건이 이곳의 복하천에서 홍수를 만나 곤경에 처했을 때 서목이라는 사람의 도움으로 물을 건너 천하통일을 이룰 수 있었다는 데서 유래한다.

### 월전미술관

한국화의 거장 월전 장우성 화백의 삶과 예술혼을 만날 수 있다. 월전 선생은 김유신, 강감찬, 이순신, 정약용, 정몽주, 문익점, 사명대사 등 위인들의 영정을 남겼다. 월전은 충북 충주 출생으로 서울대 미대 교수를 지낸 한국화가이다. 그의 미술관은 애초 서울시 팔판동에 있었다. 2007년 월전미술문화재단과 유족은 선생의 대표작과 선생이 평생 모은 국내외 고미술품을 이천시에 기증, 지금의 모습을 갖추게 됐다. 뒤뜰에는 월전선생이 살아 계실 때 작품활동에 몰두하던 화실이 고스란히 재현돼 있다. 붓, 물감, 화선지 등이 월전 선생의 생전 모습을 생생하게 전해준다.

### 설봉서원

월전미술관 뒤편, 설봉공원의 가장 깊숙한 곳에 자리하고 있다. 조선 명종 19년(1564)에 설립됐다. 대성전, 동·서재, 내·외삼문 등이 주요 건축물이다. 서희 선생, 이관의 선생, 김안국 선생, 최숙정 선생을 배향하고 있다. 초등학생을 대상으로 여름방학 중에는 유학과 예절을 가르치는 하계학생 체험교실을 운영하고, 일반 성인을 대상으로는 대학, 논어, 맹자, 중용 등 사서와 시경, 서경, 역경, 예기, 춘추 등 오경을 배우는 과정을 연다.

1 이천세라피아에 전시된 조형물 2 한국화의 거장 월전 장우성의 삶과 예술 혼을 만날 수 있는 월전미술관 3 이천에서 발굴된 유물을 전시하는 이천시립박물관 4 이천도자기축제가 열리는 설봉호수

## 당일여행 추천코스

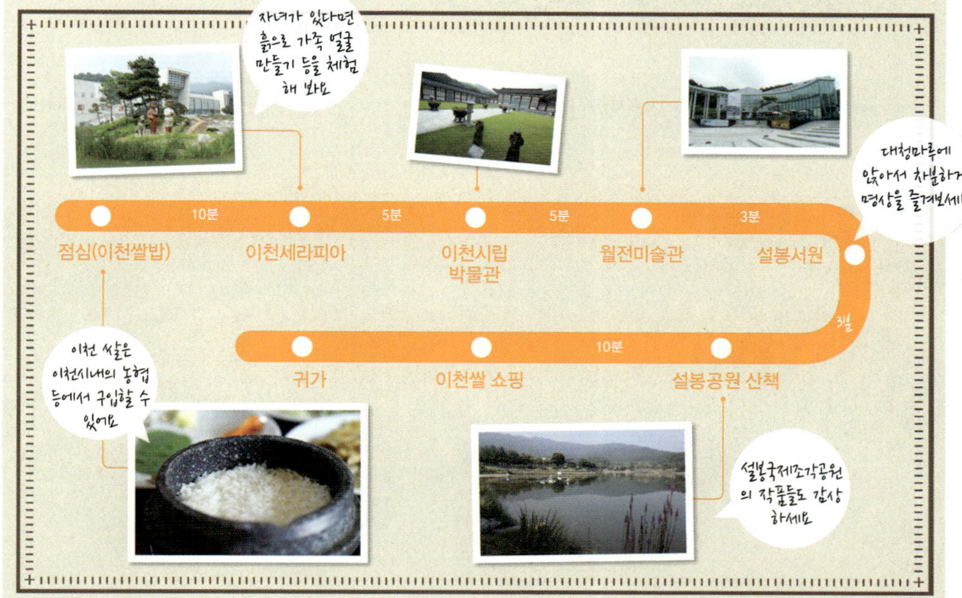


## 여행정보

### ★ 웹사이트와 전화

이천시 문화관광 031-645-1986, tour.icheon.go.kr
한국도자재단 www.kocef.org
이천시립박물관 031-635-8500,
　　　　　　　www.icheon.go.kr/site/museum/main.do
이천관광안내소 031-634-6770
이천세라피아 031-631-6501
월전미술관 031-637-0033

### ★ 대중교통

[버스] 서울-이천, 30~40분 간격 운행, 약 1시간 소요
　　　　인천-이천, 40~50분 간격 운행, 약 1시간 30분 소요
　　　　수원-이천, 30분 간격 운행, 약 1시간 소요

### ★ 자가운전

1. 중부고속도로 서이천IC-서이천삼거리-사음동삼거리-3번 국도-
신둔면사무소 혹은 설봉공원
2. 영동고속도로 이천IC-3번 국도-설봉공원 입구-다산고등학교 앞-
이천도예촌-신둔면사무소

### ★ 숙박

미란다 호텔 : 중리천로115번길 45, 031-639-5000
이즈호텔 : 이섭대천로 1229, 031-637-8611~12
로뎀펜션하우스 : 장호원읍 이풍로107번길 114-15, 031-642-4525,
　　　　　　　www.2000pension.com
우리소가든펜션 : 마장면 지산로 238-7, 031-638-7626

### ★ 맛집

덕제궁 : 이천 쌀밥, 신둔면 원적로 89번길 168, 031-634-4811
이천쌀밥집 : 이천 쌀밥, 신둔면 원적로 89번길 140, 031-634-4813
임금님쌀밥집 : 이천 쌀밥, 신둔면 경충대로 3134, 031-632-3646
옛날쌀밥집 : 이천 쌀밥, 경충대로 3066, 031-633-3010

### ★ 축제 및 행사

이천도자기축제 : 매년 9월~10월, 031-638-8610,
　　　　　　　www.ceramic.or.kr
쌀문화축제 : 매년 11월 초순, 031-644-4125, www.ricefestival.or.kr

더 많은 정보는 요기!!

# 060
# 횡성한우축제
**강원도 횡성군**

# 한우로 포식하고 단풍 숲길 걸어 봐요

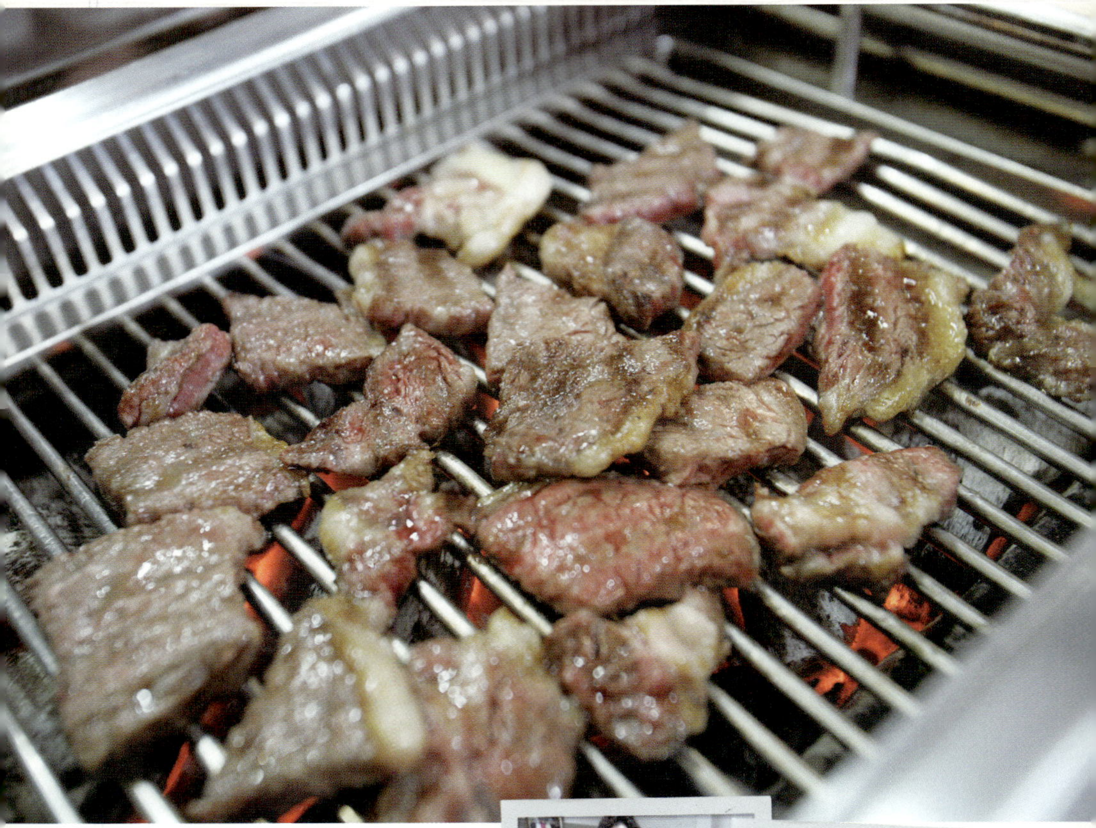

**여행 내비게이션**

**여행컨셉** 축제장에서 즐기는 한우 시식, 한우요리대회
**추천일정** 당일
**Must Do** 1. 횡성한우 시식행사 참여하기
2. 송아지와 놀고 여물주기
3. 청태산휴양림 숲길 산책
4. 미술관 자작나무숲 관람
5. 안흥찐빵 먹기
**추천 교통** 자가운전
**추천 계절** 가을

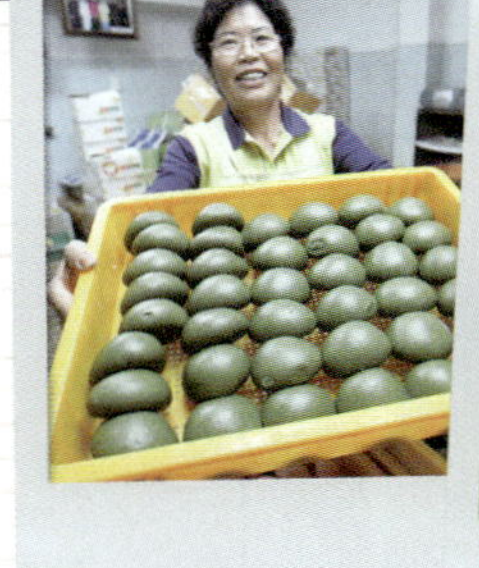

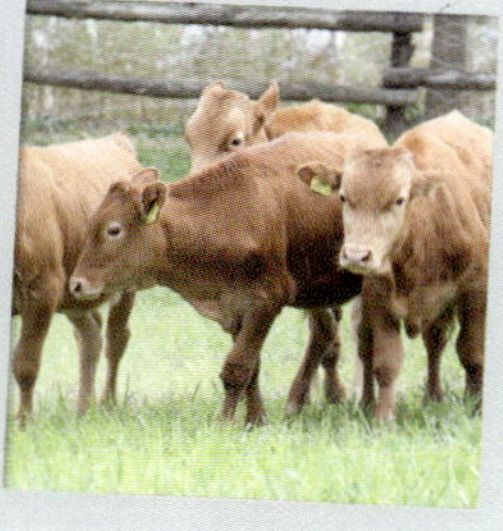

횡성의 명품으로는 홍삼, 복분자, 안흥찐빵 등이 손꼽히는데, 그중에서 횡성한우가 최고 자리를 차지한다. 횡성한우는 예전부터 유명세를 탔다. 횡성 우시장은 조선시대부터 강원도에서 제일 큰 우시장이라는 소리를 들었다. 지금도 횡성 우시장은 4~10월 끝자리 1일과 6일 오전 5시부터 오후 3시 무렵까지 횡성 읍내에서 개장한다.

횡성은 일교차가 크고 해발고도가 소의 생육에 적당하며, 산야초와 볏짚을 구하기도 쉬워 우수한 품질의 한우를 길러 왔다. 횡성한우는 생후 4~6개월 된 수컷을 거세해 고급육 생산 프로그램에 따라 사육, 도축한 뒤 숙성실에서 4~6일간 숙성 처리를 마치고 횡성축협에 공급된다. 또 쇠고기 생산이력추적시스템에 따라 모든 공정이 철저히 관리된다.

횡성한우축제는 매년 10월 중순에 횡성군 횡성읍 섬강둔치 일원에서 벌어진다. 이 기간 중 여행객들은 축제장에서 횡성군과 횡성축협이 100% 품질을 보증하는 횡성한우를 구입, 진정한 한우의 맛을 느낄 수 있다. 횡성한우를 비교적 저렴하게 맛보려면 셀프 한우점을 이용해보자. 정육 코너에서 살치살, 꽃등심, 등심, 안창살, 토시살, 제비추리 등 원하는 부위를 구입한 다음 식당으로 이동해서 상차림 비용을 내면 된다. 각 식당에서는 불고기, 설렁탕, 도가니탕, 우족탕 등 다양한 한우 음식도 만날 수 있다.

축제 기간에는 하루 두어 번 횡성한우 시식 행사가 벌어진다. 그뿐만 아니라 요리 전문가를 초빙, 한우 요리 만들기 체험 행사도 준비된다. 횡성한우로 만든 햄버거와 소시지도 판매된다. 축제 행사로 퍼레이드와 축하 공연은 기본이다. 코뚜레 던지기를 비롯한 농경문화의 전통 놀이를 선보이는 '한우축제 100배 즐기기', 외양간과 소 밭갈이, 방목장 등을 직접 체험할 수 있는 '횡성한우 테마 목장'이 핵심 프로그램이다. 송아지와 함께 놀기, 소여물 주기, 소 탈 만들기, 워낭 목걸이 만들기, 짚으로 송아지 만들기 등 평소 접하기 힘든 '추억 만들기' 프로그램도 인기가 높다.

횡성한우축제장에는 횡성군의 특산물도 두루 선보인다. 진한 향기와 특유의 식감을 자랑하는 횡성더덕, 전통 방식으로 만든 안흥찐빵도 전시 판매장에서 저렴하게 구입해 맛볼 수 있다.

### 청태산자연휴양림

영동고속도로 둔내IC나 면온IC에서 10여 분 거리에 위치한 휴양림이다. 숲해설가들이 상주하면서 숲의 생태를 자상하게 설명해준다. 순환숲길, 숲 체험 데크 로드, 6개 등산로 등이 잘 닦여있어 1박2일 동안 머물러도 지루함을 느낄 틈이 없다. 나무로 만든 '숲 체험 데크 로드'는 청태산자연휴양림에서 돋보이는 시설이다. 방문자센터 뒤에서 시작하는 이 길은 잣나무, 소나무, 낙엽송, 층층나무, 자작나무, 산벚나무, 물푸레나무 등이 자라는 울창한 숲 사이에 지그재그로 고도를 높여가며 설치됐다. 장애인이나 노약자, 유모차를 미는 부모들도 걷기에 불편함이 적은 산책로이며, 총 길이는 약 1km에 달한다. 데크 로드 초입, 나무로 만든 새집들이 앙증맞게 붙어 있는 모습이 인상적이다.

### 숲체원

숲체원에서는 단풍으로 물들어 한층 아름다워진 가을 숲을 만나볼 수 있다. 숲길을 걸으며 숲의 세계를 오감으로 느끼고, 나무로 목걸이를 비롯한 여러 가지 소품을 만드는 공예 체험이 가능하다. 티셔츠에 내 마음대로 꽃과 나무를 디자인해서 입고 올 수도 있다. 숲체원의 다양한 체험 프로그램을 마치고 '숲은전시관'에 들어가서 김홍도의 '타작도', 박수근의 '나무와 여인' 같은 나뭇가지를 재활용한 미술 작품을 감상하는 시간도 유익하다.

### 자작나무숲미술관

이곳은 예술 기행에 관심 있는 여행자들이 즐겨 찾는다. 미술관 정원과 숲에는 자작나무 1만2천그루가 자란다. 자작나무는 우리나라 토종 나무로, 불에 탈 때 '자작자작' 소리가 난다. 제2전시실에서는 농부 사진가 원종호 관장의 작품을 상설 전시한다. 그의 작품에서는 힘든 세월을 말없이 견뎌내는 아버지의 삶이 느껴진다. 그의 작품 속 나무들은 저마다 강한 광채를 발하며 관람객들에게 진한 감동을 안겨준다.

### 태종대

강림면사무소 앞에서 치악산 부곡계곡으로 들어가다보면 만나게 되는 문화유산이다. 태종은 자신에게 어릴 적 글을 가르쳤던 옛 스승인 운곡 원천석에게 다시 관직을 주고 정사를 함께 의논하기 위해 스승이 숨어 사는 곳을 찾아 치악산까지 왔다. 그러나 원천석은 이를 미리 알고 상면을 피하기 위해 산 속으로 들어가 몸을 숨겼다. 태종은 하는 수 없이 스승을 만나지 못하고 돌아갔다. 그때 태종이 머물던 곳을 태종대라 하며 '주필대'라는 비가 세워져있다.

1 청태산자연휴양림의 야영장에서 캠핑을 하는 사람들 2 숲체원의 나무 데크 3 자작나무 1만2천 그루가 자라는 자작나무미술관 4 태종이 스승을 만나러 올 때 머물다간 태종대

## 당일여행 추천코스

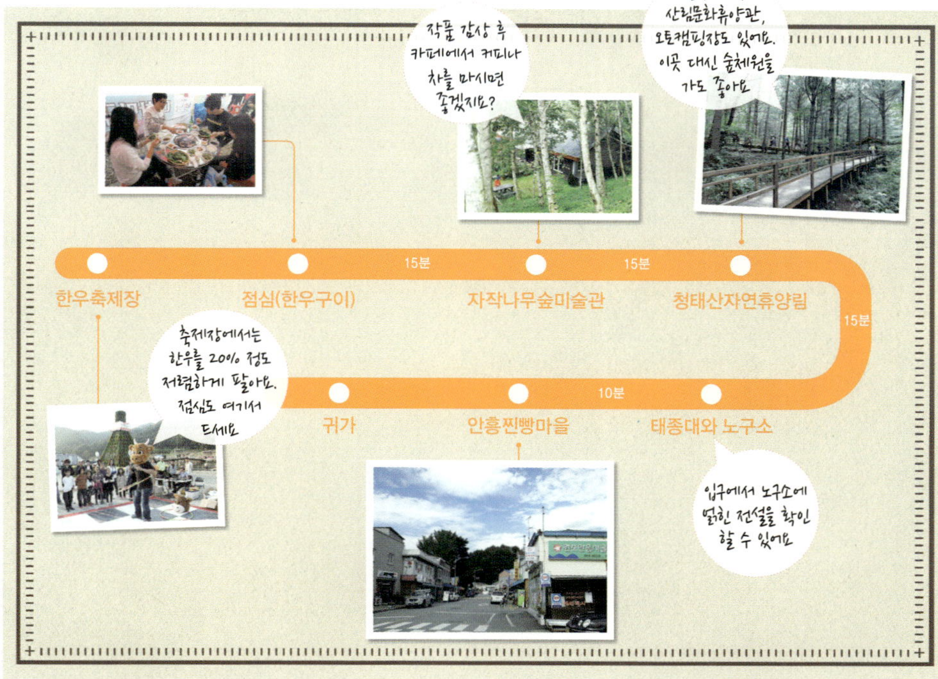


## 여행정보

### ★ 웹사이트와 전화

횡성군 문화관광 033-340-2544, tour.hsg.go.kr

청태산자연휴양림 033-343-9707, www.huyang.go.kr

숲체원 033-340-6300, www.soopchewon.or.kr

미술관 자작나무숲 033-342-6833, www.jjsoup.com

### ★ 대중교통

[버스] 동서울-횡성, 하루 3회 운행, 1시간 50분 소요

원주-횡성, 1시간 15분 간격 운행, 20분 소요

원주버스터미널에서 횡성 방면 2번 버스 이용, 횡성축협사거리

하차 후 행사장까지 도보로 이동

### ★ 자가운전

1. 영동고속도로 새말IC-횡성 방면 442번 지방도-6번 국도-축제
행사장

2. 중앙고속도로 횡성IC-횡성 방면 6번 국도-축제 행사장

### ★ 숙박

러브하우스펜션 : 서원면 서원로111번길 128-42, 033-344-2860

펜션아일랜드 : 우천면 경강로 3506, 010-5217-2941

호텔 휘닉스 : 우천면 서동로 116, 033-343-1555

강변장모텔 : 횡성읍 수류암로 96-5, 033-344-0244

### ★ 맛집

횡성축협한우프라자(새말휴게소점) 한우 : 우천면 한우로우항9길 8,
033-342-6144

운동장해장국 : 해장국, 횡성읍 읍하리 1095-4,
033-345-1770

박현자네더덕밥 : 더덕정식, 횡성읍 곡교리2반 127-3,
033-344-1116

태기산막국수 : 막국수, 둔내면 자포곡리 415, 033-342-1072

### ★ 축제 및 행사

횡성회다지소리민속문화제 : 매년 4월 말, 033-340-2224,
tour.hsg.go.kr

4·1만세운동재현행사 : 매년 4월 1일, 033-340-2224,
tour.hsg.go.kr

더 많은 정보는
요기!!

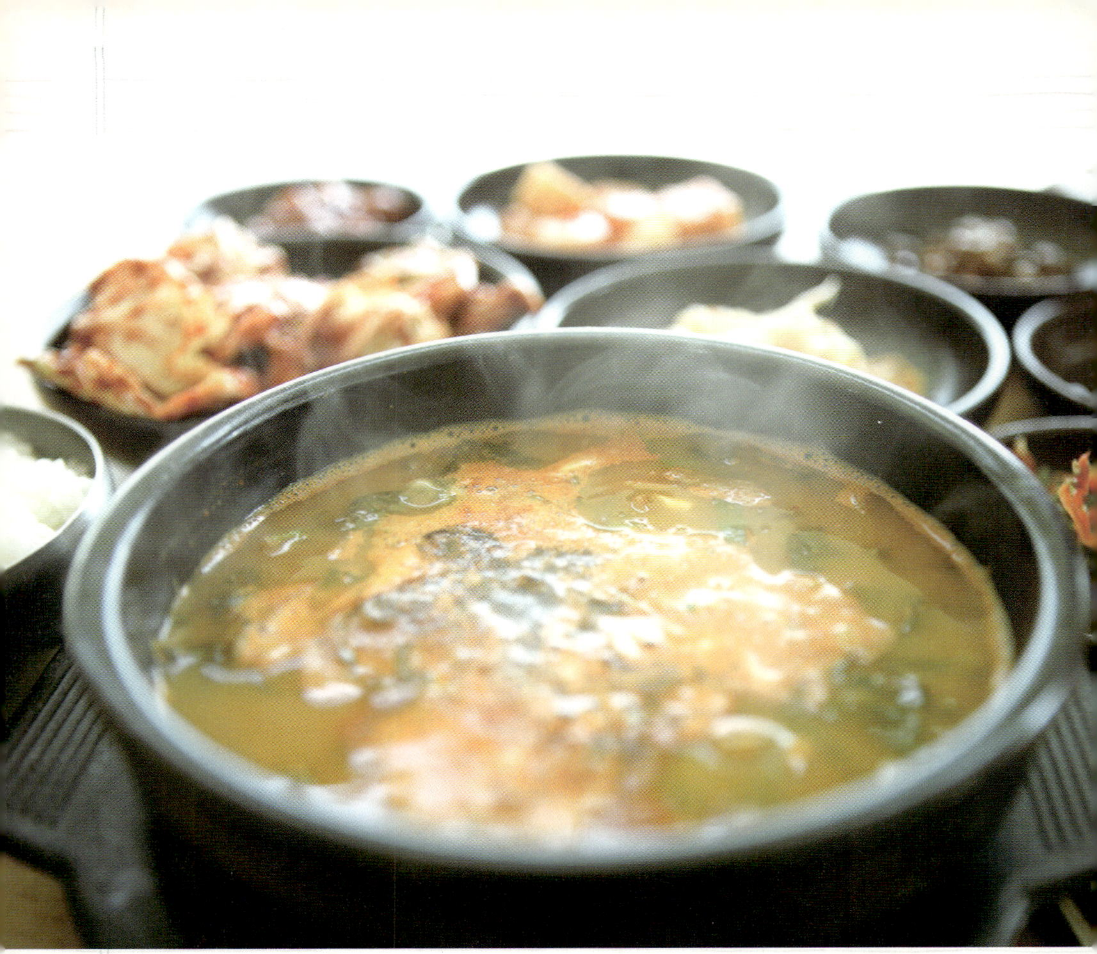

# 061

## 추어탕거리

전북 남원시

# 추어탕, 남원에서 맛보다

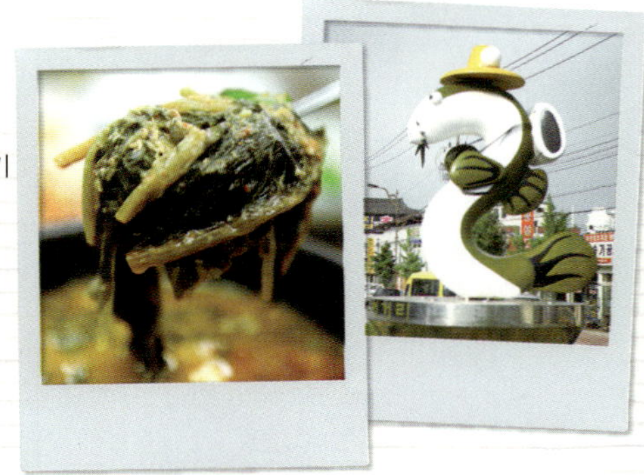

여행 내비게이션

**여행컨셉** 추어탕의 참맛 느끼기며 〈춘향전〉 무대와 지리산 돌아보기

**추천일정** 1박2일

**Must Do** 1. 남원 추어탕 맛보기

2. 광한루 돌아보기

3. 춘향골 테마파크에서 국악 체험하기

4. 실상사에서 지리산의 기운 느껴보기

**추천 교통** 자가운전

**추천 계절** 봄~가을

　'가을 보양식' 하면 가장 먼저 떠오르는 음식이 추어탕이다. 미꾸라지는 추운 겨울을 나기 위해 가을이면 몸속에 영양분을 가득 저장한다. 그래서 가을 미꾸라지를 최고로 치고, 이름에도 '가을 추秋'자를 넣어 추어鰍魚라 부른다.

　미꾸라지는 자양강장, 피부 미용에 좋고 성장 발달에 도움을 준다. 추어탕에 들어가는 시래기는 비타민과 무기질을 함유하여 다이어트 하는 여성들이 먹기에도 좋다. 사골 국물에 두부를 넣는 서울식이나 고추장으로 칼칼하게 끓이는 원주식과 달리, 남원 추어탕은 미꾸라지만 사용하고 된장과 들깨 불린 물을 넣어 걸쭉하게 끓인다. 다른 채소 없이 시래기로 시원하고 구수한 맛을 낸다.

　남원은 지리산으로 흘러간 백두대간 품에 있고 섬진강 지류인 요천과 축천이 드넓은 평야를 만들어 다양한 농산물이 나고 미꾸라지가 서식하기 좋은 환경이다. 특히 남원 추어탕에는 미꾸라지와 조금 다른 미꾸리가 주로 들어간다. 미꾸라지보다 길이가 짧고 몸통이 동글동글해서 '동글이'라고도 불리는데, 맛이 좋고 비린내가 적다. 남원시 농업기술센터가 토종 미꾸리 치어 생산에 성공해서 인근 미꾸리 양식장에 공급하며, 남원 추어탕 거리의 식당들은 이곳에서 미꾸리를 받아 추어탕을 끓인다. 지리산 인근의 고랭지에서 재배되는 추어탕 전용 무청도 남원 추어탕 맛을 특별하게 만들어주는 일등 공신이다. 전국 어디서나 파는 추어탕이지만, 남원에서 먹는 추어탕이 특별한 이유가 여기에 있다. 입맛에 따라 잰피 가루를 뿌려 먹는 것도 남원 추어탕의 특징이다.

　춘향이와 이몽룡이 처음 만나 사랑을 나누었다는 광한루원 주변으로 형성된 남원 추어탕 거리에는 20여개의 식당이 모여 있다. 그중 '새집'은 남원 추어탕의 원조로 꼽힌다. 하동에서 시집온 고故 서삼례 씨가 광한루원 뒤편에서 추어탕을 끓여 팔기 시작한 것이 1959년이니 역사가 50년이 넘는다. 이후 광한루원 주변에 추어탕집이 하나 둘 생겼는데, 하나같이 만만치 않은 내공을 자랑한다. 부산에서 시집와 식당을 연 '부산집', 아들 삼형제의 돌림자를 쓰는 '현식당' 등 이름에 담긴 사연도 정겹다. 추어탕을 끓이는 방식은 식당마다 조금씩 다르다. 그러나 추어탕 국물도, 시래기도 손님이 원하면 한 그릇 더 주는 인심은 모든 식당이 지키는 원칙이다.

　추어탕과 함께 추어튀김, 추어숙회도 맛보자. 미꾸리를 통째로 튀기는 추어튀김은 추어탕을 잘 못 먹는 어린이도 그 영양분을 섭취할 수 있는 요리다. 미꾸리에 갖은 양념을 넣어 찐 다음 채소에 싸 먹는 추어숙회 또한 별미다.

### 광한루원

남원 추어탕 거리의 중심에는 광한루원이 있다. 춘향이와 이몽룡의 사랑 이야기가 깃든 광한루원은 광한루를 중심으로 오작교, 완월정, 영주각, 춘향사당 등이 어우러진 전통 정원이다. 광한루는 황희 정승이 남원에 유배되었을 때 지은 '광통루'를 시초로, 1434년(세종 16)에 하동 부원군 정인지가 고쳐 세운 것이다. 정유재란으로 불에 탄 뒤 1638년(인조 16)에 다시 지은 것이 현재의 모습이다. 보물 281호로 지정되었을 만큼 빼어난 아름다움을 보여주는 누각이다.

### 춘향테마파크

남원 추어탕 거리를 사이에 두고 흐르는 요천을 건너면 춘향테마파크다. 만남의 장, 맹약의 장, 사랑과 이별의 장 등 〈춘향전〉의 내용을 테마로 산책로가 꾸며져 있다. 영화 〈춘향뎐〉의 세트장과 동헌, 전망대 등도 둘러보자. 특히 동원에서는 판소리와 장구를 배울 수 있어 신명나는 남원의 풍류를 맛볼 수 있다. 남원 전통문화체험관에서 진행하는 전통 놀이, 부채 만들기 등 다양한 체험거리는 어린이들에게 특히 인기다. 춘향테마파크 입구에는 남원향토박물관과 심수관 도예전시관도 있다.

### 남원 항공우주천문대

춘향테마파크 위쪽에 위치한 남원 항공우주천문대는 놓치지 말아야 할 탐방지다. 돔형 천체관측실과 천체망원경을 갖추어 낮에는 태양흑점을, 밤에는 달과 별자리를 관찰할 수 있다. 오후 10시까지 개관하기 때문에 예약하는 번거로움 없이 천체관측이 가능하다.

### 덕음산솔바람길

피톤치드 향을 맡으며 느긋한 산책을 즐길 수 있는 길이다. 완만한 나무 데크 산책로를 따라 국립민속국악원 뒤편까지 갔다 오는 코스가 왕복 약 2km다. 숲 해설가가 들려주는 숲의 생태 설명도 재미있다. 길의 초입은 남원우주항공천문대와 바로 이어진다.

1 〈춘향전〉의 무대 오작교와 광한루 2 춘향테마파크에서 판소리 배우기 3 남원항공우주천문대 전경
4 덕음산 솔바람길 산책을 즐기는 가족

## 1박2일 추천코스

## 여행정보

### ★ 웹사이트와 전화

남원시 문화관광 063-632-1330, tour.namwon.go.kr
광한루원 063-625-4681, www.gwanghallu.or.kr
춘향테마파크 063-620-6180, www.namwontheme.or.kr
남원항공우주천문대 063-620-6900, spica.namwon.go.kr

### ★ 대중교통

[버스] 서울-남원, 센트럴시티터미널에서 하루 15회(06:00~22:20)
　　　운행, 약 3시간 10분 소요
　　　남원고속버스터미널에서 광한루원까지 택시 이용, 혹은 일반
　　　버스 220번 승차, 광한루원 하차
　　　센트럴시티터미널 02-6282-0114, www.hticket.co.kr
　　　남원고속버스터미널 063-632-2000
[기차] 용산-남원, KTX 하루 8회(05:20~21:15) 운행, 약 2시간
　　　40분 소요, 남원역에서 광한루원까지 택시 이용
　　　남원역 063-631-3229

### ★ 자가운전

88올림픽고속도로 남원IC 남원·순천 방향 우측 출구-남원·광한
루원 방면 우회전-충정로 따라 약 3km 이동-시장사거리에서 좌회
전-광한루원 이정표 보고 우회전-약 400m 진행, 광한루원

### ★ 숙박

그린피아모텔 : 주천면 제바위길, 063-636-7200
지리산칸호텔 : 산내면 지리산로, 063-626-2114,
　　　www.jirisankhanhotel.com
호텔마음 : 남원시 소리길, 063-631-9999
켄싱턴리조트 남원점 : 소리길, 063-636-7007,
　　　www.kensingtonresort.co.kr

스위트호텔 남원 : 주천면 원천로, 063-630-7100,
　　　namwon.suites.co.kr

### ★ 맛집

새집 : 추어탕, 요천로 1397, 063-625-2443
부산집 : 추어탕, 의총로 7, 063-632-7823
현식당 : 추어탕, 천거동 160-7, 063-626-5163
가나안식당 : 한정식, 관서당길, 063-632-5566
심원첫집 : 산채정식, 모정길, 063-632-5475
자연밥상 : 한식 뷔페, 주천면 장안용궁길, 063-634-8849
깜돈 : 흑돼지구이, 하정2길, 063-630-5092
고원흑돈 : 흑돼지구이, 아영면 인월장터로, 063-625-3663

### ★ 축제 및 행사

뱀사골단풍제 : 매년 10월 말, 지리산국립공원 달궁주차장 일원,
　　　063-620-6183
흥부제 : 매년 10월 중순, 요천 둔치 사랑의광장, 063-620-6181,
　　　www.heungbu.or.kr

더 많은 정보는 요기!!

# 메타세쿼이아 단풍길 걸으며 가을 정취에 젖다

## 여행 내비게이션

**여행컨셉** 휴양림 한 바퀴 돌면서 가을숲 체험

**추천일정** 1박2일

**Must Do** 1. 숲체험 스카이워크 걸어보기

2. 스카이타워에서 조망 즐기기

3. 2시간짜리 숲해설 참가하기

4. 구즉도토리묵 등 대전 6미 맛보기

5. 유성온천에서 온천욕 즐기기

**추천 교통** 자가운전

**추천 계절** 가을

장태산휴양림의 메타세쿼이아나무는 정문을 지나면서부터 듬직한 모습을 드러내 방문객들의 시선을 사로잡는다. 이리저리 뒤틀림 없이 그저 하늘로만 곧게 뻗어 올라간 수형, 위아래로 긴 삼각형 형태를 이룬 나뭇가지, 계절의 변화에 따라 갈색으로 물들어가는 나뭇잎, 군집을 이뤄 숲에 고요함을 선사하는 착한 능력. 다른 휴양림에서는 좀처럼 찾아보기 힘든 분위기이다.

휴양림을 찾은 여행객들은 만남의 숲이나 연못에서 잠시 숨을 고른 다음 관리사무소 앞에서부터 '숲체험 스카이웨이'라는 독특한 시설을 걷기 시작한다. 워낙 메타세쿼이아의 키가 크다 보니 나무 중간쯤의 높이에 나무데크로 스카이웨이 길을 만들어놓았다. 하늘길을 따라가면서 여행자들은 곳곳에 붙은 안내판을 통해 숲에 대해 재미있게 공부를 하게 된다. '솎아베기와 가지치기의 효과', '항암제를 만드는 식물공장', '가을엔 왜 단풍이 들까' 등의 안내문을 읽는 재미가 발걸음을 느리게 만든다. 스카이웨이는 스카이타워로 이어진다. 달팽이관처럼 빙글빙글 도는 데크길을 따라 올라 정상에 서면 장태산휴양림 주변 산들이 가깝게 다가오고 바람 또한 시원하기 짝이 없다. 키 큰 메타세쿼이아들도 발아래에서 도토리 키재기를 하는 듯하다.

스카이웨이 초입의 숲속어드벤처 지역에서 숲속의 집 지역까지 이어지는 산길(0.78km)이 있는데, 이 길 대신 관리사무소 앞에서 출발, 임간교실 옆을 지나는 산책길(0.5km)을 이용하면 걷기가 덜 힘들다. 메타세쿼이아 숲에 조성된 임간교실에는 평상이 여기저기 놓여 있어 도시락을 꺼내놓고 가을 소풍을 즐기기에 적당하다. 숲의 향기, 숲의 노래가 훌륭한 디저트이다.

이곳을 지나면 철마다 다양한 꽃들이 번갈아 피어나는 교과서식물원이 나온다. 다시 방향을 바꿔 산림문화휴양관 뒤편 숲길을 걷다보면 숲속수련장이 모습을 보인다. 이곳까지의 거리가 대략 0.5km, 숲속수련장에서 연못까지가 0.3km, 연못에서 정문까지가 또 0.3km이니 이 정도만 걸어도 총 2km 정도의 숲길을 산책하는 셈이다. 서두르지 않고 느린 걸음으로 돈다면 1시간 정도가 걸린다.

### 국립중앙과학관

우리나라의 첨단과학기술, 기초과학, 과학기술역사, 자연사 등을 종합적으로 전시하고 있다. 상설전시관을 중심으로 천체관, 특별전시관, 영화관, 탐구관 등이 배치돼 있다. 상설전시관에서는 우주에서 인간까지, 한국의 자연사, 한국과학기술사, 지구과학, 에너지의 이용 등을 이해할 수 있다. 모형, 대형패널 등 다양한 전시기법이 동원돼 아이들은 물론 부모들도 초등학교 시절로 돌아가 즐거운 마음으로 과학의 세계에 빠져든다.

### 대전교통문화센터

엑스포과학공원 안에 있다. 교통사고로부터 우리의 생명을 지켜낼 수 있는 방법도 배우고, 미니카를 운전하면서 교통안전도 체험하고, 교통수단의 변천 과정도 알아볼 수 있는 곳이다. 특히 교통안전시뮬레이션체험관은 마치 수십 대의 놀이기구가 가지런히 놓인 실내놀이 게임장처럼 생겨서 어린이들에게 인기가 좋다. 실제가 아닌, 가상의 현실을 통해서 교통안전의 중요성을 몸으로 익힐 수 있다.

### 대전시민천문대

오후 2시부터 밤 10시까지 문을 연다. 낮시간에는 태양을 관측할 수 있고 해가 진 뒤부터는 밤하늘의 별들을 찾아볼 수 있다. 천체투영관 돔스크린에는 계절별로 밤하늘의 별이 투영되는데 가히 환상적이다. 별자리와 천체의 운행에 대한 설명이 곁들여진다. 2층의 전시실에는 우주개발의 역사, 우주의 탄생에서 지금까지, 망원경의 구조와 기능, 미래 우주 가상 체험 등에 대해서 지식을 쌓을 수 있다. 이어서 보조관측실과 주관측실로 이동하면 굴절망원경, 반사망원경, 반사굴절망원경, 쌍안경 등을 통해 태양흑점과 홍염, 월면, 행성, 성운, 성단, 은하수 등을 찾아볼 수 있다.

### 화폐박물관

한국조폐공사가 설립한 우리나라 최초의 화폐 전문 박물관이다. 제1전시실은 주화역사관으로 고대의 주화에서부터 고려시대 주화, 조선시대 주화, 한국은행 주화, 월드컵 기념주화, 올림픽 기념주화 등이 전시돼 있는가 하면 조선시대의 엽전 주조 광경도 모형으로 생생하게 재현해 놓았다. 제2전시실은 지폐역사관, 제3전시실은 위조방지홍보관이며, 제4전시실은 우표, 메달, 훈장, 포장, 세계의 화폐 등을 보여주고 있다.

### 지질박물관

한국지질자원연구원이 설립한 박물관이다. 화석, 광물, 암석 등 약 5천여 점의 자료가 전시되어 있다. 상설전시관 중앙홀에 들어서면 지름 7m의 대형 지구본과 티라노사우르스 공룡, 트리케라톱스 공룡의 골격 등이 눈길을 끈다. 제1전시관은 지구의 개관, 화석과 진화, 지질탐사 등의 코너로, 제2전시관은 광물의 세계, 지질 및 암석 구조, 암석의 세계 등의 코너로 꾸며졌다. 야외에는 암모나이트 등이 전시돼있다.

1 국립중앙과학관 외부 전시실에 전시된 조형물
2 교통안전과 관련된 다양한 체험을 할 수 있는 대전교통문화센터 3 대전시민천문대의 전시실

## 1박2일 추천코스

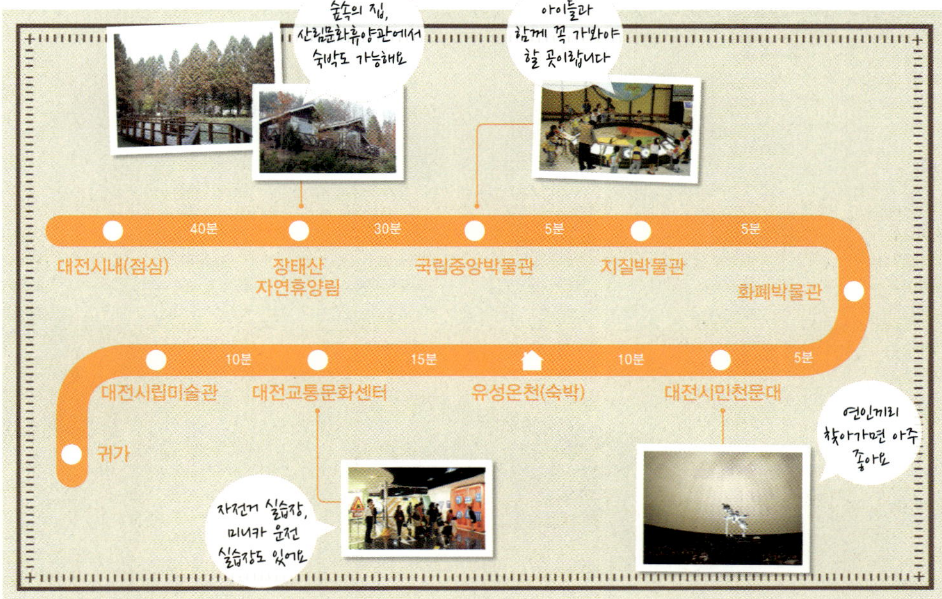


## 여행정보

### ★ 웹사이트와 전화

대전광역시 문화관광 042-270-3971, tour.daejeon.go.kr
장태산자연휴양림 042-270-7883, www.jangtaesan.or.kr
국립중앙과학관 042-601-7894, www.science.go.kr
대전교통문화센터 042-879-2000, www.dtcc.or.kr
대전광역시청 관광산업과 270-3971

### ★ 대중교통

[KTX] 서울–대전, 하루 20여 회 운행, 약 1시간 10분 소요
　　　 부산–대전, 하루 20여 회 운행, 약 1시간 30분 소요
[버스] 서울–대전 : 오전 6시부터 10분 간격 운행, 1시간 50분 소요
　　　 부산–대전 : 오전 6시부터 하루 6회 운행, 3시간 10분 소요

### ★ 자가운전

1. 서울–호남고속도로 서대전나들목–가수원동 사거리–흑석동–장태산휴양림
2. 서울–경부고속도로 대전나들목–서대전 사거리–가수원동 사거리–장태산휴양림
3. 부산–경부고속도로–대전남부순환고속도로 서대전나들목–가수원동 사거리–흑석동–장태산휴양림
4. 광주–호남고속도로 서대전나들목–가수원동 사거리–흑석동–장태산휴양림

### ★ 숙박

삼호자객관 : 서구 둔산로 65번길 75, 042-483-5995
호텔 아드리아 : 유성구 온천로 27, 042-828-3636
호텔리베라 유성 : 유성구 온천서로 7, 042-823-2111
모텔폴라리스 : 동구 한밭대로 1316번길 2, 042-635-7861

### ★ 맛집

귀빈돌솥밥 : 석갈비, 서구 만년로 68번길 21, 042-488-3340
만나 대흥점 : 샤브샤브, 중구 대흥로 138, 042-254-2540
할머니묵집 : 도토리묵, 유성구 금남구족로 1378, 042-935-5842
성심당 : 부추빵, 중구 대종로 480번길 15, 042-256-4114

### ★ 축제 및 행사

대전오색빛축제 : 매년 12월 하순, 042-270-3993
대전독립영화제 : 매년 11월 하순~12월 초순, 042-864-1895,
　　　　　　　　 www.difv.co.kr

더 많은 정보는
요기!!

# 063

## 월인당

전남 영암군

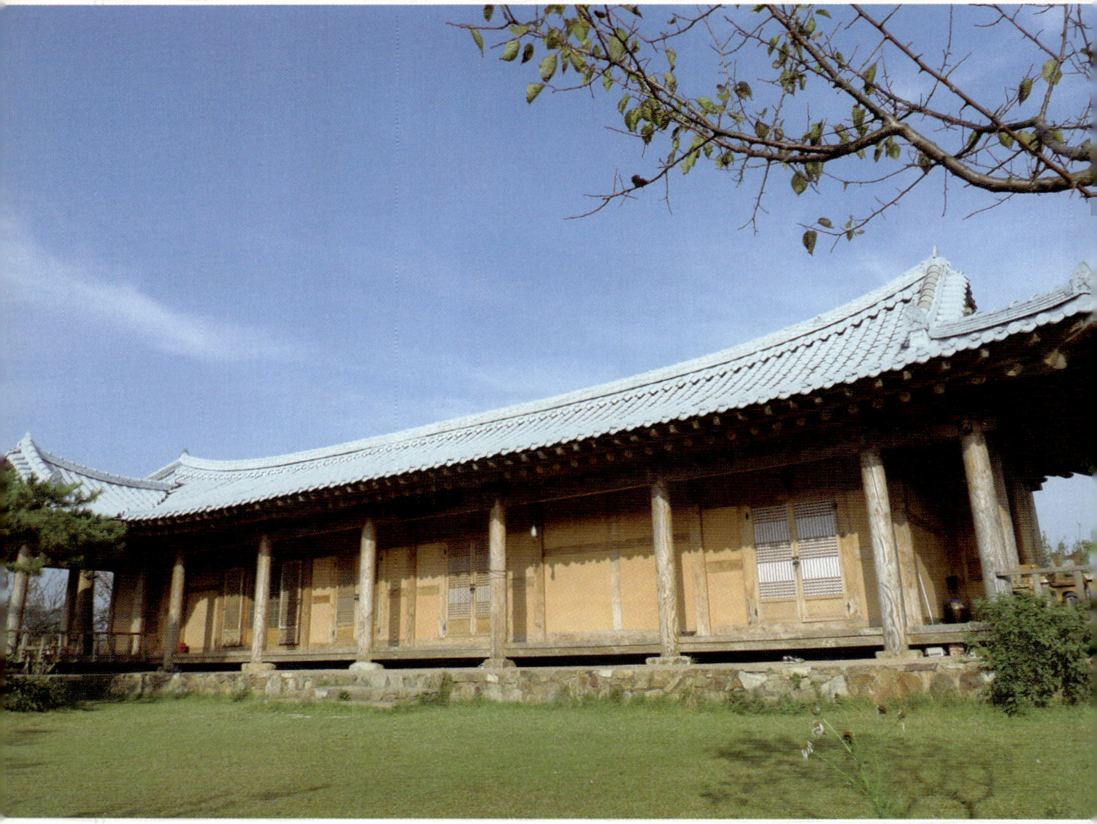

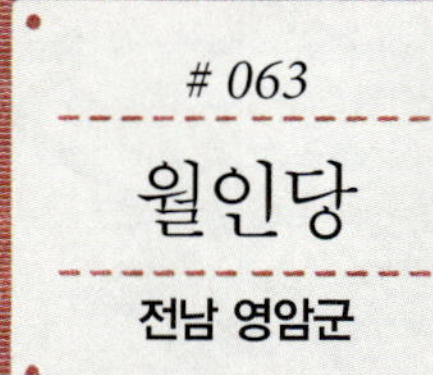

# 절절 끓는 구들방에 등 지지는 이 맛!

여행 내비게이션

**여행컨셉** 장작불 지피는 전통한옥에서 민박 체험
**추천일정** 1박2일
**Must Do** 1. 월인당 누마루에 앉아 차 마시기
2. 모정마을 원풍정에서 월출산 위로 뜬 달 구경하기
3. 독천마을 갈낙탕 먹기
**추천 교통** 자가운전
**추천 계절** 가을, 겨울

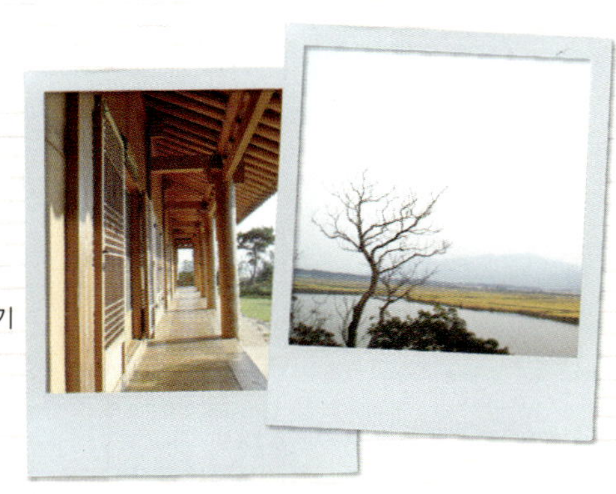

영암 땅 너른 들녘이 한눈에 내려다보이는 야트막한 언덕, 월출산과 은적산 사이에 자리잡은 월인당은 한국인의 DNA에 새겨진 '구들장의 추억'을 되살려 주는 소박한 한옥민박이다. 내력 있는 종택도, 유서 깊은 고택도 아니건만 주말마다 예약이 밀려드는 까닭은 황토 구들방에 등을 지지는 그 맛이 각별해서다.

모정마을 토박이인 김창오씨가 월인당을 지은 것은 7년 전이다. 구례 사성암을 지은 김경학 대목과 강진의 다산초당을 지었던 이춘흠 도편수가 1년 3개월간 함께 공을 들였다. 규모는 단출하다. 방 세 칸에 두 칸짜리 대청, 누마루와 툇마루가 전부다. 담장은 대나무 울타리로 대신하고, 넓은 안마당엔 잔디를 깔았다.

방 세 칸은 모두 구들을 넣고 황토를 깔아 그 위에 한지장판을 바른 '장작 때는' 방이다. 바닥은 뜨끈하고 위는 서늘하니 자연스럽게 공기가 순환하는 구조다. 한옥이라면 마땅히 그래야 한다고 생각해 구들방을 만들었지만, 덕분에 손님맞이 하루 전부터 아궁이에 불을 때야 하는 번거로움과 수고가 따른다. 바깥주인의 '장작 때는' 수고보다 한수 위는 안주인의 '풀 먹이기' 정성이다. 한번 사용한 이불은 세탁 후 일일이 풀을 먹여 내놓는다. 손님 입장에선 절절 끓는 방에서 사각거리는 솜이불을 덮고 자는 호사가 고마울 따름이다.

월인당 세 개의 방은 제각기 특징이 있다. 마을 앞 너른 들과 월출산이 가장 잘 보이는 '들녘' 방은 측면 툇마루를 단독으로 사용할 수 있다. 월인당 현판이 걸린 정중앙 '초승달' 방에서는 마당이 한눈에 들어온다. 서쪽 끝 '산노을' 방은 누마루와 바로 연결되는 구조라 가장 인기가 많다.

집을 지을 때 툇마루와 누마루는 특별히 공을 많이 들였다. 툇마루는 집안으로 들어서는 첫 관문이자 집 안과 밖을 연결해 주는 공간이다. 꼬마 손님들에게는 왕복 달리기를 할 수 있는 놀이터이기도 하다. 삼면이 탁 트여 햇살과 바람과 달빛이 드나드는 누마루는 차 한잔의 여유, 혹은 술 한잔의 풍류를 즐길 수 있는 정자 역할을 한다. 월출산 위로 보름달이 뜨는 밤 누마루에 나와 앉으면 '달빛이 도장처럼 찍히는 집'이라는 이름처럼 안마당이 달빛으로 환하다.

### 구림마을

월출산 서쪽 자락에 자리 잡은 구림마을은 2,200년의 역사를 자랑하는 유서 깊은 마을이다. 향약자치규약인 대동계의 집회장소이자 영암 3.1운동의 발상지였던 회사정, 도선국사 탄생설화가 얽혀 있는 국사암, 왕인박사가 서기 405년 일본을 향해 출발했다는 상대포, 고려 공신 최지몽 등 4인을 배향한 국암사, 조씨 문중 종가로 민속자료 제35호인 조종수 가옥, 한석봉과 어머니가 글쓰기와 떡썰기 시합을 했다는 육우당 등 사연 깊은 장소들이 마을 전체에 흩어져 있다.

### 영암도기박물관

통일신라시대에 한반도 최초로 유약을 발라 구운 '시유도기'를 생산한 곳이 바로 구림이었다. 영암도기박물관은 폐교가 된 구림중학교 자리에 1999년 10월 개관해 2008년 4월 신축했다. 전시실과 공방, 체험실, 판매장 등으로 이루어져 있다.

### 왕인박사유적지

구림마을에서 5분 거리에 위치한다. 일본에 한자와 유교를 전해 아스카 문화를 싹틔운 것으로 알려진 왕인박사의 자취를 사당과 전시관, 탄생지, 석상 등으로 복원해 놓았다. 구림마을에는 왕인박사가 일본으로 건너간 상대포구의 흔적이 남아 있는데, 당시 상대포구는 큰 나루터로 해상교류의 중심지 역할을 한 곳이다.

### 도갑사

도갑사는 신라 말 도선국사가 창건한 사찰이다. 임진왜란과 한국전쟁을 겪으면서 해탈문(국보 50호)를 제외한 건물이 대부분 불에 타서 고졸한 멋은 없다. 도선국사가 도갑사를 떠나며 '내가 떠난 뒤 철모 쓴 자들이 와서 절에 불 지를 것이다'라고 예언했는데, 한국전쟁 때 군인들에게 화를 당했다. 해탈문은 단아하면서도 예스럽고 소박하며, 계단 소맷돌에 새겨진 태극무늬가 이채롭다. 대웅보전 뒤로 난 산길을 올라가면 투박하지만 단아한 석조여래좌상(보물 89호)이 미륵전에 봉안됐다.

### 독천낙지마을

2번국도변에 위치한 독천마을에는 영산강 하굿둑이 완공되기 전까지만 해도 갯벌이 있었다. 지금은 어디에서도 그 흔적을 찾을 수 없지만, 30여 개의 낙지요리전문점은 여전히 명성을 잇고 있다. 전라도 한우와 뻘낙지를 말갛고 시원하게 끓여낸 갈낙탕이 독천마을 진미다.

1 구림마을에 있는 국암사 2 영암에서 출토된 도기를 전시한 도기박물관 3 도갑사 도선국사비와 전각 4 낙지와 갈비를 이용해 끓여내는 갈낙탕 정식

## 1박2일 추천코스

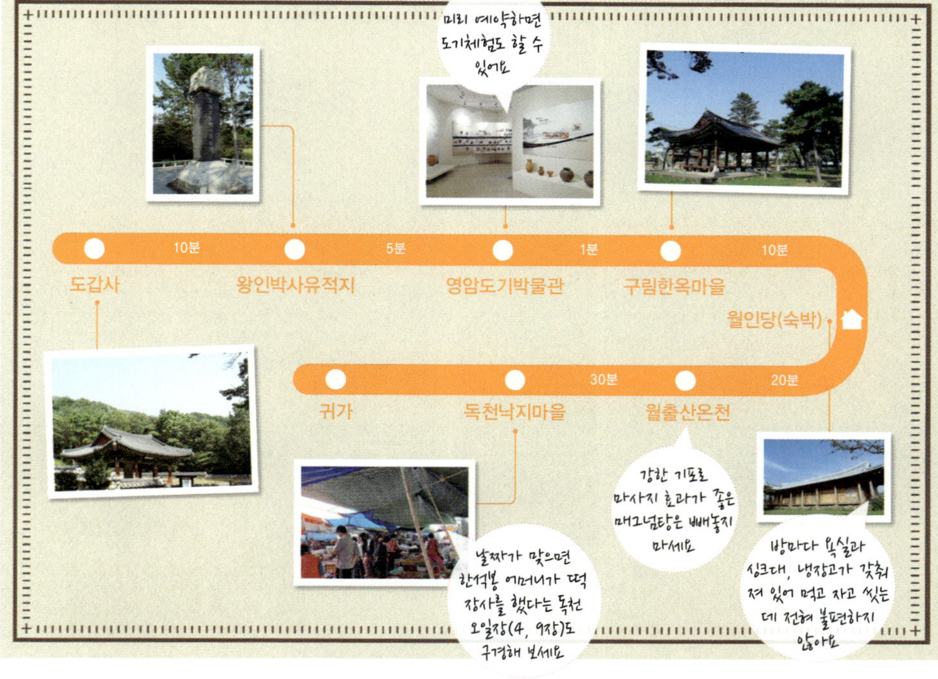


## 여행정보

### ★ 웹사이트와 전화
영암군 문화관광 061–470–2241, tour.yeongam.go.kr
월인당  061–471–7675, www.moonprint.co.kr
구림한옥마을 ygurim.namdominbak.go.kr
도갑사  061–473–5122, www.dogapsa.org
왕인박사유적지 061–470–2560, wangin.yeongam.go.kr
영암도기박물관 061–470–2765, gurim.yeongam.go.kr

### ★ 대중교통
[기차] 용산–목포 : 1일 15회 운행, 3시간 10분 소요
[버스] 서울–영암: 센트럴터미널에서 1일 4회 운행, 4시간 50분 소요
　　　 영암버스터미널에서 모정마을 행 버스 1일 5회 운행

### ★ 자가운전
1. 호남고속도로–서광주IC–국도 13호선–나주–신북–덕진–도갑사 ·
독천 방면으로 진입–4차선 도로–신흥교차로–군서 모정리–월인당
2. 서해안 고속도로–목포IC–삼호–독천–영암 방면으로 진입–신흥
교차로–모정마을–월인당

### ★ 숙박
월인당 : 군서면 모정리, 061–471–7675
영산재 : 삼호읍 나불리, 061–460–0300

### ★ 맛집
독천식당 : 갈낙탕, 연포탕과 세발낙지, 학산면 독천리,
　　　　　061–472–4222
청하식당 : 갈낙탕, 연포탕과 낙지구이, 학산면 독천리,
　　　　　061–473–6993
월출산장가든 : 더덕구이백반과 된장찌개, 영암군 군서면 도갑리,
　　　　　061–472–0405

### ★ 축제 및 행사
왕인문화축제 : 매년 4월 초순경, wanginfs.yeongam.go.kr
왕인국화축제 : 매년 10월 말~11월 말, mum.yeongam.go.kr

더 많은 정보는 요기!!

## 파도소리길
**경북 경주시**

# 파도 소리에 취해,
# 바다의 낭만에 젖어

### 여행 내비게이션

**여행컨셉** 바다를 끼고 해안 산책로를
따라 걷는 경주 동해안 여행
**추천일정** 1박2일
**Must Do** 1. 해안 산책로 걷기
2. 통일신라 석탑의 시원이 된
감은사지 삼층석탑 관람하기
3. 경주 향토음식 '6부촌 육개장'과
'곤달비 비빔밥' 먹기
**추천 교통** 자가운전
**추천 계절** 봄~가을

파도소리길은 고도古都 경주의 동해안, 양남면 읍천항과 하서항을 잇는 1.7km의 해안 산책로다. 나무 계단과 흙길, 몽돌 해안길이 고루 섞여 있고, 처음부터 끝까지 바다를 끼고 걸어 지루하지 않다. 곳곳에 쉬어 가기 좋은 벤치와 정자, 포토존도 설치되어 있다. 해가 지면 경관 조명도 붉을 밝힌다.

출발지는 어디라도 상관없지만, 넓은 주차장과 공원, 활어 직판장 등이 있는 읍천항에서 출발하는 것이 편하다. 파도소리길의 거리는 1.7km. 거리가 짧아 아쉬운 여행객은 원점으로 회귀한다. 읍천항 출발지로 되돌아오는 데 2~3시간이면 충분하다.

파도소리길의 주인공은 경주 양남 주상절리군(천연기념물 536호)이다. 주상절리는 뜨거운 용암이 빠르게 식으면서 만들어지는 다각형 기둥으로 대개 수직으로 발달하는 게 일반적이다. 하지만 이곳의 주상절리는 기울어지거나 수평으로 누워 있는 등 독특한 모양을 하고 있다. 그중에서도 압권은 부채꼴 모양의 주상절리. 국내에서 처음 발견되었을 뿐만 아니라 세계적으로도 드문 경우다. 사방으로 펼쳐진 모습이 곱게 핀 한 송이 해국처럼 보인다 해서 '동해의 꽃'이라고 불린다.

작은 어촌인 읍천항은 벽화마을로도 유명하다. 해마다 공모전 형식으로 마을 벽면을 크고 작은 그림으로 장식하는데, 2010년부터 시작된 공모전은 2013년에 네 번째를 맞이했다. 파도소리길을 걸은 뒤 벽화를 구경하고 활어 직판장에서 파는 자연산 회를 방파제에 앉아 먹는 맛도 기가 막히다.

경주에는 홀로 떠나는 여행자에게도 맞춤한 숙박시설와 음식이 있다. 경주고속버스터미널 인근 '경주디와이관광호텔'은 시설과 서비스, 청결도 모두 만족스럽다. 시내 관광지까지 접근성도 뛰어나다. 경주역과 시외버스터미널에서 가까운 '게스트하우스 바람곳'은 4인실이 기본이며 깨끗하고 조용해 여성들에게 인기가 많다. '경주게스트하우스'는 객실이 2, 4, 8, 10인실로 선택의 폭이 넓고 방마다 욕실이 있다. 경주 향토 음식 브랜드 '별채반'은 놋그릇에 담겨 1인상에 제공되니 나 홀로 여행자에게 안성맞춤이다. 경주천년한우, 단고사리, 곤달비, 양, 곱창 등 6가지 친환경 재료로 끓인 '6부촌 육개장', 경주 산내면에서 재배한 곤달비와 각종 산채를 고명으로 올리고 된장 양념장에 비벼 먹는 '곤달비 비빔밥'이 있으며, 지정 음식점 네 곳에서 맛볼 수 있다.

### 감은사지 삼층석탑

감은사는 삼국 통일의 위업을 이룬 문무왕이 왜적을 막고자 경주로 통하는 동해 어귀에 짓기 시작한 사찰로, 아들인 신문왕 때(682년) 완공됐다. 지금은 금당 터와 탑 두 기만 남았지만, 동해를 바라보며 1,300여 년 간 한자리를 지켜온 두 탑에는 장중한 기백과 기품이 서려 있다. 금당 하나와 쌍탑으로 구성된 가람 배치, 삼층석탑의 조형미는 이후 통일신라에서 사찰을 세우고 탑을 쌓을 때 일종의 롤모델이 되었다. (국보 제112호)

### 이견대

감은사지를 둘러보고 동해 쪽으로 방향을 잡으면 대종천을 중심으로 왼쪽은 이견대, 오른쪽은 대왕암 가는 길이다. 이견대는 용이 되어 나라를 지키겠다고 유언한 문무왕이 동해에 나타나자, 용을 본 자리에 세워 호국 의지를 기렸다는 정자다. 이곳에선 봉길해변과 문무대왕릉이 한눈에 들어온다.

### 경주문무대왕릉

봉길해변에서 불과 200m 앞 바다 위에 떠 있는 바위섬. 신라 문무왕의 수중릉으로 알려졌다. "내가 죽은 뒤 용이 되어 불법을 받들고 나라의 평화를 지킬 터이니 나의 유해를 동해에 장사 지내라"는 유언에 따라 왕의 시신을 화장해 바닷가 바위에 장사 지내고, 그 바위를 대왕암이라 불렀다.

### 경주시내권

파도소리길, 문무대왕릉, 이견대, 감은사지로 이어지는 동해권 여행은 하루면 충분하다. 1박2일 여행을 계획한다면 경주 시내에 숙소를 잡고, 다음날 아침 성동시장과 경주교동최씨고택(중요민속문화재 27호)에 들러보자. 경주역 맞은편에 있는 성동시장은 5,000원짜리 한식 뷔페가 인기다. '경주최부자집'으로 널리 알려진 교동최씨고택은 조선시대 양반 가옥의 전형으로, 단정한 한옥의 아름다움을 엿볼 수 있다.

1 장중한 기백과 기품이 있는 감은사지 삼층석탑 2 죽어서도 동해를 지키겠다는 문무왕의 수중릉이 있는 문무대왕릉 3 읍천항 벽화마을의 벽화 4 읍천항 활어직판장 5 별채반 곤달비 비빔밥 6 교리김밥

## 1박2일 추천코스

## 여행정보

**★ 웹사이트와 전화**
경주시 문화관광 054-779-6078, guide.gyeongju.go.kr
경주시 공식 블로그 '경주愛' gyeongju_e.blog.me
성동시장 054-772-4226

**★ 대중교통**
[기차] 서울역-신경주역, KTX 하루 21회 운행, 약 2시간 10분 소요
[버스] 서울-경주 : 강남고속버스터미널에서 1일 17회 운행, 4시간
30분 소요. 동서울터미널에서 1일 22회 운행, 4시간 소요
경주-읍천항: 양남 방향 시내버스 150번, 1시간 간격 운행,
약 2시간 소요

**★ 자가운전**
경부고속도로 경주IC-서라벌대로-감포 · 보문관광단지 방면-추령
터널-봉길터널-31번 국도-경주 양남 주상절리 방면

**★ 숙박**
경주게스트하우스 : 원화로, 054-745-7100
경주디와이관광호텔 : 태종로 699번길, 054-701-0090
게스트하우스 바람곳 : 원효로, 054-771-2589

**★ 맛집**
교동쌈밥 : 별채반, 첨성로, 054-773-3322
교리김밥 : 김밥과 잔치국수, 교촌안길, 054-772-5130

**★ 축제 및 행사**
신라문화제 : 매년 10월, 054-748-7721

# 복 요리 먹고
# 복 터지는 여행 가자

**여행컨셉** 복어 요리 먹기
**추천일정** 당일
**Must Do** 1. 복맑은탕 먹기
2. 오동동 통술 먹기
3. 창동예술촌 골목 돌아보기
4. 창동복희집 팥빙수 또는
   단팥죽 먹기
5. 봉암수원지 둘레길 걷기
6. 팔용산 돌탑 군락지 거닐기
**추천 교통** 버스
**추천 계절** 가을

복 요리로 술을 먹고 복 요리로 해장을 한다. 마산복어요리거리는 그렇게 사람들에게 사랑받고 있다. 250여 년 역사를 자랑하는 마산어시장은 각종 해산물이 모이고 팔리는 곳이다. 복어 또한 이곳 집하장에서 경매되어 전국의 일식집으로 팔려나간다. 헐값에 팔리던 복어가 어시장 주변 식당에서 한 끼 식사로 재탄생한 게 오동동 복요리거리의 시작이다.

1945년 어시장 주변의 한 식당에서 복국을 만들어 팔았다. 참복과 콩나물, 미나리를 넣고 끓인 국에 밥을 말아 손님상에 냈다. 단골은 항구에서 일하는 바닷사람들과 시장 사람들이었다. 밥 먹을 시간도 부족한 그들에게 한 그릇 뚝딱 먹을 수 있는 복국은 인기 메뉴였다. 1970년대에는 지금 복요리거리 주변에 복 요리를 하는 식당이 두세 곳뿐이었다. 20여 년 전부터 식당이 늘어났다. 복어 요리도 회, 불고기, 튀김, 껍질무침, 수육 등 다양하게 개발되었다. 그 가운데는 사라진 복어 요리도 있다. 양념에 잰 복어를 석쇠에 올려 참숯으로 구운 참숯석쇠복불고기다. 숯불을 피우고 석쇠에 일일이 굽는 과정이 번거롭다 보니 메뉴에서 빠졌다. 대신 냄비에 갖은 양념을 넣고 볶는 복불고기가 그 자리를 차지했다.

창원시 자료에 따르면 현재 복요리거리와 그 주변에서 영업을 하는 복 요리 식당은 27곳이다. 다양한 복어 요리로 즐거운 술자리를 즐기고 다음날 시원하고 담백한 복 맑은 탕으로 해장하는 곳이 오동동 복요리거리다.

1 마산어시장의 건어물점 2 예술의 향기가 풍기는 창동예술촌 골목길 카페 3 봉암수원지 산책길

### 마산어시장

마산어시장은 복요리거리 건너편에 있다. 1760년(영조 36) 조창이 설치되면서 조창을 관리하는 사람들과 군사가 배치되었고, 선창 주변으로 마을이 생기고 사람들이 늘어나자 시장도 형성되었다. 당시 마산장에서 어민들이 잡은 각종 수산물을 비롯해 농산물, 옷감, 유기 등이 거래된 것으로 전해진다. 1899년 마산포가 개항되면서 외국의 공산품이 들어와 시장 활성화와 함께 마산 경제를 지탱하는 근간이 됐다. 마산어시장은 1914년 현재의 남성동 우체국 일대, 1927~1940년에는 대우백화점 뒤에서 수협 사이를 매립하면서 지금에 이른다. 대규모 어시장 안에 활어회거리, 건어물거리, 장어구이거리, 젓갈거리, 농산물거리 등이 있다. 약 2,000개 점포가 들어선 어시장에 하루 3만~5만여 명이 오간다.

### 창동예술촌

창동예술촌은 복요리거리에서 600m 정도 떨어졌다. 옛 마산의 번화가이자 1950~1980년대 문화 예술의 중심지 창동과 그 주변에 새롭게 문화 예술의 거리를 만들고 있다. 마산예술흔적골목, 문신예술골목, 에꼴드창동골목 등 세 가지 테마로 꾸며진 골목에서 옛 마산의 낭만을 즐겨보자. 좁은 골목에 아기자기한 점포들이 낭만적으로 들어앉았다. 벽화와 설치미술 작품도 보인다. 예술촌 골목답게 지금도 다양한 예술 작품을 볼 수 있다. 골목 구경을 하다 보면 토우 만들기, 냅킨공예, 초크공예, 폼공예, 유리공예 등을 체험할 수 있는 곳도 만난다. 문화 예술의 향기와 골목의 낭만적인 정서에 촉촉이 물든 마음은 골목 카페에서 마시는 차 한 잔에 더 깊어진다.

### 봉암수원지

자연을 즐기고 싶다면 복요리거리에서 4km 정도 떨어진 봉암수원지에 가보자. 1930년에 완공된 수원지 시설물은 등록문화재 199호다. 수원지 둘레 1.6km에 산책로를 조성했다. 수원지 입구에서 수원지 댐까지 약 1.3km를 걷는다. 수원지 댐 바로 아래 분수가 있는데, 나뭇가지 사이로 햇빛이 비치면 무지개가 생긴다. '무지개분수' 앞에서 잠깐 쉬다가 수원지 댐으로 올라가 둘레길 1.6km를 걸어서 댐으로 돌아온다.

### 팔용산 돌탑 군락지

팔용산(328m)에 있는 돌탑 군락지다. 숲 속에 돌탑 1,000기가 있어 장관을 이룬다. 이 돌탑은 마산에 거주하는 이삼용씨가 1993년 3월부터 남북통일을 기원하는 마음으로 정성들여 쌓았다. 팔용산 정상 등산과 함께 돌탑 군락지를 찾아가도 좋다. 40분에서 1시간이 소요된다. 등산이 부담스러우면 봉암수원지에서 나와 차를 타고 돌탑 군락지 입구까지 간다. 봉암수원지에서 나와 큰길(봉양로)을 만나면 우회전, 삼거리에서 마산역—동부경찰서 방향 오른쪽 길, '팔용산 돌탑' 이정표 따라 우회전한 뒤 주차장에 차를 세우고 조금만 올라가면 돌탑 군락지가 나온다.

## 당일여행 추천코스

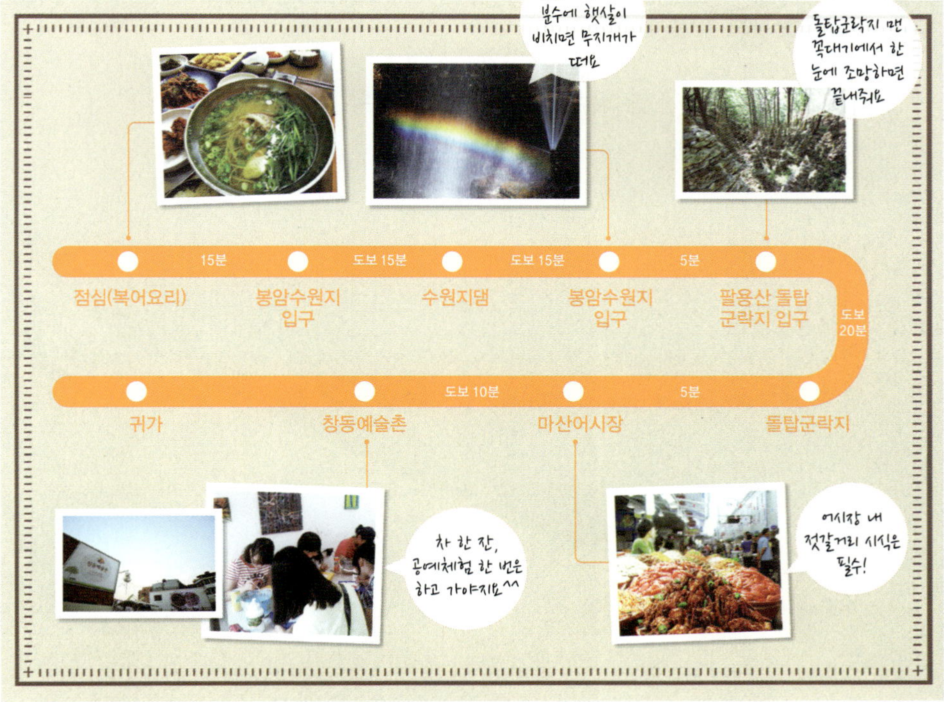

수원지댐 아래 분수에 햇살이 비치면 무지개가 떠요
돌탑군락지 맨 꼭대기에서 한 눈에 조망하면 끝내줘요
점심(복어요리)
15분
봉암수원지 입구
도보 15분
수원지댐
도보 15분
봉암수원지 입구
5분
팔용산 돌탑 군락지 입구
도보 20분
돌탑군락지
5분
마산어시장
도보 10분
창동예술촌
귀가
차 한 잔, 공예체험 한 번은 하고 가야지요^^
어시장 내 젓갈거리 시식은 필수!


## 여행정보

★ **웹사이트와 전화**

창원시 문화관광 055-225-3691, culture.changwon.go.kr

창동예술촌 055-222-2155, www.changdongart.com

마산어시장 055-224-0009, masan.golmoktour.kr

★ **대중교통**

[버스] 서울-창원, 서울고속버스터미널에서 20~80분 간격 (06:10~00:30) 운행, 약 4시간 10분 소요

창원종합버스터미널에서 106번, 108번 버스 타고 '오동동아구찜거리' 하차

★ **자가운전**

남해고속도로 서마산 IC-육호광장오거리-오동동 복요리거리

★ **숙박**

베니키아호텔 사보이 : 마산합포구 삼호로, 055-247-4455

마산M호텔 : 마산합포구 해안대로, 055-223-0550

리베라관광호텔 : 마산합포구 해안대로, 055-248-2700, www.riverahotelms.co.kr

★ **맛집**

남성식당 : 복 요리, 마산합포구 오동동10길, 055-246-1856

쌍용복집 : 복 요리, 마산합포구 오동동10길, 055-246-6866

불로식당 : 한정식, 마산합포구 남성로, 055-246-6260

★ **축제 및 행사**

가고파국화축제 : 매년 10월 말~11월초, 055-225-2341, festival.changwon.go.kr/gagopa

찰칵!


더 많은 정보는 요기!!

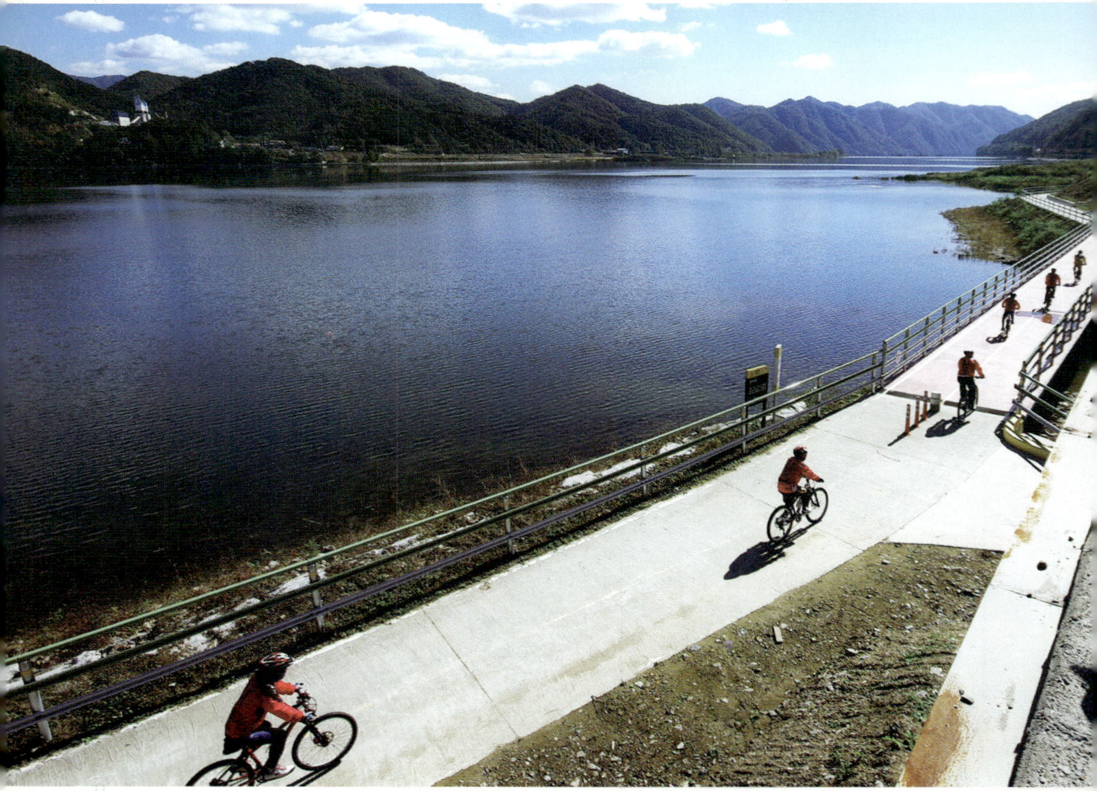

# 066

## 산소길

강원도 화천군

# 자전거로 떠나는 물의 나라 화천 여행

여행 내비게이션

**여행컨셉** 자전거로 화천 북한강 여행하기

**추천일정** 1박2일

**Must Do** 1. 자전거 대여 후 연꽃단지~딴산유원지 왕복 라이딩
2. 비수구미에서 숙박하며 밤하늘 별 보기
3. 해산령 전망대에서 파로호 조망하기
4. 평화의종공원에서 평화의종 치기
5. 화천어죽탕집에서 어죽탕 먹어보기
6. 화천사랑상품권 쓰기

**추천 교통** 자가운전, 버스

**추천 계절** 가을

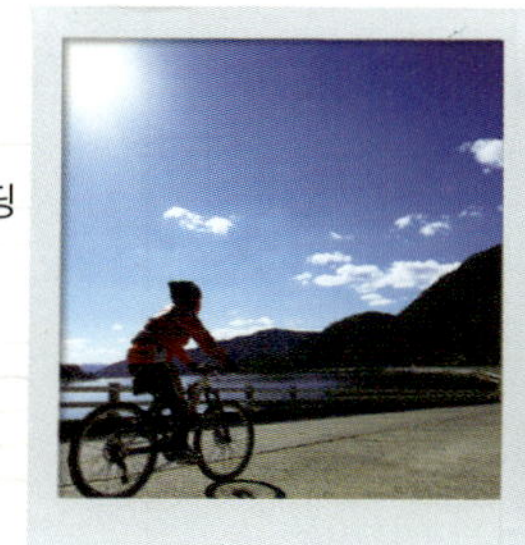

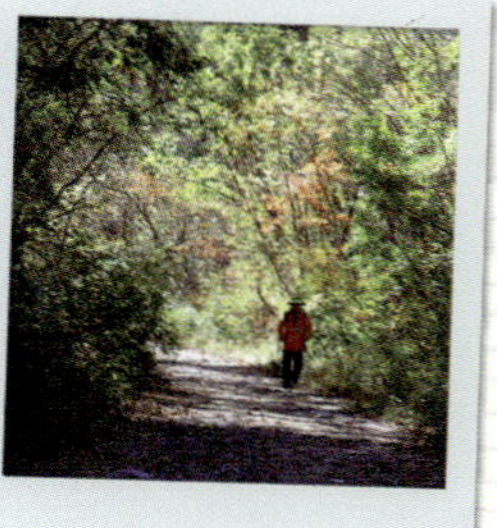

화천 산소길 36km를 달린다. 화천시외버스터미널에서 약 300m 거리 붕어섬 입구에 자전거 대여소가 있다. 오전 9시~오후 3시에 자전거를 대여해주고, 오후 5시까지 반납하면 된다. 대여료 1만 원을 내면 화천군에서 사용할 수 있는 1만 원짜리 화천사랑상품권을 준다. 상품권으로 밥도 먹고, 필요한 물품도 살 수 있어 자전거를 공짜로 빌리는 셈이다.

자전거를 타고 붕어섬 쪽으로 향한다. 붕어섬은 강에 있는 섬인데 다리로 연결됐다. 섬이 붕어를 닮았다고 해서 붕어섬이 됐다는 설과 옛날부터 이곳에서 붕어가 많이 나서 붕어섬이라고 이름 지었다는 설이 있다. 붕어섬은 휴양지이자 간단한 레저를 즐길 수 있는 곳이다.

붕어섬에서 나와 가던 방향으로 간다. 붕어섬 입구 자전거 대여소에서 화천 산소길 서쪽 끝인 연꽃단지까지 8km 정도 되는데, 주변 풍경을 즐기는 동안 도착한다. 약 19만 8,400$m^2$ 되는 터에 13만 2,300$m^2$ 연밭이 조성됐다. 연꽃단지 주변을 돌아보고 온 길로 되짚어간다. 처음 출발한 자전거 대여소 아래 자전거도로를 따라 동쪽으로 향한다. 4km 정도 가면 미륵바위를 만난다.

미륵바위는 자전거도로로 바로 옆에 있다. 전설에 따르면 조선 후기 이곳에 절이 있었다고 한다. 화천읍 동촌리에 사는 장씨 선비가 이 바위에 극진한 정성을 들여 과거에 급제하고 양구현감까지 지냈다는 이야기가 전해진다. 소금을 운반하던 선주들이 안전한 귀향과 장사가 잘되기를 바라며 제를 올린 곳이라고도 한다.

미륵바위에서 강 건너편을 보면 물 위에 긴 다리가 있다. 물 위에 뜬 다리다. 강을 건너서 강을 따라 길게 이어진 물 위에 뜬 다리로 접어든다. 이 다리 이름이 '숲으로 다리'다. 이 다리는 1.2km나 이어지는데, 끝나는 지점에서 길은 숲으로 이어진다. 그래서 붙은 이름이다. 물 위에 뜬 다리를 어느 정도 체험했으면 온 길로 돌아 나와 가던 방향으로 달린다.

미륵바위에서 3.5km쯤 가면 꺼먹다리<sup>등록문화재 110호</sup>가 나온다. 꺼먹다리는 1945년경 화천댐과 화천수력발전소가 생기면서 놓인 다리다. 철골과 콘크리트로 만든 다리로, 길이 204m다. 다리 상판이 검은색 콜타르 목재라서 옛날부터 꺼먹다리로 불렸다.

꺼먹다리에서 2.5km 정도 가면 딴산유원지다. 붕어섬 입구 자전거 대여소에서 딴산유원지까지 10km 거리다. 왔던 길로 돌아가서 붕어섬 입구 대여소에 자전거를 반납한다.

### 비수구미

청정 계곡 비수구미 산책로를 따라 여유 있게 산책을 즐기고, 나물 향 살아 있는 산채비빔밥을 맛볼 수 있다. 화천 읍내에서 460번 도로(평화로)를 따라 평화의 댐 쪽으로 가다가 비수구미 이정표를 따라 우회전하면 된다. 버스는 돌릴 곳이 없으니 들어가지 않는 게 좋다. 승용차도 비수구미마을까지 못 들어간다. 비포장도로를 따라가다가 산으로 오르는 계단 부근에 차를 세우고 산길을 15분 정도 걸어가면 비수구미마을이 나온다. 마을이라고 해봐야 집이 몇 채 안 된다. 민박과 산채비빔밥을 파는 집이 있다.

### 해산령전망대

평화의댐, 평화의종공원 등 일대를 돌아본 뒤 화천으로 나가는 길에 해산령 전망대에 차를 세우고 전망을 즐긴다. 해산령 전망대라고 안내판이 서 있는 곳의 경치가 좋다. 이곳 외에도 한두 곳 정도 경치를 즐길 곳이 있으나 도로에 차를 주차해야 하는 어려움이 있다. 저 멀리 파로호가 세숫대야에 담긴 물처럼 보인다. 아침이나 이른 오전에 운해가 낄 때면 경치가 장관이다.

### 평화의 댐

평화의 댐도 가볼 만하다. 댐에서 바라보는 풍경이 좋다. 비목공원도 있고, 세계 평화의 종도 쳐볼 수 있다. 세계 평화의 종은 30여 개 분쟁 지역의 탄피를 모아 만들었다. 누구나 무료로 종을 칠 수 있었는데, 종에 이상이 생겨서 수리 한 이후 지금은 500원을 받는다. 타종 비용은 에티오피아 빈민 가정 장학 기금으로 기부한다. 식당과 작은 매점도 있다. 돌아가는 길에 해산령 전망대에 차를 세우고 산줄기에 안긴 파로호 북한강 물줄기가 흐르는 풍경을 감상하며 여행을 마무리한다.

### 파로호유람선

파로호 유람선 여행도 할 수 있다. 파로호 선착장에서 물빛누리호를 타고 왕복 세 시간 정도 유람선 여행을 즐긴다. 월~화는 운항하지 않는다. 수~금은 30명 이상 예약 시 운항한다. 토~일은 오전 9시와 오후 1시 30분(11~4월은 오후 1시)에 출항하는데, 이용 인원이 10명이 넘어야 한다. 승선료는 평화의 댐 선착장까지 14세 이상 8,000원(왕복 1만 5,000원), 3~13세 5,000원(왕복 9,000원)이다.

1 맑고 깨끗한 비수구미 계곡 2 평화의 댐에서 바라본 북한강 3 파로호에서 잡은 물고기로 끓여내는 매운탕 4 평화의 댐에서 세계 평화의 종을 치고 있는 학생들 5 파란 하늘이 내려앉은 파로호

## 1박2일 추천코스

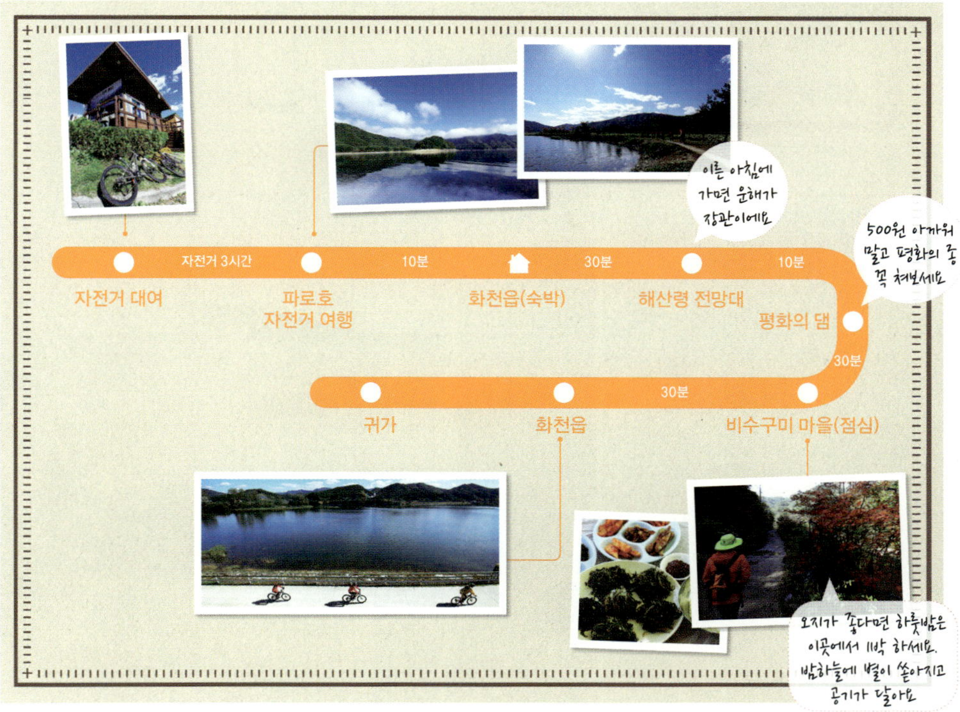

## 여행정보

### ★ 웹사이트와 전화

화천군 관광정보 033-440-2575, 2557, tour.ihc.go.kr
토속어류생태체험관 033-442-7464, fish.ihc.go.kr
붕어섬 입구 자전거 대여소 033-440-2574
붕어섬 033-440-2557
물빛누리호 033-440-2732

### ★ 대중교통

[버스] 서울-화천, 동서울종합터미널에서 하루 24회(07:05~19:35)
운행, 약 2시간 40분 소요
화천버스터미널에서 300m 거리에 붕어섬 입구 자전거 대여

### ★ 자가운전

미사리-팔당대교-6번 국도 양평 방향-터널 나오자마자 청평 방향-
남양주종합촬영소-새터삼거리-대성리-춘천-화천
서울춘천고속도로-춘천 JC-중앙고속도로-고속도로 빠져나와 직
진-소양2교-화천

### ★ 숙박

파로호한옥펜션 : 화천읍 평화로, 033-441-1488
덕성파크 : 화천읍 상승로, 033-442-2204
비수구미산장펜션 : 화천읍 비수구미길, 033-442-0994

### ★ 맛집

산장회매운탕 : 민물고기매운탕, 간동면 배터길, 033-442-5611
화천어죽탕 : 어죽탕, 간동면 파로호로, 033-442-5544
평양막국수 : 초계탕과 막국수, 화천읍 평화로, 033-442-1112

더 많은 정보는
요기!!

# 섬과 섬 사이를 신나게 씽씽!

## 여행 내비게이션

**여행컨셉** 자전거 타고 떠나는 섬 일주
**추천일정** 당일
**Must Do** 1. 배미꾸미조각공원에서 화보 촬영처럼 사진찍기
2. 수기 해변 산책하기
3. 차이나타운에서 짜장면 먹기
4. 인천 역사의 거리에서 근현대 문화 찾아보기
5. 신포국제시장 닭강정 먹기
**추천 교통** 자전거
**추천 계절** 봄~가을

도심에서 한 시간 정도면 닿는 영종도 삼목 선착장은 주말이나 휴일이면 부근 섬을 찾는 여행객들로 북적인다. 이곳에서 배를 타면 지척인 거리에 마주하고 있는 신도가 가장 먼저 도착하는 섬이다. 배로 10분 남짓 걸리지만 배를 타는 시간동안 새로운 여행지에 대한 설렘이 한껏 부풀어 오른다.

바다와 갯벌이 펼쳐진 작고 아담한 섬 신도에서 출발한 자전거 여행은 연륙교를 넘어 시도와 모도까지 이어진다. 3~4시간 정도면 3개 섬 모두를 돌 수 있어 반나절 코스로 잡아도 무난하다. 신도 선착장 부근에 옹진군에서 운영하는 무인 자전거 대여소가 있다. 이곳에서 휴대폰을 이용해 간편하게 결제할 수 있다. 이곳 외에 근처 식당에서도 자전거를 대여해준다.

신도 선착장을 나서면 곧이어 두 갈래 갈림길이 나온다. 먼저 시도 쪽으로 방향을 잡는다. 따사로운 햇살 아래 살랑살랑 불어오는 바람을 맞으며 달리는 기분이 그야말로 상쾌하다. 페달을 밟지 않아도 신나게 달려가는 내리막길에서는 입가에 절로 큰 미소가 지어진다. 그림처럼 서 있는 예쁜 펜션들, 아기자기하게 들어선 단층 건물들과 마을 집들이 마냥 정겹기만 하다.

모도까지 오면 한번쯤 들러봐야 할 곳이 배미꾸미조각공원이다. 초현실주의 작가 이일호 선생의 작품들이 해변을 멋지게 장식하고 있다. 공원 안에 분위기 있는 카페도 있어 갖가지 독특한 조각상들을 감상하며 잠시 쉬어가기 좋다. 배미꾸미조각공원은 김기덕 감독의 영화 〈시간〉이 촬영된 장소이기도 하다.

여기서부터는 다시 되돌아가는 길이다. 왔던 길을 되짚어 반대편 쪽으로 달리는 기분이 또 다르다. 오는 길에 지나쳤던 풍경들도 다시금 새롭게 다가온다. 모도와 시도를 잇는 다리 너머로 점점이 떠 있는 어선들이 마치 장난감 배 마냥 귀엽게 보인다.

시도를 지날 때 잠깐 샛길로 빠져 수기 해변을 들러보자. 북도우체국을 지나 삼거리 갈림길에서 왼쪽 길로 약 10분 정도 가면 된다. 해변은 작지만 맞은편에 병풍처럼 서 있는 강화도 전경이 색다른 감흥을 준다. 다시 신도로 건너와 처음 갈림길이 있던 곳까지 도착하면 선착장으로 갈 것인지 더 달릴 것인지 선택해야 한다. 갈림길 반대편 길을 따라 신도까지 한 바퀴 돌고나면 신, 시, 모도를 잇는 자전거 여행이 완벽히 마무리된다.

1 폐 창고를 활용해 만든 인천 아트플랫폼 카페 2 한중문화관 앞에 있는 인화문 3 근대화 시절 인천을 볼 수 있는 한국근대문학관 4 신포시장의 별미 닭강정

## 인천 차이나타운

인천역과 마주하고 있는 차이나타운. 골목마다 중국 내음을 물씬 풍겨내며 낯선 여행자의 호기심을 자극한다. 중국 음식점을 비롯해 각종 길거리 음식들이 자꾸만 발걸음을 멈추게 만든다. 특히 이곳에는 옛 공화춘 건물을 활용한 짜장면박물관이 자리해 있다. 짜장면이 탄생된 역사적 배경을 비롯해 각종 흥미로운 이야기들을 재미나게 풀어 놓았다. 삼국지 벽화거리도 가볼만 하다. 150m에 이르는 긴 거리에 유비, 관우, 장비가 도원결의를 하거나 치열하게 적벽대전을 치르는 장면들이 실감나게 그려져 있다.

## 인천아트플랫폼

차이나타운과 역사문화의 거리 가운데에 인천아트플랫폼이 자리해 있다. 폐 창고를 활용해 만든 전시, 공연 및 예술인 창작 공간인 이곳은 드라마 〈드림하이〉 촬영장으로 유명세를 탄 곳이다. 사전에 공연 정보를 체크하고 오면 여행길이 더욱 풍성해진다. 전시나 공연 감상이 아니더라도 산책 삼아 한 바퀴 둘러볼만 하다. 누구나 이용할 수 있는 카페 공간이 마련되어 있어 잠시 쉬어가기도 좋다.

## 인천 역사문화의 거리

차이나타운에서 걸어서 갈 수 있는 역사문화의 거리는 인천의 초기 근대 시절을 엿볼 수 있는 테마 공간이다. 옛 분위기 물씬한 거리에 인천개항박물관과 근대건축전시관, 인천근대박물관, 제물포구락부 등이 옹기종기 모여 있다. 박물관들을 차례로 관람하는 사이 어느새 우리나라 근대 역사가 머릿속에 쏙 들어와 박힌다. 이중 짜장면박물관과 인천개항박물관, 근대건축전시관은 통합 관람 시스템을 운영해 좀 더 편하고 저렴하게 관람할 수 있다. 최근 한국근대문학관이 새로 문을 열어 볼거리가 더욱 풍부해졌다.

## 신포국제시장

인천 중구 신포국제시장은 밖에서 보기에는 여느 시장과 다름없어 보인다. 하지만 안으로 들어서면 이곳만의 다양한 먹을거리들이 어느새 입안에 군침을 돌게 한다. 그중에서도 특히 닭강정이 유명하다. 닭강정만 전문으로 파는 가게들이 셀 수 없이 많다. 유명한 곳은 1시간씩 줄을 서야 할 만큼 사람들로 붐빈다. 닭강정과 함께 전국구 대열에 오른 또 다른 음식이 바로 쫄면이다. 매콤달콤한 쫄면으로 유명한 신포우리만두의 본거지가 신포국제시장이다.

## 당일여행 추천코스

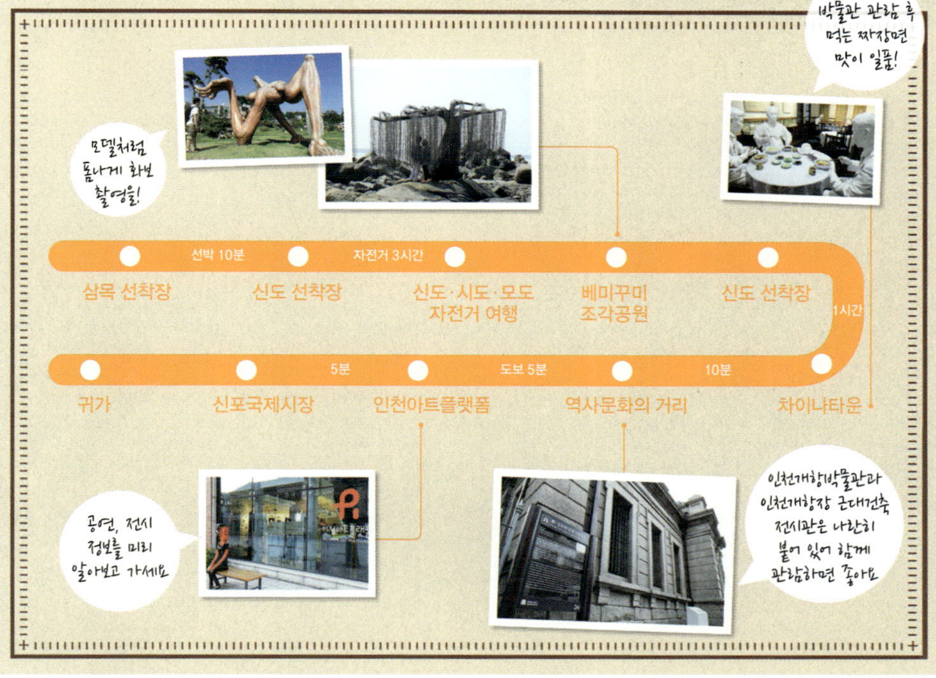


## 여행정보

### ★ 웹사이트와 전화

옹진군 문화관광 032-899-2210, www.ongjin.go.kr/tour
베미꾸미조각공원 032-752-7215, www.baemikumipension.com
짜장면박물관 032-773-9812, www.icjgss.or.kr/jajangmyeon
인천개항박물관 032-760-7508, www.icjgss.or.kr/open_port
인천개항장 근대건축전시관 032-760-7549, www.icjgss.or.kr/architecture
한국근대문학관 032-455-7165, lit.ifac.or.kr
인천아트플랫폼 032-760-1000 www.inartplatform.kr

### ★ 대중교통

[공항철도] 서울역–운서역, 매시 2~8회(05:20~23:38) 운행,
약 50분 소요
[카페리] 삼목 선착장–신도, 매시 10분 출발(07:10~18:10, 평일 19:30
추가 운항), 약 10분 소요
신도–삼목 선착장, 매시 30분 출발(07:30~18:30,
평일 20:40 추가 운항), 약 10분 소요

### ★ 자가운전

인천공항고속도로–영종대교–공항입구 IC–영종해안북로–삼목
선착장

### ★ 숙박

해피하우스 : 북도면, 032-751-0107
시도이야기 : 북도면, 032-752-4077, www.sidostory.co.kr
영화속풍경 : 북도면, 032-752-4092, www.viewpension.com
노을빛바다 민박 : 북도면, 032-752-5153, www.glowsea.co.kr
메르메종 : 북도면, 032-752-0201

### ★ 맛집

섬사랑굴사랑 : 굴밥과 소라덮밥, 북도면, 032-752-7441
섬마을식당 : 갈치조림과 매운탕, 북도면, 032-751-0260
신도전망대횟집 : 생선회와 해물탕, 북도면, 032-751-7536
신도부두식당 : 한식과 삼계탕, 북도면, 032-751-2006

# 068
## 세계대백제전
충남 부여군

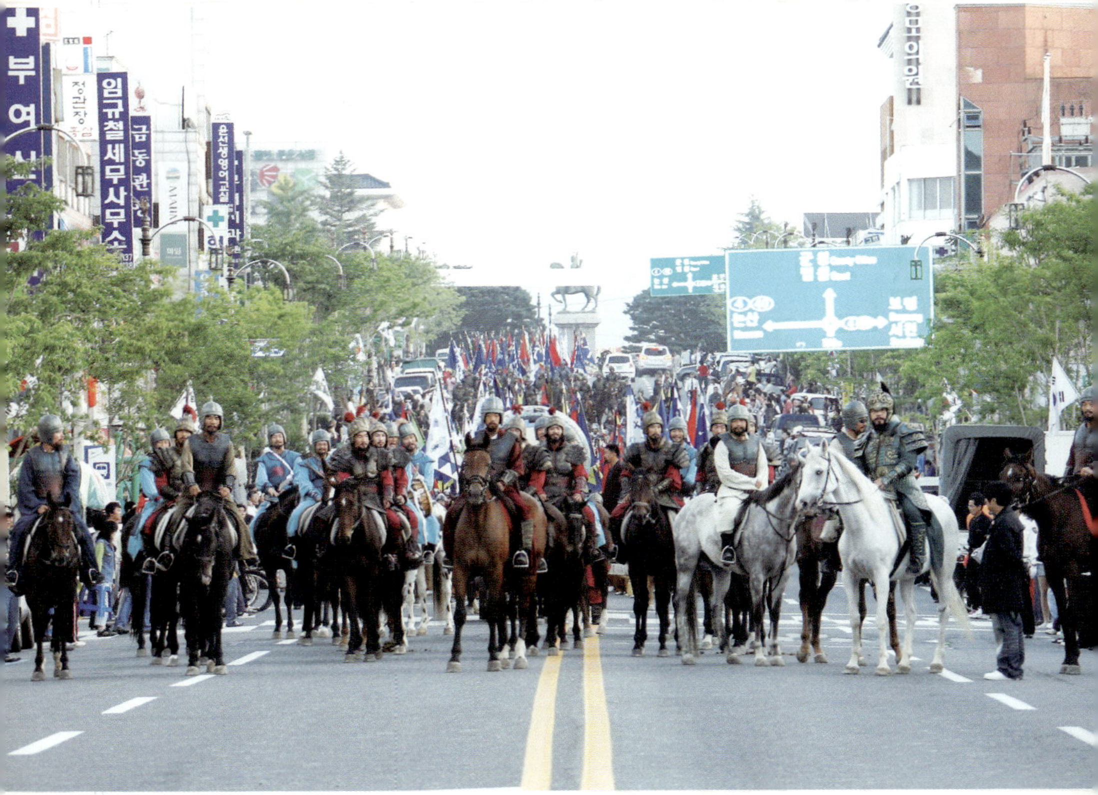

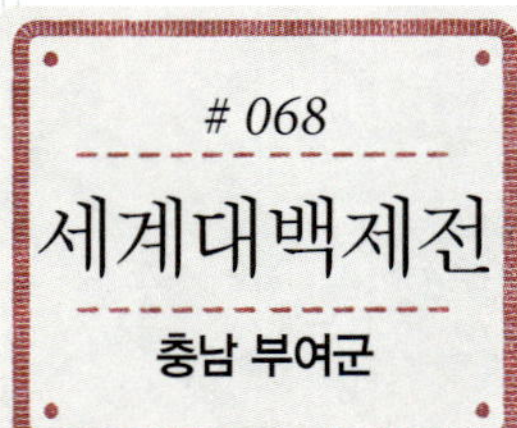

# 1400년 전 대백제의 화려한 부활

여행 내비게이션

**여행컨셉** 백제의 역사를 배우며 즐기는 축제여행

**추천일정** 1박2일

**Must Do** 1. 축제 즐기기
2. 백제문화단지 관람
3. 백제역사문화관에서 백제 문화 배우기
4. 궁남지 산책
5. 화지산 백제유적 찾아보기

**추천 교통** 자가운전

**추천 계절** 축제기간 (매년 9~10월)

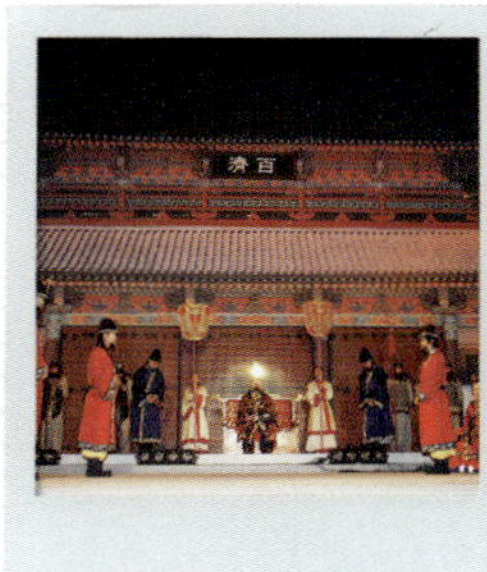

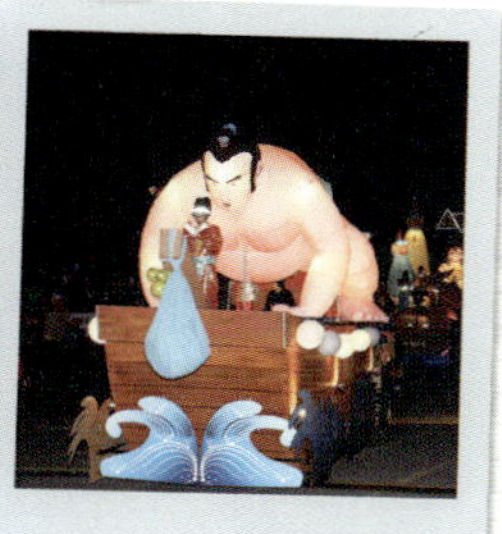

　세계대백제전은 1955년 부여지역 유지들에 의해 시작된 삼충제와 수륙재가 그 모태다. 성충成忠, 홍수興首, 계백階伯 등 백제 말 세 명의 충신에게 올렸던 삼충제와 낙화암에서 초개와 같이 목숨을 던진 여인들을 위한 수륙재는 이후 공주시가 행사에 참여하면서 백제문화제로 그 명칭이 바뀌었다. 제향의식의 성격을 띠던 소박한 지역행사가 종합문화축제로 자리를 잡게 된 것이다. 이후 12년 동안 공주시와 부여군은 격년제로 백제문화제를 진행해 왔으며 2007년에 이르러 공주시와 부여군이 통합개최하기로 합의함에 따라 지금의 모습을 갖추게 되었다.

　세계대백제전의 하이라이트는 공주의 금강과 부여의 백마강에 펼쳐지는 수상공연이다. 공주 고마나루에서 전해지는 금강설화와 백제시대 영웅을 소재로 한 판타지 '사마이야기'에서는 사마武寧王가 백제를 중흥시키고 해상강국과 영토 확장을 이룩한 이야기를 워터스크린 등 특수효과와 함께 선보인다. 의자왕과 3천 궁녀의 이야기에 얽힌 백제 패망의 역사적 사실을 현대적으로 재해석한 '사비미르'에서는 백마강을 배경으로 음악분수 등 다양한 하이테크롤로지 기법을 동원해 수상공연의 진수를 관람객들에게 선사한다. 수상공연은 통합권 외에 별도의 개별권을 구입해야 관람이 가능한 유료공연이다.

　수상공연과 함께 백제의 번영과 평화를 표현한 '퍼레이드 교류왕국 대백제'와 123필의 말과 100여 명의 병사가 동시에 출연해 백제인의 웅장한 기상을 표현하는 '대백제 기마군단 행렬 퍼레이드'도 놓치기 아깝다. 특히 부여군청에서 구드래 둔치까지 2.2km를 잇는 대백제 기마군단 행렬은 모두 6막으로 구성돼 있으며, 출정식과 거리행렬 외에도 대야성 전투 재현 같은 스턴트적인 요소를 가미해 관람객들에게 보다 박진감 넘치는 백제 기마군단의 모습을 선보인다. 논산천 둔치에서 펼쳐지는 황산벌 전투 재현도 눈여겨 볼만하다. 2시간에 걸쳐 재현되는 이 공연에서는 천여 명의 인원과 30여 필의 말이 동원돼 백제군 5천여 명이 신라군 5만 명과 대결했던 황산벌 전투 장면을 실감나게 보여준다.

**1 2** 국내 최대 규모의 역사테마파크 백제문화재단지 **3** 궁남지에 조성된 섬에 있는 정자 포룡정과 다리 **4** 세계대백제전에서 재현되는 황산벌전투

### 백제문화단지

백제문화단지는 역사 속에 사라져 있던 백제의 모습을 살펴볼 수 있는 공간이다. 백제문화단지의 정문인 정양문을 지나면 시원스런 중앙광장이 펼쳐지고 그 뒤로 사비궁이 자리해 있다. 사비궁은 정전인 천정전을 중심으로 서궁과 동궁으로 나뉜다. 천정전이 왕의 즉위 의례나 신년 행사 등 국가의 각종 의식을 거행했던 공간이라면 서궁과 동궁은 왕의 집무공간이다. 서궁에선 무신, 동궁에선 문신에 관련된 업무를 처리했다고 한다.

사비궁 우측에는 능사가 자리해 있다. 능사는 성왕의 명복을 빌기 위해 백제 위덕왕 14년에 창건한 사찰로, 부여군 부여읍 능산리 절터(능산리사지 · 사적 제434호)에서 발굴된 유구를 토대로 복원한 것이다. 능사에는 대웅전과 5층 목탑을 포함해 향로각, 부용각, 결업각, 자효당, 숙세각 등 부속전각까지 고스란히 복원돼 있다. 그 중 시선을 끄는 건 단연 5층 목탑이다. 높이 38m에 이르는 이 거대한 목탑은 우리나라에서 최초로 복원한 백제시대 목탑이다. 이외에도 백제시대 고분을 이전 · 복원해 놓은 고분공원과 한성 백제시대의 위례성 등도 재현돼 있다.

### 백제역사문화관

백제역사문화관은 국내 유일의 백제 역사 전문 박물관으로 백제 역사와 문화 전반에 대한 깊이 있는 정보를 만나볼 수 있는 공간이다. 특히 백제를 대표한 칠지도와 환두대도는 전통 제철 기술로 복원한 것으로, 무쇠를 백 번 두들겨 만든다는 칠지도는 일본에선 국보로 지정돼 있는 칼이기도 하다.

### 궁남지

무왕 35년에 조성된 궁남지는 우리나라에서 가장 오래된 인공연못으로 포룡정을 중심으로 넓은 연지가 펼쳐져 있다. 7~8월이면 이곳 연지에 홍련, 백련, 수련, 가시연, 왜개연 등이 만개해 장관을 이룬다. 궁남지를 돌아본 뒤에는 백제시대 우물과 건물지 등이 남아있는 화지산 유적지(사적 425호)와 백제 5천결사대 충혼탑 등도 함께 둘러볼만 하다. 궁남지에서 화지산 유적지를 돌아 백제 5천결사대 충혼탑까지는 300m 정도밖에 되지 않는다.

## 1박2일 추천코스

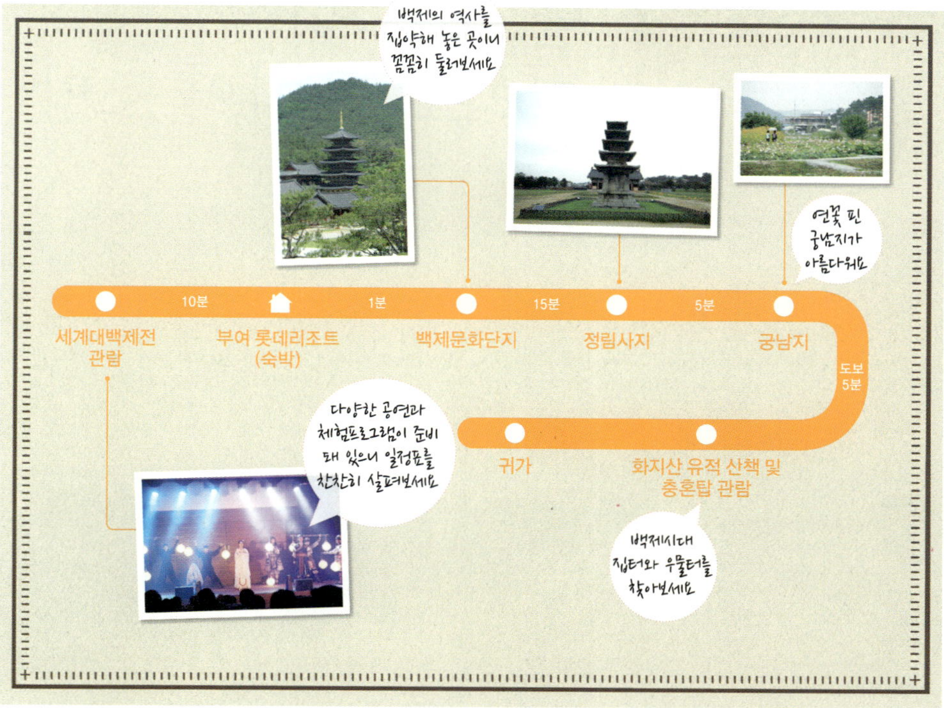

연꽃 핀
궁남지가
아름다워요

| 세계대백제전<br>관람 | ─10분─ | 부여 롯데리조트<br>(숙박) | ─1분─ | 백제문화단지 | ─15분─ | 정림사지 | ─5분─ | 궁남지 |

도보
5분

다양한 공연과
체험프로그램이 준비
돼 있으니 일정표를
찬찬히 살펴보세요

귀가 ← 화지산 유적 산책 및
충혼탑 관람

백제시대
집터와 우물터를
찾아보세요

## 여행정보

**★ 웹사이트와 전화**
부여군 문화관광 : 041–830–2010, www.buyeotour.net
세계대백제전 : 1666–2010, 041–857–6955, www.baekje.org
백제문화단지 : 041–830–3400, www.bhm.or.kr

**★ 대중교통**
[기차] 용산역–논산역(KTX, 1시간 30분소요), 논산역–부여(버스이용,
　　　20분 간격 운행, 30분 소요)
　　　서울역–대전역(KTX, 50분 소요), 대전–공주(대전서부시외버스
　　　터미널에서 버스 이용, 5분 간격 운행, 1시간 소요)
[버스] 서울–부여 : 남부버스터미널, 하루 1일 39회 운행
　　　서울–부여 : 동서울터미널, 하루 8회 운행

**★ 자가운전**
경부고속도로–천안JCT–천안논산간고속도로–정안IC–서공주JCT–
공주서천간 고속도로–부여IC – 호반로 – 백제문화재단지 인근

**★ 숙박**
백제관광호텔 : 부여읍, 041–835–0870
부여롯데리조트 : 규암면, 041–939–1000
아리랑모텔 : 부여읍, 041–832–5656

**★ 맛집**
백제의집 : 연잎밥, 부여읍, 041–834–1212
하늘채 : 한정식, 부여읍, 041–834–2227
구드래돌쌈밥 : 돌솥밥, 부여읍, 041–836–9259

**★ 축제 및 행사**
부여서동연꽃축제 : 매년 7월초, buyeotour.net

찰칵!

더 많은 정보는
요기!!

# 069
## 남강유등축제
경남 진주시

# 물, 불, 빛…
# 그리고 우리의 소망

여행 내비게이션

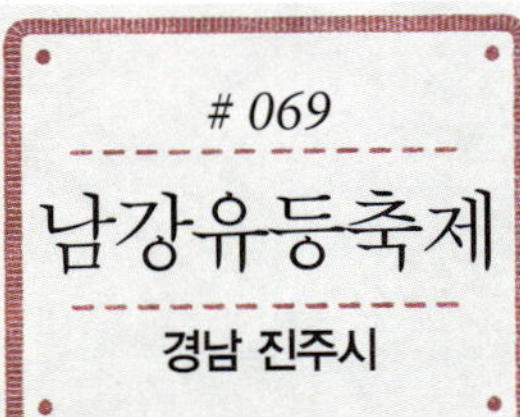

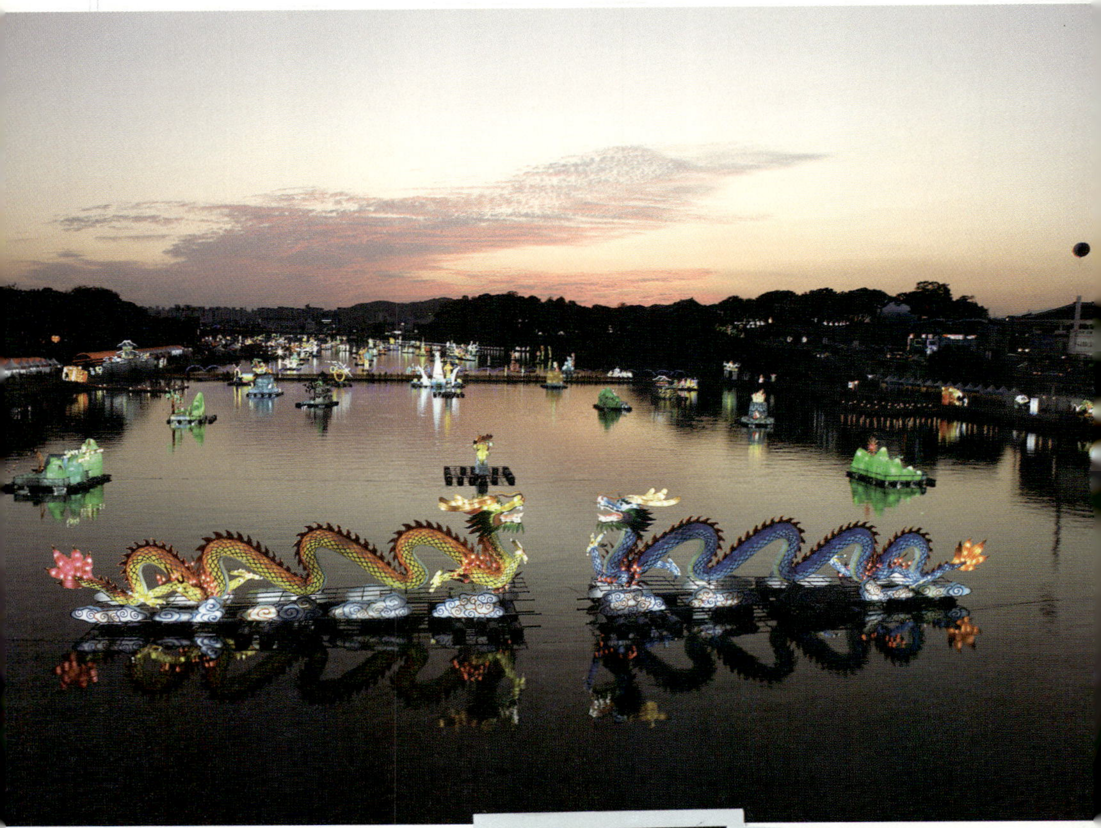

**여행컨셉** 진주남강유등축제와 함께하는 진주여행
**추천일정** 1박2일
**Must Do** 1. 축제 즐기기
2. 진주성 관람
3. 국립진주박물관 관람
4. 인사동 골동품 거리 산책
5. 진양호공원과 진양호 동물원 관람
**추천 교통** 자가운전
**추천 계절** 축제기간 (매년 10월)

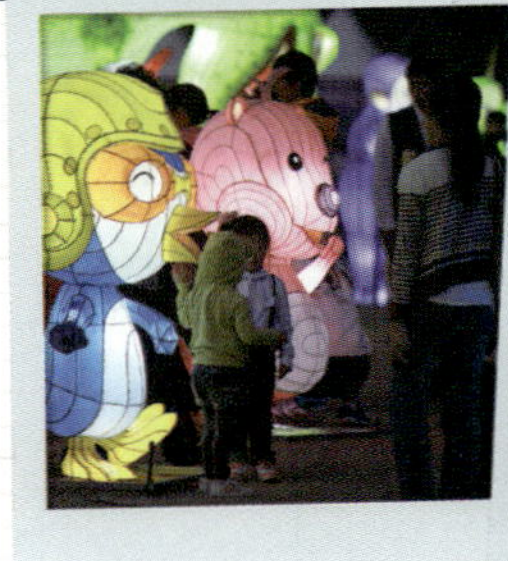

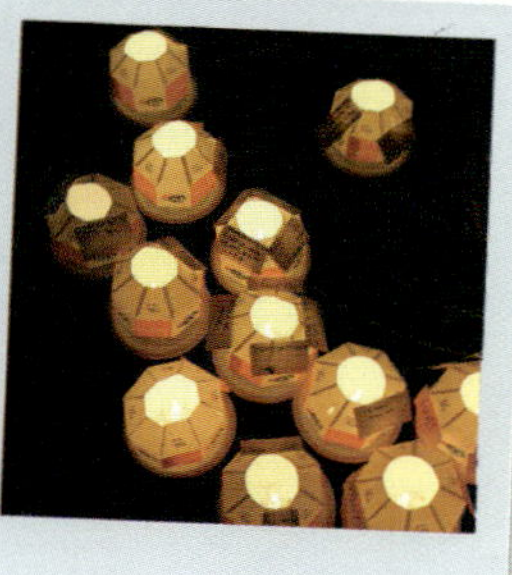

　10월, 진주의 밤은 그 어느 곳보다 화려하다. 남강을 따라 수많은 유등流燈이 불을 밝히기 때문이다. 유등은 임진왜란 당시 진주성을 지키던 김시민 장군이 군사적 목적과 통신수단으로 활용했던 장비이다. 남강을 건너는 왜군을 막아낸 것도, 남강 하류에 있는 가족에게 안부를 전할 수 있었던 것도 강물에 띄워 보낸 유등이 있었기에 가능했다.

　진주남강유등축제는 2011년, 2012년 연속 대한민국 대표 축제로 선정된 우리나라 대표 축제이다. 진주남강유등축제의 백미는 뭐니뭐니 해도 남강을 가득 메운 유등 행렬. 매년 10월이면 어김없이 우리네 아름다움을 표현한 전통등과 세계 31개국의 풍물등 그리고 전국 지자체의 상징등과 다채로운 창작등이 남강을 화려하게 수놓는다. 남강뿐만 아니라 진주성도 유등으로 가득 채워진다. 진주성은 선조 25년(1592) 김시민 장군이 이끄는 군사와 성민 3,800여 명이 왜군 2만여 명을 물리친 진주대첩의 현장으로 진주성 내 유등은 촉석루 부근과 국립진주박물관 앞 광장 등 성내 곳곳에 설치돼 있는데, 성벽과 영남포정사 앞에서는 도열한 군졸의 모습을, 김시민 장군 동상이 있는 잔디공터에서는 군사훈련 중인 군졸과 승병의 모습을 만날 수 있다. 국립진주박물관 앞 공터에는 씨름판과 주막 등 저잣거리의 모습을 익살스러운 모습으로 재현해 놓은 유등이 관광객들의 눈길을 사로잡는다.

　남강유등축제에는 시민과 관광객이 직접 참여해 볼 수 있는 다양한 행사도 마련돼 있다. 그중 대표 체험 행사는 ‘유등 만들어 띄우기.’ 직접 만든 주먹만한 유등에 소원을 적어 남강에 띄워 보내는 이 행사는 관광객 사이에서 가장 인기 있는 프로그램으로 통한다. 또 소망등 2만7,000여 개가 만들어낸 거대한 터널과 아이들이 좋아하는 만화 캐릭터 유등도 축제의 분위기를 부추기기에 부족함이 없다. 이외에도 관광객이 축제를 마음껏 즐길 수 있도록 신안동 분수광장 옆 남강변에 먹거리 장터와 주막을 설치해 놓았으며, 망경동 대숲은 ‘시와 함께하는 연인의 거리 존’으로 조성해 좋은 평가를 듣고 있다.

### 진주성

촉석루, 의암, 의기사 등을 품고 있는 진주성(사적 제118호)은 진주의 역사와 문화가 집약된 진주의 성지다. 고려 말 빈번한 왜구의 침범에 대비해 본래 토성이던 것을 우왕 5년(1379) 진주목사 김중광이 석성으로 고쳐 쌓았고, 조선 선조 24년(1591) 경상감사 김수가 외성을 축조했다. 삼국시대에는 거열성(居列城), 통일신라에는 만흥산성(萬興山城), 고려 시대에는 촉석성(矗石城), 조선 시대 이래 진주성(晉州城) 혹은 진양성(晉陽城)으로 불렸다.

### 국립진주박물관

국립진주박물관은 1998년 1월 국립김해박물관이 개관함에 따라 임진왜란을 주제로 하는 역사박물관으로 새롭게 태어났다. 박물관에는 임진왜란 전문 박물관답게 당시의 상황을 살필 수 있는 다양한 유물이 전시되었는데, 천자총통(보물 647호)과 중완구(보물 858호) 같은 무기류에서 이순신 장군의 친필 수결이 담겨있는 《최희량 임란관련 고문서 – 첩보서목》(보물 660호), 거북선과 판옥선을 사실적으로 재현한 모형 등 그 수만도 3천5백여 점에 이른다. 임진왜란 당시 진주성의 규모를 짐작할 수 있는 디오라마와 간단히 탁본을 체험해볼 수 있는 탁본 체험실도 흥미롭다.

### 인사동 골동품거리

진주 인사동의 골동품거리는 진주성 정문인 공북문에서 서문을 잇는 600여m에 있다. 1990년대부터 고미술품을 판매하는 상점이 모여들면서 자연스레 형성됐다. 도로변에 늘어선 다양한 석물은 인사동을 대표하는 이미지. 우스꽝스러운 표정이 눈에 띄는 석장승에서 넉넉한 미소가 인상적인 돌하르방까지 종류도 가지가지. 골동품거리에는 골동품 상점 30여 곳이 밀집해 있다.

### 진양호공원

진양호공원은 진주성과 함께 진주 여행에서 빼놓을 수 없는 곳이다. 서부 경남 지역의 유일한 동물원인 진양호동물원도 이곳에 있다. 동물원과 함께 진양호의 모습을 한눈에 담을 수 있는 휴게전망대도 반드시 들러봐야 할 곳이다. 전망대에서 바라보는 진양호의 모습도 일품이지만, 곡선을 강조한 독특한 모습 때문에 많은 영화와 드라마, CF 등의 촬영지로 사랑받았다. 공원에는 '인생극장', '애수의 소야곡' 등 수 많은 히트곡을 포함해 1,000여 곡을 취입한 가수 남인수의 동상도 있다. 진양호는 1970년 남강댐이 만들어지며 생겨난 인공 호수다.

1 진주의 역사문화가 집약된 진주성에 있는 호국사 2 국물이 담백한 진주냉면 3 임진왜란 전문 박물관으로 유명한 국립진주박물관 4 진주 인사동의 골동품 거리 5 드라마와 CF 촬영지로 많이 알려진 진양호 전망대

## 1박2일 추천코스

## 여행정보

### ★ 웹사이트와 전화

진주시 문화관광 055-749-5073, tour.jinju.go.kr
진주남강유등축제 www.yudeung.com
진주성 055-749-2480, castle.jinju.go.kr
진주문화예술재단 055-755-9111
진양호공원 055-749-2510

### ★ 대중교통

[버스] 서울–진주: 서울고속버스터미널에서 하루 40회 운행, 3시간
　　　 50분 소요
　　　 동서울종합터미널에서 하루 5회 운행, 3시간 50분 소요

### ★ 자가운전

남해고속도로 진주 IC–고속도로 입구 사거리에서 진주성 방면으로
좌회전–3번 국도 – 진주교–진주교 사거리에서 좌회전–진주성

### ★ 숙박

롯데모텔 : 논개길, 055-741-4888
에덴모텔 : 논개길, 055-742-6114
진주동방호텔 : 논개길, 055-743-0131
아시아레이크사이드호텔 : 남강로1번길, 055-746-3734

### ★ 맛집

하연옥 : 진주냉면과 진주비빔밥, 진주대로, 055-741-0525
하연옥하대점 : 진주냉면과 진주비빔밥, 대신로, 055-758-9077

유정장어 : 장어구이, 논개길, 055-746-9235
한일관 : 한정식, 진주대로, 055-747-1113

### ★ 축제 및 행사

개천예술제 : 10월 3~10일, www.gaecheonart.com
진주논개제 : 5월 넷째 금~일요일, www.jinjunongae.com
코리아드라마페스티벌 : 10월 1~14일, www.kdfo.org
진주시 전국민속소싸움대회 : 10월 2~7일, www.jinjubulls.com

더 많은 정보는
요기!!

# 070

## 황산마을

경남 거창군

# 가을 정취 흐르는 옛 담장길을 걷다

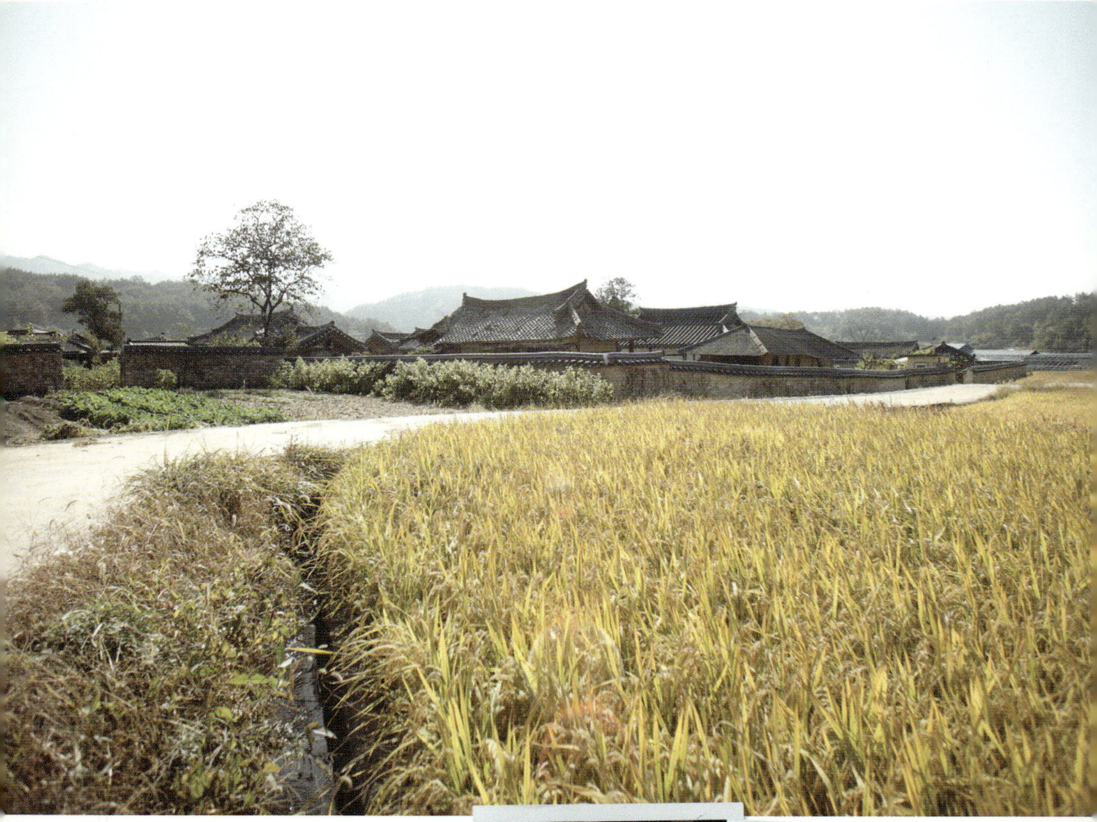

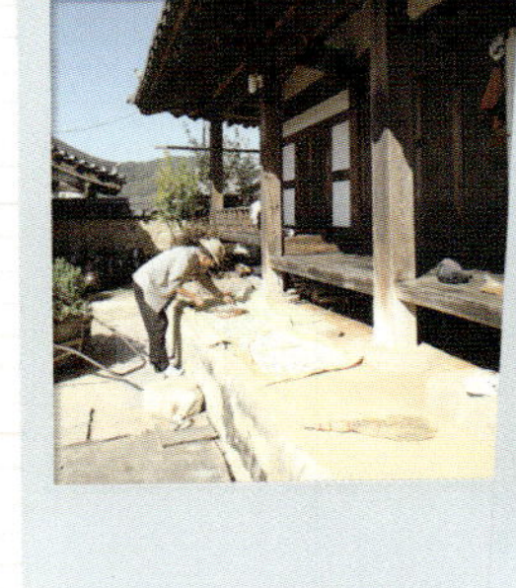

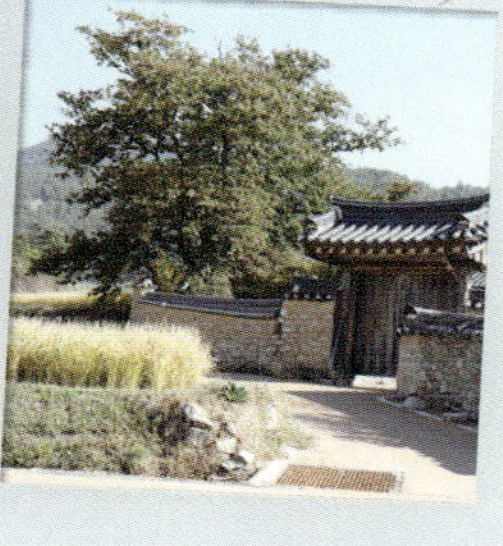

여행 내비게이션

**여행컨셉** 한옥에서 묵으며 옛 담장길 느리게 걷기
**추천일정** 1박2일
**Must Do** 1. 한옥에서 하룻밤 묵기
2. 수승대 산책하기
3. 금원산자연휴양림 걸어보기
**추천 교통** 자가운전
**추천 계절** 가을

가을이 깊어간다. 바람이 불 때마다 낙엽이 흩날린다. 아침저녁으로는 날씨가 제법 차다. 새하얀 입김이 새어나오고 살갗에는 소름이 오소소 돋는다. 이 무렵 여행을 떠난다면 한옥에 하루쯤 묵어보는 것도 좋겠다. 한옥민박을 겸한 가을여행을 계획한다면 거창 황산마을을 추천한다. 오래된 기와집 사이로 예쁜 흙담길이 구불구불 흐른다. 마을 앞에는 가을빛에 물든 계곡이 자리하고 있다.

덕유산의 절경인 수승대를 끼고 자리한 황산마을에는 100~200년 전에 지어진 한옥 50여 채가 운치 있게 들어서 있다. 황산마을은 거창 신씨 집성촌으로, 조선 연산군 시절이던 1501년 신씨 일가가 이곳에 들어와 살면서 만들어졌다. 지금도 마을 주민 대부분은 신씨인데, 마을을 거닐며 대문을 보면 대부분 신씨 문패가 걸려있는 것을 볼 수 있다.

황산마을의 한옥들은 대부분 19세기 말에서 20세기 초에 건립된 것들이라고 한다. 조선 말기와 일제강점기 지방 반가의 건축양식을 여실히 보여준다. 대부분 안채와 사랑채를 갖추고 있는데, 이렇게 마을 전체가 모두 기와집으로 형성되어 있는 것은 소작 마을을 별도로 두었기 때문으로 보인다. 황산마을의 자랑은 사실 한옥보다는 흙담길이다. 담장 위에 얹어놓은 여러 겹의 기와가 독특하고 이채롭다. 이끼가 돋은 기와가 세월의 흔적을 고스란히 말해주는 것만 같다. 황산마을의 흙담은 물빠짐을 위해 아랫단에는 제법 커다란 자연석을 쌓고, 윗단에는 황토와 돌을 섞어 토석담을 쌓은 것으로 잘 알려져 있다. 2006년 등록문화재 259호로 지정됐다.

황산마을을 가장 잘 즐기는 방법은 그냥 발길 닿는 대로 발걸음을 옮기는 것. 이 골목, 저 골목 낮은 담장길을 따라 걷다 보면 마을의 아름다움을 제대로 느낄 수 있다. 담장은 그다지 높지 않다. 까치발을 하면 담장 너머로 집과 마당이 훤히 바라보인다. 담장 너머로 보이는 고택이 궁금하면 들어가 구경해 봐도 좋다. 야박한 도시와 달리 낮에는 대문을 잠그지 않은 집들이 대부분이다.

황산마을에서는 민박이 가능하다. 현재 10여 가구가 민박손님을 받고 있다. 아직도 장작불을 때는 방을 가진 집도 있다. 사정이 허락한다면 하루쯤 묵어보자. 밤이면 은은한 문살 사이로 달빛이 새어든다. 소쩍새 소리와 마을 앞을 흐르는 개울 소리가 방을 가득 채운다. 문을 열고 마당으로 나가보자. 대숲을 훑고 지나가는 바람소리를 들으며 마당을 천천히 거니는 일은 도시에서는 경험할 수 없는 일이다. 아침도 좋다. 가을날 이른 아침이면 새벽안개가 마을을 자욱하게 감싸고 있다. 안개가 내려앉은 한옥 기와의 선이 예쁘다.

### 황산벽화마을

황산마을의 멋스런 담장길만큼 예쁜 곳이 또 있다. 마을 안쪽으로 들어가면 나오는 황산2구마을이다. 이 마을 담장에는 최근 예쁜 벽화가 그려졌다. 지역특산물인 사과와 황소, 명승지인 수승대 경관 등이 그려진 벽화를 감상하며 천천히 거닐다보면 깊어가는 가을을 실감할 수 있다.

### 수승대

거창 제일의 명소이자 덕유산이 간직한 절경이다. 황산마을 앞에 자리하고 있다. 수승대라는 이름에 얽힌 내력이 재미있다. 거창은 삼국시대에 신라와 백제의 접경지였다. 본래 수승대는 국력이 쇠약해진 백제가 신라로 가던 사신을 전별하던 곳이었는데, '돌아오지 못할 것을 근심하였다'고 해서 '근심 수(愁)', '보낼 송(送)'자를 써서 수송대(愁送臺)라 했다. 지금의 이름은 퇴계 이황이 지었다. 1543년 이곳에 들른 퇴계는 아름다운 경치에 이름이 어울리지 않는다

며 수승대로 이름을 고치라는 시 한 수를 짓고 바위에 수승대라고 새기니 그 후로 이름이 바뀌었다고 한다. 수승대의 명물은 계곡 한 가운데에 자리한 거북바위다. 머리와 등짝이 꼭 거북을 닮았다. 바위에는 이 고장 선비들이 경쟁적으로 시구를 파놓았다. 바위 표면을 평면으로 다듬어서까지 이름을 새겨 빈틈이 없다. 바위둘레에는 이황 선생의 옛 글이 새겨져 있다.

### 금원산자연휴양림

가을 계곡을 즐기고 싶다면 금원산자연휴양림으로 가보자. 거창군과 함양군 사이에 솟아 있는 금원산(1353m)은 2.5km의 유안청 계곡을 따라 비밀스런 폭포와 소(沼)를 숨겨놓고 있다. 소나무, 편백나무, 은행나무로 가득한 숲은 한창 가을빛으로 물들어가고 있다. 콘도식 산막과 통나무집, 야영장 등을 갖추고 있어 하룻밤 묵기에도 좋다.

1 벽화가 예쁜 황산 벽화마을 2 백제의 사신이 신라로 떠나던 수승대 3 깊은 숲이 있는 금원산자연휴양림

## 1박2일 추천코스

수승대 — 도보 10분 — 황산마을 (숙박) — 도보 10분 — 황산벽화마을 — 10분 — 금원산자연휴양림 — 귀가



## 여행정보

### ★ 웹사이트와 전화

거창군 문화관광 055-940-3422, tour.geochang.go.kr
수승대 055-940-8530, ssd.geochang.go.kr
금원산자연휴양림 055-940-8700, www.greencamp.go.kr

### ★ 대중교통 정보

[버스] 동서울시외버스터미널에서 거창시외버스터미널까지 1일 8회
운행. 약 4시간 소요

### ★ 자가운전

서울 출발 : 대전~진주간 고속도로-함양IC-88고속도로-거창IC-
3번 국도 함양방면-마리 삼거리-37번 국도-수승대-황산마을

### ★ 숙박

전을주가옥 : 위천면 황산리 605, 055-943-0141
신순범가옥 : 위천면 황산리 482-2, 055-943-0648
신용원가옥 : 위천면 황산리 523-2, 055-942-5804
신외범가옥 : 위천면 황산리 610-1, 055-943-0003
신종범가옥 : 위천면 황산리 487-1, 055-943-0160

### ★ 맛집

거창축협 한우팰리스 : 한우, 거창읍 김천리 315-1, 055-943-9204
돌담사이로 : 산채정식, 위천면 황산리 607, 055-941-1181
구구식당 : 어탕국수, 거창읍 대평리 1485-50, 055-942-7496

더 많은 정보는
요기!!

# 4번 국도 따라, 백제의 숨결을 따라

**여행컨셉** 4번 국도 따라 문화유적 드라이브
**추천일정** 1박2일
**Must Do** 1. 부소산성 산책
2. 부여국립박물관 돌아보기
3. 희리산자연휴양림 탐방
**추천 교통** 자가운전
**추천 계절** 봄, 가을

4번 국도는 충남 서천 장항읍에서 시작해 부여와 논산, 경북 칠곡, 영천을 지나 경주시 감포읍에 닿는다. 길이는 약 370km. 이 가운데 부여와 서천을 잇는 구간에서는 유서 깊은 백제의 역사 유적을 살펴볼 수 있고, 자연경관도 아름다워 가족 여행 코스로 손색이 없다. 백제의 마지막 왕도였던 부여의 여행지는 부소산성과 백마강, 궁남지, 정림사지 등을 꼽을 수 있는데, 백제 왕실 이야기가 곳곳에 남아 있는 부소산성을 먼저 찾는 게 순서다. 부소산성을 돌아본 후 가까운 정림사지와 국립부여박물관, 궁남지 등의 차례로 돌아보면 된다.

부여 서쪽을 반달 모양으로 휘감아 흐르는 백마강을 끼고 선 부소산. 이 부소산의 산등성이에 부소산성이 자리한다. 〈삼국사기〉 '백제본기'에 사비성, 또는 소부리성으로 기록되어 있는데, 성왕 16년인 538년 웅진에서 사비로 도읍을 옮기며 만들어진 것으로 추정한다. 둘레가 약 2.2km에 달하는 산성은 걷기에 좋다. 해발 106m의 낮은 산인데다 소나무, 왕벚나무, 갈참나무, 상수리나무가 우거져있으며, 울창한 숲 사이로 산책길이 잘 정비되어 있어 아이들과 노약자도 가벼운 트레킹을 즐길 수 있다.

부소산성 여행은 사비문을 지나 오른쪽으로 난 길을 따르는 것으로 시작한다. 널찍한 돌이 깔린 길을 따라 걸으면 의자왕 때 삼충신인 성충과 흥수, 계백의 영정과 위패를 모신 삼충사가 나온다. 사비문에서 삼충사까지 이르는 길은 소나무가 울창해 산책 코스로 손색이 없다. 삼충사를 지나면 백제시대 왕과 귀족들이 계룡산 연천봉에 떠오르는 해를 맞으며 하루를 계획했다는 영일루, 백제시대 곡물을 저장했던 창고인 군창지가 차례로 나타난다. 반월루에서 가까운 낙화암은 부소산성 여행의 하이라이트다. '의자왕과 삼천궁녀'의 애틋한 이야기가 전해지는 곳이다. 백제의 삼천궁녀들이 꽃처럼 목숨을 던진 낙화암 바로 앞에는 1929년 세운 정자 백화정이 있다. 백화정에 서면 유유히 흐르는 백마강이 한눈에 내려다보인다. 소나무 가지 너머로 구드래 나루터에서 고란사까지 운행하는 유람선이 미끄러지듯 강을 거슬러 오르는 풍경이 한 폭의 그림처럼 아름답다.

부여에서 4번 국도를 따라 서쪽으로 달리면 서천. 서천에는 달콤한 휴식이 기다리고 있다. 울창한 해송숲 산책을 즐길 수 있는 희리산해송자연휴양림과, 모래찜질과 삼림욕을 즐길 수 있는 장항송림산림욕장이 바로 그곳. 희리산해송자연휴양림은 사철 푸른 해송으로 가득한 휴양림이다. 희리산 산책길은 해송들이 뿜어내는 피톤치드와 테라핀 등 방향성 물질로 가슴까지 시원하다. 등산로를 따라 정상에 오르면 서해바다가 한 눈에 들어온다. 40여 개의 야영 데크와 20개의 몽골식 텐트가 있는 캠핑장도 있다.

### 정림사지 5층석탑

부소산성 가까이 정림사지 5층석탑이 있다. 백제의 아름다움을 보여주는 대표적인 유물로 국보 제9호다. 서기 660년 백제가 나당 연합군에게 패망할 때 사찰은 전소되었는데 다행히 석탑만은 남았다. 현존하는 석탑 중 가장 오래된 탑이며 익산 미륵사지 석탑과 함께 고대 삼국시대 석탑의 원형을 밝혀주는 문화재로 꼽히고 있다. 정림사지 5층석탑은 소정방탑으로 알려져 있는데, 비문에 대당평백제비(大唐平百濟碑)가 새겨져 있었기 때문이다. 대당나라의 장수 소정방이 백제를 평정했다는 뜻이다.

### 국립부여박물관

정림사지를 나와 길을 하나만 건너면 국립부여박물관이다. 백제문화의 진수로 손꼽히는 백제금동대향로를 볼 수 있는 곳이다. 능산리 고분군에서 발굴된 세기의 보물로 백제 공예품의 절정을 보여준다.

### 궁남지

부여를 여행할 때 빼놓을 수 없는 곳이다. 궁남지는 '궁 남쪽에 있다'고 해서 붙여진 이름. 〈삼국사기〉에 '궁궐의 남쪽에 20여 리나 되는 긴 수로를 파 물을 끌어들여 연못을 만들고 주위에 버드나무를 심었다'는 기록이 남아 있다. 사적 제135호. 634년 무왕시절 만든 국내에서 가장 오래된 인공연못이라고 한다. 1만 평 정도에 이르는 지금의 궁남지는 1965년에 복원한 것인데, 원래 규모의 3분의 1쯤이라고 한다. 궁남지 한 가운데 '뜬 섬'에는 포룡정(泡龍亭)이라는 현판이 걸린 정자가 있다. 이는 백제 무왕의 어머니가 궁남지에 살던 용이 나타나자 의식을 잃은 뒤 무왕을 잉태하게 되었다는 탄생 설화에서 유래한 이름이다. 뜬 섬으로 이어지는 나무다리를 건너면 정자로 들어갈 수 있다. 연못 주변으로 능수버들을 비롯해 원추리와 꽃창포, 구절초, 패랭이 등 각종 꽃이 심어져 있다.

### 장항송림산림욕장

모래찜질로 유명한 장항송림산림욕장은 장항읍 송림리의 백사장과 해송숲 일대를 가리킨다. 1km가 넘는 모래사장 뒤편으로 수만 그루의 소나무가 우거진 해송숲이 자리하는데, 한여름에도 숲 속에서는 냉기가 느껴질 정도로 시원하다. 숲 속에는 원두막과 들마루벤치 등 휴식시설과 운동시설이 있어 가족, 단체 관광객이 많이 찾는다. 장항송림산림욕장은 고려시대 문신 두영철이 유배를 왔다가 모래찜질로 건강을 되찾았다는 고사가 전해지는 곳. 지금도 매년 음력 4월 20일이면 '모래의 날'이라 해 많은 사람들이 찾아와 모래찜질을 한다. 이곳의 모래는 염분, 철분, 우라늄 성분이 풍부해 피로회복은 물론 신경통과 관절염에도 효과가 있는 것으로 알려져 있다.

1 백제탑의 정수로 불리는 정림사지 오층석탑 2 궁남지 포룡정 3 장항송림삼림욕장에서 모래찜질하는 여행객들

## 1박2일 추천코스

## 여행정보

### ★ 웹사이트와 전화

부여군 문화관광 041-830-2010, buyeotour.net
충남종합관광안내소 041-830-2330
국립부여박물관 041-833-8563, buyeo.museum.go.kr
정림사지박물관 041-832-2721, www.jeongnimsaji.or.kr
서천군 문화관광 041-950-4226, www.jeongnimsaji.or.kr
희리산해송자연휴양림 041-953-2230, www.huyang.go.kr

### ★ 대중교통

[버스] 서울–부여 : 남부시외버스터미널에서 30분 간격 운행.
2시간 소요

### ★ 자가운전

서울–경부고속도로–천안JCT–천안논산간고속도로–남공주JCT–대전당진간고속도로–서공주JCT–공주서천간고속도로–부여IC

### ★ 숙박

롯데부여리조트 : 규암면 합정리, 041-939-1000,
www.lottebuyeoresort.com
백제관광호텔 : 부여읍 쌍북리, 041-835-0870
스타팰리스모텔 : 부여읍 구아리, 041-833-3005
부여관광파크 : 부여읍 석목리, 041-835-1173
타워모텔 : 규암면 규암리, 041-835-4340

백제관 : 부여읍 중정리, 041-832-2722
산호텔 : 서천군 종천면 화산리, 041-952-8012, www.산호텔.kr
골든모텔 : 서천군 마서면 당선리, 041-956-8330

### ★ 맛집

구드래돌쌈밥 : 쌈밥, 부여읍 구아리, 041-836-9259
맛나뚝배기 : 오곡돌솥밥, 부여읍 쌍북리, 041-834-1231
나루터식당 : 장어구이, 부여읍 구아리, 041-835-3155
백제향 : 연잎밥, 부여읍 동남리, 041-837-0110
서동한우 : 한우구이, 부여읍 관북리, 041-835-7585
장군횟집 : 생선회, 장항읍 원수리, 041-956-5733
수라원 : 우렁쌈밥, 장항읍 원수리, 041-956-6250

더 많은 정보는 요기!!

# 072

## 지평선 축제

전북 김제시

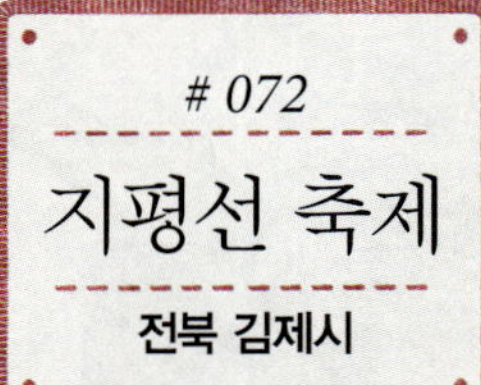

# 가을의 풍요로움 속으로 풍덩~

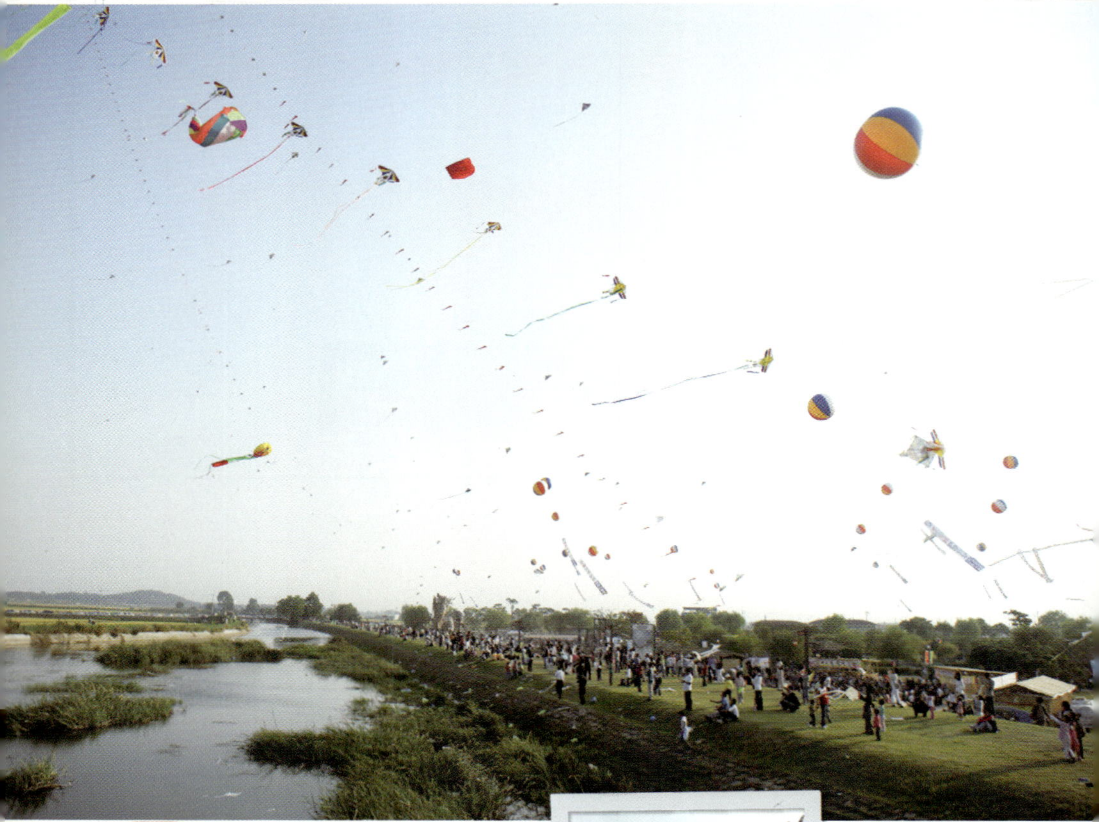

여행 내비게이션

**여행컨셉** 지평선이 보이는 김제평야에서 흥겨운 축제 즐기기

**추천일정** 1박2일

**Must Do** 1. 벽골제 걷기

2. 축제장에서 농작물 수확과 짚풀공예 체험하기
3. 벽골제 농경문화박물관 탐방
4. 망해사에서 아름다운 일몰 보기
5. 심포항에서 생합조개 먹어보기
6. 새만금 바람길 걸어보기

**추천 교통** 자가운전

**추천 계절** 가을

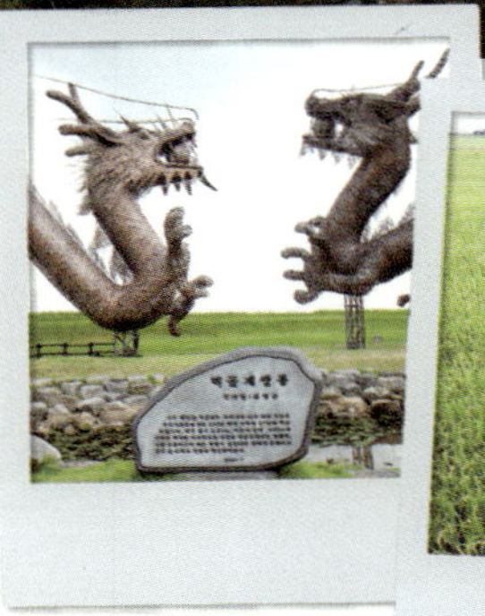

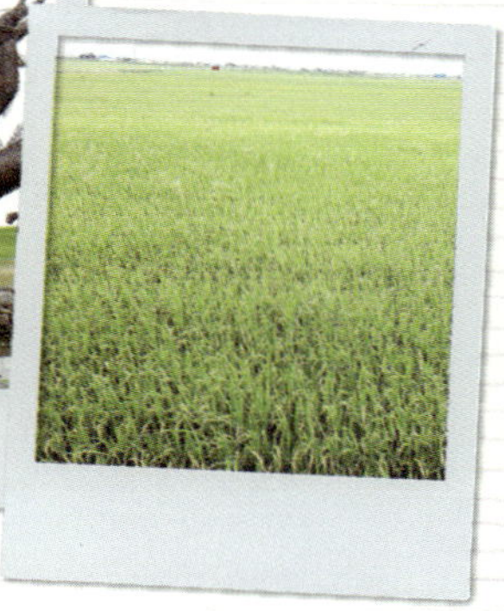

　김제는 부안과 군산, 익산, 완주로 둘러싸인 평야지대이다. 사방을 둘러봐도 땅 위로 솟아오른 산을 찾기 어렵다. 완주와 경계를 이루고 있는 모악산이 유난히 우뚝해 보이는 까닭이다. 그렇다보니 김제의 평야를 한눈에 살필 수 있는 곳이 그리 많지 않다. 김제 서쪽 바닷가의 진봉산이 많은 사람들로부터 전망 좋은 장소로 사랑받는 이유다. 이곳에 오르면 김제의 바다와 들녘을 동시에 누릴 수 있다. 바다를 바라보면 멀리 보이는 수평선 앞으로 군산과 부안 사이의 바다 위에 그어진 선 하나가 보인다. 그것은 여러 개의 섬을 이어 만든 33km 길이의 새만금방조제이다.

　김제에는 새만금방조제가 만들어지기 훨씬 전부터 사람이 만든 제방이 있었다. 백제 11대 왕인 비류왕 27년(330)에 만들어진 이 제방은 이곳이 농토로써 아주 오래전부터 이용되어 왔다는 것을 짐작케 한다. 3km나 되는 제방이 이후 여러 번의 보수를 하긴 했지만 1,700여 년이 지난 지금도 그 형태를 보존하고 있다. 일제강점기에 제방을 트고 수로를 내면서 원형이 크게 훼손되어 안타깝다.

　벽골제에는 모두 5개의 수문이 있었다. 지금까지 남아있는 수문의 수는 2개. 벽골제사적지의 제2수문 장생거와 이곳에서 원평천을 따라 약 2km 내려간 곳에 있는 제5수문 경장거이다. 수문의 동작 원리는 수문 앞 공원에 있는 수문체험장에서 알 수 있다. 양쪽 제방 위로 사람이 올라가 동시에 물레를 돌리면 수문이 열린다. 수문 앞쪽에는 수로에서 논으로 물을 퍼 올리던 다양한 농기구들이 설치되어 있다. 대표적인 것은 평지 논에서 많이 사용되던 무자위와 용두레이다. 1시간 동안 무자위는 50~60톤의 물을, 용두레는 15~20톤의 물을 옮겼다 하니 꽤 쓸모 있는 도구였을 듯싶다. 직접 농기구를 움직여볼 수도 있다.

　매년 10월 초에 열리는 지평선축제기간에 벽골제를 찾으면 좀 더 다양한 체험을 할 수 있다. 드넓은 농토에서 농사짓는 틈틈이 흥을 돋웠던 우도농악, 벽골제에 얽힌 단야낭자와 쌍용 이야기 체험, 예절을 배우는 명인학당 선비문화체험, 낱알을 수확하고 난 짚으로 만드는 다양한 공예체험, 클레이점토를 이용해 청룡 만들기, 저마다 개성 있는 연 날리기, 암줄과 수줄을 만들어 마을의 풍년을 점쳤던 입석줄다리기, 청룡과 황룡의 싸움을 놀이화한 쌍룡놀이 등이다. 드넓은 평야의 넉넉한 수확을 직접 체험할 수도 있다.

1 벽골제에서 옛 농기구 무자위를 체험하는 어린이 2 바다를 바라보는 자리에 있는 망해사 3 벽골제 우도농악 체험장에서 농악을 배우는 아이들 4 수평선과 지평선이 만나는 김제평야

## 벽골제 농경문화박물관

벽골제사적지에는 수리시설인 벽골제의 모든 것을 알 수 있는 장소가 있다. 벽골제농경문화박물관이다. 우리나라에서 가장 오래된 저수지인 벽골제는 평지에 진흙을 다져 만든 제방이며, 저수지 면적의 3배에 달하는 너른 지역에 물을 대주었다는 것 등등 벽골제가 가진 역사적 의의와 발굴 경과 등도 살펴볼 수 있는 공간이다.

## 벽천미술관

김제 용동 출신인 벽천 나상목 화가의 작품을 만날 수 있는 공간이다. 그의 그림 속에서 김제 들녘의 아름다움을 찾아볼 것. 박물관과 미술관은 매주 월요일마다 휴관한다. 벽골제 농경문화박물관 건너편에 있다.

## 망해사

수평선과 지평선을 모두 만날 수 있는 진봉산 자락에 있다. 이곳에서는 축제 기간 중 저녁노을음악회가 열린다. 망해사는 평상시에도 노을이 아름다워 저녁 무렵이면 많은 사람들이 찾는다. 한낮의 풍경도 아름답다. 사찰의 역사를 말해주는 노거수의 그늘 아래 앉아 바다와 사찰의 고즈넉함을 누릴 수 있다. 백제시대 지어진 사찰이라 전해지는 망해사의 건물들은 낙서전을 제외하고는 대부분 근현대에 지어진 것들이다. 낙서전은 조선 선조 22년인 1589년에 진묵대사가 지은 건물이라 한다.

## 새만금바람길

김제시에서 조성한 지평선 걷기 길 중 하나다. 총 10km에 이르는 이 길은 평야와 바다, 갯벌, 산 등 김해의 자연을 모두 섭렵할 수 있다. 1코스는 진봉면 고사마을에서 진선포와 망해사를 잇는 길로 고사갈대밭이 장관이다. 2코스는 해산물을 맛볼 수 있는 심포항까지, 3코스는 봉수대를 거쳐 거전갯벌까지 이어진다.

## 1박2일 추천코스

## 여행정보

### ★ 웹사이트와 전화

김제시 문화관광 063–540–3031, culture.gimje.go.kr
김제지평선축제 063–540–3324, festival.gimje.go.kr
벽골제 063–547–8503, byeokgolje.gimje.go.kr
망해사 063–545–4356

### ★ 대중교통

[기차] 용산역–김제역, KTX 하루 6회 운행, 2시간 소요
[버스] 동서울터미널–김제터미널, 하루 5회 운행, 3시간 소요

### ★ 자가운전

천안논산고속도로 서논산IC 진출–논산교차로에서 23번 국도 진입–
29번 국도–벽골제

### ★ 숙박

모텔샵 : 옥산동, 063–548–5901
모텔궁 : 진봉면 심포리, 063–544–6790
지평선모텔 : 서암동, 063–545–7771
벽골제모텔 : 서암동, 063–545–7772

### ★ 맛집

연서활어회 : 생합(백합)요리, 진봉면 심포리, 063–543–3007
전망좋은집 : 꽃게요리, 진봉면 심포리, 063–544–4471
원평총체보리한우촌 : 한우, 금산면 원평리, 063–543–0076
지평선바지락죽 : 바지락죽, 요촌동, 063–546–3939

### ★ 축제 및 행사

김제지평선축제 : 매년 10월, 063–540–3324

더 많은 정보는
요기!!

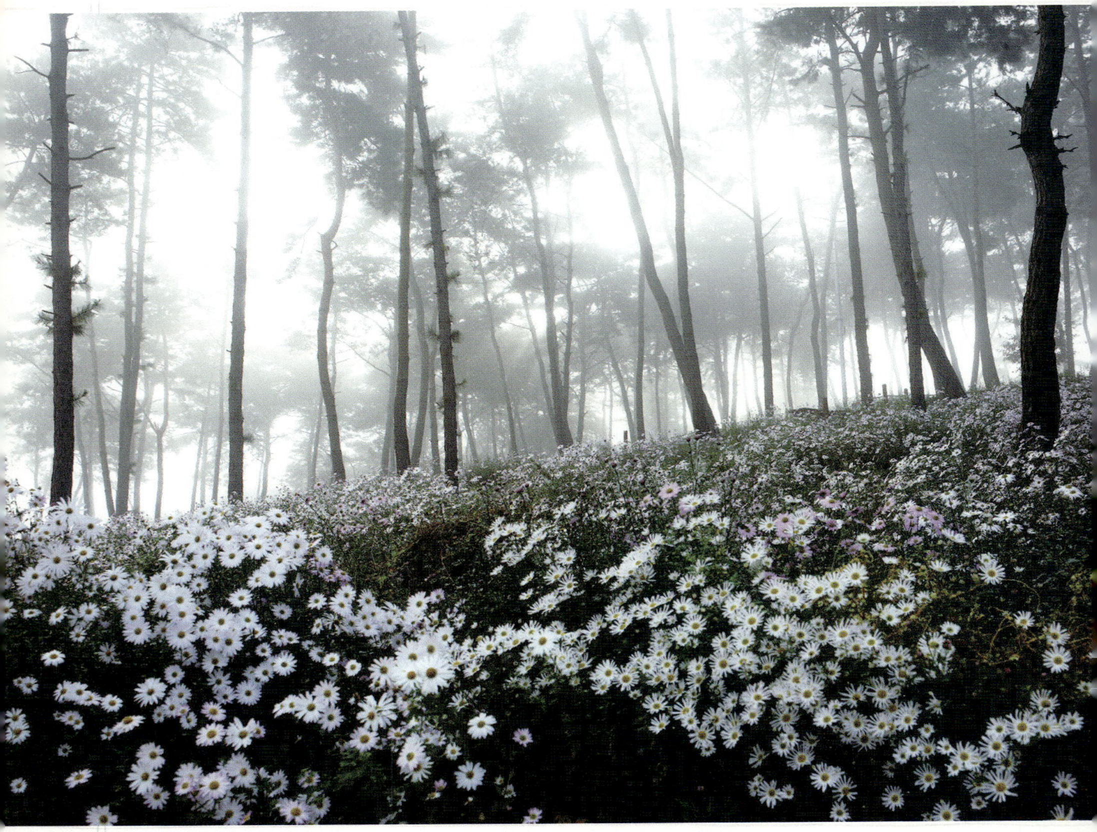

# 073

## 구절초축제

전북 정읍시

# 옥정호반 구절초 꽃밭에서 노닐다

여행 내비게이션

**여행컨셉** 흐드러진 구절초 사이를 걸으며 가을을 느끼는 낭만 산책
**추천일정** 1박2일
**Must Do** 1. 구절초 군락지 거닐어 보기
2. 구절초 엽서 만들어 우체통에 넣기
3. 능교 자전거 타기
4. 내장산의 불타는 단풍 구경하기
**추천 교통** 자가운전
**추천 계절** 가을

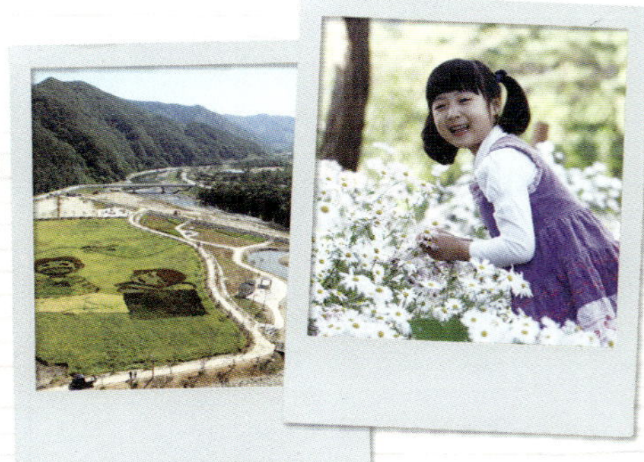

구름 한 점 없는 10월의 높고 푸른 하늘은 어디론가 떠나고픈 설렘을 준다. 전북 정읍시도 10월이면 축제의 도시가 된다. 정읍구절초축제, 정읍사문화제, 정읍시민의 날, 정읍평생학습축제, 정읍전국민속소싸움대회 등이 관광객을 낭만에 젖게 한다. 그중 정읍구절초축제는 2005년 시작되어 한 해도 거르지 않고 열리고 있다.

축제 무대는 정읍시 산내면에 자리한 옥정호구절초테마공원이다. 옥정호구절초테마공원은 멀리서도 구절초 군락지라는 것을 알 수 있을 만큼 진한 구절초 향기로 가득하다. 자동차를 타고 지나면서도 하얀 봉우리가 눈에 보일 정도로 꽃밭이 넓다. 22만 $m^2$ 규모를 자랑하는 옥정호구절초테마공원에서 9만 $m^2$에 달하는 솔숲에 구절초가 피었다. 옥정호반의 작은 봉우리가 구절초 꽃동산으로 변신한 것이다.

꽃밭 사이에 산책로가 있어 꽃향기에 취해 쉬엄쉬엄 걷기도 좋다. 길 중간에 다양한 이벤트도 열린다. 그중 사람들이 가장 많이 멈춰 서는 곳은 DJ 박스다. 방송국 못지않은 장비를 갖추고 축제장을 찾은 사람들의 사연과 신청곡을 전하는 명소다. 공원에는 또 다른 방법으로 마음을 전하는 장소가 있다. 공원 곳곳에 놓인 빨간 우체통이다. 축제장에 마련된 구절초 엽서를 작성해 보낼 수 있다. 손으로 꾹꾹 눌러쓴 엽서를 정읍시에서 수거해 보내준다. 향긋한 구절초 차를 마시며 따뜻한 구절초 물에 발 담그고 쉴 수 있는 구절초 향기 족욕 체험도 준비된다.

옥정호구절초테마공원에는 아름다운 자전거 길이 있다. 광장에서 옥정호반을 따라 이어지는 옛 도로다. 길은 시원한 바람을 가르며 호수와 산이 어우러져 아름다운 풍경을 보여준다. 영화나 드라마 촬영지임을 알리는 표지판을 만나면 잠시 멈춰 서자. 표지판 앞에는 호수를 건너는 능교가 있는데, 이곳은 드라마 〈전우〉의 촬영지다. 이 다리에서 촬영된 장면은 난간에 전시된 스틸 사진에서 확인할 수 있다.

구절초를 다양한 방법으로 체험하고 싶다면 구절초영농조합법인 '꿈의 향기'에 들러보자. 직접 농사지은 구절초를 잘 말려 구절초 향기 주머니 만들기, 구절초 베개 만들기, 구절초 염색하기 등 다양한 체험 재료로 사용한다.

### 내장산

정읍을 대표하는 관광지로 내장산을 빼놓을 수 없다. 단풍으로 이름난 내장산을 쉽게 오르려면 케이블카를 이용한다. 내장사 입구에서 케이블카를 타고 연자봉 중턱에 있는 전망대까지 다녀오는 코스다. 전망대에서 바라보는 내장사의 풍경이 아름답다. 내장저수지와 마주하는 내장산수목원에도 들러보자. 인근에 내장산조각공원과 동학농민혁명 100주년기념탑이 있다.

### 무성서원

옥정호구절초테마공원에서 나와 정읍 시내로 가는 길에 무성서원(사적 166호)이 있다. 조선 성종 15년(1418) 세워질 당시에는 태산서원이라 불렸으나, 숙종 22년(1696)에 무성서원이라는 이름을 받았다. 2층 문루인 현가루와 강당인 명륜당, 강수재 등이 옛 건물 그대로 남아 있다.

### 정읍사공원

정읍 시내에 자리한 정읍사공원은 백제가요 '정읍사'를 만날 수 있는 공간이다. 행상 나가 돌아오지 않는 남편을 기다리다 망부석이 되었다는 여인의 이야기를 담은 조각 작품이 공원 가운데를 지키고 섰다. 이곳에서 '백제가요 정읍사 오솔길'이 시작된다.

### 샘고을시장

정읍에 100년 역사를 자랑하는 시장도 있다. 정읍천변에 자리한 샘고을시장이다. 정읍구시장, 정읍 제1시장이라고 불리던 이곳이 문을 연 것은 1910년이다. 현재 350여 개 점포가 성업 중인 상설시장으로 규모도 제법 크다. 시장 안에 오거리가 있을 정도다. 끝자리 2, 7일에 열리는 5일장이 열릴 때는 인근 고창, 부안, 순창에서까지 이곳으로 장을 보러 온다. 시장은 수산물, 건어물, 포목, 의류, 잡화, 농축산물 장터로 나뉜다. 어디에서 시작하든 구석구석 돌아본 뒤 정읍천변으로 나오면 된다.

1 단풍 곱기로 소문난 내장산의 내장사 대웅전 2 정읍사 공원에 세워진 정읍사 시비 3 옛 건물이 잘 보존된 무성서원 4 정읍구시장의 풍성한 채소가게

## 1박2일 추천코스

## 여행정보

### ★ 웹사이트와 전화

정읍시 문화관광 063-539-5203, culture.jeongeup.go.kr
구절초영농조합법인 꿈의 향기 063-533-2513, www.j-dream.or.kr
내장산국립공원 063-538-7875, naejang.knps.or.kr
내장사 063-538-8741, www.naejangsa.org
샘고을시장 063-534-6661, www.juji.kr

### ★ 대중교통

[기차] 용산-정읍, KTX 약 2시간 20분 소요
[버스] 서울 센트럴시티터미널-정읍, 우등고속버스와 일반고속버스
      하루 21회 운행, 약 3시간 소요

### ★ 자가운전

서해안고속도로  줄포IC-정읍 방면-고부면-정읍 시내(경유)-정읍
제3공단-북면-칠보면-산내면 사거리(우회전)-쌍치 방면 3km 지점

### ★ 숙박

세르빌호텔 : 내장산로, 063-538-9487, www.내장산호텔.kr
내장산한일장 : 내장산로, 063-538-8980
산정호텔 : 태인면 정읍북로, 063-534-4222
교동 안진사고택 : 정읍사로, 063-535-9461

### ★ 맛집

보안식당 : 쫄면과 팥칼국수, 중앙로, 063-535-6213
할머니해장국 : 쑥해장국, 벚꽃로 샘고을시장 입구, 063-531-7908
삼일회관 : 한정식, 내장산로, 063-538-8131
국일관수라상 : 산채비빔밥과 산채한정식, 내장산로, 063-538-7929

### ★ 축제 및 행사

정읍구절초축제 : 063-539-6141~5, www.gujulcho.co.kr
정읍전국민속소싸움대회 : 매년 10월, 내장산 문화광장
정읍사문화제 : 매년 10월, 내장산 문화광장, www.jchf.or.kr
정읍시민의 날 : 매년 10월, 내장산 문화광장
정읍평생학습축제 : 매년 10월, 내장산 문화광장

더 많은 정보는
요기!!

# 074

## 팔공산 올레길

대구광역시

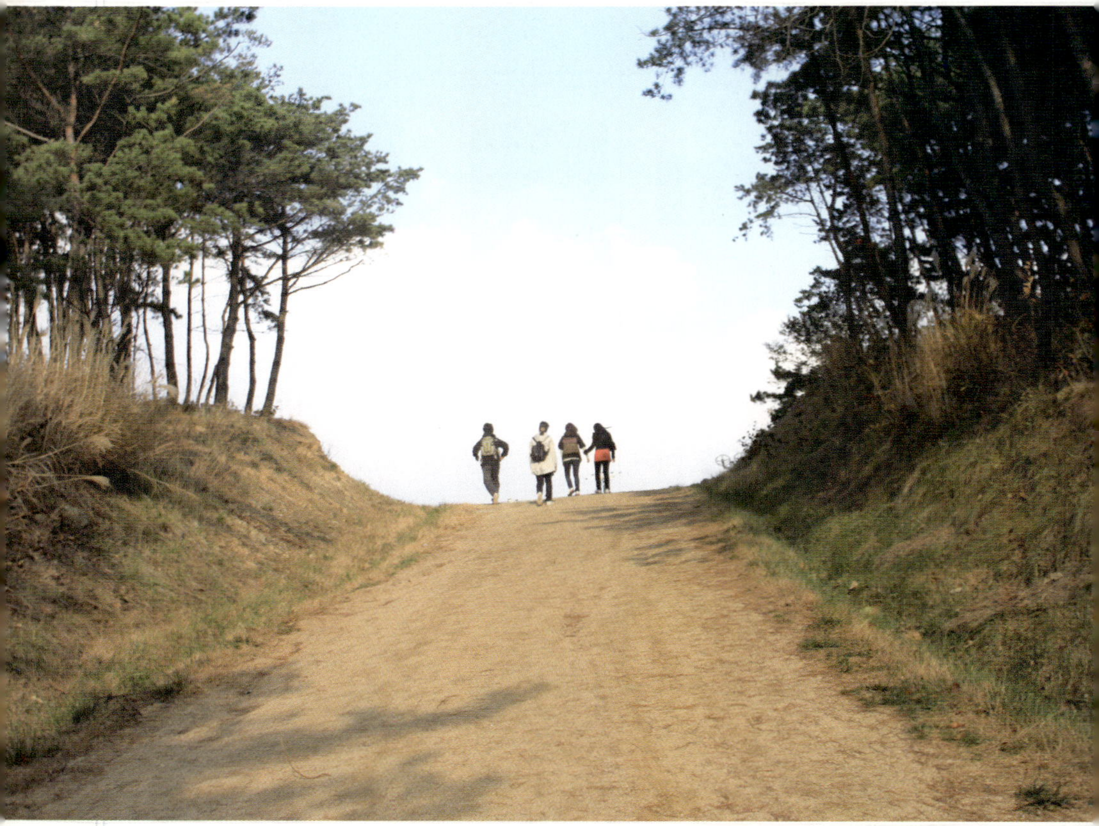

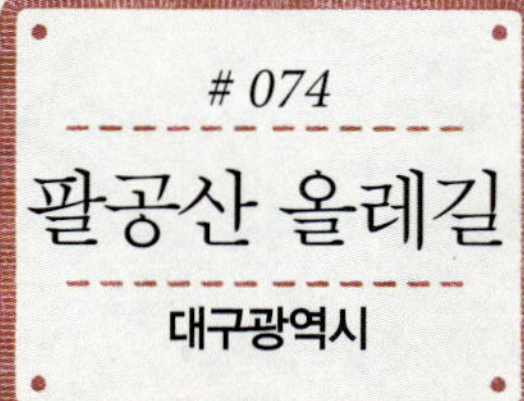

# 팔공산 가을 풍경 속으로 빠지다

여행 내비게이션

**여행컨셉** 가을 정취 가득한 팔공산 올레길 걷기

**추천일정** 1박2일

**Must Do** 1. 팔공산 올레길 4코스 걷기
2. 옻골마을 돌아보기
3. 수령 80년 된 사과나무와 광복소나무 앞에서 올레길 기념사진 찍기
4. 케이블카 타고 팔공산 정상에 올라보기

**추천 교통** KTX

**추천 계절** 가을

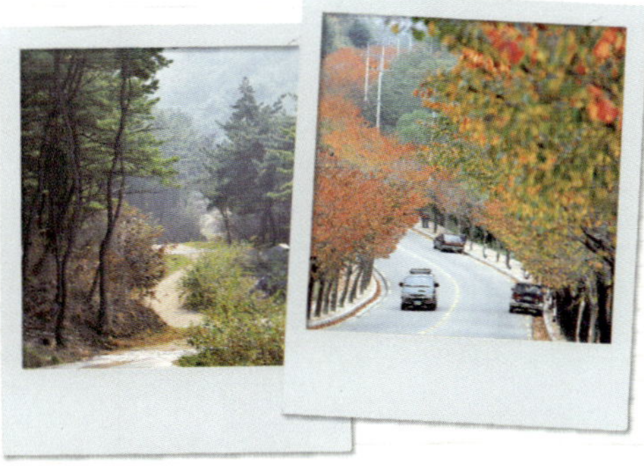

　팔공산은 대구를 대표하는 산이다. 동화사와 갓바위, 은해사 같은 이름난 사찰이 이 산에 깃들어 있다. 최근에는 걷기 좋은 길 '팔공산 올레길'도 생겼다. 팔공산 올레길은 2009년 6월 1코스 '북지장사 가는 길' 개통을 시작으로 총 9개 코스가 만들어졌다. 이 가운데 현재까지 운영되는 코스는 모두 8개다. 팔공산 올레길은 산과 들, 계곡은 물론 구석구석 숨겨진 문화 유적지까지 아우르고 있다. 그 중 많은 사람들이 찾는 곳은 마을의 문화와 역사가 어우러진 2코스와 드넓은 사과밭을 볼 수 있는 4코스다.

　2코스 '한실골 가는 길'은 마을의 문화와 역사가 어우러진 길이다. 이 길의 시작점은 신숭겸 장군 유적지이다. 이 일대는 927년 신숭겸 장군과 왕건이 후백제의 견훤과 목숨을 걸고 '공산전투'를 벌인 곳이다. '공산'은 팔공산의 옛 이름으로, 신라시대에는 신라 5악의 하나인 '중악'으로 불리며 중요하게 여겼다. 신숭겸 장군 유적지를 뒤로 하고 걷다 보면 어느새 한실골에 접어든다. 숲길 양옆으로 측백나무, 회화나무, 소나무 등 다양한 수종이 자라는 울창한 자연림이 넓게 펼쳐져 있다. 싱그러움이 온몸으로 전해지는 만디쉼터에서 보는 풍광이 일품이다. 쉼터 언덕을 지나면 자그마한 오솔길이 나오고, 이내 정겨운 시골마을을 연상케 하는 용진마을이 나온다. 여기서 조금만 더 올라가면 노태우 전 대통령 생가에 닿는다. 가볍게 걷고 싶은 사람은 이곳에서 돌아 내려가도 좋지만, 아쉬움이 남는다면 파계사를 들러도 좋다. 2시간 30분에서 3시간 정도 소요된다.

　4코스 '평광동 왕건길'은 달콤한 사과향 가득한 가을을 만나는 길이다. 한 폭의 동양화 같은 도동 측백나무 숲을 지나 효자 강순항 나무부터 신숭겸 장군을 추모하는 모영재에 이르는 길은 경사가 완만한 농로다. 이 길은 왕건의 도피로로 추정된다. 농촌마을의 푸근함을 느끼며 아이와 손잡고 걸어가기도 좋다. 길을 걷다 만나는 전통놀이학교 '마당'은 옛 평광초등학교를 새롭게 단장한 곳이다. 윷놀이, 팽이치기 등 전통놀이와 탈 만들기, 연 만들기 등 가족과 함께 즐길 수 있는 다채로운 프로그램이 운영된다. 올레꾼을 위해 가장 늦게 수확한다는 우리나라의 최고령 홍옥 사과나무(수령 80년)와 1945년 광복을 기념해 심은 '광복소나무'는 팔공산 올레길 기념사진 포인트이기도 하다. 4코스의 소요 시간은 2~3시간이다.

### 팔공산케이블카

팔공산의 웅장함을 좀 더 편하게 느껴보고 싶다면 팔공산케이블카를 타보자. 신라시대 중악으로 불리는 팔공산(820m)의 산세를 감상할 수 있다. 팔공산 자락에 깃든 동화사도 손에 잡힐 듯하다. 케이블카를 타고 올라 전망대에서 바라보는 풍광도 멋지다.

### 동화사

팔공산 남쪽 기슭에 자리했다. 팔공산을 대표하는 사찰로 신라시대에 창건되었다. 하지만 대웅전, 봉서루 등 현존하는 건축물들은 대부분 조선 영조 때 개축한 것이다. 동화사는 임진왜란 당시 사명대사가 승군을 지휘한 본부였으며 많은 보물과 문화재를 보유하고 있다. 통일을 기원하는 염원을 담아 세운 높이 33m의 통일약사여래대불도 볼거리다.

### 대구시민안전테마파크

여러 가지 재난상황을 실감나게 체험하며 안전교육에 대한 중요성을 일깨우는 공간이다. 지하철안전전시관을 비롯해 풍수해, 지진, 화재 등 일상생활에서 일어날 수 있는 재난상황을 체험하고 대처 방법을 알려준다. 어린이를 동반한 가족여행객에게 추천하는 탐방지다.

1 올레길 4코스에 있는 광복소나무 2 팔공산자락에 자리한 파계사 원통전 3 단풍이 곱게 물든 동화사

## 1박2일 추천코스

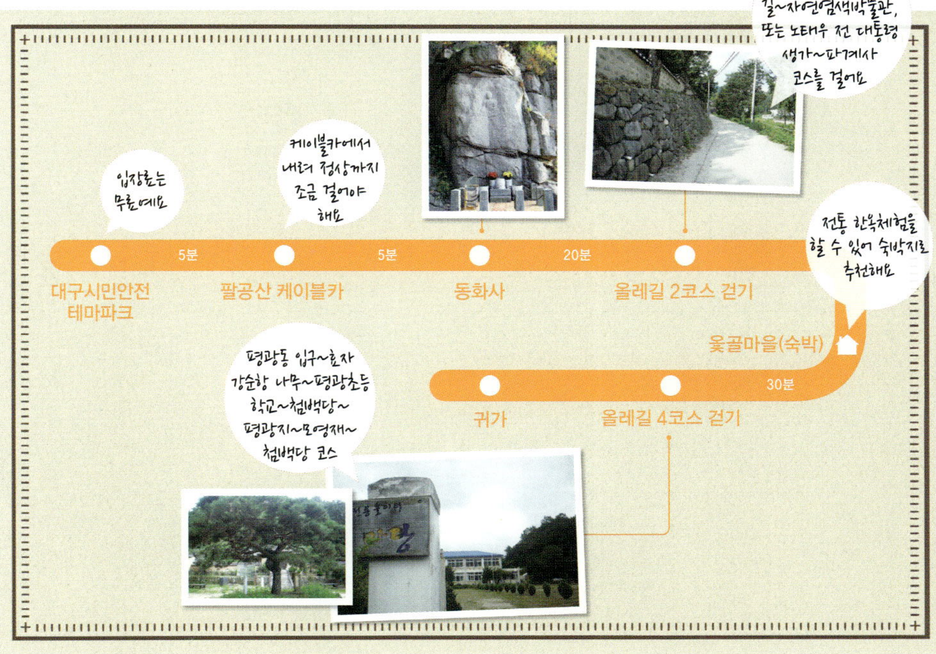


## 여행정보

### ★ 웹사이트와 전화

대구광역시 문화관광 053-803-3881, tour.daegu.go.kr/kor

대구녹색소비자연대 053-983-9798, www.dgcn.org

대구올레 cafe.naver.com/culture803

동화사 053-982-0101, www.donghwasa.net

팔공산 도립공원 053-602-5900, www.gbpalgong.go.kr

팔공산케이블카 053-982-8801~3, www.palgong-cablecar.com

전통놀이문화 체험학교 '마당' 053-983-6519, www.i-i.or.kr

자연염색박물관 053-743-4300, www.naturaldyeing.net

웃골마을 053-428-9900

대구시민안전테마파크 053-980-7777, www.safe119.daegu.go.kr

### ★ 대중교통

[기차] KTX 서울역-동대구역, 10~20분 간격 운행, 1시간 50분 소요

[버스] 서울고속버스터미널-대구, 15~40분 간격 운행, 3시간 40분 소요

### ★ 자가운전

서울 출발 : 경부고속도로-영동고속도로-중부내륙고속도로- 북대구IC

부산 출발 : 남해고속도로→신대구부산고속도로→수성IC

### ★ 숙박

팔공산온천관광호텔 : 동구 용수동 89-16, 053-985-8080, www.palgongspa.co.kr

팔공파크호텔 : 동구 용수동 90-1, 053-985-0808, www.palgongpark.co.kr

팔공산맥섬석유스호스텔 : 대구시 동구 진인동 123-13, 053-985-8000, www.mssyh.com

### ★ 맛집

벙글벙글찜갈비식당 : 찜갈비, 중구 동인동 1가 322-2, 053-424-6881

고인돌 : 닭똥집, 동구 신암1동 596-4, 053-951-3238

고향식당 : 오리와 백숙, 정식, 동구 용수동 59-24, 053-982-1755, www.gh80.kr

뚜레박식당 : 어탕국수와 어탕수제비, 동구 덕곡동 744-2, 053-985-5644

연향이 머무는 뜨락 : 연잎두부와 연잎밥, 동구 진인동 228, 053-981-8200

### ★ 축제 및 행사

대구오페라축제 : 매년 10월, 053-666-6111~3, www.diof.org

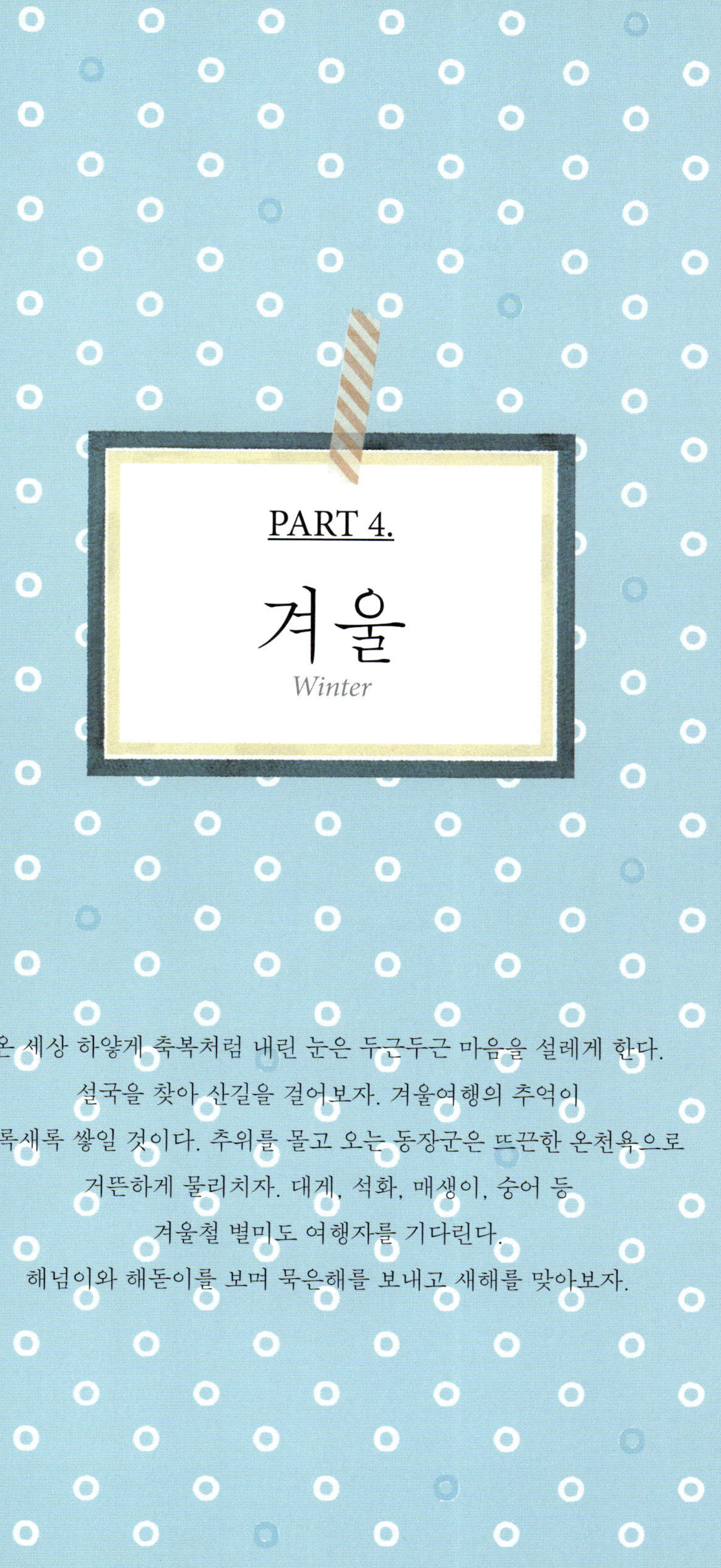


온 세상 하얗게 축복처럼 내린 눈은 두근두근 마음을 설레게 한다.
설국을 찾아 산길을 걸어보자. 겨울여행의 추억이
새록새록 쌓일 것이다. 추위를 몰고 오는 동장군은 뜨끈한 온천욕으로
거뜬하게 물리치자. 대게, 석화, 매생이, 숭어 등
겨울철 별미도 여행자를 기다린다.
해넘이와 해돋이를 보며 묵은해를 보내고 새해를 맞아보자.

# 은빛 세상으로 떠나는 겨울 여행

## 여행 내비게이션

**여행컨셉** 상고대 감상하며 눈꽃 트레킹
**추천일정** 1박2일
**Must Do** 1. 향적봉에 올라 상고대 감상하기
2. 향적봉대피소에서 컵라면 먹기
3. 반디랜드 곤충박물관 탐방하기
4. 와인동굴에서 머루와인 맛보기
**추천 교통** 자가운전
**추천 계절** 사계절

우리나라 12대 명산 중 하나인 덕유산은 향적봉(1,614m)을 중심으로 장장 100리를 뻗어나간다. 겨울이면 온 산이 하얗게 눈으로 뒤덮여 등산객들을 불러 모으는데, 한국 최고의 눈꽃트레킹 코스 가운데 한 곳으로 손꼽힌다.

덕유산은 상고대가 아름답기로 유명하다. 상고대는 나무나 풀에 눈처럼 내린 서리다. 영하 6도 이하, 습도 90% 이상일 때 상고대가 피는데, 안개가 많고 기온차가 심한 해발 1,500m 안팎의 고산지대에서 주로 볼 수 있다. 덕유산에서도 상고대가 가장 아름다운 곳은 정상인 향적봉 일대다. 설천봉에서 향적봉까지 이어지는 나무계단을 따라 상고대와 눈꽃이 화려하게 핀다. 마치 나무에 밀가루를 뒤집어 씌워놓은 것처럼 보이기도 하고 하얀 산호처럼 보이기도 한다.

향적봉으로 오르는 코스는 크게 2가지가 있다. 첫번째는 삼공탐방지원센터에서 출발해 백련사를 거쳐 오르는 코스, 두번째는 무주리조트에서 곤돌라를 타고 설천봉에 내려 향적봉까지 걸어가는 코스다. 등산을 겸할 목적이라면 첫번째 코스가 좋지만 가족을 동반한 산행객에게는 곤돌라를 이용하는 방법이 인기다. 곤돌라에서 내려 향적봉까지는 쉬엄쉬엄 걸어도 15~20분이면 닿는다.

정상인 향적봉 바위 위에서 만나는 덕유산 설경은 알프스를 무색하게 한다. 덕유산의 정상에는 거센 바람 때문에 큰 나무가 없다. 습기는 많고 바람은 거센 평원지역이라 산죽과 철쭉 같은 키가 작은 나무들이 군락을 이루고 있다. 그만큼 조망이 뛰어나다. 북으로는 황악산과 계룡산이, 서쪽으로는 운장산과 대둔산이, 남쪽으로는 지리산 반야봉이 버티고 있다. 동쪽으로는 가야산과 금오산이 펼쳐진다. 순백의 능선들이 어깨를 걸고 달려간다. 능선은 푹 꺼지기도 하고 다시 되잡아 채며 올라서기도 한다.

향적봉대피소를 지나 중봉까지 가보자. 중봉까지는 30~40분 거리. 방한복과 아이젠, 스패츠 등 기본 장비만 착용한다면 초행자들도 어렵지 않게 갈 수 있다. 향적봉대피소를 지나면서 주목과 구상나무가 적당히 섞여 있는 산길이 나타나는데 이곳의 눈꽃도 절경이다. 나무들은 손가락 굵기의 앙상한 가지에도 제 몸뚱이보다 더 두꺼운 눈살을 붙이고 있다. 검은 나무 둥치와 새하얀 눈이 대조를 이룬다. 중봉에 서면 굽이치는 남덕유 능선을 한눈에 조망할 수 있다.

### 무주구천동

덕유산 중에서도 가장 구불구불하고 긴 골짜기이다. 전설에 따르면 '9,000명의 스님이 깨달음을 얻은 곳'이다. '9,000명의 스님이 머물렀다'는 뜻의 '九千屯(구천둔)'이 오늘날 '구천동'이 됐다고 한다. 무주 설천면의 '雪川(설천)'도 9,000명의 스님이 밥을 지을 때마다 쌀뜨물이 시냇물을 하얗게 만들어서 그랬다는 것이다. 구천동계곡에는 33곳의 빼어난 경치가 있다. 제1경이 나제통문이고, 32경이 백련사, 마지막 33경이 향적봉이다.

### 반디랜드

무주태권도공원 인근에 자리한 반디랜드는 곤충박물관과 자연학교, 반딧불이생태복원지, 온실 등을 갖춰 가족단위 생태기행지로 인기를 얻고 있다. 누워서 우주를 보고 자연을 감상할 수 있는 돔 영상관과 입체 영화를 감상할 수 있는 공간도 있다. 낮에는 태양을, 저녁에는 행성과 성운 등을 관찰할 수 있는 반디별천문과학관도 함께 돌아보면 좋다. 800mm 나스미스식 주 망원경과 제어시스템, 13m 관측실(원형 돔), 3D 입체영상실, 전시관(1～3층) 등을 갖추고 있는데, 주간 프로그램과 야간 프로그램, 야간 천체관측 등을 운영해 다양한 행성을 관측할 수 있다.

### 무주 머루와인동굴

적상산 중턱에 있다. 무주양수발전소 작업터널로 사용되던 곳을 리모델링해 머루와인의 숙성, 저장 및 판매 공간으로 사용하고 있다. 머루와인 비밀의 문(270m)을 지나면 머루와인 카페와 저장고 등을 만나볼 수 있다. 머루와인 동굴에서는 숙성된 머루와인 시음 및 와인의 구매가 가능하다.

1 무주구천동계곡의 설경 2 반디랜드의 공룡 조형물 3 터널을 개조해 와인 저장 및 판매를 하는 머루와인동굴

## 1박2일 추천코스

무주리조트 — 곤돌라 — 15분 — 설천봉 — 도보 15분 — 향적봉 — 무주리조트(숙박) — 구천동 드라이브 — 30분

귀가 — 안국사 — 15분 — 머루와인동굴 — 30분 — 반디랜드



## 여행정보

**★ 웹사이트와 전화**

무주군 문화관광 063-320-2546
덕유산국립공원 063-322-3174, deogyu.knps.or.kr
무주리조트 063-322-9000, www.mujuresort.com
반디랜드 063-320-5670, www.bandiland.com
무주 머루와인동굴 063-322-4720, cave.mj1614.com

**★ 대중교통**

[버스] 서울-무주 : 서울남부터미널에서 무주까지 1일 5회 운행
대전-무주 : 대전동부시외버스터미널에서 무주까지 1일 15회 운행. 50분 소요

**★ 자가운전**

[서울-무주] 경부고속도로-비룡분기점-산내분기점-대전통영간고속도로-무주IC
[부산-무주] 남해고속도로-진주분기점-대전통영간고속도로-무주IC

**★ 숙박**

다숲펜션 : 설천면 삼공리, 063-322-3379
스노우밸리모텔 : 설천면 심곡리, 063-322-6678, www.snowvalleymuju.co.kr
귀빈장 : 무주군 설천면 삼공리, 011-490-7502

**★ 맛집**

금강식당 : 어죽, 무주읍 읍내리, 063-322-0979
별미가든 : 산채정식, 설천면 삼공리, 063-322-3123
구천동송어마을 : 송어회, 무풍면 삼거리, 063-322-0817

# 076
## 산야초마을
충북 제천시

# 몸과 마음에 약이 되는 힐링 체험

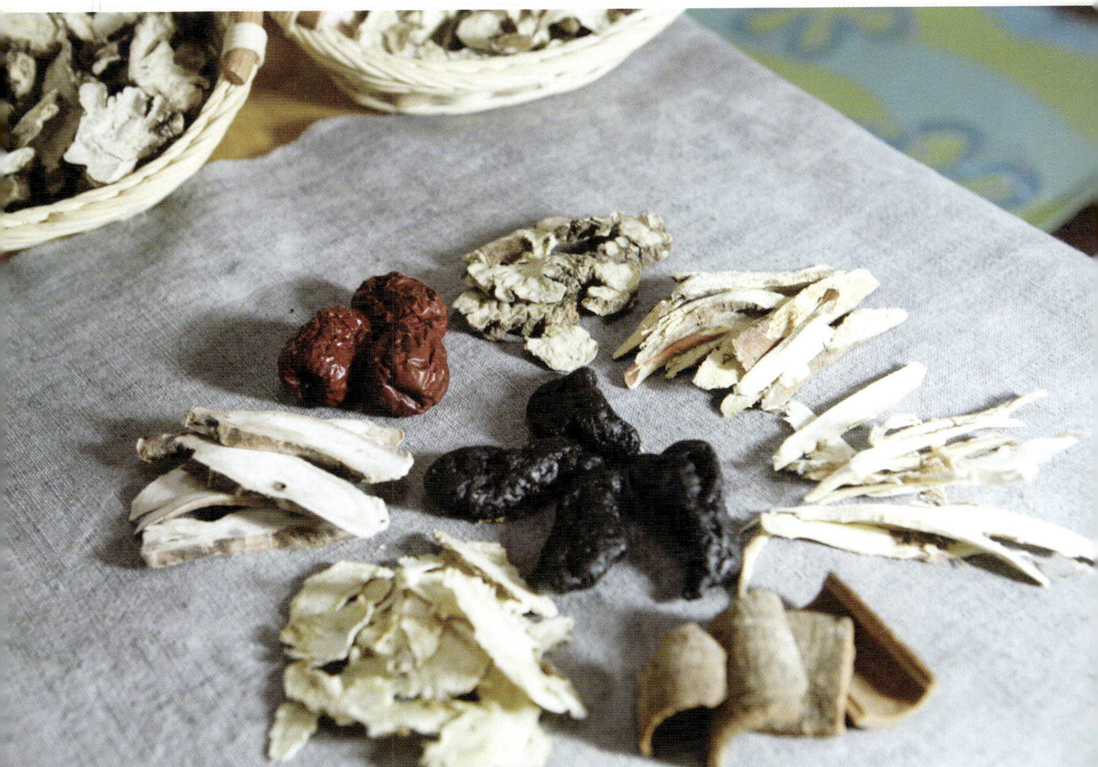

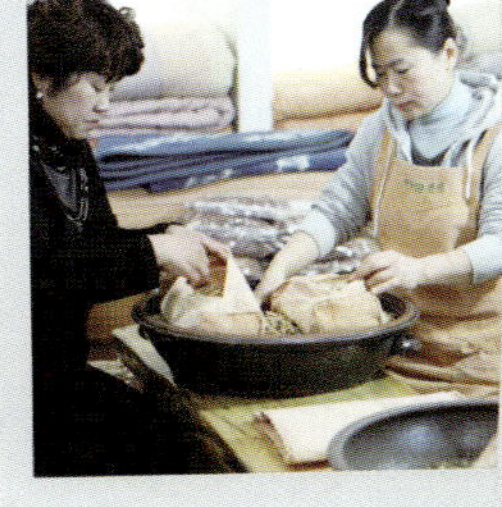

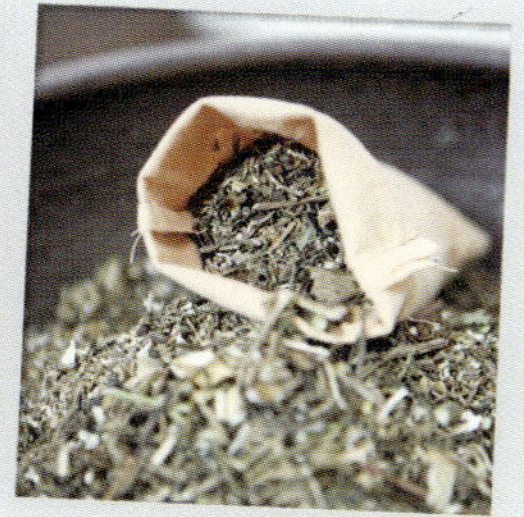

여행 내비게이션

**여행컨셉** 약초를 이용한 건강체험
**추천일정** 1박2일
**Must Do** 1. 약초화장품, 약초향낭 만들어 보기
2. 청풍문화재단지에서 수몰문화재 관람하기
3. 박정우 염색갤러리에서 천연염색 체험
4. 청풍호 자드락길 거닐기
5. 몸에 좋은 약채음식 먹기
**추천 교통** 자가운전
**추천 계절** 사계절

　제천 청풍호 인근에 자리한 산야초마을은 해마다 1만 명이 다녀갈 만큼 인기가 많은 체험마을이다. 인기 비결은 산에서 나는 약초다. 약초를 이용해 두부와 떡을 만들고, 몸에 좋은 비누와 연고, 한방차, 베개, 화장품 만들기 체험을 할 수 있다. 산수 좋은 곳에서 휴식을 취하며 몸에 좋은 약초로 생활에 필요한 것을 만들어 사용할 수 있으니 최고의 힐링 여행지다.

　산야초마을은 여느 농촌 체험 마을과 분위기가 다르다. 체험장과 민박이 모여 있고, 건물도 새로 지어 깨끗하지만 어쩐지 시골 느낌은 나지 않는다. 그럼에도 이 마을이 좋은 것은 친절함이다. 이들의 친절함에는 목청 높여 자랑하지는 않지만, 충청도 사람들의 심성처럼 그윽한 맛과 멋이 담겨 있다. 그래서일까, 약초의 알싸한 향이 친숙한 향기처럼 다가온다.

　이곳을 방문한 어른들은 건강에 관심이 많다. 그래서인지 약초 주머니, 약초 베개, 약초 비누, 약초 화장품, 약초차 만들기 등 몸에 이로운 체험을 즐긴다. 대표적인 한방차인 쌍화차 만들기는 당귀, 천궁, 숙지황, 황기, 대추, 작약, 감초, 계피, 생강 등을 저울에 계량하고 모시 보자기에 담으면 끝이다. 집에 가서 바로 끓여 마실 수 있다. 약초 주머니 만들기도 인기다. 약초의 쌉쌀하면서도 은은한 향이 머리를 맑게 해 방향제로 사용하면 제격이다. 잘게 썬 고수, 황기, 정향, 당귀 등을 적당량 모시 주머니에 담고, 예쁜 복주머니에 옮기면 완성된다. 약초 체험을 하는 시간은 짧지만, 몸에 밴 약초의 향은 오래 남는다.

　산야초마을에서는 다양한 농촌체험도 할 수 있다. 여름에는 산에 올라 약초를 캐고, 고구마와 감자 캐기 등을 할 수 있다. 겨울은 아궁이 불 때기, 장작 패기를 비롯해 두부와 인절미 만들기도 할 수 있다. 특히, 두부 만들기가 인기다. 잘 불린 콩을 맷돌에 갈기 시작하면 여기저기서 난리다. 저마다 자기가 해보겠다고 나서는 통에 한바탕 소란이 인다. 노란 콩을 넣고 손잡이를 돌리면 쓱쓱 돌아가는 맷돌도 재미있고, 잘 갈린 콩물이 나오는 것이 마냥 신기하다.

　두부를 만들기 위해 아궁이에 불을 지피는 것도 아이들에게는 신나는 놀이다. 장작을 들이밀 때마다 '타닥타닥' 소리를 내며 타들어 가는 장작 보는 재미도 쏠쏠하다. 아궁이에서 퍼지는 열기에 한겨울 추위도 잊은 지 오래다. 물이 팔팔 끓는 무쇠 가마솥에 콩물을 넣고 끓여 망에 거른다. 이어 간수를 부으면 서서히 굳으면서 두부가 만들어진다. 모든 과정이 아이들에게는 행복한 놀이다.

### 청풍문화재단지

청풍문화재단지는 청풍호와 제천 지역의 문화를 감상할 수 있는 최적의 장소다. 충주댐 건설로 수몰된 지역의 문화재를 한곳에 모아 조성했는데, 선사시대 고인돌부터 고가, 관아 등 볼거리가 많다. 고가에는 집주인이 사용하던 생활 유품 1,600여 점이 옛 모습 그대로 전시되었다.

### 박정우 염색갤러리

청풍문화재단지에서 선착장으로 내려가는 길가에 박정우 염색갤러리가 있다. 염색 회화를 감상할 수 있는 곳으로, 실크에 염료로 그림을 그리고 번짐을 막기 위해 파라핀을 녹여 덧씌운다. 도화지나 한지 대신 실크에 그림을 그려 색이 곱게 배어든 느낌이 몽환적이면서도 화려하다. 작가가 수작업으로 제작한 스카프, 커튼, 모자 등 생활 소품을 구입할 수 있고, 다른 작가의 미술 작품 전시회도 감상할 수 있다.

### 청풍호 자드락길

청풍호 물길 100리 중 호수를 중심으로 수려한 경관을 따라 걸을 수 있도록 조성된 길이다. 자드락길은 모두 7코스가 조성됐다. 그 중 2, 3, 6코스가 그림 같은 풍경을 벗하며 걷기 좋다. 2코스인 정방사 길은 1.6km로 거리가 짧다. 하지만 조망은 최고다. 정방사 마당에 들어서면 원통보전을 든든하게 받쳐주는 거대한 바위가 솟아 있고, 정면으로는 청풍호와 파도처럼 이어진 산들이 파노라마처럼 펼쳐진다. 3코스는 얼음골생태길이다. 능강계곡을 따라 돌탑길을 지나 만당암, 취적대를 올라 얼음골까지 이어지는 5.4km의 구간은 한여름에도 얼음이 생기는 신비로운 자연현상으로 여행객이 많이 찾는다. 6코스 괴곡성벽길은 옥순대교 앞 옥순봉 쉼터에서 시작해 괴곡리와 다불리를 지나 지곡리 고수골까지 9.9km에 이르는데, 멋진 조망과 다양한 식물군이 하모니를 이루는 최상의 코스다.

1 청풍문화재단지 내 관아 2 염색회화를 견학할 수 있는 박정우 갤러리 3 자드락길에서 바라본 옥순대교와 청풍호

## 1박2일 추천코스

## 여행정보

**★ 웹사이트와 전화**

제천시 문화관광 043–641–6702, tour.okjc.net
산야초마을 043–651–3336, sanyacho.go2vil.org
박정우 염색갤러리 043–644–4051, cafe.daum.net/dyeart
약초생활건강(약초체험) 043–651–3336, www.yakcholife.com
청풍문화재단지 043–641–6734

**★ 대중교통**

[기차] 서울역–제천역 : 무궁화호 하루 1회(18:05) 운행, 약 3시간
소요
청량리역–제천역 : 하루 16회(06:40∼23:15) 운행, 약 1시간
50분 소요
[버스] 서울고속버스터미널–제천 : 하루 20회(06:30∼21:00) 운행,
40∼50분 간격, 약 2시간 10분 소요
동서울종합터미널–제천 : 하루 31회(06:30∼21:00) 운행,
20∼30분 간격, 약 2시간 소요

**★ 자가운전**

중앙고속도로–남제천IC–82번 지방도 청풍 방면–청풍리조트–능강
솟대 문화공간–산야초마을

**★ 숙박**

베니키아호텔청풍 : 청풍면 청풍호로 1763, 043–640–7000,
www.cheongpungresort.co.kr
호수풍경펜션 : 금성면 청풍호로 1595–52, 043–642–8049,
www.greenlake.kr
퐁네프펜션 : 청풍면 청풍호로 2019, 043–653–5566,
www.pontneuf.kr

갈잎소 : 청풍면 청풍명월로 439, 043–646–6646,
www.galipso.com

**★ 맛집**

예촌 : 약채정식, 청풍면 청풍명월로 28, 043–647–3707
하마가든 : 닭백숙, 금성면 중전리 210, 043–651–5613
송강어가매운탕 : 쏘가리매운탕과 토종닭, 한수면 미륵송계로 1716,
043–651–8115
대보명가 : 약초밥상, 제천시 용두대로 287, 043–643–3050

**★ 축제 및 행사**

청풍호 벚꽃축제 : 매년 4월, 043–641–4870, www.jcac.or.kr
제천 국제음악영화제 : 매년 8월, 043–646–2242, www.jimff.org
제천 한방바이오박람회 : 매년 9∼10월, 043–642–0718,
hanbangbiofair.org

더 많은 정보는
요기!!

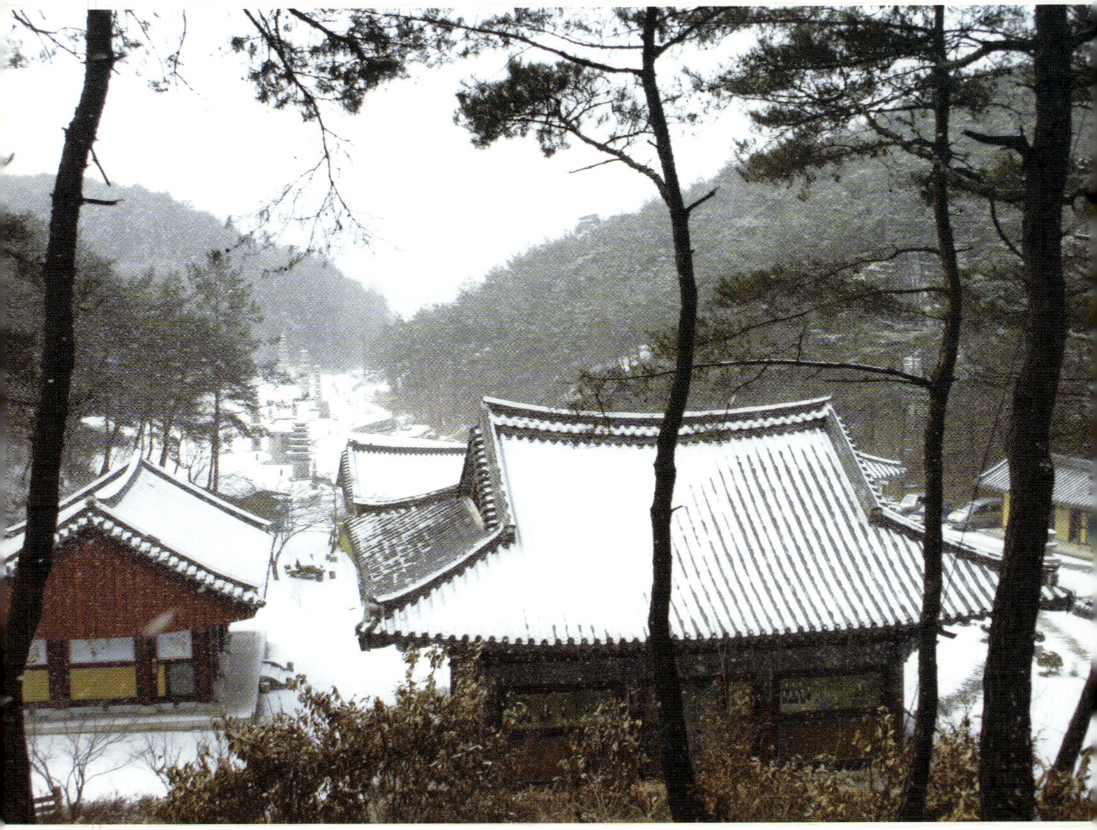

# 077

운주사

전남 화순군

# 천불천탑의 전설을 품은 절

여행 내비게이션

**여행컨셉** 한국에서 가장 신비로운 절 엿보고 탬플스테이 하기
**추천일정** 1박2일
**Must Do** 1. 운주사의 독특한 석불 감상하기
2. 3층으로 된 쌍봉사 대웅전 관람하기
3. 화순 고인돌공원 답사
4. 화순온천에서 온천욕 하기
**추천 교통** 자가운전
**추천 계절** 사계절

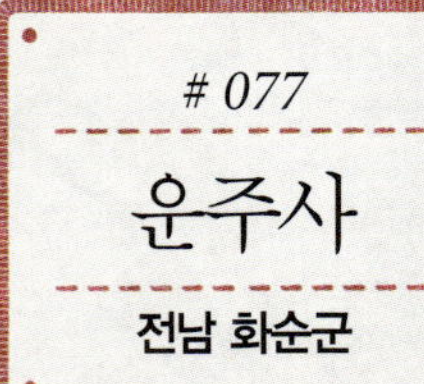

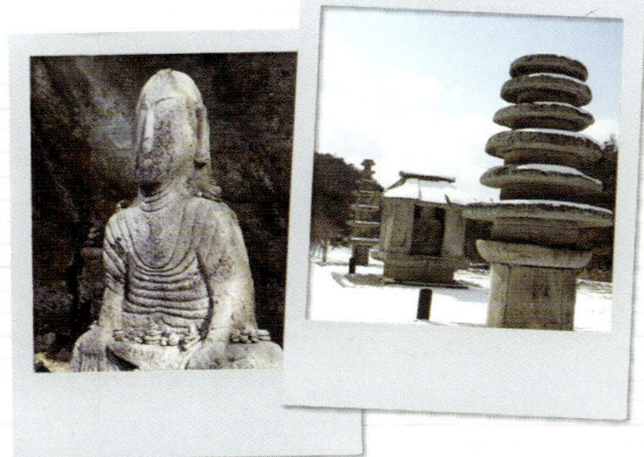

　화순 운주사만큼 독특한 절이 있을까. 운주사는 우리에게 천불천탑으로 널리 알려져 있다. 언제 어떻게 이렇게 수많은 부처들이 만들어졌는지, 기기묘묘한 석탑은 누가 세웠는지 신비에 쌓인 절. 그런 까닭인지 그럴싸한 전설도 깃들었고 수많은 문학작품의 소재가 되기도 했다.

　운주사의 주인은 절 곳곳에 놓인 불상들이다. 하나같이 크기도 다르고 얼굴 모양도 제각각이다. 홀쭉한 얼굴도 있고 동그란 얼굴도 있다. 코는 닳았고 눈매는 희미하다. 눈, 코, 입이 단순하게 선만으로 처리된 부처의 얼굴도 있다. 어떻게 보면 못생겼고 어떻게 보면 우습게 생겼기도 하다. 근엄한 표정은 찾아볼 수 없다. 하나같이 우리 이웃들의 얼굴을 보는 듯 소박하고 친근하다.

　불상만 그런 것이 아니다. 탑들도 특이하다. 절에서 흔히 보던 반듯하고 아름다운 탑과는 거리가 멀다. UFO를 닮은 탑도 있고 항아리를 닮은 탑도 있다. 부여 정림사지 5층석탑을 닮은 백제계 석탑, 감포 감은사지석탑을 닮은 신라계 석탑, 분황사지 전탑<sup>벽돌탑</sup> 양식을 닮은 모전계열 신라식 석탑도 있다. 층수도 다양하고 탑에 새겨진 문양도 독특하다. 탑신에는 절에서 흔히 쓰는 연꽃문양이 아니라 X, V, ◇, // 등의 그림이 그려져 있다.

　운주사에 현재 남아 있는 석탑은 21기, 돌부처는 100여 기다. 옛날에는 천불천탑이 있었다고 한다. 〈신증동국여지승람〉에는 '운주사는 천불산에 있으며 절 좌우 산에 석불과 석탑이 각 1,000기씩 있고, 두 석불이 서로 등을 대고 앉아 있다'고 적혀 있다. 일제 때까지도 지금보다 4~5배는 더 많았다고 한다.

　운주사 전체를 조망하려면 대웅전 뒤편 산 중턱 공사바위에 오르면 된다. 여기에서 볼 때 맨 뒤쪽에 우뚝하게 서 있는 구층석탑이 운주사의 중심탑이다. 높이가 10.7m로 운주사에서 가장 높다. 연화탑으로도 불리는 원형다층석탑(보물 제198호)도 보인다. 탑신이 둥그런 탓에 '도넛탑' '호떡탑'이라는 재미있는 별명으로도 불린다.

　운주사에는 도선국사의 전설이 얽혀 있다. 운주사에 천불천탑을 세우면 국운이 열릴 것으로 생각한 국사는 도력으로 하룻밤 사이 1,000기의 석탑과 1,000기의 석불을 세우기로 했다. 그런데 안타깝게도 동자승이 장난삼아 닭소리를 내는 바람에 한 쌍의 불상은 세우지 못했다. 이 한 쌍의 불상은 절 서쪽 산비탈에 있다. 남편불과 아내불이 솔숲에 사이좋게 누워 있다. 정식 이름은 '운주사 와형석조여래불'. 크기는 각각 12.7m와 10.3m로 국내의 와불 중에는 규모가 가장 크다. 이 와불이 일어서는 날이면 '새로운 세상'이 온다고도 전해진다.

### 쌍봉사

운주사 말고도 화순에는 가볼 만한 또 다른 사찰이 있다. 이양면 증리에 자리한 쌍봉사다. 대웅전, 극락전, 요사채, 해탈문 등 달랑 4채로 이루어진 작은 절집이다. 쌍봉사는 정확한 역사를 알기 어렵다. 곡성 태안사에 있는 혜철스님 부도비에 '신라 신문왕 원년(839년)에 쌍봉사에서 여름을 보냈다'는 구절이 있어 그 이전에 만들어진 것으로 추정할 뿐이다. 쌍봉사에서 가장 눈에 띄는 것은 대웅전이다. 3층 목조탑 양식으로 조선 중기에 세워졌다. 법주사 팔상전(국보 제55호)과 함께 국내에 두 개 밖에 없다고 한다. 지금 것은 1984년 불에 탄 것을 복원한 것이다.

### 쌍봉사 템플스테이

이왕 화순까지 내려갔다면 절에서 하루 이틀 정도 머물러 보는 것은 어떨까. 쌍봉사는 연중 템플스테이를 운영하고 있다. 절 아래 숲 속 공터에서 참선을 하다보면 바람이 지나가는 소리, 나뭇잎이 구르는 소리, 물 흐르는 소리까지 또렷이 들린다. 그렇게 한참 동안 숲의 소리를 듣고 있다 보면 어느새 자기 내면의 소리까지 들린다. 사경과 새벽예불, 트레킹, 다담 등의 프로그램이 마련되어 있다.

### 고인돌 공원

아이들과 함께라면 세계문화유산으로 지정된 고인돌유적지에도 가보자. 도곡면 효산리와 춘양면 대신리 일대의 계곡을 따라 약 10km에 걸쳐 596기의 고인돌이 분포해 있다. 고인돌의 축조과정을 보여주는 채석장이 발견되어 당시의 석재를 다루는 기술과 축조방법을 확인할 수 있다.

**1** 천불천탑의 신화를 간직한 운주사 **2** 세계문화유산으로 지정된 고인돌 공원 **3** 운주사로 드는 길목에 세워 놓은 석불들

## 1박2일 추천코스

## 여행정보

**★ 웹사이트와 전화**

화순군 문화관광 061-379-3503, www.hwasun.go.kr
운주사 061-374-0660, www.unjusa.org
쌍봉사 061-373-9041, www.ssangbongsa.com
고인돌공원 061-370-1303, www.dolmen.or.kr

**★ 대중교통**

[기차] 용산–광주 : KTX 수시 운행
목포–화순 : 목포역에서 화순역까지 경전선 하루 4회 운행
화순역 061-374-7788
[버스] 서울–화순 : 센트럴시티터미널에서 1일 2회(09:30, 15:40분)
고속버스 운행. 광주를 경유하는 코스도 편리. 광주터미널에서
화순행 시외버스로 환승

**★ 자가운전**

호남고속도로 동광주IC(제2순환도로)–소태IC(22번 국도)–너릿재터널–
화순읍(29번 국도)–화림 교 앞 삼거리–818번 지방도–운주사

**★ 숙박**

애니텔 : 도곡면 원화리, 061-375-7788
도곡미송온천호텔 : 도곡면 천암리, 061-375-9800
골드스파온천장 : 도곡면 천암리, 061-374-6006
앙코르모텔 : 화순읍 교리, 061-374-8819

**★ 맛집**

달맞이흑두부 : 두부, 동면 천덕리, 061-372-8465
색동두부 : 두부보쌈, 도곡면 원화리, 061-375-5066
수림한정식 : 한정식, 화순읍 신기리, 061-374-6560
약산흑염소가든 : 흑염소탕, 화순읍 삼천리, 061-373-9292

더 많은 정보는
요기!!

# 탄산 온천과 알칼리 온천을 동시에

## 여행 내비게이션

**여행컨셉** 온천도 즐기고, 약수도 마시고,
트레킹도 하고 건강 3박자 여행

**추천일정** 1박2일

**Must Do** 1. 오색약수 맛보기

2. 온천과 함께 찜질방 이용해 보기

3. 주전골에서 용소폭포까지 걸어보기

4. 송천떡마을에서 맛있는 떡 만들기

**추천 교통** 자가운전

**추천 계절** 겨울

　설악산 한계령을 넘어 굽이진 길을 내려오면 다섯 가지 맛이 난다는 오색약수와 탄산 온천과 알칼리 온천을 동시에 즐길 수 있는 오색온천을 만난다. 오색오천에는 여러 곳의 온천장이 있지만 가장 인기가 많은 곳은 오색그린야드호텔이다.

　오색온천은 톡 쏘는 듯 하는 탄산 온천과 몸을 부드럽게 해주는 알칼리 온천을 모두 즐길 수 있는 곳이다. 남녀로 구분되는 온천탕은 오색온천을 대표하는 탄산 온천탕과 알칼리 온천탕, 솔잎탕, 쑥탕, 노천탕 등을 갖추고 있다. 온천탕 입구에는 오색온천 원수가 있다. 해발 650m 남설악 온정골에 위치한 온천 원수는 예부터 만병통치로 이름이 높았고, 이 온천수에 목욕을 하면 미인이 된다 하여 미인온천이라고 불렀다. 일제강점기에는 고려온천이라는 이름으로 운영하기도 했다. 지금은 강원도에서 주변 숙박 시설에 온천물을 공급한다.

　오색그린야드호텔의 가장 큰 매력은 탄산 온천탕이다. 지하 470m에서 끌어 올린 탄산 온천은 호텔에서 자체 개발했다. 탄산과 중탄산, 칼슘, 철 등 인체에 유용한 성분이 풍부해서 동맥 질환, 신경통, 위장 장애, 스트레스 질환 치료에 효과적이며 피로 회복과 혈압 강화에도 도움이 된다. 특히, 피부 미용에 좋아 '여성의 탕', '미인의 탕'으로 불린다. 탄산 온천은 수온 27℃로, 탄산을 함유해 아침에 푸른색이던 물빛이 시간이 지나며 회색, 다갈색, 황토색 등으로 변한다. 탕에 들어가면 처음에는 차가운 듯하다가 점점 찌릿찌릿한 기운이 느껴지고, 5분 정도 지나면 온몸에 탄산 기포가 생기며 후끈거린다. 10~15분이면 탄산 온천의 효과를 만끽할 수 있다. 유효 성분이 체내에 흡수되도록 물기를 그대로 말리는 것이 좋다.

　알칼리 온천탕은 38~39℃ 미온천으로, 피부에 닿으면 미끄럽고 부드럽다. 나트륨, 칼슘, 중탄산 등 유효 성분이 많아 신경통, 관절염, 통풍 치료와 피로 회복 등에 효능이 있는 것으로 알려졌다. 온천탕은 불가마와 연결되어 찜질 효과도 누릴 수 있다. 특히, 불 한증막은 청정 지역에서 채취한 천연 황토와 제주 화산석을 이용해 노화 방지에 효과적이고, 강원도의 천연 소나무로 불을 지펴 방향 치료와 피로 회복에 좋다.

　온천을 즐긴 뒤 인근 오색약수에 가보자. 오색약수는 오색천의 너럭바위 암반에서 솟는 약수로, 1500년경 성국사의 승려가 발견했다. 성국사 뒤뜰에 핀 오색화의 이름을 따서 오색약수라 부른다. 탄산의 톡 쏘는 맛과 철분의 강한 맛이 나며, 위장병이나 소화불량, 빈혈 완화에 도움이 된다. 2011년에 천연기념물 529호로 지정되었다.

### 주전골 트레킹

오색약수부터 용소폭포까지 약 3.6km에 이르는 계곡을 주전골이라 부른다. 오래전 이곳에서 위조 화폐를 만들었던 것에서 유래된 지명이다. 오색약수에서 약수 한 잔 마시고 출발해 선녀탕, 금강문 등 주전골의 비경을 차례차례 만나는 계곡 트레킹을 즐길 수 있다. 트레킹 왕복 3시간 소요.

### 송천떡마을

양양 송천떡마을에서는 떡 만들기 체험을 할 수 있다. 마을에서 생산한 찹쌀로 밥을 지어 떡메로 친 뒤 콩고물에 버무리는 것으로, 한 시간 정도 걸린다. 떡 만들기 체험은 10명 이상일 때 가능하며, 하루 6회(오전 9시~오후 2시, 매시 정각) 진행한다.

### 오산리 선사유적박물관

신석기시대의 유적을 만나볼 수 있는 곳이다. 양양 오산리 유적은 1977년 '쌍호'라는 석호를 메워 농지로 만들기 위해 토사를 옮기던 중 발견되었다. 신석기시대 움집터와 불을 피우던 자리, 돌칼, 화살촉, 흙으로 빚은 얼굴, 빗살무늬토기 등 4,000점이 넘는 유물이 발견되어 사적 394호로 지정되었다. 전시관에는 토기 제작, 어로 생활, 수렵 생활 등 신석기시대 생활 모습과 양양, 강릉, 고성 등 강원 영동 지역의 다양한 유물을 만나볼 수 있다.

### 하조대

양양에서 주문진 방면으로 7번 국도를 따라 내려가다 보면 있다. 해변에 기암절벽이 우뚝 솟고 노송이 그에 어울려서 경승을 이루고 있다. 절벽 위에 하조대라는 현판이 걸린 작은 육각정이 있다. 조선의 개국공신인 하륜과 조준이 이곳에서 만년을 보내며 청유하였던 데서 그런 명칭이 붙었다. 2009년 12월 9일 명승 제68호로 지정되었다.

1 오색약수에서 약수를 떠먹는 모습 2 송천떡마을에서 떡메치기 체험을 하는 어린이들 3 오산리 선사유적박물관의 실내전시실

## 1박2일 추천코스

## 여행정보

**★ 웹사이트와 전화**

양양군 문화관광 033–670–2724, tour.yangyang.go.kr
송천떡마을 033–670–8977, 7020, songcheon.invil.org
오산리 선사유적박물관 033–670–2442, 2446, www.osm.go.kr

**★ 대중교통**

[버스] 서울–양양, 서울고속버스터미널에서 40~120분 간격
(06:30~23:30) 운행, 약 3시간 소요
동서울종합터미널에서 하루 17회(06:30~18:30) 운행,
약 2시간 30분 소요
양양에서 오색행 버스 하루 11회(06:15~19:40) 운행
양양시외종합터미널 033–671–4411
강원여객 033–671–3013

**★ 자가운전**

서울춘천고속도로 동홍천IC–인제 방면 44번 국도 우회전–한계령
휴게소–남설악탐방지원센터 삼거리에서 오색약수온천 방면으로 우
회전–오색그린야드호텔

**★ 숙박**

오색그린야드호텔 : 서면 대청봉길, 033–670–1000,
www.greenyardhotel.com
힐하우스 : 강현면 동해대로, 070–8817–2883,
www.hillhouse.ne.kr
미천골자연휴양림 : 서면 미천골길, 033–673–1806,
www.huyang.go.kr
대명쏠비치호텔&리조트 : 손양면 선사유적로, 1588–4888,
www.daemyungresort.com/sb

약수온천모텔 : 서면 대청봉길, 033–672–8881,
www.hot–spring.com
설악온천장 : 서면 대청봉길, 033–672–2645,
www.sorakjang.com

**★ 맛집**

범부메밀국수 : 메밀국수, 서면 고인돌길, 033–671–0743
수림식당 : 도치찌개, 양양읍 남문7길, 033–672–4253
통나무집식당 : 통나무정식, 서면 약수길, 033–671–3523
달래촌 : 약산채밥상, 현남면 화상천로, 033–673–2201
천선식당 : 뚜거리탕, 양양읍 남대천로, 033–672–5566

**★ 축제 및 행사**

해맞이축제 : 1월 1일 낙산사, 낙산해변, 동해신묘

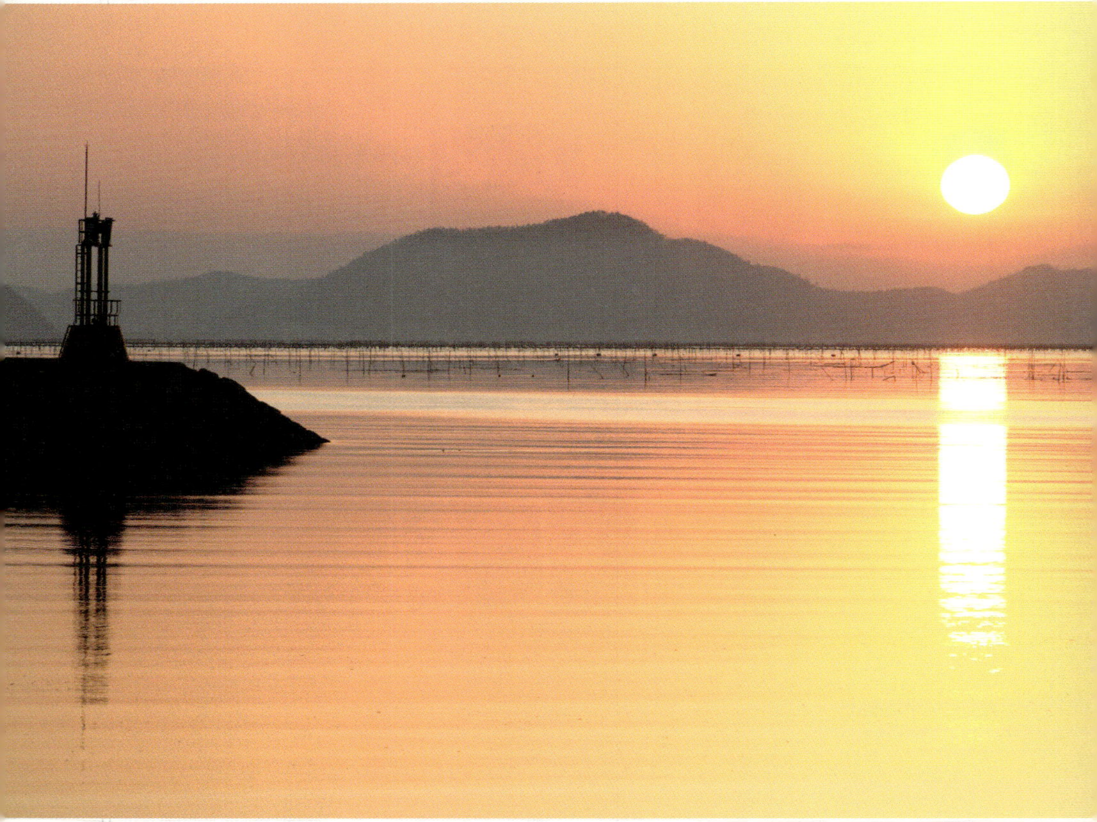

# 079

## 땅끝해뜰마을

전남 해남군

# 해 뜨고 지는 겨울 마을 풍경 속으로

여행 내비게이션

**여행컨셉** 바닷가 마을에 머물며 일몰과 일출 감상하기

**추천일정** 1박2일

**Must Do** 1. 달마산 도솔암에서 일몰 보기
2. 소원 담은 풍등 띄우기
3. 해뜰마을에서 일출보기
4. 월동배추밭 돌아보기

**추천 교통** 자가운전

**추천 계절** 겨울

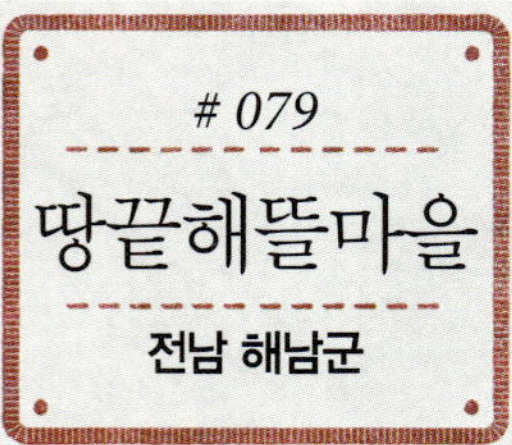

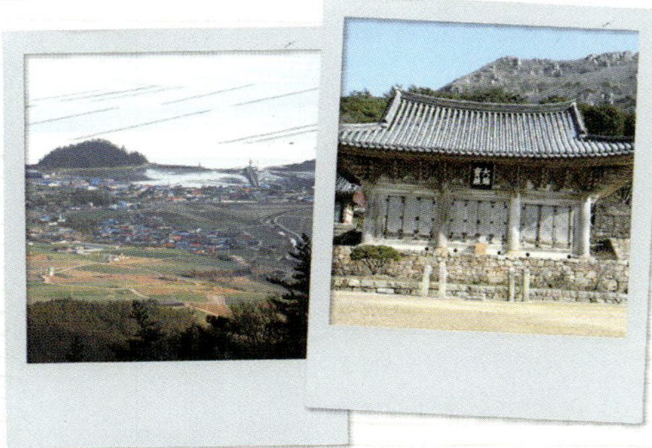

전남 해남 동쪽 해안에 자리 잡은 영전리는 해돋이와 해넘이를 모두 감상할 수 있는 마을이다. 땅끝해뜰마을이라는 이름이 딱 어울리게 바다를 향해 온몸을 여는 마을의 풍광이 그림 같다. 100여 가구가 모여 사는 이곳은 황토에서 자라는 배추와 마늘 등의 농산물과 바다에서 나는 해산물로 사계절 풍요롭다.

어깨가 움츠러드는 겨울이지만 땅끝해뜰마을은 어느 때보다 활기가 넘친다. 마을 뒤 밭이랑에는 해풍을 맞으며 자란 월동 배추가 마지막 수확을 기다리고 있다. 양식장에서 막 건져 올린 김을 실어 나르는 차량도 분주히 오간다.

땅끝해뜰마을을 찾은 여행객도 활기찬 기운을 듬뿍 받을 수 있도록 다양한 프로그램이 마련되어 있다. 낮에는 월동 배추로 담근 김치를 맛보고, 저녁이면 마을 사무소에 모여 풍물을 즐긴다. 소원 담은 풍등도 띄워 올린다. 아이들은 마을 앞 갯벌에 나가 바지락을 캐느라 시간 가는 줄 모른다. 바다에서 건진 김을 체에 떠 김을 만드는 체험은 어른들에게도 특별한 시간이다. 땅끝해뜰마을에서 만든 김은 예부터 명성이 자자해 대부분 일본으로 수출되었다고 한다. 지금은 기계가 사람의 손을 대신하지만 그 맛은 여전하다.

땅끝해뜰마을의 자랑은 뜨고 지는 해를 온몸으로 맞을 수 있다는 것이다. 잔잔한 바다 위로 떠오르는 겨울의 태양은 한 해를 시작하는 이들에게 따뜻한 격려를 보내는 듯하다. 잠에서 깬 철새들도 붉은 바다에서 몸을 씻는다.

땅끝해뜰마을의 병풍, 해발 481m의 달마산에 오르면 멋진 해넘이를 감상할 수 있다. 마을 뒤로 이어지는 등산로를 따라 20여 분 오르면 깎아지른 벼랑에 아슬아슬하게 자리 잡은 도솔암에 이른다. '남도의 금강산'이라 불리는 달마산에는 수직으로 솟은 기암괴석이 파노라마처럼 펼쳐진다. 그 기암 절경의 남쪽 끝자락에 지어진 도솔암은 천년 고찰 미황사와 함께 달마산의 진경을 빛내는 연꽃과도 같다. 발을 내딛기도 조마조마한 작은 암자의 마당에서 사람들은 어깨를 맞대고 해넘이를 지켜본다. 드라마 〈추노〉, 〈내 여자 친구는 구미호〉가 이곳에서 촬영되었다.

### 미황사

미황사는 신라 경덕왕 8년(749)에 창건된 천년 고찰이다. 보물 947호로 지정된 대웅전 천장에는 1천 부처가 그려져 있는데, 이곳에서 세 번만 절을 올리면 소원이 이뤄진다고 한다. 1727년 그려진 미황사괘불탱(보물 1342호)은 1년에 한 번 대중에게 공개되는데, 그때 열리는 산사음악회도 유명하다. 대웅전을 배경으로 서 있는 달마산의 아름다움도 빼놓을 수 없다. 또 산길을 10분쯤 걸어 찾아가는 부도밭에서는 미황사의 선풍을 느낄 수 있다. 대웅전 주춧돌이나 부도에 새겨진 게, 물고기 같은 바다생물의 조각을 찾아보는 재미도 있다.

### 우수영국민관광지

임진왜란의 최대 격전지인 명량대첩의 현장을 둘러볼 수 있는 명소다. 명량대첩은 울돌목의 지형을 이용해 우리 수군의 배 13척으로 왜군의 배 133척을 물리친 역사적인 전투다. 충무공어록비와 명량대첩기념탑, 전시관 등을 통해 이순신 장군과 명량대첩의 이모저모를 살펴볼 수 있다. 인근의 명량대첩비도 꼭 들러보자. 보물 503호로 지정된 해남 명량대첩비는 명량대첩을 승리로 이끈 이순신 장군의 공을 기리기 위해 조선 숙종 때 세운 것이다.

### 해남공룡박물관

해남공룡박물관(우항리 공룡 화석 자연사 유적지)는 어린이를 동반한 가족 여행객이 놓치지 말아야 할 탐방지다. 공룡과 익룡, 새의 발자국이 한 지층에서 발견된 세계적으로 유일한 화석지이자, 대형 공룡의 정교한 발자국이 남아 있는 곳이다. 우리나라 최대 규모를 자랑하는 해남 공룡박물관에서는 실물 크기의 공룡과 뼈 화석, 다양한 전시물을 만날 수 있다. 화석이 발견된 지층과 대형 공룡의 발자국을 선명하게 볼 수 있는 야외 전시관, 대형 공룡 모형들로 구성된 테마파크는 해남 공룡박물관 최고의 자랑이다.

1 불교남방전래설을 간직한 미황사의 대웅보전 2 3 명량대첩 격전지 우수영(위)과 명량대첩비 4 우항리 공룡화석지에 있는 공룡박물관의 야외전시실 5 해뜰마을에서 소원을 담은 풍등 날리기 체험을 하는 사람들

## 1박2일 추천코스

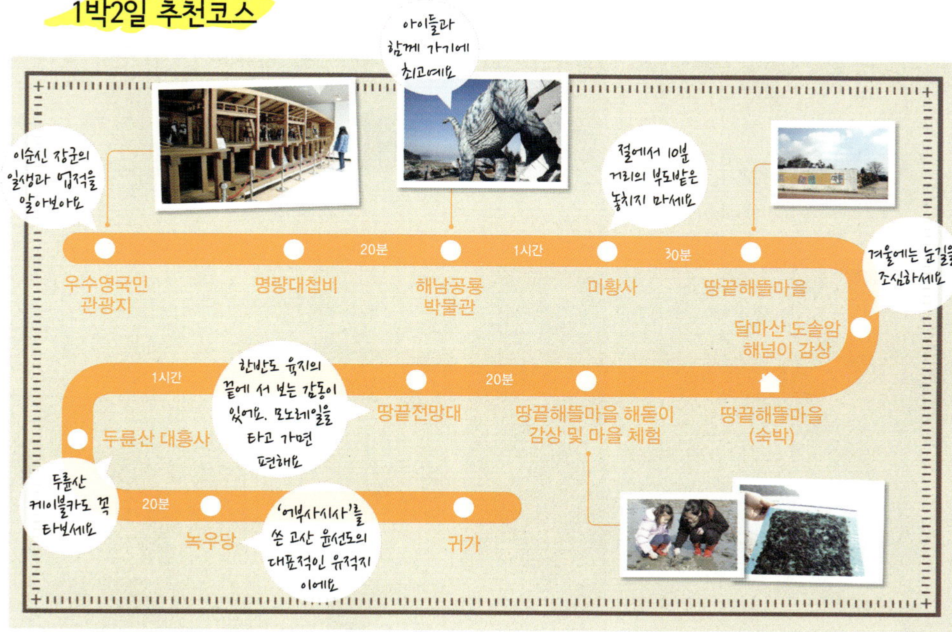


## 여행정보

### ★ 웹사이트와 전화

해남 문화관광 061–530–5918, tour.haenam.go.kr

땅끝해뜰마을 sunup.go2vil.org,

해남 공룡박물관 061–532–7225, uhangridinopia.haenam.go.kr

미황사 061–533–3521, www.mihwangsa.com

우수영국민관광지 관리사무소 061–530–5541

### ★ 대중교통

[기차] 용산–목포, KTX 하루 12회(05:20~21:40) 운행, 약 3시간 20분 소요

[버스] 서울–해남, 센트럴터미널에서 1일 7회(07:30~17:55) 운행, 약 5시간 10분 소요

동서울종합터미널에서 1일 5회(07:10~17:10) 운행, 약 5시간 50분 소요

센트럴터미널 1544–5551, www.centralcityseoul.co.kr

동서울종합터미널 1688–5979, www.ti21.co.kr

### ★ 자가운전

서해안고속도로 목포JC–영암순천고속도로 서영암IC–영암 · 목포 방향 영암로 따라 이동–월산교차로에서 완도 · 해남 방향 우회전–땅끝대로 따라 이동–남창교차로 강진 · 땅끝 방향 우회전–땅끝해안로 따라 이동–영전리 땅끝해뜰마을

### ★ 숙박

땅끝굿스테이모텔 : 송지면 땅끝마을길, 061–535–5001

토말하우스 : 북평면 땅끝해안로, 061–535–5959, www.tomalhouse.co.kr

해남땅끝호텔 : 송지면 땅끝해안로, 061–530–8000, www.해남땅끝호텔.kr

바다의향기 : 북평면 신흥길, 061–533–5333, www.sapension.com

바닷가모텔 : 송지면 땅끝해안로, 061–535–5757, www.badagamotel.com

함박골큰기와집 : 북평면 차경길, 061–533–0960, www.hambakgol.co.kr

### ★ 맛집

땅끝바다횟집 : 활어회와 전복 요리, 송지면 땅끝마을길, 061–534–6422, www.endland.co.kr

동산회관 : 활어회, 매생이와 전복 요리, 송지면 땅끝마을길, 061–532–3004

전라도한정식 : 한정식과 게장백반, 송지면 땅끝마을길, 061–535–3814

진일관 : 한정식, 해남읍 명량로, 061–535–5500

궁전회관 : 백반, 황산면 시등로, 061–533–3881

### ★ 축제 및 행사

땅끝 해넘이 해맞이 축제 : 매년 12월 31일~ 1월 1일

명량대첩 축제 : 매년 9월 말, www.mldc.kr

더 많은 정보는 요기!!

# 바다내음 가득한
# 과메기에 반하다

**여행컨셉** 포항의 명물 과메기 맛보며
해뜨는 마을 호미곶 여행
**추천일정** 1박2일
**Must Do** 1. 과메기 맛보기
2. 포항 명물 죽도시장 장보기
3. 호미곶 해맞이광장 산책
4. 구룡포항 적산가옥 거리 거닐기
**추천 교통** 자가운전
**추천 계절** 겨울

　　11월말부터 이듬해 2월까지 포항의 구룡포는 온통 과메기천국이다. 차가운 해풍에 과메기를 말리기 위해서이다. 구룡포는 한반도가 동해를 향해 툭 불거져 나온 장기반도에 자리하고 있다. 장기반도의 최동단인 일출명소 호미곶에서 경주방항 해안도로를 따라 내려가면서 바닷가는 온통 과메기덕장이다. 구룡포에 이처럼 많은 과메기덕장들이 있는 것은 구룡포 지역 일대가 차가운 북서풍과 바닷바람이 다각적으로 교차되는 곳이어서 온도, 습도, 바람 등이 과메기 건조에 최적의 조건이기 때문이다. 또 이곳은 과거에 청어가 많이 잡히던 곳이기도 하다. 과메기는 원래 청어를 새끼줄로 엮어 동해의 겨울 찬바람에 얼었다 녹기를 반복하며 꾸덕꾸덕 말린 것을 말한다.

　　과메기는 말리는 방법에 따라 맛이 달라진다. 예전 청어를 말릴 때는 잡은 생선 그대로 지푸라기에 엮어 바닷바람에 말렸다. 그렇게 하면 청어 내장의 기름과 맛이 몸통 안으로 스며들어 독특한 풍미를 품게 된다. 이 방법은 청어잡이 뱃사람들이 반찬으로 먹기 위해 지푸라기로 엮어 선창에 걸어두던 것에서 비롯됐다. 요즘은 통째 말리는 것보다 생선을 반으로 갈라 뼈와 내장을 빼고 말리는 '배지기'를 더 많이 사용한다. 이렇게 말리면 얇은 껍질만 벗겨내고 바로 먹을 수 있다. 과메기는 초고추장이나 쌈장에 찍어 생미역, 쪽파, 배추, 마늘, 고추와 함께 싸먹는데, 그 맛이 겨울 별미다.

　　장기곶에서 길을 따라 구룡포 과메기 덕장들을 돌아보다보면 심심찮게 '원산지 북태평양'이라는 표식을 볼 수 있다. 이는 한해 600억 원의 매출을 올리는 과메기를 앞바다에서 잡는 것만으로는 충당하기 어렵고, 찬 바다에서 자란 꽁치가 적당히 지방을 가지고 있어 좀 더 맛있는 과메기로 만들어지기 때문이라고 한다.

　　장기곶을 돌아본 뒤 포항 죽도시장 방문은 필수다. 죽도시장은 동해안 최대 재래시장으로 세상의 모든 해산물을 다 볼 수 있다. 과메기 상점은 기본이다. 국제협약에 따라 포경업이 금지된 뒤로 좀체 맛보기 어려워진 고래고기, 길이 1m의 타원형 물고기 개복치, 문어 등 포항의 별미들이 즐비하다. 활어회 시장에서 싱싱한 횟감을 사들고 인근 식당으로 가 맛있는 회와 시원한 매운탕을 먹을 수 있는 것도 장점. 모든 식당에서 과메기를 먹을 수 있는 것은 물론이다.

1 국립등대박물관의 해양생태관과 호미곶 등대 2 국립등대박물관 내부 전시실 3 호미곶에 있는 상생의 손 4 영일장기읍성의 성곽

### 호미곶광장

장기곶의 동쪽 끝이자 한반도 남동쪽 끝자락으로 해맞이 명소다. 호미곶에는 우리나라에서 가장 높은 26.4m 규모의 호미곶 등대와 국립등대박물관이 있다. 1903년 12월에 처음 불을 밝힌 호미곶 등대는 100여 년이 흐른 지금도 여전히 불을 밝히고 있다. 국립등대박물관은 우리나라와 해외 여러 나라의 등대에 대해 배울 수 있는 곳이다. 등대가 대부분 무인등대로 바뀌면서 이제는 사라진 60~70년대 등대지기들의 생활모습이 그대로 재현돼 있다. 20세기 초 등대의 불을 밝히기 위해 사용하던 석유등과 유리렌즈 등명기 등 각종 유물을 살펴보는 것도 재미있다. '등대지기'라 불리는 등대원들의 생활상을 디오라마로 재현해놓은 등대원 생활관도 흥미로운 공간이다. 광장에서 바다쪽으로 가면 바다로부터 솟구쳐 오른 조각작품, '상생의 손'을 볼 수 있다.

### 포스코역사관

세계 철강 산업의 선두에 서있는 포스코에서 운영하는 홍보관이다. 포항제철 공장 건설 초기부터 제철기기 모형 등 현장감 있는 다양한 전시물들을 볼 수 있다. 특히 사전 예약하면 자세한 설명을 들을 수 있다. 포항제철은 국가 기간 산업 시설이었던 만큼 철저하게 보안을 유지하는 장소여서 포스코역사관을 둘러보는 의미가 남다르다.

### 포항민속박물관

4,600여 점에 이르는 생활용구와 고서적, 관혼상제 의관류를 전시하고 있는 민속박물관으로 옛사람들의 생활상을 엿볼 수 있는 공간이다. 야외전시장의 석조물도 볼거리다. 흥선대원군의 명으로 세워진 척화비를 비롯해 600년 수령의 회나무가 눈길을 끈다. 조선시대의 관아건물이었던 제남헌을 그대로 보존하여 전시실로 운영하고 있는데, 전시실 자체도 문화재로 지정되어 있다.

### 내연산

포항에서 북동쪽에 솟아 있는 산이다. 높이는 930m로 높지는 않으나 계곡을 굽이치는 물길과 12폭포의 아름다움은 가히 절경이다. 수많은 시인과 묵객들이 찾아 글을 남기고 그림을 그렸는데, 특히 겸재 정선은 금강산보다 아름다운 경관이라 극찬했다.

## 1박2일 추천코스

## 여행정보

**★ 웹사이트와 전화**

포항시 문화관광 054-270-2371, phtour.ipohang.org

국립등대박물관 054-284-4857, www.lighthouse-museum.or.kr

포스코역사관 054-220-7720, museum.posco.com

죽도시장상인회 054-247-0180

**★ 대중교통**

[버스] 서울 고속버스터미널 경부선-포항, 하루 29회 운행, 4시간 40분 소요

광주고속버스터미널-포항, 하루 4회 운행, 4시간 소요

마산고속버스터미널-포항, 하루 5회 운행, 2시간 10분 소요

선산(하)휴게소-포항, 하루 25회 운행, 1시간 40분 소요

[비행기] 김포-포항 대한항공 3회 운항

아시아나항공 2회 운항

**★ 자가운전**

대구포항고속도로 포항IC-포항 시내-31번 국도 구룡포 방향-죽도시장-포스코-포항공항-925번 지방도 호미곶 방향-호미곶~도구 해수욕장까지 이어지는 장기반도 해안도로

**★ 숙박**

칠포파인비치 : 흥해읍 칠포리, 054-262-5600, www.pinebeachhotel.com

설록모텔 : 죽도2동, 054-277-0208, www.sulrok.com

죠이비즈텔 : 두호동, 054-242-3355, www.joybiztel.com

**★ 맛집**

삼거리회식당 : 아구탕, 장기면 양포리, 054-276-0229

새포항물회 : 물회, 대신동, 054-241-2087

경희상회 : 과메기, 죽도시장, 054-244-9410

**★ 축제 및 행사**

호미곶한민족해맞이축전 : 매년 12월 31일~1월 1일, 054-270-2253

더 많은 정보는
요기!!

**공현진 일출**
강원도 고성군

# 바위, 일출, 철새의 군무

## 여행 내비게이션

**여행컨셉** 바위를 배경으로 맞는
한적한 일출 여행

**추천일정** 1박2일

**Must Do**
1. 공현진 옵바위 일출 감상
2. 전통마을인 왕곡마을 방문하기
3. 송지호에서 철새 구경
4. 겨울 깊은 건봉사 둘러보기
5. 겨울 동해의 별미 도루묵찌개와
   도치회 먹어보기

**추천 교통** 자가운전

**추천 계절** 가을, 겨울

　고성군 공현진 포구는 새해를 맞는 일출 여행에 좋다. 해돋이, 철새 구경, 겨울 풍경 깃든 전통마을 나들이가 가까운 공간에서 이뤄진다.

　공현진 포구는 방파제 옆 옵바위 너머로 펼쳐지는 일출로 여행자들의 마음을 설레게 한다. 옵바위 일출은 추암, 정동진 등 강원도의 일출명소와 견줘 손색이 없지만 상대적으로 덜 알려진 게 매력이다. 인파로 북적이는 명소를 피해 호젓하게 사색을 즐기며 해돋이를 감상할 수 있다. 옵바위 일출이 진가를 발휘하는 것은 겨울철이다. 한겨울이면 공현진 방파제와 나란히 붙은 옵바위의 소담한 빈 공간 사이로 해가 뜬다. 공현진 해변은 이 때쯤이면 일출사진을 찍으려는 출사객들이 찾아든다. 숙소를 해변가에 잡았다면 창가에 서서 방안으로 밀려드는 붉은 기운에 취할 수도 있다.

　해돋이의 광경은 숙연하면서도 장관이다. 해가 뜨기 전부터 앞바다는 여명으로 채워진다. 새벽 일찍 바다로 나선 고깃배들이 검붉은 바다 위를 고즈넉하게 가로지른다. '끼룩'거리는 갈매기들의 신호와 함께 해는 떠오르기 시작한다. 얼굴을 사뿐히 내밀던 태양은 옵바위가 토해낸 듯 바위 틈 사이로 힘차게 떠올라 붉은 자태를 뽐낸다. 순식간에 온 바다가 붉게 물든다. 때마침 인근 송지호에서 날아오른 철새 무리가 붉은 하늘을 현란하게 채운다. 이곳 일출이 더욱 장관인 것은 뜻하지 않은 손님인 철새들의 겨울 군무가 어우러지기 때문이다.

　해가 떠오른 뒤 공현진 방파제로 나서면 일출의 배경이 됐던 옵바위에 직접 올라설 수 있다. 방파제 뒤편으로는 오가는 길이 뚫려 있다. 덩그러니 솟아 있는 갯바위에는 아직도 붉은 기운이 아련하게 전해진다. 이른 아침부터 배가 드나드는 인근 공현진 포구는 어부들이 그물을 손질하는 일상의 풍경으로 하루를 시작한다.

　새해 옵바위 일출여행이 의미 깊은 것은 인근에 송지호와 왕곡마을이 들어서 있어서다. 겨울 송지호에서는 철새구경을 할 수 있고, 왕곡마을에서는 아랫목 뜨끈한 전통가옥에서 하룻밤 묵을 수도 있다. 전날 왕곡마을에서 잠을 청한 뒤 옵바위 일출 구경에 나설 수도 있다. 옵바위, 송지호, 왕곡마을 등은 모두 승용차로 10분 거리에 위치해 있다.

## 송지호

울창한 송림과 청명한 물빛이 인상적인 호수다. 송지호에는 큰 고니, 민물 가마우지, 청둥오리 등의 겨울 철새가 날아온다. 호수 한 편에는 철새들을 찾아볼 수 있는 철새 관망타워가 우뚝 솟아 있다. 송지호에서는 호숫가를 따라 조성된 산책로에서 호젓한 산책을 즐기면 좋다. 호수 한가운데는 송호정이라는 정자가 들어서 있어 운치를 더한다.

## 왕곡마을

전통 한옥마을인 왕곡마을은 양근 함씨, 강릉 최씨, 용궁 김씨의 집성촌으로, 19세기를 전후해 건축된 북방식 전통 가옥들이 원형 그대로 보존된 곳이다. 마을길에 접어들면 초가지붕 위로 하얗게 눈이 쌓여 있고, 수십여 채의 전통 가옥 사이로 실개천이 흘러 과거로 회귀하는 듯한 착각을 불러일으킨다. 시골 향취 가득한 이곳에서는 전통 민박 체험도 가능하다.

## 화진포

겨울 상념에 젖기 위해서는 드라마 〈가을동화〉의 촬영지로 유명해졌던 화진포로 향한다. 겨울이면 호수 뒤로 병풍처럼 늘어선 설산이 수묵화 같은 풍경을 만들어내는 곳이다. 송지호와 함께 겨울 철새의 서식지로도 명성 높다. 화진포 호수 인근으로 화진포의 성(김일성 별장), 이승만 별장, 이기붕 별장 등이 들어서 있어 풍취를 더한다. 이 일대 최고의 전망 포인트는 김일성이 묵고 갔다는 화진포의 성이다. 이곳에서는 활처럼 휜 화진포 해변과 호수가 한눈에 내려다보인다.

## 건봉사

진부령 길에 위치한 건봉사는 화진포 너머 자태를 뽐냈던 금강산 줄기에 소담스럽게 담겨 있다. 고성팔경 중 1경인 건봉사는 전국 4대 사찰 중 한곳이며, 부처님의 진신치아사리가 봉안돼 있는 곳으로 알려져 있다. 새해 바다에서 느꼈던 숨 막히는 일출의 감동을 눈 덮인 산사를 거닐며 차곡차곡 추스르기에 좋다.

1 송지호에 있는 정자 송호정 2 북방식 전통가옥의 원형이 잘 보존된 왕곡마을 3 김일성과 이승만 별장이 있는 화진포 4 금강산 자락에 있는 건봉사 대웅전

## 1박2일 추천코스

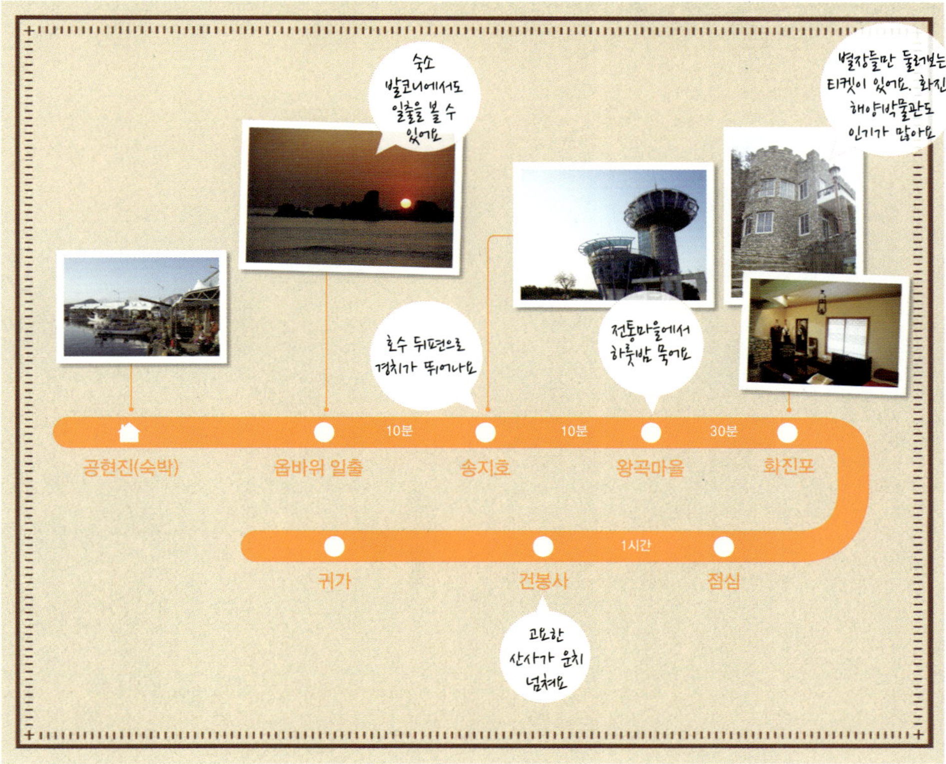

## 여행정보

### ★ 웹사이트와 전화

고성군 033-680-3361~3, www.goseong.org
왕곡마을 033-631-2120, www.wanggok.kr
고성군 관광안내소 033-680-3677
송지호 철새관망타워 033-680-3556

### ★ 대중교통

[버스] 동서울터미널-거진, 간성행 버스, 약 3시간 소요

### ★ 자가운전

경춘 고속도로 동홍천IC-44번 국도 인제 방향-한계령 내설악-진부령-간성읍내-공현진항(도로 결빙 시 진부령 대신 미시령 터널-속초-7번 국도-공현진항)

### ★ 숙박

금강산콘도 : 현내면 금강산로 416, 033-680-7800, www.mibong.co.k
옵바위모텔 : 죽왕면 공현진해변길 111, 033-632-8803, blog.naver.com/wind7899
설악썬밸리 : 죽왕면 삼포리 산134, 033-638-5362~3, www.soraksunvalley.co.kr

### ★ 맛집

자매해녀횟집 : 물회, 죽왕면 가진리 12, 033-681-1213
화진포 막국수 : 막국수, 거진읍 화진포길 21, 033-682-4487
일오삼 횟집 : 도루묵찌개, 죽왕면 해변길 87, 033-635-6679
성진식당 : 생태찌개, 거진읍 거탄진로 99-1, 033-682-1040

# 082
한라산 선작지왓
제주도 제주시

# 환상 속 설국을 만나다

여행 내비게이션

**여행컨셉** 한라산 눈꽃 트레킹
**추천일정** 1박2일
**Must Do** 1. 윗세오름대피소에서 컵라면 먹기
2. 만세동산에서 파노라마 사진 찍기
3. 백록담 분화구 주변 설국 감상하기
4. 겨울철 별미 방어회 먹기
5. 비자림이나 도순다원에서 겨울 속 봄 느껴보기
**추천 교통** 항공
**추천 계절** 겨울

사시사철 다른 멋을 보여주는 제주 한라산은 1월이면 '설국' 세상이다. 평원에 하얀 눈이 가득하니 새로운 시작을 앞두고 찾아보기 제격이다. 한라산의 아름다운 설경과 화사한 눈꽃을 감상하기에는 영실, 어리목 코스를 권할 만하다. 특히 선작지왓 평원을 가로지르는 영실 코스는 가장 짧은 코스여서 남녀노소 누구나 쉽게 이용할 수 있다. 등산기점인 영실휴게소에서 윗세오름대피소까지 3.7km에 불과하다. 이 때문에 겨울철에도 아이들을 동반한 가족 등산객들이 종종 눈에 띈다.

영실탐방안내소에서 영실휴게소까지 2.4km 거리의 찻길은 둘레길 마냥 걷기 편하다. 영실휴게소를 지나면 본격적인 산행이 시작된다. 아름드리 소나무숲을 지나면 몹시 가파른 비탈길이 시작된다. 숨이 턱밑까지 차오를 때쯤이면 영실기암을 만나게 된다. 해발 1,400m에서 1,600m 사이에 분포하는 영실기암의 괴석들은 형태에 따라서 오백나한, 비폭포, 병풍바위 등 다양한 이름이 붙여져 있다.

영실휴게소에서 1.5km 거리의 병풍바위를 지나서부터 만나는 풍광 또한 절경이다. 지구상에서 우리나라에만 있다는 구상나무 군락지가 펼쳐진다. 매서운 바람이 쉬지 않고 불어대기 때문인지 나무들마다 한쪽 방향으로만 무성하게 가지를 뻗은 점이 특이하다. '살아 백년 죽어 백년'이라고 표현되는 구상나무는 해발 1,400m 이상의 고산지대에 자란다.

구상나무 군락지를 벗어나면 곧장 선작지왓 평원이 펼쳐진다. 눈길의 부드러운 감촉을 음미하며 선작지왓 평원을 가로질러 노루샘을 지나면 어느덧 윗세오름대피소에 도착한다. 해발 1,700m대의 윗세오름은 '위에 있는 세 오름'이란 뜻이다. 백록담 아래의 붉은오름, 누운오름, 족은오름이 바로 그 세 오름이다.

윗새오름대피소 쪽에서는 백록담에 오를 수가 없다. 훼손이 심한 서북벽과 남벽 방향에 자연휴식년제를 도입하여 탐방을 통제하기 때문이다. 영실 코스로 되돌아가거나 돈내코 방면으로 하산할 수도 있다. 하지만 길이 4.7km에 2시간쯤 소요되는 어리목 코스가 상대적으로 안전하고 편안한 하산코스이다. 또한 한라산을 찾는 등산객들이 가장 많이 이용하는 코스이기도 하다.

어리목 탐방로로 하산하는 길에 지나는 만세동산과 사제비동산도 눈이 시릴 만큼 아름답다. 더군다나 지형이 평탄해서 산책하듯 발걸음이 가볍다. 만세동산에서 가파른 내리막길을 따라서 2.4km 가량 내려가면 어리목 탐방안내소에 당도한다.

### 제주국제평화센터

2005년 제주도가 '세계평화의 섬'으로 공식 지정된 것을 기념해 만들어졌다. 평화센터는 교류의 장, 나눔의 장, 정상들의 정원, 스타들의 정원 등 4개의 테마로 꾸며졌다. 이 가운데 눈길을 끄는 것은 밀랍인형으로 재현한 정상들의 정원과 스타들의 정원이다. 정상들의 정원은 고이즈미 총리와 벤치에 앉아 태극선을 들고 있는 노무현 대통령 등 제주를 방문했던 역대 대통령과 해외 정상들을 재현해 놓았다. 스타들의 정원에는 고두심, 전도연, 배용준, 서태지 등의 연예스타와 홍명보, 히딩크 감독, 에베레스트를 국내 최초 등반한 산악인 고상돈을 재현해 놨다.

### 도순다원

제주의 여행지 가운데 차밭은 특별하다. 겨울에도 푸른빛의 차이랑이 언덕을 따라 물결치는 모습을 볼 수 있다. 특히, 서광다원과 함께 제주의 차밭 가운데 최고로 치는 도순다원은 그 풍경이 으뜸이다. 도순다원은 맑은 날이면 한라산의 분화구가 한눈에 보인다. 겨울에는 백록담 분화구를 중심으로 눈부시게 빛난다. 푸른 차밭과 눈 쌓인 한라산이 빚는 풍경은 계절마저 헷갈리게 한다. 서귀포시에서 한라산 중산간에 위치한 도순다원은 찾아가는 길이 조금 복잡하다.

### 비자림

제주 오름의 왕국이라 불리며, 동부 중산간에 위치한 상록수림이다. 천연기념물 374호로 지정된 이곳에는 500~800년생 비자나무 2,570그루가 군락을 이루고 있다. 단순림으로는 세계 최대 규모다. 비자나무는 높이 7~14m, 지름은 50~110㎝에 이른다. 비자나무숲은 언제나 초록그늘이 내린다. 겨울이라고 예외가 아니다. 이 숲은 1992년 산책로를 조성하면서 세심하게 관리되고 있다. 비자림은 붉은색 화산토를 밟으며 가는 산책로가 정겹다. 그 길을 따라 10분을 가면 수령 800년이 넘은 '새천년 비자나무'와 마주한다. 높이 25m에 둘레는 6m에 이른다. 이 나무를 마주하고 나면 이제 돌아갈 시간. 산책로를 따라 20분을 거닐면 온몸에 푸른 물이 들만큼 숲 그늘이 짙다.

### 모슬포 방어

제주의 먹을거리 가운데 겨울 별미는 누가 뭐래도 방어다. 11월 중순부터 이듬해 3월까지가 제철인 방어는 마라도 앞바다에서 잡는다. 방어는 겨울이면 살이 많이 오르고 기름져 가장 맛이 좋다. 방어는 클수록 맛이 있다. 특히, 무게가 7~8kg에 이르는 대방어는 한 번 맛을 보면 그 맛을 잊지 못한다. 방어는 크기에 비해 가격이 상대적으로 저렴하다. 대방어 1마리면 10인 이상이 먹어도 충분하다. 모슬포 수협 어판장이나 모슬포의 식당에서 먹을 수 있다. 방어는 아이스박스에 포장해서 가져올 수도 있다.

1 세계 최대 규모의 비자나무 군락지가 있는 비자림 2 제주의 겨울철 별미 방어 3 도순다원과 눈 쌓인 한라산

## 1박2일 추천코스

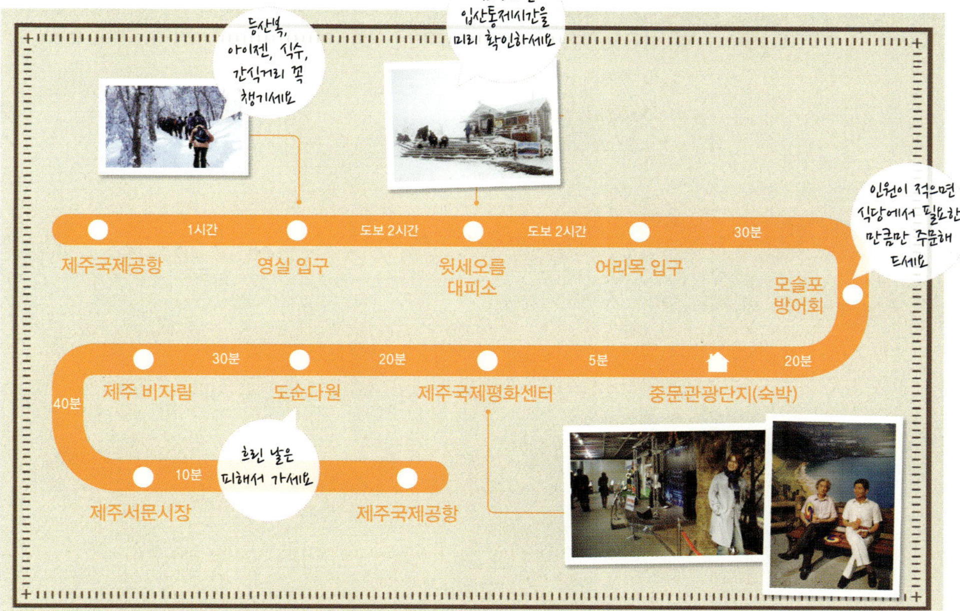


## 여행정보

### ★ 웹사이트와 전화

제주특별자치도 관광안내 064-740-6000, www.jejutour.go.kr
한라산국립공원 www.hallasan.go.kr
한라산국립공원 탐방안내소(어리목) 064-713-9953
한라산국립공원(영실탐방로) 064-747-9950
제주국제평화센터 064-735-6550, www.ipcjeju.com

### ★ 대중교통

[비행기] 서울-제주, 하루 70여회 운행, 1시간 소요
부산-제주, 하루 20여회 운행, 50분 소요
[버스] 제주시외버스터미널에서 740번 시외버스 이용, 영실 또는 어리목 하차

### ★ 자가운전

제주시 1139번도로(1100도로) 어리목 또는 영실 매표소

### ★ 숙박

다이아몬드텔 : 제주시 조천읍 조함해안로 492-5, 064-784-7400
에쿠스모텔 : 서귀포시 안덕면 화순중앙로 54번 길 5, 064-792-2341
디셈버호텔 : 제주시 삼무로 1길 15, 064-745-7800
다이아몬드호텔 : 제주시 삼무로 3길 34, 064-742-7744
호텔 EJ : 제주시 연동 제원 1길 19, 064-712-7880
늘송파크텔 : 제주시 원노형 5길 22, 064-749-3303
예하게스트하우스 : 제주시 삼도 1동 561-17, 064-713-5505

### ★ 맛집

덤장 : 회, 돔베고기, 갈치구이, 서귀포시 색달동, 064-738-2550
바이킹흑돼지 : 돼지 바비큐, 서귀포시 호근동, 064-739-0670
국수마당 : 고기국수, 제주시 일도2동, 064-727-6001

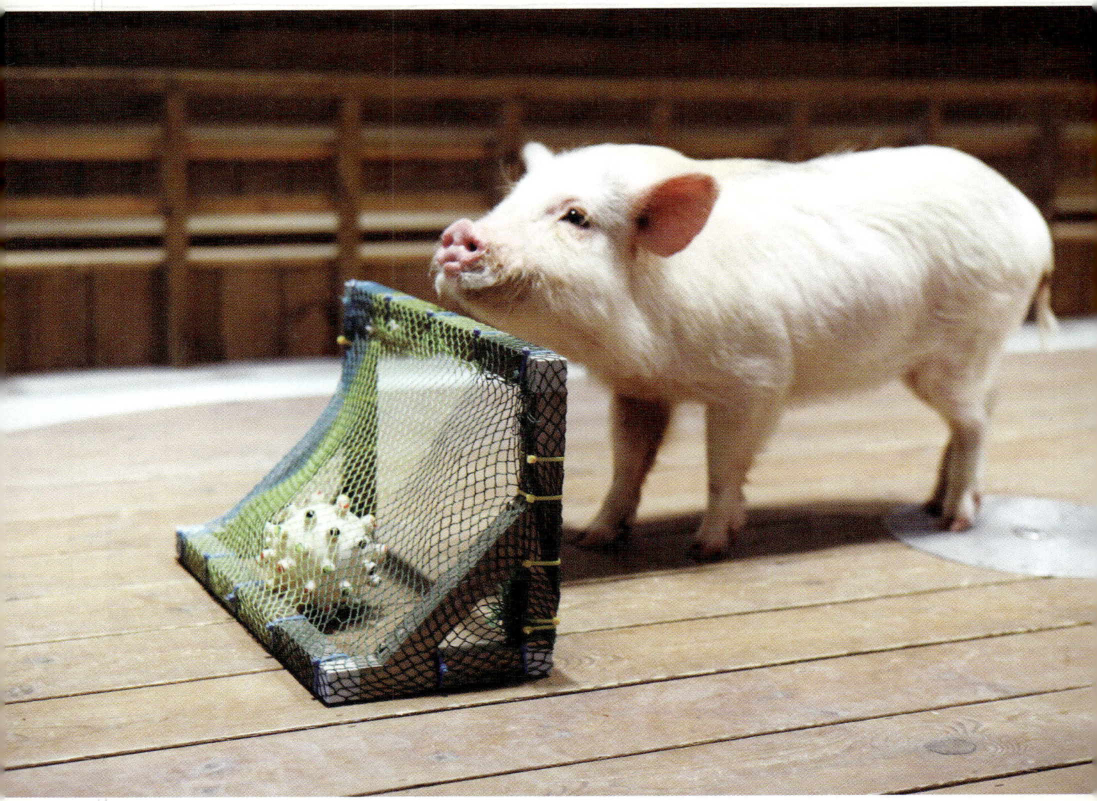

# 083
## 돼지박물관
경기도 이천시

# 돼지들의 묘기대행진에 푹 빠져보자

여행 내비게이션

**여행컨셉** 이색 테마파크에서 돼지들과 놀고 온천욕으로 피로 풀기

**추천일정** 당일

**Must Do** 1. 박물관 내 치유정원 산책하기
2. 소시지 만들어 먹기
3. 돼지 세밀화 그려보기
4. 테르메덴 온천수영장에서 물놀이 즐기기
5. 도예촌에서 도자기 감상하기

**추천 교통** 자가운전

**추천 계절** 겨울

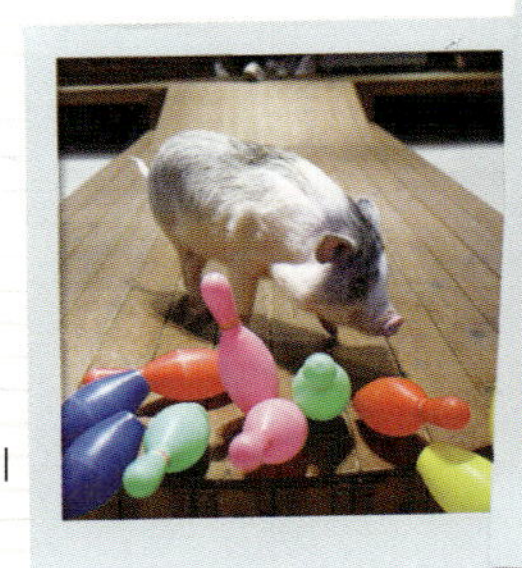

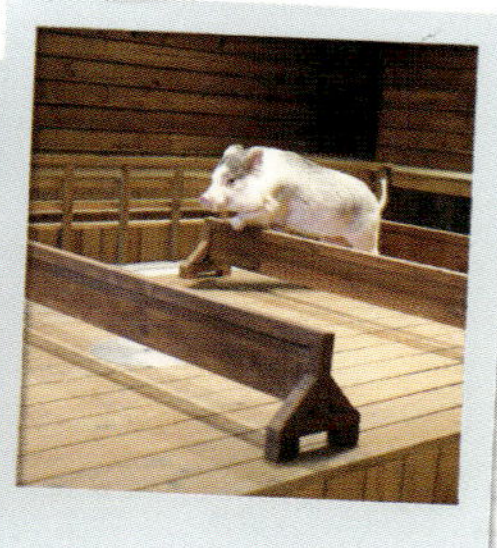

돼지에 관한 모든 것이 궁금하다면 이천 돼지박물관에 가보자. 돼지 인공수정사 이종영 촌장이 설립한 이곳은 돼지에 관한 모든 것을 보고, 배우고, 느끼는 체험 교육 농장이자 문화 공간이다. 돼지들의 운동회 공연을 즐겁게 관람한 뒤 소시지를 만들어보고, 돼지를 품에 안거나 먹이를 주는 이색 체험도 할 수 있다.

돼지박물관 전시실에는 돼지를 주제로 한 자료들이 가득하다. 전 세계 18개국에서 온 돼지 인형과 미술품 5,000여 점을 한자리에서 만나볼 수 있다. 전시실 관람을 마치면 교육장으로 향한다. 이곳에서 돼지들의 생활을 관찰하고 그들의 숨결을 느껴본다. 돼지의 한살이를 직접 체험하면서 '먹을 것만 밝히는 더러운 동물'이라는 인식을 바로잡는 계기가 마련된다.

이종영 촌장은 "돼지는 자라는 환경이 널찍하면 잠자는 곳, 먹는 곳, 배설하는 곳을 구분할 줄 아는 가축"이라면서 "여러분이 정육점이나 고깃집에 가서 주문할 때 행복한 환경에서 자란 행복한 돼지를 달라고 해야 사육 환경이 개선될 수 있을 것"이라고 말한다.

미니 돼지들의 묘기 대행진에 앞서 사육사가 설명한다. "미니 돼지 '해피'는 방석 위에 예쁘게 앉을 수 있어요. 해피는 제가 공을 멀리 굴리면 다시 물고 제 앞으로 돌아오는 놀이를 한 다음 그 공을 정리함에 넣는 것도 잊지 않는답니다. 운동회에 출연하는 돼지 중 유일한 수퇘지 '카리스마'는 관람객의 박수와 함성에 힘입어 장애물 경기를 멋지게 보여줍니다. 장애물 경기에 이어 볼링 핀을 한 번에 쓰러뜨리는 스트라이크도 통쾌하게 해냅니다."

돼지 공연에서 묘기를 부린 돼지들은 건빵을 먹을 수 있다. 먹을 것에 약한 돼지의 속성을 그대로 보여준다. 축구를 좋아하는 '꿀순이'는 여러 장애물을 용케 피하면서 골대에 골을 넣는다. 그걸 보고 관객들은 환호성을 지른다. 마지막으로 등장하는 '미스 진'은 가장 예쁘다는 평을 받는 돼지. 날렵한 몸매를 자랑하며 가방 속에 들어갔다가 탈출하는 묘기를 펼친다. 미스 진은 공연이 끝나면 관객에게 사진 찍을 수 있는 시간도 준다.

공연장 밖으로 나오면 교육관과 기념품 판매점 중간 나무 데크에서 20여 마리 돼지들에게 먹이를 주거나 가슴에 품고 기념사진을 찍을 수 있다. 돼지박물관을 찾은 어린이들이 가장 행복해하는 시간이다.

### 이천테르메덴

2006년 문을 연 독일식 온천리조트이다. 지금의 온천시설에서 1.5km 떨어진 곳에 5개의 온천공이 뚫려 있고, 이곳에서 하루 1,500톤의 온천수가 공급된다. 원탕의 온도는 섭씨 40도. 온천욕장 지하의 온천수탱크에 저장된 물의 수온은 섭씨 28도. 실내외 풀에 보낼 때는 섭씨 34도로 데운다. 노천탕과 온천욕장의 온천탕에 보내지는 물은 섭씨 40도를 유지한다. 수질은 단순천이다. 테르메덴의 시설은 크게 실외 온천풀과 실내 바데풀로 나뉜다. 800평 규모의 실외 온천풀 주변에서는 겨울이면 레몬탕, 가시오가피탕, 유자탕 등의 이벤트 탕이 운영된다. 모두가 노천탕이다. 봄에는 산수유탕과 꽃탕, 가을에는 국화탕과 쌀가루탕으로 변신한다. 또 가끔씩 커피탕, 맥주탕, 막걸리탕 등도 등장해서 호기심을 자극한다.

### 반룡송

아직 하늘에 오르지 못한 채 땅에서 웅크리고 있는 용을 반룡이라고 하는데, 반룡송은 그와 같은 형상을 한 소나무를 일컫는다. 백사면 산수유마을 인근의 이천 반룡송(천연기념물 제381호)도 하늘로 높게 키를 키우는 대신 옆으로 넓게 펴진 모습을 하고 있다. 수령은 약 480년이며 높이는 4.2m, 가슴높이 둘레는 1.8m이다. 이 나무는 영험한 나무라서 주변에서 문과 급제자들이 많이 배출됐고, 지금도 고시합격자가 많이 배출된다고 한다. 이천9경 중 하나로 손꼽힌다.

### 산수유마을

이천시 백사면 도립리, 송말리, 경사리 일대는 해마다 3월 말부터 산수유가 피어나기 시작해서 4월 10일 전후에 절정을 보인다. 이래서 산수유마을이라는 별명을 얻었고, 산수유꽃축제도 열린다. 축제 기간을 전후로 사진 애호가나 아마추어 화가들이 대거 몰려 그 아름다운 정경을 카메라와 캔버스에 담기 바쁘다. 이곳의 산수유는 수령이 족히 백년을 넘는다고 마을 사람들은 자랑한다. 산수유군락 사이에는 육괴정이라는 문화유적이 다소곳이 숨어 있다. 육괴정(향토유적 제13호) 주변에는 5백년 된 느티나무 몇 그루가 자라고 있어 고풍스러움을 더해준다. 송말리에 들어선 원적산 영원사는 신라 선덕여왕 7년(638) 해호선사가 창건했다고 한다.

### 이천도예촌

이천은 여주, 광주와 더불어 도자기로 유명한 고장이다. 이천시 사음동과 신둔면 일대, 3번 국도를 따라 양 옆으로 항산도예연구소 등 약 40여 개가 밀집, 이천도예촌을 형성하고 있다. 항산도예의 경우 도자기공예부문 대한민국 명장인 항상 임항택과 2대 전수자 임창랑씨가 명맥을 잇고 있다. 전시실로 가면 조선백자진사, 백자황금진사, 백자청화 등의 작품을 감상할 수 있다.

<u>1</u> 미란다 스파플러스의 실내 온천탕 <u>2</u> 이천세라피아의 조형물 <u>3</u> 이천 백사면에서 펼쳐지는 산수유축제

## 당일여행 추천코스

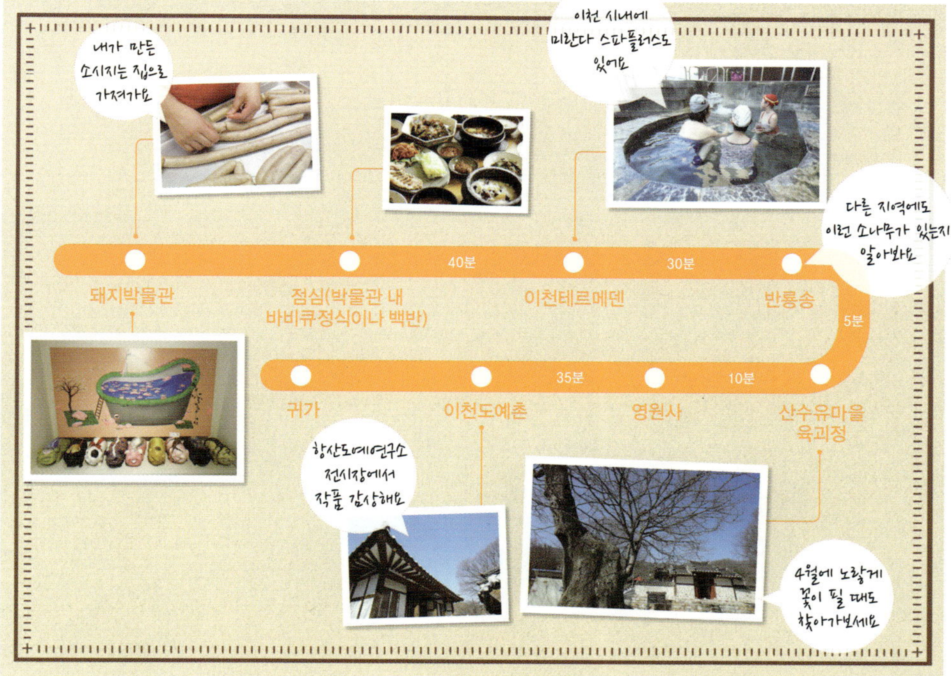


## 여행정보

### ★ 웹사이트와 전화

이천시 문화관광 031–645–1986, tour.icheon.go.kr
이천 돼지박물관 031–641–7541, www.pigpark.co.kr
이천테르메덴 031–645–2000, www.termeden.com
항산도예연구소 031–632–7173, www.hangsan.co.kr
산수유마을 영원사 031–632–4404

### ★ 대중교통

[버스] 동서울–이천, 고속버스 20분 간격 운행, 1시간 소요
동서울–장호원, 직행버스 20~30분 간격 운행, 1시간 30분 소요
이천–장호원, 직행버스 하루 약33회 운행, 50분 소요
장호원초등학교–월포4리, 25–5번 버스 이용(돼지박물관까지
도보로 약 10분)

### ★ 자가운전

중부고속도로–일죽IC–장호원 방면 좌회전–설성교차로–333번 지
방도–고당교–월포4리 표지석–돼지박물관

### ★ 숙박

하이원 호텔 : 경충대로 2529번길 1, 031–637–3100
오렌지하우스 : 마장면 지산로 238–12, 010–3694–7249
지산메이플콘도 : 마장면 해월리 산 28–1, 031–638–5940
제이제이하우스 : 마장면 지산로 197–25, 031–638–8847

### ★ 맛집

옥돌설렁탕 : 설렁탕, 어재연로 30, 031–632–6888
관촌순두부 : 순두부, 경충대로 2934, 031–635–6561
이천손칼국수 : 칼국수, 영창로 205, 031–635–6239
우촌숯불구이 : 한우, 증신로156번길 8, 031–636–0384

### ★ 축제 및 행사

설봉문화제 : 매년 10월 중순, 031–635–2316, www.cc2000.or.kr
산수유꽃축제 : 매년 4월 중순, 031–633–0100,
www.2104sansooyou.com

더 많은 정보는
요기!!

# 피부로 먹는 보약 '온천'을 즐기다

## 여행 내비게이션

**여행컨셉** 따뜻한 온천에 몸 담그고 유유자적하기
**추천일정** 1박2일
**Must Do** 1. 도고온천에 몸 담그고 수 치료시설 이용하기
      2. 영괴대와 온천리석불 돌아보기
      3. 세계꽃박물관에서 미리 온 봄 느끼기
      4. 온양온천시장 돌아보기
**추천 교통** 자가운전
**추천 계절** 가을~봄

충남 아산시는 온천 도시다. 이름난 온천이 3개나 있다. 신라 시대부터 왕의 온천으로 사용된 온양온천, 보양 온천으로 지정된 도고온천, 현대에 발견된 게르마늄 온천인 아산온천이 그것이다.

가장 오래된 온천 역사를 간직한 곳은 온양온천이다. 조선시대에는 왕들이 이곳에 온천 행궁을 짓고 머물렀을 정도다. 병을 치유하며 정사를 돌본 조선 왕들의 흔적도 있다. 영조와 함께 온양행궁을 찾은 사도세자가 무술을 연마한 장소를 기념하여 정조가 세운 영괴대다. 비석에 새겨진 '靈槐臺영괴대'글자는 정조의 친필이다. 온양온천은 온양온천역 앞 온양온천시장과 함께 자리하고 있다. 시장 주위에 온천탕들이 있다. 이중 1960년에 문을 연 신천탕은 44~60℃의 알칼리 온천수를 공급하는 원탕이다. 2005년에 온천 시설을 재정비했다.

약 200년 전부터 온천으로 사용되었다는 도고온천은 고故 박정희 전 대통령이 즐겨 찾았다. 충청남도 1호 보양 온천인 파라다이스스파도고는 35℃가 넘는 약알칼리성 유황 온천수를 사용한다. 가족 물놀이 시설과 넥샤워, 하이드로제트, 바샤월, 벤치제트 등의 수* 치료 시설, 전신의 피로를 풀어주는 테라피 마사지, 한방병원 온궁 등을 갖추었다.

이중 대전대학교 한방병원과 제휴하여 운영하는 온궁은 온양행궁의 정신을 잇는 장소다. 온천에서 피부를 통해 몸 안으로 전달되는 유익한 광물질을 받아들이면서 휴식을 취한 후에 이곳을 방문하면 체질에 맞는 치료를 받을 수 있다. 온천욕을 하는 동안 근육이 이완되어 치료 효과도 높아진다. 온천 곳곳에 전시된 미술품을 감상하는 것도 파라다이스스파도고를 찾는 즐거움이다. 파라다이스스파도고에는 카라반캠핑장이 있어 전원의 여유를 만끽하며 하루를 보낼 수 있다. 이 캠핑장에도 온천수를 즐길 수 있는 족욕탕이 마련되었다.

아산온천은 1987년에 발견, 1991년에 관광지로 지정된 알칼리성 중탄산나트륨 온천 단지다. 온천 단지를 대표하는 곳은 대중 온천탕이 있는 아산온천탕, 온천 물놀이 시설과 수 치료 시설을 갖춘 아산스파비스다.

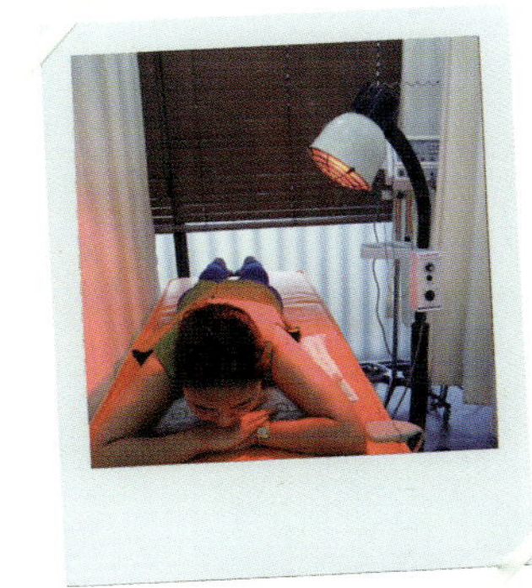

## 당림미술관

1997년 6월에 문을 연 당림미술관은 문화관광부 지정 충청남도 1호 미술관이다. 이곳은 이경렬 관장이 아버지 당림 이종무 화백과 함께 고향으로 내려오며 지은 화실에서 시작되었다. 이종무 화백이 작고한 뒤에는 이 화백의 작업 공간과 생활공간을 미술관으로 바꾸어 일반인에게 개방하고 있다. 전시된 작품을 감상한 뒤, 재해석해 그림으로 표현해 보기 등 다양한 미술 체험도 가능하다. 미술관 뒷산을 가볍게 산책할 수 있는 오솔길도 재미있다. 인근에 평촌리 석조약사여래입상(보물 536호)이 있다. 고려 때 조성된 장륙불상으로 섬세한 조각이 아름답다.

## 맹사성고택

우리나라의 오래된 살림집인 맹사성고택(아산 맹씨 행단, 사적 109호)은 조선 초 정승을 지낸 맹사성의 집이다. 원래 이 집의 주인은 고려 말 최영 장군이라 한다. 맹씨 행단이라는 이름처럼 집 마당에는 오래된 은행나무가 지키고 섰다. 고택에는 삼정승이 소나무를 3그루씩 심고 정자를 지었다는 구괴정과 사당이 있다.

## 세계꽃식물원

도고온천에서 멀지 않은 곳에 겨울에도 꽃을 볼 수 있는 세계꽃식물원이 자리한다. 화훼 단지를 운영하던 13농가가 뜻을 모아 2004년에 문을 열었다. 이곳에서는 꽃을 테마로 다양한 체험 활동을 한다. 말린 꽃으로 액자 만들기, 식용 꽃으로 만든 꽃비빔밥 먹기, 손수건에 꽃을 옮기는 꽃 손수건 만들기 등이다. 식물원의 모든 식물에는 상세한 설명글이 달렸다. 꼼꼼히 읽어보면 저절로 식물 박사가 된다.

1 아산 평촌리 석조약사여래입상 2 당림미술관 내부에서 미술수업을 하는 아이들 3 조선 초기 정승을 지낸 맹사성 고택 4 꽃을 테마로 다양한 체험을 할 수 있는 세계꽃식물원

## 1박2일 추천코스

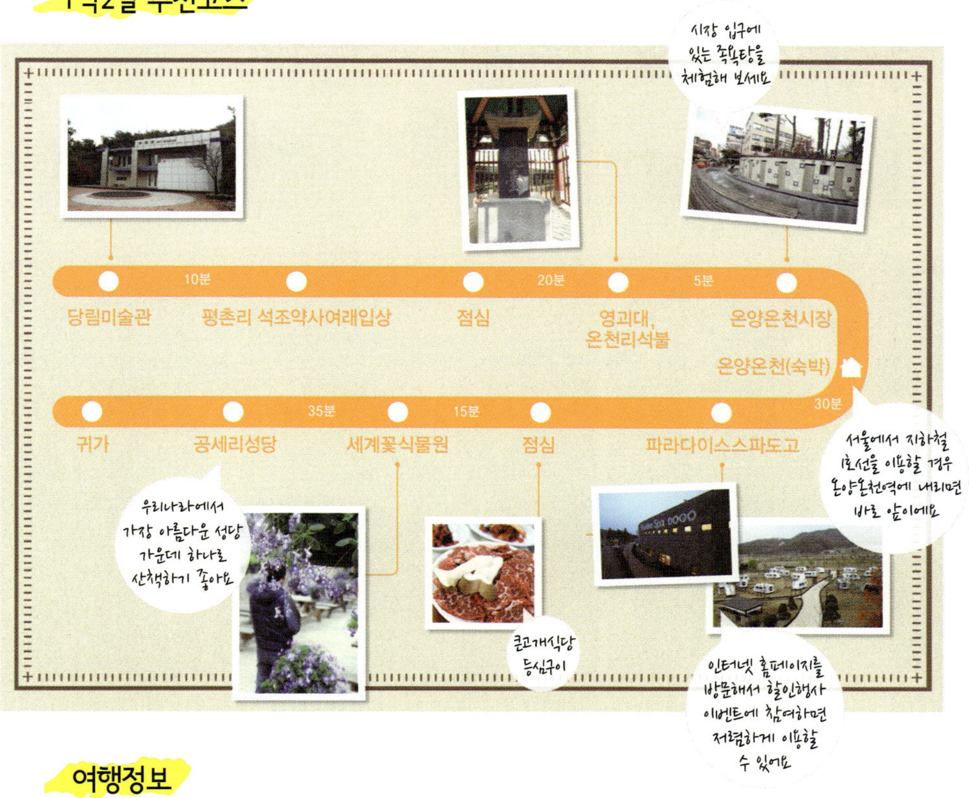

**10분** — **20분** — **5분**

당림미술관 — 평촌리 석조약사여래입상 — 점심 — 영괴대, 온천리석불 — 온양온천시장

온양온천(숙박)

**35분** — **15분** — **30분**

귀가 — 공세리성당 — 세계꽃식물원 — 점심 — 파라다이스스파도고









## 여행정보

★ **웹사이트와 전화**

아산시 문화관광  041-540-2689, www.asan.go.kr/culture

파라다이스스파도고 041-537-7100, www.paradisespa.co.kr

아산스파비스 041-539-2000, www.spavis.co.kr

신천탕 041-545-7777, www.shinchuntang.co.kr

당림미술관 041-543-6969, www.당림미술관.com

세계꽃식물원 041-544-0746, www.asangarden.com

★ **대중교통**

[기차] 용산역-도고온천역, 하루 9회 운행, 약 1시간 40분 소요

용산역-온양온천역, 하루 27회 운행, 약 1시간 30분 소요

[버스] 서울고속버스터미널-온양 · 아산 서부, 하루 24회 운행, 1시간 30분 소요

★ **자가운전**

경부고속도로 천안IC-21번 국도 예산 · 홍성 방향-읍내삼거리-순천향대학교-시전삼거리-파라다이스스파도고

★ **숙박**

리베라모텔 : 음봉면 아산온천로, 041-543-0567, www.asanrivera.kr

리빙텔 : 음봉면 아산온천로, 041-541-3423

팜스프링호텔 : 음봉면 아산온천로, 041-543-0188, www.hotelpalmspring.com

파라다이스스파도고 카라반캠핑장 : 도고면 도고온천로, 041-537-7100,

온양그랜드호텔 : 충무로, 041-543-9711, www.grand-hotel.co.kr

★ **맛집**

대복생고기 : 쇠고기, 시민로, 041-549-5422

온천정육식당 : 쇠고기와 돼지고기, 도고면 아산만로, 041-542-3429

여명회관 : 한정식, 충무로, 041-534-7777

어랑추어탕 : 추어탕과 비빔밥, 음봉면 아산온천로, 041-543-2378

큰고개식당 : 쇠고기, 염치읍 염성길, 041-541-3391

★ **축제 및 행사**

온천대축제 : 매년 10월경, 온양 · 도고 · 아산온천 일대

찰칵!

더 많은 정보는 요기!!

# 겨울 가운데서
# 봄맛을 누리다

## 여행 내비게이션

**여행컨셉** 와인터널에서 봄날 같은 기운을 느끼고
푸릇푸릇한 미나리 맛보기

**추천일정** 1박2일

**Must Do** 1. 와인터널 탐방한 뒤 감와인 시음하기
2. 청도 미나리와 함께 삼겹살 구워 먹기
3. 청도소싸움 구경하고 테마파크에서 소와 줄다리기 해보기

**추천 교통** 자가운전

**추천 계절** 겨울

소싸움축제로 잘 알려진 경북 청도군은 물 맑고 공기 맑고 인심 좋은 곳이다. 산으로 둘러싸인 도시의 아늑함과 단층으로 이어지는 농가의 지붕선, 곳곳에 자리한 고택과 문화유산들이 어우러져 단아한 도시정취를 맛볼 수 있는 곳이기도 하다. 청도에는 한겨울 매서운 추위도 아랑곳 않고 봄을 전하는 공간들이 있다. 연중 봄날 같은 온도를 유지하는 와인터널과 때 이른 제철을 맞이하는 미나리마을, 한재가 그 주인공이다.

화양읍 송금리에 자리한 와인터널은 1904년 대한제국 말기 경부선 철도용으로 만든 터널이다. 100년이 넘도록 사용하지 않던 터널을 다시 살아 숨 쉬게 한 것은 감와인을 개발한 청도감와인(주)이다. 터널 안으로 들어서면 붉은 벽돌을 둥글게 쌓아올린 터널의 구조를 상세히 살펴볼 수 있다.

와인터널은 연중 13~15도의 온도를 유지하고 있으며, 터널 안쪽은 붉은 벽돌로 마감되었다. 1km가 넘게 이어지는 터널에 저장할 수 있는 와인은 약 10만병. 일정한 온도와 습도를 유지해야 하는 와인숙성고로는 최상의 조건을 갖추고 있다. 이곳에서 숙성되고 있는 감와인은 과즙이 풍부한 청도반시를 재료로 한다. 탄닌성분이 많은 감으로 만들어 와인을 마신 후 숙취가 없는 것이 특징이다. 감와인은 2005년 부산 아시아태평양경제협력체(APEC) 정상회의 참가대표단 환영만찬주로 선정되면서 알려지기 시작했고, 2006년 2월 중순부터는 와인터널에 시음장을 마련해 일반 관광객들을 맞이하고 있다.

청도읍 평양리는 미나리 특구이다. '한재'라 불리는 화악산 자락 고갯길을 넘으며 초록빛이 언뜻언뜻 비치는 비닐하우스 물결을 만날 수 있다. 한재에 살고 있는 사람 모두가 미나리농사를 짓는다 해도 과언이 아니다. 해발 933m의 화악산에서 흘러내리는 차디찬 물이 미나리를 농약 없이도 키울 수 있게 해준다. 게다가 산중의 큰 일교차 덕분에 한재의 미나리는 식감이 질기지 않고 아삭하다. 씻지 않고 바로 먹을 수 있도록 암반수로 깨끗이 씻어 출하하기 때문에 소비자들의 호응이 아주 높다. 한재의 미나리 농장에서는 미나리를 구입한 후 바로 맛볼 수 있는 시설도 갖추고 있다. 단, 미나리를 제외한 삼겹살이나 고추, 마늘, 양념 등은 미리 준비해가야 한다.

### 천연염색공방 꼭두서니

화양읍 유등리에 자리한 천연염색공방 꼭두서니는 감물이 빚어낸 다양한 색을 만날 수 있는 곳이다. 이곳 주인인 김종백 씨가 동네 할머니들에게 전해지던 전통의 감물염색법과 천이 사각거리도록 풀 먹이는 방법을 배워 꼭두서니만의 상품을 만들어내고 있다. 전통의 염색법은 의외로 간단하다. 발효시킨 감물에 천을 넣어 잘 주무른 후 짜서 널어 말리기만 하면 되는 것. 그 다음은 햇빛과 바람의 몫이다. 하지만 고운 갈색을 천에 남기려면 같은 과정을 여러 번 반복해야만 한다. 사람의 정성이 더해져야 하는 것이다. 아이들과 함께 염색 체험을 해볼 수 있다.

### 적천사

청도읍 원리 화악산 자락에 있는 사찰이다. 신라 문무왕 4년인 664년에 창건된 것으로 운문사처럼 화려한 절집 규모를 갖추진 않았지만, 수령 800년의 은행나무(천연기념물 제402호)가 장관이다. 가을에 적천사를 찾는 이들 대부분은 노랗게 물든 이곳 은행나무를 보기 위해 온다. 적천사는 부도전으로 이어지는 오솔길 언덕에서 볼 때 가장 아름답다. 흙길을 걷다 문득 뒤돌아보면 큰길에서 불과 10여 분을 올라왔다는 것이 믿기지 않을 만큼 고요하고 단아한 절집이 보인다.

### 청도소싸움테마파크

청도소싸움경기장과 바로 이웃해 있다. 소에 관한 모든 것을 알 수 있고, 소와 줄다리기도 해볼 수 있다. 1층은 소싸움 역사관과 4D영상관, 2층은 싸움소의 문화 전시관이 있다. 1층에서는 소와 관련된 4D영상 보기, 소와 줄다리기, 소발굽 따라 걷기 등 다양한 체험을 할 수 있다.

1 염색천이 마당 가득 널린 천연염색공방 꼭두서니 2 3 적천사 천왕문에 있는 목조사천왕상(위)과 대웅전 4 천연염색공방 꼭두서니의 감물염색 천

## 1박2일 추천코스

## 여행정보

### ★ 웹사이트와 전화

청도군 문화관광 054-370-6114, tour.cd.go.kr
청도감와인(주) 054-371-1904, www.gamwine.com
꼭두서니공방 054-371-6135
청도소싸움테마파크 054-373-9612
적천사 054-373-0307

### ★ 대중교통
[기차] KTX : 서울역-동대구역(환승)-청도역, 하루 24회 운행,
약 2시간 50분 소요

### ★ 자가운전
[한재 미나리] 경부고속도로 동대구JC-대구부산고속도로 청도IC-
밀양 방향-모강 사거리-유호리-902번 지방도-평양리
한재미나리특구
[와인터널] 청도IC-남성현·대구 방향-송금리교회 앞 좌회전 진입-
와인터널

### ★ 숙박
운문산자연휴양림 : 운문면 신원리, 054-371-1323,
www.huyang.go.kr
후레쉬모텔 : 운문면 신원리, 054-371-0700
용암웰빙스파 : 화양읍 삼신리, 054-371-5500,
www.yongamspa.co.kr

### ★ 맛집
미나리사랑 : 미나리음식, 청도읍 평양리, 054-371-7031
코보식당 : 돼지수육, 화양읍 화양리, 054-373-5588
알미뜸 : 생오리숯불구이, 화양읍 유등리, 054-373-5245
우미식당 : 복어탕, 화양읍 동천리, 054-371-0890
니가쏘다쩨 : 짬뽕과 피자, 이서면 양원리, 054-373-9889

### ★ 축제 및 행사
청도소싸움 : 매년 3월, www.청도소싸움.kr

더 많은 정보는
요기!!

# 086

## 심학산

경기도 파주시

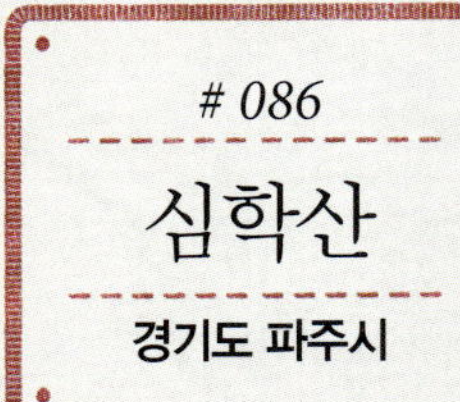

# 30분 걸어올라 새해의 태양을 맞이하다

여행 내비게이션

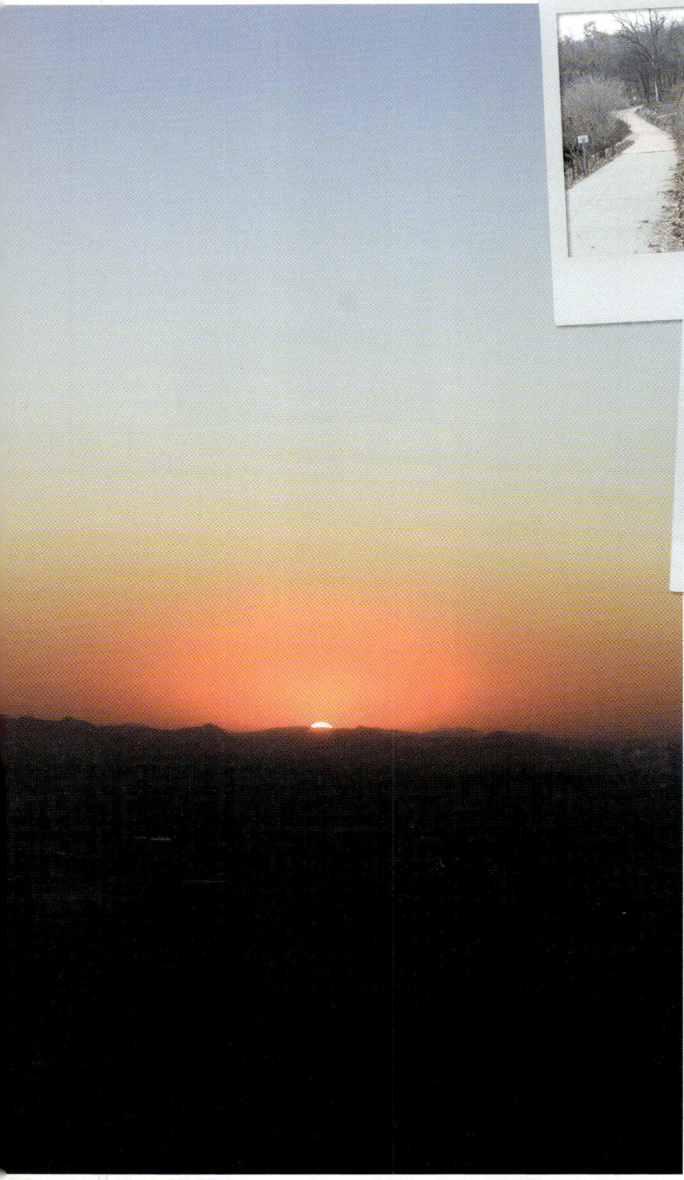

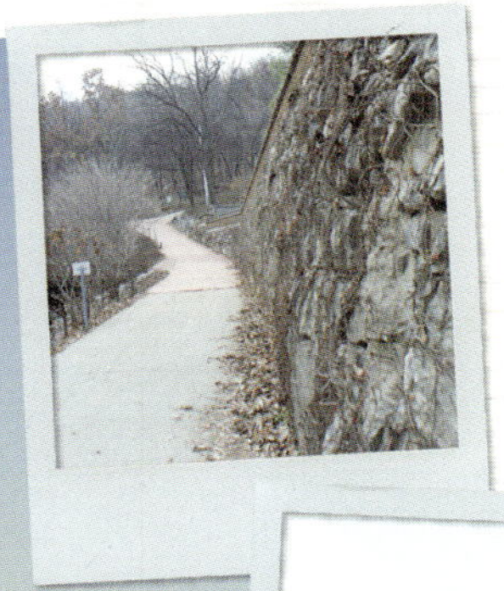

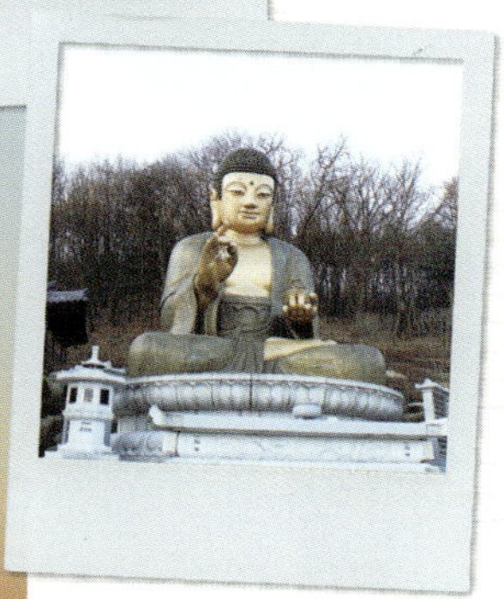

**여행컨셉** 짧은 산행으로 맞는 산 정상의 일출

**추천일정** 당일

**Must Do** 1. 심학산 일출 보기
2. 심학산 둘레길 걷기
3. 약천사 둘러보기
4. 헤이리 마을 방문하기

**추천 교통** 자가운전

**추천 계절** 사계절

파주 심학산(194m)은 나지막한 산이다. 최단 코스인 약천사 주차장에서 정상까지는 불과 760m. 그러나 산이 낮아도 정상에 오르면 그 느낌은 사뭇 다르다. 북한산 인수봉에 견줘도 뒤지지 않을 전망이 기다리고 있기 때문이다. 한강과 임진강이 만나 서해로 흘러드는 시원한 서쪽 풍광은 비길 만한 상대가 없다. 해넘이와 해맞이가 모두 가능한 심학산을 경기도의 일출 명소로 손꼽는 까닭이다.

약천사 주차장에서 산 입구에 들어서자마자 심학산 둘레길이 시작된다. 정상 쪽으로 이어진 주 등산로는 대체로 평탄하다. 계단과 경사진 길이 번갈아 나오지만 아이들도 쉽게 오를 수 있을 정도. 숨이 차오른다 싶을 즈음 정상에 우뚝 선 정자가 보인다. 정자에 오르면 예상외로 전망이 시원스레 펼쳐진다. 동쪽으로는 고양시와 월드컵 축구장, 서울과 북한산이 펼쳐지고, 남쪽과 서쪽으로는 한강과 김포, 북쪽으로는 운정 신도시와 통일전망대, 그 뒤편으로 임진강까지 조망된다. 한강과 임진강의 합수머리 뒤편으로 보이는 땅은 개성이다.

겨울철에는 북한산 위로 해가 솟는다. 바다나 산 정상의 일출도 볼 만 하지만 아파트 숲 위로 드리우는 붉은 햇살도 인상적이다. 평소에는 일출을 보려고 심학산을 찾는 이가 많지 않지만 새해 첫날은 정상 주변이 비좁을 정도로 많은 이들이 찾아온다. 사실 심학산은 일출보다 일몰이 좋다. 일몰을 감상하기 좋은 지점을 골라 낙조 전망대까지 만들어뒀으니 그 아름다움을 짐작할 만하다.

산의 7부 능선을 따라 이어지는 심학산 둘레길도 걷기 좋다. 총 길이 6.8km로 2시간이면 한 바퀴 돌 수 있다. 높낮이가 심하지 않고, 부드러운 흙길로 되어 있어 여름철에는 맨발로 걸어도 좋을 듯하다. 둘레길은 약천사~수투바위~배밭정자~낙조전망대~전원마을~교하배수지~약천사로 이어진다. 약천사와 수투바위 아래, 배수지 입구에 주차장이 마련돼 있다. 약천사 주차장은 그리 넓지 않은데 새해 첫날에는 절 아래 있는 심학초교가 주차장으로 개방되기도 한다.

심학산 등반의 베이스가 되는 약천사는 고찰은 아니지만 13m 높이의 거대한 남북통일약사여래대불이 있어 인상적인 장소이다. 한겨울에도 얼지 않는 약수터가 있고, 약수터 입구엔 주말 등산객을 대상으로 영업하는 간이매점도 있어 뜨끈한 국물을 마실 수 있다.

### 파주출판단지

겨울엔 조금 황량한 느낌이지만 심학산 일출과 둘레길 탐방을 끝내고 난 뒤 산 아래에서 늦은 아침을 먹고 파주출판단지의 따뜻한 북 카페를 찾는 것도 좋겠다. 출판단지의 허브라고 할 수 있는 아시아출판문화정보센터는 한번쯤 들러봐야 할 곳이다. 단순하면서도 힘이 느껴지는 건축물을 보는 재미도 있고, 연중 다양한 전시를 선보이는 갤러리, 카페, 게스트하우스 '지지향'의 분위기 있는 로비, 센터 옆에 자리한 김동수 가옥 등 안팎으로 볼거리가 많다. 쇼핑에 관심이 있다면 출판단지 내에 있는 롯데프리미엄 아울렛으로 가자.

### 헤이리 예술마을

파주출판단지에서 20분이면 볼거리, 먹을거리에 놀 것도 많은 헤이리에 닿는다. 봄부터 가을까지 헤이리는 하나의 테마공원처럼 아름답다. 하지만 헤이리도 겨울 추위는 피해갈 수 없다. 아이를 동반한 가족 나들이라면 실내 시설물을 이용해보자. 대표적인 공간은 '딸기가 좋아'이다. 유아부터 초등학교 저학년을 아우르는 다양한 체험 프로그램이 있어 가족 나들이객에게 인기인 장소. 이외에도 흔히 볼 수 없는 장난감과 인형들이 있고 직업 체험도 해볼 수 있는 한립토이뮤지엄도 가볼만한 곳이다.

### 오두산통일전망대

연말연시면 떠오르는 관광지도 있다. 오두산통일전망대이다. 북녘 땅을 지척에서 볼 수 있을 뿐만 아니라 북한 물건들도 전시되어 있다. 아이들에게 통일교육을 하기에도 좋은 장소다. 한강과 임진강이 만나는 오두산 정상에 자리한 통일전망대는 1992년에 문을 열었다. 원형 전망대에 올라 준비된 망원경에 눈을 대면 북한 주민들이 오가는 모습을 볼 수 있을 정도로 가깝다. 통일전망대 마당에는 북한 출신 독립운동가 고당 조만식 선생 상과 이산가족들이 명절에 찾아와 추모를 올리는 망배단, 통일 기원 북이 있다.

1 파주출판단지에 있는 도서출판 보리의 책놀이터
2 헤이리 예술마을에 있는 '딸기가 좋아' 3 오두산
통일전망대 전경 4 오두산통일전망대 앞에 세워진
독립운동가 고당 조만식 선생 동상

## 당일여행 추천코스

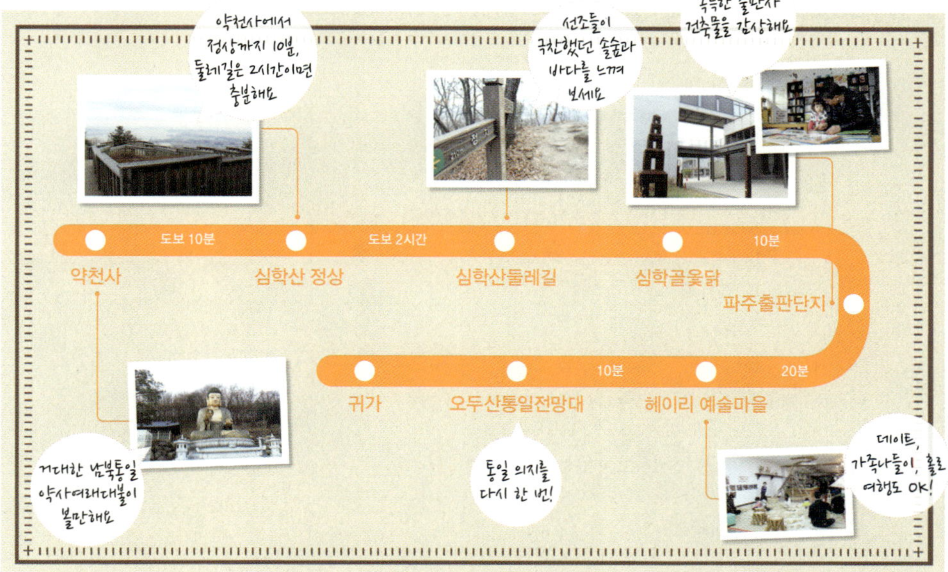


## 여행정보

### ★ 웹사이트와 전화

파주시 문화관광 031-940-4362, paju.go.kr
파주 출판단지 031-955-0050, www.pajubookcity.org
헤이리 예술마을 070-7704-1665, www.heyri.net
딸기가좋아 031-949-9273, www.ilikedalki.com
오두산 통일전망대 1666-3171, www.jmd.co.kr

### ★ 대중교통

[지하철] 경의선 금촌역 하차, 078번 버스 환승, 심학초등학교 하차
[버스] 합정역에서 2200번, 200번 탑승, 파주출판단지에서 하차

### ★ 자가운전

자유로-문발IC-심학초등학교-약천사 주차장

### ★ 숙박

게스트하우스 지지향 : 회동길 145, 031-955-0090,
www.jjjihyang.org
유일레저타운 : 광탄면 보광로 877, 031-948-6161,
www.youealleisure.co.kr
팔레스 오브 드림 호텔 : 광탄면 보광로 600번길 45, 031-949-5120,
www.pofdhotel.com
호텔 그곳애 : 탄현면 성동로 34, 031-949-9525
칼튼호텔 : 탄현면 성동로 34, 031-942-3955

### ★ 맛집

심학골옻닭 : 토종닭백숙, 교하로681번길 73, 031-943-2011
프로방스 : 파스타와 스테이크, 탄현면 새오리로 77, 1644-8044
DMZ장단콩두부마을 : 두부전골, 탄현면 평화로 902, 031-945-3370
산내들 : 한정식, 광탄면 기산로177번길 36, 031-948-5641

### ★ 축제 및 행사

파주출판도시 어린이 책잔치 : 매년 5월, 031-955-0055
파주개성인삼축제 : 매년 10월, 031-940-5282
파주 헤이리 판 페스티벌 : 매년 9월, 031-946-8551
파주장단콩축제 : 매년 11월, 031-940-5281, kong.paju.go.kr

더 많은 정보는
요기!!

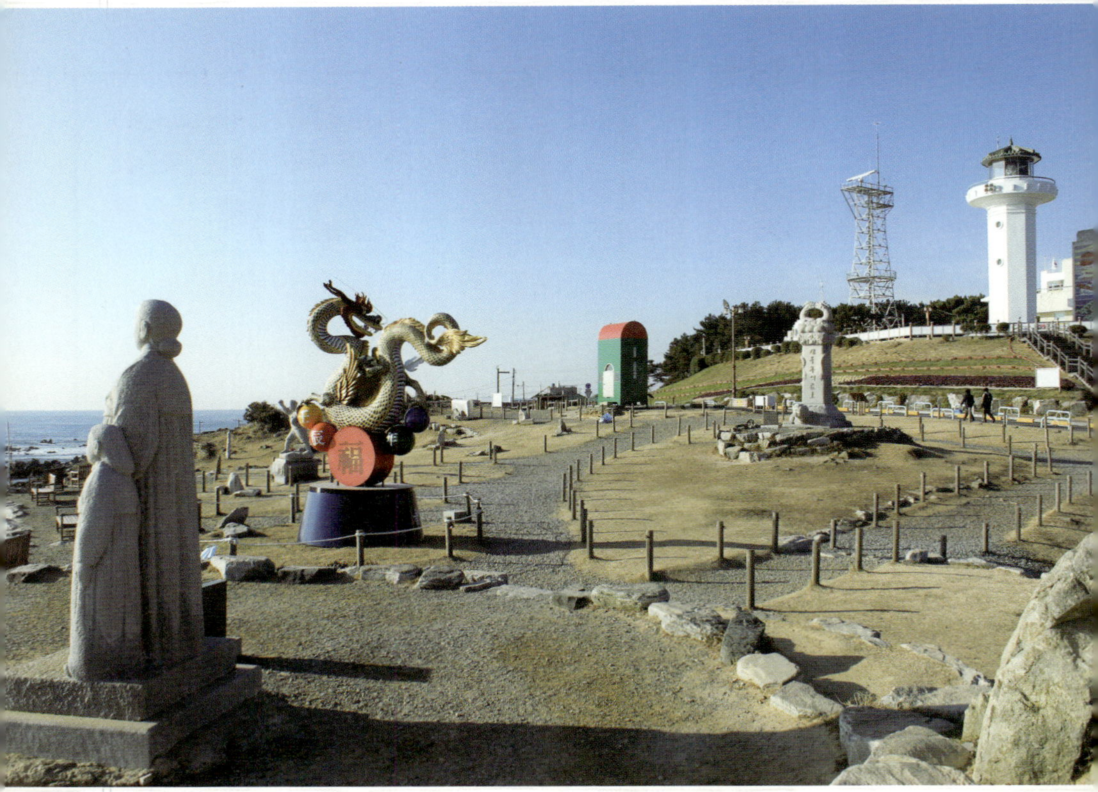

\# 087

진하해변과 간절곶

울산광역시 울주군

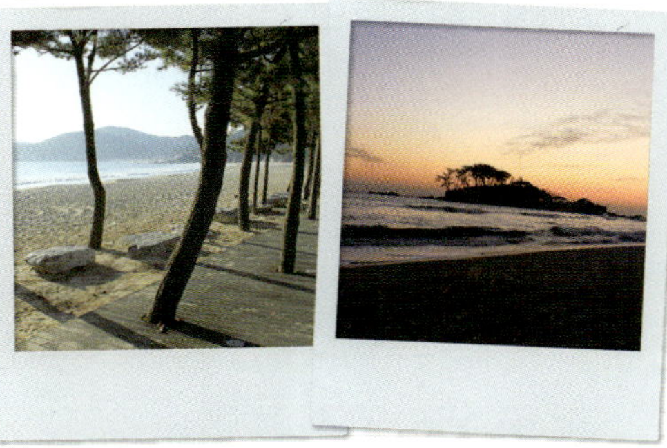

# 겨울 일출이 아름다운 곳

여행 내비게이션

**여행컨셉** 바다 일출 감상과 소망편지 보내기

**추천일정** 1박2일

**Must Do** 1. 진하해변 일출 감상

2. 간절곶 소망편지 보내기

3. 외고산 옹기마을에서 옹기 만들기

4. 등억온천에서 온천욕 하기

5. 언양불고기 먹기

**추천 교통** 자가운전

**추천 계절** 겨울

　울주군 진하해변은 겨울 일출 명소로 알려져 있다. 일출을 아름답게 하는 것은 해변 가까이에 자리한 명선도 갯바위와 솔숲, 새벽 작업을 마치고 강양항으로 돌아오는 어선이다. 겨울이면 바닷물과 대기의 기온차로 인해 해 뜰 무렵 물안개가 피어올라 멋진 그림을 연출하곤 한다. 섬과 배가 어우러진 일출을 보기 위해서는 일출 촬영 포인트인 명선교 다리 위나 방파제, 방파제 옆 해변으로 가야 한다. 해가 뜰 무렵, 갈매기 떼를 만선 깃발처럼 달고 들어오는 멸치잡이 배와 함께 일출을 보고 싶다면 명선교를 건너 강양항 쪽으로 가는 것이 더 좋다. 배가 들어온 뒤 갓 잡은 멸치를 끓는 물에 삶아 채반으로 건져내는 작업도 강양항에서만 볼 수 있는 독특한 볼거리다.

　진하해수욕장과 강양항을 잇는 명선교는 이 지역의 새로운 명물이다. 회야강 하구에 우뚝 선 이 다리는 차량이 오갈 수 없는 인도교다. 인근에 조성될 마리나항의 요트 출입을 위해 다리를 높여 건설했는데, 일반인을 위한 나선형 계단 외에 노약자용 엘리베이터까지 설치되어 있다. 높은 만큼 전망도 뛰어나다. 진하해수욕장과 명선도, 강양항 일대가 한 눈에 들어온다. 다리 가운데는 하늘로 날아오르는 한 쌍의 학을 형상화했다고.

　진하해변에서 해안도로를 따라 남쪽으로 약 5km 정도 내려가면 바다가 아름다운 간절곶이 나온다. 이곳은 울릉도와 독도를 제외하고 우리나라에서 가장 먼저 해가 뜨는 곳이라 한다. 일대를 공원처럼 조성해 놓아 새해 첫날뿐만 아니라 1년 내내 여행객들이 끊이지 않는다. TV 예능 프로그램 '1박2일'에 간절곶 소망우체통이 소개된 이후 방문객이 더욱 많아졌다고 한다. 높이 5m의 소망우체통에 우편물을 넣으면 실제로 집배원이 우편물을 수거해 간다. 우체통 뒤쪽에는 내부로 들어갈 수 있는 문이 있고, 내부에는 우편엽서와 필기구가 준비돼 있다. 하루에 비치해 놓는 엽서의 양이 많지 않으므로 비치된 엽서가 모두 소진되고 없을 경우에는 근처 안내소에서 구입하거나 개인적으로 준비해 가는 것도 방법이다. 사랑하는 이에게, 친구에게, 혹은 자기 자신에게 새해의 소망을 담은 편지를 써서 부치는 건 어떨까? 소망우체통 아래쪽으로 새천년기념비와 신라의 충신 박제상의 아내와 딸을 조각한 모녀상이 보인다.

1 울산해양박물관의 산호전시관 2 울산해양박물관 3 4 외고산 옹기마을 옹기문화관(위)과 옹기 만들기 체험 5 입에 착 감기는 맛이 일품인 언양불고기 6 여행의 피로를 풀기 좋은 등억온천단지

## 울산해양박물관

간절곶 입구에 자리한 울산해양박물관은 2011년 여름에 문을 연 곳으로, 세계 희귀 산호와 패류를 전문적으로 전시하고 있다. 3m에 이르는 거대한 산호를 비롯해 흔치 않은 산호와 조개류를 볼 수 있다. 전시장에 상주하는 해설사의 설명을 들으면 더 재미있게 관람할 수 있다.

## 외고산 옹기마을

1950년대부터 옹기를 만들기 시작해 전성기에는 수백 명의 옹기장들이 이 마을에서 활동했으나 지금은 40여 가구만 옹기를 만들거나 판매하고 있다. 옹기아카데미에서 직접 옹기를 만들어 볼 수도 있다. 마을에서 가장 돋보이는 옹기문화관은 건물부터 독특하다. 가마처럼 길쭉한 건물 위로 옹기 항아리가 불쑥 솟은 형태다. 세계에서 가장 큰 옹기로 기네스북에 오른 대형 옹기도 있다. 이는 다섯 차례의 실패 끝에 완성한 것으로, 2010년 울산 세계옹기문화엑스포에서 선보였다고. 전시관 내부에는 옹기의 역사, 생활 속 옹기의 쓰임새, 각 지방의 옹기, 옹기토와 재료 등이 전시돼 있다. 골목을 따라 마을을 돌면서 각 공방마다 제각기 다른 느낌의 옹기들을 구경하는 재미도 쏠쏠하다.

## 등억온천

가까운 신불산이나 간월산 산행을 끝낸 뒤, 혹은 울산 여행을 마무리하며 산 아래에 자리한 등억온천을 찾아 뜨거운 온천탕에 몸을 담그고 피로를 녹이도록 하자. 온천단지 안에 수십 개의 모텔들이 자리해 있는데, 대중탕을 원한다면 신불산온천을, 오붓한 가족탕을 원한다면 모텔들 중에 골라 이용하면 된다. 온천욕을 마치고 나면 피부는 매끈매끈, 몸은 노곤해진다.

## 언양불고기

달지 않으면서도 입에 착 감기는 맛이 일품이다. 얼핏 보기에 떡갈비처럼 잘게 다져 한 덩어리로 붙여 놓은 것 같지만, 젓가락으로 집으면 한 점 한 점 떨어지는 것이 언양불고기의 특징이다. 간간하면서도 고소하고, 쫄깃하면서도 부드럽다. 식당에 따라 고기를 재는 양념이나 곁들여 내는 반찬은 다르지만 어느 식당을 가나 평균 이상의 맛을 낸다.

## 1박2일 추천코스

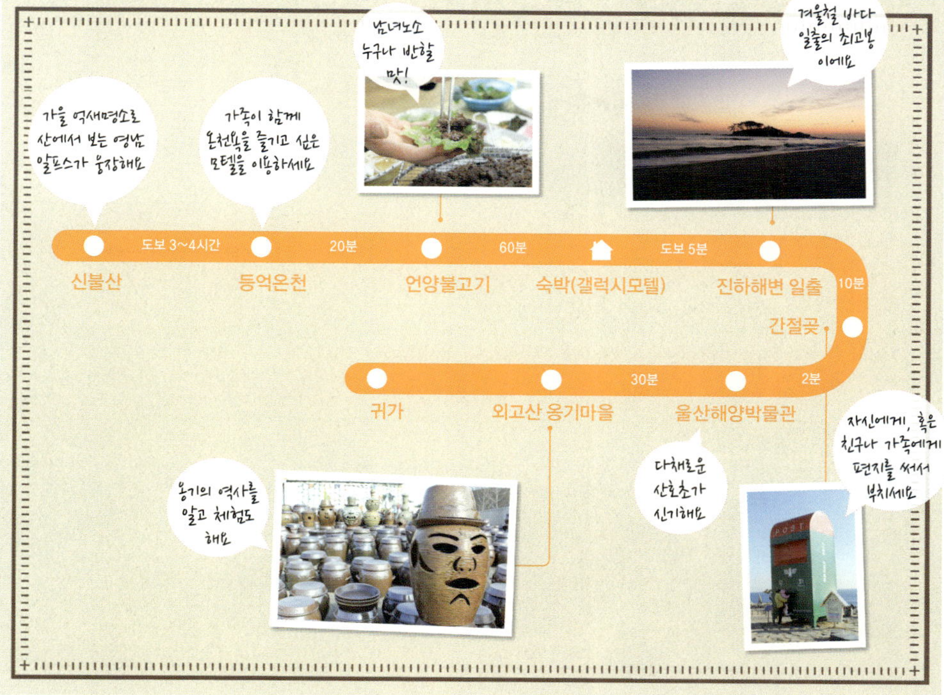


## 여행정보

### ★ 웹사이트와 전화

울주군 문화관광 052-229-7641, tour.ulju.ulsan.kr
울산 관광가이드 guide.ulsan.go.kr
외고산 옹기마을 052-237-7894, onggi.ulju.ulsan.kr
울산해양박물관 052-239-6708
신불산온천 052-254-8811

### ★ 대중교통

[기차] 서울역-울산역 : KTX 1일 27회 운행, 2시간 20분 소요
[버스] 서울-울산 : 고속버스 1일 51회 운행, 4시간 30분 소요
　　　 대구-울산 : 고속버스 1일 55회 운행, 1시간 40분 소요

### ★ 자가운전

울산고속도로 온양IC-온양읍내-31번 국도-진하해수욕장-간절곶

### ★ 숙박

갤럭시모텔 : 서생면 진하해변길 106, 052-239-6868
에로스모텔 : 상북면 등억온천2길 9, 052-264-0953
작천정펜션 : 상북면 등억온천4길 16, 052-264-4900
브이온천모텔 : 상북면 등억온천2길 10, 052-254-1700
신불산폭포자연휴양림 : 상북면 억새벌길 200-78, 052-254-2123~4

아샘블관광호텔 : 서생면 간절곶해안길 37, 052-238-0031, www.assemblehotel.co.kr

### ★ 맛집

한마당한우촌 : 언양불고기, 언양읍 웃방천5길 10, 052-262-2047
언양기와집불고기 : 언양불고기, 언양읍 헌양길 86, 052-262-4884
진미불고기 : 언양불고기, 언양읍 동문길 47, 052-262-5550
언양옛날곰탕 : 곰탕, 언양읍 장터2길 11-5, 052-262-5752

### ★ 축제 및 행사

간절곶 해맞이축제 : 매년 1월 1일, ganjeolgot.ulsan.go.kr
외고산 옹기축제 : 매년 10월, www.ulsanonggi.or.kr

더 많은 정보는 요기!!

# 온천에 몸 녹고
# 대게에 마음이 동하고

## 여행 내비게이션

**여행컨셉** 물 좋은 온천욕을 즐기고
겨울 별미 대게를 맛보다
**추천일정** 1박2일
**Must Do** 1. 백암온천 온천욕
2. 후포항에서 대게 맛보기
3. 대게홍보전시관 관람
4. 월송정, 망양정 산책
5. 울진 엑스포공원 둘러보기
**추천 교통** 자가운전
**추천 계절** 겨울

　울진으로 향하는 길은 쉽지 않다. 겨울에는 더 멀고 험하게 느껴진다. 그래도 그 길을 마다하지 않는 이유는 겨울에 느낄 수 있는 울진의 맛과 멋 때문이다. 백암온천과 덕구온천, 큰 온천 단지가 두 곳이니 겨울 여행은 온천욕으로 시작하는 게 좋다. 특히 백암온천은 비단결처럼 부드럽게 몸을 휘감는 온천수가 먼 길 달려온 여행자의 피로를 말끔히 씻어준다.

　사슴을 쫓던 사냥꾼이 발견했다는 백암온천은 무색무취한 알칼리성 온천으로, 용출 시 온도가 53℃나 되기 때문에 데울 필요가 없다. 만성 피부염, 자궁내막염, 부인병, 중풍, 동맥경화, 천식 완화에 효과가 있다. 뜨거운 탕에 몸을 푹 담그고 있노라면 찬바람에 웅크려들었던 몸이 저절로 풀린다. 온천 성분 덕분에 보들보들해진 피부는 로션을 바르지 않아도 될 정도. 온천지구 내에 자리한 한화리조트 야외에는 온천학습관이 있다. 온천물을 마실 수도 있고, 아담한 족탕에서 족욕을 즐길 수도 있다. 따뜻한 탕에 발을 담그고 도란도란 이야기를 나누는 가족들이 보기 좋다.

　온천욕을 끝낸 뒤 겨울철 최고의 맛, 대게를 만나러 후포항으로 향한다. 먼저 후포항 여객선터미널 2층에 자리한 울진대게홍보전시관을 찾는다. 대게와 붉은 대게홍게에 대한 모든 것을 알려주는 곳이다. 옛사람들이 대게를 잡던 모습, 대게잡이 어선, 대게의 종류, 대게와 붉은 대게 구별법, 대게 맛있게 먹는 법, 싱싱한 대게 고르는 법 등 다양한 정보가 알아보기 쉽게 전시되었다.

　후포 어시장은 대게를 맛보러 온 여행자들로 북적인다. 대게를 고르면 그 자리에서 쪄주는데, 이때 성급하면 안 된다. 살아 있는 게를 바로 찜 솥에 넣으면 다리가 툭툭 끊어진다고. 미지근한 물에 넣고 움직임이 없어질 때까지 기다린 뒤에 쪄야 다리가 온전히 붙은 대게를 맛볼 수 있다. 대게는 찜이 가장 좋은데, 달달하면서 짭조름하고 쫀득하면서도 부드러워 입안에서 살살 녹는다. 딱딱한 갑옷 속에 달콤한 속살의 비밀을 맛보는 재미가 쏠쏠하다. 대게 외에 활어와 다양한 건어물도 넘쳐난다.

### 울진대게 유래비

후포항에서 해안도로를 따라 10여 분 올라가면 거일마을이 나온다. 지명이 '게 알'에서 나왔을 정도로 예부터 이름난 대게 집산지다. 울진대게 유래비와 황금대게 조형물이 바닷가에 설치되어 인상적이다. 도로변에 설치된 작은 기둥이나 모래밭의 나무 기둥은 울진의 또 다른 명물 오징어를 건조하기 위한 것이다. 종횡으로 늘어선 건조대에서 꾸덕꾸덕 말라가는 오징어 수만 마리를 보는 것도 독특한 경험이다. 건조 오징어는 일주일 정도, 반건조 오징어는 2~3일 말린다고. 해풍에 잘 마른 오징어는 쫄깃한 식감이 일품이다.

### 월송정과 망양정

옛 선비들이 꼭 가보고자 한 관동팔경 가운데 월송정과 망양정이 울진에 있다. 고려 때 지어진 월송정은 정자에서 굽어보는 바다 풍경도 아름답지만, 월송정으로 이어진 길 주위에 펼쳐진 솔밭이 큰 보물이다. 한편 망양정과 해맞이공원은 울진에서도 손꼽히는 일출 명소로 새해 첫날이면 많은 인파가 몰려온다. 일대를 굽어보는 바다 전망이 일품이다. 망양정 해변의 거북바위는 보는 위치에 따라 모습이 바뀐다.

### 울진엑스포공원

아쿠아리움, 곤충 여행, 친환경 농업관, 아이스링크 등이 한군데 모인 울진 엑스포공원은 어른과 아이들이 함께 즐길 수 있는 곳이다. 공원 내에는 수령 200년 이상의 소나무 천여 그루가 자생하고 있다. 아쿠아리움의 물개 쇼, 다이버 쇼도 아이들이 좋아한다.

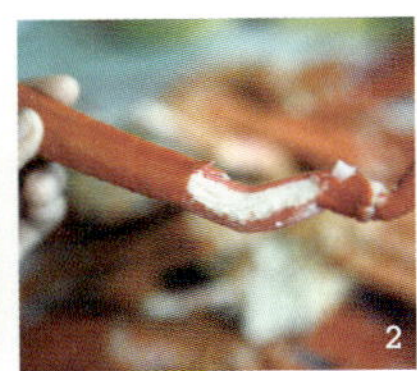

1 대게딱지를 이용한 게장볶음밥 2 백암온천 입구의 좌판 3 울진대게 유래비 4 관동팔경 중 하나인 월송정 5 망양해수욕장의 거북바위 6 울진친환경엑스포공원 내에 있는 박물관 울진곤충여행

## 1박2일 추천코스

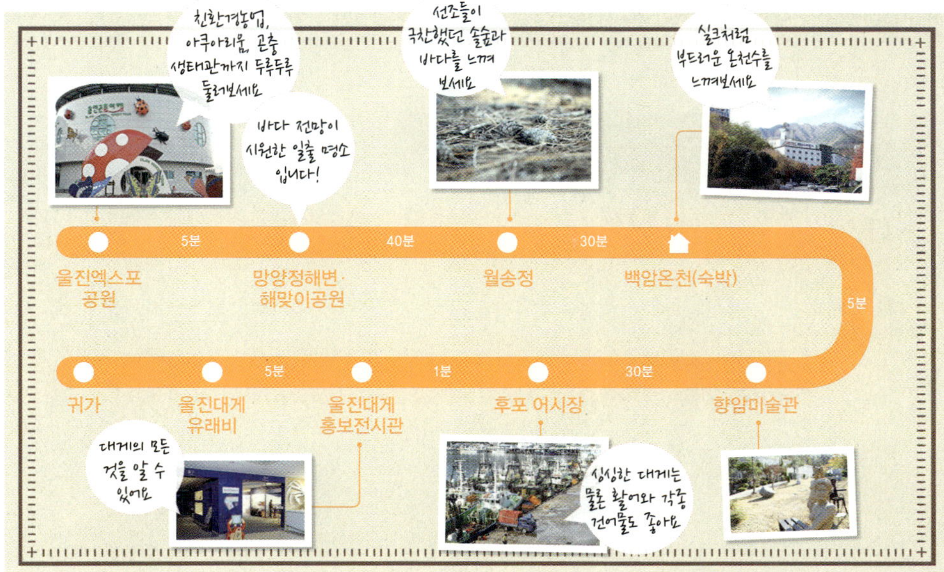


## 여행정보

### ★ 웹사이트와 전화

울진군 문화관광 054-789-6901, www.uljin.go.kr
한화리조트 백암온천 054-787-7001, www.hanwharesort.co.kr
백암온천 관광안내소 054-789-5480
향암미술관 054-787-0001
울진대게홍보전시관 054-788-6800
울진엑스포공원 054-781-2005

### ★ 대중교통

[버스] 서울-울진 : 동서울터미널에서 1일 6회 운행, 약 5시간 소요
　　　　대구-평해 : 동부터미널에서 1일 12회 운행, 2시간 30분 소요

### ★ 자가운전

1. 중앙고속도로 풍기IC-5번 국도 영주 방면-36번 국도 봉화 방면-문암삼거리-온정 방면—한티로-온천로-백암온천
2. 동해고속도로 동해IC-동해대로-평해삼거리-백암온천로-온천로-백암온천
3. 익산포항고속도로 학전IC-대련IC-울진 · 영덕 방면-동해대로-평해삼거리-백암온천로-온천로-백암온천

### ★ 숙박

한화리조트 백암온천 : 온정면 온천로 129-13, 054-787-7001, www.hanwharesort.co.kr
백암스프링스호텔 : 온정면 온천로 90, 054-787-3007, www.springshotel.co.kr
백암온천호텔피닉스 : 온정면 온천로 46, 054-787-3006, baekam-hotspa.co.kr
백암온천마을 : 온정면 온정리 657, 054-788-4490

통고산자연휴양림 : 서면 불영계곡로 880, 054-783-3167, www.huyang.go.kr
구수곡자연휴양림 : 북면 십이령로 2721, 054-789-5470, gusugok.uljin.go.kr

### ★ 맛집

흰바위한식고을 : 산채비빔밥과 대게탕, 온정면 백암온천로 1281, 054-787-3400
서울식당 : 전골류, 온정면 백암온천로 1273, 054-787-3029
전주로얄식당 : 두부전골, 온정면 온천로 10-6, 054-787-7654
한백오가피횟집대게나라 : 모둠회와 대게, 후포면 동해대로 266, 054-788-2730
부산회식당 : 모둠회와 대게, 후포면 후포삼율로 4, 054-788-4926
돌고래횟집 : 모둠회와 대게, 울진읍 현내항길 281, 054-783-2301

### ★ 축제 및 행사

해맞이행사 : 매년 1월 1일, 해맞이공원, 망양정해변, 054-789-6903

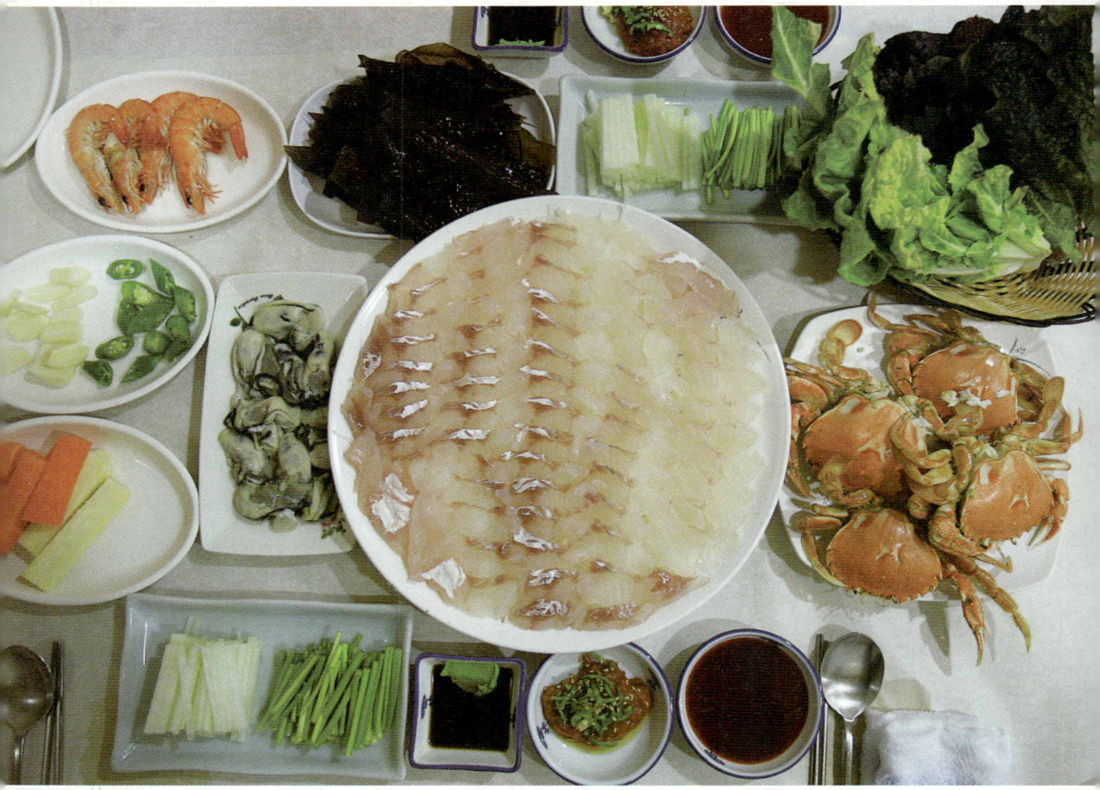

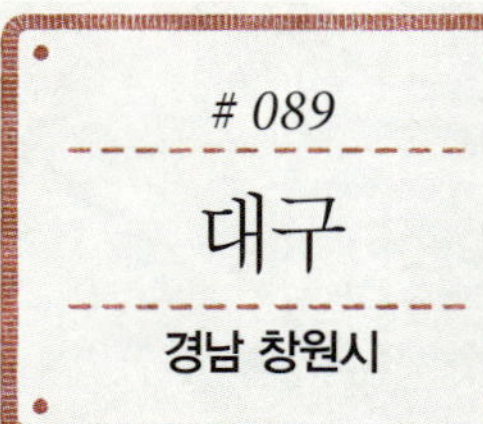

\# 089

대구

경남 창원시

# 한 마리로 다양하게 즐기는 맛, 대구

여행 내비게이션

**여행컨셉** 겨울철 별미여행

**추천일정** 1박2일

**Must Do** 1. 용원항에서 대구 경매 구경하기
2. 속천항에서 인공수정방류작업 보기
3. 대구의 모든 맛보기
4. 창원해양공원의 솔라파크 올라가 보기
5. 제황산공원에서 진해 시내 둘러보기
6. 진해군항마을역사관에서 진해의 역사 살펴보기

**추천 교통** 자가운전

**추천 계절** 겨울

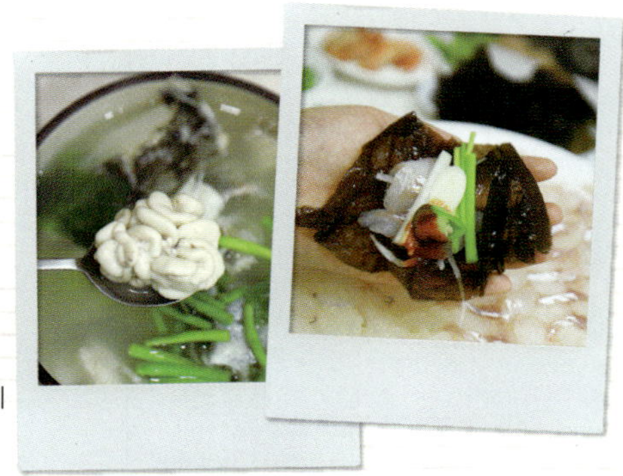

　겨울철 별미 대구. 한 그릇 뚝딱 하고 나면 숙이 후련해진다. 대구는 버릴 것이 하나 없는 생선이다. 입이 크다보니 대가리도 큰데, 대구 대가리로 만드는 뽈찜은 잘 알려진 요리다. 알과 창자는 젓갈로, 아가미는 김치를 담그는 데 사용한다. 예전에는 '서해 조기, 동해 명태, 남해 대구'라 할 정도로 대구는 흔한 생선이었다. 하지만 어획량이 줄면서 2000년대 초에는 한 마리에 30만 원을 호가할 정도로 귀한 생선이 되기도 했다. 지금은 인공 수정란 방류 사업을 시작해 서서히 옛 명성을 찾아가고 있다.

　산란기를 맞는 대구는 12월부터 이듬해 2월까지 고향인 경남 창원 진해만으로 돌아온다. 진해 용원항은 대구의 집산지일 뿐만 아니라 살아있는 대구를 이용해 가장 신선한 대구 요리를 맛볼 수 있는 곳이다. 용원항은 새벽 5시부터 경매로 분주해진다. 물메기, 아귀, 낙지, 털게 등 다양한 수산물이 들어오지만, 대구가 들어올 때는 경매사의 경매 진행과 중매인들의 손짓이 더욱 바빠진다. 대구는 암수를 나누어 경매하는데, 수컷이 훨씬 비싸다. 이는 대구 요리에서 빠질 수 없는 이리(대구 정액)가 있어서다.

　대구 경매를 구경했다면 대구 요리를 맛볼 차례다. 용원항에서 맛보는 대구 요리는 특별하다. 회와 탕을 동시에 맛보고, 운이 좋으면 대구찜까지 곁들일 수 있다. 문을 연 지 30년이 훨씬 넘은 '도선장횟집'은 매일 새벽 경매장에서 대구를 구해온다. 주문을 하면 수족관에서 살아 있는 대구를 꺼내 바로 요리한다. 특히 수컷의 이리는 대구 요리에서 가장 중요한 재료다. 대구탕이나 대구떡국의 맛을 좌우한다 해도 과언이 아니다.

　대구회는 겨울철 해풍을 맞고 자란 배춧잎이나 미역에 싸 먹는데, 잘게 썬 무와 미나리를 곁들인다. 대구회는 연해서 다른 횟감에 비해 쫀득한 맛이 떨어진다. 하지만, 달콤하면서도 개운한 맛이 좋다. 맑고 시원한 대구탕은 또 다른 별미다. 양념은 소금과 파, 무, 미나리가 전부다. 나머지는 신선한 대구 살과 이리가 우러난 맛이다. 도시에서 맛보는 대구탕과 비교가 안 된다. 대구탕의 비법은 '자연이 주는 신선함'이다.

　대구찜은 별도로 부탁해야 맛볼 수 있는 요리다. 내장과 아가미를 없애고 과메기처럼 해풍에 꾸덕꾸덕 말린 대구를 쪄서 묵은 김치를 올린다. 해풍을 맞으며 밴 감칠맛이 제대로 우러나오며, 쫀득쫀득한 맛이 일품이다. 대구떡국도 빼놓을 수 없는 대구 요리다. 속천항의 '속천집'에서는 대구 살과 이리로 낸 국물로 떡국을 끓인다. 화학조미료는 전혀 쓰지 않고, 조선간장과 대파만 넣는다. 담백한 맛이 대구 한 마리를 통째로 먹는 것 같다.

### 창원해양공원

대한민국 최고의 군항 도시에 걸맞은 바다 이야기를 만나볼 수 있는 곳이다. 창원해양공원은 해전사 체험관, 군함 전시관, 해양생물 테마파크로 구성되었다. 군함 전시관에서 해안 산책로와 함께 우도로 들어가는 보도교가 설치되어 가벼운 산책 코스로도 제격이다. 최근 해양공원에 높이 136m의 해양솔라파크가 개관해 진해만 일대 섬과 바다가 한눈에 보이는 창원의 랜드마크가 됐다.

### 웅천도요지

보배산 기슭에 자리 잡은 웅천도요지는 임진왜란 때까지 분청사기와 백자를 제작하던 가마터다. 이곳에서 발굴된 다양한 유물과 함께 조선과 일본의 교류 역사, 일본의 웅천 도공 후손들이 빚은 값진 도자기 전시관과 체험 공방, 가마터를 차례로 만나볼 수 있다.

### 제황산공원

제황산공원은 진해 시내를 한눈에 내려다볼 수 있는 곳이다. '일년 계단'이라 불리는 365계단을 따라 오르면 정상에 닿는다. 40인승 모노레일카도 제황산 정상을 수시로 오간다. 군함의 마스트를 상징하는 8층 높이의 진해탑 정상에 전망대가 있다. 일제강점기에 일본인을 위해 만들어진 도시 진해의 숨은 역사를 만날 수 있는 진해군항마을 역사관도 들러볼 만하다.

1 음지도에서 우도로 연결된 다리 2 솔라파크타워의 강화유리로 된 바닥 3 웅천도요지전시관 내부 4 제황산 정상에 세워진 진해탑 5 해양솔라파크 전망대에서 본 풍경

## 1박2일 추천코스

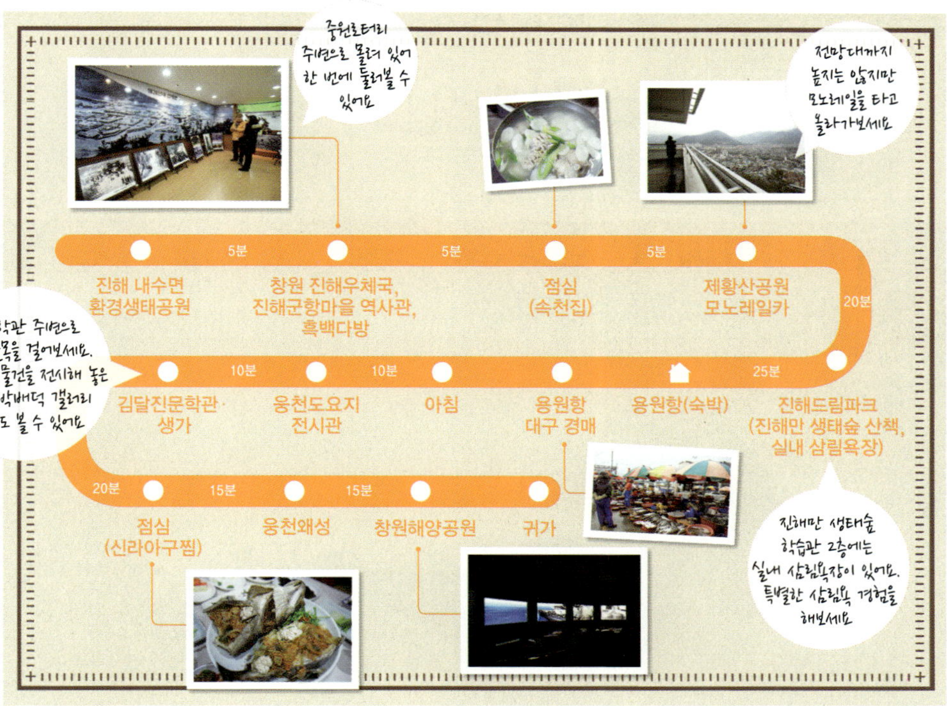

## 여행정보

### ★ 웹사이트와 전화

창원시 문화관광 055-225-3691, culture.changwon.go.kr
창원해양공원 055-712-0403, marinepark.cwsisul.or.kr
제황산공원 모노레일카 055-712-0442, monorail.cwsisul.or.kr
진해드림파크 055-548-2694, www.jinhaedreampark.kr
김달진문학관 055-547-2623, www.daljin.or.kr
웅천도요지전시관 055-225-6852

### ★ 대중교통

[기차] 서울역-창원역, KTX 하루 5회(08:40~21:50) 운행,
약 3시간 소요
창원역-진해역, 무궁화호 하루 6회(08:31~19:36) 운행,
약 20분 소요
진해역 앞 정류장에서 용원행 버스(315-2, 315-3번) 타고 용원
종점에서 하차, 도보로 용원항 이동
[버스] 서울-진해, 서울남부터미널에서 하루 12회(07:00~23:10)
운행, 약 4시간 20분 소요
부산-진해, 부산서부시외버스터미널에서 20분 간격
(06:00~22:00) 운행, 약 1시간 30분 소요
남원로터리 정류장에서 용원행 버스(305, 315번) 타고 용원
종점에서 하차, 도보로 용원항 이동

### ★ 자가운전

중부고속도로 칠원 TG-내서 JC에서 서마산 방면 우측으로 남해고
속도로 제1지선 서마산 IC-창원·진해 방향 좌회전-어린교오거리
에서 창원 방면-신촌광장삼거리에서 진해 방향 우회전-봉양로와
진해대로를 따라 진해 시내 경유, 용재삼거리에서 우회전-용원항

### ★ 숙박

나이스관광호텔 : 진해구 용원동로 221번길, 055-552-8090
유토피아관광호텔 : 진해구 진해대로 2116, 055-547-2660
아바모텔 용원점 : 진해구 용원서로 31번길, 055-552-1295,
탑모텔 : 창원시 진해구 벚꽃로, 055-542-7773, www.topmotel.kr

### ★ 맛집

속천집 : 대구떡국, 진해구 태평로, 055-544-5584
도선장횟집 : 대구회와 대구탕, 진해구 용원동로, 055-552-2244
대성초장집 : 매운탕, 진해구 용원동로, 055-552-1147
신라아구찜 : 아귀찜, 진해구 진해대로 874번길, 055-543-5558

# 사격도 하고, 짚라인도 타고

## 여행 내비게이션

**여행컨셉** 한겨울 추위는 야외 레포츠로 이기자

**추천일정** 1박2일

**Must Do** 1. 클레이 사격 체험하기

2. 권총과 공기총 사격 도전하기

3. 짚라인 체험하기

4. 문경온천에서 여독 풀기

5. 약돌돼지샤브샤브나 묵조밥 맛보기

**추천 교통** 자가운전

**추천 계절** 겨울

　문경관광사격장은 우리나라에서 몇 안 되는 클레이 사격장으로 인기를 끌고 있다. 클레이 사격은 날아가는 점토접시를 총으로 쏴 맞추는 레포츠다. 트랩 방식과 스키드 방식 두 가지가 있는데, 문경관광사격장에서는 이 두 가지를 모두 경험할 수 있다.

　문경관광사격장은 풍광이 아름다운 산 속에 위치한다. 몸과 마음을 시원하게 해주는 겨울 경치를 즐기면서 주황색 클레이접시가 날아가는 순간 집중력을 발휘해 방아쇠를 당긴다. 접시가 공중에서 분해되는 순간 짜릿한 전율이 온 몸을 감싼다. 그동안 몸 안에 숨어 있던 각종 스트레스도 함께 분해되는 듯한 쾌감이 느껴진다. 클레이 사격은 계절의 구애를 받지 않고 야외에서 즐길 수 있는 전천후 스포츠지만 차가운 겨울 공기를 마시며 할 때 더욱 상쾌하다. 문경관광사격장에서는 클레이 사격 외에도 권총과 공기총 사격을 저렴한 가격으로 경험할 수 있다. 사격장에서는 반드시 귀마개와 조끼를 착용하고 안내인의 지시를 따라야 한다.

　이번에는 짚라인문경으로 이동해보자. "아~아~아~." 밀림의 왕자 타잔이 나무줄타기를 하며 밀림 속을 공중질주한다. 만화나 영화 속 이야기가 아니다. 문경의 불정자연휴양림 내에 위치한 짚라인문경을 찾으면 사계절 어느 때나 즐길 수 있다. 백두대간의 중심인 해발 487m의 불정산 정상에서부터 시작, 시원하게 흐르는 계곡을 지나 수많은 수목 위를 날아다니는 짜릿한 공중비행. 짚라인에 몸을 실으면 스릴이 넘치는 흥분과 자연을 즐기는 해방감에 흠뻑 빠진다.

　자연을 새롭게 즐기는 신개념 레포츠인 짚라인은 고가의 장비나 극기 훈련이 따로 필요치 않다. 탑승 시 주의사항과 탑승방법에 대한 설명을 10분 정도만 들으면 누구나 쉽고 안전하게 즐길 수 있다. 짚라인문경의 장점은 계절이나 날씨에 크게 구애받지 않는다는 점이다. 폭우가 내리는 날을 제외하고는 연중무휴로 운영된다.

　짚라인문경의 프로그램은 총 9개의 코스로 이루어져 있다. 몸풀기 단계인 초급코스부터 시작해 점차 스피드와 난이도를 높여가며 다이내믹한 쾌감을 증대시키도록 구성돼 있다. 2인의 가이드가 동행해 안전하고, 각 코스마다 재미난 퀴즈풀기 코너가 있어 한층 즐겁다.

### 문경새재 트레킹

백두대간 조령산을 넘는 문경새재는 사계절 어느 때나 좋지만 하얗게 얼어 붙은 계곡과 앙상한 가지 사이로 산의 속내가 드러나는 겨울도 좋다. 주흘관(제1관문)에서부터 조곡관(제2관문), 조령관(제3관문)에 이르기까지 흙길을 걷다보면 옛 선비들의 정취를 느낄 수 있는 많은 문화재를 만날 수 있다. 단순히 겨울 공기만 마시는 산행이 아니라 새재길 군데군데 남아 있는 선비들의 자취와 명망 높았던 옛 학자들의 시까지 음미하며 걷는 길이라서 재미가 쏠쏠하다.

### 문경온천

문경온천에서는 지하 900m의 화강암층과 석회암층 사이에서 분출되는 칼슘중탄산 성분의 온천수와 지하 750m의 화강암층에서 뿜어진 알칼리성 온천수를 이용한 온천욕을 함께 즐길 수 있다. 칼슘중탄산천은 산소와 접촉되면서 붉고 끈끈한 황토색으로 변하는데, 통풍, 심장병, 알레르기성 피부염, 관절염 등에 탁월한 효과가 있다고 한다. 알칼리성 온천수 역시 피부를 매끄럽게 하고 소화기 및 비뇨기 질환에 효과가 있는 보양온천수다. 겨울철 몸을 많이 움직이지 않아 만성 류마티스나 동맥경화, 만성피로가 심해질 때 부모님과 함께 찾는다면 효도여행으로 더없이 좋다.

### 문경레일바이크

문경레일바이크는 석탄을 실어 나르던 문경선 철길이 없어지게 된 것을 관광자원으로 변모시킨 사례이다. 진남역과 불정역, 가은역이 철로자전거타기의 출발지이다. 제1코스는 진남역~불정역(왕복 4km), 제2코스는 불정역~주평역(왕복 3.6km), 제3코스는 진남역~고모산성(왕복 1.6km), 제4코스는 가은역~먹뱅이역(왕복 4km) 구간에서 운행된다. 계절에 따라 일부 코스는 운행하지 않는다. 각 역별 철로자전거 대수는 진남역 30대, 불정역 37대, 가은역 18대이다.

### 점촌중앙시장

문경과 상주, 영주 등지의 주민들이 즐겨 찾던 상설재래시장이다. 1950년대에 문을 연 점촌중앙시장은 몇 번의 개조를 거쳐 현재 최신식 아케이드 형식으로 말끔히 단장했다. 120여 개에 이르는 점포에서는 일상생활용품인 옷, 그릇, 이불, 공산품과 문경사과, 오미자, 산나물 등 문경시의 특산물을 주로 판매한다. 봄이면 신선한 산나물이 쏟아져 나오고 가을이면 맛좋은 사과와 곶감 등을 살 수 있어 주변 사람들과 관광객의 발길이 끊이지 않는다. 문경시에서 발행하는 상품권으로 시장 안 어느 점포에서나 원하는 상품을 구입할 수 있다.

**1** 문경새재 제 3관문 조령관 **2** 문경새재를 향해 출발하는 여행객들 **3** 폐철로를 활용해 만든 문경레일바이크 **4 5** 점촌역(왼쪽)과 점촌중앙시장의 과일 상인

## 1박2일 추천코스

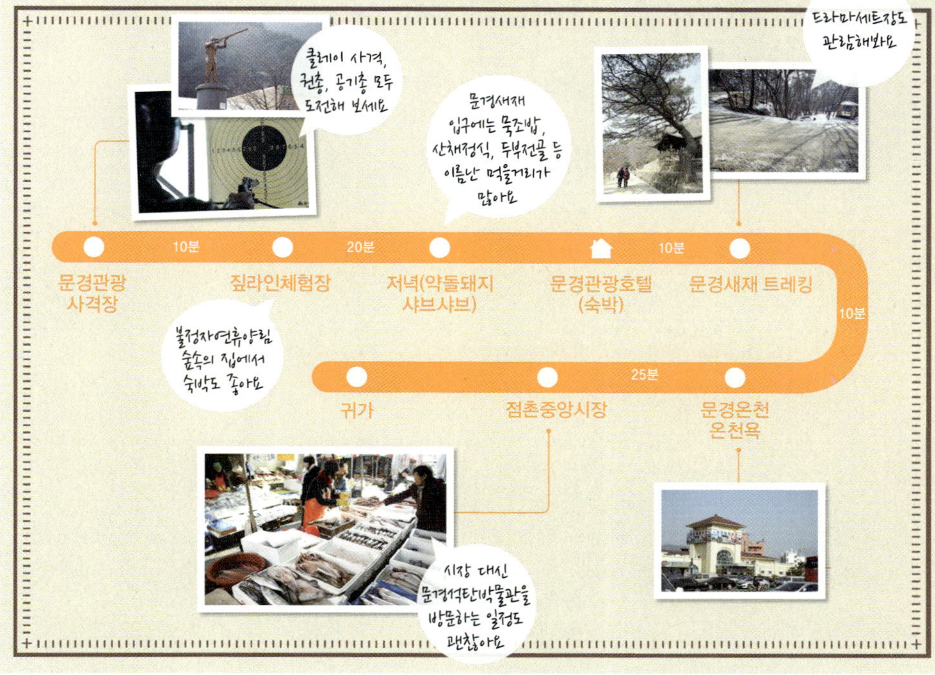


## 여행정보

### ★ 웹사이트와 전화

문경시 문화관광 054–550–6391, tour.gbmg.go.kr
문경관광사격장 054–553–0001, www.mgshooting.or.kr
짚라인문경 1588–5219, www.zipline.co.kr
문경새재도립공원 054–571–0709, saejae.gbmg.go.kr
문경종합온천 054–571–2002, www.mgspring.com

### ★ 대중교통

[버스] 동서울–문경, 하루 15회 운행, 2시간 소요
　　　점촌–문경, 15분 간격 운행, 30분 소요

### ★ 자가운전

영동고속도로 여주분기점–중부내륙고속도로 문경새재나들목–점촌
방면 3번 국도–문경관광사격장
경부고속도로 김천분기점–중부내륙고속도로 문경새재나들목–점촌
방면 3번 국도–문경관광사격장

### ★ 숙박

문경관광호텔 : 문경읍 새재2길 32–11, 054–571–8001
호텔킹 : 문경읍 하리 387–7, 054–571–5558
테마펜션열차 : 불정강변길 187, 054–552–2356
STX리조트 : 농암면 내서리 257–1, 054–460–5000

### ★ 맛집

약돌돼지샤브샤브 : 약돌돼지, 문경시 돈달로 43, 054–556–7192
소문난식당 : 묵조밥, 문경읍 새재로 876, 054–572–2255
진남매운탕 : 매운탕, 마성면 진남1길 210, 054–552–7777
새재초곡관 : 약돌돼지, 문경읍 새재로 928, 054–571–2020

### ★ 축제 및 행사

문경전통찻사발축제 : 매년 4월 말~5월 초, 054–550–6391,
　　　　　tour.gbmg.go.kr
문경오미자축제 : 매년 9월 하순, 054–554–7555,
　　　　　tour.gbmg.go.kr

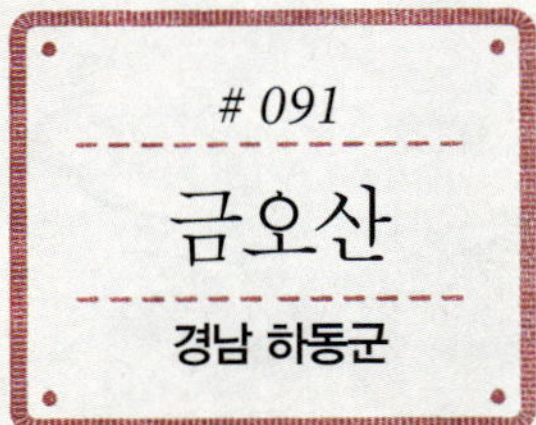

# 다도해의 장쾌한 일출을 만나다

**여행컨셉** 산 정상에서 남해바다 풍경과 함께 일출 즐기기
**추천일정** 1박2일
Must Do 1. 평사리에서 한옥 숙박 체험하기
     2. 하동송림 산책하기
     3. 쌍계사 앞 단야식당에서 사찰국수 맛보기
**추천 교통** 자가운전
**추천 계절** 봄~가을

다도해의 장쾌한 풍경이 일망무제로 펼쳐지는 하동 금오산(849m)에서의 해맞이는 전국의 내로라하는 일출명소 어느 곳에 견주어도 뒤지지 않는다. 금오산 정상에 오르는 방법은 두 가지다. 하동군 청소년수련원을 들머리로 왕복 4시간 가량 걸리는 등산로를 이용하거나 아니면 정상까지 차량으로 바로 오르는 것이다. 차량을 이용할 수 있다는 것은 금오산 일출여행의 큰 장점이자 매력이다.

금오산이 위치한 금남면과 진교면은 하동군에서도 가장 남쪽에 속한다. 쌍계사가 있는 화개면이나 최참판댁이 위치한 악양면까지의 거리보다 오히려 남해군과 더 가깝다. 따라서 자가운전을 한다면 하동IC보다 진교IC로 나오는 것이 편하다. 남해고속도로 진교IC를 나와 남해 방면으로 2km 남짓 진행하면 '금오산' 표지판을 만나는데, 여기서부터 금오산 정상까지는 약 9km 거리다. 전 구간이 매끈하게 포장되어 있으나 도로 폭이 좁고 굴곡이 심하므로 주의해야 한다.

금오산 정상은 송신탑이 자리를 차지하고 있다. 그래서 바로 아래 헬기장 옆에 정상석을 세웠다. 정상석에는 두 가지 이름이 새겨져 있다. 금오산과 소오산이다. 옛날에는 곡식을 쌓아둔 노적가리처럼 생겼다 해서 '소오산'이라 불렀다 한다.

일출 시간에 맞춰 전망 데크<sup>해맞이공원</sup>에 올라서면 남쪽 바다에 점점이 떠 있는 크고 작은 섬들이 검은색에서 푸른색으로 서서히 변한다. 마침내 아침 해가 모습을 드러내고 밝은 기운이 하늘과 바다를 가득 채운다. 해가 둥실 떠오르고 사위가 완전히 밝아지면 섬과 바다와 하늘이 매혹적인 모습을 드러낸다. 방아섬, 굴섬, 솔섬 등 수많은 섬들은 적당한 간격으로 올망졸망 정답고, 멀리 사천대교와 창선대교도 눈에 들어온다. 헬기장에서는 지리산 천왕봉과 반야봉, 노고단도 볼 수 있다.

일출이 끝나고 바로 내려가기 아쉽다면 전망 데크 아래쪽으로 난 너덜지대를 지나 15~20분 거리에 있는 봉수대(경상남도 기념물 제122호)와 마애불을 둘러보는 것도 괜찮다. 고려 헌종 3년(1149)에 설치되었다는 봉수대에서는 해맞이공원에서 바라본 전망 못지않게 수려한 풍경을 바라볼 수 있다. 마애불은 바위굴 암벽에 새겨진 불상으로, 옆에 9층석탑이 함께 조각되어 있다.

### 백련리 도요지 사기마을

일본 국보의 하나인 정호다완(井戸茶碗)의 전래지로 추정되는 우리 전통 찻사발의 본고장이다. 하동요, 새미골가마 등이 운영되고 있으며, 미리 예약하면 도예 체험도 가능하다. 영화 〈취화선〉에서 화가 장승업이 활활 타오르는 가마 속으로 들어가던 장면을 이곳에서 촬영했다.

### 하동포구공원

섬진강 물이 남해와 만나는 곳부터 화개에 이르는 뱃길을 '하동포구 팔십리'라 부른다. 옛날에는 이 길을 따라 어선과 상선이 드나들면서 포구가 발달하고 사람과 물자가 활발하게 왕래했었다. 이제 옛 흔적은 사라지고 없지만 재첩을 잡는 배의 행렬은 지금도 이어진다. 또 강물 속에서 커다란 함지박을 들고 재첩을 잡는 아주머니들의 모습도 진풍경이다. 누구나 재첩잡이 체험을 할 수 있다.

### 하동송림

조선 영조 21년(1745)에 방풍과 방사를 막기 위해 조성한 솔밭이다. 하동송림은 유유히 흐르는 섬진강과 드넓은 모래사장이 함께 어우러져 특히 여름철 유원지로 사랑받는다. 우람한 소나무들의 자태는 이른 아침이나 저녁놀 속에 볼 때 더욱 아름답다. 송림 위쪽에는 하동과 전남 광양을 잇는 섬진교가, 아래쪽에는 경전선 열차가 지나는 철교가 놓여 있다.

### 평사리

하동송림을 지나 악양면에 들어서면 대하소설 〈토지〉속 최참판댁과 평사리문학관, 전통한옥체험관이 있다. 1박2일 여정이라면 전통한옥체험관에서 하룻밤 묵는 것도 좋다. 전통한옥을 고증해 건축한 펜션 형태의 숙소인데, 예약은 평사리문학관이나 최참판댁 매표소, 하동군 문화관광과로 하면 된다. 장작을 때는 온돌방을 체험하고 싶다면 한옥체험관보다는 김훈장네나 김평산네가 낫다. 예약은 하동군 문화관광과와 최참판댁 매표소에서 받는다.

1 등 굵은 소나무가 몰려 있는 하동송림 2 쌍계사 입구 단야식당의 사찰국수 3 하동의 별미 재첩국과 재첩비빔밥 4 백련리 사기마을 내 하동요 입구

## 1박2일 추천코스

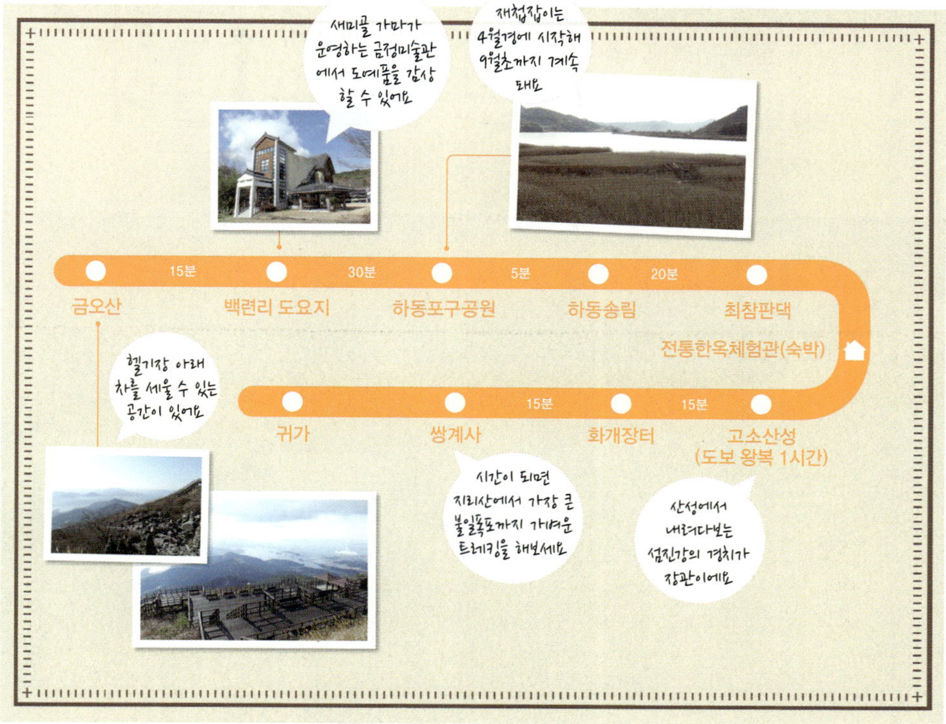

## 여행정보

### ★ 웹사이트와 전화

하동군 문화관광 055–880–2380, tour.hadong.go.kr

평사리문학관 055–822–6699

송림공원 055–880–2761

최참판댁 055–880–2960

### ★ 대중교통

[버스] 서울–진교 : 서울남부터미널에서 1일 11회 운행, 4시간 소요

서울–하동 : 서울남부터미널에서 1일 8회 운행, 3시간 50분 소요

### ★ 자가운전

경부고속도로–대전통영고속도로–진주JC–남해고속도로–진교IC–남해 방면으로 2km–금오산 표지판–금오산 정상

### ★ 숙박

쉬어가는 누각 : 화개면 용강리, 055–884–0151

도시고양이생존연구소(게스트하우스) : 화개면 덕은리, 010–3606–2456

평사리문학관 전통한옥체험 : 하동군 악양면 평사리, 055–882–6669

### ★ 맛집

원조강변할매재첩식당 : 재첩국, 고전면 전도리, 055–882–1369

동백식당 : 참게장, 화개면 탑리, 055–883–2439

단야식당 : 사찰국수와 산채비빔밥, 화개면 운수리, 055–883–1667

### ★ 축제 및 행사

하동고로쇠축제 : 매년 3월, 055–880–2114

화개장터벚꽃축제 : 매년 4월, 055–883–5715

하동야생차문화축제 : 매년 5월 초

토지문학제 : 매년 10월, 055–880–2950

## 092

## 진천종박물관
**충북 진천군**

# 가슴을 울리는 맑고 고운 종을 만난다

## 여행 내비게이션

**여행컨셉** 국내 유일의 종 박물관에서 한국의 범종과 세계의 다양한 종 만나보기

**추천일정** 당일

**Must Do** 1. 시대별 종의 특징 살펴보기

2. 진천 농다리 걸어서 건너보기

3. 보탑사 3층목탑 올라보기

4. 3대째 이어온 덕산 막걸리 마셔보기

**추천 교통** 자가운전

**추천 계절** 사계절

　진천종박물관은 국내 유일의 종 전문 박물관이다. 세계적으로 가치를 인정받는 한국 범종의 역사와 특징을 일반인이 이해하기 쉽도록 전시하고, 한국 종을 연구·수집·보존할 목적으로 개관했다.

　2층 규모의 박물관은 외관부터 한국 종을 빼닮았다. 항아리를 뒤집어놓은 듯한 유리 구조물은 종의 기본 형태를, 그 오른쪽으로 음파가 퍼져 나가는 듯한 굴곡은 맥놀이를 형상화했다. 맥놀이란 진동수가 다른 두 소리가 서로 간섭하며 작아졌다 커졌다 하는 현상을 말하는데, 이는 한국 범종의 중요한 특징이기도 하다.

　전시실 입구에서 처음 만나는 것은 실물 크기로 재현된 성덕대왕신종이다. 일명 '에밀레종'으로도 불리는 성덕대왕신종은 현존하는 고대 범종 가운데 가장 큰 종으로 통일신라 771년에 만들어진 것이다.

　1층 제1전시실에는 일제강점기를 거치면서 맥이 끊긴 밀랍 주조 공법으로 복원·복제한 문화재급 고대 범종이 즐비하다. 통일신라, 고려, 조선을 대표하는 이 종들은 중요무형문화재 112호인 주철장鑄鐵匠 원광식 선생이 기증한 작품이다. 한국 범종의 전형으로 최고의 예술미를 자랑하는 통일신라, 전 시대의 양식을 이어받으면서도 현실적인 조형미를 보여주는 고려, 중국 종의 형식이 결합된 조선, 전형적인 일본 종의 형태로 제작된 근대, 한국 종 본래의 모습으로 돌아가기 위한 과도기인 1970년대까지 관람을 마치고 나면 시대별 범종의 특징이 머릿속에 일목요연하게 정리된다.

　2층에는 밀랍 주조 공법으로 종을 만드는 과정을 알기 쉽게 전시했다. 종과 관련된 설화, 지구촌의 종소리, 일상에서 쓰이는 다양한 종소리도 체험할 수 있다. 다음은 세계의 종 전시실이다. 인물 종, 데스크 벨, 유리 종 등 여러 가지 종을 매년 새로운 시리즈로 선보이는 이 전시는 한국의 범종 못지않게 흥미진진하다. 말 안장에 장식해 말이 움직일 때마다 소리를 내는 행진용 의례 종, 20세기 러시아의 토이 벨, 자명종 등 귀엽고 앙증맞은 종이 가득하다. 이탈리아 베네치아의 무도회에서 쓰던 가면 축소품에는 장식용 방울이 있어 흔들면 딸랑딸랑 소리가 난다고 한다. 내부에 추가 있어 흔들면 소리가 나는 셰이커, 붉은색 칵테일 잔 손잡이 아랫부분에 금속 추가 달려 있어 마신 뒤 흔들면 소리가 나는 1960~1970년대 미국 제품도 인상적이다.

### 김유신 탄생지

김유신 장군은 가야국 왕족 출신으로, 아버지 김서현이 진천(옛 이름은 만노군)의 태수였다. 무덤이 경주에 있어 탄생지도 경주일 것이라고 흔히들 생각하는데, 실은 진천이 고향이다. 계양마을 입구 장군터라 불리는 곳에 1983년 유허비가 건립되었다.

### 보탑사

보탑사에서 주목할 것은 3층목탑이다. 1992년 불사를 시작해 1996년에 완공된 이 목탑은 황룡사 9층 목탑을 이어받았으며, 내부 계단을 통해 1층부터 3층까지 오르내릴 수 있다. 삼국시대 이후 단절된 '오를 수 있는 탑'의 전통을 현대에 재현한 것이다. 불사에는 한국 전통 건축의 대가 신영훈 대목이 참여했다.

### 정송강사

'가사 문학의 대가' 송강 정철(1536~1593)의 위패를 모신 곳이다. 신도비가 있는 입구를 지나면 시비가 나오고, 이어 사당과 유물 전시관이 있다. 입구에서 왼쪽으로 산길을 조금 오르면 송강과 그 둘째 아들의 묘소가 위아래로 자리 잡고 있다.

### 농다리

돌을 깎거나 다듬지 않고 원래 모양 그대로 쌓아 만든 농다리는 허술해 보여도 천년을 이어온 진천의 자랑이다. 10세기 이전에 만들어진 것으로 추정되며, 총 28칸으로 구성되었다. 다리 건너 언덕을 오르면 저수지가 한눈에 내려다보이는 정자와 산책로가 있다. 구불구불한 모양새 때문에 '지네 다리'라고도 불린다.

### 덕산양조장(세왕주조)

1930년에 건립된 덕산양조장은 양조장 건물로는 유일하게 등록문화재로 지정된 단층 합각지붕 목조건축물이다. 지금도 3대째 가업을 이어 전통 막걸리를 만든다. 양조장 옆에 홍보관이 있다.

1 김유신 장군 유허비 2 보탑사 비구니 스님들의 거처인 해행당 3 정송강사 사당과 유물전시관 4 자연석을 쌓아 만든 농다리

## 당일여행 추천코스

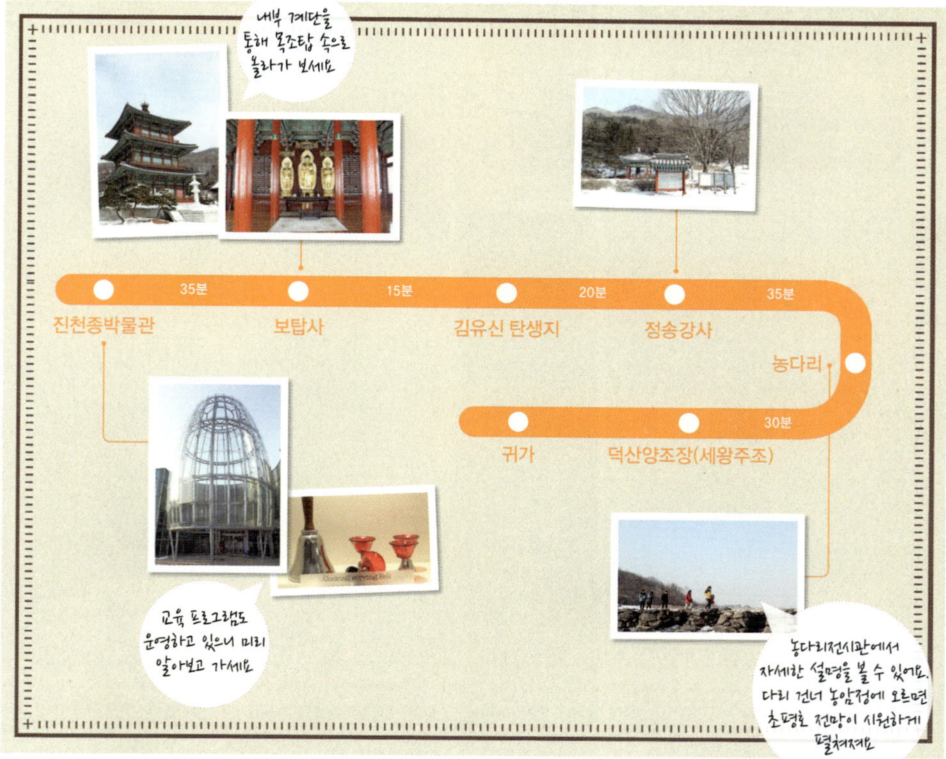

## 여행정보

**★ 웹사이트와 전화**

진천군 문화관광 043-539-3623, www.jincheon.go.kr
진천종박물관 043-539-3847, www.jincheonbell.net
덕산양조장 www.icnj.co.kr
보탑사 043-533-6865

**★ 대중교통**

[버스] 서울–진천 : 동서울종합터미널에서 20~30분 간격으로 운행,
1시간 40분 소요

**★ 자가운전**

중부고속도로–진천IC–좌회전 후 성석사거리 우회전–벽암사거리 좌
회전–백곡저수지 방향 직진–장관교 지나 좌회전–종박물관

**★ 숙박**

아랑훼스펜션 : 이월면 화산동길, 043-536-3366
별빛고운언덕펜션 : 이월면 진안로, 043-536-6114

**★ 맛집**

느티나무집 : 민물매운탕과 닭백숙, 진천읍 백곡로, 043-532-5534
엄나무에걸린닭 : 누룽지닭죽과 누룽지오리죽, 진천읍 금사로,
043-532-8200

두부촌 : 깻잎두부보쌈과 두부전골, 진천읍 금사로, 043-533-9946

**★ 축제 및 행사**

생거진천농다리축제 : 매년 5월, 043-539-3604
생거진천문화축제 : 매년 10월, 043-539-3604

더 많은 정보는
요기!!!

## 093

## 초당 두부마을
### 강원도 강릉시

# 바다향 깃든 고소하고 부드러운 순두부

### 여행 내비게이션

**여행컨셉** 바다향 맡으며 초당 순두부 맛보기

**추천일정** 1박2일

**Must Do** 1. 새벽에 초당 순두부 맛보기
2. 안목항에서 커피 마시기
3. 경포대 솔숲 길 걸어보기
4. 선교장의 옛 저택 감상하기

**추천 교통** 버스

**추천 계절** 가을~봄

강릉 초당 순두부는 맛도 사연도 깊다. 이곳 식당들은 바닷물을 간수로 쓰고 국산 콩을 이용해 두부를 제조하는 전통방식을 고집스럽게 고수한다. 초당동 두부마을에는 대를 이어 순두부집을 하는 곳이 20개 가까이 들어서 있다. 등 굽은 할머니들이 가마솥에서 순두부를 끓여내는 모습은 강릉의 훈훈한 새벽 풍경을 만들어낸다. 정성이 깃든 갓 건져낸 순두부는 맛이 고소하고 질감은 몽글몽글하다. 한 입 털어 넣으면 부드럽게 목을 타고 넘어간다.

초당 두부마을의 일과는 이른 새벽부터 시작된다. 여명조차 깃들지 않은 골목 어귀에는 가마솥 틈을 비집고 연기가 모락모락 피어오른다. 옛 방식을 고수하는 순두부마을의 식당들은 새벽 4시부터 불을 피우며 두부 만들기에 여념이 없다. 아침 손님을 받기 위해 새벽녘부터 아궁이에 불을 지피며 시작되는 일과는 수십 년 넘게 이어온 이들 고집이다.

먼저 불린 콩을 갈고 면포에 내리면 투박한 가루들은 비지가 되고, 맑은 콩물 진액들만 가마솥으로 옮겨진다. 한 시간 남짓 펄펄 끓는 것을 기다리는 동안에도 주인장의 손놀림은 쉴 틈이 없다. 두부가 엉기지 않으려면 주걱으로 계속해서 저어야 한다.

3대째 순두부를 만들고 있는 '고부 순두부'의 권영애 할머니는 "예전에는 바닷물을 직접 길러와 두부 만드는데 썼는데 그래도 요즘은 심층 해수를 사다가 쓰니 많이 편해진 셈"이라며 웃는다. 옛 문헌에 따르면 이들 초당마을 사람들이 순두부를 만들기 시작한 것은 수백 년 전으로 거슬러 올라간다. 허균과 허난설헌의 부친인 허엽이 집 앞 샘물로 콩물을 만들고, 바닷물로 간을 맞춰 두부를 만들기 시작했는데 두부 맛이 좋아 자신의 호인 '초당'이란 이름을 붙여 초당두부의 명칭이 시작됐다고 한다. 두부를 만들었던 샘물이 있던 자리가 바로 초당동이다. 굳이 문헌이 아니더라도 솔숲이 우거진 이곳 초당동 마을에서는 대를 이어 식당을 운영하는 경우가 다반사다. 이곳 식당들의 이름에 '고부' 또는 '할머니' 등이 흔하게 들어가는 것도 그런 이유에서다.

국산 콩만을 고집하고 바닷물을 간수로 쓴 초당마을 두부는 비릿함 대신 구수한 향기가 나고, 순두부가 엉긴 데 없이 부드럽고 몽글몽글하다. 햅쌀로 잘 쪄낸 백설기처럼 입에 넣으면 녹듯이 목으로 넘어간다. 밥 한 공기는 간단하게 비워내는 밥도둑 역할을 한다. 순두부를 네모난 나무틀에 넣고 무거운 벽돌 몇 장 올려놓은 뒤, 두세 시간 눌러놓으면 모두부가 된다. 질 좋은 순두부로 만들어낸 모두부 역시 담백한 맛이 일품이다.

## 안목 해변 커피촌

강릉 바다에서 운치 있게 커피 한잔 즐겨 보자. 최근 강릉에서 인기를 끌고 있는 것이 커피다. 유명 바리스타들이 강릉에 정착한 뒤로 강릉에는 커피 붐이 불었다. 커피거리로 자리매김한 안목 해변 일대에는 바다를 바라보며 그윽하게 직접 내린 커피 한잔을 맛볼 수 있는 카페들이 늘어서 있다. 매년 가을 강릉에서 커피 축제도 열린다. 왕산면의 강릉 커피 박물관에서는 로스팅 체험이 곁들여지며 커피나무와 옛 커피 제조 도구들을 구경할 수 있다.

## 허균 · 허난설헌 기념관

초당마을 뒤편으로 산책 삼아 걸어가면 허균, 허난설헌 기념관이 있다. 강릉에서 태어난, 홍길동의 저자 허균과 그의 누나이자 여류시인인 허난설헌의 생가와 발자취를 함께 더듬을 수 있다.

## 오죽헌&선교장

신사임당과 율곡 이이가 태어나 보물로 지정된 오죽헌과 조선후기 사대부의 저택을 고스란히 간직한 선교장은 202번, 202-1번 버스를 타면 순차적으로 둘러볼 수 있다. 선교장 인근에는 전 세계 축음기를 한자리에서 만나볼 수 있는 참소리박물관이 있는데, 마주 보는 거리에 관동팔경 중 으뜸인 경포대가 있다.

1 강릉 동해바다의 대명사 경포 해변 2 로스팅 체험을 할 수 있는 강릉커피박물관 3 조선 중기 여류 시인 허난설헌과 문신 허균 생가터 4 율곡 이이와 신사임당이 살았던 오죽헌

## 1박2일 추천코스

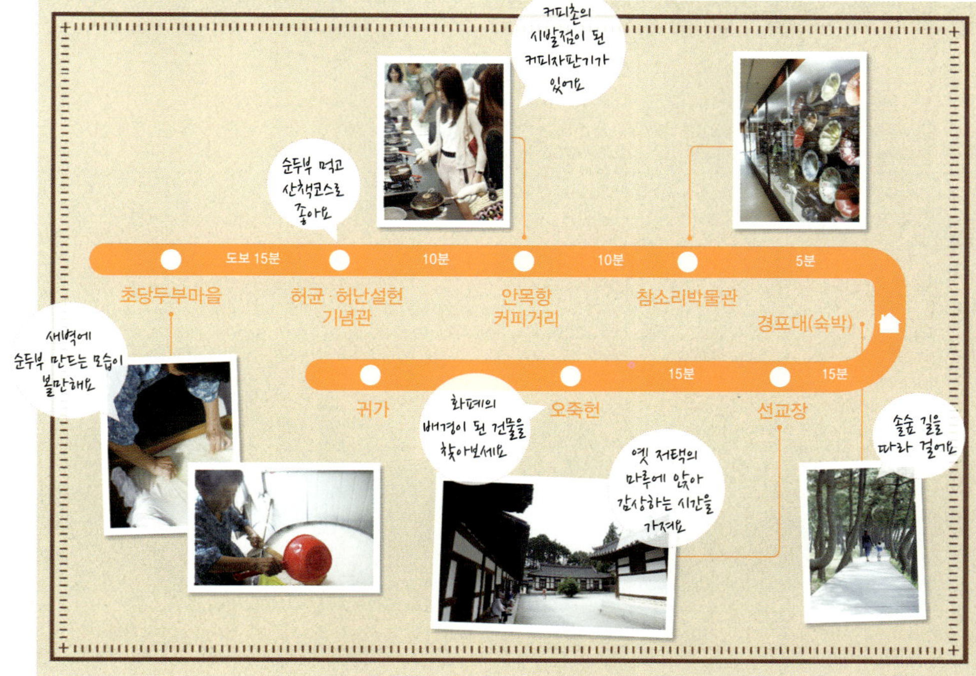


## 여행정보

### ★ 웹사이트와 전화

강릉시 문화관광 033–640–5131, tour.gangneung.go.kr
커피박물관 033–655–6644, www.cupper.kr
선교장 033–648–5303, www.knsgj.net
참소리박물관 033–655–1130, www.edison.kr
· 허균 · 허난설헌 기념관 033–640–4798

### ★ 대중교통

[버스] 서울–강릉 : 강남터미널, 동서울터미널에서 강릉터미널까지
20분 간격 출발. 2시간 40분 소요

### ★ 자가운전

영동고속도로 강릉IC–강릉터미널–강릉역–초당두부마을

### ★ 숙박

주문진호텔 : 주문진읍 불당골길, 033–661–0123,
www.jmjhotel.com
브이브이호텔 : 하슬라로, 033–647–2222
라카이 샌드파인 리조트 : 해안로, 1644–3001,
www.lakaisandpine.co.kr
하슬라뮤지엄 호텔 : 강동면 율곡로, 033–644–9414~5, www.haslla.kr

### ★ 맛집

고부순두부 : 순두부백반, 초당순두부길, 033–653–7271
초당할머니순두부 : 순두부백반, 초당순두부길, 033–652–2058
동화가든 : 짬뽕순두부, 초당순두부길, 033–652–9885
강릉 감자옹심이 : 감자옹심이, 임당동, 033–648–0340

### ★ 축제 및 행사

강릉커피축제 : 매년 10월, 033–647–6802, www.coffeefestival.net

더 많은 정보는
요기!!

# 094
마이산
전북 진안군

# 말의 귀를 닮은 기이한 봉우리를 오르다

여행 내비게이션

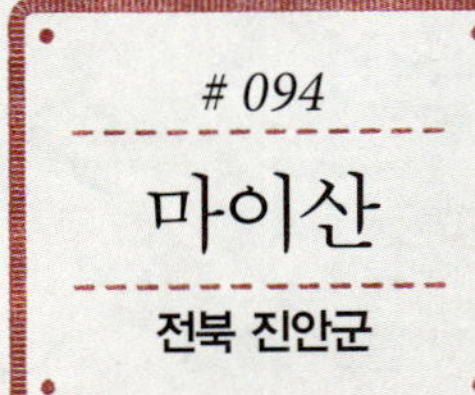

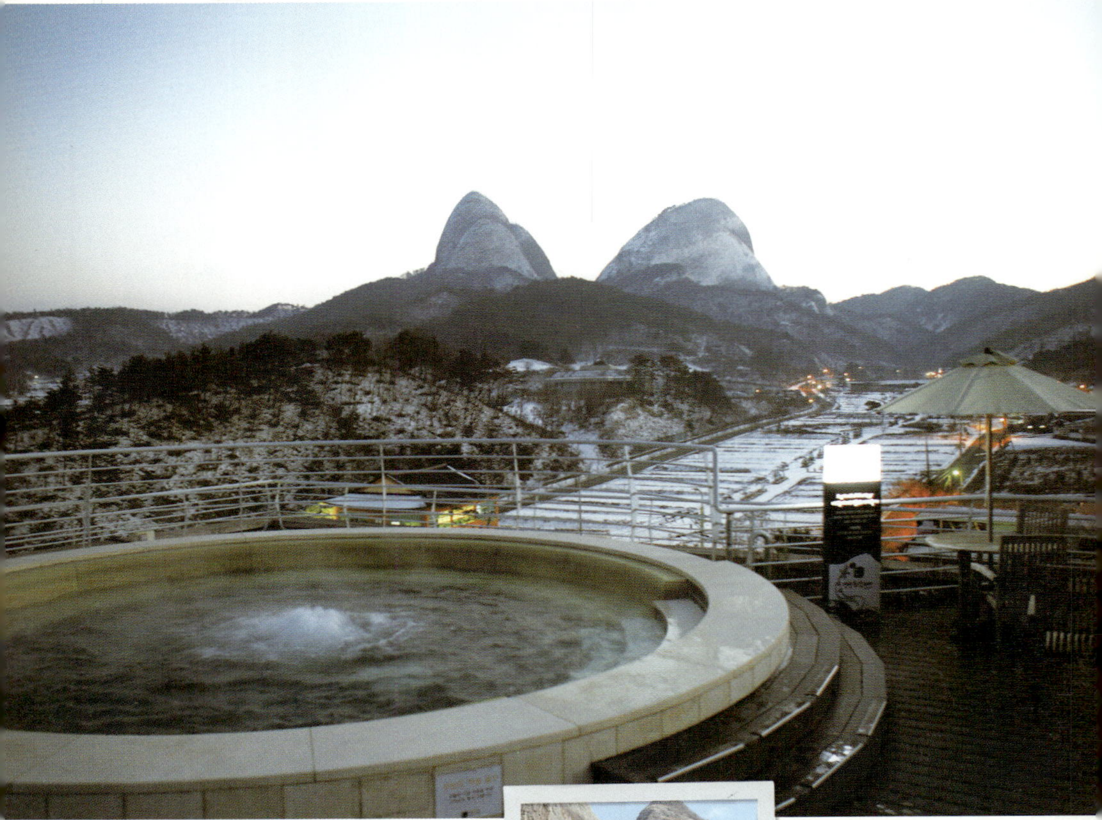

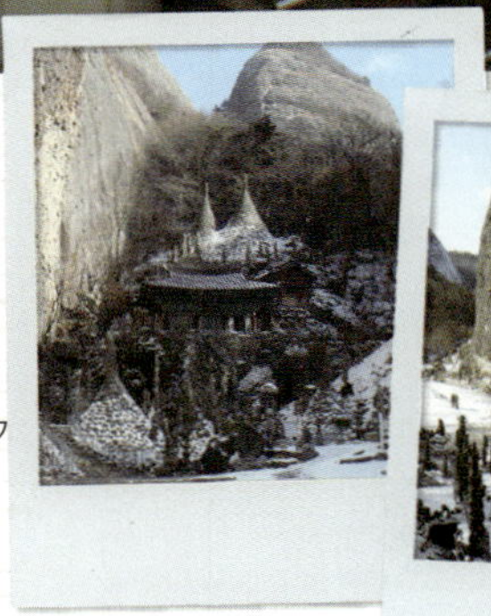

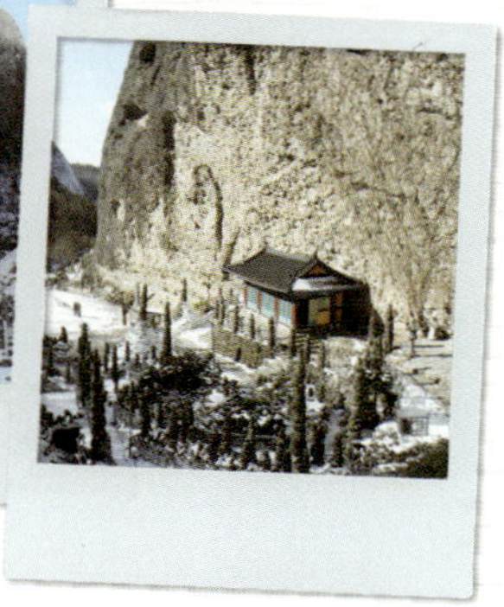

**여행컨셉** 눈 내린 마이산 트레킹 하고
홍삼스파로 건강 다지기

**추천일정** 1박2일

**Must Do**
1. 탑사의 신비한 돌탑 찾아보기
2. 은수사의 거꾸로 어는 신기한 역고드름 보기
3. 홍삼스파에서 노천욕 하기
4. 노채마을 머루와인 창고 구경
5. 애저찜 먹어보기

**추천 교통** 자가운전

**추천 계절** 겨울

　　1억 년 전 퇴적층이 쌓인 호수 바닥에서 지각변동에 의해 기이한 봉우리 한 쌍이 솟아났다. 불끈 솟아 마주한 두 봉우리는 삐죽한 모양이 말의 귀를 닮아 마이산이라는 이름을 얻었다. 진안의 상징 마이산의 암마이봉(673m)과 수마이봉(667m)에 오르는 길은 북쪽과 남쪽 두 곳이다. 산의 풍취를 느끼고 겨울 트레킹의 즐거움을 접하려면 남부매표소에서 오르는 것이 좋다. 중턱에 자리한 은수사까지는 완만한 평지로, 길이 험하지 않아 산책하듯 산행을 할 수 있다.

　　남부매표소를 지나면 제일 먼저 금당사가 모습을 드러낸다. 탑사에 정신이 팔려 그냥 지나치기 쉬운 작은 절이나 역사가 1,300년이나 된 것들이다. 금당사에서 20여 분을 오르면 마이산을 더욱 신비롭고 유명하게 만든 탑사에 닿는다. 암마이봉과 수마이봉 사이에 들어앉은 절에 이갑룡 처사가 천지음양의 이치와 팔진도법을 응용해 쌓았다는 탑들이 신기하다. 절 마당에는 온통 탑이다. 천지탑, 중앙탑 등 80여 기의 석탑이 있다. 이 돌탑은 태풍이 불어도 쓰러지지 않는다고 한다. 탑사 뒤로 암마이봉과 수마이봉이 멋진 조화를 이루고 있다. 암마이봉을 자세히 보면 윗부분에 폭격을 맞은 듯 크고 작은 홈들이 보인다. 풍화작용에 의해 생겨난 것이라고 생각할 수 있지만, 이는 타포니 지형으로 설명할 수 있다. 풍화작용은 바위 표면에서 시작되지만, 타포니 지형은 풍화작용이 바위 내부에서 시작해 내부가 팽창되면서 밖에 있는 바위 표면을 밀어내 형성된 것이다. 마이산은 세계 최대 규모의 타포니 지형이 발달한 곳이다.

　　탑사에서 계단을 올라 5분쯤 걸으면 수마이봉 아래 은수사가 자리한다. 이 절은 조선 태조 이성계와 인연이 있다. 태조가 절에서 물을 마시고 물이 은 같이 맑다고 해서 은수사란 이름은 얻게 되었다고 한다. 이성계가 꿈에 마이산 신령으로부터 나라를 다스리라는 금척을 받았다는 전설도 전한다. 겨울철 은수사가 유명한 것은 신비의 역고드름 때문이다. 청배실나무 아래 정한수를 떠놓고 지극정성으로 기도하면 물 그릇 안의 물이 얼면서 하늘을 향해 고드름이 치솟는다. 학자들은 일종의 대류현상 때문이라고 하지만 확실하게 밝혀진 것은 아니다.

　　은수사 왼쪽 뒤편에 암수 마이봉 사이로 계단이 놓여 있다. 계단을 올라서면 정상인 천황문이다. 천황문은 일반적인 문이 아니다. 물이 갈라지는 분수령이다. 암마이봉 북쪽으로 흐르는 물은 금강, 수마이봉 남쪽으로 흐르는 물은 섬진강의 원류가 된다. 천황문에서 암마이봉 정상으로 오르는 길이 있으나 식생복원으로 2014년 10월까지 등산로가 폐쇄됐다.

### 손내옹기

옹기장인 이현배씨가 발효식품과 가장 잘 어울리는 숨 쉬는 항아리를 만드는 곳이다. 간판이 걸려 있지 않지만, 도로가에 흙으로 제작한 가마와 옹기를 구울 때 사용하는 나무 장작이 쌓여 있어 찾는 데 어렵지 않다. 손내옹기는 옹기 만드는 체험 프로그램을 운영하지 않는다. 온전하게 제대로 된 옹기를 제작하고자 하는 주인의 장인정신 때문이다. 그렇다고 주인은 먼 길을 마다않고 찾아 온 이들에게 야박하게만 굴지 않는다. 가마를 비롯한 마당의 옹기를 구경하며 사진을 찍을 수 있다. 또한 친절한 주인의 안내를 받아 작업장에서 옹기제작 과정, 옹기와 자기의 차이점, 옹기의 특성 등을 세세히 들을 수 있다.

### 홍삼스파

진안읍과 마이산 사이에 있다. 여행의 피로를 풀고 원기를 회복하기에 제격인 곳이다. 홍삼스파는 홍삼을 복용하는 것 외에도 다른 방법으로 몸을 보할 수 있는 방법이다. 개인 욕조에 홍삼액을 넣어 휴식을 취할 수 있는 아로마 테라피, 물속에서 음악을 들을 수 있는 사운드 플로팅, 홍삼 성분을 함유한 버블 테라피 등, 9개 스파 코스를 통해 몸의 기를 보충할 수 있다. 겨울철에는 노천욕을 할 수 있는 옥상 노천탕이 인기다. 눈앞에 하얀 눈으로 덮인 마이산이 오롯이 제 모습을 드러내기 때문이다.

### 용담호

진안은 본래 산으로 둘러싸인 고장이지만 2001년 용담댐이 완공되면서 내수면형 관광이 가능하게 되었다. 전국에서 다섯 번째로 큰 댐인 용담댐으로 거대한 호수가 형성됐고, 맑은 호수를 병풍처럼 둘러싼 산길을 따라 호반여행을 할 수 있다. 겨울이 내려앉은 호수는 무겁고 차분한 느낌으로 길손을 맞는다.

### 노채마을 머루와인

노채마을은 농촌체험과 머루와인으로 유명하다. 이 마을은 일제 강점기에 금을 캐던 갱도를 와인 저장고로 활용하고 있다. 금굴에 들어서면 와인이 익어가는 향기가 코끝을 자극한다. 벽면으로 와인 병이 줄을 지어 놓여 있다. 외부 기온이 아무리 낮아도 금굴 안은 연중 평균 기온 12℃로 일정하다. 와인을 보관하는데 이보다 좋을 수는 없다. 머루와인은 이곳에서 최소 3년 이상 숙성된 후 세상으로 나온다. 포도와인보다 신맛이 다소 강하지만 머루 본연의 향과 맛이 강하다. 금굴에는 머루와인 외에 금을 캐기 위해 굴을 파던 흔적, 불발탄으로 남은 다이너마이트, 금광맥 등이 고스란히 남아 있다.

1 노채마을에서 와인창고로 사용하는 금굴 2 겨울이 내려앉은 용담호 풍경 3 손내옹기에서 옹기를 빚고 있는 장인 4 홍삼액을 탄 스파에서 피로를 풀 수 있는 홍삼스파

## 1박2일 추천코스

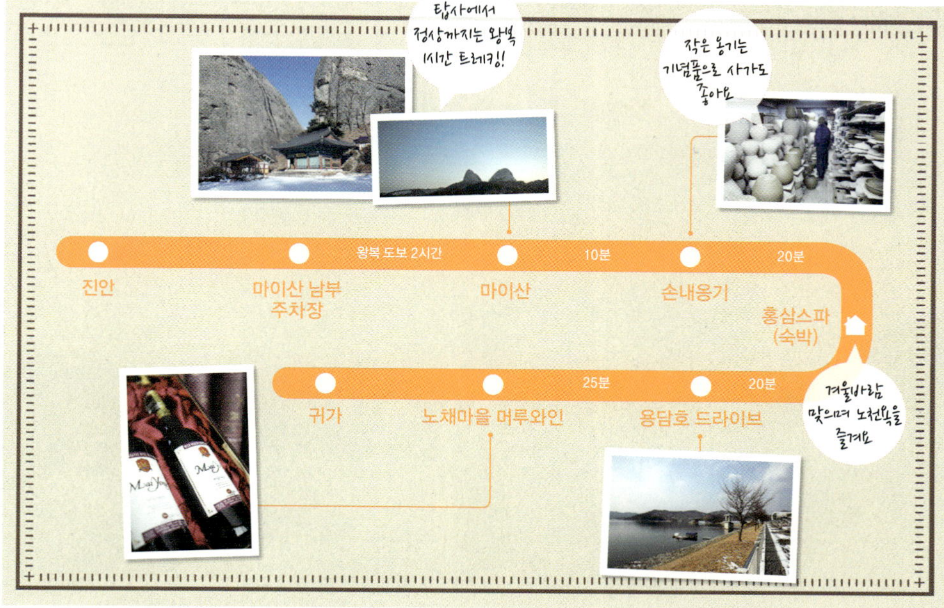


## 여행정보

### ★ 웹사이트와 전화

진안군 문화관광  063–430–2229, www.jinan.go.kr
홍삼스파 1588–7597, www.redginsengspa.kr
노채마을 머루와인 063–432–1189, www.myvine.co.kr
마이산관리사무소 063–433–3313
손내옹기 063–432–3252

### ★ 대중교통

[버스] 서울–진안 : 센트럴시티터미널에서 1일 2회(10:10, 15:10)
       운행, 약 3시간 소요

### ★ 자가운전

경부고속도로–천안논산고속도로–익산포항고속도로–진안IC–30번
국도 마령 방면–화전삼거리–마이산(남부매표소)

### ★ 숙박

호텔 홍삼빌 : 진안읍 외사양길 16–10, 1588–7597
운장산자연휴양림 : 정천면 휴양림길 77, 063–432–1193
마이산타운장 : 진안읍 마이산로 263, 063–432–4201
크리스탈모텔 : 진안읍 대광길 104, 063–433–9950
그랜드장 : 진안읍 대광길 108, 063–433–4373

### ★ 맛집

일품가든 : 흑돼지삼겹살, 진안읍 진무로 1166, 063–433–0825
진안관 : 애저찜, 진안읍 진장로 21, 063–433–2629
구내식당 : 백반, 진안읍 군하리 81–1, 063–433–3153
국태가든 : 더덕구이, 진안읍 마이산로 242, 063–433–5588
월평댁 : 어죽, 정천면 월평리 940, 063–432–3323

### ★ 축제 및 행사

홍삼축제 : 매년 4월, 063–430–2387
동향 한여름수박축제 : 매년 8월, 063–430–2353

# 입 속 가득 퍼지는 바다의 향기

**여행컨셉** 겨울 매생이국과 함께 하는
장흥 문학기행

**추천일정** 1박2일

**Must Do** 1. 겨울 진미 매생이국,
키조개회, 바지락무침
먹어보기

2. 이청준 · 한승원 생가
찾아가기

3. 영화 〈축제〉 무대 남포마을
에서 석화구이 먹기

4. 장흥토요시장 구경하기

**추천 교통** 버스

**추천 계절** 겨울

뜨끈한 매생이국을 한 술 떠서 입 안으로 넣는 순간 아, 입 안 가득 퍼지는 향긋한 갯내음이란. 천길 바다 속 깊고 깊은 맛이 밀려드는 느낌이다. 안도현 시인이 〈사람〉이라는 산문집에서 매생이를 두고 말했던, '남도의 싱그러운 내음이, 그 바닷가의 바람이, 그 물결 소리가 거기에 다 담겨 있었던' 바로 그 맛이다.

매생이는 장흥, 완도, 고흥, 강진, 해남 등 남해안의 맑은 바닷가에서 난다. 12월에서 이듬해 3월까지 채취할 수 있는데 파래보다 올이 훨씬 가늘다. 정약전의 〈자산어보〉에는 매산태라 하여 '누에의 실보다 가늘고 쇠털보다 촘촘하며 길이가 수척에 이른다. 빛깔은 검푸르다. 국을 끓이면 부드럽고 서로 엉키면 풀어지지 않는다. 맛은 매우 달고 향기롭다'고 했다. 〈동국여지승람〉에도 장흥의 진공품으로 기록되어 있다.

매생이는 10여 년 전까지 '잡초'였다. 김을 양식하던 주민들은 매생이를 '원수'로 여겼다. 김발에 매생이가 올라붙는데, 매생이가 섞인 김은 절반 값도 못 받기 때문이었다. 그런데 이제는 매생이가 김과 자리를 바꿨다. 남도 사람들은 매생이를 국으로 끓여 먹었다. 옛날엔 돼지고기와 함께 끓여 먹었다는데, 요즘은 주로 굴을 넣어 끓인다. 끓이는 방법은 간단하다. 매생이를 민물에 헹군 다음 한 컵 정도의 물을 붓고 굴과 다진 마늘 등을 넣고 끓인다. 소금이나 조선간장으로 간을 한다. 주의할 것은 한 번 끓자마자 바로 불을 꺼야 한다는 것. 오래 끓이면 매생이가 녹아 물처럼 되기 쉽다. 끓인 다음 참기름 한 두 방울과 참깨 따위를 곁들이면 된다.

매생이국은 술 마신 다음날 해장국으로도 좋다. 술이 덜 깬 아침, 매생이국을 한 그릇 후루룩 들이키면 어지간한 숙취는 그 자리에서 사라진다. 소화흡수가 잘되고 변비에 좋다. 콜레스테롤 수치도 낮춰주고, 철분, 칼륨, 요오드 등 각종 무기염류와 비타민 A, C 등도 다량 함유하고 있다. 매생이의 주산지는 대덕읍 내저마을과 신리마을인데, 마을 앞길이 아예 '매생이길'로 이름 붙었다.

장흥까지 와서 매생이만 먹고 가면 서운하다. 장흥에는 별미 해산물이 널렸다. 우선 키조개는 장흥산을 최고로 친다. 관자는 회로 먹거나 구워서 참기름장에 찍어 먹는데, 그 맛이 별미다. 수문포의 바지락무침은 전국에 소문이 자자하다. 또 영화 〈축제〉의 촬영지 남포마을에서는 해변에서 석화를 구워 먹을 수 있다. 여기에 표고버섯과 한우까지 곁들이면 장흥의 맛은 대충 섭렵한 셈이다. 시간이 맞으면 장흥 토요시장에 들르는 것도 좋다. 재래시장 구경도 하고, 저렴한 값에 한우도 맛볼 수 있다.

### 천관산문학공원

장흥은 예로부터 문림의향(文林義鄕)으로 불리는 곳. 소설가 이청준과 송기숙, 한승원, 이승우 등 수많은 문인들이 이곳에서 태어나 역작을 남겼다. 천관산 중턱에는 이들을 기념하는 문학공원이 있는데, 이청준, 한승원, 차범석 등 국내 유명문인 54명의 육필원고가 새겨진 문학비들이 전시되어 있다. 문학공원 가는 길 양편에는 삐죽삐죽 솟은 돌탑이 서 있는데, 그 수만 무려 600여 개에 달한다.

### 용산면 남포마을

임권택 감독이 1996년 영화 〈축제〉를 찍었던 곳이다. 마을 앞 바다에 둥실 떠 있는 소등섬은 썰물 때면 뭍과 연결되는데, 정월 대보름날 당제를 모시는 곳으로도 알려져 있다. 남포마을은 석화구이로도 잘 알려져 있다. 본격적인 겨울이 시작되면 소등섬에는 석화구이를 판매하는 비닐하우스 촌이 들어서고, 전국의 식도락가들이 싱싱한 석화를 맛보기 위해 모여든다.

### 여닫이 해변

고만고만한 고깃배들이 정박해 있는 포구의 모습은 평화롭기만 하다. 장흥 출신의 소설가 한승원은 율산마을에 '해산토굴'이라는 집필실을 마련하고 현재까지 이곳에서 작품활동을 하고 있는데, 안양면 여닫이해변에는 '한승원 문학 산책로'도 마련되어 있다. 바다를 따라 그의 글이 새겨진 비석이 줄줄이 이어진다.

### 진목리 이청준 생가

진목리는 소설가 이청준이 태어나 자란 곳이다. 이청준은 진목리에서 중학교 시절까지 보냈다. 진목마을은 전형적인 한촌이다. 마치 1970년대로 돌아간 듯한 느낌을 준다. 마을 입구에는 널찍한 공터가 있고, 공터 한켠에는 마을 창고가 있다. 블록 벽에 슬레이트 지붕을 얹은 마을 창고 벽에는 '79 우수 마을 특별지원 사업'이라는 페인트 글씨가 새겨져 있다. 이 조그만 마을에서의 삶의 경험을 바탕을 이청준은 그의 소설에 고스란히 녹여냈다. 진목마을에는 이청준의 생가가 남아 있다. 아담하고 소담스런 집에는 사진과 유물이 다소곳하게 놓여 있고 마당 한쪽에 놓인 장독대가 정겹다.

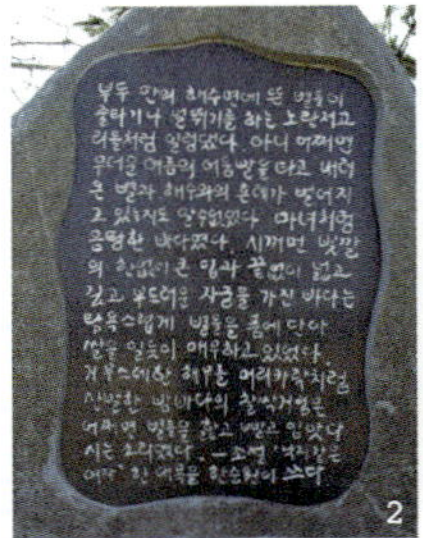

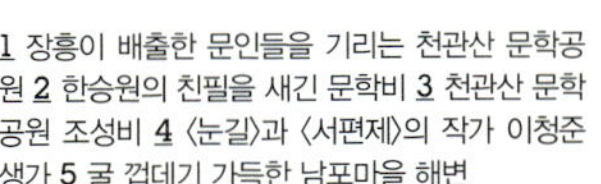

1 장흥이 배출한 문인들을 기리는 천관산 문학공원 2 한승원의 친필을 새긴 문학비 3 천관산 문학공원 조성비 4 〈눈길〉과 〈서편제〉의 작가 이청준 생가 5 굴 껍데기 가득한 남포마을 해변

## 1박2일 추천코스

## 여행정보

### ★ 웹사이트와 전화

장흥군 문화관광 061-860-0224, www.jangheung.go.kr
장흥 키조개마을 061-862-6644, key.invil.org
장흥 토요시장 061-864-7002

### ★ 대중교통

[버스] 서울–장흥 오전 8시 50분, 오후 3시 40분, 4시 50분
　　　　장흥터미널 061-863-9036
[철도] 서울(용산역)–광주 KTX 하루 9회, 서울–목포 KTX 하루 8회
　　　　광주, 목포에서 장흥까지 버스 이동. 1시간 30분 소요

### ★ 자가운전

[서울–장흥] 서해안고속도로–목포IC–남해고속도로 장흥IC
[부산–장흥] 부산–남해고속도로–순천IC–해동IC–장흥IC

### ★ 숙박

장흥우드랜드 : 장흥읍 우산리, 061-864-0063,
　　　　　　　www.jhwoodland.co.kr
옥섬워터파크 : 안양면 수문리, 061-862-2100,
　　　　　　　www.oksum.co.kr
천관산자연휴양림 : 관산읍 농안리, 061-867-6974
진송관광호텔 : 장흥읍 건산리, 061-864-7775

### ★ 맛집

바다하우스 : 키조개와 바지락 회무침, 안양면 수문리,
　　　　　　 061-862-1021
신녹원관 : 한정식, 장흥읍 건산리, 061-863-6622
취락식당 : 키조개등심구이, 장흥읍 건산리, 061-863-2584

# 096

## 남한산성

경기도 광주시

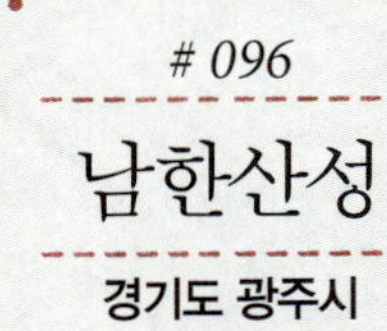

# 성곽 따라 걸으며 호국정신 되새긴다

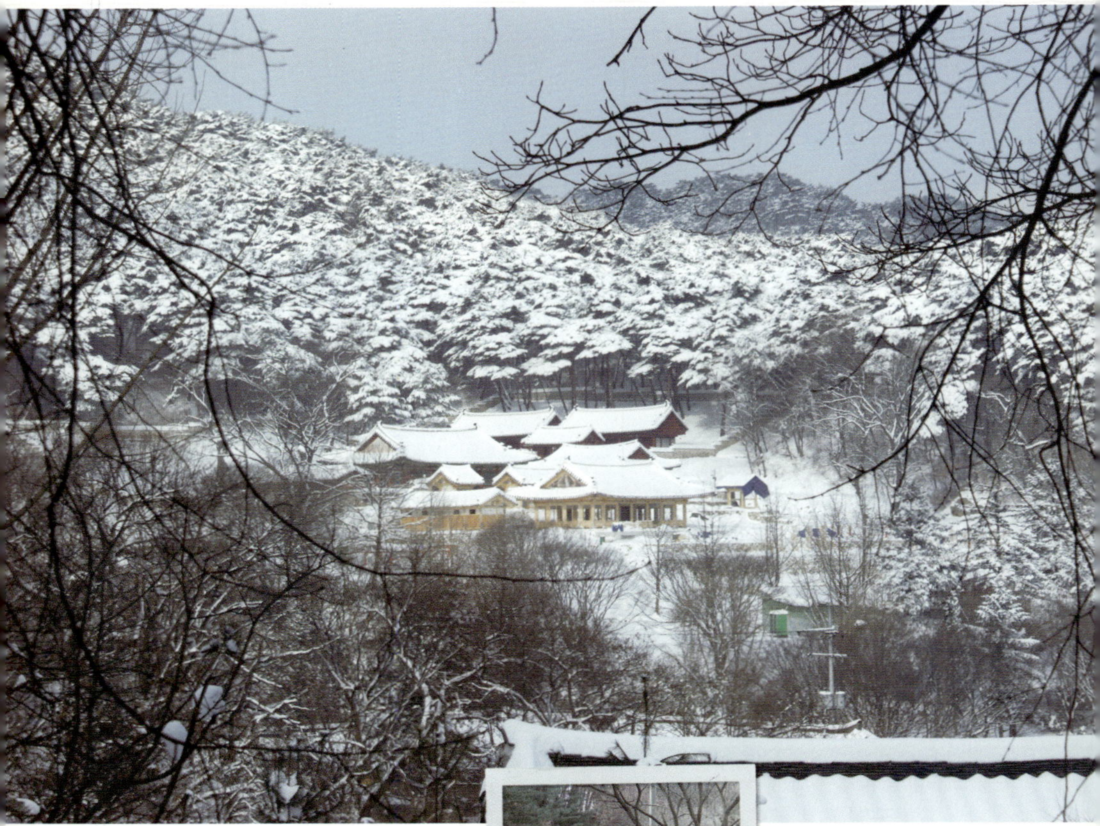

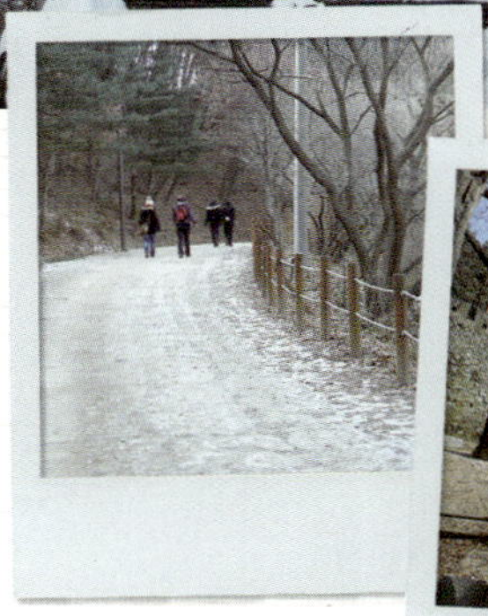

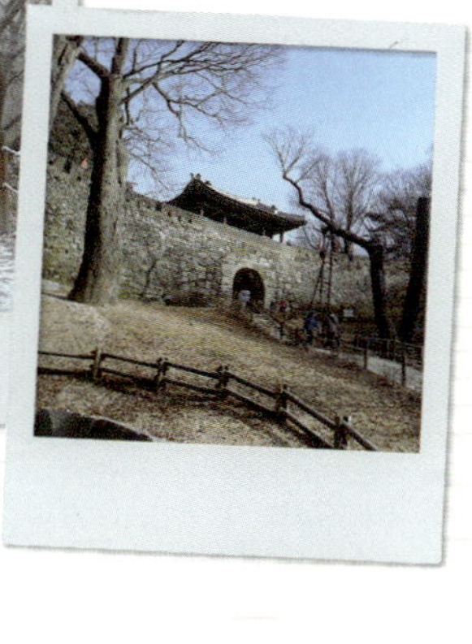

여행 내비게이션

**여행컨셉** 남한산성의 민족자존 정신을 되새기며 눈길 걷기

**추천일정** 당일

**Must Do** 1. 5개 걷기 코스 중 한 군데 완주하기
2. 수어장대 주변에서 조망 즐기기
3. 남한산성역사관에서 해설 듣기
4. 분원백자자료관 관람하기
5. 팔당호 드라이브 즐기기

**추천 교통** 자가운전

**추천 계절** 겨울, 가을

고구려, 백제, 신라가 각축을 벌이던 삼국시대. 남한산성은 백제인들에게 한강과 더불어 매우 중요한 거점이었다. 〈고려사〉나 〈세종실록〉을 보면 '백제 온조왕 13년에 남한산성을 쌓았다'는 기록이 있다. 〈삼국사기〉 등 일부 기록에는 통일신라시대에 축성되었다고 한다. 이후 남한산성은 시대가 변해도 늘 중요한 요새 역할을 담당했다. 답사 여행지로 삼거나 또는 걷기 여행지로 삼거나, 어떤 목적이든 간에 남한산성을 찾는 이들은 이곳이 병자호란 당시 국란 극복의 마당이었음을 간과할 수 없다.

1592년 임진왜란이 발발한 지 44년의 세월이 흐른 인조 14년(1636), 청 태종은 10만명의 병력으로 조선 땅을 쳐들어왔다. 인조는 강화도 대신 남한산성을 피난처로 정했다. 성 내에 비축된 식량은 불과 50일분. 게다가 혹한까지 겹쳤다. 대신들은 죽음으로 맞서자는 척화파와 화친을 하자는 주화파로 나뉘었다. 47일간 항전을 했지만 결국 인조는 삼전도로 나아가서 항복을 하고 말았다. 그 같은 아픈 역사를 간직한 현장이 바로 남한산성이다.

세계문화유산 잠정목록에 올라 있는 남한산성의 탐방 코스는 다섯 가지가 있다. 첫 번째 코스(총 3.8km, 1시간 20분 소요)는 남한산성의 중심부에 위치한 산성로터리를 출발하여 동문, 서문, 수어장대, 영춘정, 남문을 차례대로 거쳐 다시 산성로터리로 되돌아온다. 두 번째 코스(총 2.9km, 1시간 소요)는 산성로터리를 출발해서 영월정, 숭렬전을 지나 수어장대까지 올랐다가 서문과 국청사를 지나 원점으로 회귀한다. 다섯 가지 코스 중 가장 짧다. 세 번째 코스(총 5.7km, 2시간 소요)는 남한산성역사관을 출발점으로 삼는다. 현절사를 지나 벌봉까지 올랐다가 장경사, 망월사, 지수당을 지나 다시 남한산성역사관으로 돌아간다. 네 번째 코스(총 3.8km, 1시간 20분 소요)는 산성로터리에서 남문, 남장대터, 동문, 지수당, 개원사를 들렀다가 출발지인 산성로터리로 돌아간다. 다섯 번째 코스(총 7.7km, 3시간 30분 소요)는 남한산성역사관에서 시작해 동문, 동장대터, 북문, 서문, 수어장대, 영춘정, 남문, 동문을 모두 만난다. 걷는 거리가 가장 긴 대신 본성의 성곽을 빠짐없이 걸어볼 수 있다.

성벽 바로 옆으로 난 산책로를 따라 걷다보면 서울시내와 성남시내도 한눈에 조망된다. 수어장대는 인조 2년(1624)에 지휘와 관측을 위한 군사적 목적으로 남한산성의 동서남북에 4개의 장대를 세운 것인데 모두 없어지고 유일하게 수어장대만 남아 있다.

1 4 남한산성의 역사를 알 수 있는 남한산성역사관 2 분원백자관에 전시된 토기 3 광주경기도자박물관의 야외 전시물 5 경안천습지생태공원의 철새

## 남한산성역사관

남한산성 답사 전후로 방문하면 좋은 곳이다. 문화관광해설사들이 상주하면서 남한산성의 역할, 축조 시기, 병자호란과 남한산성 등에 대해 자세하게 설명해준다. 병자호란 당시의 항전을 그린 대형 기록화 앞에 서면 조상들의 애국정신과 불굴의 기개가 고스란히 전해진다. 그림 앞에는 남한산성 일대 모형이 생생하게 재현돼 있어 답사객들의 이해를 돕는다. 남한산성 다큐멘터리도 10분 정도 상영된다.

## 경안천습지생태공원

경안천은 용인시 용인읍 호리 용해곡 상봉(140m)에서 발원, 광주시 남종면 분원리와 삼성리 사이에서 팔당호와 만난다. 총 연장 거리는 약 50km 정도이다. 공원 산책로 중간 중간에는 '갈대습지의 수질정화 원리', '경안천에 살고 있는 곤충', '경안천에 살고 있는 새들', '주요 자생식물' 등을 주제로 한 안내판이 세워져 있어서 공원 한 바퀴를 걷고 나면 동식물학자가 된 기분이다. 사각형 관찰용 구멍이 뚫린 철새 조망대에는 벤치가 마련돼 있어 잠시 쉬어가기에도 편하다. 경안천 제방으로 올라서면 경안천이 팔당호로 흘러가는 고요한 모습이 잔잔한 감동을 선사한다. 경안천 하류의 모래톱과 갈대밭은 겨울철 고니의 월동지이다.

## 분원백자자료관

조선시대를 대표하는 도자기는 백자이다. 남한강 물줄기를 끼고 있는 경기도 광주시는 조선시대 왕실과 관청에 도자기를 공급하던 곳으로, 사옹원 분원이 운영되던 백자의 본고장이었다. 분원백자자료관은 조선 왕실 가마터 유적에 설립된 관람시설로, 폐교를 리모델링해서 세워졌다. 전시관 바닥에 특수강화유리를 깔고 그 밑에 도자기 파편을 배치시켜 탐방의 재미를 살리고 분원리 지층의 퇴적층 단면을 재현해서 유물의 매장 상태를 보여주는 것이 흥미롭다. 분원 백자 제작 과정도 하나하나 모형으로 재현돼 있어서 관람객들의 눈길을 사로잡는다.

## 팔당호 드라이브

남종면 분원리의 분원백자자료관 앞에서부터 귀여리, 검천리, 수청리로 이어지는 342번 지방도는 팔당호반에 바짝 붙은 드라이브 코스이다. 남한강의 풍경이 아름다워서 커플들의 데이트 코스로도 사랑받는다. 호수 건너편은 남양주시 조안면과 양평군 양서면 지역이다. 이 길을 계속 달리면 양평군의 바탕골예술관, 사진전문 갤러리 와(瓦) 등으로 이어진다.

## 당일여행 추천코스

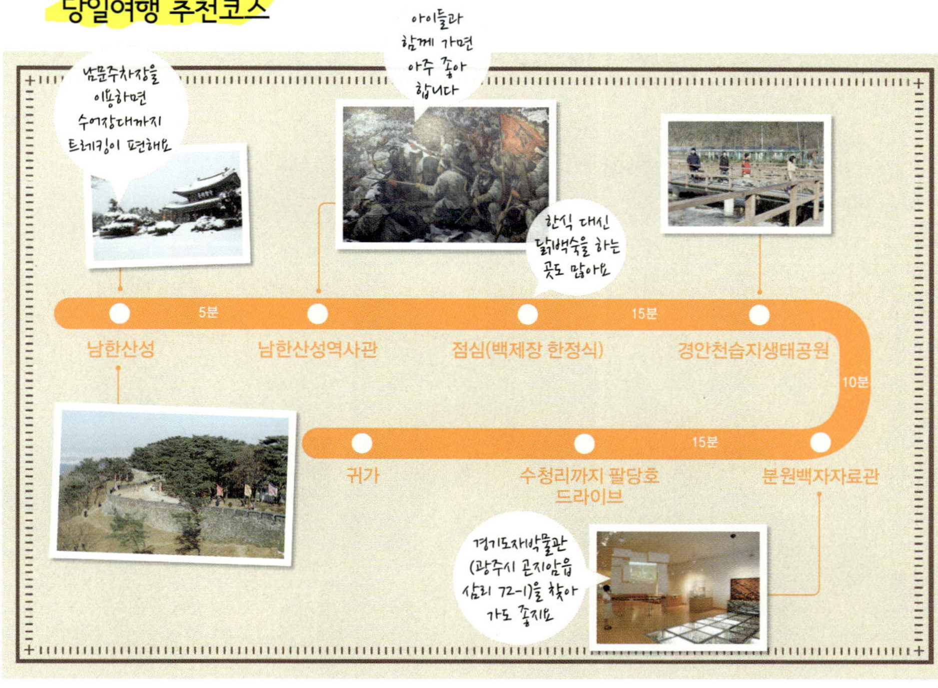

## 여행정보

### ★ 웹사이트와 전화

광주시 문화관광 031-760-2722, tour.gjcity.go.kr
남한산성도립공원 031-743-6610, www.namhansansung.or.kr
분원백자자료관 031-766-8465, www.bunwon.or.kr
남한산성역사관 031-746-1088,

### ★ 대중교통

[지하철] 8호선 산성역에서 하차 후 2번 출구 이용, 버스 9번 승차
[버스] 수정구청 앞에서 9번 버스 이용
　　　분당구청 앞에서 52번 버스 이용
　　　광지원 남한산성 입구에서 15-1번 버스 이용

### ★ 자가운전

[남문진입로]
1. 잠실-복정 사거리-약진로-남문-산성 로터리
2. 경부고속도로 양재IC-헌인릉 앞-세곡동-복정사거리-약진로-남
문-산성 로터리
[동문진입로]
워커힐-천호대교-길동-중부고속도로  상일동IC-황산  삼거리(국도
43번)-엄미리(은고개)-광지원-동문-산성 로터리

### ★ 숙박

종여울하우스 : 남종면 산수로 2576-102, 031-767-0240
경기광주한옥마을 : 새오개길 39, 031-766-9677
트윈빌 : 도척면 독고개길 355-30, 031-762-2975

제이알랜드 : 도척면 독고개길302번길 15-6, 031-797-3300

### ★ 맛집

청와정 : 한방백숙, 중부면 남한산성로780번길 20, 031-743-6557
퇴촌밀면집 : 밀면, 퇴촌면 천진암로 327-7, 031-767-9280
건업보리밥 : 보리밥, 곤지암읍 건업리 335-1, 031-761-8148
강촌매운탕 : 붕어찜, 남종면 산수로 1633, 031-767-9055

### ★ 축제 및 행사

왕실도자기축제 : 매년 9~10월, 031-760-2104, tour.gjcity.go.kr
퇴촌토마토축제 : 매년 6월, 033-760-4958, tour.gjcity.go.kr

# 097

## 석화구이

충남 보령시

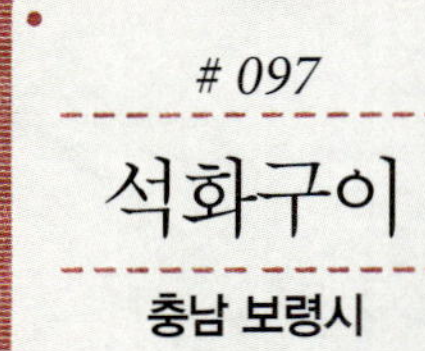

# 겨울 바다가 선물한 최고의 보양식, 굴

여행 내비게이션

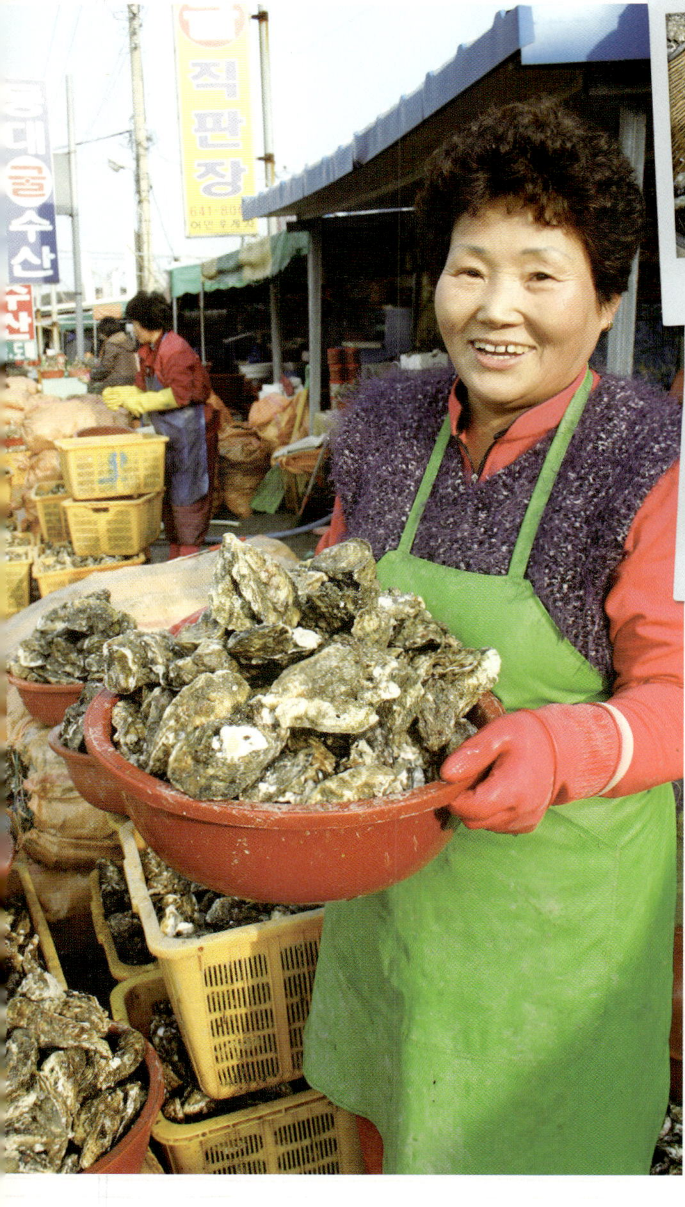

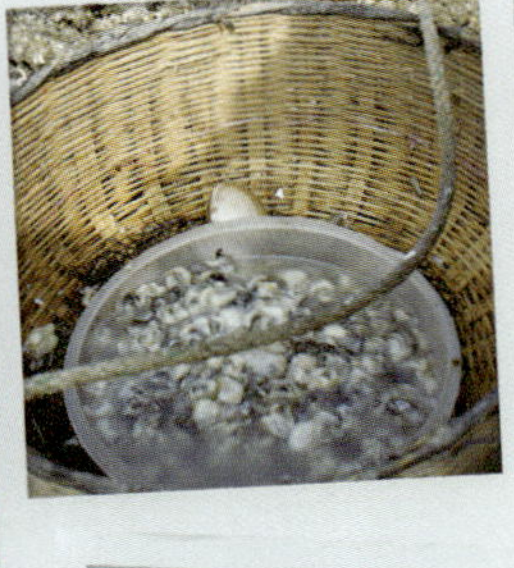

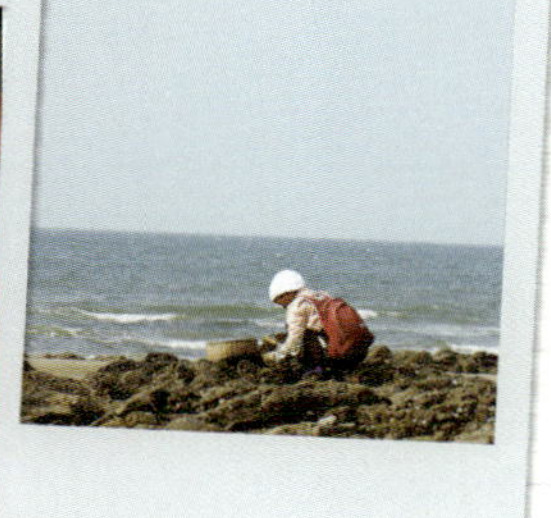

**여행컨셉** 서해의 겨울철 별미 맛보러 떠나는 여행

**추천일정** 1박2일

**Must Do**
1. 천북에서 석화구이와 새조개 먹기
2. 간월도에서 어리굴젓 맛보기
3. 황도에서 일출 보기
4. 안면도자연휴양림 솔숲 거닐어 보기
5. 꽃지해변 산책하기

**추천 교통** 자가운전

**추천 계절** 사계절

물 빠진 갯바위에 흰 꽃이 피면 '최고의 바다 보양식' 굴을 맛 볼 시기다. 서해안 최대의 굴 산지인 천수만 일대는 굴이 제 맛을 내는 12월을 기점으로 미식가들이 몰려든다. 비릿한 냄새가 풍기는 굴을 보면 군침 가득, 입안에서 먼저 신호가 오기도 한다. 천수만은 보령 천북면, 서산 간월도, 태안 안면도, 홍성 남당리 등 4개의 시, 군이 타원으로 맞닿아 있는 지역으로 갯바위에서 굴을 따는 할머니들의 모습이 살가운 곳이다.

천북면 장은3리 굴마을은 찬바람만 불면 북적거린다. 장은리 포구 앞에는 90여 개의 굴 전문점이 들어서 있는데, 이곳에서는 석화(石花)구이의 명성이 높다. 살이 통통 오른 석화를 조개구이 하듯 석쇠에 통째로 올려 굽는다. 예전에 뱃사람들이 허기를 달래기 위해 배 위 화로에서 구워 먹던 것이 유래가 됐다. 이곳이 굴마을로 이름이 알려지고 사람들이 밀려온 것은 15년 정도 된다.

갯바위의 꽃 '석화'는 밀물과 썰물이 빚어낸 결정체이다. 만조 때 물을 빨아들여 영양분을 섭취하고 간조 때 햇볕을 쬐면 성장은 늦어도 맛은 깊게 밴다. 석화구이 집에서 세숫대야 가득 내놓는 석화 중 덩치가 큰 놈들은 대부분 양식굴이다. 굴밭이 조성되기 전까지 천수만의 굴은 해수 바닥에 세운 소나무 가지에 종패가 와서 붙는 '송지식'으로 양식되었다. 질긴 생명력의 흔적을 엿볼 수 있는 굴은 85% 자랐을 때가 가장 맛있고 달콤하다. 굴 인기는 맛뿐 아니라 힘과도 연관이 깊다. 바람둥이 카사노바뿐 아니라 나폴레옹도 굴 애호가였다. 굴에는 필수영양소 아연이 달걀보다 수십 배나 많이 들어 있다. 천북에서는 굴구이 외에도 굴에 콩나물을 넣고 간장에 비벼먹는 굴밥과 칼칼한 국물이 입맛을 돋우는 굴칼국수, 식초와 고춧가루, 오이와 곁들여 먹는 굴 물회 등이 인기가 높다.

천수만 굴이라고 다 똑같은 것은 아니다. 보령 천북에서 북쪽으로 20분 달리면 서산 간월도. 잘잘한 이곳 간월도 굴은 '밥도둑' 어리굴젓으로 명함을 내민다. 천북 굴이 석화 밭에서 주로 양식으로 재배된다면 간월도 굴은 뻘 바위에서 직접 따 낸다. 이곳 어리굴젓은 옛날 임금님께 진상되기도 했는데, 굴을 따서 보름간 발효한 뒤 고춧가루를 섞으면 얼얼한 어리굴젓이 완성된다. 어리굴젓 못지않게 간월도에서도 명성 높은 게 굴밥이다. 천북 굴밥이 콩나물을 넣는 데 반해 이곳 굴밥은 호두, 대추 등을 넣어 영양돌솥밥으로 내놓는다. 여기에 어리굴젓을 얹어 먹으면 밥 한 그릇이 뚝딱 해결된다. 돌아오는 길에는 간월암의 낙조 감상을 빼놓지 말자. 겨울이 깊어지면 간월암 너머 바다와 일몰, 석양이 붉은빛 조화를 이룬다.

### 남당항 새조개

홍성 남당항에도 겨울의 진미가 기다리고 있다. 이곳에서는 겨울이면 모시조개와 비슷하게 생긴 새조개를 맛봐야 한다. 새조개는 속살이 새의 부리처럼 비죽하게 생겨 붙여진 이름으로 꼭 갓 난 새끼 새를 닮았다. 새조개는 쑥갓, 마늘, 미나리 등을 우려낸 육수에 살짝 담가 샤브샤브로 먹는 게 가장 맛있다. 겨자를 푼 간장에 찍어 먹으면 씹을수록 단맛이 우러난다. 육질이 쫄깃쫄깃하면서 감칠맛이 우러나 새조개가 조개 중의 조개로 손꼽히는 이유를 알 수 있다.

### 안면도

천수만을 중심으로 백사장포구, 영목항을 안고 있는 안면도는 여름보다 겨울이 색다르다. 지독히도 눈이 많이 내린 뒤에 안면도는 색깔을 바꾼다. 겨울 푸른 바다에, 공기를 머금은 회색빛이 덧칠해 진다. 안면도에서 유명한 안면도자연휴양림은 봄, 여름과 다르게 겨울만의 색다른 운치가 있다. 경복궁 창건 때 사용됐다는 늘씬하게 쭉 뻗은 '각선미'의 안면송과 그 위를 살포시 덮은 '솜이불' 눈의 앙상블이 매혹적이다. 호젓한 산책을 원한다면 휴양림 정문 아래 뒤편 길을 권한다. 마을 주민들만 오가는 길로 500년 역사의 혈통 좋은 안면송들이 2km 가량 늘어서 있다.

### 삼봉 해변 산책로

잘 알려지지 않은 산책로로 치자면 삼봉 해변 소나무 오솔길을 빼 놓을 수 없다. 사구로 된 해변길을 따라 기지포 해변까지 걸어본 뒤 돌아올 때는 파도 소리와 평행하게 뻗은 울창한 소나무 숲길을 산책한다. 바닥이 모래라 눈 온 뒤라도 질퍽거리는 일 없고 '단 둘'만 걸으면 좋을 조용한 길이 3km 이어져 있다. 이 오솔길과 드넓은 해변은 뮤직 비디오와 CF의 단골 촬영장소다. 삼봉~기지포 구간의 사구는 우수 산림 생태 복원지로 선정되기도 했으며 인근에 안면도 바다와 숲을 조망할 수 있는 전망대도 마련돼 있다.

### 황도와 대야도

국내 제1의 펜션 밀집지인 안면도에는 황도뿐 아니라, 대야도 역시 바다와 맞닿은 전망 좋은 펜션을 두루 갖추고 있다. 연륙도가 된 황도는 썰물 때 드러나는 조개껍데기 길이 인상적이며 음력 정월 초이튿날 붕기풍어제가 열리는 당집도 둘러볼 수 있다. 갈대 우거진 창기리 미포저수지를 거쳐 대야도로 가는 길에는 천상병 시인의 옛집이 고즈넉하게 자리 잡았다. 대야도가 건너 보이는 포구에 닿으면 눈 덮인 어촌마을의 풍경을 한가롭게 감상할 수 있다.

1 조개의 여왕으로 불리는 남당항 새조개 2 서설이 내린 안면도의 겨울 3 호젓한 솔숲 산책을 할 수 있는 삼봉 오솔길

## 1박2일 추천코스

광천IC — 20분 — 장은리 (천북석화구이) — 10분 — 남당항 (새조개) — 20분 — 간월도 (어리굴젓) — 20분 — 황도(숙박)

귀가 — 대야도 — 15분 — 안면도자연휴양림 — 10분 — 꽃지해수욕장 — 20분

## 여행정보

**★ 웹사이트와 전화**

보령시 문화관광 041-932-2023, ubtour.go.kr

태안군청 041-670-2544, www.taean.go.kr

**★ 대중교통**

[버스] 서울–보령 : 센트럴시티터미널에서 2시간 간격으로 운행,
대천터미널 하차 후 천북행 시내버스 환승

**★ 자가운전**

[서울–천북] 서해안고속도로–광천IC–천북~홍성방조제

[광주–천북] 호남고속도로–고창담양고속도로–서해안고속도로–광천IC

[부산–천북] 경부고속도로–당진상주고속도로–21번 국도–96번
지방도

**★ 숙박**

리솜오션캐슬 안면도 : 태안군 안면읍 중장리, 041-671-7060

안면자연휴양림 : 태안군 안면읍 승언리, 041-674-5019
www.anmyonhuyang.go.kr

오션팰리스 : 태안군 안면읍 중장리, 041-673-5220,
oceanpalace.anmyondo.co.kr

**★ 맛집**

천북수산 : 굴구이와 굴밥, 보령시 천북면 장은리, 041-641-7223

전통굴구이 : 굴구이, 보령시 천북면 장은리, 041-641-7179

등대횟집 : 새조개와 대하 홍성군 서부면 남당리, 041-631-5631

전망좋은 횟집 : 새조개와 굴밥, 서산시 부석면 간월도리,
041-662-4464

더 많은 정보는
요기!!

## 098

짚불구이 먹장어

**부산광역시 기장군**

# 꼼지락 꼼지락
# 맛좋은 부산 별미

**여행컨셉** 부산의 별미를 찾아 떠나는 여행
**추천일정** 1박2일
**Must Do** 1. 짚불에 구운 곰장어 먹기
      2. 부산 아쿠아리움에서 상어보트 타보기
      3. 달맞이길
      4. 국제시장에서 부산의 명물 씨앗호떡과 비빔당면 먹기
**추천 교통** 자가운전, 대중교통
**추천 계절** 겨울

먹장어는 부산을 대표하는 건강식으로 오래 전부터 사랑받아 왔다. 먹장어라는 이름은 눈이 퇴화되어 '눈 먼' 장어라 하여 붙여진 이름이다. 하지만 먹장어 보다는 꼼장어라는 별칭으로 더 많이 알려졌다. 이름에 얽힌 재미난 이야기도 많다. 통발 안에 미끼를 던져두면 어김없이 걸려들어 '꼼수에 잘 걸려드는 장어'라 하여 꼼장어, 죽은 줄 알고 건드렸는데 '꼼지락 꼼지락 움직인다' 하여 꼼장어라 불렀다 한다. 부산에서는 곰장어라 부른다.

부산 해운대에서 조금 더 동쪽으로 가면 기장군 기장읍 시랑리다. 이곳에는 먹장어 요리의 대표라 할 수 있는 짚불구이 곰장어로 유명한 음식점 7곳이 모여 있다. 짚불구이 곰장어의 유래는 이렇다. 150년 전 이 고장에 큰 가뭄이 들었다. 사람들은 궁핍함을 견디지 못해 먹장어를 볏짚에 불을 붙인 논에 던져서 구워 먹었는데 이것이 시초라고 한다. 이전까지는 거들떠보지 않았다고 한다. 먹장어는 한국전쟁 당시 피난민들이 허기를 채워주던 귀한 음식이기도 했다. 최근에는 최고의 보양식으로 불리며 높은 인기를 구가하고 있다.

짚불구이 곰장어는 크기 25cm 내외의 2~3년생 먹장어를 사용한다. 지금은 볏짚 위에 불을 놓아 먹장어를 구워 먹던 전통적인 방식 대신 석쇠를 이용해 먹장어를 굽는다. 예전에는 불을 붙인 볏짚에 던져 놓았다가 먹었는데, 쉽게 타버려 반은 먹고 반은 버렸다고 한다. 그래서 찾아낸 방법이 석쇠를 이용하는 것이다. 석쇠를 이용해도 볏짚을 태워서 굽는 것이기 때문에 맛에는 큰 차이가 없다. 볏짚에 구운 먹장어는 모양이 조금 징그럽다. 하지만 그 맛은 별미다. 짚불구이와 함께 양념구이도 별미다.

기장의 짚불구이 곰장어와 함께 부산을 대표하는 먹장어 요리는 해운대 재래시장과 자갈치시장의 산곰장어다. 그 중 해운대 재래시장은 해운대 구청 앞쪽으로 250m 정도 길게 이어진 개방형 시장으로 늘 젊음과 활기가 넘쳐나는 곳이기도 하다. 해운대 재래시장의 산곰장어 대표 메뉴는 소금구이와 양념구이, 통구이가 있다. 특히 소금구이와 양념구이는 이곳에서 가장 인기 있는 메뉴다.

### 달맞이길

해운대의 빼놓을 수 없는 명소다. 달맞이길은 해운대에서 송정으로 넘어가는 와우산 중턱길을 말하는데, 드라이브 코스로 잘 알려져 있다. 길이 15번 이상 굽어진다 하여 '15곡도'로도 불린다. 달맞이길에는 이국적인 분위기의 카페, 레스토랑, 갤러리 등이 밀집해 있어 연인들의 데이트코스로도 손색이 없다.

### 문탠로드

부산에서 조성한 도보여행길 가운데 하나다. 해운대에서 청사포까지 해안길을 따라 조성한 길이 '문탠로드'다. '선탠'이 햇볕으로 몸을 그을리는 것이라면 '문탠'은 은은한 달빛을 받으며 마음을 달래라는 뜻이다. 문탠로드는 총 2.5km 거리다. 각각의 코스마다 달빛꽃잠길, 달빛가온길, 달빛바투길, 달빛함께길, 달빛만남길 등 이름이 붙어 있다. 울창한 송림 사이로 난 이 길들은 달빛함께길을 제외하면 대부분이 오르막 없이 편안하게 산책할 수 있도록 조성되었다.

### 해동용궁사

기장과 송정 사이의 바닷가 해안절벽에 있는 절이다. 우리나라에서 해돋이를 가장 먼저 볼 수 있는 절로도 유명하다. 해동용궁사는 고려 공민왕 때 나옹화상이 보문사란 이름으로 창건했다. 임진왜란 때 소실되어 재건되지 못하다가 1976년 정암스님이 꿈에 용을 타고 승천하는 관음보살을 본 뒤 지금의 자리에 해동용궁사라는 이름으로 다시 지었다. 이 절에는 황금돼지, 포대화상, 교통안전비 등 특이한 조형물이 가득하다. 특히, 진심으로 기도하면 한 가지 소원을 꼭 이루게 해 준다는 탑비도 눈길을 끈다. 득남불의 불룩한 배를 쓰다듬으면 아들을 얻을 수 있다고도 한다. 절이 자리한 해안 바위절벽이 절경이다.

1 문탠로드의 바다 전망대 2 편안하게 이어지는 문탠로드의 숲길 3 해운대 재래시장의 먹장어 골목 4 생 솔잎을 이용한 먹장어 구이

## 1박2일 추천코스

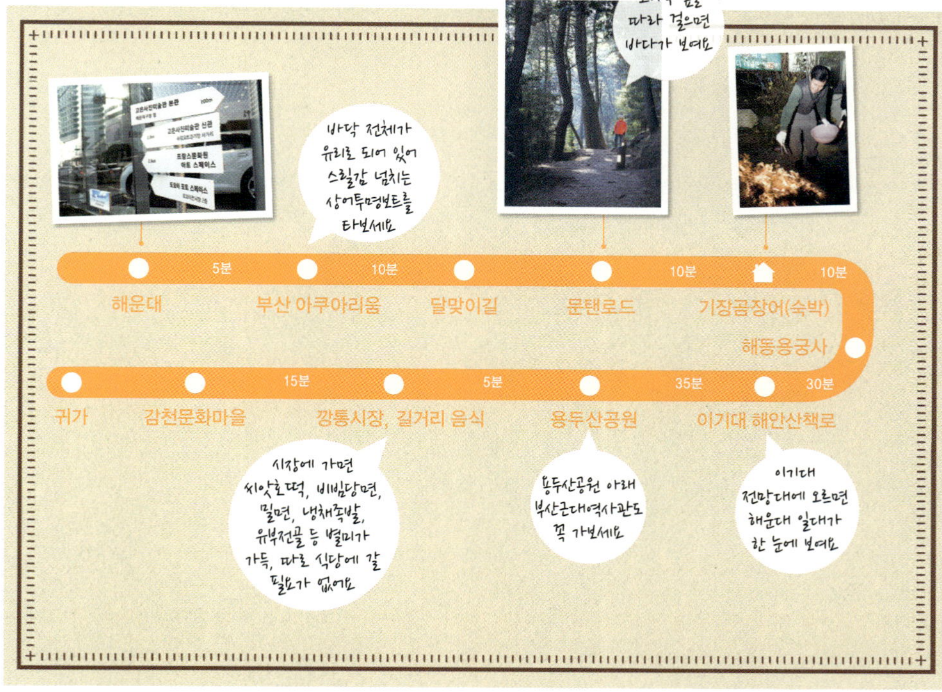


## 여행정보

### ★ 웹사이트와 전화

부산역 관광안내소 051-441-6565, tour.busan.go.kr
기장군 문화관광 055-709-4083, our.gijang.go.kr
문탠로드(해운대구청) 051-749-4000, moontan.haeundae.go.kr
삼포해안길(해운대구청) 051-749-4000, 3powalk.haeundae.go.kr

### ★ 대중교통

[기차] 서울-부산 KTX 고속철도 수시 운행. 2시간 50분 소요
[버스] 서울-부산 고속버스 수시 운행. 4시간 30분 소요

### ★ 자가운전

경부고속도로-부산울산고속도로-해운대송정IC-기장대로-송정삼
거리-송정방면 좌회전-기장 시랑리 짚불 곰장어 마을

### ★ 숙박

노보텔 앰배서더 부산 : 해운대구 중동, 051-743-1234,
www.novotelbusan.com
파라다이스호텔 부산 : 해운대구 중동, 051-742-2121,
busan.paradisehotel.co.kr
베니키아프레스관광호텔 : 수영구 남천동, 051-611-0003
송정관광호텔 : 해운대구 송정동, 051-702-7766
프리호텔 : 해운대구 우동, 051-731-2001, www.freehotel.co.kr
하트나인모텔 : 해운대구 송정동, 051-703-8771

### ★ 맛집

외가집 짚불곰장어 : 기장군 기장읍 시랑리, 051-721-7098
종가집 곰장어 : 기장군 기장읍 시랑리, 051-722-8958
칠암 산곰장어 : 해운대구 좌동, 051-742-8218
해운대 산곰장어 : 해운대구 좌동, 051-746-8309

### ★ 축제 및 행사

해운대모래축제 : 매년 6월 초, sandfestival.haeundae.go.kr

더 많은 정보는 요기!!

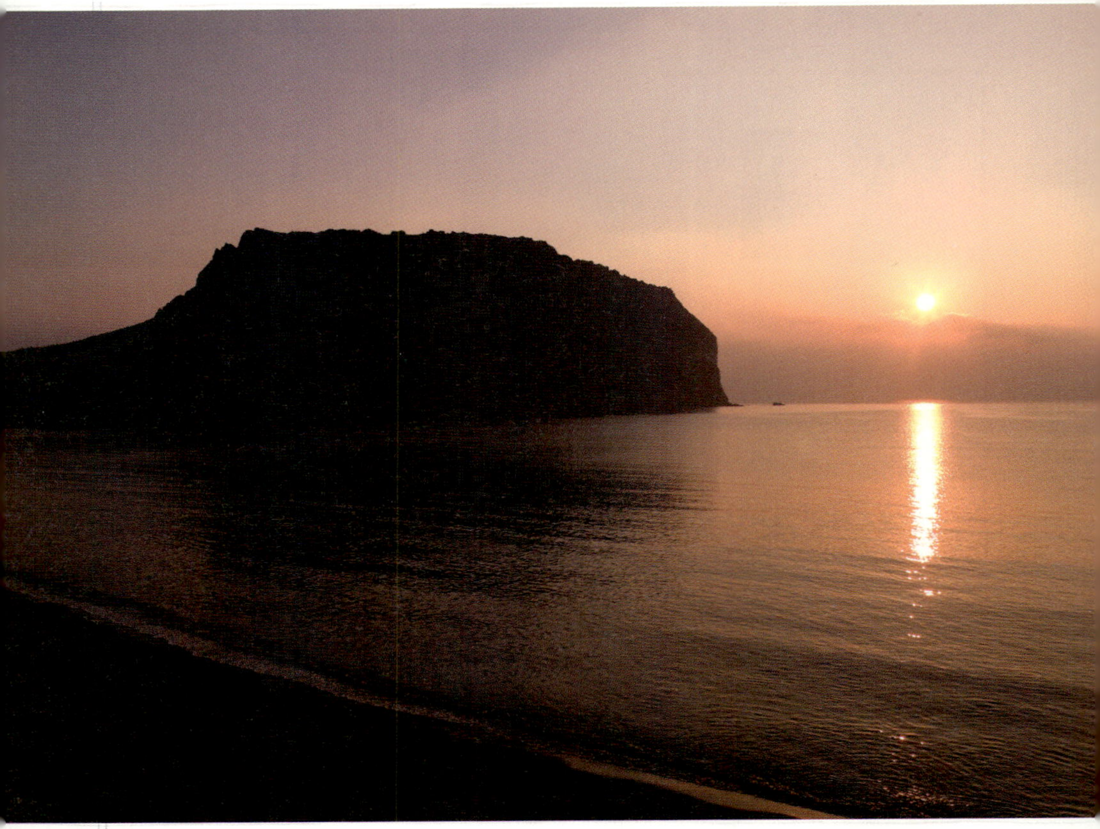

# 099
성산일출봉
제주도 서귀포시

# 광치기 해안에서 보는 제주의 일출

여행 내비게이션

**여행컨셉** 제주의 특별한 해돋이와 함께 하는 여행
**추천일정** 1박2일
**Must Do** 1. 광치기 해안에서 해돋이 보기
2. 올레길 1코스 걷기
3. 김영갑갤러리에서 또 다른 제주 만나보기
4. 제주의 재미있는 박물관 탐방하기
**추천 교통** 자가운전
**추천 계절** 사계절

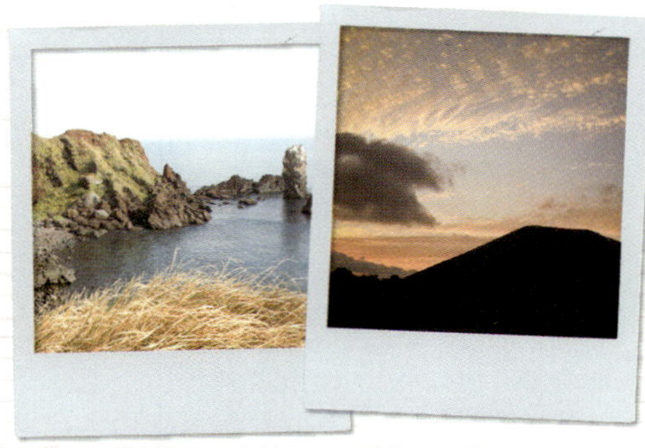

바닷가에 웅장한 자태를 뽐내며 서 있는 성산일출봉. 멀리서 보면 화려한 왕관처럼 보이기도 하고, 난공불락의 고성처럼 보이기도 한다. 성산일출봉의 높이는 불과 183m. 하지만 구좌, 수산, 성읍, 표선 등 동부 제주의 어느 방향에서도 그 늠름한 모습이 보인다. 일출봉 매표소를 출발해 처녀바위, 등경돌, 초관바위, 곰바위를 차례로 지나면 일출봉 전망대에 올라서게 되는데, 한라산과 제주 동부지역의 수많은 오름들이 한 눈에 들어와 가슴 깊이 감동을 선사한다. 정상에는 지름 600m, 바닥면의 높이가 해발 90m인 거대한 분화구가 있다.

성산일출봉은 이름에서 알 수 있듯 한국 최고의 일출 명소 가운데 한 곳이다. 해마다 1월 1일이 되면 일출을 보기 위해 전국에서 수많은 관광객들이 몰려든다. 하지만 성산일출봉의 일출을 가장 잘 볼 수 있는 곳은 사실 광치기 해변이다. 광치기 해변은 성산일출봉과 성산읍을 잇는 모래사장, 또는 모랫길을 말하는 사주라고 할 수 있다. 이곳에서는 아침이면 제주 바다에서 불쑥 떠오르는 해가 성산일출봉을 황금빛으로 물들인다.

겨울철, 제주의 변덕스런 날씨는 일출을 쉽게 허락하지 않는다. 전날 저녁까지는 맑다가도 다음날 새벽, 심술궂게 비나 눈을 뿌려 어깃장을 놓기도 한다. 제주 사람들조차 제주의 내일 날씨는 내일이 되어도 모른다고 할 정도다. 그만큼 성산포 일출을 보는 것은 운이 좋아야 한다는 말이다. 해가 뜨더라도 수평선 자락에 두텁게 내려앉은 구름과 해무 때문에 수평선에서 한참 떨어진 공중으로 불쑥 얼굴을 내밀 때도 많다. 일출을 보더라도 성산일출봉 위로 솟아오르는 그림 같은 일출은 기대하기 어렵다. 그렇다고 쉽게 포기하지는 말자. 광치기 해변에서의 일출을 보는 행운을 얻는다면 그보다 더 기쁜 일은 없을 테니.

수평선 한 쪽이 붉은 기운을 띠기 시작하면서 사진작가들이 포인트를 잡느라 분주해진다. 차 안에서 일출을 기다리던 여행객들도 하나 둘 밖으로 나온다. 그렇게 수평선과 새벽을 짙은 푸른색에서 오렌지빛으로 물들이던 아침 해가 마침내 모습을 내민다. 하늘은 황금빛으로 물들고 바다와 바위, 모래도 황금빛으로 물든다. 고요한 성산포의 아침을 깨우는 건 사진작가들의 셔터소리와 갈매기들의 울음소리, 그리고 여행객들의 나즈막한 탄성이다.

### 제주올레 1코스

올레꾼이라면 제주올레를 따라 걷기를 즐겨도 좋다. 광치기 해안은 올레 1코스에 속해 있다. 시흥초등학교에서 시작해 광치기 해안에 이르는 올레 1코스는 바다와 오름을 함께 즐길 수 있는 코스로 많은 올레꾼의 사랑을 받고 있다. 말미오름에 올라 바라보는 제주의 경치가 아름답다.

### 섭지코지

성산일출봉에서 승용차로 약 10분 정도가 걸린다. 섭지코지는 성산읍 신양해수욕장에서 약 2km에 걸쳐 바다를 향해 길게 뻗어 있다. 갖가지 모양의 기암괴석과 외돌개처럼 생긴 높이 30m의 선녀바위가 절경을 빚어낸다. 드라마 〈올인〉 세트장으로 사용됐던 교회가 그대로 남아 있어 한껏 서정적인 풍경을 빚어낸다. 바람이 무척 많이 불기 때문에 옷을 따뜻하게 입고 가는 것이 좋다. 제주아쿠아플라넷도 이곳에 있다.

### 김영갑갤러리

평생 제주의 산과 오름, 들판, 바람을 카메라에 담다가 루게릭병에 걸려 세상을 떠난 사진가 고(故) 김영갑의 작품을 전시하고 있다. 작품 하나하나가 나지막한 목소리로 제주의 아름다움을 들려주는 것만 같다.

### 세계자동차박물관

서귀포시 안덕면에 위치한다. 클래식 자동차 80여 대를 전시하고 있는데, 세계 최초의 휘발유 내연기관 자동차인 벤츠 패턴트카, 전 세계에 6대만 현존한다는 희귀 목제 자동차 힐만 스트레이트8, 할리우드 스타 존 웨인이 즐겨 타서 더욱 유명해진 머큐리 몬테레이, 영국 엘리자베스 여왕의 의전차였던 롤스로이스 실버 레이스 등 클래식카를 보고 있노라면 시간 가는 줄 모른다.

### 믿거나말거나박물관

미국과 유럽 등 전 세계 32개 박물관을 갖고 있는 세계 최대 박물관 체인인 리플리 엔터테인먼트가 설립한 곳이다. 장난스럽게 생긴 건물 외형부터 눈길을 끄는데, 안으로 들어가면 헬륨으로 들어 올린 의자를 비롯해 기발하고 유쾌한 전시물들이 방문객들의 시선을 사로잡는다. 이곳의 전시물들은 카툰 작가이자 방송인, 모험가, 인류학자 등 다재다능한 삶을 살다 간 로버트 리플리(1890~1949)가 35년간 198개국을 여행하며 찾아낸 물건들이다.

1 올레 1코스 말미오름을 걷고 있는 올레꾼 2 섭지코지를 걷는 여행객들 3 제주를 사랑한 사진가 김영갑의 작품을 전시한 김영갑갤러리 4 클래식 자동차 80대를 전시한 세계자동차박물관

## 1박2일 추천코스

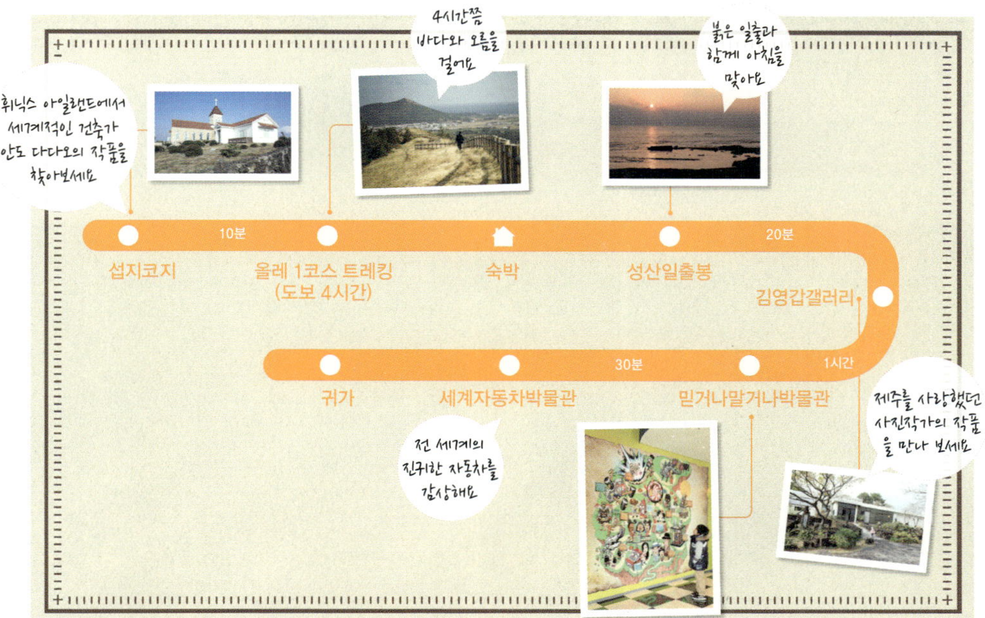



## 여행정보

### ★ 웹사이트와 전화

제주특별자치도 064-710-3921, www.jeju.go.kr
제주특별자치도 관광정보 www.jejutour.go.kr
서귀포시 064-760-2651, www.seogwipo.go.kr
김영갑갤러리두모악 064-784-3000, www.dumoak.co.kr
세계자동차제주박물관 064-792-3000,
　　　　　　　　　www.koreaautomuseum.com
믿거나말거나박물관 064-738-3003, www.ripleysjeju.com
성산일출봉 064-783-0959

### ★ 대중교통

제주-성산포 : 제주시외버스터미널에서 동일주도 버스 이용

### ★ 자가운전

1. 제주시-거로사거리-표선·봉개 방면 97번 국도-대천동사거리-평대·비자림 방면-1112번 지방도와 97번 국도 성산 방면-성산일출봉
2. 서귀포시-1132번 지방도-남원읍-표선-섭지코지-성산일출봉소

### ★ 숙박

디셈버호텔 : 제주시 연동, 064-745-7800
다이아몬드텔 : 제주시 조천읍, 064-784-7400
호텔펠리스텔콘 : 서귀포시 서귀동, 064-749-2008
에쿠스모텔 : 서귀포시 안덕면, 064-792-2341

### ★ 게스트하우스

레이지박스게스트하우스 : 서귀포시 안덕면 사계리, 070-8900-1254
예하게스트하우스 : 제주시 삼도동, 070-4012-0083
이레하우스 : 제주시 이도2동, 064-723-5150
오렌지다이어리 : 제주시 한경면 고산리, 070-4244-3543

### ★ 맛집

도라지식당 : 갈치구이, 제주시 오라3동, 064-722-3142
물항식당 : 고등어회, 제주시 건입동, 064-755-2731
해녀촌 : 생선회국수, 제주시 구좌읍 동복리, 064-783-5438
광동식당 : 두루치기, 서귀포시 표선면 세화리, 064-787-2843

## 100

## 무안5味

전남 무안군

# 갯벌과 황토가 빚어낸 '다섯 가지 맛'

**여행컨셉** 무안의 별미를 맛보며 식도락 여행하기

**추천일정** 1박2일

**Must Do** 1. 도리포 숭어 맛보기

2. 도리포에서 해넘이와 해돋이 즐기기

3. 짚불 삼겹살로 삼합 만들어 먹기

4. 낙지골목에서 낙지 코스 요리 즐기기

5. 초의선사 탄생지에서 차 한 잔 하기

**추천 교통** 자가운전, 대중교통

**추천 계절** 사계절

전남 무안 여행은 허리띠부터 풀고 시작한다. 무안의 바다와 산천에서 나는 도리포 숭어와 세발낙지, 영산강 장어, 짚불삼겹살, 양파한우를 맛볼 수 있다. '무안5미(味)'라는 이름이 그래서 붙었다. 황토 땅과 갯벌을 지닌 무안은 예부터 마늘, 양파, 고구마 등의 농산물과 농어, 낙지 등 해산물이 풍부했다.

겨울에 '무안 도리포' 하면 제철의 자연산 숭어다. 도리포 숭어는 눈가에 황금색을 띠는 참숭어다. 도리포까지 가는 77번 국도는 한적한 드라이브 코스로 좋다. 칠산 바다가 나타났다 사라졌다 반복하는데, 눈까지 내리면 금상첨화다. 겨울 도리포는 함평만에서 일출을 바라볼 수 있는 곳으로도 유명하다. 오전에는 숭어잡이도 엿볼 수 있다. 숭어껍질은 살짝 데쳐 소금장에 찍어먹는데 꼬들꼬들하니 맛이 좋다. 숭어회 역시 쫀득쫀득하다. 도리포의 횟집에서는 숭어회, 숭어구이를 내놓는다.

무안의 별미로 세발낙지를 또 빼놓을 수 없겠다. 목포, 영암 일대에서도 무안 낙지는 최고로 꼽아준다. 주낙으로 건져 올리는 것이 아니라 갯벌에서 삽으로 파서 낙지를 꺼낸다. 착 달라붙는 것이 힘도 옹골진데 맛은 또 부드럽다. 무안 낙지는 통째로 먹어야 제 맛이다. 도리포 포구뿐 아니라 읍내 낙지골목에도 낙지 맛을 볼 수 있다.

811번 지방도 따라 몽탄역을 지나면 명산리에 다다르는데, 영산강에서 불과 5분 거리에 장어촌이 형성돼 있다. 이곳 장어는 불에 올리면 기름이 지글지글 올라오고 부드러운 맛을 낸다. 장어구이는 역시 양념이 포인트. 양념에는 황토에서 자란 무안 마늘이 들어간다. 한약재 등 다양한 재료를 넣어 만든 양념을 장어에 흠뻑 발라내는 것이 맛의 비결이다.

사창리 짚불 삼겹살도 입맛을 돋운다. 볏짚에 삼겹살을 1분 정도 구운 뒤 즉석에서 먹으면, 짚의 향긋한 냄새가 삼겹살 안에 속속 배어 맛이 좋다. 구경만 해도 재미있고 기름은 쏙 빠져 고기는 야들야들하다. 목포의 삼합이 돼지고기, 홍어, 묵은 김치로 이뤄진다면 이곳 짚불 삼겹살집의 삼합은 삼겹살, 양파김치, 뻘게젓<sup>갯벌 게로 만든 젓갈</sup>으로 조화를 낸다.

### 양파한우

무안읍내에 들어서면 식육점(정육점)이 늘어서 있다. 이곳에서는 암소 한우에 양파를 먹인 양파한우가 유명하다. 읍사무소 옆 식당들은 10여 년째 양파한우의 고집을 이어오고 있다. 암소에게 6개월 동안 양파사료를 주는데, 주인장 말에 따르면 하루 3.6㎏가량 푸짐하게 먹인다고 한다. 황토에서 난 양파로 몸보신한 이곳 암소는 육질이 부드럽고 육즙이 잘 보존되기 때문에 외지 사람들이 일부러 찾기도 한다.

### 회산 백련지

동양 최대의 백련 서식지다. 여름이면 33만 평방미터에 아득하게 꽃을 피워 낸다. 법정스님은 백련지와 처음 조우한 뒤 "한여름 더위 속 회산 백련지 2,000리 길을 다녀왔다. 그만한 가치가 있고도 남았다. 정든 사람을 만나고 온 듯한 두근거림과 감회를 느꼈다"라고 회고한 바 있다. 나무 데크 길이 거닐만하다.

### 무안 갯벌

무안 갯벌은 2008년 람사르 습지로 등록됐다. 해제면 송계마을과 현경면 용정리 등에서는 드넓은 무안의 갯벌을 감상할 수 있다. 도리포 가는 길에 문을 연 무안갯벌센터는 첨단시설을 갖추어 갯벌의 생태를 오밀조밀하게 살펴볼 수 있는 곳이다.

### 초의선사 탄생지

초의선사는 한국의 다도를 중흥시킨 주역이다. 탄생지에는 초의선사의 생가와 추모각, 차 문화관 등이 있다. 초의선사는 다산 정약용, 추사 김정희 등과 어깨를 겨루는 차의 3대 명인으로 꼽힌다.

1 갯벌의 생태를 이해할 수 있게 만든 갯벌생태센터 2 초의선사 생가에 있는 조선차역사박물관 3 눈이 하얗게 내린 무안 양파밭

## 1박2일 추천코스

## 여행정보

### ★ 웹사이트와 전화

무안군 문화관광 061–450–5473, tour.muan.go.kr
무안군청 061–450–5226, www.muan.go.kr,
무안갯벌센터 061–450–4365, www.ppul.or.kr
초의선사 유적지 061–285–0303

### ★ 대중교통

[버스] 서울–목포 3회, 4시간 40분 소요
　　　목포–무안 5분 간격, 20분 소요
　　　광주–무안 15분 간격, 40분 소요

### ★ 자가운전

[서울–무안] 서해안 고속도로–무안IC
[부산–무안] 남해고속도로–산월IC–광주무안고속도로

### ★ 숙박

무안비치호텔 : 망운면 톱머리길 36, 061–454–4900,
　　　　　　 www.muanbeach.kr
송계어촌체험마을 : 해제면 만송로 916, 061–454–8737
우강파크모텔 : 무안읍 무안로 510, 061–452–7980

### ★ 맛집

강나루장어집 : 장어구이, 몽탄면 호반로 83–3, 061–452–3414
두암식당 : 짚불삼겹살, 몽탄면 우명길 52, 061–452–3775
도리포횟집 : 숭어회, 해제면 만송로, 061–454–6890
무안참뻘낙지 : 낙지, 무안읍 성남1길 174, 061–452–0888

### ★ 축제 및 행사

계족산 맨발축제 : 매년 5월, 042–530–1836
금강 로하스 축제 : 매년 5월, 042–270–3973
유성온천문화축제 : 매년 5월, 042–611–2114

더 많은 정보는
요기!!

# 두근두근 주말여행

2013년 12월 27일 초판 1쇄 펴냄
2016년 01월 10일 초판 4쇄 펴냄

**지은이** 한국관광공사
**참여작가** 김숙현 문일식 박성원 서영진 오주환 유연태
　　　　　 이정화 장태동 정은주 정철훈 최갑수 한은희
**디자인** nice age
**발행인** 김산환
**편집인** 조동호
**편집** 정다움
**펴낸곳** 꿈의지도
**인쇄** 다라니
**종이** 월드페이퍼
**주소** 경기도 파주시 광인사길 217, 3층
**전화** 070-7535-9416
**팩스** 0505-991-9416
**홈페이지** www.dreammap.co.kr
**출판등록** 2009년 10월 12일 제82호

ISBN 978-89-97089-30-7-13980

### 대한민국 구석구석 www.visitkorea.or.kr

한국관광공사가 운영하는 국내 최대 여행 정보 사이트. 관광지·음식점·숙박·축제 등 3만5,000건의 DB와 테마별·시기별 여행기사 제공.

### 대한민국 구석구석 앱

대한민국 구석구석 관광정보를 모바일로 간편하게 볼 수 있게 만든 앱.

### 한옥스테이 www.hanokstay.or.kr

전통 한옥에서 숙박 체험을 할 수 있게 한국관광공사가 인증한 숙박 브랜드.

### 스마트투어가이드

우리나라 대표적인 관광지의 역사와 문화를 음성으로 소개해주는 '오디오 가이드 앱' 서비스.

### 굿스테이 www.goodstay.or.kr

문화체육관광부와 한국관광공사가 인증한 중저가 숙박시설 우수 브랜드.

### 1330관광안내전화

내외국인 관광객에게 국내여행 안내 및 관광 통역 서비스를 지원하는 관광안내 대표전화.

* 이 책의 정보는 2013년 12월 27일을 기준으로 하였습니다. 이후 현지 사정에 따라 정보가 바뀔 수 있습니다.

* 사진을 협조해주신 가평군청, 가평 쁘띠프랑스, 강화군청, 강화군 시설관리공단, 거제시청, 고창군청, 김제시청, 나주시청, 남원시청, 남한산성 문화관광사업단, 남해군청, 남해 요트학교, 대구광역시청, 대전광역시청, 목포시청, 무안군청, 보성군청, 보성 강골마을, 부여군청, 부여 국립부여박물관, 사천시청, 삼척시청, 삼척 장호어촌마을, 서천군청, 신안군청, 신안 엘도라도리조트, 양양군청, 영광군청, 영천시청, 이천시청, 인제군청, 인제 냇강마을, 장흥군청, 정선 삼탄아트마인, 정읍시청, 진주 (재)진주문화예술재단, 창원시청, 태백시청, 태안해안국립공원사무소, 화성시청, 화성 진주목장, 횡성군청 등 여러 관계자에게 감사드립니다.